Herbert Bernstein

Messen mit dem Oszilloskop

Praxisnahes Lernen mit einem PC-Simulationsprogramm

3., aktualisierte und erweiterte Auflage

Herbert Bernstein
München, Deutschland

ISBN 978-3-658-31091-2   ISBN 978-3-658-31092-9   (eBook)
https://doi.org/10.1007/978-3-658-31092-9

Die Deutsche Nationalbibliothek verzeichnet diese Publikation in der Deutschen Nationalbibliografie;
detaillierte bibliografische Daten sind im Internet über http://dnb.d-nb.de abrufbar.

Die erste Auflage 2002 erschien im Franzis Verlag.
© Springer Fachmedien Wiesbaden GmbH, ein Teil von Springer Nature 2016, 2020

Planung/Lektorat: Reinhard Dapper
Springer Vieweg ist ein Imprint der eingetragenen Gesellschaft Springer Fachmedien Wiesbaden GmbH und ist
ein Teil von Springer Nature.
Die Anschrift der Gesellschaft ist: Abraham-Lincoln-Str. 46, 65189 Wiesbaden, Germany

Messen mit dem Oszilloskop

Vorwort

„Meine Herren, nehmen Sie bitte Platz, denn Sie haben das Vergnügen, den Wechselstrom zu sehen!" Mit diesen Worten wandte sich Ferdinand Braun an seine Assistenten und er sinnierte weiter: „Mich persönlich überrascht es, wie ideal sinusförmig die Kurve ist. Sein Oberassistent, Dr. Cantor, erfasste als erster die Bedeutung der Stunde. Er tritt auf den Chef und Lehrer zu und reicht ihm die Hand zur Gratulation. „Herr Professor" sagt er, ich glaube, ihnen ist eine große Erfindung gelungen. Das was hier im Jahre 1897 erfunden wurde ist heute aus der Entwicklung der Elektrotechnik nicht mehr wegzudenken: Die Braunsche Röhre, Urahne aller Oszilloskop- und Fernsehröhren. Erst mit Hilfe des Elektronenstrahloszilloskops, dessen wichtigster Bestandteil die Oszilloskopröhre ist, waren die Ingenieure, Techniker, Meister und Facharbeiter in der Lage, die abstrakten Vorgänge in elektrischen Stromkreisen sichtbar zu machen, und damit konnte man vieles besser verstehen.

Das Buch ist in sechs Kapitel aufgegliedert. Es beginnt mit einer Einführung, dem Arbeiten und Messen mit dem analogen Oszilloskop, dem klassischen Messgerät mit einer Elektronenstrahlröhre. Die Weiterentwicklung der digitalen und analogen Elektronik brachte das digitale Speicheroszilloskop mit Echtzeitabtastung und Anzeige des FFT-Spektrums.

Die große Bauteilbibliothek und zahlreiche Messgeräte des Simulationsprogramms von Multisim garantieren ein optimales Ergebnis, das dem realen Verhalten eines analogen und digitalen Oszilloskops entspricht. Zur Messung und Analyse der aufgebauten Schaltung, stehen eine Reihe von Messgeräten zur Verfügung, die in ihrem Aussehen und ihrer Funktionalität mit realen Messgeräten in modernen Elektroniklabors vergleichbar sind. Trotz der zahlreichen Möglichkeiten, kann auch der Anfänger das Multisim sehr einfach bedienen, sodass auch Nichtelektroniker den Einstieg in die Elektrotechnik/ Elektronik finden. Eine Testversion für 45 Tage erhalten Sie von Multisim.

Mit dem Mixed-Signal-Oszilloskop „Agilent 54622D" steht ein hochkomplexes Oszilloskop mit einem LCD-Monitor zur Verfügung. Damit lassen sich Anzeigen von analogen und digitalen Daten durchführen. Eine vertikale Skalierung, Wahl des digitalen Filters, Änderung der Empfindlichkeit für die Volt/Div-Einstellung und die Verwendung von Referenzsignalen ist vorhanden. Ein MSO verfügt über den Anschluss der digitalen Kanäle, dem Anschließen der digitalen Messsonden an das Messobjekt, Erfassen von Wellenformen über die digitalen Kanäle, Ein- und Ausschalten der Kanäle und Anzeigen von Digitalkanälen als Bus. Auch für die Triggerung sind zahlreiche Funktionen vorhanden, wie Anzahl der Triggertypen, Trigger „Flanke dann Flanke", Impulsbreiten-Trigger, Bitmuster-Trigger, ODER-Trigger, Anstiegs-/Abfallzeit-Trigger, Nte-Flanke-Burst-Trigger usw.

Mit dem Tektronix-Oszilloskop TDS 2024 steht ein weiteres hochkomplexes Messgerät zur Verfügung. Man kann die Durchführung einer einfachen Messung oder automatische Messungen, Messen zweier Signale, Untersuchung einer Reihe von Testpunkten mithilfe der automatischen Bereichseinstellung, Messung der Laufzeitverzögerung, Triggerung auf eine bestimmte Impulsbreite und Triggern auf Videosignale praxisnah simulieren. Auch Grenzwertprüfung, mathematische FFT-Funktionen, Nyquist-Frequenz, Anzeige und Auswahl des FFT-Spektrums.

Ein Kapitel ist der Technologie der LCD-Flachbildschirme, die Bildauflösung, das interaktive Grafikdisplay, die Punktprüfung (sampling) und der Rahmenpuffer erklärt. Danach erfolgt das touchresistive Prinzip in 4-, 5 und 8-Draht-Technologie. Den Schluss bildet die Messung von Bitfehlern, die messtechnische Erfassung der Bitfehlerrate, die BER-Messung auf digitaler und analoger Basis (Augendiagramm).

Die dritte Auflage wurde um das Kapitel der PC-Oszilloskop erweitert. Es sind zahlreiche PC-Karten im Handel erhältlich und man kann die Vorteile der PC-Technik nutzen. Besonders die USB-Oszilloskope erlauben dem Anwender, sein Oszilloskop direkt an einen PC oder Laptop über die universelle Schnittstelle anzuschließen.

Mit diesem Buch habe ich mir das Ziel gesetzt, mein gesamtes Wissen an den Leser weiterzugeben, das ich mir im Laufe der Zeit in der Industrie und im Unterricht angeeignet habe.

Meiner Frau Brigitte danke ich für die Erstellung der Zeichnungen.

Falls Fragen auftreten: Bernstein-Herbert@t-online.de

München   Herbert Bernstein
im Sommer 2020

Inhaltsverzeichnis

Arbeiten und Messen mit dem analogen Oszilloskop

Als Oszilloskop bezeichnet man eine Messeinrichtung, mit der sich schnell ablaufende Vorgänge, vorwiegend Schwingungsvorgänge aus der Elektrotechnik, Elektronik, Mechanik, Pneumatik, Hydraulik, Mechatronik, Nachrichtentechnik, Informatik, Physik usw. sichtbar auf einem Bildschirm verfolgen lassen. Arbeitet man mit einem analogen Oszilloskop, lassen sich die zu messenden Vorgänge kurzzeitig betrachten, denn es besteht keine Speichermöglichkeit. Sollen die Kurvenzüge einer Messung jedoch gespeichert werden, benötigt man ein digitales Oszilloskop. Wenn ein digitales Oszilloskop eingesetzt wird, sind für den Messtechniker folgende Gründe unbedingt zu beachten:

- Einmalige Ereignisse müssen über einen längeren Zeitraum noch sichtbar sein.
- Bei niederfrequenten Vorgängen lässt sich das charakteristische Flimmern oder Flackern der Bildschirmdarstellung beseitigen.
- Jede Veränderung während eines Schaltungsabgleichs kann man langfristig auf dem Bildschirm betrachten.
- Aufgenommene Signale sind mit Standard-Kurvenformen, die gespeichert vorliegen, vergleichbar.
- Transiente Vorgänge, die häufig nur einmal auftreten, lassen sich unbeaufsichtigt überwachen (Eventoskopfunktion).
- Für Dokumentationszwecke sind auch Kurvenformen aufzuzeichnen, die man dann in Texte einbinden kann.

Herkömmliche (analoge) Oszilloskope (Abb. 1.1) mit einer Röhre bieten im Allgemeinen nicht die Möglichkeit, derartige Vorgänge über längere Zeit auf dem Bildschirm festzuhalten, sofern sie überhaupt dafür geeignet sind. Tatsächlich sind dann auch die meisten Messvorgänge mit diesem Oszilloskop praktisch nicht sichtbar. Die einzige Lösung, sie dauerhaft aufzuzeichnen, besteht in der Bildschirmfotografie, denn

© Springer Fachmedien Wiesbaden GmbH, ein Teil von Springer Nature 2020
H. Bernstein, *Messen mit dem Oszilloskop*, https://doi.org/10.1007/978-3-658-31092-9_1

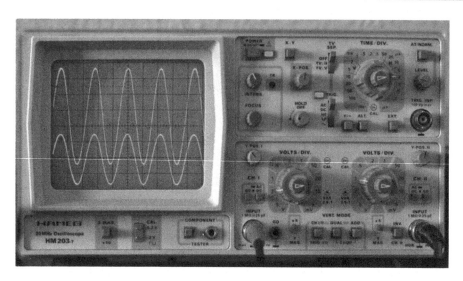

Abb. 1.1   Analoges Oszilloskop mit Elektronenstrahlröhre

hier handelt es sich um eine besondere Form der Speicherung. Das ist jedoch eine recht umständliche und auf die Dauer auch sehr teure Methode, wenn man den Einsatz an Zeit und Filmmaterial bedenkt. Demgegenüber vermindert sich dieser Aufwand mit Hilfe einer Bildspeicherröhre beträchtlich, doch sind die höheren Anschaffungskosten keineswegs vernachlässigbar.

Abb. 1.2 zeigt den direkten Vergleich zwischen einem herkömmlichen analogen Oszilloskop und einem digitalen Speicheroszilloskop. Die Anfänge der Bildspeicherung in Oszilloskopen beruhen auf der Basis eines bistabilen Bildschirmmaterials. In der Praxis wurden dazu Elektronenstrahlröhren verwendet, deren Bildschirm aus Material mit bistabilen Eigenschaften besteht und somit zweier (stabiler) Zustände fähig ist, nämlich beschrieben oder unbeschrieben.

Die bistabile Speicherung zeichnet sich durch einfachste Handhabung aus und ist zudem wohl das kostengünstigere Verfahren der herkömmlichen Speicherverfahren, da man ein Standardoszilloskop mit einer anderen Bildröhre und wenigen Steuereinheiten nachrüsten kann. Was jedoch die Schreibgeschwindigkeit des Elektronenstrahls auf dem Bildschirm betrifft, ist es keineswegs zum Besten bestellt. Die wesentlichen Anwendungen dieses Speicherverfahrens findet man deshalb auch in der Mechanik, bei Signalvergleichen und bei der Datenaufzeichnung. Die meisten bistabilen Oszilloskopröhren verfügen über einen in zwei Bereiche unterteilten Bildschirm, d. h., dass die Speicherung eines Signals auf der einen Bildschirmhälfte vom Geschehen auf der anderen unbeeinflusst bleibt, was zweifellos ein wichtiger Vorteil ist. Das schafft die

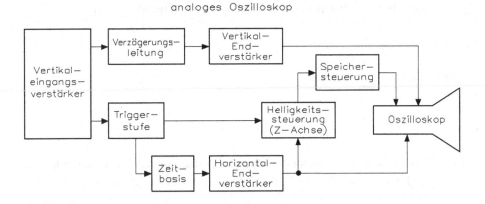

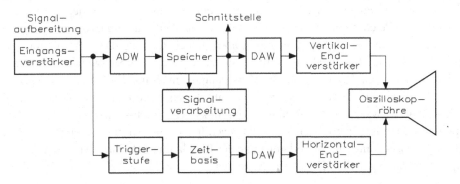

Abb. 1.2 Vergleich zwischen einem herkömmlichen analogen Oszilloskop und einem digitalen Speicheroszilloskop

Möglichkeit, eine bekannte Kurvenform als Muster zu speichern und gegen eine andere Kurvenform zu vergleichen. Allerdings kann dies auch sehr einfach und zugleich wirkungsvoll mit einem digitalen Speicheroszilloskop geschehen. Damit stand bereits seit 1970 fest, dass die bistabile Speicherung keine Zukunft hat.

1.1   Aufbau eines analogen Oszilloskops

Das Elektronenstrahloszilloskop oder Katodenstrahloszilloskop (KO) ist seit 80 Jahren zu einem vertrauten und weitverbreiteten Messgerät in vielen Bereichen der Forschung, Entwicklung, Instandhaltung und im Service geworden. Die Popularität ist durchaus angebracht, denn kein anderes Messgerät bietet eine derartige Vielzahl von Anwendungsmöglichkeiten.

Im Wesentlichen besteht ein analoges Oszilloskop aus folgenden Teilen:

- Elektronenstrahlröhre
- Vertikal- oder Y-Verstärker
- Horizontal- oder X-Verstärker
- Zeitablenkung
- Triggerstufe
- Netzteil

Ein Oszilloskop ist wesentlich komplizierter im Aufbau als andere anzeigende Messgeräte. Abb. 1.3 zeigt ein Blockschaltbild für ein analoges Oszilloskop. Zum Betrieb der Katodenstrahlröhre sind eine Reihe von Funktionseinheiten nötig, unter anderem die Spannungsversorgung mit der Heizspannung, mehreren Anodenspannungen und der Hochspannung bis zu 5 kV. Die Punkthelligkeit wird durch eine negative Vorspannung gesteuert und die Punktschärfe durch die Höhe der Gleichspannung an der Elektronenoptik. Eine Gleichspannung sorgt für die Möglichkeit zur Punktverschiebung in vertikaler, eine andere für Verschiebung in horizontaler Richtung. Die sägezahnförmige Spannung für die Zeitablenkung wird in einem eigenen Zeitbasisgenerator erzeugt. Außerdem sind je ein Verstärker für die Messspannung in X- und Y-Richtung eingebaut.

An die Sägezahnspannung werden hohe Anforderungen gestellt. Sie soll den Strahl gleichmäßig in waagerechter Richtung von links nach rechts über den Bildschirm führen und dann möglichst rasch von rechts nach links zum Startpunkt zurückeilen. Der Spannungsanstieg muss linear verlaufen und der Rücklauf ist sehr kurz. Außerdem ist die Sägezahnspannung in ihrer Frequenz veränderbar.

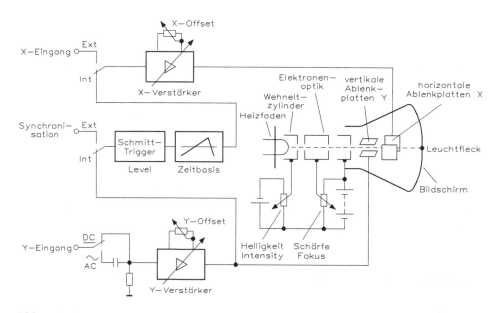

Abb. 1.3 Blockschaltbild eines analogen Oszilloskops

1.1.1 Elektronenstrahlröhre

Katodenstrahlen entstehen in stark evakuierten Röhren (Druck kleiner als 1 Pa), wenn an den Elektroden der Heizung eine hohe Gleichspannung liegt. Die erzeugten Katodenstrahlen bestehen aus Elektronen hoher Geschwindigkeit und breiten sich geradlinig aus. Sie schwärzen beispielsweise fotografische Schichten. Glas, Leuchtfarben und bestimmte Mineralien werden von ihnen zum Leuchten gebracht (Fluoreszenz). Über magnetische und elektrische Felder lassen sich die Elektronenstrahlen entsprechend der angelegten Polarität auslenken.

In metallischen Leiterwerkstoffen sind die Elektronen der äußersten Atomhülle nicht fest an einen bestimmten Atomkern gebunden. Diese Leitungselektronen bewegen sich verhältnismäßig frei zwischen den Atomrümpfen. Unter dem Einfluss der praktisch immer vorhandenen Wärmeenegie „schwirren" die Leitungselektronen ungeordnet und mit hoher Geschwindigkeit in alle Richtungen. Die mittlere Geschwindigkeit der Wärmebewegung steigt, wenn man die Temperatur des betreffenden Materials durch Zufuhr von Energie erhöht. Fließt ein Elektronenstrom im Leiter, so überlagert sich diese Wärmebewegung zu einer langsamen und gleichmäßigen Strombewegung. Bei genügend hoher Temperatur bewegen sich die Leitungselektronen so heftig, dass einige von ihnen die Oberfläche des Metalls verlassen. Jedes Elektron erhöht beim Verlassen der Katode deren positive Ladung. Da sich ungleichnamige Ladungen anziehen, kehren die emittierten Elektronen im Nahbereich der Katode wieder zurück. Diese ausgesendeten und wieder zurückkehrenden Elektronen umhüllen die Katode mit einer Elektronenwolke (Raumladung). Tab. 1.1 zeigt die Austrittsarbeit eines Elektrons bei verschiedenen Materialien für die Katoden.

Elektronen mit hoher Austrittsgeschwindigkeit entfernen sich genügend weit von der Katode und erreichen den Wirkungsraum des elektrischen Felds zwischen Anode und Katode. Die Kraft dieses Felds treibt die Elektronen mit zunehmender Geschwindigkeit zur Anode hin. Für die Austrittsarbeit benötigt ein Elektron eine bestimmte Energie, die für verschiedene Werkstoffe entsprechend groß ist.

Fließt ein Strom durch einen Leiter, entsteht die erforderliche Wärmeenergie für eine Thermoemission. Wenn der glühende Heizfaden selbst Elektronen emittiert, spricht man von einer „direkt geheizten Katode", In der Röhrentechnik setzte man ausschließlich Wolfram-Heizfäden ein, die bei sehr hoher Temperatur arbeiten, weil die Leitungselektroden in reinen Metallen eine große Austrittsarbeit vollbringen müssen. Heute verwendet man meistens „indirekt geheizte Katoden" aus Barium-Strontium-Oxid (BaSrO). Bei üblichen Ausführungen bedeckt das emittierende Mischoxid die Außenfläche eines Nickelröhrchens.

Tab. 1.1 Austrittsarbeit eines Elektrons bei verschiedenen Werkstoffen für die Katode

Katodenmaterial	BaSrO	Cäsium	Quecksilber	Wolfram	Platin
Austrittsarbeit (eV) für ein Elektron (Ws)	≈ 1 $\approx 1{,}6 \cdot 10^{-19}$	$\approx 1{,}9$ $\approx 3{,}1 \cdot 10^{-19}$	$\approx 4{,}5$ $\approx 7{,}3 \cdot 10^{-19}$	$\approx 4{,}5$ $\approx 7{,}3 \cdot 10^{-19}$	≈ 6 $\approx 9{,}6 \cdot 10^{-19}$

Die Elektronenstrahlröhre beinhaltet eine indirekt beheizte Katode. Der Heizwendel ist in einem Nickelzylinder untergebracht und heizt diesen auf etwa 830 °C auf, wobei ein Strom von 500 mA fließt. An der Stirnseite des Zylinders ist Strontiumoxid und Bariumoxid aufgebracht. Durch die Heizleistung entsteht unmittelbar an dem Zylinder eine Elektronenwolke. Da an der Anode der Elektronenstrahlröhre eine hohe positive Spannung liegt, entsteht ein Elektronenstrahl, der sich vom Zylinder zur Anode mit annähernd Lichtgeschwindigkeit bewegt. Durch die Anordnung eines „Wehnelt"-Zylinders über dem Nickelzylinder, verbessert sich die Elektronenausbeute erheblich und gleichzeitig lässt sich der Wehnelt-Zylinder für die Steuerung des Elektronenstroms verwenden.

Die Elektronen, von der Katode emittiert, werden durch das elektrostatische Feld zwischen Gitter G_1 und Gitter G_2 (die Polarität der Elektroden ist in der Abbildung zu ersehen) „vorgebündelt". Die Bewegung eines Elektrons quer zur Richtung eines elektrischen Felds entspricht einem waagerechten Wurf und die Flugbahn hat die Form einer Parabel. An Stelle der Fallbeschleunigung tritt die Beschleunigung auf, die das elektrische Feld erzeugt mit

$$a = \frac{E}{m_e}$$

a = Beschleunigung mit konstantem Wert der Zeit t
E = elektrische Feldstärke
m_e = Masse des Elektrons

Abb. 1.4 zeigt den Querschnitt einer Elektronenstrahlröhre mit den Spannungsangaben. Durch das negative Potenzial an dem Wehnelt-Zylinder, lässt sich der Elektronenstrahl zu einem Brennpunkt „intensivieren". Aus diesem Grunde befindet sich hier die Einstellmöglichkeit für die Helligkeit (Intensity) des Elektronenstrahls.

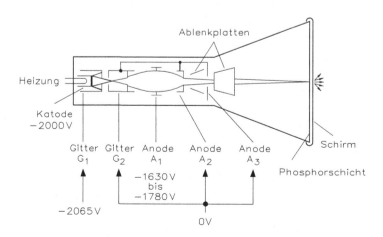

Abb. 1.4 Querschnitt durch eine Elektronenstrahlröhre

Nach dem Gitter G_2 beginnt der Elektronenstrahl wieder auseinanderzulaufen, bis er in ein zweites elektrostatisches Feld eintritt, das sich zwischen Anode A_1 und A_2 befindet und einen längeren Bündelungsweg aufweist. Anode A_1 ist die Hauptbündelungs- oder Fokussierungselektrode. Durch Änderung der Spannung an diesem Punkt lässt sich der Strahl auf dem Bildschirm der Elektronenstrahlröhre scharf bündeln.

Die Beschleunigung der Elektronen von der Katode zum Bildschirm erfolgt durch das elektrostatische Feld entlang der Achse der Elektronenröhre. Dieses Feld ist gegeben durch den Potenzialunterschied zwischen der Katode und den zwischengefügten Elektroden G_2, A_2 und A_3. Diese Beschleunigungselektroden erfüllen noch zusätzlich folgende Aufgaben: Sie sorgen für eine Abgrenzung zwischen den einzelnen Elektrodengruppen jeweils vor und nach der Bündelung. Auf diese Weise wird eine gegenseitige Beeinflussung zwischen dem Steuergitter G_2 (Helligkeitsregelung) und der Fokussierungsanode A_1 verhindert.

Zwischen der „Elektronenkanone" und dem Bildschirm befinden sich zwei Ablenkplattenpaare. Diese Platten sind so angeordnet, dass die elektrischen Felder zwischen jeweils zwei Platten zueinander im rechten Winkel stehen. Durch den Einfluss des elektrischen Felds zwischen zwei Platten jeden Paares wird der Elektronenstrahl zu der Platte abgelenkt, die ein positives Potenzial hat. Das Gleiche gilt für das andere Plattenpaar. So ist es möglich, dass sich der Elektronenstrahl fast trägheitslos in zwei Ebenen ablenken lässt z. B. in den X- und Y-Koordinaten des Bildschirms. Im Normalbetrieb wird die X-Ablenkung des Geräts über einen Sägezahngenerator erzeugt, der den Strahl von links nach rechts über den Bildschirm „wandern" lässt, während das zu messende Signal die Y-Ablenkung erzeugt.

Nach dem Verlassen der Elektronenkanone durchläuft der Elektronenstrahl zunächst das elektrische Feld der vertikal ablenkenden Platten (Y-Ablenkplatten). Die horizontal ablenkenden Platten (X-Ablenkplatten) liegen meist näher beim Leuchtschirm und deshalb benötigen sie für die gleiche Auslenkung eine höhere Spannung. Der Ablenkkoeffizient AR der Elektronenstrahlröhre gibt die Strahlauslenkung für den Wert von „4 Div" (Division, d. h. zwischen 8 mm bis 12 mm für eine Maßeinheit) und liefert für die Ablenkplatten die notwendige Spannung. Normalerweise liegen diese Werte je nach Röhrentyp zwischen einigen μV/Div bis 100 V/Div. Die von einem Ablenkplattenpaar verursachte Strahlauslenkung verringert sich bei gleicher Ablenkspannung mit wachsender Geschwindigkeit der durchfliegenden Elektronen. Die Leuchtdichte auf dem Schirm wächst mit der Geschwindigkeit der auftreffenden Elektronen. Moderne Elektronenstrahlröhren besitzen deshalb zwischen den X-Ablenkplatten und dem Leuchtschirm eine Nachbeschleunigungselektrode. Die Elektronen erhalten die für eine hohe Leuchtdichte erforderliche Geschwindigkeit nach dem Durchlaufen der Ablenkplatten. Auf diese Weise erzielt man einen kleinen Ablenkkoeffizienten und eine große Leuchtdichte.

Durch Veränderung der mittleren Spannung (ohne Steuersignal) an den Ablenkplatten, lässt sich die Ruhelage des Elektronenstrahls in horizontaler und in vertikaler Richtung verschieben. Die Potenziometer für diese Strahlverschiebung gehören zum Verstärker für die entsprechende Ablenkrichtung.

Abb. 1.5 zeigt fünf Möglichkeiten zur Beeinflussung des Elektronenstrahls durch die beiden Ablenkplattenpaare. Im ersten Beispiel hat die obere Vertikalplatte eine negative Spannung, während die untere an einem positiven Wert liegt. Aus diesem Grund wird der Elektronenstrahl durch die beiden Y-Platten nach unten abgelenkt, denn der Elektronenstrahl besteht aus negativen Ladungseinheiten. Hat die eine Horizontalplatte eine negative und die rechte eine positive Spannung, wird der Elektronenstrahl durch die beiden X-Platten nach rechts abgelenkt. Legt man an die beiden Y-Platten eine sinusförmige Wechselspannung an, entsteht im Bildschirm eine senkrechte und gleichmäßige Linie. Das gilt auch, wenn man an die beiden X-Platten eine Wechselspannung anlegt. In der Praxis arbeitet man jedoch mit einer Sägezahnspannung mit linearem Verlauf vom negativen in den positiven Spannungsbereich. Ist das Maximum erreicht, erfolgt ein schneller Spannungssprung vom positiven in den negativen Bereich und es erfolgt der Strahlrücklauf. Legt man an die Y-Platten eine Wechselspannung und an die X-Platten die Sägezahnspannung, kommt es zur Bildung einer Sinuskurve im Bildschirm, vorausgesetzt, die zeitlichen Bedingungen sind erfüllt.

Den Abschluss der Elektronenstrahlröhre bildet der Bildschirm mit seiner Phosphorschicht. Den Herstellerunterlagen entnimmt man folgende Daten über den Bildschirm:

- Schirmform (Rechteck, Kreis, usw.)
- Schirmdurchmesser oder Diagonale
- nutzbare Auslenkung und X- und Y-Richtung
- Farbe der Leuchtschicht
- Helligkeit des Leuchtflecks in Abhängigkeit der Zeit (Nachleuchtdauer)

Abb. 1.5 Möglichkeiten der Beeinflussung des Elektronenstrahls durch die beiden Ablenkplattenpaare

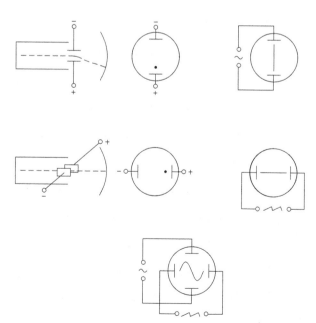

Die vom Elektronenstrahl „geschriebene" Linie ist je nach Schirmart noch eine bestimmte Zeit zu sehen. Die Hersteller von Elektronenstrahlröhren geben als Nachleuchtdauer meistens die Zeitspanne für die Verringerung auf 50 % der anfänglichen Leuchtdichte an. Die Nachleuchtdauer liegt je nach Herstellung zwischen 50 μs und 0,5 s und das hat auch seinen Preis. In der Praxis hat man folgende Bereichsangaben

t > 1s	→ sehr lang
t = 100 ms ... 1 s	→ lang
t = 1 ms ... 100 ms	→ mittel
t = 10s ... 1 ms	→ mittelkurz
t = 1 μs ... 10 μs	→ kurz
t < 1 μs	→ sehr kurz

Bei periodischen Vorgängen (z. B. Wechselspannung, Impulsfolgen usw.) durchläuft der Elektronenstrahl immer wieder die gleiche Spur auf dem Leuchtschirm.

Wenn die Frequenz genügend groß ist, vermag das menschliche Auge, das sehr träge ist, eine Verringerung der Leuchtdichte kaum zu erkennen.

Der Schirm darf sich durch die auftreffenden Elektronen nicht negativ aufladen, da sich gleichnamige Ladungen abstoßen. Die Phosphorkristalle der Leuchtschicht emittieren deshalb Sekundärelektronen, die zur positiven Beschleunigungsanode fliegen.

Abb. 1.6 zeigt die Entstehung eines Leuchtflecks am Bildschirm. Einige Röhren enthalten, ähnlich wie Fernsehbildröhren, auf der Rückseite des Schirms eine sehr dünne Aluminiumschicht. Diese Metallschicht lässt den Elektronenstrahl durchlaufen, reflektiert aber das in der Leuchtschicht erzeugte Licht nach außen. Diese Maßnahme verbessert den Bildkontrast und die Lichtausbeute. Die mit der Nachbeschleunigungsanode leitend verbundene Aluminiumschicht kann die negativen Ladungsträger des Elektronenstrahls ableiten.

Abb. 1.7 zeigt die beiden Möglichkeiten für ein Innen- und Außenraster einer Elektronenstrahlröhre. Ein durch Flutlicht beleuchtetes Raster erleichtert das Ablesen der Strahlauslenkung. Wenn dieses Raster innen aufgebracht ist, liegt es mit der Leuchtschicht

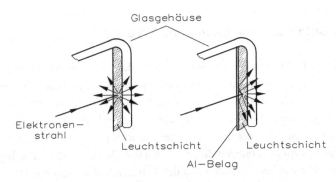

Abb. 1.6 Entstehung eines Leuchtflecks am Bildschirm der Elektronenstrahlröhre

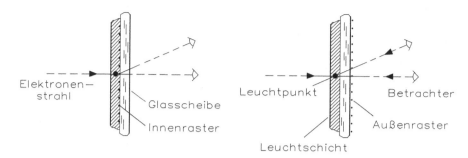

Abb. 1.7 Innen- und Außenraster einer Elektronenstrahlröhre

praktisch in einer Ebene. Die Messergebnisse sind in diesem Fall nicht vom Blickwinkel des Betrachters abhängig und man erreicht ein parallaxfreies Ablesen.

Zweckmäßig wählt man ein Raster, dessen Linien in einem Abstand von 10 parallel zueinander entfernt verlaufen. Da dies häufig nicht der Fall ist, spricht man von den „Divisions" bei den Hauptachsen. Die Hauptachsen erhalten noch eine Feinteilung im Abstand von 2 mm bzw. 0,2 Div. Die Hauptachsen weisen weniger als zehn Teilstrecken mit jeweils einer Länge von 10 Div auf, wenn die nutzbare Auslegung der Elektronenstrahlröhre kleiner ist als 100 mm.

Wichtig ist auch die Beleuchtungseinrichtung der Rasterung. Die Beleuchtung erfolgt durch seitliches Flutlicht und ist in der Helligkeit einstellbar. Bei vielen Oszilloskopen ist der Ein-Aus-Schalter drehbar und nach dem Einschalten kann man über SCALE ILLUM, SCALE oder ILLUM die Helligkeit entsprechend einstellen. Dies ist besonders wichtig bei photografischen Aufnahmen.

Der Elektronenstrahl lässt sich durch elektrische oder magnetische Felder auch außerhalb der Steuerstrecken (zwischen den Plattenpaaren) ablenken. Um den unerwünschten Einfluss von Fremdfeldern zu vermeiden (z. B. Streufeld des Netztransformators), enthält die Elektronenstrahlröhre einen Metallschirm mit guter elektrischer und magnetischer Leitfähigkeit. Daher sind diese Abschirmungen fast immer aus Mu-Metall, ein hochpermeabler Werkstoff.

1.1.2 Horizontale Zeitablenkung und X-Verstärker

Die beiden X- und Y-Verstärker in einem Oszilloskop bestimmen zusammen mit der Zeitablenkeinheit (Sägezahngenerator) und dem Trigger die wesentlichen Eigenschaften für dieses Messgerät. Aus diesem Grunde sind einige Hersteller im oberen Preisniveau zur Einschubtechnik übergegangen. Ein Grundgerät enthält unter anderem den Sichtteil (Elektronenstrahlröhre) und die Stromversorgung. Für die Zeitablenkung, (X-Richtung) und für die Y-Verstärkung gibt es zum Grundgerät die passenden Einschübe mit speziellen Eigenschaften.

Abb. 1.8 zeigt die Einstellmöglichkeiten der X-Achse einer Elektronenstrahlröhre. Die horizontale oder X-Achse einer Elektronenstrahlröhre ist in Zeiteinheiten unterteilt. Der

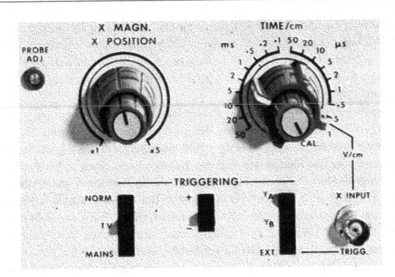

Abb. 1.8 Einstellmöglichkeiten der X-Achse einer Elektronenstrahlröhre

Teil des Oszilloskops, der zuständig für die Ablenkung in dieser Richtung ist, wird aus diesem Grunde als „Zeitablenkgenerator" oder Zeitablenkung bzw. Zeitbasisgenerator bezeichnet. Außerdem befinden sich vor dem X-Verstärker folgende Funktionseinheiten, die über Schalter auswählbar sind:

- Umschalter für den internen oder externen Eingang
- Umschalter für ein internes oder externes Triggersignal
- Umschalter für die Zeitbasis
- Umschalter für das Triggersignal
- Umschalter für Y-T- oder X-Y-Betrieb

Außerdem lässt sich durch mehrere Potentiometer der X-Offset, der Feinabgleich der Zeitbasis und die Triggerschwelle beeinflussen.

Die X-Ablenkung auf dem Bildschirm kann auf zwei Arten erfolgen: entweder als stabile Funktion der Zeit bei Gebrauch des Zeitbasisgenerators oder als eine Funktion der Spannung, die auf die X-Eingangsbuchse gelegt wird. Bei den meisten Anwendungsfällen in der Praxis wird der Zeitbasisgenerator verwendet.

Bei dem X-Verstärker handelt es sich um einen Spezialverstärker, denn dieser muss mehrere 100 V an seinen Ausgängen erzeugen können. Eine Elektronenstrahlröhre mit dem Ablenkkoeffizient $AR = 20$ V/Div benötigt für eine Strahlauslenkung von 10 Div an den betreffenden Ablenkplatten eine Spannung von $U = 20$ V/Div. 10 Div = 200 V. Da der interne bzw. der externe Eingang des Oszilloskops nur Spannungswerte von 10 V liefert, ist ein entsprechender X-Verstärker erforderlich. Der X-Verstärker muss eine Verstärkung von $v = 20$ aufweisen und bei einigen Oszilloskopen findet man außerdem ein Potentiometer für die direkte Beeinflussung der Verstärkung im Bereich von $v = 1$ bis $v = 5$. Wichtig bei der Messung ist immer die Stellung mit $v = 1$, damit sich keine Messfehler ergeben. Mittels des Potentiometers „X-Adjust", das sich an der Frontplatte befindet, lässt sich eine Punkt- bzw. Strahlverschiebung in positiver oder negativer Richtung durchführen.

Der Zeitbasisgenerator und seine verschiedenen Steuerkreise werden durch den „TIME/Div" oder „V/Div"-Schalter in den Betriebszustand gebracht. Wie bereits erklärt, ist eine Methode, ein feststehendes Bild eines periodischen Signals zu erhalten, die Triggerung oder das Starten des Zeitbasisgenerators auf einen festen Punkt des zu messenden Signals. Ein Teil dieses Signals steht dafür in Position A und B des Triggerwahlschalters „A/B" oder „extern" zur Verfügung. Bei einem Einstrahloszilloskop hat man nur einen Y-Verstärker, der mit „A" gekennzeichnet ist. Ein Zweistrahloszilloskop hat zwei getrennte Y-Verstärker und mittels eines mechanischen bzw. elektronischen Schalters kann man zwischen den beiden Verstärkern umschalten.

Die Triggerimpulse können zeitgleich entweder mit der Anstiegs- oder Abfallflanke des Eingangssignals erzeugt werden. Dies ist abhängig von der Stellung des $\pm$-Schalters am Eingangsverstärker. Nach einer ausreichenden Verstärkung wird das Triggersignal über einen speziellen Schaltkreis, dessen Funktionen von der Stellung des Schalters NORM/TV/MAINS auf der Frontplatte abhängig sind, weiterverarbeitet. Für diesen Schalter gilt:

- NORM (normal): Der Schaltkreis arbeitet als Spitzendetektor, der die Triggersignale in eine Form umwandelt, die der nachfolgende Schmitt-Trigger weiterverarbeiten kann.
- TV (Television): Hier wird vom anliegenden Video-Signal entweder dessen Zeilen- oder Bild-Synchronisationsimpuls getrennt, je nach Stellung des TIME/DIV-Schalters, Bildimpulse erhält man bei niedrigen und Zeilenimpulse bei hohen Wobbelgeschwindigkeiten.
- MAINS (Netz): Das Triggersignal wird aus der Netzfrequenz von der Sekundärspannung des internen Netztransformators erzeugt.

Der Zeitablenkgenerator erzeugt ein Signal, dessen Amplitude mit der Zeit linear ansteigt, wie der Kurvenzug in Abb. 1.9 oben zeigt. Dieses Signal wird durch den X-Verstärker verstärkt und liegt dann an den X-Platten der Elektronenstrahlröhre. Beginnend an der linken Seite des Bildschirms (Zeitpunkt Null) wandert der vom Elektronenstrahl auf der Leuchtschicht erzeugte Lichtpunkt mit gleichbleibender Geschwindigkeit entlang der X-Achse, vorausgesetzt, der X-Offset wurde auf die Nulllinie eingestellt. Andernfalls ergibt sich eine Verschiebung in positiver bzw. negativer Richtung. Am Ende des Sägezahns kehrt der Lichtpunkt zum Nullpunkt zurück und ist bereit für die nächste Periode, die sich aus der Kurvenform des Zeitablenkgenerators ergibt.

An die Sägezahnspannung werden hohe Anforderungen, insbesondere an die Linearität, gestellt. Sie soll den Strahl gleichmäßig in waagerechter Richtung über den Bildschirm führen und dann möglichst schnell auf den Nullpunkt (linke Seite) zurückführen.

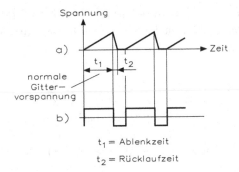

t_1 = Ablenkzeit

t_2 = Rücklaufzeit

Abb. 1.9 Verlauf der X-Ablenkspannung (Sägezahnfunktion) und die Arbeitsweise des Rücklauf-unterdrückungsimpulses wird durch die Zeit t_2 definiert

Der Spannungsanstieg muss linear verlaufen. Lädt man einen Kondensator über einen Widerstand auf, ergibt sich eine e-Funktion und daher ist diese Schaltung nicht für einen Sägezahngenerator geeignet. In der Praxis verwendet man statt des Widerstands eine Konstantstromquelle. Da diese einen konstanten Strom liefert, lädt sich der Kondensator linear auf. Diese Schaltungsvariante ist optimal für einen Sägezahngenerator geeignet. Die Entladung kann über einen Widerstand erfolgen, da an den Strahlrücklauf keine hohen Anforderungen gestellt werden. Die Zeit, die für eine volle Schreibbreite und das Zurückkehren zum Nullpunkt benötigt wird, ist gleich der Dauer einer vollen Periode der Zeitablenkung. Während der Leuchtpunkt zum Startpunkt zurückkehrt, hat das Oszilloskop keine definierte Zeitablenkung und daher ist man bemüht, diese Zeit so kurz wie möglich zu halten.

Der Elektronenstrahl, der normalerweise auch während der Rücklaufphase auf dem Bildschirm abgebildet würde, wird automatisch durch die Zeitbasis unterdrückt. Die Rücklaufunterdrückung, wird als Aus- oder Schwarztastung definiert, erfolgt durch Anlegen eines negativen Impulses an das Steuergitter der Elektronenstrahlröhre. Dadurch wird der Elektronenstrahl ausgeschaltet. Dieses geschieht während der abfallenden Flanke der Sägezahnspannung.

Die Zeit (oder Ablenkgeschwindigkeit) der Zeitbasis wird über einen Schalter auf der Frontplatte des Oszilloskops gewählt. Der Schalter mit der entsprechenden Einstellung bestimmt den Zeitmaßstab der X-Achse und ist unterteilt in Zeiteinheiten pro Skalenteil z. B. μs/Div (Mikrosekunde/Skalenteil), ms/Div (Millisekunde/Skalenteil) und s/Div (Sekunde/Skalenteil). Ein Wahlschalter ermöglicht die Auswahl zwischen der internen Zeitablenkung oder einer externen Spannung, die an die X-INPUT-Buchse gelegt wird. Da diese externe Spannung jede gewünschte Kurvenform aufweisen kann, ist es möglich, das Verhalten dieser Spannung gegenüber der am Y-Eingang liegenden, zu sehen.

Zeitgleich mit dem Ende des Anstiegs der Sägezahnspannung werden drei Vorgänge innerhalb der Steuerung des Oszilloskops ausgelöst:

- Der Kondensator im Ladekreis wird entladen und damit der Strahlrücklauf ausgelöst.
- Ein negatives Austastsignal für die Strahlrücklaufunterdrückung wird erzeugt.
- Es wird ein Signal erzeugt, das den Beginn eines neuen Ladevorgangs verhindert, bevor der Kondensator vollständig entladen ist.

Der erste Triggerimpuls nach Ende dieses Signals erzeugt einen weiteren Ladevorgang. Der Zeitabstand zwischen jedem Ablauf der Zeitbasis ist also bestimmt durch den Zeitabstand zwischen den folgenden Triggerimpulsen, d. h. je höher die Signalfrequenz, umso höher ist die Wiederholfrequenz der Abläufe der Zeitbasis.

1.1.3 Triggerung

Während des Triggervorgangs (trigger = anstoßen, auslösen) steuert entweder eine interne oder externe Spannung den Schmitt-Trigger an.

Interne Triggerung Liegt am Eingang ein periodisch wiederkehrendes Signal an, so muss über die Zeitablenkung sichergestellt werden, dass in jedem Zyklus der Zeitbasis ein kompletter Strahl geschrieben wird, der Punkt für Punkt deckungsgleich ist mit jedem vorherigen Strahl. Ist dies der Fall, ergibt sich eine stabile Darstellung. Bei dieser Triggerung wird diese Stabilität durch Verwendung des am Y-Eingang liegenden Signals zur Kontrolle des Startpunkts jedes horizontalen Ablenkzyklus erreicht. Man verwendet dazu einen Teil der Signalamplitude des Y-Kanals zur Ansteuerung einer Triggerschaltung, die die Triggerimpulse für den Sägezahngenerator erzeugt. Damit stellt das Oszilloskop sicher, dass die Zeitablenkung nur gleichzeitig mit Erreichen eines Impulses ausgelöst werden kann. Abb. 1.10 zeigt den zeitlichen Zusammenhang zwischen Eingangsspannung, Ablenkspannung und Schirmbild, wobei links ohne und rechts mit einer Signalverstärkung im Y-Kanal gearbeitet wird.

Externe Triggerung Ein extern anliegendes Signal, das mit dem zu messenden Signal am Y-Eingang verknüpft ist, lässt sich ebenso zur Erzeugung von Triggerimpulsen verwenden.

Der Schmitt-Trigger wandelt die ankommenden Spannungen, die verschiedene Charakteristiken aufweisen können, in eine Serie von Impulsen mit fester Amplitude und Anstiegszeit um. Am Ausgang des Schmitt-Triggers befindet sich eine Kondensator-Widerstands-Schaltung zur Erzeugung von Nadelimpulsen und nach dieser Differenzierung wird der Zeitbasisgenerator ausgelöst.

Die Triggerimpulse am Eingang des Automatikschaltkreises sorgen für die Erzeugung eines konstanten Gleichspannungspegels am Ausgang. Dieser Ausgang ist auf den Eingang am Zeitbasisgenerator geschaltet.

Sind keine Triggerimpulse mehr am Eingang des Zeitbasisgenerators vorhanden oder fällt die Amplitude unter einen bestimmten Pegel, wird der Gleichspannungspegel, der

Abb. 1.10 Zeitlicher Zusammenhang zwischen Eingangsspannung, Ablenkspannung und Schirmbild, wobei die linken Kurvenzüge ohne und die rechts mit einer Signalverstärkung im Y-Kanal arbeiten

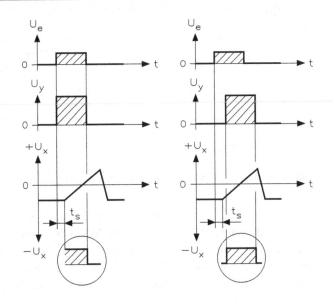

durch den Automatikschaltkreis erzeugt wird, abgeschaltet. Damit lässt sich der Zeitbasisgenerator in die Lage versetzen, selbsttätige Ladevorgänge auszulösen. Es kommt also zur Selbsttriggerung oder einem undefinierten Freilauf. Der Ablauf der Zeitbasis ist dann nicht mehr von der Existenz der Triggerimpulse abhängig. Obwohl sich der Freilauf des Zeitbasisgenerators nicht für Messungen verwenden lässt, hat er eine spezielle Funktion. Ohne diese Möglichkeit würde ein am Eingang des Oszilloskops zu stark abgeschwächtes Signal oder eine falsche Stellung des Triggerwahlschalters, keine Anzeige erzeugen. Der Anwender könnte nicht sofort erkennen, ob tatsächlich ein Eingangssignal vorhanden ist oder nicht.

Es gibt praktische Anwendungsfälle in der Messtechnik, bei denen größere Freiheit bei der Wahl des Triggerpunktes erforderlich ist, oder aber eine Änderung im Amplitudenpegel des Eingangssignals verursacht eine nicht exakte Triggerung. In diesem Falle kann man auf die externe Triggermöglichkeit zurückgreifen.

Ein externes Triggersignal wird auf die Buchse mit der Bezeichnung TRIG an der Frontplatte gegeben und der benachbarte Triggerwahlschalter in die Stellung EXT gebracht. Das Signal wird dann in gleicher Weise weiterbehandelt wie das für ein internes Triggersignal der Fall ist.

Abb. 1.11 zeigt die beiden Möglichkeiten für eine Schwellwerttriggerung in positiver und negativer Richtung. Damit lässt sich der Zeitbasisgenerator triggern und dieser erzeugt die Sägezahnspannung und die sie begleitenden Impulse für die Rücklaufunterdrückung. Die Sägezahnspannung liegt nach ihrer Verstärkung an den X-Platten der Elektronenstrahlröhre und erzeugt so die Zeitablenkung. Der linear ansteigende Teil der Sägezahnspannung wird durch ein Integrationsverfahren erzeugt. Ein Kondensator lädt sich über einen Widerstand an einer Konstantstromquelle auf. Die Erhöhung der Kondensatorspannung in Abhängigkeit von der Zeit ist nur vom Wert des Kondensators

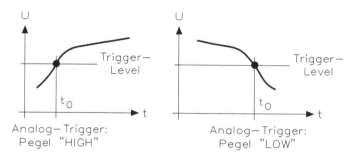

Abb. 1.11 Schwellwerttriggerung eines analogen Eingangssignals

und von der Größe des Ladestroms abhängig. Die Größe des Ladestroms lässt sich durch den Wert des in Reihe geschalteten Widerstands bestimmen, d. h. beides, der Reihenwiderstand und der Kondensator werden durch die Stellung des TIME/Div-Schalters auf der Frontplatte gewählt. Dreht man den Feineinsteller auf diesem Schalter aus seiner justierten Stellung CAL heraus, wird die Wobbelgeschwindigkeit kontinuierlich kleiner und die Darstellung auf dem Bildschirm erscheint in komprimierter Form, die man nicht für seine Messzwecke verwenden soll.

Zeitgleich mit dem Ende der Anstiegsflanke der Sägezahnspannung werden folgende drei Vorgänge ausgelöst:

- Der Kondensator im Ladekreis wird entladen und damit der Strahlrücklauf ausgelöst.
- Ein negatives Austastsignal für die Strahlrücklaufunterdrückung wird erzeugt.
- Es wird ein Signal erzeugt, das den Beginn eines neuen Ladevorgangs verhindert, bevor der Kondensator vollständig entladen ist.

Der erste Triggerimpuls nach Ende dieses Signals erzeugt einen weiteren Ladevorgang. Der Zeitabstand zwischen jedem Ablauf der Zeitbasis ist also bestimmt durch den Zeitabstand zwischen den nachfolgenden Triggerimpulsen. Das heißt je höher die Signalfrequenz, umso höher ist die Wiederholfrequenz der Abläufe in der Zeitbasis.

Wie bereits erwähnt, werden die Impulse von dem Schmitt-Trigger über den Automatikschaltkreis so umgewandelt, dass sie als Gleichspannungspegel am Eingang des Zeitbasisgenerators anliegen. Sind die Triggerimpulse an diesem Eingang nicht mehr vorhanden oder fällt ihre Amplitude unter einen bestimmten Pegel, so wird der Gleichspannungspegel, der durch den Automatikschaltkreis erzeugt wird, und damit setzt man den Zeitbasisgenerator in die Lage, selbsttätig Ladevorgänge auszulösen. Es wird also eine Selbsttriggerung oder ein Freilauf erfolgen. Der Abstand der Zeitbasis ist dann nicht mehr von der Existenz der Triggerimpulse abhängig.

Für spezielle Anwendungen in der Messpraxis ist es erwünscht, auf dem Bildschirm eine Anzeige zu erhalten, die die Signale in den Y-Eingängen des Oszilloskops als eine Funktion anderer Variable als der Zeit darstellt, wenn mit Lissajous-Figuren gearbeitet wird. In diesem Fall muss der Zeitbasisgenerator ausgeschaltet sein, d. h. der TIME/Div-Schalter ist in eine dazu markierte Stellung V/Div geschaltet, und das neue

Referenzsignal wird auf die X-INPUT-Buchse auf der Frontplatte gelegt. Der Ablenkfaktor lässt sich mittels eines zweistufigen Eingangsabschwächers wählen. Das Referenzsignal wird verstärkt und direkt auf den X-Endverstärker durchgeschaltet. Während der
Zeitbasisgenerator ausgeschaltet ist, geht die Y-Kanalumschaltung automatisch in den
„chopped"-Betrieb mit Strahlunterdrückung während der Umschaltzeit über. Die Strahlrücklaufunterdrückung (X-Kanal) ist nicht mehr in Betrieb.

Die X-Endeinheit verstärkt entweder die Sägezahnspannung des Zeitbasisgenerators
oder das externe Ablenksignal und schaltet es auf die X-Platte der Elektronenstrahlröhre. Der X-MAGN-Einstellknopf ist kontinuierlich einstellbar und wird benötigt, um
die Verstärkung nochmals um den Faktor 5 zu erhöhen. Wird dieser Drehknopf auf der
X1-Stellung nach links bewegt, erzeugt die entsprechende Schaltung eine kontinuierliche Erhöhung der Wobbelgeschwindigkeit, d. h. die Darstellung lässt sich kontinuierlich dehnen. Der auf diesem Drehknopf befindliche Einsteller X-POSITION sorgt für die
horizontale Positionseinstellung des Strahls auf dem Bildschirm.

1.1.4 Y-Eingangskanal mit Verstärker

Ein am Eingang eines Y-Kanals anliegendes Signal wird entweder direkt über den DC-
Anschluss oder über einen isolierenden Kondensator (AC) an den internen Stufenabschwächer
gekoppelt. Der Kondensator ist erforderlich, wenn man ein sehr kleines Wechselspannungs-
signal messen muss, das einem großen Gleichspannungssignal überlagert ist.

Der Stufenabschwächer, der über einen Schalter (V/cm oder V/Div) auf der Frontplatte
(Abb. 1.12) des Geräts eingestellt wird, bestimmt den Ablenkfaktor. Das abgeschwächte

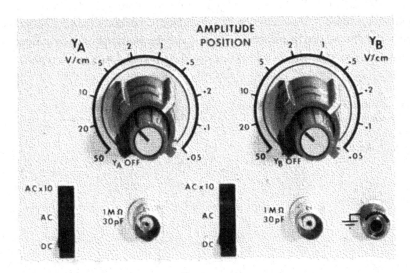

Abb. 1.12 Einstellmöglichkeiten für die beiden Y-Eingangskanäle

Eingangssignal läuft dann über eine Anpassungsstufe, die die Impedanz des Eingangs bestimmt, zu dem eigentlichen Vorverstärker. Die verschiedenen Stufen eines jeden Kanals sind direkt gekoppelt, wie auch die Stufen innerhalb des Vorverstärkers selbst. Diese Kopplungsart ist notwendig, um eine verzerrungsfreie Darstellung auch eines niederfrequenten Signals zu ermöglichen. Im Falle eines Verstärkers mit Wechselspannungskopplung, würde die am Eingang liegende Spannung die verschiedenen Verstärkerstufen über Kondensatoren erreichen und damit werden niedrige Frequenzen mehrfach abgeschwächt.

Abb. 1.13 zeigt den elektrischen Aufbau eines internen Spannungsteilers für den Stufenabschwächer. Die Eingangsspannung U_e liegt zuerst an dem mechanischen Schalter S_1 und wird von dort auf die einzelnen Spannungsteiler geschaltet. Die Ausgänge der Spannungsteiler sind über den zweiten Schalter S_2 zusammengefasst und es ergibt sich das entsprechende Ausgangssignal mit optimalen Amplitudenwerten für die nachfolgenden Y-Vorverstärker.

Das Problem bei einem Spannungsteiler sind die Bandbreiten, die durch die Widerstände und kapazitiven Leitungsverbindungen auftreten. Oszilloskope über 100 MHz sind meistens mit einem separaten 50-Ω-Eingang ausgestattet, um das Problem mit den Bandbreiten zu umgehen. Die Bandbreite ist die Differenz zwischen der oberen und unteren Grenzfrequenz, d. h. die Bandbreite ist der Abstand zwischen den beiden Frequenzen, bei denen die Spannung noch 70,7 % der vollen Bildhöhe erzeugt. Die volle, dem Ablenkkoeffizienten entsprechende Bildhöhe wird bei den mittleren Frequenzen erreicht. Seit 1970 basieren die Oszilloskope auf der Gleichspannungsverstärkung mittels Transistoren bzw. Operationsverstärkern und damit gilt für die untere Grenzfrequenz $f_u = 0$ bzw. die Bandbreite ist gleich der oberen Grenzfrequenz. Bei den meisten Elektronenstrahlröhren ab 1980 erreicht man Grenzfrequenzen von 150 MHz bis 2 GHz. Bei den Oszilloskopen wird jedoch die Bandbreite in der Praxis nicht von der Elektronenstrahlröhre, sondern von den einzelnen Verstärkerstufen bestimmt. Da mit steigender Bandbreite der technische Aufwand und die Rauschspannung steigen, wählt man die Bandbreite nur so hoch, wie es der jeweilige Verwendungszweck fordert:

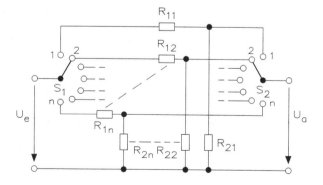

Abb. 1.13 Aufbau eines internen Spannungsteilers für den Stufenabschwächer am Eingang des Y-Kanals

- NF-Oszilloskop: Benötigt man ein Oszilloskop für den niederfrequenten Bereich (<1 MHz), ist ein Messgerät mit einer Bandbreite bis 5 MHz völlig ausreichend. Dieser Wert bezieht sich immer auf den Y-Eingang. Die Bandbreite des X-Verstärkers ist meist um den Faktor 0,1 kleiner, da bei der höchsten Frequenz am Y-Eingang und der größten Ablenkgeschwindigkeit in X-Richtung ca. zehn Schwingungen auf dem Schirm sichtbar sind.

- HF-Oszilloskop: Für die Fernsehgeräte, den gesamten Videobereich und teilweise auch für die Telekommunikation benötigt man Bandbreiten bis zu 50 MHz.

- Samplingoszilloskop: Für die Darstellung von Spannungen mit Frequenzen zwischen 100 MHz bis 5 GHz sind Speicheroszilloskope erhältlich. Bei ihnen wird das hochfrequente Signal gespeichert, dann mit niedrigerer Frequenz abgetastet und auf dem Schirm ausgegeben.

Ein Oszilloskop soll die zu untersuchende Schaltung nicht beeinflussen. Da Oszilloskope immer als Spannungsmesser arbeiten, werden sie parallel zum Messobjekt geschaltet. Der Innenwiderstand eines Oszilloskops muss daher möglichst groß sein. Dem sind jedoch in der Praxis folgende Grenzen gesetzt:

- Zur Einstellung unterschiedlicher Messbereiche befindet sich am Eingang eines Oszilloskops ein justierter Spannungsteiler. Damit das eingestellte Spannungsteilerverhältnis innerhalb einer ausreichenden Genauigkeit liegt, müssen die Spannungsteilerwiderstände klein sein gegenüber dem Eingangswiderstand des nachfolgenden Vorverstärkers.

- Mit steigendem Widerstandswert der Spannungsteilerwiderstände steigt aber die Rauschspannung.

Daher ergeben sich in der Praxis verschiedene Eingangswiderstände zwischen 500 kΩ bis 10 MΩ. Der Eingangsspannungsteiler ist immer so aufgebaut, dass der Eingangswiderstand über alle Messbereiche konstant bleibt. Oszilloskope mit Bandbreiten über 100 MHz sind häufig mit einem zusätzlichen Eingang mit 50 Ω ausgerüstet. Damit liegt man im Bereich der in der HF-Technik üblichen Abschlusswiderstände, zum anderen bleibt dadurch trotz der großen Bandbreite das Rauschen gering.

Beispiel

Bei einem Widerstand von $R_1 = 100$ kΩ und Schaltkapazitäten von $C_1 = 50$ pF liegt die Grenzfrequenz bei $f_g \approx 30$ kHz. Damit sich das Spannungsteilerverhältnis frequenzunabhängig verhält und Impulsformen nicht verändert werden, muss der Spannungsteiler durch eine Parallelkapazität zu dem Widerstand R_2 frequenzkompensiert sein. Für eine vollständige Frequenzkompensation lautet die Bedingung:

$$R_1 \cdot C_1 = R_2 \cdot C_2$$

Bei der Schaltung des frequenzkompensierten Spannungsteilers handelt es sich im Prinzip um eine Brückenschaltung. Bei niedrigen Frequenzen der Eingangsspannung U_1 (kapazitiver Blindwiderstand X_{C1} sehr groß) und ohne Kompensationskondensator C_2 gilt:

$$\frac{U_1}{U_2} = \frac{R_1}{R_2}$$

Bei der Verwendung des Kompensationskondensators C_2 wird für unterschiedliche Frequenzen die Forderung

$$\frac{U_1}{U_2} = \frac{R_1}{R_2} = konstant$$

gestellt. Damit das Verhältnis U_1/U_2 bei Frequenzänderung konstant bleibt, muss die Brücke abgeglichen sein, d. h.:

$$\frac{R_1}{R_2} = \frac{X_{C1}}{X_{C2}}$$

Da $X_{C1} = 1/(\omega \cdot C_1)$ und $X_{C2} = 1/(\omega \cdot C_2)$ ist, kann man auch schreiben

$$\frac{R_1}{R_2} = \frac{C_2}{C_1}$$

Die zu messende Spannung U_1 wird also durch einen frequenzkompensierten Spannungsteiler stets auf den gleichen Wert U_1 heruntergeteilt.

Der gesamte Eingangsspannungsteiler ist nun so aufgebaut, dass das Oszilloskop in jeder Stellung des Abschwächerschalters VERT.AMPL stets einen konstanten ohmschen Eingangswiderstand von z. B. 1 MΩ hat und die gleiche dazu parallel liegende Kapazität von z. B. 30 pF. ◄

Abb. 1.14 zeigt eine Schaltung zur Untersuchung eines frequenzkompensierten Spannungsteilers an Rechteckspannung. Durch die Änderung der Kapazität von C_2 lässt sich die Ausgangskurvenform beeinflussen. Wählt man den Kondensator C_2 kleiner als C_1, ergibt sich für den Spannungsteiler ein integrierendes Verhalten, d. h. die Flanken werden abgerundet und man spricht von einem unterkompensierten Verhalten. Sind $C_2 = C_1$, erfolgt eine verzerrungsfreie Darstellung der Rechteckspannung. Ist C_2 größer als C_1, kommt es zu einem differenzierenden Verhalten. Das heißt es tritt ein Überschwingen an den Flanken auf. In diesem Fall hat man ein überkompensiertes Verhalten.

Abb. 1.15 zeigt einen unterkompensierten und Abb. 1.16 einen überkompensierten Spannungsteiler.

Ebenfalls wichtig für den Y-Eingang ist die Anstiegszeit t_r (rise time). Es handelt sich um die Zeit, die der Elektronenstrahl bei idealem Spannungssprung am Y-Eingang benötigt, um von 10 % auf 90 % des Endwerts anzusteigen. Die Anstiegszeit kennzeichnet, wie gut sich das jeweilige Oszilloskop zur Darstellung impulsförmiger Signale

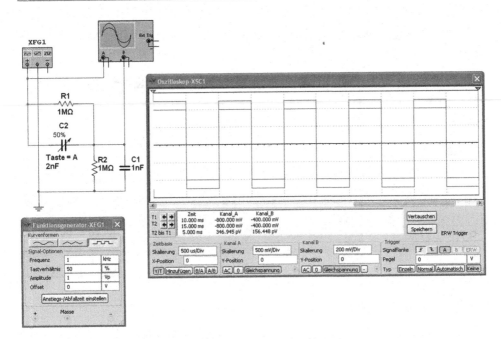

Abb. 1.14 Untersuchung eines frequenzkompensierten Spannungsteilers an Rechteckspannung

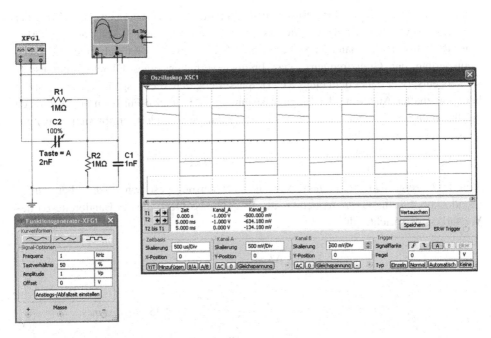

Abb. 1.15 Unterkompensierter Spannungsteiler

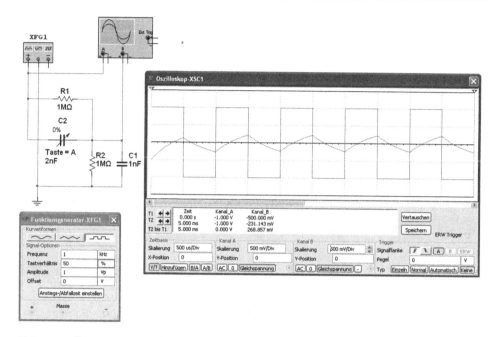

Abb. 1.16 Überkompensierter Spannungsteiler

eignet, wie diese z. B. in der Fernseh- und Digitaltechnik vorkommen. Die Größe der Anstiegszeit wird von der Bandbreite des Y-Verstärkers bestimmt. Enthält der Verstärker viele RC-Glieder, die man aus Stabilitätsgründen benötigt, ergibt sich eine erhebliche Reduzierung der Grenzfrequenz. Das Frequenzverhalten eines Gleichspannungsverstärkers entspricht daher dem eines RC-Tiefpassfilters, d. h. die Ausgangsspannung steigt bei sprunghafter Änderung der Eingangsspannung nach einer e-Funktion an. Wenn sich die Spannung nach einer e-Funktion von 10 % auf 90 % ändert, ergibt sich eine Zeitkonstante von t = 2,2, also

$$t_r = 2,2 \cdot \tau = 2,2 \cdot R \cdot C$$

Abb. 1.17 zeigt den zeitlichen Verlauf der Anstiegsgeschwindigkeit bei einem Oszilloskop. Für die Grenzfrequenz f_0 des RC-Tiefpassfilters, die der Bandbreite Δf des Verstärkers entspricht, gilt

$$f_0 = \Delta f = \frac{1}{2 \cdot \pi \cdot R \cdot C}$$

$$t_r = \Delta f = 2,2 \cdot R \cdot C \frac{1}{2 \cdot \pi \cdot R \cdot C} = \frac{2,2}{2 \cdot \pi} = 0,35 = konstant$$

Abb. 1.17 Anstiegsgeschwindigkeit

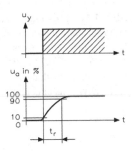

Damit gilt:

$$t_r = 0,35 \frac{1}{\Delta f}$$

Die Anstiegszeit beträgt demnach

- bei b = 100 kHz: t_r = 3,5 μs
- bei b = 10 MHz: t_r = 35 ns
- bei b = 50 MHz: t_r = 7 ns

und diese Werte kann man anhand der Datenblätter überprüfen.

Die große Bandbreite der Verstärker wird häufig dadurch erreicht, dass man den Einfluss der Schaltkapazitäten durch kleine Induktivitäten teilweise kompensiert. Das kann jedoch zu einem Überschwingen führen, d. h. der Elektronenstrahl geht wie der mechanische Zeiger eines nicht gedämpften Drehspulmesswerks erst über seinen Endwert hinaus. Damit das Überschwingen den dargestellten Impuls nicht sichtbar verfälscht, wird das Überschwingen unter 5 %, meist sogar unter 2 % der Amplitude gehalten.

1.1.5 Empfindlichkeit des Y-Kanals

Das vertikale System bei einem Oszilloskop skaliert das Eingangssignal so, dass es auf dem Bildschirm dargestellt werden kann. Oszilloskope zeigen Signale mit Spitze-Spitze-Spannungen (peak-to-peak) von wenigen Millivolt bis zu 100 Volt an. Alle diese Spannungen müssen so angezeigt werden können, dass ihre Werte anhand des Rasters gemessen werden können.

Große Signale müssen abgeschwächt und kleine Signale verstärkt werden. Hierfür sorgt der Empfindlichkeits- oder Abschwächer-Einsteller.

Die Empfindlichkeit des Y-Kanals wird in Volt pro Division gemessen. Wenn man Abb. 1.18 betrachtet, so erkennt man, dass die Empfindlichkeit auf 1 V/Div eingestellt ist. Die Wechselspannung lenkt daher die Schreibspur über sechs vertikale Divisions ab. Wenn die Einstellung der Empfindlichkeit und die Anzahl der vertikalen Divisions, die der Strahl durchläuft, bekannt sind, kann man die unbekannte Spitzenspannung des Signals ermitteln.

Abb. 1.18 Messung einer
Wechselspannung mit $U = 6$
V_{SS} und der Elektronenstrahl
wird bei einer Empfindlichkeit
von 1 V/Div vertikal über
sechs Divisions abgelenkt

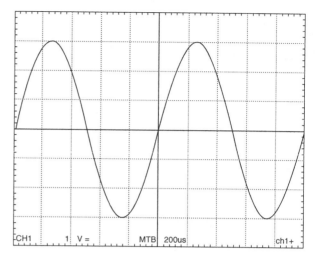

Bei den meisten Oszilloskopen lässt sich die Empfindlichkeit in den Schritten einer
1-2-5-Folge einstellen, d. h. 10 mV/Div, 20 mV/Div, 50 mV/Div, 100 mV/Div und so
weiter. Die Empfindlichkeit wird durch Drücken der Amplituden-Tasten nach oben/unten
oder bei anderen Geräten durch Drehen eines Drehknopfes für die vertikale Empfindlichkeit eingestellt.

Wenn das Signal mit diesen Schritten nicht wie gewünscht auf dem Bildschirm
skaliert wird, kann der Variable-Einsteller (VAR) zu Hilfe genommen werden. Die
Messung einer Anstiegszeit mit Hilfe des Rasters ist ein gutes Beispiel hierfür. Der
Variable-Einsteller ermöglicht eine stufenlose Einstellung zwischen den 1-2-5-Schritten.
Im Allgemeinen ist bei der Benutzung des Variable-Einstellers die genaue Empfindlichkeit nicht bekannt; man weiß nur, dass sie irgendwo zwischen zwei Schritten der 1-2-
5-Folge liegt. Die Y-Ablenkung für den Kanal ist jetzt unkalibriert oder „uncal". Auf
diesen Zustand wird normalerweise durch eine entsprechende Anzeige auf der Frontplatte oder auf dem Bildschirm des Oszilloskops hingewiesen.

Bei moderneren Oszilloskopen wie denjenigen aus dem Beispiel ist die Empfindlichkeit zwischen Minimum und Maximum stufenlos einstellbar, bleibt jedoch dank der
modernen Verfahren zur Steuerung und Kalibrierung trotzdem kalibriert.

Bei älteren Oszilloskopen kann die Empfindlichkeitseinstellung für den Kanal
anhand der Skala um den Empfindlichkeits-Einsteller ermittelt werden. Bei neueren
Oszilloskopen wird die Empfindlichkeit direkt auf dem Bildschirm dargestellt.

Mit dem Kopplungs-Einsteller wird vorgegeben, auf welche Weise das Eingangssignal
von der BNC-Eingangsbuchse auf der Frontplatte an das übrige Vertikalablenksystem
für diesen Kanal weitergeleitet wird. Es gibt zwei Einstellungen: DC-Kopplung und AC-
Kopplung.

Die DC-Kopplung sorgt für eine direkte Signalverbindung. Alle Signalkomponenten
(AC und DC) beeinflussen dann die Anzeige.

Bei AC-Kopplung wird ein Kondensator zwischen die BNC-Buchse und den Abschwächer in Reihe geschaltet. Alle DC-Anteile des Signals werden somit blockiert. Niederfrequente AC-Anteile werden ebenfalls blockiert oder stark abgeschwächt. Die untere Grenzfrequenz ist die Frequenz, bei der das Signal mit nur 71 % seiner eigentlichen Amplitude dargestellt wird. Die NF-Grenzfrequenz hängt in erster Linie von dem Wert des Kondensators für die Eingangskopplung ab.

Verbunden mit dem Einsteller für die Kanalkopplung ist die Ground-Funktion für das Eingangssignal. Hiermit wird das Signal vom Abschwächer getrennt und der Abschwächereingang mit dem Massepegel des Oszilloskops verbunden. Wenn Ground (Masse) gewählt wird, wird eine Linie bei 0 V angezeigt. Diese Linie auf Bezugsniveau oder Basislinie lässt sich jetzt mit dem Positions-Einsteller verschieben.

Die meisten Oszilloskope weisen eine Eingangsimpedanz von 1 MΩ parallel zu ca. 25 pF auf. Dieser Wert ist für die meisten universellen Anwendungen akzeptabel, da er die vielen Schaltungen wenig belastet. Einige Signale stammen von Quellen mit einer Ausgangsimpedanz von 50 Ω. Um diese Signale genau zu messen und eine Verzerrung zu vermeiden, müssen sie korrekt übertragen und abgeschlossen werden. Es werden Kabel mit einem Wellenwiderstand von 50 Ω verwendet, die mit einer Last von 50 Ω abgeschlossen sein müssen. Bei einigen Oszilloskopen ist diese Last von 50 Ω als eine durch den Benutzer anwählbare Funktion vorgesehen. Um eine versehentliche Aktivierung zu vermeiden, muss die Auswahl bestätigt werden. Aus dem gleichen Grund kann die Eingangsimpedanz von 50 Ω nicht für bestimmte Tastköpfe verwendet werden.

Mit dem POS-Einsteller für die vertikale Position wird die Schreibspur in Y-Richtung auf dem Bildschirm verschoben. Der Massepegel kann festgestellt werden, indem für die Eingangskopplung „Ground" gewählt wird, damit keine anderen Eingangssignale anliegen. Modernere Oszilloskope verfügen über eine separate Massepegel-Anzeige, mit der der Benutzer immer den Bezugspegel für die Signalform finden kann.

Bei einem dynamischen Bereich handelt es sich um die maximale Amplitude des Signals, die ohne Verzerrung verarbeitet werden kann, wobei alle Signalabschnitte durch Ändern der vertikalen Position immer noch angezeigt werden können. Bei zahlreichen Oszilloskopen sind dies typischerweise 24 Divisions (drei Bildschirme).

Es mag den Anschein erwecken, dass die einfache Addition von zwei Signalen wenig praktischen Nutzen hat. Wird jedoch eines von zwei zusammenhängenden Signalen invertiert und werden die beiden Signale anschließend addiert, so handelt es sich um eine Subtraktion. Diese ist wiederum sehr nützlich, um Gleichtaktstörungen (z. B. Netzbrumm) zu entfernen oder differenzielle Messungen durchzuführen.

Durch die Subtraktion des Eingangssignals vom Ausgangssignal eines Systems wird nach geeigneter Skalierung die durch das Messobjekt verursachte Verzerrung sichtbar. Da sich viele elektronische Systeme invertierend verhalten, kann die gewünschte Subtraktion freilich erreicht werden, indem die beiden Oszilloskop-Eingangssignale addiert werden!

1.1.6   Alternierender und gechoppter Betrieb

Auf dem Bildschirm des Oszilloskops kann immer nur eine Signalspur dargestellt werden. Bei vielen Oszilloskop-Anwendungen werden jedoch Signale verglichen, um z. B. den Zusammenhang zwischen Eingang und Ausgang oder die Signalverzögerung durch das System zu untersuchen. Hierfür ist ein Oszilloskop erforderlich, das mehr als ein Signal gleichzeitig anzeigen kann.

Um dies zu erreichen, kann der Elektronenstrahl auf zwei Weisen gesteuert werden:

1. Das Oszilloskop kann abwechselnd zuerst eine Schreibspur und dann die andere Schreibspur komplett abbilden; dies ist der sogenannte alternierende Betrieb oder einfach ALT-Betrieb.
2. Das Oszilloskop kann die Schreibspuren in einzelnen Abschnitten abbilden, indem sehr schnell zwischen ihnen umgeschaltet wird; dies ist der sogenannte Chopper-Betrieb oder einfach CHOP (Chopping = Zerhacken). Hiermit werden während eines Strahldurchlaufs zwei Schreibspuren stückweise abgebildet.

Der Chopper-Betrieb eignet sich besser für die Anzeige von niederfrequenten Signalen bei langsamen Zeitbasis-Geschwindigkeiten, da in dieser Betriebsart sehr schnell umgeschaltet werden kann.

Der alternierende Betrieb eignet sich besser für höhere Frequenzen, die eine schnellere Zeitbasis-Einstellung erfordern. Die in diesem Buch als Beispiele gezeigten Oszilloskope wählen automatisch ALT- oder CHOP-Betrieb in Abhängigkeit von der Zeitbasis-Geschwindigkeit, um eine bestmögliche Signaldarstellung zu gewährleisten. Für bestimmte Signale kann aber auch manuell zwischen ALT- und CHOP-Betrieb umgeschaltet werden.

Die wichtigste Spezifikation jedes Oszilloskops ist die Bandbreite. Die Bandbreite beschreibt den Frequenzgang des vertikalen Systems und ist definiert als die maximale Frequenz, die bei einer Amplitude auf dem Bildschirm angezeigt werden kann, welche nicht mehr als 3 dB kleiner ist als die tatsächliche Signalamplitude.

Der −3 dB Punkt ist die Frequenz, bei der die angezeigte Signalamplitude „U_{disp}" bei 71 % des tatsächlichen Wertes des Eingangssignals „U_{input}" angezeigt wird.

Bei

$$\text{db (Volt)} = 20 \log (\text{Spannungsverhältnis})$$
$$-3\,\text{dB} = 20 \log \left(U_{disp}/U_{input}\right)$$
$$-0{,}15 = \log \left(U_{disp}/U_{input}\right)$$
$$10^{-0{,}15} = U_{disp}/U_{input}$$
$$U_{disp} = 0{,}71 \cdot U_{input}$$

Bei Oszilloskopen mit großer Bandbreite, normalerweise Typen mit Bandbreiten von 100 MHz und mehr, kann die Bandbreite auf typisch 20 MHz reduziert werden, was für die Durchführung von hochempfindlichen Messungen sehr vorteilhaft ist, da hierbei gleichzeitig Rauschpegel und Interferenzen reduziert werden.

Anstiegszeit und Bandbreite sind voneinander abhängig. Die Anstiegszeit wird normalerweise als die Zeit angegeben, die ein Signal für den Übergang vom 10-%-Pegel auf den 90-%-Pegel des stabilen Maximalwertes benötigt.

Aus praktischen Gründen wird die Bandbreite häufig so betrachtet, als ob der Frequenzgang bis zur Grenzfrequenz flach verliefe und dann mit 6 dB/Oktave (20 dB/ Dekade) von dieser Frequenz abfällt. Hierbei handelt es sich natürlich um eine Vereinfachung. In Wirklichkeit nimmt die Empfindlichkeit des Verstärkers bei niedrigen Frequenzen langsam ab und erreicht −3 dB bei der Grenzfrequenz. In Abb. 1.19 sind der vereinfachte und der realistische Frequenzgang dargestellt.

Bei einem Oszilloskop entspricht die Anstiegszeit dem schnellsten Übergang, der theoretisch dargestellt werden kann. Das Hochfrequenzverhalten eines Oszilloskops hat eine sorgfältig bestimmte Kurve. Hiermit wird sichergestellt, dass Signale mit einem hohen Gehalt an Oberschwingungen, z. B. Rechtecksignale, wirklichkeitsgetreu auf dem Bildschirm reproduziert werden. Wenn die Dämpfung zu schnell erfolgt, kann dies bei schnell ansteigenden Flanken zu Überschwingen führen, und wenn die Dämpfung zu langsam erfolgt, also zu früh auf der Frequenzkurve beginnt, wird das gesamte Hochfrequenzverhalten beeinträchtigt und die Rechtecksignale verlieren ihre Rechteckigkeit. Diese Kurve ist bei allen universellen Oszilloskopen ähnlich, so dass hiervon eine einfache Formel abgeleitet werden kann, die die Bandbreite Δf und die Anstiegszeit t_r miteinander in Beziehung setzt:

$$t_r(s) = 0{,}35/\Delta f \ (Hz)$$

Bei Hochfrequenz-Oszilloskopen ergibt sich damit:

$$t_r(ns) = 350/\Delta f \ (MHz)$$

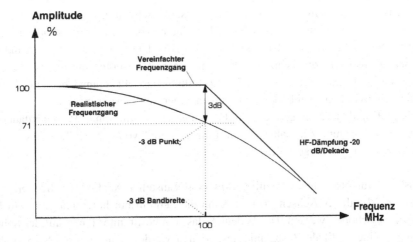

Abb. 1.19 Frequenzgang eines typischen 100-MHz-Oszilloskops (vereinfacht und realistisch)

Bei einem Oszilloskop mit 100 MHz beträgt die Anstiegszeit 3,5 ns (ns = Nanosekunde = 10^{-9} s).

Das Raster enthält spezielle Linien, die mit 0 % und 100 % gekennzeichnet sind. Diese Linien dienen zur Messung der Anstiegszeit. Mit dem VAR-Empfindlichkeits-Einsteller werden der obere und der untere Teil des zu messenden Signals auf die 0-%-Linie bzw. die 100-%-Linie eingestellt.

Die Anstiegszeit wird dann auf der X-Achse als Zeit zwischen den Schnittpunkten des Signals mit der 10-%- und der 90-%-Rasterlinie gemessen.

Um die Anstiegszeit eines Oszilloskops zu messen, geht man ebenso vor, jedoch muss das Testsignal eine Anstiegszeit aufweisen, die viel kürzer ist als die des Oszilloskops; sie muss für einen Fehler von 2 % mindestens 5 mal kürzer sein. Die angezeigte Anstiegszeit ist eine kombinierte Funktion der Oszilloskop-Anstiegszeit und der Signal-Anstiegszeit. Der Zusammenhang kann folgendermaßen dargestellt werden:

$$t_{rangezeigt} = \sqrt{t_{r(Signal)}^2 + t_{r(Scope)}^2}$$

1.1.7 Horizontale Ablenkung

Um eine Kurve zu zeichnen, benötigt man sowohl horizontale als auch vertikale Informationen. Oszilloskope zeichnen Kurven, um darzustellen, wie sich Signale über die Zeit verhalten. Die horizontale Ablenkung muss also proportional zur Zeit erfolgen. Das System, das die horizontale Ablenkung, die X-Achse, steuert, wird als Zeitbasis bezeichnet.

Bandbreite Das Oszilloskop enthält einen genauen Sägezahngenerator. Er sorgt dafür, dass der Elektronenstrahl den Leuchtschirm mit einer präzisen, vom Benutzer einstellbaren Geschwindigkeit überstreicht. Das Ausgangssignal des Sägezahngenerators ist in Abb. 1.20 dargestellt.

Die Durchlauf-Geschwindigkeit oder Zeitbasis-Geschwindigkeit wird in Sekunden pro Division (s/Div) gemessen und reicht bei einem typischen Oszilloskop von 20 ns/Div (ns = Nanosekunden = $1 \cdot 10^{-9}$ s) bis 0,5 s/Div. Diese Zeitbasis-Geschwindigkeit lässt sich ebenso wie die Empfindlichkeit in einer 1-2-5-Folge einstellen. Wenn der Zeitmaßstab, d. h. die Zeit, die jede Raster-Teilung darstellt, einmal bekannt ist, kann man die Zeit zwischen zwei beliebigen Punkten einer Schreibspur messen.

Abb. 1.21 und 1.22 zeigen ein 1-kHz-Sinussignal (mit einer Periodendauer von 1 ms), das mit einem Zeitmaßstab von 1 ms/Div und von 200 μs/Div (μs = Mikrosekunden = $1 \cdot 10^{-6}$ s) dargestellt wird.

• Einsteller für horizontale Position: Mit dem Einsteller X-POS für die horizontale Position oder die X-Achsen-Position kann die Schreibspur horizontal auf dem Bildschirm verschoben werden. Das bedeutet, dass ein bestimmter Punkt auf der Schreibspur auf eine vertikale Rasterlinie ausgerichtet werden kann, um als Startpunkt für eine Zeitmessung zu dienen.

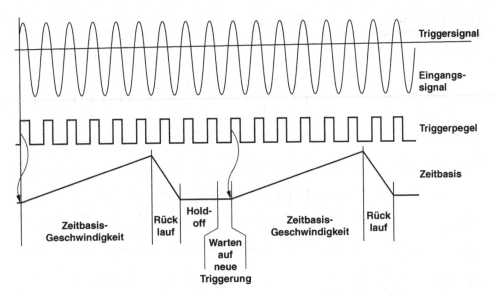

Abb. 1.20 Ausgangssignal des Sägezahngenerators mit Zeitbasis-Geschwindigkeit, Rücklauf und Hold-off-Zeit

- Variable Zeitbasis: Man kann die Zeitbasis-Geschwindigkeiten wählen, die von der üblichen 1-2-5-Folge abweichen. Hiermit kann man z. B. eine Periode einer beliebigen Signalform über die gesamte Bildschirmbreite darstellen. Ähnlich wie bei der VAR-Einstellung für die Achse weisen die meisten Oszilloskope darauf hin, dass die variable Zeitbasis benutzt wird und die X-Achse nicht kalibriert ist. Modernere Oszilloskope können auch bei stufenloser Einstellung kalibriert arbeiten. Da die gesamte Bildschirmbreite zur Verfügung steht, um den interessierenden Signalabschnitt anzuzeigen, können die Messungen hiermit mit besserer Zeitauflösung durchgeführt werden. Auch die Wahrscheinlichkeit von Bedienungsfehlern wird erheblich reduziert.

- Zeitbasis-Dehnung: Bei der Zeitbasis-Dehnung wird der Zeitmaßstab (Durchlauf der X-Ablenkung) gedehnt, und zwar normalerweise um das Zehnfache. Die tatsächliche Zeitbasis-Geschwindigkeit, wie sie auf dem Bildschirm zu sehen ist, ist daher 10 mal schneller. Ein typisches Oszilloskop mit einer unvergrößerten Zeitbasis von 20 ns/Div kann jetzt mit 2 ns/Div arbeiten. Dargestellt wird jetzt ein auf dem Signal verschiebbarer Ausschnitt des Signals. Die Zeitbasis-Dehnung bietet im Vergleich zur einfachen Erhöhung der Zeit-Basis-Geschwindigkeit den Vorteil, dass hier das Originalsignal beibehalten wird und gleichzeitig wesentlich genauer betrachtet werden kann. Abb. 1.23 zeigt, wie das Signal mit dem X-POS-Einsteller durchlaufen werden kann.

- Doppelte Zeitbasis: Bei zahlreichen Anwendungen, in denen komplexe Signale eine Rolle spielen, muss ein kleiner Signalabschnitt so dargestellt werden, dass er den gesamten Bildschirm füllt. Dies ist z. B. der Fall, wenn eine bestimmte Videozeile eines Composite-Video-Signals untersucht werden soll. Hier reicht die normale Triggerung der Standard-Zeitbasis nicht aus. Aus diesem Grunde verfügen moderne Oszilloskope über eine zweite Zeitbasis.

Abb. 1.21 1-kHz-
Sinussignal, Zeitbasis
eingestellt auf 1 ms/Div

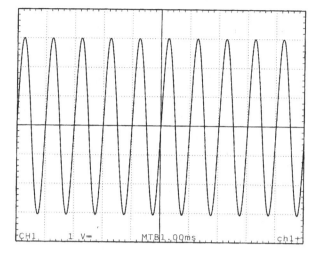

Abb. 1.22 Zeitbasis-Dehnung
und Einstellung der X-Position

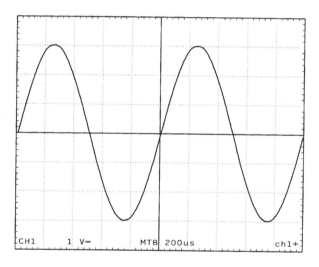

Die Hauptzeitbasis (Main time-base, MTB) kann auf ein Haupt-Triggerereignis in der Signalform triggern, z. B. auf das vertikale Synchronisations-Signal des Videosystems. Ein Teil der MTB-Schreibspur wird heller dargestellt. Eine zweite Zeitbasis, die sogenannte verzögerte Zeitbasis (oder Delay timebase, DTB) wird am Anfang des aufgehellt dargestellten Signalabschnitts gestartet, und ihre Geschwindigkeit kann separat schneller eingestellt werden als die Ablenkung der Hauptzeitbasis. Die Verzögerung zwischen dem Start der MTB und dem Anfang des aufgehellten Signalabschnitts kann eingestellt werden.

Es ist sogar möglich, die DTB nicht dann zu starten, wenn die gewählte Verzögerungszeit abgelaufen ist, sondern zu diesem Zeitpunkt zunächst eine Triggerschaltung für die DTB zu armieren. Erst wenn im Anschluss daran ein neues Triggerereignis eintritt, wird der Durchlauf der DTB gestartet.

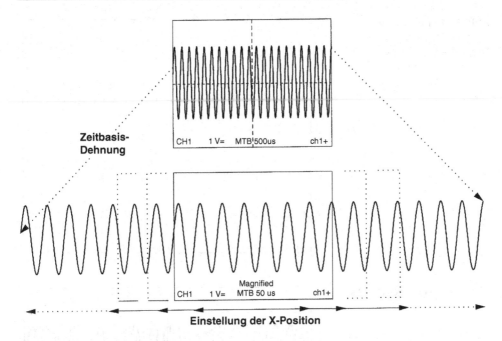

Abb. 1.23 Zeitbasis-Dehnung und Einstellung der X-Position

Bei einer doppelten Zeitbasis wird der Elektronenstrahl also abwechselnd mit zwei verschiedenen Geschwindigkeiten durch die zwei Zeitbasen über den Bildschirm gelenkt.

Betrachtet man sich Abb. 1.24, ist die Hauptzeitbasis auf 500 μs/Div eingestellt. Hiermit wird eine Signalform auf dem Bildschirm gezeichnet. Während dieses Durchlaufs wird die Schreibspur Zeitbasis-Dehnung nach 2 ms, was vier Divisions entspricht, aufgehellt. Diese Zeit wird durch den Verzögerungseinsteller vorgegeben. Die Dauer des aufgehellten Bereichs wird mit dem Einsteller für die DTB-Zeitbasis-Geschwindigkeit vorgegeben und beträgt in unserem Beispiel 50 μs/Div Abb. 1.25 zeigt ein nicht getriggertes Signal.

Wenn die verzögerte Zeitbasis nach der 2-ms-Verzögerung startet, wird nur ein Zehntel der Originalschreibspur der Hauptzeitbasis angezeigt, jedoch über den gesamten Bildschirm.

Wird die Verzögerungszeit geändert, so ändert sich auch der Startpunkt der verzögerten Zeitbasis-Abtastung auf der Hauptzeitbasis. Durch eine Änderung der Zeitbasis-Geschwindigkeit der verzögerten Zeitbasis wird die Länge des dargestellten Abschnittes der Hauptzeitbasis geändert. Die Hauptzeitbasis kann ausgeschaltet werden, wenn der interessierende Signalabschnitt mit der verzögerten Zeitbasis angezeigt wird. Hierdurch wird die verzögerte Schreibspur heller dargestellt.

Abb. 1.24 Betrieb mit doppelter Zeitbasis (50 μs/ Div und 500 μs/Div, vier Divisions-Verzögerungen)

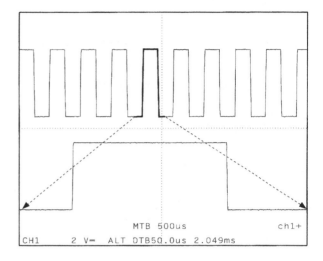

Abb. 1.25 Nicht getriggertes Signal

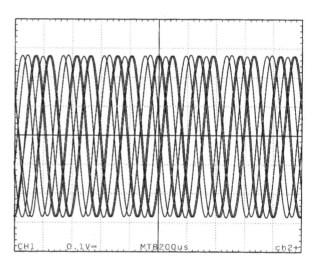

Ein typisches Oszilloskop mit zwei Zeitbasen bietet die folgenden Zeitbasis-Betriebs-arten:

- MTB: Nur die Hauptzeitbasis (Main timebase) wird angezeigt und das Oszilloskop verhält sich wie ein Instrument mit einfacher Zeitbasis.
- MTBI: Hauptzeitbasis aufgehellt (Main timebase intensified). Zeigt nur den MTB-Durchlauf, jedoch wird ein Teil der Schreibspur aufgehellt dargestellt, um Start-position und Durchlauf der DTB anzuzeigen.
- MTB: Intensified und DTB: Wie MTBI, jedoch mit DTB-Durchlauf.
- DTB: Verzögerte Zeitbasis (Delay timebase): Zeigt nur den DTB-Durchlauf.

Die Zeitbasis-Schaltung verfügt über mehrere Betriebsarten. Bei normalen analogen Oszilloskopen sind dies: automatisch, normal oder getriggert und Single oder Single-Shot.

- Normal: Die Zeitbasis muss getriggert werden, um eine Schreibspur erzeugen zu können. Die Regel hierbei ist einfach, kein Signal, „keine Schreibspur". Der gewählten Triggerquelle muss ein Eingangssignal zugefügt werden, das groß genug ist, die Zeitbasis zu triggern. Wenn kein Eingangssignal vorhanden ist, wird keine Schreibspur auf dem Bildschirm abgebildet.
- Automatisch: Mit dieser Betriebsart kann auch dann eine Schreibspur angezeigt werden, wenn kein Signal vorhanden ist. Wenn kein Signal vorliegt, auf das getriggert werden kann, ermöglicht der Automatikbetrieb den Freilauf der Zeitbasis bei einer niedrigen Frequenz, so dass eine Schreibspur auf dem Bildschirm angezeigt wird. Hiermit lässt sich die vertikale Position der Schreibspur einstellen, z. B. wenn es sich bei dem Signal um eine reine Gleichspannung handelt.
- Single: Bei Eintreffen eines Triggersignals erfolgt nur ein einmaliger Zeitbasis-Durchlauf. Die Triggerschaltung muss für jedes Triggerereignis armiert, d. h. vorbereitet, werden. Wenn sie nicht armiert ist, wird die Zeitbasis durch die nachfolgenden Triggerereignisse nicht gestartet. Die Triggerschaltung wird erneut armiert, indem die Taste mit der Aufschrift Single oder Reset – je nach Oszilloskop – gedrückt wird, um eventuelle Unsicherheiten bei Einzelablenkungen zu eliminieren (Abb. 1.26).

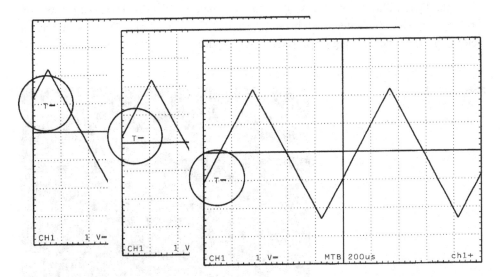

Abb. 1.26 Einfluss der Triggerpegel-Einstellung können moderne Oszilloskope ihre Triggerpegel in Volt oder als horizontale Linien auf dem Bildschirm anzeigen

1.1.8 Triggerung

Wie man gesehen hat, wird das Eingangssignal für die vertikale Ablenkung verwendet und wie die Zeitbasis zu einer horizontalen Ablenkung führt. Aber wie folgt der
Elektronenstrahl bei jedem Überstreichen des Bildschirms genau dem gleichen Weg?
Die Antwort liegt in der Triggerschaltung begründet. Ohne die Triggerung wäre nur ein
Durcheinander von Signalformen mit beliebigen Startpunkten auf dem Bildschirm zu
sehen. Bei jedem Zeitbasis-Durchlauf sorgt die Triggerschaltung dafür, dass die Zeitbasis
an einem genau definierten Punkt auf dem Eingangssignal startet. Dieser genaue Startpunkt wird mit folgenden Einstellern festgelegt. Abb. 1.27 zeigt ein Videozeilensignal.

- Triggerquelle: Hiermit wird vorgegeben, von welcher Quelle das Triggersignal
  stammt. In der Mehrzahl der Fälle stammt es vom Eingangssignal selbst. Wenn nur
  ein Kanal benutzt wird, wird die Triggerquelle also auf diesen Kanal eingestellt.
  Wenn mehrere Kanäle in Gebrauch sind, muss einer von ihnen als Triggerquelle
  gewählt werden.

Composite-Triggerung wird benutzt, um abwechselnd von verschiedenen Kanälen in der
Reihenfolge ihrer Anzeige zu triggern. Hiermit können Signale angezeigt werden, die
nicht in zeitlichem Zusammenhang stehen, z. B. unterschiedliche Frequenzen.
   Wenn das Oszilloskop über einen externen Triggereingang (Ext.) verfügt, kann es den
Triggerpunkt von einem Signal ableiten, das diesem Eingang zugeführt wird.
   Für die Durchführung von Messungen an Systemen mit Netzfrequenz oder einer von
der Netzfrequenz abgeleiteten Frequenz sorgt die Netztriggerung. Diese Möglichkeit
bietet sich an, um netzabhängige Störungen aufzuspüren.

Abb. 1.27 Komplettes
FBAS-Fernsehsignal
(Videozeilensignal) ·

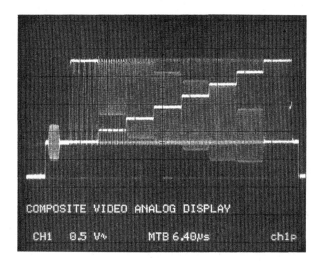

- Triggerpegel: Mit dem Einsteller „Triggerpegel" wird der Spannungspegel eingestellt, den das Signal von der gewählten Triggerquelle überschreiten muss, damit die Triggerschaltung die Zeitbasis startet.
- Triggerflanke: Mit dem Flanken-Einsteller (Slope) wird vorgegeben, ob die Triggerung auf einer ansteigenden (positiven) oder abfallenden (negativen) Flanke des Quellensignals erfolgt.
- Triggerkopplung: Hiermit wird vorgegeben, auf welche Weise das gewählte Quellensignal an die Triggerschaltung weitergeleitet wird:
  - DC-Kopplung: Die Quelle wird direkt mit der Triggerschaltung verbunden.
  - AC-Kopplung: Die Quelle wird über einen Reihenkondensator mit der Triggerschaltung verbunden.
- Level p-p (Pegel S-S): Der Bereich der Triggerpegel-Einstellung wird automatisch etwas kleiner eingestellt als der Spitze-Spitze-Wert des Quellensignals. Bei dieser Betriebsart ist es unmöglich, einen Triggerpegel außerhalb des Eingangssignals einzustellen, so dass das Oszilloskop immer getriggert wird, wenn ein Signal vorhanden ist.
- HF-Rej. (HF-Unterdrückung): Hiermit wird das Quellensignal über ein Tiefpassfilter weitergeleitet, um die hohen Frequenzen zu unterdrücken. Damit kann auch dann auf ein niederfrequentes Signal getriggert werden, wenn es starkes HF-Rauschen enthält.
- LF-Rel. (NF-Unterdrückung): Hiermit wird das Quellensignal über ein Hochpassfilter weitergeleitet, um die niedrigen Frequenzen zu unterdrücken. Dies ist zum Beispiel nützlich, wenn Signale angezeigt werden sollen, die viel Netzbrumm enthalten.
- TV-Triggerung: In dieser Betriebsart ist der Pegel-Einsteller außer Funktion und das Oszilloskop benutzt die Synchronisationsimpulse eines Videosignals. Für die TV-Triggerung gibt es zwei Möglichkeiten: Bildtriggerung (TV Frame, TVF) und Zeilentriggerung (TV Line, TVL).
- TVF: Jedes TV-Bild besteht aus zwei Halbbildern. Jedes Halbbild enthält die Hälfte der Zeilen, die für ein komplettes Bild erforderlich sind. Die beiden Halbbilder sind miteinander auf dem Fernsehbildschirm verschachtelt, so dass ein Bild entsteht. Durch diese Technik wird die für den Sendekanal erforderliche Bandbreite und damit das Flackern des Bildes reduziert. Zu Beginn jedes Halbbildes tritt eine spezielle Folge von Synchronisationsimpulsen auf, sogenannte Teilbildsynchronisierimpulse oder Vertikalimpulse, auf die das Oszilloskop triggert. Moderne Oszilloskope können zwischen dem ersten und dem zweiten Halbbild unterscheiden.
- TVL: Jedes Halbbild enthält eine Reihe von Zeilen. Jede Zeile beginnt mit einem Zeilen-Synchronisationsimpuls oder Line-Sync. Das Oszilloskop triggert auf jeden dieser Impulse und zeichnet alle Zeilen übereinander. Einzelne Zeilen können betrachtet werden, indem man die doppelte Zeitbasis und die TV-Bild-Triggerung benutzt, oder indem man sie mit Hilfe eines speziellen Zubehörs, dem sogenannten „Video-Line-Selector" anwählt.

Einige Signale weisen mehrere mögliche Triggerpunkte auf. Ein Beispiel hierfür ist das digitale Signal in Abb. 1.28. Obwohl es sich über einen längeren Zeitraum wiederholt, ist

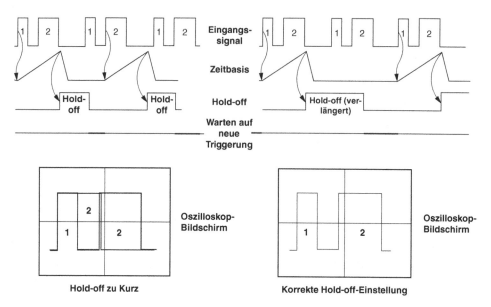

Abb. 1.28 Trigger Hold-off bei komplexem Impuls

die kurzzeitige Situation unterschiedlich. Um einige Impulse etwas genauer betrachten zu können, muss die Zeitbasis schneller laufen, aber jetzt ändert sich der dargestellte Signalabschnitt bei jedem Durchlauf. Um dies zu vermeiden, vergrößert der Trigger Hold-off die Zeit zwischen den Durchläufen, so dass immer auf die gleiche Flanke getriggert werden kann.

Im Abschnitt über die Zeitbasis wurde geschildert, dass die DTB nach einer Verzögerung auf dem MTB-Durchlauf gestartet wurde. Diese Verzögerung wird vom MTB-Triggerpunkt aus gemessen, und erst nach dieser Verzögerungszeit wird die DTB durch das Verzögerungssystem gestartet. Diese Betriebsart wird als „DTB starts" bezeichnet.

Die DTB kann ähnlich wie die MTB auch in einem getriggerten Modus betrieben werden. Das Oszilloskop verfügt über Einsteller für die DTB-Triggerquelle, den Triggerpegel, die Triggerflanke und die Triggerkopplung, und diese Einsteller funktionieren unabhängig von der MTB. Wenn diese Betriebsart gewählt wird, wird die DTB bei Ablauf der Verzögerungszeit für die Triggerung vorbereitet („armiert"), jedoch erst durch ein neues Triggerereignis gestartet, das in einem Eingangssignal erkannt wird. Diese Betriebsart wird als getriggerte DTB bezeichnet.

Die X-Y-Ablenkung oder der X-Y-Modus ist ein Verfahren, bei dem die Zeitbasis außer Funktion gesetzt wird und ein Eingangssignal, das sich von dem für die vertikale Ablenkung unterscheidet, benutzt wird, um den Elektronenstrahl in horizontaler Richtung abzulenken. Das bedeutet, dass zwei Eingangssignale in Abhängigkeit voneinander dargestellt werden können, um ihren Zusammenhang zu erkennen.

Am häufigsten wird dieses Verfahren angewendet, um den Phasen-Zusammenhang von Signalen zu ermitteln. In Abb. 1.29 sind sogenannte Lissajous-Figuren dargestellt,

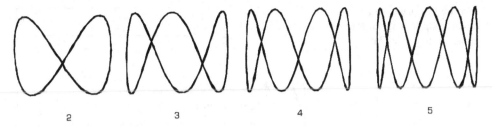

2   3   4   5

Abb. 1.29 Lissajous-Figuren; die vertikale Ablenkungsfrequenz ist ein ganzzahliges Vielfaches der horizontalen Ablenkungsfrequenz

die erzeugt werden, wenn Sinussignale benutzt werden, deren Oberwellen-Frequenzen in einem bestimmten Zusammenhang miteinander stehen. Wenn Signale mit nicht zusammenhängenden Frequenzen zugeführt werden, erhält man keine stabile Anzeige. Bei Signalen mit einem festen Frequenz-Zusammenhang kann der Phasen-Zusammenhang aus der Abbildung abgeleitet werden. Abb. 1.30 zeigt zum Beispiel zwei Sinussignale mit der gleichen Frequenz, die um von 0°, 45° und 90° phasenverschoben sind.

Es gibt noch viele andere Anwendungen für den X-Y-Modus, darunter zahlreiche im Bereich der Elektromechanik. Der Zusammenhang zwischen zwei physikalischen Größen, zum Beispiel Verschiebungsweg in Abhängigkeit vom Druck, kann dargestellt werden, indem man geeignete Messumformer verwendet, um die physikalischen Größen in Signale umzuwandeln, die das Oszilloskop anzeigen kann. Der X-Y-Modus kann auch in einem Messlabor für die Bauelement-Prüfung verwendet werden, um z. B. die Kennlinie einer Diode darzustellen oder eigentlich jede beliebige Situation, bei der zwei miteinander in Zusammenhang stehende Größen vorliegen.

Obwohl die Verzögerungsleitung (Abb. 1.31) ein Teil des vertikalen Ablenksystems ist, wird sie hier getrennt erwähnt, weil sie durch die Triggerschaltung und das horizontale System beeinflusst wird.

Abb. 1.30 Lissajous-Figuren; gleiche Frequenz für horizontale und vertikale Ablenkung

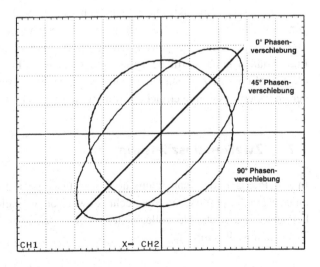

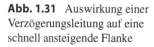

Abb. 1.31 Auswirkung einer
Verzögerungsleitung auf eine
schnell ansteigende Flanke

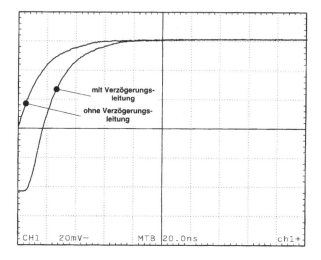

So schnell Triggerschaltung und Zeitbasis auch sein mögen, sie brauchen doch eine gewisse Zeit, um auf eine gültige Triggerbedingung zu reagieren. Die Zeitbasis hat eine kleine nicht lineare Periode am Anfang des Durchlaufs, bis die volle Geschwindigkeit erreicht ist. Bei Oszilloskopen mit geringerer Bandbreite sind diese Zeitspannen, die in der Größenordnung von Nanosekunden liegen, vernachlässigbar im Vergleich zu den schnellsten Signalen, die das Oszilloskop anzeigen kann. Bei Oszilloskopen mit höherer Bandbreite und Zeitbasis-Geschwindigkeiten bis 2 ns/Div spielen diese Zeitspannen jedoch eine Rolle. Um Ereignisse in der Größenordnung von wenigen Nanosekunden darstellen zu können, muss die Zeitbasis getriggert werden, bevor das Triggerereignis in der Signalform den Bildschirm erreicht, d. h. dass der Elektronenstrahl bereits den Bildschirm überstreichen muss, wenn die Triggerinformation des Signals bei den Ablenkplatten eintrifft. Auf diese Weise kann dann die gesamte ansteigende oder abfallende Flanke angezeigt werden, und zwar zusammen mit den Signaldaten einige Nanosekunden vor dem Triggerzeitpunkt. Die Signaldaten wenige Nanosekunden vor dem Triggerzeitpunkt werden als Pre-Trigger-Information bezeichnet. Dies wird erreicht, indem eine Signal-Verzögerungsleitung nach dem Abnahmepunkt des Triggersignals und vor dem Endverstärker in das vertikale System eingefügt wird. Die Verzögerungsleitung speichert das Signal für eine Zeitdauer, die proprotional zu ihrer Länge ist. Bis das Signal das Ende der Verzögerungsleitung erreicht, ist die Zeitbasis gestartet und der Durchlauf aktiviert.

1.2   Zweikanaloszilloskop

In der Praxis findet man kaum noch Oszilloskope mit nur einem Y-Kanal, da man meistens in der praktischen Messtechnik zwei Vorgänge gleichzeitig auf dem Bildschirm betrachten muss. Die Hersteller bieten zwei verschiedene Systeme für Zweikanal- bzw. Zweistrahloszilloskope an.

Die in Zweistrahloszilloskopen eingesetzten Zweistrahlröhren verwenden zwei vollständig und getrennte Strahlsysteme in einem Röhrenkolben. Beide Systeme schreiben
auf den gemeinsamen Schirm. Da es darauf ankommt, die zeitliche Lage der beiden Vorgänge zu vergleichen, werden die beiden X-Ablenkplattenpaare gemeinsam von einer
Zeitablenkeinheit angesteuert. Da diese Technik sehr aufwendig ist, findet man diese
Messgeräte kaum. Abb. 1.32 zeigt das klassische Prinzip eines Zweistrahloszilloskops.

Beim Zweikanaloszilloskop hat man dagegen einen elektronischen Umschalter,
über den die zwei Eingangskanäle zu einem gemeinsamen Ausgang zusammengefasst
werden, ein Flipflop für die Z-Steuerung, den Choppergenerator und die Zeitbasis-
steuerung. Jeder Ausgang des Flipflops steuert einen elektronischen Schalter und die
Funktionen des Flipflops lassen sich durch die zwei Schalter Y_A OFF und Y_B OFF auf der
Frontplatte auswählen. Damit sind vier Messfunktionen möglich:

- Y_A und Y_B sind ausgeschaltet: Das Flipflop kann nicht arbeiten und beide Ausgänge sind
  so gesetzt, dass die Vorverstärkerausgänge keine vertikale Ablenkung erzeugen können.
- Y_A ist eingeschaltet, Y_B ist ausgeschaltet: Der Zustand des Flipflops ist so, dass Y_B nicht
  dargestellt werden kann, während das Signal von Y_A über den Bildschirm sichtbar ist.
- Y_A ist ausgeschaltet, Y_B ist eingeschaltet: Der Zustand des Flipflops ist so, dass Y_A nicht
  dargestellt werden kann, während das Signal von Y_B über den Bildschirm sichtbar ist.
- Y_A und Y_B sind eingeschaltet: Das Flipflop wird von dem Ausgang der Z-Steuerung
  angestoßen und erzeugt so abwechselnde Darstellungen beider Kanäle.

Abb. 1.33 zeigt den Chopperbetrieb für ein Zweikanaloszilloskop. Der Sägezahngenerator wird von einer der beiden zu messenden Spannungen U_{y1} oder U_{y2} getriggert.
Der elektronische Umschalter sorgt dafür, dass in kurzen Zeitabständen abwechslungsweise die beiden Eingangsspannungen an die Y-Platten gelegt werden.

Die Z-Steuerung hat zwei Funktionen:

- Chopperbetrieb: Das Flipflop wird mit Triggerimpulsen versorgt und gibt an das Steuergitter der Elektronenstrahlröhre die entsprechenden Austastimpulse ab. Abwechselnd
  wird die Schaltung von zwei Eingängen gesteuert. Vom Zeitbasisgenerator kommt ein
  Austast- oder ein Rücklaufunterdrückungsimpuls bei jedem Ende der ansteigenden
  Flanke der Sägezahnspannung, während der Choppergenerator ein Rechtecksignal von

Abb. 1.32 Prinzip
und Aufbau eines
Zweistrahloszilloskops

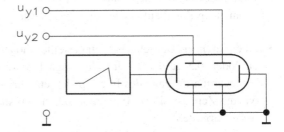

Abb. 1.33 Chopperbetrieb
für ein Zweikanaloszilloskop

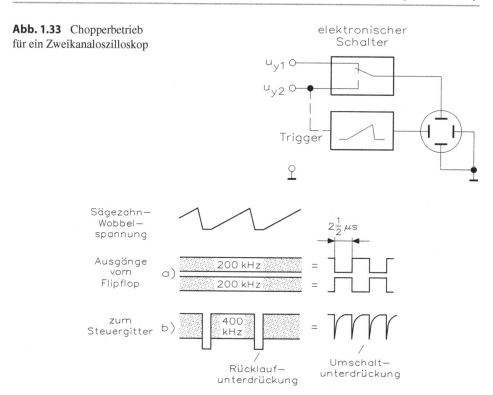

Abb. 1.34 Impulsdiagramm für den Chopperbetrieb

400 kHz erzeugt. Die Art, in welcher die beiden Eingangssignale verarbeitet werden, um die Zustände der Ausgangsimpulse zu erhalten, wird vorbestimmt durch die Stellung des Zeitbasiswahlschalters. Daraus resultiert nach der Frequenzteilung mittels eines flankengesteuerten T-Flipflops, dass der Ausgang eines jeden Y-Kanals abwechselnd in Intervallen von 2,5 μs während eines jeden Ablaufs der Zeitbasis dargestellt wird. Abb. 1.34 zeigt das Impulsdiagramm für den Chopperbetrieb.

Der hier erwähnte Vorgang ist bekannt als „chopped" (zerhackte) Kanalumschaltung. Der andere Ausgang der Austastschaltung, der am Steuergitter der Elektronenstrahlröhre liegt, besteht aus zwei Arten von Austastimpulsen. Dem normalen Impuls für die Rücklaufunterdrückung und dem Impuls, der erforderlich ist, um den Strahl beim Umschalten von dem einen Kanal auf den anderen zu unterdrücken.

- Alternierender Betrieb: Bei eingestellter hoher Wobbelgeschwindigkeit (>0,5 μs/ cm oder 0,5 μs/Div) wird das Signal vom Choppergenerator unterdrückt. Der Z-Steuerungsausgang des Flipflops ist jetzt ein Rechtecksignal mit gleicher Frequenz wie das Zeitbasissignal. Es wird also hier der Ausgang eines jeden Y-Kanals wechselweise dargestellt.

Abb. 1.35 Impulsdiagramm
für den alternierenden Betrieb

Sägezahn−
Wobbel−
spannung

Ausgänge
vom   a)
Flipflop

zum
Steuergitter b)
Elektronen−
strahlröhre

Rücklauf−
unterdrückung

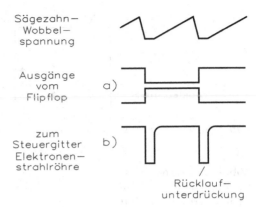

Der Wechsel erfolgt jetzt nicht mehr in einer festen Frequenz wie beim Chopperbetrieb, sondern immer während des Rücklaufs des Zeitbasissignals. Diese Betriebsart
ist als alternierender Betrieb bekannt. Der andere Ausgang der Austastschaltung steuert
wiederum die Rücklaufunterdrückung am Steuergitter der Elektronenstrahlröhre an.
Abb. 1.35 zeigt das Impulsdiagramm für den alternierenden Betrieb.

Der Chopperbetrieb eignet sich besser für die Anzeige von niederfrequenten Signalen bei
langsamen Zeitbasisgeschwindigkeiten, da in dieser Betriebsart sehr schnell umgeschaltet
werden kann. Der alternierende Betrieb eignet sich besser für höhere Frequenzen, die eine
schnellere Zeitbasiseinstellung erfordern. Bei konventionellen Oszilloskopen lässt sich
über einen Umschalter zwischen dem ALT-. und dem CHOP-Betrieb umschalten, d. h. der
Anwender kann manuell zwischen den beiden Betriebsarten wählen. Moderne Oszilloskope
schalten dagegen automatisch zwischen ALT- und CHOP-Betrieb in Abhängigkeit von der
Zeitbasisgeschwindigkeit um, damit eine bestmögliche Signaldarstellung gewährleistet ist.
Es lässt sich aber auch noch manuell umschalten.

1.3   Tastköpfe

Es gibt in der Praxis zahlreiche Messanordnungen, bei denen der Eingangswiderstand von $1 \, M\Omega$ mit einer Eingangskapazität von ca. 30 pF nicht ausreicht. Vor allem
die Parallelkapazität wirkt häufig störend, denn der kapazitive Blindwiderstand hat bei
1 MHz noch $X_C = 5{,}3 \, k\Omega$ und bei 10 MHz reduziert sich der Wert auf $X_C = 530 \, \Omega$. Bei
dieser Betrachtung ist noch nicht die Kapazität der Messleitung berücksichtigt. Der
hochohmige Gleichstromeingangswiderstand ist bei diesen Frequenzen praktisch kurz-
geschlossen. Abhilfe schafft ein Tastkopf mit eingebautem und frequenzkompensiertem
Spannungsteiler, wie Abb. 1.36 zeigt.

Ist der Eingangswiderstand des Oszilloskops mit $R_1 = 1 \, M\Omega$ und $R_2 = 9 \, M\Omega$ festgelegt,
erhält man ein Teilerverhältnis von 10:1, das mit diesem Tastkopf betriebene Oszilloskop
zeigt daher nur 1/10 der angelegten Spannung an. Der Eingangswiderstand steigt auf das

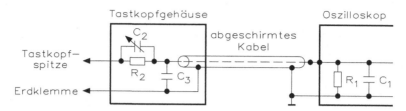

Abb. 1.36 Aufbau eines kapazitätsarmen Tastkopfes

Abb. 1.37 Tastkopf mit rein
ohmschem Spannungsteiler
für Teilerverhältnisse von 10:1
oder 100:1

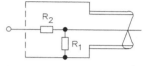

Abb. 1.38 Tastkopf mit rein
kapazitivem Spannungsteiler
für Teilerverhältnis von 1000:1

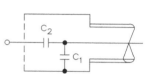

10-fache an und die Belastung der Messstelle – auch die kapazitive Belastung – verringert sich auf 1/10.

Bei der Verwendung eines Tastkopfes muss immer vor der Messung ein Abgleich mit dem eingebauten Rechteckgenerator im Oszilloskop vorgenommen werden. Dieser erzeugt ein Rechtecksignal mit einer konstanten Frequenz von 2,2 kHz und einer konstanten Amplitude von 5 V. Dieses Signal lässt sich auf der Kontaktfläche mit der Bezeichnung PROBE.ADJ auf der Frontplatte abgreifen.

Wegen der eingebauten Spannungsteiler bezeichnet man die Tastköpfe vielfach auch als Teilerköpfe. Es ist immer zu beachten, dass ein um den Faktor 0,1 kleinerer Ablenk-koeffizient eingestellt werden muss, um mit einem Tastkopf eine ebenso große Darstellung auf dem Bildschirm zu erhalten, d. h. 200 mV/Div statt 2 V/Div.

Bei niederfrequenten Hochspannungen genügt meist ein einfacher ohmscher Spannungsteiler, wie Abb. 1.37 zeigt. Damit lässt sich z. B. eine Hochspannung auf eine Größenordnung herabsetzen, die sich dann auf dem Bildschirm darstellen lässt. Eine Frequenzkompensation kann entfallen, da der kapazitive Blindwiderstand von 30 pF bei 50 Hz etwa 100 MΩ beträgt.

Für Schaltungen, bei denen der galvanische Nebenschluss durch den ohmschen Spannungsteiler stört, verwendet man einen kapazitiven Teilerkopf, wie Abb. 1.38 zeigt. Durch den Teilerkopf wird gleichzeitig die Eingangskapazität stark verringert. Damit lässt sich eine Eingangskapazität von ca. 3 pF und ein Teilerverhältnis von 1000:1 erreichen.

Abb. 1.39 Tastkopf für den
HF-Bereich

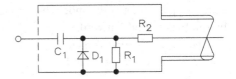

Wenn man mit einem 10-MHz-Oszilloskop eine Frequenz von 20 MHz misst, wird diese nicht mehr dargestellt oder die Darstellung ist verfälscht. Mit dem HF-Tastkopf von Abb. 1.39 lässt sich jedoch die Amplitude dieser HF-Spannung messen, aber nicht mehr die Frequenz. Der HF-Gleichrichter besteht aus dem Kondensator C_1, der Diode D_1 und dem Widerstand R_1. Aus der HF-Spannung entsteht nun eine Gleichspannung, die auf dem Bildschirm dargestellt wird. Der Widerstand R_2 erhöht den Eingangswiderstand und gibt an den Tastkopf ein definiertes Teilerverhältnis ab.

Der HF-Tastkopf erzeugt am Ausgang eine konstante Gleichspannung, solange die Periodendauer der HF-Spannung und die Periodendauer der Signale, mit denen die HF-Spannung z. B. amplitudenmoduliert anliegt, klein ist gegenüber der Zeitkonstante von $R_1 \cdot C_1$ des Gleichrichters. Beim HF-Tastkopf wählt man die Zeitkonstante groß, damit sich ein großer Frequenzbereich in eine konstante Gleichspannung umsetzen lässt. Auf die HF-Spannung amplitudenmodulierter Signale, deren Periodendauer groß gegenüber der Zeitkonstante der Gleichrichterschaltung ist, erscheint am Ausgang der Gleichrichterschaltung eine Wechselspannung, die der Gleichspannung überlagert ist. Bei entsprechender Wahl der Zeitkonstanten des Tastkopfes ist es also möglich, den niederfrequenten Anteil eines amplitudenmodulierten HF-Trägers auf dem Bildschirm darzustellen. HF- und Demodulatortastkopf unterscheiden sich daher grundsätzlich nur in den Werten des Widerstandes R_1 und des Kondensators C_1. In Demodulatortastköpfen findet man häufig noch einen Kondensator, der in Reihe mit dem Widerstand R_2 geschaltet ist. Damit lässt sich die Gleichspannung abblocken und nur die Wechselspannung wird zum Oszilloskop übertragen. Die Demodulationsbandbreite der Tastköpfe liegt meistens zwischen 0 Hz bis 30 kHz für Tonsignale und 0 Hz bis 8 MHz für Fernsehsignale.

1.4 Inbetriebnahme des Oszilloskops

Bei der Auslieferung eines Oszilloskops ist in Europa die Netzspannung auf 230 V eingestellt. Ist eine andere Netzspannung vorhanden, müssen die Anschlüsse am Netztrafo entsprechend der Serviceanleitung umgeklemmt werden. Das Oszilloskop muss unter Berücksichtigung der örtlichen Sicherheitsbestimmungen geerdet werden und das kann erfolgen über

- die Erdungsklemme auf der Vorderseite des Messgeräts oder
- über das Netzanschlusskabel (das festmontierte Netzkabel ist dreiadrig)

Eine Doppelerdung sollte möglichst immer vermieden werden, weil dadurch die Netzbrummfrequenz erhöht wird.

Abb. 1.40 zeigt den Vorgang zum Abgleich der Tastköpfe und vor jeder Messung sind immer folgende Arbeiten durchzuführen:

- Die Tastköpfe werden mit den Eingangsbuchsen Y_A und Y_B verbunden
- Das Gerät wird eingeschaltet und der Helligkeitsregler auf Mittelwert gebracht
- Die anderen Einstellorgane auf der Frontplatte sind gemäß Abb. 1.40 einzustellen
- Die gewünschte Helligkeit lässt sich einstellen

Das Oszilloskop ist gegen Fehlbedienungen aller Art weitgehend geschützt. Es kann jedoch zu einer Zerstörung kommen, wenn die spezifizierte maximale Eingangsspannung überschritten wird. Dies gilt besonders für den X-INPUT/TRIG-Eingang. Tab. 1.2 zeigt typische Werte für die maximale Eingangsspannung.

Die Erdung eines jeden Messkabels ist über die Abschirmung des Kabels gegeben, wobei auf folgende zwei Gefahren besonders zu achten ist:

- Erdung unter Spannung befindlicher Teile in der gemessenen Schaltung über das Oszilloskop
- Kurzschlüsse eines Schaltungsteils mit der Erdungsklemme

Die meisten Oszilloskope sind mit einem externen Gitterraster versehen. Die gezeigten Linien des Rasters und der Strahl befinden sich auf verschiedenen Ebenen. Die Ausrichtung von Strahl und Raster hängt also vom Betrachtungspunkt des Anwenders ab. Ändert sich der Betrachtungspunkt, verschiebt sich auch die Deckungsgleichung. Diese scheinbare Bewegung des Strahls bezogen auf das Raster, wird als Parallaxenverschiebung

Abb. 1.40 Maßnahmen zum Abgleich der Tastköpfe

Tab. 1.2 Werte für die maximale Eingangsspannung	Eingang	maximale Eingangsspannung
	X-INPUT	250 V (DC+AC$_{SS}$)
	TRIG	250 V (DC+AC$_{SS}$)
	Y_A	500 V (DC+AC$_{SS}$)
	Y_B	500 V (DC+AC$_{SS}$)

bezeichnet. Der Ablesefehler als Folge dieser Parallaxenverschiebung sollte möglichst klein gehalten werden. Dies lässt sich am besten dadurch erreichen, dass man den Strahl immer aus einer gleichen „normalen" Position zum Bildschirm betrachtet.

Bei Abgleicharbeiten und Gleichspannungsmessungen kennt man in der Praxis im Wesentlichen zwei Fehlerquellen:

- ein Fehler, der in der Belastung durch das messende Gerät begründet liegt
- ein Fehler, der durch die Ungenauigkeit des Messgeräts entsteht

Führt man mit einem Oszilloskop eine Messung durch, so wird die Messklemme an einem bestimmten Schaltungs- bzw. Messpunkt angeschlossen. Damit entsteht für diesen Messpunkt immer eine Belastung, wie Abb. 1.41 zeigt. Es gilt

U_i = Quellenspannung
R_i = Innenwiderstand
U = Ausgangsspannung
R = Eingangswiderstand des Oszilloskops
U_m = Messspannung
I = Strom ohne zusätzliche Belastung (Leerlaufbedingung)
I_m = Strom mit zusätzlicher Belastung durch das Oszilloskop (Belastungsbedingung)

Der Leerlauffall berechnet sich aus $U = U_i - I_m \cdot R_i$ und da $I = 0$ ist, gilt $U = U_i$.
$U = U_i - I_m \cdot R_i$ und für $I_m = \frac{U_i}{R_i + R}$ gilt

$$U_m = U_i - \left(\frac{U_i}{R_i + R} \cdot R_i \right) = U_i \cdot \left(1 - \frac{R_i}{R_i + R} \right)$$

Bei einer minimalen Belastung ist

$$U_m = U_i \quad bzw. \quad \frac{R_i}{R_i + R} = 0$$

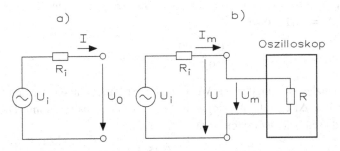

Abb. 1.41 Ersatzschaltbild für einen Leerlaufbetrieb (**a**) und den Belastungsfall (**b**) durch das angeschlossene Oszilloskop

Angenommen, der Innenwiderstand R_i ist gegeben, dann muss der Eingangswiderstand R gegen R_i groß sein! Ist z. B. $R = 10 \cdot R_i$, so erhält man für $U = 0,9 \cdot U_i$ und dies entspricht einem Fehler von 10 %. Ein Fehler dieser Größenordnung ist für viele Messungen zulässig!!!

Der Eingangswiderstand eines Oszilloskops ist in einem Datenblatt mit 1 MΩ angegeben. Der Belastungsfehler lässt sich durch Erhöhung dieses Widerstandes mittels Zuschalten eines Reihenwiderstandes in der Eingangsleitung (Messkabel) reduzieren. Ein Messkopf mit 10:1 enthält einen solchen Widerstand mit dem Wert von 9 MΩ. Der Eingangswiderstand erhöht sich also um den Faktor 10 auf 10 MΩ. Daraus resultiert, dass durch die Spannungsteilung einer Kombination aus Tastkopf und Oszilloskop, eine Erhöhung des Ablenkfaktors um den gleichen Faktor vorhanden ist, d. h. dass das Oszilloskop nun eine minimale Empfindlichkeit bei Gleichspannungskopplung erreicht.

Bei Amplitudenmessungen kann mit einer Genauigkeit gemessen werden, die über alles keinen größeren Fehler als ±5 % ergibt (gilt nur für die normale Justierung). Wenn eine größere Messgenauigkeit gefordert wird, lässt sich das Oszilloskop „punktjustieren", d. h. die Justierung erfolgt bei bestimmten Ablenkspannungen für jeden Ablenkfaktor. Der Vergleich erfolgt mit einem genauen Spannungsmessgerät, wie einem Präzisionsvoltmeter oder einem Digitalvoltmeter. Die endgültige Genauigkeit des Oszilloskops ist dann lediglich durch Ablesefehler und die Genauigkeit des Messstandards begrenzt.

Bei der folgenden Betrachtung soll die Ungenauigkeit des Messstandards als vernachlässigbar gering vorausgesetzt werden. Das ist mit Sicherheit der Fall, wenn man ein Digitalvoltmeter als Messnormal verwendet. Im Nachfolgenden werden zwei wichtige Begriffe bzw. Methoden erklärt:

- Fehler: die Differenz zwischen der gemessenen und der tatsächlichen Spannung.
- Korrektur: die Spannung, die zu der gemessenen Spannung hinzuaddiert werden muss, um die tatsächliche Spannung zu erhalten.

Beispiel

Die tatsächliche Spannung beträgt 10 V, die gemessene dagegen 9,7 V. Der Fehler ist also 9,7 V − 10,0 V = −0,3 V oder wird mit −3 % angegeben. Die Korrektur ist 10 V − 9,7 V = +0,3 V oder

$$\frac{0,3 \cdot 100}{9,7\,\text{V}} = +3,1\,\%$$

Die Frequenzbegrenzungen bei Wechselspannungsmessungen werden noch durch die Bandbreite Δf und die Anstiegszeit t_r des Oszilloskops bestimmt. Die Beziehung zwischen diesen beiden Größen ist durch die Formel

$$t_r = \frac{0,35}{\Delta f}$$

gegeben. ◄

Abb. 1.42 Frequenzgangkurve eines Oszilloskops zwischen der Beziehung von Bandbreite Δf und Eingangsschalter AC · 10/ AC/DC

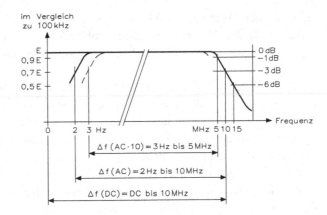

Aus Abb. 1.42 ergibt sich für eine Bandbreite der Wechselspannung mit 10-facher Empfindlichkeit (HC · 10) eine Anstiegsgeschwindigkeit von $t_r = 70$ ns und eine Bandbreite für Wechsel- oder Gleichspannungen mit $t_r = 35$ ns. Das bedeutet, dass die Verzerrung von Signalen bei schnellen Bauelementen (Signale mit kurzen Anstiegs- und/ oder Abfallzeiten) umso geringer sind, je geringer die Eigenanstiegszeit des Oszilloskops ist. Abb. 1.42 zeigt die Beziehung zwischen Wiederholfrequenz eines Signals und der Messgenauigkeit.

Wie wichtig die Wahl der direkten (Gleichspannungs-) Kopplung am Eingang zur Messung von Signalen niedriger Frequenzen ist, kann man sofort erkennen. Wird eine größere Genauigkeit als spezifiziert gefordert, lässt sich dann der entsprechende Korrekturfaktor ermitteln.

1.5   Praktische Handhabung eines Oszilloskops

Die innenliegende Fläche des Leuchtschirms ist mit gezeichneten oder eingeätzten horizontalen und vertikalen Linien versehen, die ein Gitter bilden – das sogenannte Raster. Das Raster besteht normalerweise aus acht vertikalen und zehn horizontalen 8 mm bis 12 mm großen Quadraten, den „Divisions". Einige Rasterlinien sind weiter in Sub-Divisions unterteilt und es gibt spezielle Linien, die mit 0 % und 100 % bezeichnet sind. Diese Linien werden zusammen mit den Rasterlinien von 10 % und 90 % benutzt, um eine sogenannte Anstiegszeitmessung durchzuführen.

Auf der Front des Oszilloskops befindet sich der Einsteller „Intensity", wo sich die Helligkeit der Anzeige einstellen lässt. Die modernen Oszilloskope verfügen über einen Schaltkreis, der die Helligkeit automatisch an die jeweiligen Zeitbasisgeschwindigkeiten anpasst. Wenn sich der Elektronenstrahl sehr schnell bewegt, wird der Leuchtstoff kürzer angeregt, sodass die Helligkeit erhöht werden muss, um die Schreibspur erkennen zu können. Wenn sich der Elektronenstrahl langsam bewegt, wird der Leuchtfleck sehr hell, sodass die Helligkeit reduziert werden muss, um ein Einbrennen des Leuchtstoffs zu vermeiden. Hierdurch wird die Elektronenstrahlröhre geschont und hält dementsprechend länger. Für zusätzliche Texteinblendungen (Spannung, Strom, AC/DC, U_{eff}, U_S, U_{SS}, Frequenz usw.) auf dem Bildschirm ist ein getrennter Helligkeitseinsteller vorgesehen.

Mit dem Fokuseinsteller auf der Vorderseite des Oszilloskops wird die Größe des Leuchtflecks eingestellt, um eine scharfe Darstellung der Schreibspur zu erhalten. Bei einigen Oszilloskopen lässt sich der Fokus ebenfalls durch das Oszilloskop selbst optimieren, damit die Schreibspur bei verschiedenen Helligkeiten und Zeitbasisgeschwindigkeiten immer scharf angezeigt wird. Trotzdem ist für die manuelle Einstellung immer ein separater Fokuseinsteller vorgesehen.

Mit der „Trace Rotation" (Schreibspurdrehung) lässt sich die Basislinie parallel zu den horizontalen Rasterlinien ausrichten. Das Magnetfeld der Erde ist von Ort zu Ort unterschiedlich und kann sich auf den dargestellten Strahldurchlauf auswirken. Mit dem Einsteller „Trace Rotation" lässt sich die resultierende Verschiebung kompensieren. Die Einstellung liegt im Grunde fest und wird normalerweise nur verändert, wenn das Oszilloskop an einen anderen Aufstellungsort gebracht wurde.

Zur Benutzung des Oszilloskops in dunklen Räumen oder für Aufnahmen von Bildschirmdarstellungen kann man die Rasterbeleuchtung über den ILLUM-Drehknopf (Illumination, Helligkeit) stufenlos einstellen.

Die Helligkeit der Schreibspur lässt sich mit Hilfe eines externen Signals elektrisch variieren und man hat hierzu eine Z-Modulation. Dies ist nützlich, wenn die horizontale Ablenkung extern erzeugt wird und um mit der X-Y-Darstellung diverse Frequenzzusammenhänge herauszufinden. Für die Zuführung dieses Signals ist normalerweise eine BNC-Buchse an der Rückseite des Geräts vorhanden.

1.5.1 Anschluss eines Oszilloskops an eine Messschaltung

Mit dem Kopplungseinsteller wird vorgegeben, auf welche Weise das Eingangssignal von der BNC-Eingangsbuchse auf der Frontplatte an das interne Vertikalablenksystem für diesen Kanal weitergeleitet wird,
Es gibt drei Möglichkeiten für die Einstellungen:

- DC-Kopplung
- AC-Kopplung
- Masseverbindung für den Abgleich

Die DC-Kopplung (Direct current) sorgt für eine direkte Signalverbindung. Alle Signalkomponenten von der Wechsel- und Gleichspannung beeinflussen direkt die Ablenkeinheiten des Bildschirms. Bei der AC-Kopplung wird ein Kondensator zwischen der BNC-Buchse und dem Abschwächer in Reihe geschaltet. Alle DC-Anteile des Signals sind somit für den Y-Verstärker blockiert, jedoch werden die niederfrequenten

AC-Anteile (Alternating current) ebenfalls blockiert oder stark abgeschwächt. Die untere Grenzfrequenz ist diejenige, bei der das Signal mit nur 70,7 % seiner eigentlichen Amplitude dargestellt wird. Die NF-Grenzfrequenz hängt in erster Linie von dem Wert des Kondensators für die Eingangskopplung ab. Abb. 1.43 zeigt eine vereinfachte Eingangsschaltung für die AC- und DC-Kopplung sowie der Eingangsmasseverbindung und der Wahl der Eingangsimpedanz von 50 Ω bei HF-Messungen.

Verbunden mit dem Einsteller für die Kanalkopplung ist die Massefunktion für das Eingangssignal. Hiermit wird das Signal vom Abschwächer getrennt und der Abschwächereingang mit dem Massepegel des Oszilloskops verbunden.

Wenn man „Masse" gewählt hat, wird eine Linie bei 0 V angezeigt. Diese Linie stellt das Bezugsniveau oder die Basislinie dar, die sich mit dem Y-Positions-Einsteller verschieben lässt.

1.5.2 Wechselspannungsmessung mit Oszilloskop

Als Ausgangsbasis für die Wechselspannungsmessung mit dem Oszilloskop und Messinstrument dient die Schaltung von Abb. 1.44.

Die Wechselspannungsquelle erzeugt einen Effektivwert von $U = 10$ V. Die Spannung dieser Quelle kann im Bereich von µV bis kV eingestellt werden. Außerdem lässt sich die Frequenz und die Phasenverschiebung einstellen. Für die Messung wurde ein Effektivwert von 10 V und eine Frequenz von $f = 1$ kHz eingestellt. Der Abstand vom negativen zum positiven Maximum wird ausgezählt und es ergeben sich vier Divisions, die mit dem Ablenkfaktor x gekennzeichnet wird.

$$f = \frac{1}{a \cdot x} = \frac{1}{1\,\text{ms/Div} \cdot 1\,\text{Div}} = \frac{1}{1\,\text{ms}} = 1\,\text{kHz}$$

Die Spannung der Amplitude berechnet sich aus

$$U_{SS} = 4\,\text{Div} \cdot \text{Ablenkfaktor}$$

$$U_{SS} = 4\,\text{Div} \cdot 5\,\text{V/Div}$$

$$U_{SS} = 20\,\text{V}$$

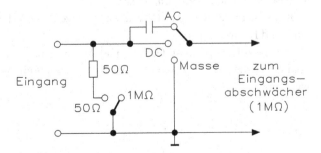

Abb. 1.43 Vereinfachte Eingangsschaltung für die AC- und DC-Kopplung sowie der Eingangsmasseverbindung und der Wahl für eine Eingangsimpedanz von 50 Ω bei HF-Messungen

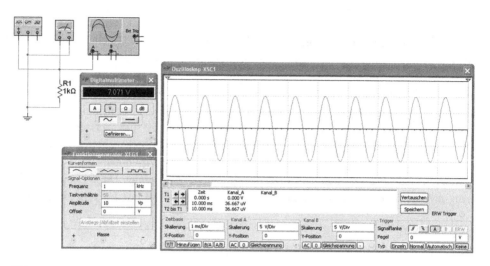

Abb. 1.44 Spannungs- und Frequenzmessung einer sinusförmigen Wechselspannung mit Oszilloskop und Messinstrument

Das Multimeter zeigt in diesem Fall eine Spannung von $U = 10$ V an, da es sich um den Effektivwert handelt. Für die sinusförmige Wechselspannung ergeben sich folgende Bedingungen:

$$U_S = U_{eff} \cdot \sqrt{2} = U_{eff} \cdot 1,414 = U_{eff}/0,707$$

$$U_{SS} = 2 \cdot U_{eff} = U_{eff} \cdot 2\sqrt{2} = U_{eff}/2,828$$

$$U_{eff} = \frac{U_{SS}}{2\sqrt{2}} = \frac{20V}{2\sqrt{2}} = 7,07 \text{ V}$$

Der Funktionsgenerator erzeugt eine Sinusspannung, eine Dreieckspannung und eine Rechteckspannung. Die Frequenz lässt sich von 1 mHz bis 100 GHz einstellen. Die Ausgangsspannung ist eine Spitzenspannung U_S von 1 μV bis 10 kV. Durch den Offset kann man den Gleichspannungsanteil von -100 V bis $+100$ V einstellen.

Das Digitalvoltmeter kann Ampere, Volt, Ohm und Dezibel messen. Es lassen sich Wechsel- und Gleichspannung messen.

Klickt man den Button „Definieren" an, werden die Einstellfelder für Ampere, Volt, Ohm und Dezibel geöffnet.

Das Oszilloskop misst Gleich- und Wechselspannung. Wenn der Bildschirm eine dunkle Darstellung hat, kann mit „Vertauschen" auf eine helle Darstellung umgeschaltet werden.

1.5.3 Messung einer Dreieckspannung mit Oszilloskop

Wenn man im Schaltfeld des Funktionsgenerators die Dreieckspannung anklickt und ein symmetrisches Tastverhältnis einstellt und das Tastverhältnis auf 75 % ändert, ergibt sich der Kurvenverlauf von Abb. 1.45. Die Frequenz ist auf 1 kHz eingestellt und der Offset beträgt 0 V.

Mit dem Tastverhältnis am Funktionsgenerator kann man die Programmierung für die An- und die Abstiegsflanke der Sägezahnspannung stufenlos einstellen. Der Bereich des Tastverhältnisses lässt sich zwischen 1 % bis 99 % durch die Programmierung der einzelnen Zeiten beeinflussen. Jetzt soll der Abstand x zwischen zwei aufeinanderfolgenden Punkten des Signals z. B. auf der Nulllinie gezählt werden. Es ergibt sich eine Länge von x = 5 Div und damit für eine Periode

$$T = a \cdot x = 0{,}2\,\text{ms/Div} \cdot 5\,\text{Div} = 1\,\text{ms}$$

Daraus erhält man eine Frequenz von

$$f = \frac{1}{T} = \frac{1}{1\,\text{ms}} = 1\,\text{kHz}$$

Die Anstiegszeit t_{an} ist

$$t_{an} = a \cdot x = 500\,\mu\text{s/Div} \cdot 1{,}5\,\text{Div} = 0{,}75\,\text{ms}$$

und die Abstiegszeit t_{ab} ist

$$t_{an} = a \cdot x = 500\,\mu\text{s/Div} \cdot 1{,}5\,\text{Div} = 0{,}75\,\text{ms}$$

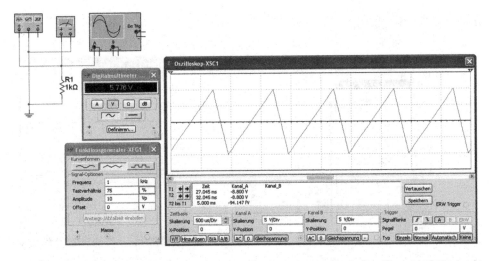

Abb. 1.45 Messung einer Sägezahnspannung mit einem unsymmetrischen Tastverhältnis durch Oszilloskop und Messinstrument

Addiert man die beiden Zeiten, erhält man wieder die Periodendauer mit T = 1 ms.

Der Effektivwert der Dreieckspannung berechnet sich aus

$$U = \frac{U_S}{\sqrt{3}} = \frac{10\,V}{\sqrt{3}} = 5{,}776\,V$$

Für die Berechnung des Effektivwerts darf man nicht U_{SS}, sondern nur U_S einsetzen. Es tritt eine geringfügige Abweichung zwischen der Rechnung und der Simulation auf.

1.5.4 Messung einer Rechteckspannung mit Oszilloskop

Wenn man in der Schaltung das Schaltfeld im Funktionsgenerator anklickt und ein unsymmetrisches Tastverhältnis einstellt, ergibt sich der Kurvenverlauf von Abb. 1.46. Die Impulsdauer t_i beträgt 250 μs und die Impulspause t_p ist 750 μs.

Durch den Funktionsgenerator lässt sich die Impulsdauer t_i und die Impulspause t_p stufenlos im Bereich des Tastverhältnisses von 1 % bis 99 % durch die Programmierung der Werte einstellen. Der Abstand x wird zwischen zwei aufeinanderfolgenden Punkten des Signals z. B. auf der Nulllinie gezählt. Es ergibt sich eine Länge von x = 2 Div und damit für eine Periode:

$$T = a \cdot x = 500\,\mu s/Div \cdot 2\,Div = 1ms$$

Daraus ergibt sich eine Frequenz von

$$f = \frac{1}{T} = \frac{1}{1\,ms} = 1\,kHz$$

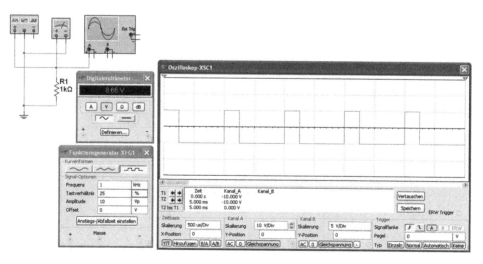

Abb. 1.46 Messung einer Rechteckspannung mit unsymmetrischem Tastverhältnis durch Oszilloskop und Messgerät

Die Impulsdauer beträgt

$$t_i = a \cdot x = 0{,}5\,\text{Div} \cdot 500\,\mu s/\text{Div} = 0{,}25\,\text{ms}$$

und die Impulspause ist

$$t_i = a \cdot x = 0{,}5\,\text{Div} \cdot 500\,\mu s/\text{Div} = 0{,}25\,\text{ms}$$

Addiert man die beiden Zeiten, erhält man wieder die Periodendauer mit

$$T = 1\,\text{ms}$$

Der Effektivwert der Rechteckspannung berechnet sich aus

$$U = \hat{u}$$

und zwischen Rechnung und Simulation tritt kein Unterschied auf. Der Effektivwert einer Rechteckspannung berechnet sich aus

$$U = U_i = \sqrt{\frac{t_i}{T}} = U_i \cdot \sqrt{G} = \frac{U_i}{\sqrt{V}}$$

U = Effektivwert
U_i = Impulsspannung
T = Periodendauer
t_i = Impulsdauer
G = Tastgrad mit t_i/T
V = Tastverhältnis mit T/t_i

1.5.5   Messung einer Mischspannung mittels Oszilloskop

Eine zusammengesetzte Spannung besteht in der Praxis fast immer aus einer Gleichspannung mit einer überlagerten Wechselspannung. Um solche Spannungen zu messen, verwendet man die AC/DC-Kopplung an den Eingangsbuchsen des Oszilloskops.

Um die Gleichspannungskomponente einer Mischspannung messen zu können, muss dieser Schalter in Stellung DC gebracht werden. Um die Wechselspannungskomponenten messen zu können, kann sich der Schalter sowohl in Stellung DC als auch in Stellung AC befinden. In Stellung AC wird nur zusätzlich ein Serienkondensator intern im Oszilloskop zugeschaltet, um die Gleichspannung abzublocken.

Abb. 1.47 zeigt eine Schaltungsanordnung zur Messung einer Mischspannung mittels Oszilloskop. Der Funktionsgenerator ist mit einer Gleichspannungsquelle in Reihe geschaltet und dadurch entsteht die gewünschte Mischspannung.

Der Funktionsgenerator erzeugt eine Frequenz von $f = 1\,\text{kHz}$, die Wechselspannung hat eine Amplitude von $U_S = 10\,\text{V}$ und die Offsetspannung (Gleichspannungsquelle) ist auf $U_{off} = 5\,\text{V}$ eingestellt. Auf dem Bildschirm erscheint die überlagerte Wechsel-

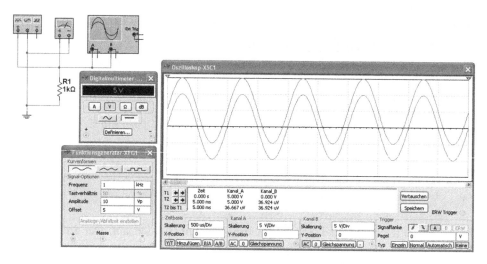

Abb. 1.47 Messung einer Mischspannung mittels Oszilloskop und Voltmeter für die Wechselspannung

spannungsamplitude B vor dem Kondensator und die Wechselspannungsamplitude A. Der Kondensator blockt die Gleichspannung ab, da der Schalter geschlossen ist. Schließt man dagegen den Schalter, sind beide Messpunkte identisch.

In der Praxis ist oft eine Abwandlung dieses Vorgangs nötig. Wenn es z. B. erforderlich ist, sowohl die Wechselspannungs- als auch die Gleichspannungskomponente eines Signals genau zu messen, muss dazu häufig die volle Empfindlichkeit des Oszilloskops benutzt werden. Das bedeutet, dass man zuerst den Gleichspannungspegel misst, dann umschaltet auf AC, den Ablenkfaktor reduziert und erst dann das Ausmessen der Wechselspannungsamplitude vornimmt. Tatsächlich kommt es oft vor, dass bei der Stellung DC und einer hohen Gleichspannungskomponente die Wechselspannungsamplitude nicht mehr sichtbar ist.

1.5.6 Messung einer AM-Spannungsquelle

Der Funktionsgenerator lässt sich auch einfach als AM-Spannungsquelle programmieren, wenn man durch einen Doppelklick das Fenster öffnet. Mit dieser Spannungsquelle kann man dann zahlreiche Versuche mit amplitudenmodulierten Schaltungen aus der Nachrichtentechnik durchführen. Abb. 1.48 zeigt die Messung einer AM-Spannungsquelle mittels Oszilloskop.

Die Amplitudenmodulation ist das älteste Verfahren zur Übertragung einer Nachricht mittels einer Trägerfrequenz. Hierunter versteht man die Steuerung der Amplitudenwerte eines hochfrequenten Trägers, entsprechend dem zeitlichen Verlauf der niederfrequenten Modulationsspannung. Die Trägerkreisfrequenz ω_T muss dabei stets groß gegen-

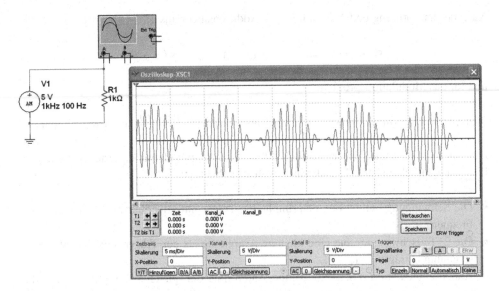

Abb. 1.48 Messung einer AM-Spannungsquelle mittels Oszilloskop

über der Modulationskreisfrequenz ω_M des Nachrichtenkanals sein. Diese Modulation bezeichnet man häufig als nicht lineare Überlagerung. In dieser Formulierung kommt zum Ausdruck, dass ein in Reihe mit der Trägerspannung angelegtes Modulationssignal den Arbeitspunkt eines nicht linearen Bauelements periodisch verschiebt, wodurch die gewollten Effekte entstehen.

Für die nachfolgenden Betrachtungen soll noch von einer gewissen Vereinfachung ausgegangen werden, d. h. dass auf dem hochfrequenten Träger nur eine niederfrequente Modulationsspannung mit einer bestimmten Frequenz aufmoduliert wird.

Diese Schaltung bezeichnet man als AM-Modulator. Am Ausgang eines solchen Modulators tritt im Idealfall eine zur Zeitachse symmetrische, aber nicht mehr rein sinusförmige Spannung $u_{AM}(t)$ auf. Wie das Oszillogramm zeigt, entspricht die beim $u_{AM}(t)$-Verlauf als Hüllkurve gedachte Linie dem Aussehen der Modulationsspannung U_M. Diese Verhältnisse lassen sich mathematisch formulieren. Geht man vom Ansatz für ein AM-Signal aus, folgt nach Umformung und Anwendung des sogenannten Additionstheorems für das Modulationsprodukt schließlich der Ausdruck, der das amplitudenmodulierte Ausgangssignal in Form der einzelnen Anteile beschreibt. Für den Ansatz gilt:

$$u_{AM}(t) = \left[\hat{u}_T + \hat{u}_M \cdot \sin \omega_M t\right] \sin \omega_T t$$

$$u_{AM}(t) = \left[1 + \frac{\hat{u}_M}{\hat{u}_T} \cdot \sin \omega_M t\right] \sin \omega_T t$$

$$u_{AM}(t) = \hat{u}_T \cdot \sin \omega_M t + \hat{u}_T \frac{\hat{u}_M}{\hat{u}_T} \cdot \sin \omega_M t \cdot \sin \omega_T t$$

Nach der Umformung und Anwendung des Additionstheorems gilt

$$\sin\alpha \cdot \sin\beta = \frac{1}{2} \cdot \cos(\alpha - \beta) - \frac{1}{2} \cdot \cos(\alpha - \beta)$$

und für das Modulationsprodukt:

$$u_{AM}(t) = \hat{u}_T \cdot \sin\omega_M t + \frac{\hat{u}_T}{2} \cdot \frac{\hat{u}_M}{\hat{u}_T} \cdot \cos[(\omega_T - \omega_M)t] - \frac{\hat{u}_T}{2} \cdot \frac{\hat{u}_M}{\hat{u}_T} \cdot \cos[(\omega_T + \omega_M)t]$$

Aus dieser Gleichung ist ersichtlich, dass eine amplitudenmodulierte Schwingung $U_{AM}(t)$ eigentlich aus drei Teilschwingungen aufgebaut ist:

- Die Schwingung enthält den ursprünglichen Träger mit unveränderter Amplitude und Frequenz.
- Die 2. Teilschwingung hat eine kleinere Amplitude als der Träger und die Differenzspannung beträgt $f_u = f_T - f_M$.
- Außerdem existiert noch ein dritter Anteil mit der gleichen Amplitude wie die Differenzspannung, aber jetzt mit der Summenfrequenz $f_o = f_T + f_M$.

Die Summe der Augenblickswerte aller Teilschwingungen ergibt bei Überlagerung die modulierte Schwingung $u_{AM}(t)$. Um die Verhältnisse zu verdeutlichen, lassen sich die einzelnen Werte am Funktionsgenerator einstellen.

Der Modulationsgrad m berechnet sich

$$m = \frac{\hat{u}_N}{\hat{u}_H} = 100\%$$

aus der Niederfrequenzspannung $\hat{u}_N$ und der Hochfrequenzspannung $\hat{u}_H$. Für eine sinusförmige amplitudenmodulierte HF-Spannung s gilt

$$s = \hat{u}_H(1 + m \cdot \cos \cdot \omega_N \cdot t) \cdot \cos \cdot \omega_H \cdot t$$

Die beiden Seitenbandfrequenzen errechnen sich aus

- untere Seitenbandfrequenz: $f_u = f_H + f_N$
- obere Seitenbandfrequenz: $f_o = f_H + f_N$

mit

$$f_H = \text{Frequenz des Trägers}$$
$$f_N = \text{Modulationsfrequenz}$$
Die Bandbreite Δ feines amplitudenmodulierten Senders muss deshalb
$$\Delta f = 2 \cdot f_N$$

sein und dabei bedeutet hier f_N die höchste, einwandfrei zu übertragende Niederfrequenzschwingung. Der Modulationsgrad bestimmt die Lautstärke, die Modulationsfrequenz dagegen die Tonhöhe.

Durch die Darstellung einer amplitudenmodulierten Trägerschwingung kann man darauf schließen, dass die Änderung der Trägeramplitude die Information für die Lautstärke beinhaltet und dass die Tonhöhe in der Frequenz der Hüllkurve enthalten ist. Um ein Maß für die Beeinflussung der Trägerspannung zu erhalten, wurde der Begriff „Modulationsgrad" eingeführt. Hierunter versteht man das Verhältnis der Amplitude der niederfrequenten Signalspannung zur Amplitude der unmodulierten hochfrequenten Trägerspannung. Der Modulationsgrad wird in der Praxis in % angegeben. Er muss kleiner als 100 % gehalten werden, da sonst starke Verzerrungen bei der Demodulation auftreten. Wird das Modulationssignal größer als das Trägersignal, liegt eine sogenannte Übermodulation vor. Rundfunksender werden bei größter Signalspannung höchstens zu 80 % ausmoduliert und bei einer mittleren Lautstärke erreicht man Werte um 30 %.

1.5.7 Messung einer FM-Spannungsquelle

Den Funktionsgenerator kann man auch einfach als FM-Spannungsquelle programmieren, wenn man durch einen Doppelklick das Fenster öffnet. Mit dieser Spannungsquelle lassen sich frequenzmodulierte Versuche aus der Nachrichtentechnik durchführen. Abb. 1.49 zeigt die Messung einer FM-Spannungsquelle mittels Oszilloskop.

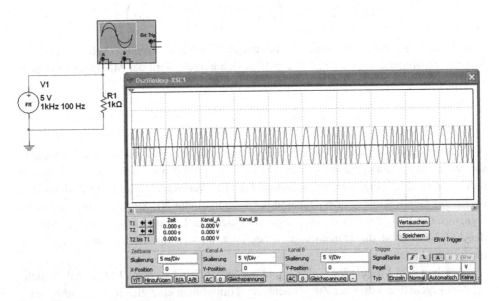

Abb. 1.49 Messung einer FM-Spannungsquelle mittels Oszilloskop

Beeinflusst man die Frequenz f_1 einer Trägerschwingung im Takt der zu übertragenden Information. so entsteht eine frequenzmodulierte Schwingung. Je nach
Amplitude der modulierenden Spannung U_M ist die Abweichung von der Trägerfrequenz
unterschiedlich groß. In dem Oszillogramm wurde die Zuordnung so gewählt, dass ein in
positiver Richtung verlaufendes Modulationssignal die Frequenz der Trägerschwingung
erhöht. Da die Amplitude des Trägers fast immer konstant vorhanden ist, liegt die
Information nur in den ungleichen Abständen der Nulldurchgänge des FM-Signals.

Die Auswirkung des Modulationssignals auf die Trägerfrequenz lässt sich auch im
Spektralbereich darstellen. Durch Kombination der Zeit- und Frequenzabhängigkeit
ist ersichtlich, dass das FM-Signal in jedem Augenblick durch eine andere Frequenz
gekennzeichnet ist. Aus diesem Grund spricht man auch von der „Augenblicksfrequenz"
des Trägers.

Definiert man den Abstand der Frequenz f_{Max} bzw. f_{Min} von der Trägerfrequenz f_T
als Frequenzhub Δf, so ist die Codierung der niederfrequenten Information im hochfrequenten Bereich folgendermaßen formulierbar:

- Die Amplitude des Modulationssignals (Lautstärke der NF) ist direkt proportional
  dem Frequenzhub Δf.
- Die Frequenz des Modulationssignals (Tonhöhe der HF) bestimmt, wie oft dieser
  Frequenzhub pro Sekunde durchläuft, d. h. geändert wird.

Auch bei der Frequenzmodulation lässt sich ein Ausdruck für den zeitlichen Verlauf des
modulierten Signals definieren und es gilt:

$$u_{FM}(t) = \hat{u}_T \cdot \sin\left(\omega_T t + \frac{\Delta \omega_T}{\omega_T} \cdot \frac{\hat{u}_M}{\hat{u}_T} \cdot \sin \omega_M t\right)$$

Das in der Gleichung auftretende Verhältnis zwischen dem Frequenzhub Δf_T und der
Modulationsfrequenz f_M (der Faktor 2π lässt sich kürzen) wird der Modulationsindex η
berechnet:

$$\eta = \frac{\Delta \omega_T}{\omega_M} = \frac{\Delta f_T}{f_M}$$

Die dimensionslose Zahl η kann man als „Intensität der FM" betrachten. Im Gegensatz zum Modulationsgrad m bei der AM ist der Zustand $\eta > 1$ durchaus möglich und
üblich, ohne dass Verzerrungen auftreten. Das FM-Verfahren eignet sich deshalb viel
besser zur Übertragung großer Dynamikbereiche in einem NF-Signal, wobei hier unter
Dynamik das Verhältnis zwischen größter und kleinster Lautstärke zu verstehen ist. Bei
der AM-Technik ist die Dynamik stark begrenzt, da sich die Träger nur bis zu 80 %
modulieren lassen.

Zwischen dem Modulationsindex η und der Störanfälligkeit eines FM-Signals besteht
erfahrungsgemäß ein direkter Zusammenhang. Nimmt man eine gleich starke Störquelle,

also z. B. ein Rauschen mit konstanter Amplitude über alle Frequenzen an, so ergibt sich, dass niedrige Frequenzen viel weniger gestört werden als die hohen im NF-Spektrum. Zum Ausgleich dieser Frequenzabhängigkeit der Störbeeinflussung müssen bei einer FM-Übertragung geeignete Maßnahmen getroffen werden, was man mit den Begriffen „Preemphasis bzw. Deemphasis" erfasst.

1.5.8 Addition von Spannungen verschiedener Frequenzen

Mathematisch lautet die Addition zweier Spannungen von Abb. 1.50 wie folgt:

$$u = u_1 + u_2 = \hat{U}_1 \cdot \sin \omega_1 t + \hat{U}_2 \cdot \sin (\omega_2 t + \varphi)$$

Die Anwendung des Kräfteparallelogramms auf Spannungen kommt in der Elektrotechnik und Elektronik sehr häufig vor. Da die Zeiger oder Pfeile die entsprechenden Symbole für Größe und Richtung sind, definiert man diese als Vektoren. Das System der rotierenden Vektoren bezeichnet man als Vektordiagramm. Die Addition mit Hilfe des Parallelogramms ist nur dann zulässig, wenn beide Spannungen und Ströme die gleiche Frequenz f aufweisen. Bei unterschiedlichen Frequenzen lässt sich die Summenkurve nur durch Addieren der Augenblickswerte konstruieren.

Recht übersichtlich sind die Verhältnisse, wenn die Frequenzen der beiden zu addierenden Spannungen in einem ganzzahligen Verhältnis zueinander stehen, d. h. also neben der Frequenz f auch die doppelte (2f) oder dreifache (3f) Frequenz vorhanden ist.

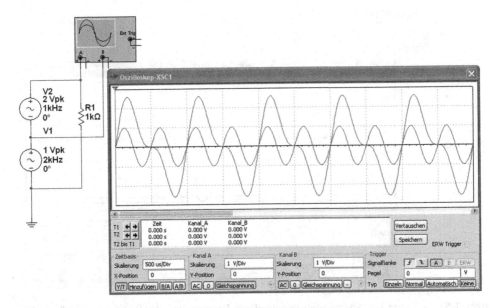

Abb. 1.50 Addition von zwei Spannungen verschiedener Frequenzen

1.5.9 Addition von Spannungen verschiedener Frequenz und Phasenverschiebung

Es lassen sich alle Wechselspannungsformen durch Addition der Spannungen mit Vielfachen der Grundfrequenz zusammensetzen. Die verschiedenen Spannungen sind dann stets in einem bestimmten Amplitudenverhältnis und einer bestimmten Phasenlage zueinander. Abb. 1.51 zeigt eine Addition von Spannungen verschiedener Frequenz mit der Bedingung von f und 2f, phasenverschoben um 45° und dem Amplitudenverhältnis 2:1.

Die Einstellung der Phasenverschiebung ist bei den Wechselspannungsquellen möglich, wenn man auf das Symbol einen Doppelklick ausführt. Ist das Fenster geöffnet, lassen sich die Spannung (Effektivwert), die Frequenz und die Phasenverschiebung einstellen.

Wenn Sie in der oberen Zeile von Multisim das Fenster „Analyse" anklicken, lassen sich mehrere Analyseoptionen direkt aufrufen. Damit sind Sie in der Lage, eine DC-Arbeitspunkt-Analyse, eine AC-Frequenzanalyse, eine Einschwingvorgangsanalyse und eine Fourier-Analyse durchzuführen. Gerade durch die Fourier-Analyse können Sie den DC-Anteil, die Grundwelle und die Harmonischen eines Zeitbereichssignals noch untersuchen. Bei dieser Analyse wird auf die Ergebnisse einer Zeitbereichsanalyse die diskrete Fourier-Transformation angewandt.

Die Einstellung der Phasenverschiebung ist bei den Wechselspannungsquellen möglich, wenn man auf das Symbol einen Doppelklick ausführt. Ist das Fenster geöffnet, lassen sich die Spannung (Effektivwert), die Frequenz und die Phasenverschiebung einstellen.

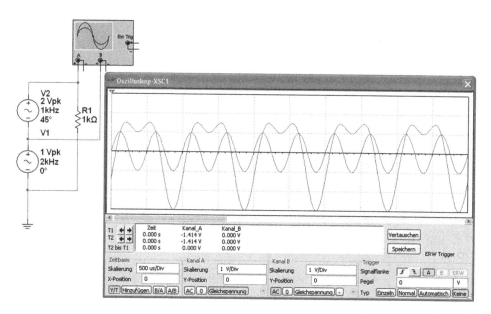

Abb. 1.51 Addition von Spannungen verschiedener Frequenz mit der Bedingung von f und 2f, phasenverschoben um 45° und dem Amplitudenverhältnis 2:1

1.5.10 Addition dreier Spannungen verschiedener Frequenz

Es lassen sich alle Wechselspannungsformen durch Addition der Spannungen mit Vielfachen der Grundfrequenz zusammensetzen. Die verschiedenen Spannungen sind dann stets in einem bestimmten Amplitudenverhältnis und einer bestimmten Phasenlage zueinander.

Ein Beispiel hierfür zeigt Abb. 1.52 mit der Addition von Spannungen der Frequenzen 1f, 3f und 5f, wobei drei verschiedene Spannungen, die in einem bestimmten Verhältnis anliegen, zu berücksichtigen sind. Der Kurvenzug hat bereits eine große Ähnlichkeit mit einem Rechteck.

Die Vielfachen der Grundfrequenz bezeichnet man als „Harmonische" oder „Teilschwingung". Die Grundwelle 1f selbst wird als erste Harmonische bezeichnet, 2f als die zweite Harmonische, 3f als dritte Harmonische usw. Die zweite Harmonische definiert man auch als erste Oberwelle, die dritte Harmonische als zweite Oberwelle usw. Das Zerlegen von beliebigen Spannungsformen in ihre Harmonischen und die Bestimmung ihrer Amplituden definiert man als Fourier-Analyse. Wenn Sie die Fourier-Analyse aufrufen, müssen Sie einen Ausgangsknoten wählen. Die Ausgangsvariable ist der Knoten, aus dem bei der Analyse die Spannungskurven extrahiert werden. Für die Analyse ist außerdem eine Grundfrequenz erforderlich, die auf den Frequenzwert einer AC-Quelle in der Schaltung eingestellt werden sollte. Wenn mehrere AC-Quellen vorhanden sind, können Sie die Grundfrequenz auf den kleinsten gemeinsamen Faktor der Frequenzen einstellen.

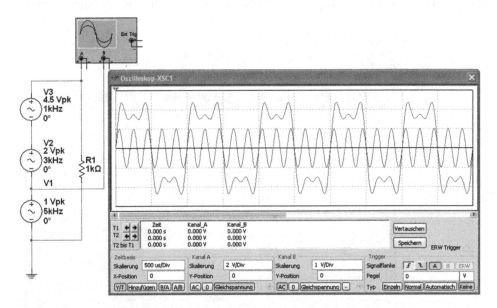

Abb. 1.52 Addition von Spannungen verschiedener Frequenz mit der Bedingung von 1f, 3f und 5f, und dem Amplitudenverhältnis 5:3:1

1.5.11 Messung einer Schwebung

Eine Überlagerung von Spannungen entsteht durch Addition von Schwingungen an einem Bauteil mit linearer Kennlinie, d. h. ein ohmscher Widerstand ist ein Bauelement mit linearer Kennlinie. Bei einer Überlagerung entstehen keine neuen Frequenzen, d. h. es sind nur die beteiligten Frequenzen enthalten.

Die Form der entstandenen Summenschwingungen ist abhängig von den Amplituden und Frequenzen der beteiligten Schwingungen. Es ergeben sich keine sinusförmigen Schwingungen mehr, sondern höchstens sinusähnliche Schwingungen. Die sogenannten Hüllkurven können in einigen Fällen jedoch noch einen sinusförmigen Verlauf aufweisen.

In Abb. 1.53 ist die Schaltung und das Oszillogramm für Überlagerung gezeigt mit der Bedingung:

$$u_1 \stackrel{\wedge}{=} u_2 \quad \text{und} \quad \omega_1 \stackrel{\wedge}{=} \omega_2$$

Die beiden Spannungen addieren sich und es entsteht eine Überlagerung, wobei die Hüllkurven parallel verlaufen. Hüllkurven sind gedachte Linien als Verbindung aller Maxima bzw. Minima.

1.5.12 Lissajous-Figuren zur Frequenzmessung

Lissajous-Figuren lassen sich für Frequenz- und Phasenmessung einsetzen. Es werden dabei stehende Bilder erzeugt, die durch X-Y-Darstellung zweier sinusförmiger

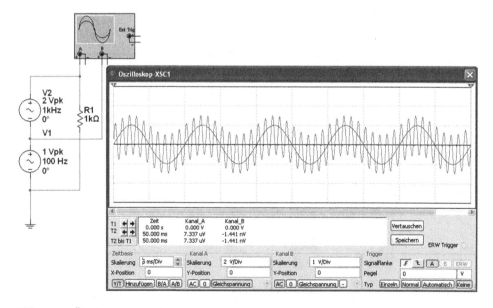

Abb. 1.53 Überlagerung zweier Frequenzen, wenn Amplitude und Frequenzen ungleich sind

Schwingungen entstehen. Damit die Darstellung als stehendes Bild erscheint, müssen die Perioden w des Y-Signals genau so viel Zeit beanspruchen, wie die Perioden s des X-Signals (w und s müssen ganzzahlig sein).

Bei der Frequenzmessung ist eine bekannte und eine unbekannte Frequenz vorhanden. Abb. 1.54 zeigt das Prinzip für den Frequenzvergleich mit einem Oszilloskop. Der Bildschirm zeigt die Entstehung eines Oszillogramms im X-Y-Betrieb, bzw. die A/B-Taste muss gedrückt sein. Es sind hierbei zwei Kurvenzüge aufgetragen mit y(t) und x(t). Die beiden Spannungsquellen sind parallel geschaltet, da beide mit Masse verbunden sind. Eine bekannte Vergleichsfrequenz (f = 50 Hz) wird an ein Plattenpaar gelegt und die unbekannte Frequenz (f = 100 Hz) mit dem anderen Plattenpaar des Oszilloskops verbunden. Bei ganzzahligen Frequenzverhältnissen werden stehende Figuren erzeugt.

Man teilt die Lissajous-Figur in die Frequenz f_X an den x-Platten und die Frequenz f_Y an den y-Platten auf. Hierzu muss man noch die Anzahl w der Berührungspunkte der waagerechten Tangente und die Anzahl der Berührungspunkte s der senkrechten Tangente berücksichtigen:

$$f_X = f_Y \cdot \frac{w}{s}$$

w: Anzahl der Berührungspunkte auf der waagerechten Tangente
s: Anzahl der Berührungspunkte auf der senkrechten Tangente
f_X: Frequenz an den x-Platten
f_Y: Frequenz an den y-Platten

Die Vergleichsfrequenz in Abb. 1.55 hat an der waagerechten Tangente zwei Berührungspunkte und an der senkrechten einen Berührungspunkt.

Es ergibt sich folgende Berechnung für die unbekannte Frequenz:

$$f_X = f_Y \cdot \frac{w}{s} = 50\,\text{Hz} \cdot \frac{2}{1} = 100\,\text{Hz}$$

Die unbekannte Frequenz hat einen Wert von f = 100 Hz.

Es ergibt sich für Abb. 1.56 folgende Berechnung für die unbekannte Frequenz:

Abb. 1.54 Prinzip des Frequenzvergleichs mit Oszilloskop

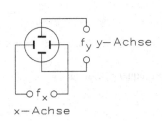
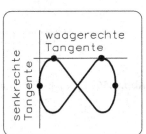

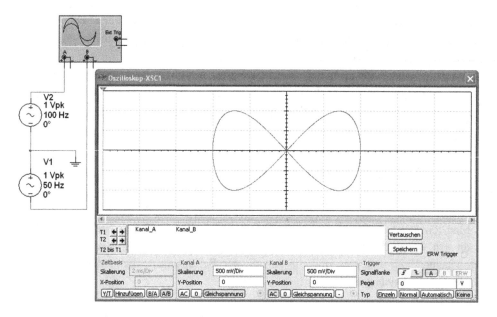

Abb. 1.55 Lissajous-Figur zur Frequenzmessung

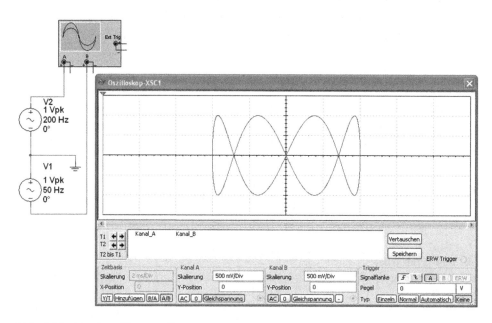

Abb. 1.56 Lissajous-Figur zur Frequenzmessung

$$f_X = f_Y \cdot \frac{w}{s} = 50\,\text{Hz} \cdot \frac{4}{1} = 200\,\text{Hz}$$

Die unbekannte Frequenz hat einen Wert von f = 200 Hz.

Mittels der Lissajous-Figur lassen sich sehr genaue oszillografische Frequenz- und Phasenwinkelmessungen durchführen. Hierfür werden die unbekannte und die Normalfrequenz an den beiden Kanälen angeschlossen. Der Elektronenstrahl wird genau entsprechend dem augenblicklichen Spannungswert der beiden Wechselspannungen abgelenkt und zeichnet bei periodischen Vorgängen eine charakteristische Kurve auf den Bildschirm. Bei gleicher Amplitude, gleicher Frequenz und gleicher Phasenlage wird beispielsweise ein nach rechts um 45° geneigter Strich gezeichnet. Bei ganzzahligen Vielfachen der Vergleichsfrequenz entstehen verschlungene Kurvenbilder. Die Auswertung kann durch angelegte Tangenten an die Figur erfolgen.

Es ergibt sich für Abb. 1.57 folgende Berechnung für die unbekannte Frequenz:

$$f_X = f_Y \cdot \frac{w}{s} = 100\,\text{Hz} \cdot \frac{0{,}5}{1} = 50\,\text{Hz}$$

Die unbekannte Frequenz hat einen Wert von f = 50 Hz.

Durch die Einstellung der Zeitbasis, wenn also nicht mit der Lissajous-Figur gemessen wird, kann durch die Anzahl der auf dem Bildschirm erscheinenden Schwingungszüge die Frequenz der unbekannten Spannung ermittelt werden. Ruhig stehende Oszillogramme

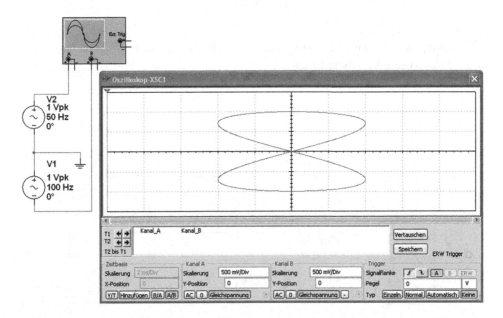

Abb. 1.57 Lissajous-Figur zur Frequenzmessung

ergeben sich auch hier stets dann, wenn ganzzahlige Verhältnisse bestehen. Wird ein voller Kurvenzug aufgezeichnet, dann ist die unbekannte Frequenz gleich der augenblicklich eingestellten Frequenzbasis.

Wenn die unbekannte Frequenz größer ist als die eingestellte Zeitbasis, entstehen mehrere Kurvenzüge. Ist dagegen die unbekannte Frequenz kleiner als die eingestellte Zeitbasis, wird nur ein Teil des Kurvenzugs bei einem Durchlauf geschrieben.

1.5.13 Lissajous-Figur zur Phasenmessung

Bei der Phasenmessung liegen immer zwei identische Signale (Amplitude und Frequenz) am X- und Y-Kanal des Oszilloskops. Abhängig von deren Phasenverschiebung entsteht durch die A/B-Funktion dann die charakteristische Lissajous-Figur.

In der Schaltung von Abb. 1.58 liegt die Eingangsspannung direkt an dem Y_A-Kanal an, während Y_B-Kanal mit dem Ausgang des Prüflings verbunden ist. Die Messung der Phasenverschiebung (Verhältnis) ist

$$\varphi = \frac{X_0 \cdot 360°}{X}$$

Der Wert φ ist der Phasenwinkel zwischen U_e und U_a.

$$\text{Beispiel: } X = 6 \text{ Div; } X_0 = 0,8 \text{ Div; } \varphi =?$$

$$\varphi = \frac{0,8 \cdot 360°}{6} = 48°$$

Zur Messung der Phasenverschiebung (Lissajous-Figur) setzt man die Schaltung nach Abb. 1.59 ein. Die Berechnung lautet

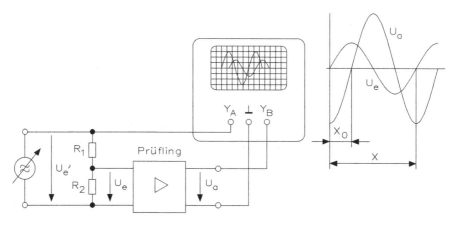

Abb. 1.58 Lissajous-Figur zur Phasenmessung

Abb. 1.59 Messung
der Phasenverschiebung
(Lissajous-Figur)

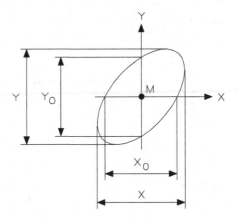

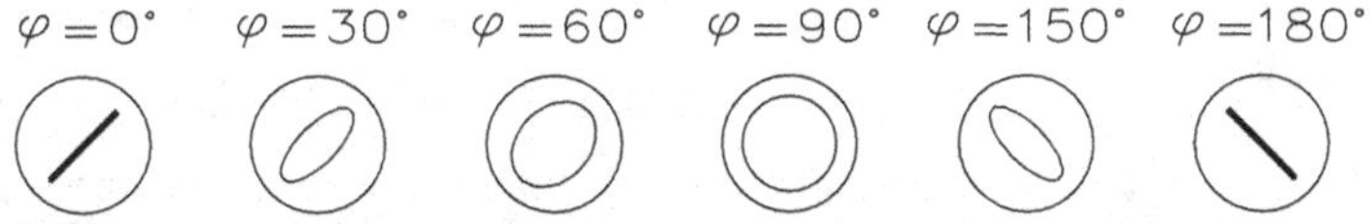

$$\varphi = 0° \quad \varphi = 30° \quad \varphi = 60° \quad \varphi = 90° \quad \varphi = 150° \quad \varphi = 180°$$

Abb. 1.60 Beispiele für die Lissajous-Figur

$$\sin \varphi = \frac{X_0}{X} = \frac{Y_0}{Y}$$

Wert φ ist der Phasenwinkel zwischen f_1 und f_2.

Abb. 1.60 zeigt Beispiele für die Lissajous-Figur.

Beispiel

$$X_0 = 3 \text{ Div}; \ X = 4 \text{ Div}; \ \varphi =?$$

$$\sin \varphi = \frac{3 \text{ Div}}{4 \text{ Div}} = 0{,}75 \Rightarrow \varphi = 48{,}6° \quad \blacktriangleleft$$

1.5.14 Phasenmessung mit Lissajous-Figur

Bei Phasenmessungen liegen immer zwei gleichfrequente Signale, im speziellen Fall als sinusförmige Signale vor. Abhängig von deren Phasenverschiebung ergeben sich charakteristische Lissajous-Figuren. Aus diesen Figuren lässt sich die Phasenverschiebung abmessen und berechnen. Abb. 1.61 zeigt eine Phasenmessung.

Abb. 1.60 zeigt Beispiele für die Lissajous-Figur.

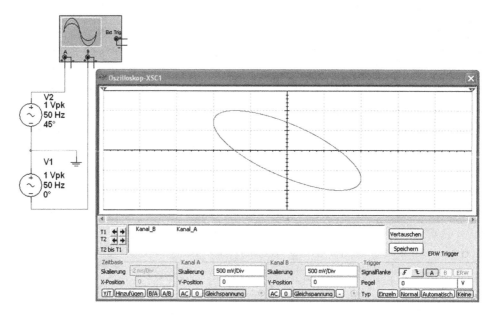

Abb. 1.61 Phasenmessung mit Lissajous-Figur

Beispiel

$$X_0 = 2 \, \text{Div}; \ X = 1{,}4 \, \text{Div}; \ \varphi = ?$$

$$\sin \varphi = \frac{1{,}4 \, \text{Div}}{2 \, \text{Div}} = 0{,}7 \Rightarrow \varphi = 44{,}4°$$

$$x = \sin \omega t; \ \textit{also } \omega t = arc \ sin \ x = arc \ cos \sqrt{1 - x^2}$$

$$y = \sin (\omega t + \varphi) = \sin \ ((arcsin x) + \varphi)$$

$$y = \sin (arcsin \ x) \cos \varphi + \cos \left(arccos \sqrt{1 - x^2} \right) \sin \varphi$$

$$y^2 - 2xy cos\varphi + x^2 = \sin^2 \varphi$$

Dies ist die allgemeine Gleichung einer schräg liegenden Ellipse im Mittelpunkt des Koordinatensystems. Da die Amplituden von y und x jeweils 1 sind, hat auch die Ellipse die maximalen Abmessungen ±1 sowohl in Y- als auch in X-Richtung.

- Für $\varphi = 0$ bleibt von dieser Gleichung die Beziehung $y = x$ übrig, also eine Geradengleichung
- Für $\varphi = 90°$ bleibt von dieser Gleichung die Beziehung $y^2 + x^2 = 1$ übrig, also eine Kreisgleichung

Die Vorteile dieses Verfahrens zeigen sich vor allem bei kleinen Winkeln. Schon eine geringe Phasenverschiebung führt zu einer Ellipse und damit zu einem messbaren Y-Abschnitt. Bei Winkeln in der Nähe von 90° wird diese Methode wesentlich ungenauer als die Phasenmessung im Y-t-Betrieb. Die Frequenzgrenzen des Verfahrens werden hauptsächlich durch die Eigenphasenverschiebung des X-Kanals verursacht. ◄

▶ **Hinweis** Oftmals lässt sich bei völlig gleichen Signalen am X- und Y-Eingang und bei Frequenzen von etwa 100 Hz keine Gerade, sondern eine Ellipse feststellen. Die Ursache ist in einem solchen Fall meistens eine unterschiedliche Kopplung der Eingangskanäle, z. B. bei einer DC- und einer AC-Kopplung. Auf Grund der unteren Grenzfrequenz bei AC-Kopplung tritt jedoch bei 100 Hz schon eine geringe Phasenverschiebung auf, welche die Ellipse verursacht.

1.6   Messungen an Reihenschaltungen

Die Reihenschaltung von passiven Bauelementen zeigt die Möglichkeiten von Berechnungen und Messungen mit normalen Messgeräten bzw. dem Oszilloskop.

1.6.1   Messungen an einem RC-Glied

Ein RC-Glied besteht aus einer Reihenschaltung eines Widerstands und eines Kondensators. Abb. 1.62 zeigt eine Schaltung.

Die Spannungsquelle erzeugt eine Wechselspannung mit $U = 20$ V. Die Bezeichnung „RMS bedeutet „root mean square", also den Effektivwert".

Der kapazitive Blindwiderstand errechnet sich aus

$$X_C = \frac{1}{2 \cdot \pi \cdot f \cdot C} = \frac{1}{2 \cdot 3{,}14 \cdot 50\,\text{Hz} \cdot 2\,\mu\text{F}} = 1{,}59\,\text{k}\Omega$$

Der Scheinwiderstand ist

$$Z = \sqrt{R^2 + X_C^2} = \sqrt{(1\,\text{k}\Omega)^2 + (1{,}59\,\text{k}\Omega)^2} = 1{,}88\,\text{k}\Omega$$

Es ergibt sich ein Strom durch die Reihenschaltung von

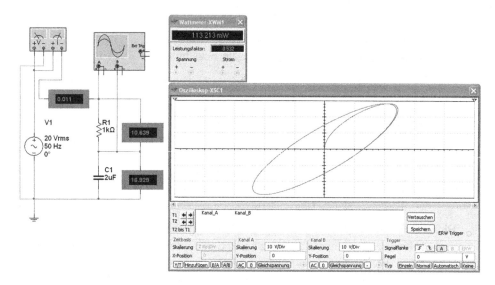

Abb. 1.62 Messungen an einem RC-Glied

$$I = \frac{U}{Z} = \frac{20\,\text{V}}{1,88\,\text{k}\Omega} = 10,6\,\text{mA}$$

Der Spannungsfall an dem Widerstand berechnet sich aus

$$U_R = I \cdot R = 10,6\,\text{mA} \cdot 1\,\text{k}\Omega = 10,6\,\text{V}$$

Der Spannungsfall an dem Kondensator berechnet sich aus

$$U_C = I \cdot X_C = 10,6\,\text{mA} \cdot 1,59\,\text{k}\Omega = 16,8\,\text{V}$$

Die Eingangsspannung ergibt sich aus

$$U = \sqrt{U_R^2 + U_C^2} = \sqrt{(10,6\,\text{V})^2 + (16,8\,\text{V})^2} = 20\,\text{V}$$

Die Messergebnisse weichen etwas ab, denn die Messgenauigkeit des Amperemeters ist nicht groß. Bei genauer Messung ist das Digitalvoltmeter zu verwenden.

$$\sin\varphi = \frac{U_R}{U} = \frac{10,6\,\text{V}}{20\,\text{V}} = 0,53 \Rightarrow \varphi = 58°$$

Messtechnisch ergibt sich aus Abb. 1.62

$$\cos\varphi = \frac{Y_0}{Y} = \frac{1,5\,\text{Div}}{2,8\,\text{Div}} = 0,54 \Rightarrow \varphi = 57,6°$$

Damit kann man die drei Leistungen (Schein-, Wirk- und Blindleistung) der Schaltung errechnen:

$$S = U \cdot I = 20\,\text{V} \cdot 0{,}011\,\text{A} = 0{,}22\,\text{VA}$$
$$P = U \cdot I \cdot \cos\varphi = 20\,\text{V} \cdot 0{,}011\,\text{A} \cdot 0{,}53 = 0{,}116\,\text{W}$$
$$Q = \sqrt{S^2 - P^2} = \sqrt{(0{,}22\,\text{VA})^2 - (0{,}116\,\text{W})^2} = 0{,}19\,\text{var}$$

Die Scheinleistung S wird in VA, die Wirkleistung in W und die Blindleistung in var (volt-ampere-reaktiv) angegeben.

1.6.2 Messungen an einem RL-Glied

Ein RL-Glied besteht aus einer Reihenschaltung eines Widerstands und einer Spule (Induktivität). Abb. 1.63 zeigt eine Schaltung.

Der induktive Blindwiderstand errechnet sich aus

$$X_L = 2 \cdot \pi \cdot f \cdot L = 2 \cdot 3{,}14 \cdot 50\,\text{Hz} \cdot 2{,}5\,\text{H} = 785\,\Omega$$

Der Scheinwiderstand ist

$$Z = \sqrt{R^2 + X_L^2} = \sqrt{(1\,\text{k}\Omega)^2 + (785\,\Omega)^2} = 1{,}27\,\text{k}\Omega$$

Es ergibt sich ein Strom durch die Reihenschaltung von

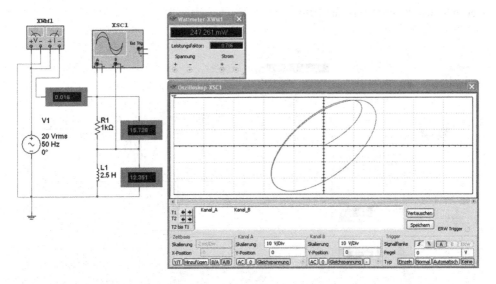

Abb. 1.63 Messungen an einem RL-Glied

$$I = \frac{U}{Z} = \frac{20\,\text{V}}{1{,}27\,\text{k}\Omega} = 15{,}7\,\text{mA}$$

Der Spannungsfall an dem Widerstand berechnet sich aus

$$U_R = I \cdot R = 15{,}7\,\text{mA} \cdot 1\,\text{k}\Omega = 15{,}7\,\text{V}$$

Der Spannungsfall an der Spule berechnet sich aus

$$U_L = I \cdot X_L = 15{,}7\,\text{mA} \cdot 785\,\Omega = 12{,}3\,\text{V}$$

Die Eingangsspannung ergibt sich aus

$$U = \sqrt{U_R^2 + U_L^2} = \sqrt{(15{,}7\,\text{V})^2 + (12{,}3\,\text{V})^2} = 20\,\text{V}$$

1.6.3   Messungen an einem RCL-Glied

Ein RCL-Glied ist ein Reihenschwingkreis und die Schaltung von Abb. 1.64 zeigt die Messungen.

Ein Widerstand ist mit einem Kondensator und einer Spule in Reihe geschaltet. Der kapazitive Blindwiderstand errechnet sich aus

$$X_C = \frac{1}{2 \cdot \pi \cdot f \cdot C} = \frac{1}{2 \cdot 3{,}14 \cdot 50\,\text{Hz} \cdot 2\,\mu\text{F}} = 1{,}59\,\text{k}\Omega$$

Der induktive Blindwiderstand ist

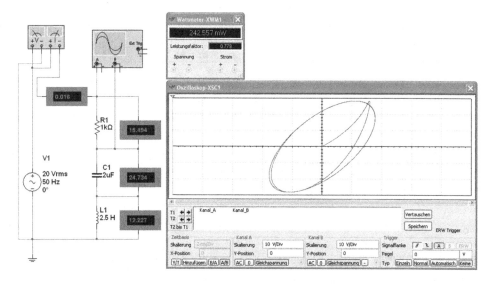

Abb. 1.64 Messungen an einem RCL-Glied

$$X_L = 2 \cdot \pi \cdot f \cdot L = 2 \cdot 3{,}14 \cdot 50\,\text{Hz} \cdot 2{,}5\,\text{H} = 785\,\Omega$$

Der kapazitive Blindwiderstand in größer als der induktive und daher hat die Schaltung ein kapazitives Verhalten. Der Blindwiderstand ist

$$X = X_C - X_L = 1{,}59\,\text{k}\Omega - 785\,\Omega = 805\,\Omega$$

Es ergeben sich drei Spannungsfälle:

$$U_R = I \cdot R = 16\,\text{mA} \cdot 1\,\text{k}\Omega = 16\,\text{V}$$

$$U_L = I \cdot X_L = 16\,\text{mA} \cdot 785\,\Omega = 12{,}5\,\text{V}$$

$$U_L = I \cdot X_L = 16\,\text{mA} \cdot 785\,\Omega = 12{,}56\,\text{V}$$

Die Eingangsspannung ist

$$U_X = U_C - U_L = 25{,}44\,\text{V} - 12{,}56\,\text{V} = 12{,}88\,\text{V}$$

Der Scheinwiderstand beträgt

$$R_X = X_C - X_L = 1{,}59\,\text{k}\Omega - 785\,\Omega = 805\,\Omega$$

$$Z = \sqrt{R^2 + R_X^2} = \sqrt{(1\,\text{k}\Omega)^2 + (805\,\Omega)^2} = 1{,}28\,\text{k}\Omega$$

Der Stromfluss durch die Reihenschaltung errechnet sich aus

$$I = \frac{U}{Z} = \frac{20\,\text{V}}{1{,}28\,\text{k}\Omega} = 15{,}6\,\text{mA}$$

1.6.4 Messung der kapazitiven Blindleistung

Ein Oszilloskop ist grundsätzlich ein spannungsempfindliches Messgerät, d. h. man kann nur Spannungen messen und keine Ströme bzw. Widerstände. Wenn man Ströme messen muss, so kann dies nicht direkt erfolgen, sondern nur über das Prinzip des Spannungsfalls. Bei der Schaltung von Abb. 1.65 ist die Wechselspannungsquelle nicht mit Masse verbunden, sondern mit dem Kondensator und dem Widerstand. Der Anschluss des Kondensators ist mit dem B-Eingang des Oszilloskops und der Widerstand mit dem A-Eingang verbunden. Auf der anderen Seite werden Kondensator und Widerstand an Masse angeschlossen.

Aus dem Diagramm des Oszilloskops erkennt man eine Phasenverschiebung von 90° und der Strom eilt der Spannung um 90° voraus. Der Strom errechnet sich aus

$$I = \frac{U}{R} = \frac{2{,}6\,\text{Div} \cdot 2\,\text{V/Div}}{1\,\text{k}\Omega} = 5{,}2\,\text{mA}$$

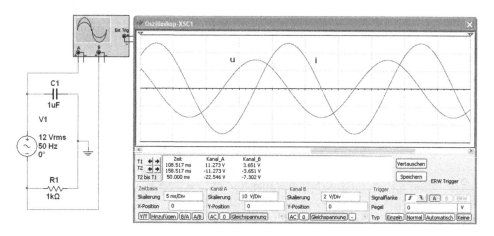

Abb. 1.65 Schaltung zur Messung der Phasenverschiebung an einem Kondensator

Hierbei handelt es sich nicht um den Effektivwert des Stroms, sondern um seinen Spitzenwert I_S, d. h. es ergibt sich ein effektiver Strom von $I_C = 3{,}67\,\text{mA}$. Die Blindleistung Q_C erhält man aus

$$Q_C = U \cdot I_C = 12\,\text{V} \cdot 3{,}67\,\text{mA} = 44{,}12\,\text{m\,var}$$

1.6.5 Messung der induktiven Blindleistung

Bei der Schaltung von Abb. 1.66 ist die Wechselspannungsquelle nicht mit Masse verbunden, sondern mit der Induktivität und dem Widerstand. Der Anschluss der Spule ist mit dem B-Eingang des Oszilloskops und der Widerstand mit dem A-Eingang verbunden. Auf der anderen Seite werden Spule und Widerstand an Masse angeschlossen.

Aus dem Diagramm des Oszilloskops erkennt man eine Phasenverschiebung von 90° und der Strom eilt der Spannung um 90° nach. Der Strom errechnet sich aus

$$I = \frac{U}{R} = \frac{1{,}6\,\text{Div} \cdot 2\,\text{V/Div}}{10\,\Omega} = 320\,\text{mA}$$

Hierbei handelt es sich nicht um den Effektivwert des Stroms, sondern um seinen Spitzenwert I_S, d. h. es ergibt sich ein effektiver Strom von $I_C = 226\,\text{mA}$. Die Blindleistung Q_C erhält man aus

$$Q_C = U \cdot I_C = 12\,\text{V} \cdot 226\,\text{mA} = 2{,}7\,\text{var}$$

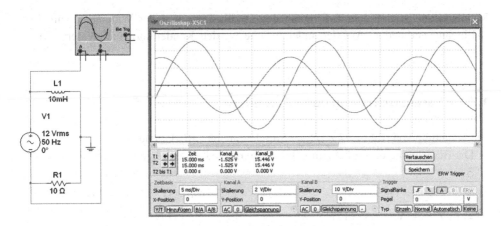

Abb. 1.66 Schaltung zur Messung der Phasenverschiebung an einer Spule

1.7   Parallelschaltung von RCL-Gliedern

Ein Oszilloskop ist grundsätzlich ein spannungsempfindliches Messgerät, d. h. man kann nur Spannungen messen und keine Ströme bzw. Widerstände. Wenn man Ströme messen muss, so kann dies nicht direkt erfolgen, sondern nur über das Prinzip des Spannungsfalls. Bei der Schaltung von Abb. 1.67 ist die Wechselspannungsquelle nicht mit Masse verbunden, sondern mit dem Kondensator und dem Widerstand. Der Anschluss des

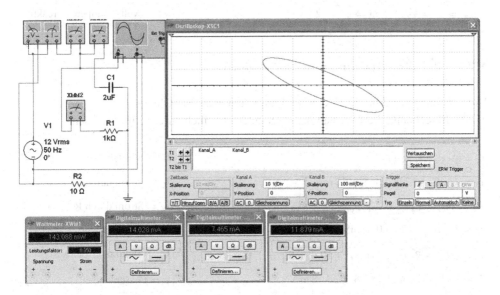

Abb. 1.67 Simulation eines RC-Gliedes

Kondensators ist mit dem B-Eingang des Oszilloskops und der Widerstand mit dem A-Eingang verbunden. Auf der anderen Seite werden Kondensator und Widerstand an Masse angeschlossen.

1.7.1 Parallelschaltung von RC-Gliedern

Die Schaltung von Abb. 1.67 zeigt die Simulation eines RC-Gliedes.
Die Berechnung dieser Schaltung kann unterschiedlich durchgeführt werden.

$G = \frac{1}{R_1} = \frac{1}{1\,k\Omega} = 1\,mS$	G = Wirkleitwert
$I_R = U \cdot G = 12\,V \cdot 1\,mS = 12\,mA$	I_C = Strom durch C
$B_C = \omega \cdot C = 2 \cdot 3,14 \cdot 50\,Hz \cdot 2\,\mu F = 0,628\,mS$	I_R = Strom durch R
$I_C = U \cdot B_C = 12\,V \cdot 0,628\,mS = 7,53\,mA$	Y = Scheinleitwert
$Y = \sqrt{G^2 + B_C^2} = \sqrt{(1\,mS)^2 + (0,628\,mS)^2} = 1,18\,mS$	B_C = Kapazitiver Leitwert
$I = U \cdot Y = 12\,V \cdot 1,18\,mS = 14,16\,mA$	φ = Phasenwinkel
$\cos\varphi = \frac{I_R}{I} = \frac{12\,mA}{14,16\,mA} = 0,85 \Rightarrow \phi = 32$	$\cos\varphi$ = Leistungsfaktor
$P = U \cdot I \cdot \cos\varphi = 12\,V \cdot 14,16\,mA \cdot 0,85 = 144\,mW$	f = Frequenz
$S = U \cdot I = 12\,V \cdot 14,16\,mA = 170\,mVA$	ω = Kreisfrequenz
$Q = \sqrt{S^2 - P^2} = \sqrt{(170\,mVA)^2 - (144\,mW)^2} = 90,3\,m\,var$	VA = Volt − Ampere
$\sin\varphi = \frac{Y_0}{Y} = \frac{0,9}{1,7} = 0,53 \Rightarrow \varphi = 32°$	var = volt − ampere − reaktiv

1.7.2 Parallelschaltung von RL-Gliedern

Die Schaltung von Abb. 1.68 zeigt die Simulation eines RL-Gliedes.
Die Berechnung dieser Schaltung kann unterschiedlich durchgeführt werden.

$G = \frac{1}{R_1} = \frac{1}{1\,k\Omega} = 1\,mS$	G = Wirkleitwert
$I_R = U \cdot G = 12\,V \cdot 1\,mS = 12\,mA$	I_C = Strom durch C
$B_L = \frac{1}{\omega \cdot L} = \frac{1}{2 \cdot \pi \cdot f \cdot L} = \frac{1}{2 \cdot 3,14 \cdot 50\,Hz \cdot 5\,H} = 0,63\,mS$	I_R = Strom durch R
$I_L = U \cdot B_L = 12\,V \cdot 0,63\,mS = 7,64\,mA$	Y = Scheinleitwert
$Y = \sqrt{G^2 + B_L^2} = \sqrt{(1\,mS)^2 + (0,63\,mS)^2} = 1,18\,mS$	B_L = Induktiver Leitwert
$I = U \cdot Y = 12\,V \cdot 1,18\,mS = 14,18\,mA$	φ = Phasenwinkel

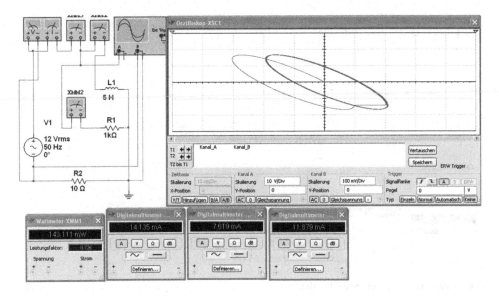

Abb. 1.68 Simulation eines RL-Gliedes

$\cos\varphi = \frac{I_R}{I} = \frac{12\,\text{mA}}{14,18\,\text{mA}} = 0,85 \Rightarrow 32°$	f = Frequenz Hz
$P = U \cdot I \cdot \cos\varphi = 12\text{V} \cdot 14,18\,\text{mA} \cdot 0,85 = 144,6\,\text{mW}$	$\cos\varphi$ = Leistungsfaktor
$S = U \cdot I = 12\,\text{V} \cdot 14,18\,\text{mA} = 170\,\text{mVA}$	ω = Kreisfrequenz
$Q = \sqrt{S^2 - P^2} = \sqrt{(170\,\text{mVA})^2 - (144,6\,\text{mW})^2} = 89,4\,\text{m var}$	VA = Volt − Ampere
$\sin\varphi = \frac{Y_0}{Y} = \frac{0,9}{1,7} = 0,53 \Rightarrow \varphi = 32°$	var = volt − ampere − reaktiv

1.7.3 Parallelschaltung von RCL-Gliedern

Die Schaltung von Abb. 1.69 zeigt die Simulation eines RCL-Gliedes.
Die Berechnung dieser Schaltung kann unterschiedlich durchgeführt werden.

$G = \frac{1}{R_1} = \frac{1}{1\,\text{k}\Omega} = 1\,\text{mS}$	G = Wirkleitwert
$I_R = U \cdot G = 12\,\text{V} \cdot 1\,\text{mS} = 12\,\text{mA}$	I_C = Strom durch C
$B_C = \omega \cdot C = 2 \cdot 3,14 \cdot 50\,\text{Hz} \cdot 1\,\mu\text{F} = 0,314\,\text{mS}$	I_R = Strom durch R
$I_C = U \cdot B_C = 12\,\text{V} \cdot 0,314\,\text{mS} = 3,77\,\text{mA}$	Y = Scheinleitwert
$B_L = \frac{1}{\omega \cdot L} = \frac{1}{2 \cdot \pi \cdot f \cdot L} = \frac{1}{2 \cdot 3,14 \cdot 50\,\text{Hz} \cdot 3\,\text{H}} = 1\,\text{mS}$	I_L = Strom durch L
$I_L = U \cdot B_L = 12\,\text{V} \cdot 1\,\text{mS} = 12\,\text{mA}$	B_C = kapazitiver Leitwert

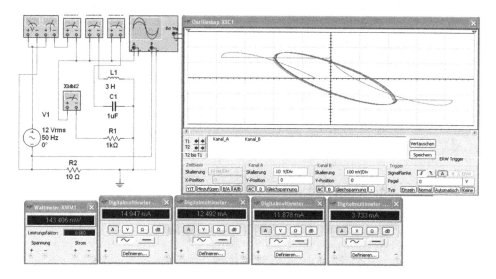

Abb. 1.69 Simulation eines RCL-Gliedes

$B = B_C - B_L$ (kapazitiv) oder $B = B_L - B_C$ (induktiv)	B_L = induktiver Leitwert
$B = B_L - B_C = 1\,\mathrm{mS} - 0{,}314\,\mathrm{mS} = 0{,}686\,\mathrm{mS}$	B = Blindleitwert
$Y = \sqrt{G^2 + B^2} = \sqrt{(1\,\mathrm{mS})^2 + (0{,}686\,\mathrm{mS})^2} = 1{,}22\,\mathrm{mS}$	φ = Phasenwinkel
$I = U \cdot Y = 12\,\mathrm{V} \cdot 1{,}22\,\mathrm{mS} = 14{,}6\,\mathrm{mA}$	$\cos\varphi$ = Leistungsfaktor
$I = \sqrt{I_R^2 + I_B^2} = \sqrt{(12\,\mathrm{mA})^2 + (12\,\mathrm{mA} - 3{,}77\,\mathrm{mA})^2} = 14{,}6\,\mathrm{mA}$	ω = Kreisfrequenz
$\cos\varphi = \frac{I_R}{I} = \frac{12\,\mathrm{mA}}{14{,}6\,\mathrm{mA}} = 0{,}82 \Rightarrow \varphi = 34{,}7°$	$\cos\varphi$ = Leistungsfaktor
$P = U \cdot I \cdot \cos\varphi = 12\,\mathrm{V} \cdot 14{,}6\,\mathrm{mA} \cdot 0{,}82 = 14{,}3\,\mathrm{mW}$	f = Frequenz
$S = U \cdot I = 12\,\mathrm{V} \cdot 14{,}6\,\mathrm{mA} = 174\,\mathrm{mVA}$	ω = Kreisfrequenz
$Q = \sqrt{S^2 - P^2} = \sqrt{(175\,\mathrm{mVA})^2 - (14{,}3\,\mathrm{mW})^2} = 174\,\mathrm{m\,var}$	VA = Volt – Ampere
$\sin\varphi = \frac{Y_0}{Y} = \frac{1{,}1}{1{,}7} = 0{,}64 \Rightarrow \varphi = 40°$	var = volt – ampere – reaktiv

1.7.4 Blindleistungskompensation

Wie bereits erwähnt, hängt der Strom, der einem Verbraucher zugeführt wird, von dessen Scheinleistung ab. Je größer dieser Strom ist, umso größer sind auch die Verluste auf der Zuleitung. Deshalb versucht man die Blindleistung eines Verbrauchers so klein wie möglich bzw. wirtschaftlich vertretbar zu machen und damit ist die Scheinleistung $S = \sqrt{P^2 + Q^2}$ möglichst gleich der Wirkleistung. In der Praxis handelt es sich dabei fast ausschließlich um induktive Verbraucher, da die elektrischen Maschinen auf dem Prinzip der magnetischen Wirkungen beruhen. Es muss also induktive durch kapazitive Blindleistung am Ort des Verbrauchers kompensiert werden.

Theoretisch kann die Blindleistungskompensation sowohl durch das Inreiheschalten wie auch durch das Parallelschalten einer Kapazität zum Verbraucher geschehen. Praktisch wird aber ausschließlich die Parallelschaltung zur Blindleistungskompensation angewandt.

Folgende Gründe sprechen gegen den theoretisch möglichen Fall der Blindleistungs-kompensation durch Reihenschaltung einer Kapazität zum induktiven Verbraucher.

1. Abhängig vom Belastungszustand fällt an dem kapazitiven Blindwiderstand X_C eine unterschiedlich große Spannung U_C ab, d. h. die Spannung U_V am Verbraucher mit $U_V = U - U_C$ ist nicht konstant, sondern lastabhängig.
2. Die Schaltung entspricht einem Reihenschwingkreis. Durch das Zuschalten von X_C wird der Widerstand Z_{ges} der Gesamtschaltung kleiner als der Widerstand Z_V des Ver-brauchers wäre. Bei vollständiger Kompensation müsste $X_C = X_L$ und damit $Z_V = R_V$ werden, d. h. aber, dass $I = U/Z_{ges}$ größer würde als ohne Kompensation! Die Verluste steigen und werden noch größer.
3. Die zur Blindleistungskompensation benötigte Kapazität wäre größer als bei der Parallelschaltung von X_C zu Z_V. (Dies soll hier nicht näher bewiesen werden, da bereits die beiden ersten Gründe genügen, um diese Art der Kompensation praktisch nicht anzuwenden.)

In der Praxis kommt ausschließlich die Blindleistungskompensation durch Parallel-schaltung einer Kapazität zum induktiven Verbraucher zur Anwendung.

Es soll nun die Blindleistungskompensation durch Parallelschalten einer Kapazität zum induktiven Verbraucher in Abb. 1.70 gezeigt werden.

In der Praxis geht man meist so vor, dass nur ein Teil der induktiven Blindleistung des Verbrauchers kompensiert wird.

Zuerst rechnet man den ohmsch-induktiven Verbraucher mit dem Widerstand und der Spule aus:

$$X_L = 2 \cdot \pi \cdot f \cdot L = 2 \cdot 3{,}14 \cdot 50\,\text{Hz} \cdot 2\,\text{H} = 628\,\Omega$$

$$Z = \sqrt{R^2 + X_L^2} = \sqrt{(475\,\Omega)^2 + (628\,\Omega)^2} = 787{,}4\,\Omega$$

$$I = \frac{230\,\text{V}}{787{,}4\,\Omega} = 292\,\text{mA}$$

Die Phasenverschiebung für den ohmsch-induktiven Verbraucher ist

$$\cos\varphi = \frac{R}{Z} \quad \sin\varphi = \frac{X_L}{Z} \quad \tan\varphi = \frac{X_L}{R}$$

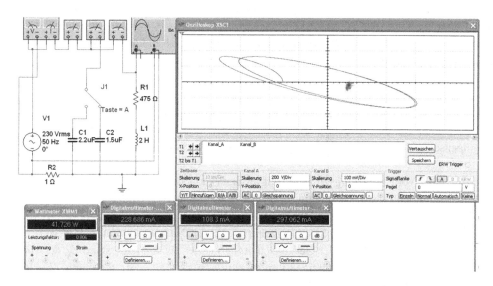

Abb. 1.70 Blindleistungskompensation eines induktiven Verbrauchers (Induktivität und Widerstand) durch Parallelschaltung eines Kondensators

$$\cos\varphi = \frac{R}{Z} = \frac{475\,\Omega}{787,4\,\Omega} = 0,6 \Rightarrow \varphi = 53°$$

Wenn man die Verbindung zwischen dem Vielfach-Messgerät und dem Umschalter löst, zeigt das Wattmeter $\cos\varphi = 0,6$ an.

Die einzelnen Leistungen (unkompensierter Betrieb) für den ohmsch-induktiven Verbraucher sind

$$S = U \cdot I = 230\,\text{V} \cdot 292\,\text{mA} = 67\,\text{VA}$$

$$P = U \cdot I \cdot \cos\varphi = 230\,\text{V} \cdot 292\,\text{mA} \cdot 0,6 = 40,3\,\text{W}$$

$$Q = \sqrt{S^2 - P^2} = \sqrt{(67\,\text{VA})^2 - (40,3\,\text{W})^2} = 53,5\,\text{var}$$

Wenn man die Verbindung zwischen dem Vielfach-Messgerät und dem Umschalter löst, zeigt das Wattmeter $P = 40,3$ W an.

Man geht in der Praxis so vor, dass nur ein Teil der induktiven Blindleistung des Verbrauchers kompensiert wird. Nennt man die zu kompensierende Blindleistung Q_{Komp} und die dazu nötige Größe des Kondensators C_{Komp} bzw. X_{Ckomp} gilt

$$C_{Komp} = \frac{Q_{Komp}}{2 \cdot \pi \cdot f \cdot U^2} \qquad X_{CKomp} = \frac{U^2}{C_{Komp}}$$

Für den kompensierten Betrieb soll $\cos\varphi = 0,7$ gelten:

Die Wirkleistung bleibt konstant, d. h. P = 40,3 W.

$$I = \frac{P}{U \cdot \cos\varphi} = \frac{40,3\,\text{W}}{230\,\text{V} \cdot 0,7} = 250\,\text{mA}$$

$$S = \frac{P}{\cos\varphi} = \frac{40,3\,\text{W}}{0,7} = 57,57\,\text{VA}$$

$$Q = \sqrt{S^2 - P^2} = \sqrt{(57,57\,\text{VA})^2 - (40,3\,\text{W})^2} = 41\,\text{var}$$

Demnach ist die zu kompensierende Blindleistung, Q_{Komp} die Blindleistung des umkompensierten Verbrauchers abzüglich der Blindleistung, die auch noch nach der Kompensation vorhanden ist.

$$Q_{\text{Komp}} = 65\,\text{var} - 41\,\text{var} = 24\,\text{var}$$

$$C_{Komp} = \frac{Q_{Komp}}{2 \cdot \pi \cdot f \cdot U^2} = \frac{24\,\text{var}}{2 \cdot 3,14 \cdot 50\,\text{Hz} \cdot (230\,\text{V})^2} = 1,44\,\mu\text{F}$$

Der nächste Schritt ist eine vollständige Kompensation mit $\cos\varphi = 1$:

$$I = \frac{P}{U \cdot \cos\varphi} = \frac{40,3\,\text{W}}{230\,\text{V} \cdot 1} = 175\,\text{mA}$$

$$S = P = 40,3\,\text{VA} \; oder \; 40,3\,\text{W}$$

$$Q = 0$$

Hier muss die gesamte Blindleistung kompensiert werden:

$$Q_{\text{Komp}} = 41\,\text{var}$$

$$C_{Komp} = \frac{Q_{Komp}}{2 \cdot \pi \cdot f \cdot U^2} = \frac{41\,\text{var}}{2 \cdot 3,14 \cdot 50\,\text{Hz} \cdot (230\,\text{V})^2} = 2,46\,\mu\text{F}$$

1.7.5 Messung der Leistung im Wechselstromkreis

Bei der Schaltung von Abb. 1.71 steuert die Wechselspannungsquelle eine Reihenschaltung von Kondensator und Lampe an. Während der Kondensator frequenzabhängig ist, stellt die Lampe einen ohmschen Widerstand dar. In dieser Schaltungsanordnung hat man durch die Reihenschaltung eine frequenzabhängige Lichtquelle. Wenn die Simulation läuft, blinkt die Lichtquelle. Verringert man die Frequenz, blinkt die Lampe entsprechend langsamer.

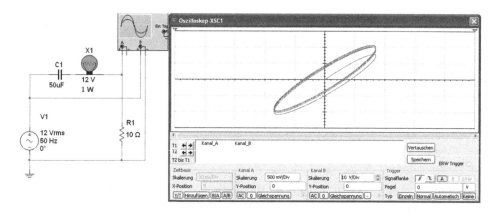

Abb. 1.71 Messung der Wechselstromleistung

Die elektrische Leistung ist das Produkt aus Spannung multipliziert mit dem Strom. Die Wechselstromleistung ist proportional der Spannungsamplitude multipliziert mit der Stromamplitude. Sie ist abhängig von der Phasendifferenz zwischen Spannung und Strom. Dieser Zusammenhang ist im Oszilloskop sichtbar, was folglich Aufschluss über die Leistung gibt.

Die Phasenverschiebung errechnet sich aus

$$\sin \varphi = \frac{Y_0}{Y} = \frac{0{,}8}{2} = 0{,}4 \Rightarrow \varphi = 23{,}5°$$

Die zu bestimmende Leistung beträgt die Hälfte des Produkts aus der maximalen X-Auslenkung (Spannungsamplitude) und der zugehörigen Y-Auslenkung (Stromamplitude).

1.8   Schaltungen zum Messen mit dem Oszilloskop

Anhand vom mehreren Schaltungen wird das Arbeiten mit dem Oszilloskop vertieft.

1.8.1   RC-Phasenschieber

Für die vierstufige RC-Tiefpass-Phasenkette von Abb. 1.72 gilt: $R = R_1 = R_2 = R_3$ und $C = C_1 = C_2 = C_3$.

Die Empfindlichkeit der vier Eingangskanäle wurde durch vier Stellungen des Schalters eingestellt.

Da jedes Glied in der Phasenkette einen Tiefpass bildet, errechnet sich die Grenzfrequenz nach

$$f_g = \frac{1}{2{,}5 \cdot R \cdot C}$$

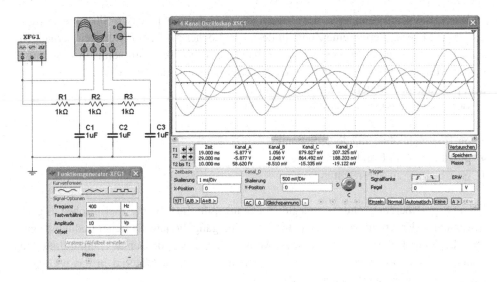

Abb. 1.72 Schaltung für eine vierstufige RC-Tiefpass-Phasenkette mit einer Grenzfrequenz von $f_g = 400$ Hz. Zwischen der Eingangs- und Ausgangsspannung tritt eine Phasenverschiebung von $\varphi = 180°$ auf

Zwischen dem Ein- und Ausgang tritt eine Phasenverschiebung von $\varphi = 180°$ auf und die Ausgangsspannung eilt der Eingangsspannung um diesen Phasenwinkel nach. Setzt man die Werte der Schaltung ein, erhält man eine Grenzfrequenz von 400 Hz. Diese Phasenkette teilt die Ausgangsspannung um 1/29 herunter und demzufolge hat man einen Kopplungsfaktor von

$$k = \frac{1}{29}$$

In der Praxis muss der nachgeschaltete Verstärker einen Verstärkungsfaktor von $v = 29$ aufweisen, damit Eingangs- und Ausgangsspannung gleich sind.

1.8.2   Strom-Spannungs-Kennlinie einer Diode

Dioden besitzen Zonen aus reinem p- und n-Material. Zwischen den beiden Zonen hat man eine Übergangszone und dieser pn-Übergang ist von großer Bedeutung. Um eine einwandfreie Arbeitsweise des pn-Übergangs zu erreichen, müssen das p-Material und das n-Material stoßstellenfrei ineinander übergehen.

Diese Stoßstellenfreiheit wird herstellungstechnisch durch Diffusionsvorgänge im Silizium erreicht. Hierbei wird z. B. eine p-Zone auf ein Stück n-Silizium gesetzt und die so vorbereitete Scheibe in einem Ofen auf ca. 650 °C aufgeheizt. Bei dieser Temperatur dringen Atome in das n-Silizium ein und überschwemmen es mit 3-wertigen Fremdatomen. Dieser Vorgang wird als „Eindiffundieren" bezeichnet.

Durch das Eindiffundieren der 3-wertigen Fremdatome in das n-Silizium entsteht um das p-Material herum eine Zone, in der mehr Löcher als freie Elektronen vorhanden sind. Das ursprünglich in dieser Zone vorhandene n-Silizium wird somit in p-Silizium umdotiert. Die Vorgänge laufen bei diesem Verfahren so ab, dass der Übergang zwischen dem p- und dem n-Material stoßstellenfrei ist.

Bei einer Diode kennt man folgende drei pn-Übergänge:

* pn-Übergang ohne angelegte Spannung
* pn-Übergang in Durchlassrichtung
* pn-Übergang in Sperrrichtung

Für den pn-Übergang ohne angelegte Spannung gilt: Infolge der thermischen Eigenbewegungen der Atome werden bei einem pn-Übergang die jeweils freien Ladungsträger über die Grenzfläche wandern. Auf diese Weise gelangen Elektronen aus dem n-dotierten Material in das p-Gebiet sowie Löcher aus dem p-dotierten Material in das n-Gebiet. Diesen Vorgang definiert man als „Diffusion".

Da die aus dem n-Gebiet kommenden Elektronen im p-Gebiet genügend freie Löcher und die aus dem p-Gebiet kommenden Löcher genügend freie Elektronen vorfinden, kommt es in der Nähe der Grenzfläche in beiden Kristallabschnitten zu Rekombinationen. Dabei vereinigen sich die aus dem n-dotierten Kristall kommenden Elektronen mit den im p-Kristall schon vorhandenen Löchern und die aus dem p-Kristall kommenden Löcher mit den im n-Kristall bereits vorhandenen Elektronen.

Als Folge dieser Diffusion entsteht somit zu beiden Seiten der Grenzfläche eine Zone, die praktisch frei von beweglichen Ladungsträgern ist. Sie hat wegen der fehlenden beweglichen Ladungsträger eine wesentlich schlechtere Leitfähigkeit als das jeweils angrenzende p- und n-Material und wird daher als „Sperrschicht" bezeichnet. Diese Sperrschicht hat eine Dicke von ca. $0,1\,\mu m$ bis $5\,\mu m$. Alle beschriebenen Vorgänge von Diffusion, Rekombination und Ausbildung der Sperrschicht vollziehen sich bereits während des Herstellungsprozesses des pn-Übergangs.

Reines n-Halbleitermaterial und reines p-Halbleitermaterial sind nach außen hin elektrisch neutral, da nach dem Einbringen von Fremdatomen in reines Halbleitermaterial in dem Kristallgitter noch immer die gleiche Anzahl von Protonen und Elektronen vorhanden sind. Während des Diffusionsvorgangs wandern aber negative Ladungsträger aus dem elektrisch neutralen n-dotierten Kristall in den vorher ebenfalls elektrisch neutralen p-dotierten Kristall. Somit fehlen in der Umgebung der Sperrschicht im n-Material die von den eingebauten Fremdatomen stammenden Elektronen. In dieser Zone tritt daher eine positive Ladung auf.

Die in den p-dotierten Teil der Sperrschicht eingewanderten Elektronen füllen dagegen die bei den dort vorhandenen von den Fremdatomen stammenden Löcher auf. Dadurch erhält diese Zone eine negative Ladung. Infolge dieser Vorgänge baut sich zu beiden Seiten der Grenzfläche eine Raumladung auf, die im n-dotierten positiv und im p-dotierten Teil negativ ist.

Die durch die Diffusionsvorgänge entstandene Raumladung kann aber nicht unbegrenzt wachsen. Je mehr Elektronen von der n-Schicht in die p-Schicht wandern, desto größer wird die negative Raumladung in der p-Schicht. Sie wirkt dem Eindringen weiterer Elektronen entgegen. Das Gleiche tritt auch für die aus dem p-Kristall kommenden Löcher infolge der immer größer werdenden positiven Raumladung im n-Kristall auf. Sobald die Raumladungen einen bestimmten Wert erreichen, ist eine weitere Diffusion nicht mehr möglich und es tritt ein Gleichgewichtszustand ein. Der Spannungswert, bei dem die Diffusion aufhört, wird als „Diffusionsspannung U_D" bezeichnet.

Betreibt man einen pn-Übergang in Durchlassrichtung, schließt man eine äußere Spannungsquelle so an einen Halbleiterkristall mit pn-Übergang an, dass der Minuspol an dem n-dotierten Material und der Pluspol am p-dotierten Material liegt. Unter dem Einfluss des dann im Halbleiter auftretenden elektrischen Felds wandern sowohl die im n-Halbleiter vorhandenen freien Elektronen als auch die im p-Halbleiter vorhandenen freien Löcher in Richtung Sperrschicht. Sie dringen dabei in die durch Diffusion entstandene, vor Anlegen der äußeren Spannung ladungsträgerfreie Zone ein. Dadurch wird die ursprüngliche Breite dieser Zone kleiner. Bei einer ausreichend großen äußeren Spannung ist die Sperrschicht fast vollständig abgebaut. Dadurch ist auch der Widerstand dieser Zone klein und es kann ein von der Spannungsquelle getriebener Strom durch den Halbleiterkristall fließen. Der pn-Übergang wird also in Durchlassrichtung betrieben, wenn der negative Pol der äußeren Spannungsquelle am n-Material liegt.

In dem Oszillogramm von Abb. 1.73 ist auch zu erkennen, dass bei Durchlassbetrieb die angelegte Spannung der inneren Diffusionsspannung entgegengerichtet ist. Ein Strom kann daher erst durch den pn-Übergang fließen, wenn die Diffusionsspannung durch die entgegengerichtete äußere Spannung kompensiert ist. Der dazu erforderliche Spannungswert der Spannungsquelle ist die Schleusenspannung U_S. Sie ist genau so groß wie die Diffusionsspannung, aber dieser entgegengerichtet. Die Größe der Schleusenspannung hängt genau wie die Diffusionsspannung vom Halbleitermaterial und der Sperrschichttemperatur ab. Die Schleusenspannung beträgt daher bei

$$\text{Germanium: } U_S \approx 0,2 \text{ bis } 0,4 \text{ V}$$

$$\text{Silizium: } U_S \approx 0,5 \text{ bis } 0,8 \text{ V}$$

Betreibt man den pn-Übergang in Sperrrichtung, liegt der Pluspol einer Spannungsquelle am n-Material und der Minuspol am p-Material eines Halbleiterkristalls mit pn-Übergang. Infolge des auftretenden elektrischen Felds im Kristall bewegen sich jetzt die freien Elektronen im n-Halbleiter zum Pluspol und die Löcher im p-Halbleiter zum Minuspol der Spannungsquelle. Die an den Grenzen des pn-Übergangs vorhandenen freien Ladungsträger wandern daher von der Grenzfläche ab. Dadurch wird die von Ladungsträgern freie Zone breiter. Ein Stromfluss durch den Kristall ist nicht möglich, weil die wegen fehlender Ladungsträger ohnehin mit einem großen Widerstand behaftete Sperrschicht nur noch breiter wird. Ein pn-Übergang wird also in Sperrrichtung betrieben, wenn der positive Pol der Spannungsquelle am n-Halbleiter liegt. In diesem Fall sind Diffusionsspannung und äußere Spannung gleichgerichtet.

Infolge der thermischen Eigenschwingungen entstehen im gesamten Kristall ständig Elektronen-Löcher-Paare und damit auch bewegliche Löcher in der n-Schicht sowie Elektronen in der p-Schicht. Diese beweglichen Ladungsträger werden jeweils als Minoritäts- oder Minderheitsträger bezeichnet. Die Elektronen der p-Schicht und die Löcher der n-Schicht wandern als Minoritätsträger aufgrund der angelegten Spannung auch durch die in Sperrrichtung betriebene pn-Grenzschicht und verursachen einen kleinen Strom, der als „Sperrstrom I_R" bezeichnet wird. Er ist stark temperaturabhängig und hat bei Raumtemperatur Werte von:

$$Germanium: I_R \approx 10\,\mu A \text{ bis } 500\,\mu A$$

$$Silizium: I_R \approx 5\,nA \text{ bis } 500\,nA$$

Die Spannung an einem in Sperrrichtung betriebenen pn-Übergang darf aber nicht beliebig gewählt werden. Wird ein bestimmter Wert überschritten, so wird die Kraftwirkung des elektrischen Felds größer als die Bindungskräfte der Valenzelektronen. Es fließt dann schlagartig ein großer Strom, der ohne Begrenzung zur Zerstörung des pn-Übergangs führt.

Ein pn-Übergang in Sperrrichtung hat noch eine weitere Eigenschaft, die technisch ausgenutzt wird. Wegen der fehlenden Ladungsträger wirkt die Sperrschicht wie ein Dielektrikum, an das sich auf beiden Seiten gut leitendes Material anschließt. Ein in Sperrrichtung betriebener pn-Übergang wirkt wie ein Kondensator. Dieser hat allerdings nur eine relativ kleine Kapazität, die als „Sperrschichtkapazität" definiert wird. Die Kapazität ist von der Größe der angelegten Sperrspannung abhängig. Je größer die Sperrspannung wird, desto breiter wird die Sperrschicht. Dies entspricht einer Vergrößerung des Plattenabstands beim Kondensator. Die Sperrschichtkapazität wird also mit steigender Sperrspannung kleiner.

Die Darstellung einer Siliziumdiode erfolgt normalerweise im 1. Quadranten. Durch die Schaltung ergibt sich die Strom-Spannungs-Kennlinie und Arbeitsweise des Oszilloskop im 2. Quadranten. Abb. 1.73 zeigt die Schaltung.

Wie die Strom-Spannungs-Kennlinie von Abb. 1.73 zeigt, kommt es ab $U_D \approx 0,3$ V zum Durchlassstrom. Es ergeben sich folgende Werte für die drei Arbeitspunkte mit der Y-Achse 1 Div = 200 mV und für die X-Achse:

$$I = \frac{U_D}{R_1} = \frac{200\,mV}{10\,\Omega} = 20\,mA$$

- AP1: Bei diesem Arbeitspunkt ergibt sich eine Durchlassspannung von $U_D \approx 800$ mV und ein statischer Widerstand von

$$R_{DAP1} = \frac{U_D}{I} = \frac{800\,mV}{20\,mA} = 40\,\Omega$$

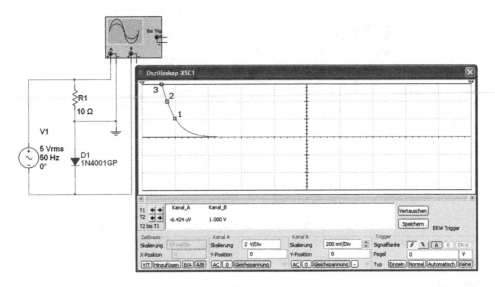

Abb. 1.73 Strom-Spannungs-Kennlinie der Diode 1N4001

- AP2: Bei diesem Arbeitspunkt ergibt sich eine Durchlassspannung von $U_D = 820$ mV und ein statischer Widerstand von

$$R_{DAP2} = \frac{U_D}{I} = \frac{820\,\text{mV}}{40\,\text{mA}} = 20,5\,\Omega$$

- AP3: Bei diesem Arbeitspunkt ergibt sich eine Durchlassspannung von $U_D = 840$ mV und ein statischer Widerstand von

$$R_{DAP3} = \frac{U_D}{I} = \frac{840\,\text{mV}}{40\,\text{mA}} = 14\,\Omega$$

Der dynamische Widerstand ist

$$R_{DAP2+3} = \frac{\Delta U}{\Delta I} = \frac{0,840\,\text{V} - 0,820\,\text{V}}{60\,\text{mA} - 40\,\text{mA}} = 1\,\Omega$$

1.8.3 Strom-Spannungs-Kennlinie einer Z-Diode

Mit der Schaltung von Abb. 1.74 wird beispielsweise eine Z-Diode ZPD4,7 untersucht.

Wird bei einer Siliziumdiode die Sperrspannung noch über den zulässigen Wert hinaus weiter erhöht, setzt nach Überschreiten eines bestimmten Spannungswertes der Durchbruchspannung, plötzlich ein stark ansteigender Strom ein.

Durch eine entsprechend höhere Dotierung kann aber die sich bei der Herstellung von Siliziumdioden ausbildende Sperrschicht zwischen dem n- und p-Kristall auch so gering

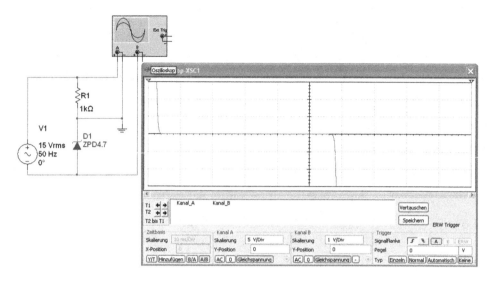

Abb. 1.74 Untersuchung einer Z-Diode vom Typ ZPD4,7

werden, dass der Durchbruch bereits bei wesentlich kleineren Sperrspannungen von etwa
1 V bis 50 V auftritt. Diese speziellen Ausführungen von Siliziumdioden werden als
Z-Dioden bezeichnet.

Z-Dioden werden stets in Sperrrichtung betrieben. Da ihr Arbeitspunkt im Bereich
der Durchbruchspannung liegt, ist zur Strombegrenzung unbedingt ein Vorwiderstand
erforderlich, der den Z-Strom begrenzt. Wegen ihres charakteristischen Kennlinienver-
laufs im Bereich der Durchbruchspannung, die hier als Z-Spannung bezeichnet wird,
lassen sich die Z-Dioden zur Spannungs- und Stromstabilisierung oder Begrenzung von
Gleichspannungen einsetzen.

Bei den Z-Dioden überlagern sich im Bereich der Durchbruchspannungen zwei unterschiedliche physikalische Effekte. So tritt bei Z-Dioden mit einer Z-Spannung von etwa
$U_Z < 5$ V eine innere Feldemission auf, die als Z-Effekt bezeichnet wird. Bei Z-Dioden
mit etwa $U_Z > 6$ V erfolgt dagegen der Durchbruch aufgrund des Lawinen-Effektes.

Z-Effekt und Lawinen-Effekt beruhen auf zwei unterschiedlichen physikalischen
Durchbruchmechanismen. Ein Durchbruch aufgrund des Z-Effektes erfolgt, weil beim
Überschreiten einer Feldstärke von etwa 20 kV/mm bis 50 kV/mm beim Silizium
Elektronen aus dem Gitterverband herausgelöst werden. Diese so entstandenen freien
Elektronen vergrößern zusammen mit den dabei ebenfalls entstandenen Löchern die
Zahl der frei beweglichen Ladungsträger und damit die Leitfähigkeit. Dadurch steigt der
Sperrstrom, der hier als Z-Strom bezeichnet wird, stark an.

Bei Z-Dioden mit $U_Z > 6$ V setzt der Lawinen-Effekt ein. Hierbei ist die Geschwindigkeit der vorhandenen beweglichen Ladungsträger infolge der hohen Feldstärke so groß,
dass sie beim Zusammenstoß mit den Atomen des Kristallgitters neue bewegliche

Ladungsträger (Elektronen und Löcher) herausschlagen. Diese neu auftretenden Ladungsträger werden durch das anliegende elektrische Feld ebenfalls beschleunigt und schlagen nun wieder weitere neue Ladungsträger aus dem Atomverband heraus. Weil der Strom dadurch sehr schnell anwächst, wird dieser Vorgang als Lawinen-Effekt (avalanche breakdown) bezeichnet. Wegen des sehr starken Stromanstiegs entsteht ein scharfer Kennlinienknick beim Übergang vom normalen Sperrstrom zum Z-Strom als beim Z-Effekt. Zwischen etwa $5\,V < U_Z < 6\,V$ liegt ein Gebiet, in dem sich Z-Effekt und Lawinen-Effekt überlagern.

Solange die Grenzwerte der Z-Dioden, insbesondere die maximale Sperrschichttemperatur, nicht überschritten werden, sind der Z-Effekt und der Lawinen-Effekt reversible, also wiederholbare Vorgänge. Der Arbeitspunkt wandert daher bei Erhöhung und Verringerung der Sperrspannung auf der gleichen Kennlinie entlang.

Bei dem Oszillogramm von Abb. 1.74 ist die charakteristische Strom-Spannungs-Kennlinie einer Z-Diode mit 3,3 V dargestellt. Im Durchlassbereich besteht kein Unterschied gegenüber einer normalen Siliziumdiode. Bis zu einer Durchlassspannung von $U_F \approx 0{,}6\,V$ ist der Durchlassstrom I_F sehr klein und nahezu konstant. Bei $U_F > 0{,}6\,V$ steigt der Durchlassstrom stark an. Wird eine Z-Diode im Durchlassbereich betrieben, muss man den Durchlassstrom durch einen Vorwiderstand begrenzen. Der zulässige Strom in Durchlassrichtung ist jedoch viel größer als der zulässige Z-Strom in Sperrrichtung.

Im Sperrbereich hat die Kennlinie im Bereich der Z-Spannung einen sehr steilen Verlauf. Der höchstzulässige Strom, der in Sperrrichtung fließen darf, wird als I_{Zmax} bezeichnet. In diesem Punkt schneidet die Verlustleistungskurve P_{max} ($P_{max} = 0{,}9 \cdot P_{tot}$) die Sperrkennlinie der Z-Diode.

Z-Dioden werden in einem Arbeitsbereich betrieben, der zwischen dem Stromwert I_{Zmax} und einem Wert I_{Zmin} liegt. Als Strom I_{Zmin} wird ein Wert unmittelbar hinter dem abknickenden Kennlinienbereich gewählt. In Abb. 1.74 ist deutlich erkennbar, dass sich wegen der starken Steigung der Kennlinie die Z-Spannung U_Z in diesem Arbeitsbereich nur wenig ändert.

Weil alle Z-Dioden trotz ihrer unterschiedlichen Z-Spannungen das gleiche Durchlassverhalten aufweisen, geben die Hersteller meistens nur eine einzige Durchlasskennlinie für eine Baureihe von Z-Dioden an. Im Idealfall sollte bis zum Erreichen der Durchbruchspannung im Sperrbereich kein Strom fließen. Wegen Verunreinigungen des Halbleitermaterials ist jedoch stets ein geringer Rest- oder Sperrstrom I_R vorhanden.

Bei Z-Dioden mit einer Durchbruchspannung $U_Z < 6\,V$ erfolgt der Durchbruch aufgrund des Z-Effektes. Eine Temperaturerhöhung bewirkt hier eine verstärkte Feldemission. Ein bestimmter Durchbruchstrom kann daher bei höherer Temperatur schon bei einer kleineren anliegenden Spannung erreicht werden. Die Spannung, bei der der Durchbruch erfolgt, wird also mit zunehmender Temperatur kleiner. Z-Dioden mit einer Durchbruchspannung $U_Z < 5\,V$ weisen daher für die Durchbruchspannung einen negativen Temperaturkoeffizienten auf.

Bei Z-Dioden mit einer Durchbruchspannung $U_Z > 6\,V$ erfolgt der Durchbruch aufgrund des Lawinen-Effektes. Mit zunehmender Temperatur wird hier die freie Weglänge der Ladungsträger kleiner. Um den gleichen Durchbruchstrom zu erzielen, sind bei höheren Temperaturen größere Sperrspannungen notwendig. Daher weisen Z-Dioden mit $U_Z >$ 7 V einen positiven Temperaturbeiwert auf. Im Spannungsbereich zwischen $U_Z = 5$ V und $U_Z = 7$ V erfolgt ein Übergang zwischen dem negativen und dem positiven Temperaturbeiwert. Dieser Übergang ist fließend, so dass kein exakter Wert angegeben werden kann.

Im Oszillogramm von Abb. 1.74 ist die charakteristische Kennlinie einer Z-Diode dargestellt. Sie besitzt im Arbeitsbereich eine nahezu konstante Steilheit. Je steiler sie verläuft, desto geringer ist die Spannungsänderung ΔU_Z bei einer bestimmten Stromänderung ΔI_7. Wird das Verhältnis ΔU_Z zu ΔI_Z gebildet, so ergibt sich ein Widerstand

$$r_Z = \frac{\Delta U_Z}{\Delta I_Z}$$

Dieser Widerstand wird als differenzieller Widerstand oder Durchbruchwiderstand der Z-Diode bezeichnet. Je kleiner der Wert von r_Z ist, desto weniger ändert sich die Z-Spannung bei einer Änderung des Z-Stroms. Der differenzielle Widerstand r_Z liefert also eine Aussage über den Stabilisierungsgrad einer Z-Diode.

1.8.4 Strom-Spannungs-Kennlinie einer Leuchtdiode

Leuchtdioden, die LEDs, eignen sich für den sichtbaren Bereich und werden aus GaAsP oder GaP hergestellt.

Die Materialherstellung kennt zwei Technologien: Bei den roten LEDs verwendet man $GaAs_{.6}P_{.4}$. Hier diffundiert man eine N-leitende epitaktische GaAsP-Schicht in ein kristallines GaAs-Substrat. Der Phosphorgehalt wird graduierlich mit der Schichtdicke auf 40 % gesteigert (Wert .4). Bei den grünen, gelben und orangen LEDs lassen sich die Epitaxieschichten im gleichen Verfahren herstellen. Das Substrat ist hier ein kristallines GaP, das für die emittierte Strahlung transparent ist. Mit einer reflektierenden Rückseitenmetallisierung lässt sich der Wirkungsgrad verdoppeln, da im Substrat kein Licht absorbiert wird.

Insgesamt stehen für die farbigen Leuchtdioden drei Materialien zur Verfügung. Alle diese basieren auf einer Stickstoffdotierung. Der Stickstoff steigert die Lichtausbeute enorm. Folgende Schichten werden für diese Farben benützt:

• Grün:	GaP: N	auf GaP-Substrat
• Gelb:	$GaAs_{.15}P_{.85}$: N	auf GaP-Substrat
• Orange:	$GaAs_{.35}P_{.65}$: N	auf GaP-Substrat
• Bernstein:	$GaAs_{.50}P_{.50}$: N	auf GaP-Substrat

Das früher für rotleuchtende Dioden noch verwendete zinndotierte GaP hat sich industriell nicht durchsetzen können. Dies hat seinen Grund in dem stromabhängigen

Abfall des Wirkungsgrades und in deren ungünstigen Spektralbereich des emittierten Lichtes bezüglich des menschlichen Auges.

Bei den Ausführungsformen unterscheidet man zwischen zwei Typen: Bei epitaktischen GaAs- oder GaP-Leuchtdioden liegt der PN-Übergang nur 2 bis 4 µm unter der Halbleiteroberfläche. Das Licht wird in der dünneren P-Zone erzeugt und verlässt den Kristall durch die nahe Oberfläche. Alles Licht, das sich in das Innere des Kristalls ausbreitet, wird absorbiert. GaAs-Leuchtdioden sind epitaktische Dioden, deren P-Zone, in der die Strahlung erzeugt wird, die etwa 50 µm hoch sind.

Das Material GaAlAs (Gallium-Aluminium-Arsenid) wird von der Halbleiterindustrie selten verwendet, da es teuer ist und nur IR-Licht aussendet. Das GaP-Material strahlt grünes Licht zwischen 520 und 570 nm mit einem Höchstwert bei 550 nm aus. Dies liegt dicht an der Höchstsensibilität des menschlichen Auges. Dieses GaP-Material kann aber auch rotes Licht zwischen 630 und 790 nm bei einem Höchstwert von 690 nm abstrahlen.

$GaAs_{1-x}P_x$-Material strahlt Licht in einem breiten rot-orangen-Bereich aus. Dies ist abhängig von dem GaP-Anteil, der in ihm aufkommt und daher die Bezeichnung x hat. Für x = 0,4 erhalten wir ein rotes Licht zwischen 640 und 700 nm bei einem Höchstwert von 660 nm. Für x = 0,5 ist das ausgestrahlte Licht bernsteinfarbig (amber) mit einem Höchstwert von 610 nm.

Verändert man den Anteil x beim GaAs-Material, muss das P-Material entsprechend verändert werden, damit man immer den Wert 1 erreicht. Durch die Änderung der Dotierung erhält man jeweils eine andere abgestrahlte Wellenlänge, die auch den Wirkungsgrad wesentlich beeinflusst.

Wichtig ist noch die Anordnung der Lichtquelle in dem LED-Gehäuse. Bei der Kurve A befindet sich die Lichtquelle unmittelbar vorne und man erhält einen fast kreisförmigen Abstrahlungswinkel. Dieser Winkel ist aber in der Praxis nicht zu erreichen. Befindet sich die Lichtquelle direkt im Mittelpunkt der gewölbten Leuchtdiode, d. h. durch den Durchmesser d erhält man 2 x der Kurve B. Verschiebt man die Lichtquelle weiter nach hinten, ergibt sich die Kurve C und diese hat einen keulenförmigen Abstrahlungswinkel.

Bei den Leuchtdioden unterscheidet man noch zwischen diffusen und klaren LEDs. Die klaren LEDs strahlen direkt aus. Die diffusen haben keinen direkten Lichtaustritt, sondern werden durch das Plastikmaterial bereits mehrmals umgelegt (reflektiert).

Der längere Anschlusspin ist die Anode A und der kürzere die Katode K. Es ergeben sich folgende Daten:

- Sperrspannung: 3 V
- Durchlassstrom: 3 mA bis 50 mA je nach Betriebsart
- Verlustleistung: 0,1 mW bis 10 W

Wichtig für den Anwender ist nur, dass eine Leuchtdiode nicht ohne Vorwiderstand betrieben werden darf, außer mit einer Konstantstromquelle. Dieser Widerstand begrenzt den Strom und der Widerstand berechnet sich aus

$$R_V = \frac{U_b - U_F}{I_F}$$

Der Durchlassstrom I_F soll nicht höher als 20 mA im statischen Betrieb liegen. Hat man dagegen einen Impulsbetrieb, lässt sich der Strom I_F wesentlich erhöhen, aber das arithmetische Mittel darf die 20 mA nicht überschreiten.

Die Spannung U_F, die Durchlassspannung, ist von dem Material abhängig. Es gilt

• GaAsP:	$U_F \approx 1{,}6$ V bei rot und $U_F \approx 2{,}4$ V bei gelb
• GaAsP auf GaP:	$U_F \approx 2{,}2$ V bei orangerotleuchtend
• GaP:	$U_F \approx 2{,}7$ V bei grünleuchtend

Die Werte für die Durchlassspannung liegen damit in einem Bereich von 1,6 V bis 2,7 V. Achtung! Diese Werte weichen aber von Hersteller zu Hersteller stark ab.

Eine Leuchtdiode wird immer im Durchlassbereich betrieben. Unterhalb der Diffusionsspannung oder Schleusenspannung ist die LED hochohmig, da die angelegte Spannung nicht ausreicht, um genügend viele Ladungsträger gegen die Diffusionsspannung in die Raumladungszone (Rekombinationszone) zu drücken. Bei Spannungen oberhalb der Diffusionsspannung wird die Leuchtdiode niederohmig. Kleine Spannungsänderungen in diesem Bereich bewirken eine große Stromänderung. Daher dürfen Leuchtdioden, ähnlich wie Gleichrichterdioden, nur bis zu einem maximalen Durchlassstrom I_{Fmax} betrieben werden. Bei größeren Strömen wird die maximale Verlustleistung überschritten und die Leuchtdiode thermisch überlastet.

Beim Betrieb einer Leuchtdiode dürfen die für den betreffenden Typ angegebenen Grenzwerte auf keinen Fall überschritten werden. Es sind dies in Durchlassrichtung der maximale Durchlassstrom und in Sperrrichtung die maximale Sperrspannung, die uns aber in diesem Fall nur in wenigen Anwendungsfällen interessiert.

Die emittierte Strahlung, also die Lichtstärke bei einer Leuchtdiode ändert sich im normalen Betriebsbereich fast linear mit dem Durchlassstrom, d. h. je größer der Durchlassstrom, umso heller die Leuchtdiode. Dabei erwärmt sich die Leuchtdiode aber sehr stark und wird bei einer Sperrschichttemperatur über 100 °C zerstört.

Abb. 1.75 zeigt eine Schaltung für die Kennlinienaufnahme einer Leuchtdiode. Welcher Strom fließt durch die Leuchtdiode?

$$I_L = \frac{U}{R} = \frac{5\,\text{V}}{250\,\Omega} = 20\,\text{mA}$$

Die Leuchtdiode hat eine Durchlassspannung von 1,65 V.

1.8.5 Strom-Spannungs-Kennlinie eines DIAC

Die Vierschichtdiode (Einrichtungs-Thyristordiode) und der DIAC (Zweirichtungs-Thyristordiode) sind Bauelemente der Leistungselektronik.

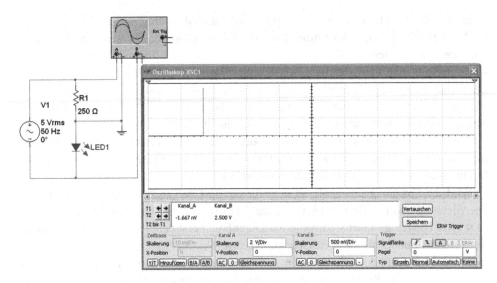

Abb. 1.75 Kennlinienaufnahme einer Leuchtdiode

Eine Vierschichtdiode bestehen aus einem Siliziumeinkristall, bei dem vier Schichten mit wechselnder Leitfähigkeit aufeinander folgen. Daher werden Einrichtungs-Thyristordioden auch als Vierschichtdioden bezeichnet.

Vierschichtdioden weisen eine pnpn-Zonenfolge auf. Lediglich an den beiden äußeren Zonen sind zwei Anschlüsse sperrschichtfrei vorhanden. Der Anschluss, der an der p-Schicht liegt, wird als Anode, der Anschluss an der n-Schicht als Katode bezeichnet. Wegen der vier aufeinander folgenden Halbleiterzonen sind in einer Vierschichtdiode drei Sperrschichten vorhanden.

Wird über einen externen Widerstand eine kleine Spannung mit angegebener Polarität an die Vierschichtdiode gelegt, so werden die Sperrschichten der angegebenen pn-Übergänge 1 und 3 in Durchlassrichtung betrieben. Es kann aber kein Strom fließen, weil der pn-Übergang 2 in Sperrrichtung gepolt ist. Es fällt deshalb auch fast die gesamte anliegende Spannung an dieser Sperrschicht 2 ab. Der pn-Übergang 2 wirkt wie eine in Sperrrichtung gepolte Siliziumdiode. Er sperrt oder blockiert den Strom durch das Bauelement, so dass in diesem Blockierzustand lediglich ein sehr kleiner Sperrstrom durch die Vierschichtdiode fließen kann. Auch bei weiterer Erhöhung der anliegenden Spannung wird ein Stromfluss durch die Sperrschicht 2 noch verhindert. Die Kennlinie der Vierschichtdiode verläuft in diesem Blockierbereich fast parallel zur Nulllinie.

Wird die angelegte Spannung noch weiter erhöht, so steigt auch die Feldstärke in der Sperrschicht 2 immer mehr an. Bei einem bestimmten Spannungswert wird die Feldstärke dann jedoch so groß, dass ein Durchbruch in dem in Sperrrichtung gepolten pn-Übergang auftritt. Der zugehörige Spannungswert wird als Schaltspannung U_S bezeichnet.

Infolge des Durchbruchs wird die Sperrschicht 2 niederohmig und es fließt plötzlich ein lawinenartig ansteigender Strom durch die Vierschichtdiode. Er wird nur durch den Vorwiderstand begrenzt. Infolge des an dem Widerstand auftretenden Spannungsfalls sowie der plötzlich niederohmig gewordenen pn-Sperrschicht 2 sinkt die Spannung an der Vierschichtdiode auf einen kleinen Wert ab. Diese Restspannung U_H beträgt etwa 0, 5 V bis 1, 2 V. Die Einrichtungs-Thyristordiode arbeitet jetzt in Durchlassbetrieb und ihr weiterer Kennlinienverlauf ähnelt dem einer Siliziumdiode.

Die Vierschichtdiode kippt erst dann wieder in den Sperrzustand zurück, wenn durch eine äußere Schaltungsmaßnahme die Haltespannung U_H unterschritten wird. Diese Schaltungsmaßnahme wird als Löschen bezeichnet.

Wird die Spannung umgepolt, so liegt für die pn-Übergänge 1 und 3 ein Betrieb in Sperrrichtung und nur für den pn-Übergang 2 ein Betrieb in Durchlassrichtung vor. Da jetzt zwei Dioden gesperrt sind, wäre ein Durchbruch erst bei einer Spannung möglich, die wesentlich höher als die Schaltspannung U_S ist.

Eine Vierschichtdiode „zündet" also nur, wenn sie in Vorwärtsrichtung betrieben wird und die anliegende Spannung größer als ihre Schaltspannung U_S wird. Als Vorwärtsrichtung wird die Betriebsart bezeichnet, bei der die Anode positiver als die Katode der Vierschichtdiode ist. Auch bei Verringerung der anliegenden Spannung bleibt die Vierschichtdiode leitend. Sie „löscht" erst wieder, wenn der Haltestrom U_H unterschritten wird.

Einrichtungs-Thyristordioden können nur in Vorwärtsrichtung gezündet werden, also wenn ihre Anode positiver als ihre Katode ist. Zweirichtungs-Thyristordioden lassen sich dagegen in beiden Richtungen zünden, sowohl in Vorwärtsrichtung (Anode positiv gegenüber Katode) als auch in Rückwärtsrichtung (Anode negativ gegenüber Katode). Dieses Verhalten wird durch eine interne Antiparallelschaltung zweier Vierschichtdioden erreicht.

Die übliche Handelsbezeichnung von Zweirichtungs-Thyristordioden ist „DIAC" (diode alternating current switch = Diodenwechselstromschalter).

Abb. 1.76 zeigt die charakteristische Kennlinie einer Zweirichtungs-Thyristordiode. Sie hat im Vorwärtsbereich einen ähnlichen Verlauf wie die Kennlinie einer Vierschichtdiode. Von $U_F = 0$ V ausgehend ist der Strom zunächst bis zur Durchbruchspannung blockiert. Nach Überschreiten der Durchbruchspannung fließt schlagartig ein Strom, der durch einen Vorwiderstand begrenzt werden muss.

Da der DIAC wie zwei Vierschichtdioden in Antiparallelschaltung aufgebaut ist, ergibt sich für den Rückwärtsbereich ein spiegelbildlicher Verlauf der Kennlinie. Von $U_R = 0$ V ausgehend ist der Strom bis zur Durchbruchspannung blockiert. Nach Überschreiten der Durchbruchspannung fließt ebenfalls schlagartig ein Strom, der durch den Vorwiderstand begrenzt wird.

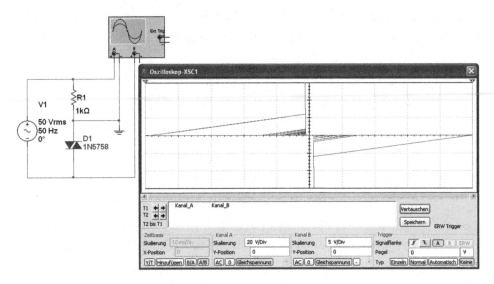

Abb. 1.76 Kennlinienaufnahme einer Zweirichtungs-Thyristordiode (DIAC)

Sowohl bei Betrieb im Vorwärtsbereich als auch bei Betrieb im Rückwärtsbereich kann der gezündete und damit niederohmige DIAC nur durch Unterschreiten seines Haltestroms wieder in den Blockierzustand gebracht werden.

Aufgrund ihrer Kennlinie lassen sich DIACs als elektronische Wechselstromschalter verwenden. Sie werden jedoch nur für relativ kleine Ströme gefertigt und hauptsächlich zur Ansteuerung von TRIACs eingesetzt.

Anwendung und Arbeiten mit digitalem Speicheroszilloskop

Wie bereits in Kap. 1 erklärt wurde, beträgt die Nachleuchtdauer des Leuchtstoffs P31 einer normalen Elektronenstrahlröhre weniger als eine Millisekunde. In einigen Fällen findet man Elektronenstrahlröhren mit dem Leuchtstoff P7, der eine Nachleuchtdauer von 300 ms aufweist. Die Elektronenstrahlröhre zeigt das Signal nur solange an, bis es zu einer Anregung des Leuchtstoffs kommt. Wenn dieses Signal nicht mehr vorhanden ist, klingt die Schreibspur beim P31 schnell und beim P7 etwas langsamer ab.

Was geschieht aber, wenn ein sehr langsames Signal an einem Oszilloskop anliegt oder wenn es wenige Sekunden andauert oder – noch problematischer – wenn es nur einmal auftritt? In diesen Fällen ist es so gut wie unmöglich, das Signal mit einem analogen Oszilloskop anzuzeigen. Hier wird ein Verfahren benötigt, mit dem der durch das Signal zurückgelegte Weg auf der Leuchtschicht erhalten bleibt. Früher erreichte man dies durch den Einsatz einer speziellen Elektronenstrahlröhre, der „Speicherröhre", bei der ein elektrisch geladenes Gitter hinter der Leuchtstoffschicht angeordnet war, um die Spur des Elektronenstrahls zu speichern. Diese Röhren sind sehr teuer und im mechanischen Aufbau empfindlich, und sie konnten die Schreibspur nur für eine begrenzte Zeit festhalten (Abb. 2.1).

2.1 Merkmale eines digitalen Oszilloskops

Die digitale Speicherung überwindet nicht nur alle Nachteile des analogen Oszilloskops, sondern bietet zusätzlich folgende Leistungsmerkmale:

- Durch den Pre-Trigger (Vortriggerung) lassen sich Informationen im großen Umfang speichern und anzeigen, die vor der eigentlichen Triggerfunktion aufgetreten sind.
- Es lassen sich Informationen durch die Post-Trigger in großem Umfang speichern und anzeigen, die nach der Triggerung vorhanden sind.

© Springer Fachmedien Wiesbaden GmbH, ein Teil von Springer Nature 2020
H. Bernstein, *Messen mit dem Oszilloskop,* https://doi.org/10.1007/978-3-658-31092-9_2

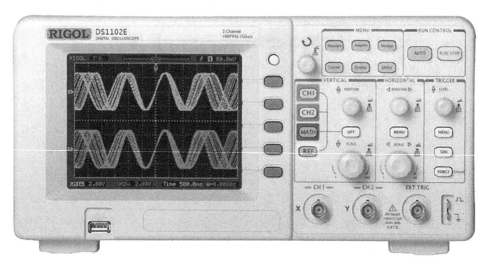

Abb. 2.1 Ansicht eines digitalen Oszilloskops

- Es sind vollautomatische Messungen möglich, wobei sich auch ein oder mehrere Messcursors für ein optimales Ablesen verwenden lassen. Bei dem simulierten Oszilloskop sind zwei Messcursors vorhanden.
- Die Signalformen können unbegrenzt intern und auch extern gespeichert werden.
- Die gespeicherten Signalformen lassen sich zur Speicherung, Auswertung oder späteren Analyse in einen PC übertragen.
- Für Dokumentationszwecke erstellt man Hardcopies über einen Drucker und die erstellten Bilder lassen sich auch in die Textverarbeitung für eine Betriebsanleitung einbinden.
- Neu erfasste Signalformen können mit Referenz-Signalformen verglichen werden, entweder durch den Benutzer oder vollautomatisch durch einen PC.
- Es können Entscheidungen auf „Pass/Fail"-Basis getroffen werden („Go/No Go"-Tests).
- Die Informationen der Signalform lassen sich nachträglich mathematisch verarbeiten und für eine grafische Darstellung aufbereiten.

2.1.1   Interne Funktionseinheiten

Wie der Name bereits definiert, erfolgt bei einem digitalen Speicheroszilloskop die Speicherung eines Signals in digital codierter Form. Abb. 2.2 zeigt das Blockschaltbild eines digitalen Speicheroszilloskops.

Diese Momentanwerte oder Samples werden von einem Analog-Digital-Wandler abgefragt, um binäre Werte zu erzeugen, die jeweils eine Sample-Spannung darstellt. Diesen Prozess bezeichnet man als Digitalisierung der analogen Eingangsspannung.

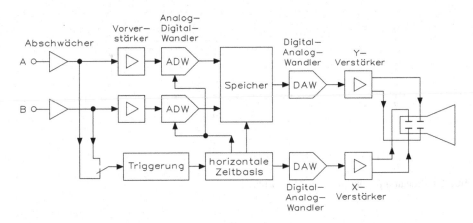

Abb. 2.2 Blockschaltbild eines digitalen Speicheroszilloskops

Die binären Werte werden in einem statischen Schreib-Lese-Speicher (RAM) abgelegt und die Geschwindigkeit, mit der die Samples aufgenommen werden, bezeichnet man als Abtastrate. Die Steuerung für den gesamten Arbeitsablauf definiert man als Abtasttakt. Die Abtastrate für allgemeine Anwendungen reicht von 20 MS/s (Mega Samples pro Sekunde) bis zu 20 GS/s (Giga Samples pro Sekunde). Die gespeicherten Daten werden aus dem RAM zerstörungsfrei ausgelesen und über den nachfolgenden Digital-Analog-Wandler wieder in eine analoge Spannungsform umgesetzt, um eine Signalform auf dem Bildschirm zu rekonstruieren. Die Speicherung erfolgt in den statischen RAMs (SRAM), da diese erheblich schneller sind als die dynamischen RAM-Bausteine (DRAM).

Ein digitales Speicheroszilloskop enthält mehr als nur analoge Schaltungen zwischen den Eingangsanschlüssen und dem Bildschirm. Eine Signalform wird erst in einem Schreib-Lese-Speicher abgelegt, bevor sie sich wieder darstellen lässt, d. h. es tritt eine gewisse Totzeit zwischen der Erfassung und der Ausgabe auf. Die Darstellung auf dem Bildschirm erfolgt immer als Rekonstruktion der aufgenommenen Signale und es handelt sich nicht um eine diskrete und kontinuierliche Anzeige des an den Eingangsbuchsen anliegenden Signals. Die Messung erfolgt also nicht in Echtzeit, sondern verzögert.

2.1.2 Digitale Signalspeicherung

Die digitale Speicherung erreicht man in zwei Schritten. Zuerst werden Samples von der Eingangsspannung aufgenommen und im RAM zwischengespeichert. Zwischen dem Eingangsverstärker und dem Analog-Digital-Wandler befindet sich eine Sample&Hold-Schaltung, wie Abb. 2.3 zeigt.

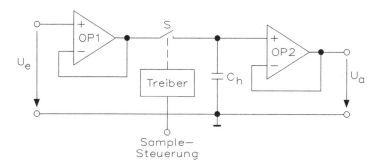

Abb. 2.3 Schaltung einer Sample&Hold-Einheit

In der elektronischen Messtechnik, in der Datenerfassung und bei analogen Verteilungssystemen müssen auf periodischer Basis die entsprechenden Analogsignale an den Eingängen abgetastet werden. Liegt z. B. an einem Analog-Digital-Wandler eine analoge Spannung an, so muss vor der Umsetzung diese Spannung in einem Abtast- und Halteverstärker zwischengespeichert werden. Ändert sich die Spannung am Eingang des Analog-Digital-Wandlers während der Umsetzphase, tritt ein erheblicher Messfehler auf. In der Praxis spricht man aber nicht von einem Abtast- und Halteverstärker, sondern von einer S&H-Einheit (Sample&Hold). Die Aufgabe eines Abtast- und Halteverstärkers ist die Zwischenspeicherung von analogen Signalen für eine kurze Zeitspanne, während sich die Eingangsspannung in dieser Zeit wieder ändern kann. Das Resultat dieser Abtastung ist mit der Multiplikation des Analogsignals mit einem Impulszug gleicher Amplitude identisch und es entsteht eine modulierte Pulsfolge. Die Amplitude des ursprünglichen Signals ist in der Hüllkurve des modulierten Pulszugs enthalten.

Ein Sample&Hold-Verstärker besteht im einfachsten Fall aus einem Kondensator und einem Schalter. An dem Schalter liegt die Eingangsspannung und ist der Schalter geschlossen, kann sich der Kondensator auf- bzw. entladen. Ändert sich die Eingangsspannung, ändert sich gleichzeitig auch die Ausgangsspannung am Kondensator. Öffnet man den Schalter, bildet die Spannung am Kondensator die Ausgangsspannung, die weitgehend konstant bleibt, wenn der nachfolgende Verstärker einen hochohmigen Innenwiderstand aufweist.

In der Schaltung für den S&H-Verstärker hat man einen Eingangsverstärker, der in Elektrometerverstärkung arbeitet, d. h. der Eingangswiderstand ist sehr hochohmig und der Operationsverstärkung hat V = 1. Die Ausgangsspannung des Eingangsverstärkers folgt unmittelbar der Eingangsspannung, wenn der Schalter geschlossen ist. Dieser Schalter wird über die Ansteuerung freigegeben. Im Abtastbetrieb (Sample) soll die Ausgangsspannung der Eingangsspannung direkt folgen, vergleichbar mit einem Spannungsfolger. Die Verzerrungen sollten in dieser Betriebsart minimal sein (>0,01 %), d. h. die Differenzspannung zwischen Ein- und Ausgang soll für jede Ausgangssteuerung und bei jeder Frequenz Null betragen.

Schaltet die Steuerung um, wird der Schalter geöffnet und die Spannung (Ladung) des Kondensators liegt an dem Ausgangsverstärker. Die Ausgangsspannung bleibt konstant, denn die Eingangsspannung hat keine Einwirkungen mehr auf den Kondensator. Jetzt befindet sich der S&H-Verstärker im Haltebetrieb (Hold) und die Ausgangsspannung kann sich nicht mehr ändern. Als Speicherelement dient der Kondensator zwischen dem Schalter und Masse. Diesen Kondensator bezeichnet man auch als Haltekondensator.

In der Praxis hat die S&H-Einheit neben dem Ein- und Ausgang noch einen Steuer-eingang mit der Bezeichnung S/H (Sample/Hold). Liegt ein 0-Signal an, folgt die Aus-gangsspannung direkt der Eingangsspannung und man befindet sich im Abtastbetrieb. Schaltet dieser Steuereingang auf 1-Signal, wird der momentane Spannungswert im Kondensator zwischengespeichert und bleibt als konstanter Wert für die Ausgangs-spannung vorhanden.

Der Haltekondensator muss ein Kondensator mit geringen Leckströmen und Dielektrizitätsverlusten sein. In der Praxis verwendet man daher meistens Polystyren-, Polypropylen-, Polycarbonat- oder Teflon-Typen. Der hier beschriebene Schaltungsauf-bau und der Kondensator arbeiten unter optimalen Betriebsbedingungen. Abweichungen davon werden hervorgerufen durch:

• Spannungsfall an den Kondensatoren bedingt durch Leckströme
• Spannungsänderungen an den Kondensatoren durch Ladungsüberkopplungen, die beim Auftreten von Ausschaltflanken der Schaltersignale auftreten
• Nichtlinearitäten der beiden Operationsverstärker
• Einschränkungen des Frequenzgangs bei beiden Operationsverstärkern und des Haltekondensators
• Nichtlinearität des Haltekondensators bedingt durch dielektrische Verluste
• Ladungsverluste an dem Haltekondensator infolge des kapazitiven Spannungsteilers in Verbindung mit einer Streukapazität, wenn man einen „verunglückten" Schaltungs-aufbau hat.

In der Praxis verwendet man für den Schalter keinen mechanischen Typ, sondern einen elektronischen Schalter (integrierter Analogschalter 4066). Typische Leckströme sind bei diesen Schaltern in der Größenordnung von 1 pA, wenn diese an ihren nominellen Betriebsspannungen liegen. Das gilt natürlich auch für den Ausgangsverstärker. Es ist kein Problem, den Kondensator bei eingeschaltetem Schalter (mechanisch oder elektronisch) auf den korrekten Wert aufzuladen. Wenn jedoch der Schalter abgeschaltet wird, gibt es durch die Gate-Drain-Kapazität bei einem elektronischen Schalter eine Ladungsüberkopplung auf den Haltekondensator, wodurch sich die gespeicherte Ladung ändert. Dies bemerkt man, wenn man verschiedene Kondensatortypen einsetzt und diese unter den verschiedenen Betriebszuständen im Labor testet.

In der elektronischen Messtechnik, in der Datenerfassung und bei analogen Verteilungs-systemen werden auf periodischer Basis die entsprechenden Analogsignale an den Ein-gängen abgetastet. Liegt z. B. an einem Analog-Digital-Wandler eine analoge Spannung an, so muss vor der Umsetzung diese Spannung in einem Abtast- und Halteverstärker zwischengespeichert werden. Ändert sich die Spannung am Eingang des Analog-Digital-Wandlers während der Umsetzphase, tritt ein Messfehler auf.

Ein Sample&Hold-Verstärker besteht im einfachsten Fall aus einem Kondensator und einem Schalter. An dem Schalter liegt die Eingangsspannung und ist der Schalter geschlossen, kann sich der Kondensator aufladen. Ändert sich die Eingangsspannung, ändert sich gleichzeitig auch die Spannung am Kondensator. Öffnet man den Schalter, bildet die Spannung am Kondensator die Ausgangsspannung, die weitgehend konstant bleibt, wenn der nachfolgende Verstärker einen hochohmigen Innenwiderstand aufweist.

In der Schaltung für den S&H-Verstärker von Abb. 2.4 hat man einen Eingangsverstärker, der in Elektrometerverstärkung arbeitet, d. h. der Eingangswiderstand ist sehr hochohmig. Die Ausgangsspannung des Eingangsverstärkers folgt unmittelbar der Eingangsspannung, wenn der Schalter geschlossen ist.

Dieser Schalter wird über die Leertaste betätigt. Im Abtastbetrieb (Sample) soll die Ausgangsspannung der Eingangsspannung direkt folgen, vergleichbar mit einem Spannungsfolger. Die Verzerrungen sollten in dieser Betriebsart minimal sein (>0,01 %), d. h. die Differenzspannung zwischen Ein- und Ausgang soll für jede Ausgangssteuerung und bei jeder Frequenz Null betragen.

Betätigt man die Leertaste, wird der Schalter geöffnet und die Spannung (Ladung) des Kondensators liegt an dem Ausgangsverstärker. Die Ausgangsspannung bleibt konstant, denn die Eingangsspannung hat keine Einwirkungen mehr auf den Kondensator. Jetzt befindet sich der S&H-Verstärker im Haltebetrieb (Hold) und die Ausgangsspannung kann sich nicht mehr verändern. Als Speicherelement dient der Kondensator und diesen bezeichnet man als Haltekondensator.

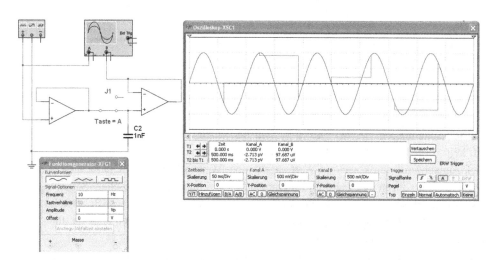

Abb. 2.4 S&H-Verstärker mit einem separaten Eingangs- und Ausgangsverstärker. Beide Operationsverstärker arbeiten im Elektrometerbetrieb

In der Praxis hat die S&H-Einheit einen Eingang mit der Bezeichnung S/H (Sample/ Hold). Liegt ein 0-Signal an, folgt die Ausgangsspannung der Eingangsspannung und man befindet sich im Abtastbetrieb. Schaltet dieser Eingang auf 1-Signal, wird der momentane Spannungswert zwischengespeichert und liegt konstant als Ausgangsspannung an.

Eine S&H-Einheit verfügt über zwei Betriebsarten. Wenn der Schalter geschlossen ist, handelt es sich um den Sample- oder Abtast-Modus, der auch als Tracking- oder Nachlauf-Modus bezeichnet wird. Bei geöffnetem Schalter arbeitet der Baustein im Halte-Modus. In Abb. 2.4 arbeiten beide Operationsverstärker im nicht invertierenden Betrieb, d. h. das Ausgangssignal ist weitgehend identisch mit dem Eingangssignal. Bei dieser Schaltungsvariante spricht man von einem offenen Schaltkreisverhalten.

In der Schaltung von Abb. 2.5 arbeitet der Ausgangsverstärker als Integrator und über den Widerstand R erfolgt die Gegenkopplung zum Eingangsverstärker. Damit hat man eine schnelle und genaue S&H-Einheit.

Da der Kondensator in einer Integrationsschaltung arbeitet, ergibt es ein wesentlich verbessertes Speicherverfahren. Tatsächlich wird ein sehr geringer Prozentsatz der Ladung in einem Kondensator dazu benötigt, im Dielektrikum diverse Ladungsverschiebungen vorzunehmen. Diese Ladungsanteile tragen naturgemäß nicht zur Spannung am Kondensator bei und man bezeichnet diesen Effekt als „dielektrische Verluste". Diese sind aber in dieser Schaltungsvariante geringer, denn der Stromfluss durch den Integrationskondensator ist nicht so hoch wie bei der vorherigen Variante.

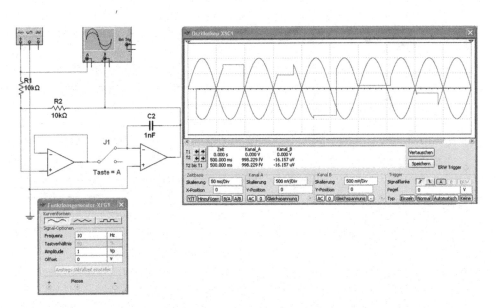

Abb. 2.5 Invertierende S&H-Einheit mit zwei gegengekoppelten Operationsverstärkern und das Ausgangssignal ist um 180° zum Eingangssignal phasenverschoben

Die Schaltung in Abb. 2.5 hat einen Nachteil, denn über die Gegenkopplung fließt ein Strom, der den Eingangswiderstand der Schaltung nachteilig verändern kann.

Die Schaltung von Abb. 2.6 ist den beiden anderen Varianten überlegen. Bedingt durch die Gegenkopplung ergibt sich ein besseres Langzeitverhalten gegenüber Abb. 2.5. Da der Eingangsverstärker als Elektrometerverstärker arbeitet, kommt der hohe Eingangswiderstand zur Wirkung und damit auch ein Vorteil gegenüber Abb. 2.5. Die beiden Dioden sind nur für den Hochgeschwindigkeitsbetrieb erforderlich, damit die Spannungsdifferenz zwischen Ein- und Ausgang nicht zu hoch werden kann.

Zur Charakterisierung der Leistungen einer S&H-Einheit sind einige Parameter von besonderer Wichtigkeit. Der wahrscheinlich wichtigste Parameter ist die Übernahmezeit (acquisition time).

Die Definition ist ähnlich jener für die Einschwingzeit eines Verstärkers. Es ist diejenige Zeit, die nach Anlegen des Sample-Befehls erforderlich ist, um den Haltekondensator auf den Wert seiner größten Spannungsänderung aufzuladen, d. h. im Hold-Betrieb ist der Kondensator auf $-5\,\mathrm{V}$ aufgeladen und muss auf $+5\,\mathrm{V}$ umgeladen werden. Dabei muss der Spannungswert innerhalb des spezifizierten Fehlerbands um den Endwert verbleiben. Einige der Spezifikationen des Hold-Modus sind ebenfalls von Wichtigkeit. Der Spannungsfall im Hold-Modus (hold mode droop) ist die Änderung der Ausgangsspannung in der Zeiteinheit bei offenem Sample-Schalter. Dieser Spannungsfall wird sowohl durch die Leckströme von Kondensator und Schalter als auch durch den Leckstrom des Ausgangsverstärkers verursacht. Der Durchsatz im Hold-Modus (hold mode feedthrough) ist der Prozentsatz des Eingangssignals, der bei offenem

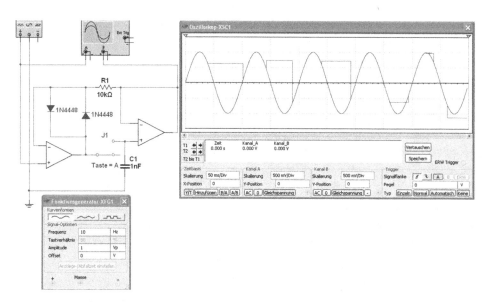

Abb. 2.6 Schaltung einer gegengekoppelten S&H-Einheit. Der Eingangsverstärker arbeitet in einer Elektrometerbetriebsart und ist mit dem Ausgangsverstärker gegengekoppelt

Sample-Schalter auf den Ausgang übertragen wird. Dieser wird mit einem sinusförmigen Eingangssignal gemessen und durch Kapazitätskopplung verursacht.

Die kritische Phase im Betrieb einer S&H-Einheit ist der Übergang vom Sample- zum Hold-Modus. Dieser Übergang wird durch mehrere wichtige Parameter charakterisiert. Der Sample&Hold-Abgleichfehler (sample-to-hold offset error) ist die Änderung der Ausgangsspannung bei der Umschaltung vom Sample-Modus in den Hold-Modus bei konstanter Eingangsspannung. Er wird durch die Ladungsüberkopplung des Schalters auf den Kondensator beim Abschalten verursacht. Die Aperture-Verzögerung (aperture delay) ist die Zeitspanne vom Anlegen des Haltekommandos bis zum eigentlichen Öffnen des Schalters. Diese Zeitspanne liegt generell deutlich unter einer Mikrosekunde. Die Aperture-Unsicherheit (aperture uncertainty oder aperture jitter) ist die zeitliche Variation der Aperture-Verzögerung zwischen den einzelnen Abtastungen. Sie zeigt die Grenze an, wie präzise der Zeitpunkt der tatsächlichen Schalteröffnung eingehalten werden kann. Die Aperture-Unsicherheit ist jene Zeit, die der Bestimmung des Aperture-Fehlers in Abhängigkeit von der Änderungsrate des Eingangssignals dient.

Bei einer S&H-Einheit folgt die Ausgangsspannung der Eingangsspannung, wenn der Schalter geschlossen ist. Der Kondensator kann sich über den Eingangsverstärker aufladen, wenn die Spannung größer ist oder entladen, wenn die Spannung geringer ist. Bei einem Spitzenwertmesser verhindert eine Diode die Entladung des Kondensators.

Die Schaltung von Abb. 2.7 stellt eine Erweiterung der S&H-Einheit von Abb. 2.4 dar. Je nach Stellung des Schalters, hat man die Abtastung und Speicherung des positiven bzw. negativen Spitzenwerts der Eingangsspannung. Der Kondensator lädt sich immer auf den Scheitelwert auf, solange die Diode leitend ist. Nach einer Messphase wird der Kondensator über den parallel geschalteten Kondensator entladen.

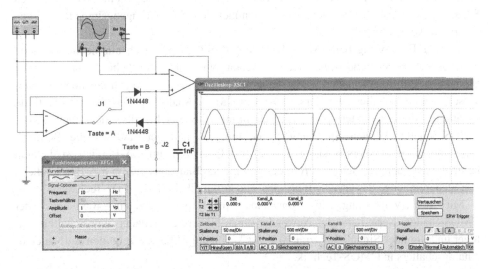

Abb. 2.7 Abtastung und Speicherung von positiven und negativen Spitzenwerten bei einem Scheitelwertmessgerät

2.2   Digitaler Analogschalter 4066

In der gesamten Elektronik werden nach Möglichkeit keine mechanischen Schalter, sondern Analogschalter der integrierten Halbleitertechnik verwendet. Trotzdem finden sich an den Ausgängen einer Steuerschaltung immer noch Relais, wenn es gilt, hohe Spannungen und große Ströme sicher zu schalten.

2.2.1   Signalansteuerung

Der wesentliche Unterschied zwischen Relais und Analogschalter ist die Isolation zwischen der Signalansteuerung (Relaisspule zum Gateanschluss) und dem zu steuernden Signal (Kontakt zum Kanalwiderstand). Bei den Halbleiterschaltern hängt das maximale Analogsignal von der Charakteristik der FET- bzw. MOSFET-Transistoren, und von der Betriebsspannung ab. Wird ein Analogschalter mit einem N-Kanal-J-FET verwendet und es liegt keine Ansteuerung des Gates vor, ist der Schalter offen. Dies gilt auch, wenn man das Gate mit einer negativen Spannung ansteuert. Die Spannung zwischen Gate und Drain bzw. Source ist die „pinch-off"-Spannung. Dieses Verhalten gilt auch für die MOSFET-Technik. Das analoge Signal wird vom Gate angesteuert und so ein Kanal aufgebaut (Schalter geschlossen) oder der Kanal abgeschnürt (Schalter offen).

Die Übergangswiderstände bei den Kontakten sind bei Relais wesentlich geringer als bei typischen Analogschaltern. Jedoch spielen Übergangswiderstände bei hohen Eingangsimpedanzen von Operationsverstärkern keine wesentliche Rolle, da das Verhältnis sehr groß ausfällt. Bei vielen Schaltungen mit Analogschaltern verursachen Übergangswiderstände von $0,1\,\Omega$ bis $1\,k\Omega$ keine gravierenden Fehler in einer elektronischen Schaltung, da diese Werte klein sind gegenüber den hohen Eingangsimpedanzen von Operationsverstärkern.

Seit der Einführung der CMOS-Technologie gibt es praktisch nur noch integrierte Analogschalter. Während früher noch zwischen „virtuellen Erdschaltern" und positiven Signalschaltern unterschieden werden musste, gibt es heute praktisch nur noch die universellen Signalschalter. Die Herstellung von CMOS-Analogschaltern ist fast identisch, sodass für diese Schaltertypen praktisch immer die gleichen Parameter gelten. Die CMOS-Schalter können Spannungen, die um $1\,V$ geringer sind als die Betriebsspannung, ohne weiteres schalten. Der CMOS-Querstrom im mA-Bereich ist dadurch bedingt, dass auch der Betriebsstrom des kompletten Bausteins nur im mA-Bereich liegt. Die Steuereingänge des CMOS-Bausteins sind kompatibel mit der TTL-Technik.

Mit der Vorstellung des Bausteins 4016 und jetzigen 4066 aus der CMOS-Standardserie hatte der Anwender einen bilateralen Schalter zum Schalten analoger und digitaler Signale bis zu $\pm 10\,V$ zur Verfügung. Abb. 2.8 zeigt den Aufbau eines Analogschalters in CMOS-Technik.

Abb. 2.8 Interner Aufbau
eines bilateralen Schalters
(Analogschalter) vom Typ
4066

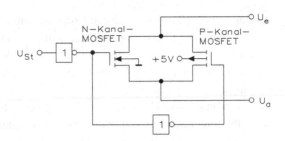

In der Praxis bezeichnet man den Analogschalter als bilateralen Schalter, da Schutzmaßnahmen intern vorhanden sind. Die in diesem Analogschalter verwendete Technologie hat sich seit 1970 nicht geändert: Jeder Kanal besteht aus einem N- und einem P-Kanal-MOSFET, die auf einem Silizium-Substrat parallel angeordnet sind und von der Gate-Treiberspannung entgegengesetzter Polarität angesteuert werden. Die Schaltung des CMOS-Bausteins 4066 bietet einen symmetrischen Signalweg durch die beiden parallelen Widerstände von Source und Drain. Die Polarität jedes Schaltelements stellt sicher, dass mindestens einer der beiden MOSFETs bei jeder beliebigen Spannung innerhalb des Betriebsspannungsbereichs leitet. Somit kann der Schalter jede positive bzw. negative Signalamplitude verarbeiten, die innerhalb der Betriebsspannung liegt.

Bei hohen Frequenzen am Eingang kommt es zu einer Ladungsüberkopplung vom Steuereingang über den Gate-Kanal bzw. die Gate/Drain und Gate-Source-Kapazität auf den Eingang und/oder Ausgang dieses Schalters. Die Überkopplung ist in zahlreichen Anwendungen unangenehm, z. B. wenn ein Kondensator in einer Sample&Hold- bzw. in eine Track&Hold-Anwendung auf- oder entladen werden muss. Dieses Verhalten führt zu störenden Offset-Spannungen. Beim 4066 liegt die überkoppelte Spannung im Bereich von 30 C (C = Coulomb, 1 C = 1 As) bis 50 pC, entsprechend 30 mV bis 50 mV an einem Kondensator von 1 nF. Dieser Offset lässt sich zwar durch ein Signal gleicher Größe, aber umgekehrter Polarität kompensieren, jedoch ist diese Schaltung recht aufwendig. Wenn es in einer Anwendung dazu kommen kann, dass eine Signalspannung anliegt, ohne dass die Betriebsspannung des 4066 ordnungsgemäß vorhanden ist, werden die beiden internen MOSFET- Transistoren zerstört.

Die meisten heute verwendeten Analogschalter arbeiten nach diesem Prinzip. Ein CMOS-Treiber steuert die beiden MOSFET-Transistoren an, wobei für den P-Kanal-Typ ein zusätzliches CMOS-Gatter erforderlich ist. Beide MOSFET-Transistoren im CMOS-Baustein 4066 schalten gleichzeitig, wobei die Parallelschaltung für einen relativ gleichmäßigen Einschalt- oder Übergangswiderstand für den gewünschten Eingangsbereich sorgt. Der resultierende Widerstand zwischen U_e und U_a bewegt sich in der Größenordnung von 300 Ω im eingeschalteten Zustand und bis zu 10 MΩ im ausgeschalteten Zustand.

Aufgrund des Kanalwiderstands ist es allgemein üblich, einen Analogschalter in Verbindung mit einem relativ hochohmigen Lastwiderstand zu betreiben. In der Praxis wird dem Analogschalter ein Impedanzwandler nachgeschaltet. Der Lastwiderstand muss im

Vergleich zum Einschaltwiderstand und weiteren Serienwiderständen sehr hochohmig sein, um ein hohe Übertragungsgenauigkeit zu erreichen. Der Übertragungsfehler (transfer error) ist der Eingangs- und Ausgangsfehler des mit der Last und dem Innenwiderstand der Spannungsquelle beschalteten Analogschalters. Der Fehler wird in Prozent der Eingangsspannung definiert.

Setzt man Analogschalter in der Messtechnik oder in der Datenerfassung ein, benötigt man Übertragungsfehler von 0,1 % bis 0,01 % oder weniger. Dies lässt sich vergleichsweise einfach durch die Verwendung von Buffer-Verstärkern mit Eingangsimpedanzen von. 10^{12} Ω erreichen. Einige Schaltkreise, die unmittelbar an einem Analogschalter betrieben werden, sind bereits mit Buffer-Verstärkern ausgerüstet.

2.2.2   Fehlergeschützte Analogschalter

Wichtig in der Messtechnik ist das Übersprechen (cross talk). Hierbei handelt es sich um das Verhältnis von Ausgangs- zur Eingangsspannung, wobei alle Analogkanäle parallel und ausgeschaltet sein müssen. Der Wert des Übersprechens wird gewöhnlich als Ausgangs- zur Eingangsdämpfung in dB ausgedrückt.

In der Praxis ist es wichtig, dass fehlergeschützte Analogschalter in der Systemelektronik eingesetzt werden. Fällt beispielsweise die interne oder externe Spannungsversorgung aus, schalten beide MOSFET-Transistoren im Analogschalter durch. Über die zwei Transistoren fließt ein Ausgangsstrom, wobei beide im ungünstigsten Fall zerstört werden können.

Überspannungen an den Eingängen der Analogschalter verursachen einen ähnlichen Effekt wie der Zusammenbruch der Spannungsversorgung. Die Überspannung kann einen gesperrten Analogschalter in den Ein-Zustand bringen, indem sie den Sourceanschluss des internen MOSFET auf ein höheres Potential als das an die Spannungsversorgung angeschlossene Gate legt. Als Resultat belastet die Überspannung nicht nur die angeschlossenen Sensoren am Eingang der Messdatenerfassung, sondern auch die Bausteine nach dem Analogschalter.

Deshalb sind Systemkonfigurationen, bei denen Sensoren und die Steuerung nicht an die gleiche Spannungsversorgung angeschlossen sind, besonders durch Stromausfall oder Überspannung gefährdet. Um eine solche Konfiguration zu schützen, konzentrierten sich die Entwickler auf den Analogschalter, also auf die Stelle, an der die Eingangssignale zum ersten Mal mit der Steuerlogik in Berührung kommen. Erste Fehlerschutzschaltungen enthielten noch diskret aufgebaute Widerstands- und Diodennetzwerke.

Bei den ersten Analogschaltern, die um 1970 vorgestellt wurden, waren noch keine internen Schutzschaltungen vorhanden. Seit 1975 gibt es die sog. „fehlergeschützten" Analogschalter mit diskreten Schutzschaltungen, bei denen sich aber dadurch der Durchlasswiderstand eines Kanals geringfügig erhöht. Mit dieser Schaltungsvariante entstand aber eine weitere Schwachstelle, denn außer der Strombegrenzung bietet diese Maßnahme keine weitere Schutzvorrichtung. Fällt z. B. die Stromversorgung aus oder tritt eine Überspannung auf, erwärmen sich die Widerstände erheblich. Sind mehrere Analogschalter betroffen und tritt der Fehler über längere Zeit auf, so kann die dadurch entstehende Übertemperatur nicht nur den Analogschalter, sondern auch Sensoren und nachfolgende Schaltungen zerstören.

Wenn die Signalspannung jedoch eine der beiden Betriebsspannungsgrenzen übersteigt, kann der Analogschalter als Schalter nicht mehr arbeiten. Jeder Schalter beinhaltet zwei parasitäre Dioden, die ein wesentlicher Bestandteil der Source- und Drain-Struktur des MOSFET sind, und einen Strompfad zu den beiden Betriebsspannungsgrenzen liefert. Beide Dioden weisen im Betrieb eine rückwärts gerichtete Vorspannung auf. Wird jedoch an eine der beiden Dioden eine vorwärts gerichtete Vorspannung angelegt, wann immer das Signal eine der Betriebsspannungsgrenzen überschreitet, wird das Signal auf eine Spannung von 0,6 V unterhalb der Betriebsspannung begrenzt. Da die Dioden auch im ausgeschalteten Zustand wirksam sind, begrenzen sie die Spannung dann auf ±0,6 V, wenn die Betriebsspannung bei 0 V liegt.

Parasitäre Dioden bieten eine geeignete Begrenzung, jedoch bringen sie auch Probleme mit sich. Ein hoher Strom durch die Dioden kann eine Überhitzung und damit eine Beschädigung der Signalquelle und des Analogschalters bewirken. Parasitäre Dioden bilden einen Weg für den Fehlerstrom, wenn eine Überspannung an den Eingängen anliegt. Etwas geringere Ströme unterhalb der Überhitzungs- und Schadensgrenze können immer noch ein Durchschalten (latch-up-Effekt) des Analogschalters bewirken. Wenn der Fehlerstrom erst einmal eine Diodensperre durchbricht, wird er zu einem Minoritätsträgerstrom, der in das Siziumsubstrat „eingesprüht" wird. Dieser Strom lässt sich von anderen Schaltelementen auffangen und kann eine Fehlerspannung in jedem Kanal erzeugen.

Das Einschalten einer parasitären Diode klemmt den Ausgang des Multiplexers auf Betriebsspannung, wodurch externe Schaltungen, die an diesen Ausgang angeschlossen sind, beschädigt werden. Die Ursache dieses Schadens ist sehr gering, jedoch kann ein Transient (gegenüber der Betriebsspannung), der durch eine am Eingang anliegende, momentane Überspannung erzeugt wird, den Eingang eines AD-Wandlers zerstören oder eine differentielle Überlastung mit langen Einschwingzeiten in einem Operationsverstärker erzeugen. Mehrere Konstruktionsmaßnahmen bieten einen optimalen Schutz für einen CMOS-Analogschalter und seine zugehörigen externen Schaltungen. Diese Maßnahmen beinhalten unter anderem das Einfügen eines Widerstands in Reihe mit dem Eingang jedes Kanals, das Anschließen von Dioden-Widerstands-Netzwerken, um die Fehlereffekte zu begrenzen, die Wahl eines Halbleiterschalters, deren Aufbau und Verarbeitungstechnik eine Fehlertoleranz bietet.

Leckströme in einem Analogschalter fließen ebenfalls durch diese Widerstände, wodurch eine Fehlerspannung erzeugt wird. Diese Fehlerspannung verhält sich mit zunehmender Temperatur immer ungünstiger, da sich der Leckstrom pro 8-°C-Schritt gegenüber der Umgebungstemperatur verdoppelt. Geringere Widerstandswerte können diesen Fehler auf ein erträgliches Niveau zwar reduzieren, jedoch erlauben diese geringeren Werte einen höheren Diodenstrom der den Analogschalter im Durchlassbetrieb hält. Falls das Datenblatt keine Maximalwerte vorschreibt sollte man den Diodenstrom in der Regel auf 20 mA im Normalbetrieb oder auf Spitzenwerte von 40 mA begrenzen.

Geringe Leckströme können diesen Nachteil hochohmiger Schutzwiderstände ausgleichen. Neue Analogschalter mit ihren extrem geringen Leckströmen weisen aber die Grenzen in der Entwicklung von Widerstands-Schutznetzwerken über die frühere Generation von Analogschaltern auf. Der geringe Leckstrom der Bausteine erreicht Werte von ± 1 pA bei 25 °C und ± 20 nA bei 125 °C, wodurch Schutzwiderstände mit hochohmigen Werten möglich sind. Bei einem Widerstand mit 150 kΩ und bei einer Eingangsspannung von ± 150 V fließt ein Fehlerstrom von 1 mA zu. Bei einer Spannung von ± 1500 V entsteht dann ein Fehlerstrom von ± 10 mA. Die Widerstände erzeugen dabei einen zusätzlichen Fehler von nur ± 3 mV bei 125 °C.

Man beachte, dass die Schutzwiderstände für Spannungen von $\pm$ 1500 V und für eine Dauerbelastung von 15 W geeignet sein müssen. Jedoch kann in den meisten Fällen eine wesentlich geringere thermische Belastbarkeit gewählt werden, da die Überspannung viel weniger Leistung umsetzt. Externe Widerstände bieten daher mehr Flexibilität, wobei noch verschiedene Widerstandswerte mit entsprechend angepasster Belastbarkeit für die verschiedenen Kanäle des gleichen Bausteins gewählt werden können. Integrierte Widerstände sind dagegen durch die zulässige Belastbarkeit ihres Gehäuses eingeschränkt, wodurch die der Kanäle, die gleichzeitig einer Überspannung widerstehen können, begrenzt ist.

Die Verwendung von Reihenwiderständen schützt den Analogschalter, aber sie verhindert nicht die Verfälschung der Signale in den Kanälen. Diese Signale werden von vorhandenen Überspannungen in nicht gewählten Kanälen beeinträchtigt. Die direkte Ursache ist jedoch nicht die Überspannung, sondern der Fehlerstrom (Minoritätsträgerstrom), der durch eine oder mehrere Schutzdioden in das Substrat einfließt. Durch das Eliminieren dieses Substratstroms verhindert man grobe Signalfehler.

Eine Möglichkeit diese Fehlerströme zu vermeiden besteht darin, diese in ein externes Netz abzuleiten. Zwei Z-Dioden erzeugen eine Klemmspannung von ± 12 V, die zwischen der Betriebsspannung von ± 15 V des Analogschalters zentriert liegt. Der durch Überspannung in einem der Kanäle erzeugte Fehlerstrom fließt dann anstatt durch eine interne Schutzdiode durch eine der beiden externen Schutzdioden für diesen Kanal ab.

Obwohl diese Technik einen ausgezeichneten Schutz bietet, erfordert die Maßnahme viele externe Bauteile. Außerdem erzeugen diese externen Dioden einen zusätzlichen Leckstrom, der den Einsatz der bereits besprochenen hochohmigen Reihenwiderstände verhindert. Die externen bedeuten zusätzlichen Platzbedarf auf der Leiterplatte und zusätzliche Kosten.

Fehlertolerante Analogschalter erfordern keine externen Bauteile und sind dennoch in der Lage, hohen Überspannungen zu widerstehen, ohne entsprechend hohe Fehlerströme zu erzeugen. Sie bieten diesen Schutz durch eine interne Architektur, die wesentlich von der eines herkömmlichen Analogschalters abweicht.

2.2.3   Arbeitsweise eines Analogschalters

Jeder Analogschalter kann wie ein mechanischer Schalter Signale in zwei Richtungen verarbeiten, da diese keine Arbeitsrichtung aufweisen wie ein digitales Gatter. Abhängig von Ansteuerlogik sind diese Schalter im Ruhezustand geschlossen (normally closed = NC) und geöffnet (normally open = NO). Allgemein wird noch nach Anzahl der umschaltbaren Takte (single pole = SP, double pole = DP) und Kontaktart (single throw = ST) und Schalter (double throw = DT) unterschieden. Ein Umschalter mit einem Kontakt wird noch als „SPDT" bezeichnet.

Die Schaltung von Abb. 2.9 zeigt die Funktionsweise eines einkanaligen Analogschalters. Der Funktionsgenerator erzeugt eine Sinusspannung, die am S1-Eingang anliegt. Der Eingang IN1 ist mit dem Oszilloskop verbunden und für die Ausgangsspannung ist ein Pulldown-Widerstand von 1 kΩ bis 10 kΩ erforderlich.

Erweitert man die Schaltung von Abb. 2.9, lässt sich eine Frequenzweiche realisieren, wie die Schaltung von Abb. 2.10 zeigt.

Der linke Funktionsgenerator hat eine sinusförmige Ausgangsfrequenz von 4 kHz und der rechte von 8 kHz. Der TTL-Rechteckgenerator übernimmt die Umschaltung zwischen den beiden Analogeingängen. Hat der Ausgang des TTL-Rechteckgenerators ein 0-Signal, wird es von dem NICHT-Gatter invertiert und damit liegt am Steuereingang 1N2 ein 1-Signal. Damit ist Kanal 2 leitend und die sinusförmige Wechselspannung wird am Ausgang D2 ausgegeben. Im Gegensatz zur TTL-Technik dürfen beim CMOS-Baustein 4066 die Ausgänge direkt verbunden werden, denn es ergibt sich kein Kurzschluss.

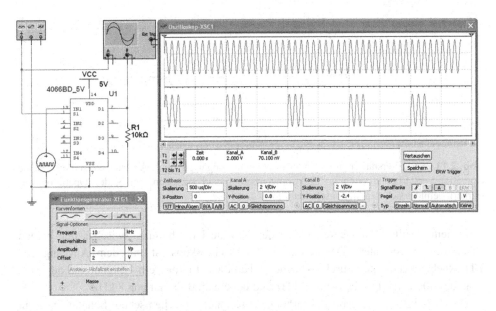

Abb. 2.9 Schaltung für einen CMOS-Baustein 4066

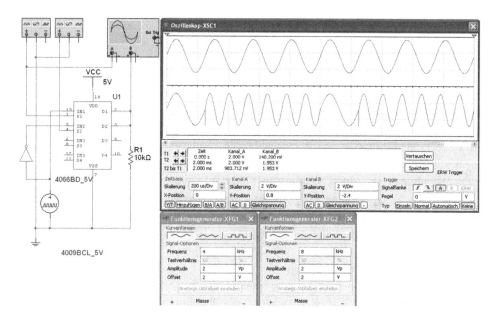

Abb. 2.10 Analoge Frequenzweiche, die mit dem TTL-Takt von 1 kHz am Ausgang zwischen 4 kHz und 8 kHz umschaltet

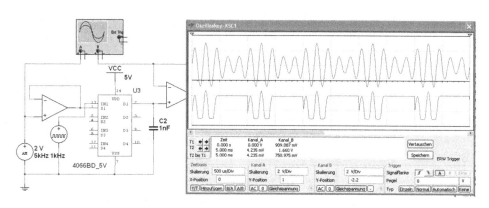

Abb. 2.11 S&H-Verstärker mit einem separaten Eingangs- und Ausgangsverstärker. Beide Operationsverstärker arbeiten im Elektrometerbetrieb und zwischen den beiden Operationsverstärkern befindet sich der Analogschalter 4066

In dem Oszillogramm erkennt man deutlich die Umschaltung zwischen den beiden sinusförmigen Signalen. Der Kanal A des Oszilloskops ist mit dem Ausgang des TTL-Rechteckgenerators direkt verbunden. Hat diese Leitung ein 1-Signal, hat der Ausgang des 4066 eine Frequenz von 4 kHz und bei einem 0-Signal von 8 kHz.

Die Schaltung von Abb. 2.4 arbeitet mit einem mechanischen Schalter und in Abb. 2.11 mit einem Analogschalter. Die sinusförmige Eingangsspannung liegt über den

Operationsverstärker an dem Eingang S1. Der Eingang IN2 erhält von dem Rechteckgenerator eine Frequenz von 1 kHz und schaltet die Eingangsspannung ein oder aus. Am Ausgang D1 wird der Kondensator auf- oder entladen und dann über den Operationsverstärker ausgegeben.

Die Schaltung von Abb. 2.11 lässt sich als Eingangsschalter für Kanal A und B verwenden, wenn im Chopperbetrieb gearbeitet wird. Es ergibt sich ein Zweikanalbetrieb. Verwendet man alle vier analogen Eingänge, erhält man die Eingangsstufe für einen Vierkanalbetrieb.

Die einfachste Schaltung für einen Verstärker mit digital einstellbarer Verstärkung ist in Abb. 2.12 gezeigt. In dem Analogschalter-Baustein befinden sich vier separate Schalter, die über vier Eingänge IN angesteuert werden. Jeder Schalter hat zwei Anschlüsse, die an keine Polarität gebunden sind, d. h. die Anschlüsse S lassen sich als Ein- oder Ausgänge betreiben und entsprechend muss man Anschluss D beachten.

Gibt man auf Pin 1 ein 1-Signal, schaltet der Analogschalter zwischen Pin 2 und Pin 3 durch. Da der Eingangswiderstand einen Wert von 100 kΩ hat, ergibt sich in Verbindung mit einem Operationsverstärker eine Verstärkung von $V = 1$. Die Ausgangsspannung entspricht der Eingangsspannung, aber mit einer Phasendrehung von $\varphi = 180°$. Die Ansteuerung des Analogschalters erfolgt über TTL-Signale, wodurch man Eingangsspannungen bis zu +10 V schalten kann.

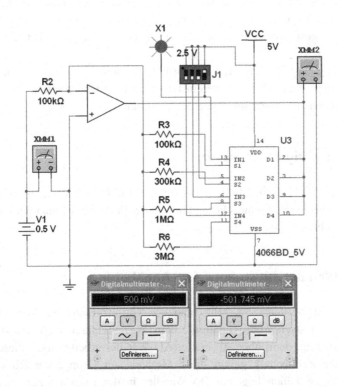

Abb. 2.12 Schaltung mit digital einstellbarer Verstärkung von $V = 1$, $V = 3$, $V = 10$ und $V = 30$

In der Praxis wird von Anwendern diese Schaltung eingesetzt, wenn eine einstellbare Verstärkung erforderlich ist. Die Verstärkung errechnet sich aus dem jeweiligen Gegenkopplungswiderstand und dem Eingangswiderstand. Über IN-Anschlüsse erfolgt die Ansteuerung der Stufen, wobei sich die Verstärkung nach dem binären Zahlensystem einstellen lässt. Die Verstärkung des Operationsverstärkers errechnet sich aus

$$V = \frac{R_r}{R_e}$$

Der Widerstand R_e ist der Eingangswiderstand und in der Schaltung wird dieser mit R_2 bezeichnet. Die Rückkopplungswiderstände sind R_3, R_4, R_5 und R_6. Mit vier Schaltern steuert man den CMOS-Baustein 4066 an.

In Abb. 2.12 ergibt sich eine Verstärkung von $V = 1$, wenn der rechte Schalter geschlossen wird. Die Lampe leuchtet auf und signalisiert, dass am Eingang IN1 ein 1-Signal liegt. Die anderen Schalter müssen offen sein. Der Operationsverstärker arbeitet im nicht invertierenden Betrieb, d. h. bei einer Spannung von 500 mV und einer Verstärkung von $V = 1$ ergibt sich eine Ausgangsspannung von -500 mV.

Mit dem Schalter lassen sich folgende Verstärkungen einstellen: $V = 1$, $V = 3$, $V = 10$ und $V = 30$.

Soll die Verstärkung eines Mikroprozessors oder Mikrocontrollers eingestellt werden, muss vor jedem Schalter ein D-Flipflop-Baustein (Registerbaustein) zwischengeschaltet werden, der den Wert für den Verstärkungsfaktor aufnehmen kann. Die Verstärkung bleibt so lange gespeichert, bis über den Datenbus ein neues 4-Bit-Datenwort eingeschrieben wird.

Die Schaltung lässt sich auf ein 8-Bit-Format erweitern, wenn weitere Analogschalter eingesetzt werden. Statt 15 Verstärkereinstellungen bei vier Schaltern, erhält man nun 255 Möglichkeiten zur Programmierung der Verstärkung.

2.3   Analog-Digital-Wandler

Der Ausgang der S&H-Einheit führt direkt zum Analog-Digital-Wandler und dieser setzt den analogen Wert in ein digitales Format um. In der Praxis findet man beim Oszilloskop einen schnellen Flash-Wandler.

2.3.1   AD-Wandler mit stufenweiser Annäherung

Für Wandler mit mittlerer bis sehr schneller Umsetzgeschwindigkeit ist das Verfahren der „sukzessiven Approximation", dem Wägeverfahren oder der stufenweisen Annäherung wichtig, denn über 80 % aller AD-Wandler arbeiten nach diesem Prinzip. Ebenso wie die Zähltechnik gehört diese Methode zur Gruppe der Rückkopplungssysteme. In diesen Fällen liegt ein DA-Wandler in der Rückkopplungsschleife eines digitalen Regelkreises, der seinen Zustand so lange ändert, bis seine Ausgangsspannung dem Wert der analogen Eingangsspannung entspricht.

Im Falle der schrittweisen Annäherung wird der interne DA-Wandler von einer Optimierungslogik (SAR-Einheit oder sukzessives Approximations-Register) so gesteuert, dass die Umsetzung in nur n-Schritten bei n-Bit-Auflösung beendet ist.

In Abb. 2.13 ist dieses Verfahren nach der „sukzessiven Approximation", dem Wägeverfahren oder der stufenweisen Annäherung gezeigt. Mittelpunkt der Schaltung ist das sukzessive Approximations-Register mit einer Optimierungslogik für die Ansteuerung des DA-Wandlers. Das Verfahren wird als Wägeverfahren bezeichnet, da seine Funktion vergleichbar ist mit dem Wiegen einer unbekannten Last mittels einer Waage, deren Standardgewichte in binärer Reihenfolge, also 1/2, 1/4, 1/8… in kg, aufgelegt werden. Das größte Gewicht (1/2) legt man zuerst in die Schale und kippt die Waage nicht, wird das nächst kleinere (1/4) dazugelegt.

Kippt aber die Waage, entfernt man das zuletzt aufgelegte Gewicht wieder und legt das nächstkleinere (1/8) auf. Diese Prozedur lässt sich fortsetzen, bis die Waage in Balance ist oder das kleinste Gewicht (in kg) aufliegt. Im letzteren Fall stellen die auf der Ausgleichsschale liegenden Standardgewichte die bestmögliche Annäherung an das unbekannte Gewicht dar. Abb. 2.14 zeigt das Flussdiagramm der stufenweisen Annäherung.

In dem Flussdiagramm erkennt man die Arbeitsweise einer 3-Bit-SAR-Einheit. Die Messspannung wird zuerst mit dem MSB (Most Significant Bit), dem werthöchsten Bit, auf den Wert „100" gesetzt und der DA-Wandler erzeugt eine entsprechende Ausgangsspannung, die mit der Messspannung im Komparator verglichen wird. Durch den Komparator erhält man einen Vergleich, ob die Messspannung größer oder kleiner als

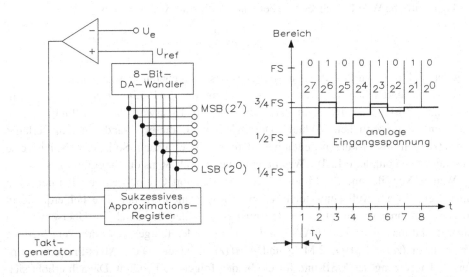

Abb. 2.13 AD-Wandler, der nach der „sukzessiven Approximation", der stufenweisen Annäherung arbeitet, dem Wägeverfahren

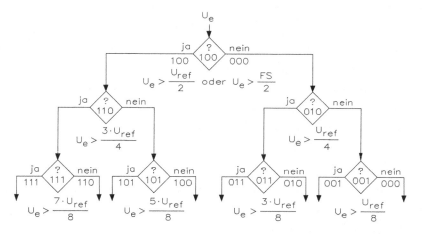

Abb. 2.14 Flussdiagramm für einen 3-Bit-Wandler, der nach der „sukzessiven Approximation"
arbeitet

die Vergleichsspannung ist. Ist die Messspannung größer als die Vergleichsspannung,
setzt die SAR-Einheit die MSB-Stelle und ein neuer Vergleich mit dem Spannungsbetrag
MSB + MSB − 1 wird durchgeführt. Ist die Messspannung kleiner als die Vergleichsspannung, wird das MSB nicht gesetzt und der nächste Vergleich mit der Ausgangsspannung MSB − 1 durchgeführt. Diesen Vorgang wiederholt der Wandler mit seinen
nachfolgenden Stufen solange, bis für eine vorgegebene Auflösung die bestmögliche
Annäherung der Ausgangsspannung des DA-Wandlers an die unbekannte Messspannung
erzielt worden ist. Die Umsetzzeit des Stufenwandlers lässt sich daher sofort bestimmen
und der zeitliche Wert berechnet sich bei einer Auflösung von n-Bit aus

$$T_u = n \cdot \frac{1}{f_T}$$

Mit dem Faktor f_T wird die Ausgangsfrequenz des Taktgenerators bezeichnet.

Nach n-Vergleichen zeigt der Digitalausgang der SAR-Einheit jede Bitstelle im
jeweiligen Zustand an und stellt damit das codierte Binärwort dar. Ein Taktgenerator
bestimmt den zeitlichen Ablauf. Die Effektivität dieser Wandlertechnik erlaubt
Umsetzungen in sehr kurzen Zeiten bei relativ hoher Auflösung. So ist es beispielsweise
möglich, eine komplette 12-Bit-Wandlung in weniger als 80 ns durchzuführen.

Weitere Vorteile sind die Möglichkeiten eines „Short Cycle"-Betriebs, bei dem sich
unter Verzicht auf Auflösung noch kürzere Umsetzzeiten ergeben. Die Fehlerquelle in
diesem Verfahren ist ein inhärenter Quantisierungsfehler, der durch ein Überschwingen
auftritt. Hat man einen 12-Bit-AD-Wandler, so muss der Taktgenerator drei verschiedene
Frequenzen (z. B. 1 MHz, 2 MHz und 4 MHz) erzeugen. Die 1-MHz-Frequenz wird
für die Umsetzung des MSB und für die beiden folgenden benötigt. Danach erhöht sich
die Frequenz, da jetzt die Amplitudendifferenz der Ausgangsschritte erheblich geringer

geworden sind. Bei den letzten drei Bits der Umsetzung kann man die Taktfrequenz nochmals erhöhen, denn die Quantisierungseinheiten haben sich erheblich verringert, so dass kein Überschwingen mehr möglich ist.

2.3.2 Spezifikationen von Wandlern

Ein Signalwandler von analog nach digital und umgekehrt ist in seiner Grundform immer ein zweistufiger Prozess, nämlich eine Quantisierung und eine Codierung. Die Quantisierung ist der Prozess der Umsetzung eines kontinuierlichen Analogsignals in eine Serie diskreter Ausgangszustände. Die Codierung ist der Vorgang der Zuordnung von digitalen Codeworten auf jeder dieser genannten Ausgangszustände.

Analog-Digital- und Digital-Analog-Wandler sind die wichtigsten Bindeglieder zwischen der physikalischen Welt der analogen Messungen und des Bereichs der digitalen Rechner. Typische Anwendungsbereiche für Datenwandler findet man in der gesamten Prozesssteuerung. Hier geschieht die Ein- und Ausgabe der Systemdaten in analoger Form, während die Aufbereitung der Berechnungs- und Steuerfunktionen auf digitalem Wege erfolgt.

Da ein System nicht nur den augenblicklichen Status eines Prozesses misst und bestimmt, sondern den Prozess auch steuern muss, werden seine Berechnungen zur Schließung des Regelkreises in ein System eingesetzt. Dies geschieht, indem der Computer zur Steuerung des Prozessstatus unmittelbar Steuerdaten in den Prozess einbringt. Nachdem diese Datenerfassung nur durch analoge Parameter erfolgen kann, muss der Ausgang des Rechners mittels eines Digital-Analog-Wandlers wieder in eine analoge Form gebracht werden.

Die Signalform mit der größten Anzahl möglicher Signalpegel ist das analoge Signal, wie Abb. 2.15a, b zeigt. Das Wesentliche für die Definition eines analogen Signals liegt darin, dass der Wertebereich kontinuierlich durchlaufen wird. Da auch der zeitliche Ablauf kontinuierlich ist, denn in jedem Augenblick entspricht der Wert des Signals dem momentanen Wert, hat man ein zeitkontinuierliches Signal, wie Abb. 2.15a zeigt. Misst man beispielsweise mit einem Ohmmeter den momentanen Innenwiderstand eines NTC-Widerstandes oder Photowiderstandes, ergibt sich immer ein zeitkontinuierliches Signal.

Setzt man einen Analog-Digital-Wandler und einen Messwertumschalter ein, bei dem der Abgriff nach einer bestimmten Zeit erfolgt, ergibt sich ein wertkontinuierliches, zeitdiskretes Signal, wie Abb. 2.15b zeigt. Erfolgt die Abtastung des Eingangssignals in kurzen Abständen, sind die Eingangswerte noch als wertkontinuierlich zu betrachten, da sich in jedem Abtastzeitpunkt das Messsignal eindeutig widerspiegelt.

Die Folge von Abtastimpulsen stellt im Prinzip einen schnell arbeitenden Schalter dar, der sich für eine sehr kurze Zeitspanne auf ein Analogsignal aufschaltet und für den Rest der Abtastperiode abgeschaltet bleibt. Das Resultat dieser schnellen Abtastung ist mit der Multiplikation des Analogsignals mit einem Impulszug gleicher Amplitude

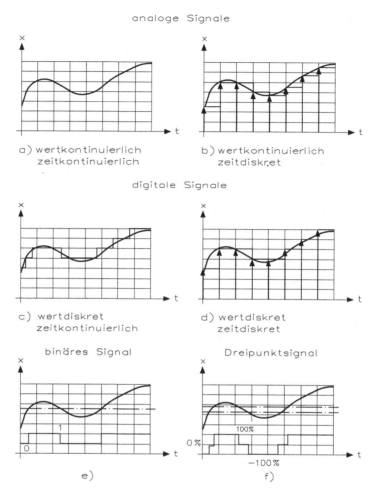

Abb. 2.15 Vergleich zwischen analogen und digitalen Signalen mit ihrer Klassifikation

identisch und ergibt die in Abb. 2.15b gezeigte modulierte Impulsfolge. Die Amplitude des ursprünglichen Signals ist in der Hüllkurve des modulierten Impulszuges enthalten. Wird nun dieser Abtastschalter durch einen Kondensator ergänzt, der sich in einem Sample&Hold-Schaltkreis befindet, so lässt sich die Amplitude jeder Abtastung kurzzeitig speichern. Die Folge ist eine brauchbare Rekonstruktion des ursprünglichen Analogsignals.

Der Zweck der Abtastung ist der effiziente Einsatz von Datenverarbeitungs- und Datenübertragungssystemen. Eine einzelne Datenübertragungsstrecke kann z. B. auf der Abtastbasis für die Übertragung einer ganzen Reihe von Analogkanälen genützt werden, während die Bewegung einer kompletten Datenübertragungskette für die kontinuierliche Übertragung eines einzelnen Signals sehr unökonomisch wäre.

Auf ähnliche Weise wird ein Datenerfassungs- und Verteilungssystem dazu eingesetzt, die vielen Parameter eines Prozesssteuerungssystems zu messen und zu überwachen. Auch dies geschieht durch Abtastung der Parameter und periodisches Updating der Kontrolleingänge. Bei Datenwandlungssystemen ist es in der Praxis üblich, einen einzelnen AD-Wandler hoher Geschwindigkeit und großer Genauigkeit einzusetzen und eine Reihe von Analogkanälen im Multiplexbetrieb von ihm abarbeiten zu lassen.

Eine wichtige und fundamentale Frage bei den Überlegungen zu einem Abtastsystem ist folgende: Wie oft muss ein Analogsignal abgetastet werden, um bei der Rekonstruktion möglichst wenig Information zu verlieren? Es ist in der Praxis offensichtlich, dass man aus einem sich langsam ändernden Signal alle nützlichen Informationen erhalten kann, wenn die Abtastrate so gelegt wird, dass zwischen den Abtastungen keine oder so gut wie keine Änderung des Analogsignals erfolgt. Ebenso offensichtlich ist es, dass bei einer raschen Signaländerung zwischen den Abtastungen sehr wohl wichtige Informationen verloren gehen können.

Die Antwort auf diese gestellte Frage ist das Abtasttheorem, das wie folgt lautet: Wenn ein kontinuierliches Signal begrenzter Bandbreite keine höheren Frequenzanteile als die Grenzfrequenz f_g enthält, so kann das ursprüngliche Signal ohne Störverluste wieder hergestellt werden, wenn die Abtastung mindestens mit einer Rate von $f_A = 2 \cdot f_g$-Abtastungen pro Sekunde erfolgt.

Das Abtasttheorem kann am einfachsten mit einem Frequenzspektrum erklärt werden. Das Eingangssignal wird auf eine bestimmte Bandbreite z. B. $f_g = 10$ kHz durch einen RC-Tiefpass begrenzt. Wenn das Analogsignal mit der Rate $f_g = 10$ kHz abgetastet wird, verschiebt der Modulationsprozess das ursprüngliche Spektrum über das Originalspektrum hinaus. Falls man nun die Abtastfrequenz f_A nicht hoch genug gewählt hat, wird ein Teil des zu f_A gehörenden Spektrums mit dem ursprünglichen Spektrum überlappen. Dieser unerwünschte Effekt ist als Frequenzüberlappung (frequency folding) bekannt. Beim Wiederherstellungsprozess des Originalsignals wird der überlappende Teil des Spektrums diverse Störungen in dem neuen Signal hervorrufen, die auch durch optimale Filterung nicht mehr zu eliminieren ist.

Die Frequenzüberlappung lässt sich auf zwei Arten verhindern: Erstens durch Benützung einer ausreichend hohen Abtastrate und zweitens durch Filterung des Signals vor der Abtastung, um dessen Bandbreite auf $f_A/2$ zu begrenzen. In der Praxis muss davon ausgegangen werden, dass abhängig von den Hochfrequenzanteilen des Signals, dem Rauschen und der nicht idealen Filterung immer eine geringe Frequenzüberlappung auftreten wird. Dieser Effekt muss auf einen für die spezielle Anwendung vernachlässigbar kleinen Betrag reduziert werden, indem die Abtastrate hoch genug angesetzt wird. Die notwendige Abtastrate kann in der wirklichen Verwendung unter Umständen weit höher liegen als das durch das Abtasttheorem gekennzeichnete Minimum.

Der Effekt einer unangepassten Abtastrate führt zu einer Scheinfrequenz (alias frequency), d. h. bei der Wiederherstellung des Originalsignals tritt ein Fehler auf. In diesem Fall ergibt eine Abtastrate von geringfügig weniger als zweimal pro Kurvenzug ein niederfrequentes Analogsignal. Diese Scheinfrequenz kann sich deutlich von der Originalfrequenz unterscheiden.

Die digitalen Signale, wie Abb. 2.15 zeigt, gehören zu den diskreten Signalen. Bei diesen werden die einzelnen Signalzustände durch Digits (eine Stelle), Nibbles (4-stelliges Digit-Format), Byte (8-stelliges Digit-Format), Word (2-stelliges Byte-Format) und Doubleword (4-stelliges Byte-Format) dargestellt, d. h. diskrete Signale können nur eine begrenzte Anzahl von Werten annehmen, die durch das vorgegebene Format eingeschränkt wird. Der zeitliche Verlauf eines solchen Signals weist daher immer Abstufungen auf.

Vergleicht man die digitale Darstellung mit einem Fahrstuhl, der nur diskrete Höhenwerte annehmen kann, hat man ein einfaches Beispiel aus der Steuerungstechnik. Wesentlich an dieser Betrachtung ist der Zusammenhang, dass die Umwandlung analoger Signalamplituden in digitale Wertigkeiten nur durch Diskretisierung des Signalpegels möglich ist. Zwischenwerte sind in diesem Fall nicht mehr möglich, unterstellt man jedoch, dass die Umwandlung beliebig schnell erfolgt, so ist ein zeitkontinuierliches Signal möglich, wie Abb. 2.15c zeigt. Mit den in der Praxis üblichen Verfahren kann die Umwandlung jedoch nur zeitdiskret erfolgen, d. h. die bei der digitalen Regelung verwendeten Analog-Digital-Wandler führen den Umwandlungsprozess im Allgemeinen nur zu diskreten Zeitpunkten durch (Abtastzeit). Man erhält daher aus dem analogen Signal ein digitales Ergebnis, das sowohl wertdiskret als auch zeitdiskret ist, wie Abb. 2.15d zeigt. Man erkennt jedoch deutlich, dass bei der Umsetzung von analogen in digitale Werte Information über das Messsignal verlorengeht.

Ein binäres Signal kann im einfachsten Fall nur zwei Zustände annehmen, die man mit 0- und 1-Signal bezeichnet. Jeder Schalter, mit dem man eine Spannung ein- und ausschalten kann, erzeugt ein binäres Signal als Ausgangsgröße, wie Abb. 2.15e zeigt. In der gesamten Computertechnik, in der digitalen Steuerungstechnik und in SPS-Systemen arbeitet man mit diesen beiden Signalen.

Hat man einen digitalen Dreipunktregler, arbeitet man mit drei Ausgangszuständen, die man als $+100\,\%$ ($+1$-Signal), $0\,\%$ (0-Signal) und $-100\,\%$ (-1-Signal) definiert. Diese Dreipunktsignale findet man in Verbindung mit Motoren, denn ein Motor kann grundsätzlich drei Betriebszustände annehmen. Der Motor steht bei einem 0-Signal still, dreht er sich im Uhrzeigersinn hat man $+1$-Signal und gegen den Uhrzeigersinn ein -1-Signal. Diese Dreipunktsignale sind in Abb. 2.15f gezeigt.

2.3.3 Codierungen für AD- und DA-Wandler

AD- und DA-Wandler kommunizieren mit digitalen Systemen mittels eines passenden Digitalcodes. Während eine ganze Reihe von möglichen Codes zur Auswahl stehen, werden jedoch nur einige wenige Standardcodes für den Betrieb mit Datenwandlern eingesetzt. Der gebräuchlichste Code ist der natürliche Binärcode (natural binary bzw. straight binary code), der in seiner fraktionellen Form zur Darstellung einer Zahl verwendet wird.

$$N = a_1 \cdot 2^{-1} + a_2 \cdot 2^{-2} + a_3 \cdot 2^{-3} + \ldots + a_n \cdot 2^{-n}$$

wobei jeder Koeffizient „a" und jeder Wert „N" ein Signal zwischen 0 und 1 annehmen kann.

Eine binäre Zahl wird normalerweise als 0,110101 geschrieben. Bei den Codes der Datenwandler verzichtet man jedoch auf die Kommastelle und das Codewort stellt sich als 110101 dar. Dieses Codewort repräsentiert einen Teil des Endbereichswertes für den Wandler und hat selbst keine numerische Bedeutung.

Das binäre Codewort 110101 dieses Beispiels repräsentiert demzufolge die dezimale Fraktion von $(1 \cdot 0,5) + (1 \cdot 0,25) + (1 \cdot 0,125) + (1 \cdot 0,0625) + (0 \cdot 0,03125) + (1 \cdot 0,015625) = 0,828125$ oder 82,8 125 % des Bereichsendwertes am Ausgang des Wandlers. Beträgt dieser Endwert +10 V, so repräsentiert dieses Codewort einen Spannungswert von +8,28125 V.

Der natürliche Binärcode gehört zu einer Klasse von Codes, die als positiv gewichtet bekannt sind. Jeder Koeffizient trägt hier ein spezielles Gewicht und negative Werte treten nicht auf. Das am weitesten links stehende Bit hat das höchste Gewicht, nämlich 0,5 des Bereichsendwertes und wird als „Most Significant Bit" oder „MSB" bezeichnet. Das äußerste rechte Bit hat dagegen das geringste Gewicht, nämlich 2^{-n} des Endbereichs und trägt deshalb den Namen „Least Significant Bit" oder „LSB". Die Bits in einem Codewort werden von links nach rechts mit 1 bis n nummeriert. Tab. 2.1 zeigt die Auflösung, die Anzahl der Zustände, die LSB-Gewichtung und den Dynamikbereich bei Datenwandlern.

Ein LSB entspricht dem gleichen Betrag wie der Analogwert des Quantums Q, nämlich

$$LSB\ (Analogwert) = \frac{FSR}{2^n}$$

Der Dynamikbereich (dynamic range) in dB eines Datenwandlers berechnet sich aus

$$DR(dB) = 20\ \log\ 2^n$$
$$= 20\ n\ \log\ 2$$
$$= 20\ n\ (0,301)$$
$$= 6,02\ n$$

Dabei ist DR der Dynamikbereich, n die Anzahl der Bits und 2^n stellt die Anzahl der Ausgangszustände des Wandlers dar. Da der Wert von DR = 6,02 dB dem Faktor 2 entspricht, muss man einfach nur die Auflösung des Wandlers, also die Bitstellen mit 6,02 multiplizieren. Ein 12-Bit-Wandler hat z. B. einen Dynamikbereich von 72,2 dB.

Ein wichtiger Punkt, den man unbedingt beachten muss, ist folgender: Der maximale Wert eines Digitalcodes, nämlich lauter 1-Signale, korrespondiert nicht mit dem analogen Maximalwert bzw. dem idealen Endwert, sondern liegt um 1 LSB unter dem Endwert bzw. dem realen Endwert entsprechend FS $(1 - 2^{-n})$. Demzufolge hat ein 12-Bit-Wandler

Tab. 2.1 Auflösung, Anzahl der Zustände, LSB-Gewichtung und Dynamikbereich für AD- und DA-Wandler

Bit-Auflösung n	Anzahl der Zustände 2^2	LSB-Gewichtung 2^{-n}	Dynamikbereich in dB
0	1	1	0
1	2	0,5	6
2	4	0,25	12
3	8	0,125	18,1
4	16	0,0625	24,1
5	32	0,03125	30,1
6	64	0,015625	36,1
7	128	0,0078125	42,1
8	256	0,00390625	48,2
9	512	0,001953125	54,2
10	1024	0,0009765625	60,2
11	2048	0,00048828125	66,2
12	4096	0,000244140625	72,2
13	8192	0,0001220703125	78,3
14	16.384	0,00006103515625	84,3
15	32.768	0,000030517578125	90,3
16	65.536	0,0000152587890625	96,3
17	131.072	0,00000762939453125	102,3
18	262.144	0,000003814697265625	108,4
19	524.288	0,0000019073486328125	114,4
20	1.048.576	0,000009536743 1640625	120,4

Tab. 2.2 Binärcodierung für unipolare 8-Bit-Wandler

Fraktion von FS	+10 V FS	Binärcode	Komplementärer Binärcode
+FS – 1 LSB	+9,961	1111 1111	0000 0000
+3/4 FS	+7,500	1100 0000	0011 1111
+1/2 FS	+5,000	1000 0000	0111 1111
+l/4 FS	+2,500	0100 0000	1011 1111
+1/8 FS	+1,250	0010 0000	1101 1111
+1 LSB	+0,039	0000 0001	1111 1110
0	0,000	00000000	1111 1111

mit einem analogen Spannungsbereich von 0 bis +10 V einen Maximalcode von 1111 1111 1111 für einen maximalen Analogwert von +10 V $(1 - 2^{-12})$ = +9,99756 V. Dies bedeutet, dass der maximale Analogwert eines Wandlers, entsprechend einem Codewort aus lauter 1-Signalen, nie ganz den Wert erreichen kann, der als eigentlicher Analog-Endwert definiert ist.

Tab. 2.2 zeigt den natürlichen und den komplementären Binärcode für einen unipolaren 8-Bit-Wandler mit einem analogen Spannungsbereich von 0 V bis +10 V an seinem Ausgang. Der maximale Analogwert für diesen Wandler ist +9,961 V oder +10 V – 1 LSB. Wie aus der Tabelle ersichtlich, beträgt der Wert für 1 LSB = 0,039 V.

2.3.4 Auflösung

Unter der Auflösung eines Wandlers versteht man den kleinstmöglichen Schritt (Quantisierungsintervall), der von dem Wandler unterschieden werden kann. Diesen Schritt bezeichnet man auch als „LSB". Für einen binären Wandler wird die Auflösung bestimmt, indem man den vollen Eingangsbereich durch die Anzahl der Quantisierungs-intervalle dividiert ($FS/2^n$ mit n = Anzahl der Bits). Für einen BCD-Wandler gilt analog $FS/2^d$ mit d = Anzahl der Digits bzw. der Dezimalstellen und der Wert von FS ist der volle Eingangsspannungsbereich (Full Scale). Die Auflösung ist ein theoretischer Wert und definiert nicht die Genauigkeit eines Wandlers. Ein Wandler mit der Auflösung $0,5^{10}$ hat eine Auflösung von etwa 0,1 % des vollen Eingangsbereichs, denn $2^{10} = 1024$, seine Genauigkeit kann dabei aber 0,05 % oder auch nur 0,5 % betragen.

Bei einigen Herstellern von AD-Wandlern wird die Auflösung in dB-Werten angegeben. Hierzu bedient man sich der unter der Berechnung des Quantisierungs-rauschens abgeleiteten Näherung, dass sich pro Bit Auflösung ein Dynamikbereich, d. h. Signal-Rauschabstand von ca. 6 dB erzielen lässt. Auch diese Angabe ist wiederum nur ein theoretischer Wert. In Tab. 2.3 ist gezeigt, welche theoretisch mögliche Auflösung für einen n-Bit-AD-Wandler erreichbar ist.

Die Eingangsspannungsbereiche und die Definition des Ausgangscodes lassen sich bei der AD-Umsetzung im Wesentlichen beliebig wählen. In der praktischen Anwendung findet man aber für AD-Wandler bestimmte Eingangsbereiche und Codeformen. Für

Tab. 2.3 Auflösung für n-Bit in einem AD-Wandler, der nach dem Binärcode umsetzt

Bit	$1/2^n$ (Fraktion)	$1/2^n$ (Dezimal)	% in ppm
MSB	1/2	0,5	50
2	1/4	0,25	25
3	1/8	0,125	12,5
4	1/16	0,0625	6,25
5	1/32	0,03125	3,125
6	1/64	0,015625	1,6
7	1/128	0,007812	0,8
8	1/256	0,003906	0,4
9	1/512	0,001953	0,2
10	1/1024	0,0009766	0,1
11	1/2048	0,00048828	0,05
12	1/4096	0,00024414	0,024
13	1/8192	0,00012207	0,012
14	1/16384	0,000061035	0,006
15	1/32768	0,0000305176	0,003
16	1/65536	0,0000152588	0,0015
17	1/131072	0,00000762939	0,0008
18	1/262144	0,000003814697	0,0004
19	1/524288	0,000001907349	0,0002
20	1/1048576	0,0000009536743	0,0001

die Bereiche der Eingangsspannung gelten folgende Werte: 0 bis +5,0 V oder 0 V bis +10,0 V für unipolare Wandler und von −2,5 V bis +2,5 V, −5,0 V bis +5,0 V oder −10 V bis +10 V für bipolare Wandler.

Beispiel: Ein sinusförmiges Signal mit einer Amplitude von $U_e = 10$ V soll mit einer 12-Bit-Auflösung digitalisiert werden. Das 12-Bit-Format entspricht einer Anzahl von $2^{12} = 4096$ Quantisierungsstufen. Bezogen auf die maximale Amplitude lässt sich ein Signal damit auf 1/4096 auflösen oder entsprechend mit 0,024 % darstellen. Mit der Formel errechnet sich daraus eine Dynamik von 72,25 dB. Den Zahlenwert für das Signal mit einer Eingangsspannung von 10 V erhält man, da eine Sinusfunktion sowohl positiv als auch negativ sein kann, einen Wert von 20 V/4096 = 4,88 mV als kleinste Quantisierungsstufe.

Der Zusammenhang zwischen der Auflösung eines AD-Wandlers und der sich daraus ergebenden Anzahl von Quantisierungsschritten ist in Abb. 2.16 gezeigt. Bereits bei der Verwendung eines Analog-Digital-Wandlers mit einer Auflösung von 10 Bit ist also eine Genauigkeit von <0,1 % entsprechend einer Dynamik von >60 dB zu erreichen. Diese Werte sind beispielsweise besser als die Spezifikationen von zahlreichen Sensoren, und der technische und somit auch kostenmäßige Aufwand für das Anti-Aliasing-Filter mit der nachfolgenden Digitalisierungsschaltung können sich durchaus noch in annehmbaren Grenzen halten.

Abb. 2.16 Zusammenhang zwischen der Auflösung einer sinusförmigen Wechselspannung in Bitstellen (Auflösung) und die sich daraus ergebende Anzahl von Quantisierungsschritten

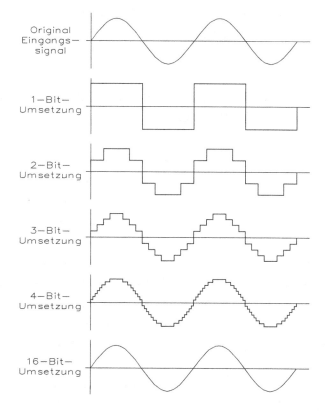

2.3.5 Absolute und relative Genauigkeit

Die Eigenschaften eines Wandlersystems (AD-Wandler am Eingang oder DA-Wandler am Ausgang, einschließlich der Peripherie) werden im Wesentlichen durch mehrere Faktoren bestimmt, die im Folgenden näher erläutert sind.

Bei der Betrachtung der Funktion eines Wandlersystems unterscheidet man zwischen den idealen und den realen Bauelementen. Da es in der Praxis keine idealen Bauelemente gibt, treten Abweichungen vom idealen Verhalten auf, hervorgerufen z. B. durch Toleranzen der einzelnen Bauelemente und durch unterschiedliche Temperaturkoeffizienten. In der Praxis treten daher Abweichungen in der Ausgangskennlinie eines Wandlers vom idealen Verlauf auf.

Abb. 2.17 zeigt eine solche Kennlinie, wobei FS (full scale) der maximale Ausgangswert eines Wandlers ist. Es wird darauf hingewiesen, dass die in Abb. 2.17 und in den nachfolgenden Bildern als stetige Funktion gekennzeichnete Ausgangskennlinie in Wirklichkeit eine fein abgestufte Treppenfunktion (Abb. 2.18 bis 2.22) mit 255 (8-Bit-Wandler), 1023 (10-Bit-Wandler), 4095 (12-Bit-Wandler) Stufen usw. darstellt. Die Abweichung der Ausgangskennlinie vom idealen Verlauf (Abb. 2.17) lässt sich folgendermaßen aufteilen:

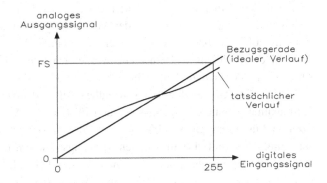

Abb. 2.17 Ausgangskennlinie eines nicht abgeglichenen Wandlersystems. Das digitale Eingangssignal im 8-Bit-Format wird in eine analoge Ausgangsspannung zwischen 0 V und der maximalen Ausgangsspannung „FS" umgesetzt

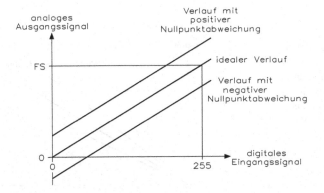

Abb. 2.18 Nullpunktabweichung der Ausgangskennlinie bei einem 8-Bit-Wandlersystem

- Nullpunktabweichung (offset error): Mit der Nullpunktabweichung bezeichnet man denjenigen Ausgangssignalwert, der vorhanden ist, wenn am Eingang das Digitalwort 0 anliegt. Die Nullpunktabweichung bewirkt eine parallele Verschiebung der Ausgangskennlinie, wie Abb. 2.18 zeigt.
- Verstärkungsfehler (gain error): Der Verstärkungsfehler beschreibt die Abweichung des Ausgangssignals vom Sollwert, wenn am Eingang das höchste Digitalwort (255, 1023, 4095 usw.) anliegt. Der Verstärkungsfehler bewirkt, wie Abb. 2.19 zeigt, eine Verschiebung der Ausgangskennlinie im maximalen Bereich.
- Linearitätsfehler: Der Linearitätsfehler betrifft die Tatsache, dass die Ausgangskennlinie im Allgemeinen keine Gerade darstellt, sondern einen etwas welligen oder gekrümmten Verlauf aufweist.

Zur Charakterisierung der Genauigkeit eines Wandlersystems verwendet man in der Praxis folgende Begriffe:

Bei der Untersuchung der Genauigkeit eines Wandlers muss man zwischen der absoluten und der relativen Genauigkeit unterscheiden. Eine alleinige Angabe über die Auflösung, die einen Einfluss auf die Fehlergrenzen des Umsetzergebnisses hat, ist zur Bestimmung der Genauigkeit eines Wandlers nicht ausreichend. Die relative Genauigkeit lässt sich auch als Linearität definieren, wobei zwischen dem integralen und dem differentiellen Linearitätsfehler unterschieden wird. Da bei den meisten Wandlersystemen die Möglichkeit besteht, den Verstärkungs- und den Offsetfehler durch externe Trimmer auf Null abzugleichen, können diese beiden Fehler – unter der Annahme eines sorgfältigen Abgleichs und einer entsprechenden Langzeitstabilität des Wandlers – bei Abschätzung der Genauigkeit nicht berücksichtigt werden.

Als absolute Genauigkeit eines Wandlers definiert man die prozentuale Abweichung der maximalen realen Ausgangsspannung FS (ist der FSR-Bereich – 1/2) zu der spezifizierten Ausgangsspannung FSR (voller Eingangsbereich und dieser wird gebildet aus der minimalen und der maximalen Eingangsspannung). Bei der Genauigkeitsspezifikation gibt man manchmal auch einen Genauigkeitsfehler an. Ein Genauigkeitsfehler von 1 % entspricht der absoluten Genauigkeit von 99 %. Die absolute Genauigkeit

Abb. 2.19 Verschiebung (Drehung) der Ausgangskennlinie um den Nullpunkt, wenn im Wandlersystem ein Verstärkungsfehler vorhanden ist

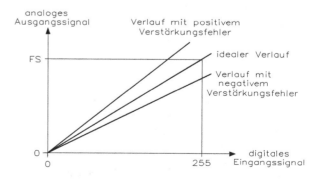

wird von den drei einzelnen Fehlerquellen, wie dem inhärenten Quantisierungsfehler (dieser geht als $\pm$ LSB-Fehler ein), den Fehlern, die aufgrund nicht idealer Schaltungskomponenten des Wandleraufbaus und dem später abgeleiteten Umsetzfehler entstehen, bestimmt. Da die absolute Genauigkeit durch die Temperaturdrift und durch die Langzeitstabilität ebenfalls beeinflusst wird, muss man bei der Angabe der Genauigkeit eines Wandlers auch den Fehler für die definierten Bereiche spezifizieren.

Aus den die absolute Genauigkeit bestimmenden Parametern lässt sich ableiten, dass die absolute Genauigkeit im Wesentlichen durch den Umsetzprozess bestimmt wird und von den beiden Faktoren der Umsetzzeit und der Güte des Wandlers abhängig ist.

Unter der relativen Genauigkeit versteht man die maximale Abweichung der Ausgangskennlinie des Wandlersystems, die gemäß Abb. 2.20 den Nullpunkt mit demjenigen Ausgangssignal verbindet, der bei der Eingabe des Digitalwortes 255, 1023, 4095 usw. auftritt.

Unter dem Begriff der relativen Genauigkeit lassen sich sämtliche Fehler erfassen, die aufgrund von Nichtlinearitäten des Wandlers bei der Umsetzung auftreten. Bei DA-Wandlern bevorzugt man die direkte Angabe der Nichtlinearität, während nun diese Fehler unter dem Begriff der relativen Genauigkeit bei AD-Wandlern einfach aufaddiert werden. Die relative Genauigkeit einer Umsetzung lässt sich nur dann erhöhen, wenn ein Wandler mit einer größeren Genauigkeit eingesetzt wird, da sich der Nichtlinearitätsfehler eines Wandlers nicht abgleichen lässt. Eine andere Möglichkeit ist auf der Hardwareseite der Einsatz digitaler Fehlerkorrekturschaltungen oder auf der Softwareseite die Verwendung spezieller Fehleralgorithmen, sofern ein Prozessrechner, also ein Mikroprozessor oder Mikrocontroller, in einem System integriert ist. Werden beispielsweise an eine 8-Bit-AD-Umsetzung höhere Genauigkeitsanforderungen gestellt, so lässt sich diese Bedingung durch die Verwendung eines 12-Bit-AD-Wandlers erfüllen, bei dem man nur die ersten 8-Bit-Stellen, gerechnet vom MSB, aufschaltet. Besitzt der 12-Bit-Wandler eine Nichtlinearität von $\pm1/2$ LSB, so verringert sich bei der ausschließlichen Benutzung des ersten 8-Bit-Formats der Nichtlinearitätsfehler auf 1/32 LSB. Bei der Abschätzung der relativen Genauigkeit unterscheidet man noch zwischen der integralen und der differentiellen Nichtlinearität.

Abb. 2.20 Definition des relativen Ausgangssignals in einem 8-Bit-Wandler

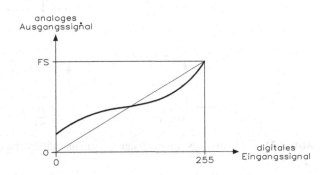

2.3.6 Linearität und Nichtlinearität

Der Begriff der Linearität entspricht im Wesentlichen der Definition für die relative Genauigkeit. Die Bezugsgerade ist jedoch nicht vorgegeben, sondern lässt sich so auslegen, dass sich die kleinsten Abweichungen von der jeweiligen Wandlerkennlinie ergeben.

Die differentielle Linearität beschreibt den Fehler in der Ausgangssignal-Stufenhöhe, bezogen auf die Sollstufenhöhe, hervorgerufen durch eine Änderung am Digitaleingang von 1 LSB. Abb. 2.21 zeigt die Definition der differentiellen Linearität bei einem Wandlersystem.

Unter dem Begriff der differentiellen Nichtlinearität erfasst man den Betrag der Abweichung jedes Quantisierungsergebnisses, d. h. jeder mögliche Ausgangscode, der nicht mit seinem theoretischen idealen Wert übereinstimmt. Anders ausgedrückt, die differentielle Nichtlinearität ist die analoge Differenz zwischen zwei benachbarten Codes von ihrem idealen Wert (FSR/2^n = 1 LSB). Wird für einen AD-Wandler der Wert der differentiellen Nichtlinearität von ±1/2 LSB angegeben, so liegt der Wert jeder minimalen Quantisierungsstufe, bezogen auf seine Übertragungsfunktion, zwischen 1/2 und 3/2 LSB, d. h. jeder Analogschritt beträgt 1 ± 1/2 LSB.

Das Verhalten eines Wandlersystems wird als monoton bezeichnet, wenn das Ausgangssignal bei Zunahme des Digitalwertes ansteigt oder sich nicht mehr ändert. Abb. 2.21 zeigt einen monotonen und Abb. 2.22 einen nicht monotonen Funktionsverlauf. Eine Monotonie liegt mit Sicherheit vor, wenn die differentielle Linearität kleiner als 1 LSB ist.

Die differentielle Nichtlinearität lässt sich durch eine Messung der analogen Spannung, die einen Wechsel des Ausgangscodes am AD-Wandler bewirkt, bestimmen. Bei einem idealen Wandler sollte dieser Spannungsbetrag konstant mit 1 LSB über dem gesamten Eingangsspannungsbereich betragen. Der maximale Fehler lässt sich für den Fall ansetzen, wo ein digitaler Übertrag innerhalb des Ausgangscodes stattfindet. Bei der

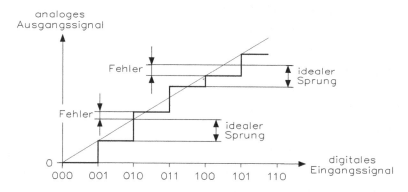

Abb. 2.21 Definition des Ausgangssignals bei einer differentiellen Linearität in einem Wandlersystem

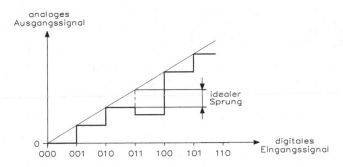

Abb. 2.22 Nicht monotoner Verlauf der Ausgangskennlinie bei einem Wandlersystem

AD-Umsetzung von Signalen mit maximalen Eingangssignalen sind kleinere Linearitätsfehler – zumal wenn diese örtlich begrenzt sind – vielfach bedeutungslos. Liegt das Eingangssignal dagegen genau in dem Spannungsbereich, wo ein Linearitätsfehler auftreten
kann, erhöht sich allerdings der dadurch ausgelöste Umsetzfehler in unzulässiger Weise.

Zwei andere wichtige Parameter, die in einem unmittelbaren Zusammenhang mit den
Auswirkungen des Linearitätsfehlers stehen, sind noch zu untersuchen: die Monotonität
und das Auftreten von fehlenden Codes.

Der Definition nach ist ein AD-Wandler dann als monoton zu betrachten, wenn die
Wertigkeit seines Ausgangscodes mit stetig steigender Eingangsspannung ebenfalls
stetig steigt. Mathematisch lässt sich dieser Zusammenhang dadurch ausdrücken, dass
für einen monotonen Umsetzbetrieb die Bedingung gilt, dass für eine Eingangsvariable
mit diskreten Schritten die erste Ableitung der Übertragungsfunktion >0 und die erste
Differenz ebenfalls >0 sein muss.

Ein Wandler soll das digitale Eingangssignal nicht nur möglichst genau in einen Analogwert umsetzen, er soll dies auch mit minimaler Verzögerung durchführen. Die Verzögerung lässt sich durch die Einschwingzeit (settling time) beschreiben. Dieser Begriff
beinhaltet die Zeitspanne vom Anlegen des digitalen Codewortes bis zu dem Zeitpunkt,
von dem an das Ausgangssignal spezifizierte Grenzen, meistens $\pm 1/2$ LSB, nicht überschreitet wie Abb. 2.23 zeigt. Der Wert bezieht sich normalerweise auf bestimmte Test-
bedingungen und ist unter Umständen von der Ausgangsbeschaltung abhängig. Dies gilt
für den AD-Wandler ebenso wie für die DA-Schaltkreise.

Bei Wandlersystemen bezieht man die entsprechenden Stabilitätsangaben auf das
analoge oder digitale Ausgangssignal. Man unterscheidet dabei die Abhängigkeit dieses
Signals von der Temperatur und von der Betriebsspannung bzw. von deren Änderungen.
Der Einfluss der Temperatur wird in ppm/K, der Einfluss der Betriebsspannung in mV/V
bzw. μA/V, jeweils auf den Skalenendwert bezogen, angegeben. Auch der Quotient aus
der prozentualen Änderung des Skalenendwertes und der prozentualen Änderung der
Betriebsspannung lässt sich als Stabilitätsmerkmal verwenden.

Abb. 2.23 Definition
der Beruhigungs- bzw.
Einschwingzeit bei einem
Wandlersystem

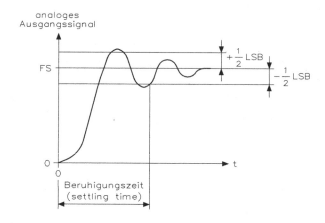

Abb. 2.24 Definition für
den Umsetzfehler bei einem
AD-Wandler

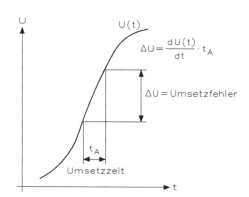

2.3.7 Umsetzfehler in Wandlersystemen

Jeder Wandler benötigt eine endliche, je nach Schaltungsart oder Umsetzungsverfahren bestimmte Umsetzzeit. Diese Zeit wird oft auch als Öffnungszeit bezeichnet. Für den Anwender ist es wichtig, die Zeitbedingungen des zu digitalisierenden Signals zu kennen und diese in Beziehung zur Umsetzgeschwindigkeit des verwendeten AD-Wandlers zu setzen.

Wie Abb. 2.24 zeigt, entsteht bei jeder AD-Umsetzung durch das sich ändernde Eingangssignal ein bestimmter Fehler. Dieser Fehler lässt sich entweder als Amplituden- oder aber als Zeitfehler auffassen. Setzt man als Betrag die Spannungsänderung während der Umsetzung dU(t)/dt ein, ergibt sich ein Amplitudenfehler nach der folgenden Beziehung:

$$\Delta U = t_A \cdot \frac{dU(t)}{dt}$$

mit t_A als Öffnungszeit. Der Betrag ΔU ist der maximale Umsetzfehler in Abhängigkeit von der Änderungsgeschwindigkeit des Eingangssignals. Der tatsächlich auftretende

Fehler ist allerdings abhängig von der Art des verwendeten Umsetzungsverfahrens. Zur Abschätzung des realen Fehlers geht man davon aus, dass ein Sinussignal digitalisiert werden soll. Die maximale Änderungsgeschwindigkeit erreicht ein Sinussignal beim Nulldurchgang. Der Amplitudenfehler berechnet sich dann nach folgender Gleichung:

$$\Delta U = t_A \cdot \frac{d}{dt} \cdot \left(\hat{U} \cdot \sin \omega t \right)_{t=0}$$

$$\Delta U = t_A \cdot \hat{U} \cdot 2 \cdot \pi \cdot f$$

Definiert man mit dem Faktor ε den Anteil des Amplitudenfehlers bezogen auf den Spitzenwert der Eingangsspannung in LSB, erhält man

$$\varepsilon = \frac{\Delta U}{2 \cdot \hat{U}} = t_A \cdot \pi \cdot f$$

wobei $\varepsilon = 1/2^n$ für 1-LSB-Fehler ist und damit ergibt sich

$$t_A = \frac{1}{\pi \cdot f \cdot 2^n}$$

Mit dieser Gleichung lässt sich berechnen, welche Umsetzzeit (Erfassungszeit) für einen definierten Amplitudenfehler oder welche Frequenz des Eingangssignals bei gegebener Umsetzzeit mit einem spezifizierten Amplitudenfehler zulässig ist, wie die folgende Gleichung definiert:

$$f_{max} = \frac{1}{\pi \cdot t_A \cdot 2^n}$$

Für einen geforderten Amplitudenfehler von 1/2 LSB halbiert sich die zulässige Eingangsfrequenz nochmals.

Beispiel

Ein AD-Wandler mit 12-Bit-Auflösung und einer maximalen Umsetzzeit von 2 µs soll ein Sinussignal mit 0-dB-Studiopegel (das sind 4,36 V_{SS}) digitalisieren. Wie sich mit der Gleichung berechnen lässt, ergibt sich eine zulässige Eingangsfrequenz von

$$f_{max} = \frac{1}{\pi \cdot t_A \cdot 2^n} = \frac{1}{3{,}14 \cdot 2\,\mu s \cdot 2^{12}} = 38\,Hz$$

oder 19 Hz, bei einer geforderten Umsetzgenauigkeit von 1/2 LSB. Zur Digitalisierung einer Sinusspannung von 20 kHz darf die Öffnungszeit des Wandlers nicht mehr als 4 ns betragen.

Aus dieser Fehlerdiskussion lässt sich ableiten, dass man zur AD-Umsetzung von Signalen mit entsprechend hohen Frequenzanteilen spezielle Wandler mit sehr kleinen Öffnungszeiten einsetzen muss. Andererseits lässt sich durch zusätzliche

Schaltungsmaßnahmen erreichen, dass der Momentanwert der zu digitalisierenden Analogspannung während der Umsetzung konstant ist. Dazu wird der Momentanwert bei der Auslösung der Abtastung in einem Schritt gewissermaßen eingefroren, um ihn dann in einem zweiten Schritt zu digitalisieren. In den meisten Anwendungsfällen wird, auch aus Kostengründen, deshalb anstelle eines der Signalgeschwindigkeit angepassten AD-Wandlers ein Analogspeicher (Sample&Hold- oder Track&Hold-Einheit) dem Wandler vorgeschaltet. Durch die Vorschaltung eines Analogspeichers kann man einen langsameren und deshalb erheblich preiswerteren AD-Wandler zur Lösung der vorliegenden Aufgabe einsetzen. ◄

2.3.8 Abtast-Jitter

Bei sämtlichen Fehlerbetrachtungen wurde bisher davon ausgegangen, dass nur ideale Abtastimpulse zur AD-Umsetzung vorliegen, d. h. die Impulse verfügen über eine konstante Länge und ihre zeitlichen Abstände zueinander sind stets gleich. Diese Annahme setzt das Vorhandensein einer idealen Eingangsspannung voraus und es dürfen außerdem keine Störungen auf den Taktleitungen auftreten, die die Flanken der Taktimpulse verfälschen und dadurch die Einsatzpunkte der Abtastung verschieben.

Mit der Aperture-Unsicherheit werden Fehler, ausgelöst durch eine nicht ideale Abtastung (bezogen auf die zeitlichen Abstände), erfasst. Die Auswirkungen des Abtast-Jitters lassen sich als ein dem idealen Umsetzergebnis überlagertes Rauschen auffassen.

Nach Abb. 2.25 kann man zur Ableitung des Fehlers folgenden Ansatz aufstellen:

$$F(t + \Delta T(t)) = f(t) + f * (t)\Delta T(t) + \ldots$$

und mit

$$f * (t) \cdot \Delta T(t)$$

lässt sich der durch den Abtast-Jitter ausgelöste Fehler beschreiben. Der Mittelwert der Rauschspannung ist dann

Abb. 2.25 Definitionen für den Jitter-Fehler

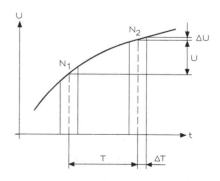

$$(f * (t) \cdot \Delta T(t))^2 = (f * (t))^2 \cdot (\Delta T(t))^2$$

Der Effektivwert der Rauschspannung ist die Quadratwurzel. Wird am Eingang des AD-Wandlers eine Sinusspannung mit der Frequenz f und der Amplitude û (Spitzenwert) angelegt, so lässt sich der effektive Abtast-Jitter-Fehler mit der Gleichung

$$E_{Jitter(RMS)} = 2 \cdot \pi \cdot \hat{u} \cdot f(\Delta T_{RMS})$$

berechnen.

2.3.9 Spannungsreferenz

Spannungsreferenzen sind in der Praxis einfache Bausteine, wenn man die Vor- und Nachteile kennt. Es kann aber für den Entwickler und Anwender sehr mühsam sein, die richtige Referenz für eine gegebene Anwendung auszuwählen, es sei denn, man geht dabei methodisch vor.

Im Gegensatz zu den meisten elektronischen Netzgeräten hat eine Spannungsreferenz nur eine konstante Ausgangsspannung oder einen konstanten Ausgangsstrom. Eine ideale Spannungsreferenz erzeugt eine konstante Ausgangsspannung, unabhängig von der Zeit, der Temperatur, der Eingangsspannung oder dem Lastwiderstand am Ausgang. Verschiedene Referenzen weisen unterschiedliche Methoden zur Annäherung an dieses ideale Modell auf, sodass es für eine optimale Wahl notwendig ist, die verfügbaren Typen und deren Leistungsmerkmale zu kennen.

Vor der Erfindung der Spannungsreferenz mit Transistoren musste der Entwickler diverse Batterien oder Spannungselemente als eine stabile Spannungsquelle verwenden. Beide Quellen sind netzunabhängig und bieten eine stabile und genau definierte Spannung, wenn man diese nicht belastet. Da ihre Ausgangsspannung jedoch stark temperaturabhängig ist, muss jeweils eine bestimmte Betriebstemperatur angenommen werden.

Ein genormtes Spannungselement besteht aus flüssigem Quecksilber und einer Elektrolytflüssigkeit in einem H-förmigen Glasbehälter. Obwohl dieses Element auf wenige ppm (parts per million) genau ist, kann es Wochen oder Monate dauern, bis es sich von einer Überlast oder einer Seitenlage des Glasbehälters erholt!

Quecksilberelemente (Batterien) sind robuster. Neue Elemente können auf 2,5 Stellen genau sein und mehrere Jahre halten. Diese liefern jedoch nur einen Strom von einigen wenigen Milliampere. Obwohl sie noch immer in einigen tragbaren Geräten angewendet werden, wurden sie zum größten Teil durch moderne Referenzen mit geringem Eigenstromverbrauch (10 pA) ersetzt.

Die erste moderne Referenz ist die Z-Diode. Sie wird hauptsächlich zum Begrenzen einer Spannung sowie in Stromversorgungen verwendet und ist in einer Vielzahl von Spannungswerten, Gehäusetypen und Leistungsbereichen vorhanden. Obwohl die Z-Diode selbst nicht stabil oder genau genug ist, um als Spannungsreferenz zu gelten, kann diese in einer Reihenschaltung mit einem Widerstand und einer ungeregelten Spannungsquelle eine sehr konstante Spannung erzeugen.

Der Temperaturkoeffizient der Z-Diode ist von ihrer Durchbruchspannung abhängig und ist bei einer Spannung von 6,3 V sehr gering. Ein gewöhnlicher PN-Übergang, in Reihe mit einer Z-Diode geschaltet, ergibt eine Schaltung, deren Spannungsfall (bei einem bestimmten Betriebsstrom) auf extrem geringe Temperaturkoeffizienten zugeschnitten werden kann. Diese Schaltungsweise ist als Referenzdiode bekannt und wurde bereits in vielen Entwicklungen eingesetzt. Wenn jedoch Temperaturkoeffizienten von weniger als 25 ppm/°C gefordert sind, wird das Prüfen, Abgleichen und Aussuchen geeigneter Dioden zu teuer.

Z-Dioden durchlaufen nach der Fertigung einen wohlbekannten Alterungsprozess und daher werden die besten Referenzdioden einem jahrelangen definierten Alterungsprozess (burn in) unterworfen, die durch Alterung verursachte Änderung der Ausgangsspannung auf ein Minimum zu begrenzen. Solche Bauelemente werden daher nicht von Herstellern der Z-Dioden gefertigt, sondern von Spezialfirmen sowie von Herstellern hochgenauer Spannungsmessgeräte und Spannungsreferenzen für Laboranwendungen.

Die Kombination einer Referenzdiode mit einem Operationsverstärker in einem hybriden Schaltkreis bezeichnet man als „verstärkende" Diode. Diese Spannungsreferenz hat in der analogen Schaltungstechnik viele Vorteile, aber nur wenige Nachteile. Anstatt Dioden zu prüfen und abzugleichen (ein Verfahren, das tausende von erfassten Messwerten für einige Bausteine bei vielen Temperaturen erfordert) kann man Operationsverstärker mit Referenzdioden verbinden und den Temperaturkoeffizienten mit herkömmlichen Abgleichmethoden für Operationsverstärker einstellen.

Um eine korrekte Einstellung zu gewährleisten, erfordert jede Referenzdiode zwar einen vollständigen Temperaturdurchgang, gefolgt von mehreren Abgleichvorgängen und einem zweiten Temperaturdurchgang, jedoch beträgt der resultierende Temperaturkoeffizient weniger als 1 ppm/°C. Die Hybrid-Referenzen MAX670 von Maxim werden auf diese Weise hergestellt und getestet. Der MAX670 verstärkt die Ausgangsspannung mittels eines internen Widerstandsnetzwerkes auf 10,000 V ±1 mV, unabhängig vom genauen Z-Strom und der für einen minimalen Temperaturkoeffizienten erforderlichen Spannung. Darüberhinaus ist der Operationsverstärker als 4-Draht-Versorgung mit getrennten Kontakten für Treiberstrom und Last ausgelegt, sodass der Einfluss von Spannungsfällen entlang der Verbindungsleitung eliminiert wurde. Demzufolge ist die Referenzspannung genau da verfügbar, wo sie benötigt wird und nicht nur an den Abgreifkontakten der „verstärkten" Diode. Dieses Merkmal ist äußerst wichtig für Anwendungen mit geringen ppm-Werten, da es Fehler durch Masseschleifen, thermische Spannungen und ohmsche Spannungsfälle in den Verbindungen – einschließlich (falls vorhanden) des Sockels der Referenzspannung selbst – ausschließt. Bei einem Ausgangsstrom von 1 mA erzeugt ein Leitungswiderstand der gedruckten Schaltung von 10 mΩ einen Fehler von 10 μV (1 ppm).

Die Kelvin-Verbindungen erlauben des Weiteren auch die Abgabe größerer Lastströme. Falls notwendig, kann der Laststrom durch Hinzufügen eines externen Durchlasstransistors in der Rückführungsschleife auf mehrere Ampere (ohne Einfluss der

Genauigkeit) erhöht werden. Die verstärkte Referenzdiode erlaubt die Realisierung einer hochgenauen Spannungsquelle, da ein nachträgliches Abstimmen der Platinen nach der Fertigung überflüssig wird. Sie gewährleistet darüber hinaus eine Wiederholbarkeit der Leistungswerte, sowohl in der Serienfertigung als auch später am Einsatzort.

Der Nachfolger der Z-Diode ist die Bandgap-Referenz. Eine Bandgap-Referenz kann praktisch nicht aus Einzelbauelementen hergestellt werden und wurde erst durch die Technologie der integrierten Bausteine möglich. Bandgap-Referenzen basieren auf einem sowohl einfachen als auch wirkungsvollen Prinzip. Das Problem besteht darin, dass vorwärts gepolte Dioden aus Silizium einen genau definierten Temperatur-koeffizienten von 2 mV/°C, aber eine schwer zu kontrollierende Offsetspannung auf-weisen. Die Lösung besteht darin, beispielsweise 11 identische Dioden für guten thermischen Abgleich dicht beieinander auf einem Siliziumträger herzustellen. Schaltet man nun diese mit Ausnahme einer zentral gelegenen Diode alle parallel und betreibt dann die zentrale Diode und die restliche Gruppe mit jeweils einem identischen Strom, so wird die zentrale Diode mit einer etwa zehnfachen Stromdichte betrieben. Die Spannung der zentralen Diode hat einen negativen Temperaturkoeffizienten, während die Differenzspannung (zwischen der einzelnen Diode und der Gruppe) einen positiven Temperaturkoeffizienten aufweist.

Wenn man die Schaltung nun so einstellt, dass die Summe aus der Spannungs-differenz (multipliziert mit einem Verstärkungsfaktor) und der Spannung der zentralen Diode gleich der Bandgap-Spannung von Silizium ist (1,205 V), dann wird der Temperaturkoeffizient der Summe idealerweise einen Wert von Null aufweisen. Man hat eine Bandgap-Schaltung für eine hochkonstante Referenzspannungsquelle.

Der zweipolige Baustein ICL8069 von Maxim arbeitet wie eine Z-Diode, stellt aber eine Bandgap-Referenz dar. Im Gegensatz zu Z-Dioden weist eine Bandgap-Referenz jedoch eine niedrige Spannung (1,23 V) sowie einen scharfen Knick im unteren Betriebsspannungsbereich auf. Die Spannung ändert sich für Ströme zwischen 20 μA und 5 mA nur um weniger als 15 mV. Durch ihre geringe Spannung und den kleinen Ausgangsströmen eignen sich Bandgap-Referenzen für Rückkopplungsnetzwerke, als Vorspannung für Operationsverstärker und für andere Schaltungen, in denen eine Z-Diode aufgrund der Spannung von 6 V nicht geeignet ist.

Zur Auswahl der optimalen Referenzspannungsquelle für bestimmte Anwendungen ist es notwendig, nicht nur die unterschiedlichen Typen von Referenzen, sondern auch die jeweiligen Definitionen zu kennen, die die Hersteller zur Kennzeichnung der Leistungsmerkmale der Referenzen verwenden. Die einzelnen Parameter werden im Folgenden beschrieben.

- Genauigkeit: Dies ist ein vieldeutiger Ausdruck. Genaugenommen wird die Genauig-keit berechnet als 1 minus dem Bruch aus der Summe aller Abweichungen vom idealen Ausgangswert dividiert durch den Idealwert, multipliziert mit 100 %. Eine ideale Referenz besitzt daher eine Genauigkeit von 100 %. Im allgemeinen Gebrauch werden jedoch die Ausdrücke „Genauigkeit" und „Gesamtfehler" gleichermaßen benutzt. Eine Referenz mit 1-%-Genauigkeit wird normalerweise als eine Referenz mit einem Gesamtfehler von 1 % verstanden.

- Fehler: Hierbei handelt es sich um eine Abweichung vom Idealwert. Fehler von Spannungsreferenzen werden entweder als Absolutfehler ausgedrückt (z. B. in Millivolt), in Prozent oder als „Parts per Million" (ppm).

- Anfangsgenauigkeiten: Hinter diesem Begriff versteht man die Toleranz der Ausgangsspannung nach dem Einschalten der Betriebsspannung. Dieser Wert wird normalerweise ohne Last oder über einen bestimmten Lastbereich gemessen. Für viele Anwendungen stellt die Anfangsgenauigkeit den wichtigsten Wert dar. Bei preiswerten Referenzen kann dies die einzige Angabe zur Genauigkeit sein.

- Einschaltdrift: In der Praxis bezeichnet man diesen Wert als eine Abweichung der Ausgangsspannung über einen bestimmten Zeitbereich nach dem Einschalten der Betriebsspannung. Die Anfangsgenauigkeit wird selten über einen definierten Zeitraum gemessen, d. h. bei den modernen ICs handelt es sich fast immer nur um wenige Sekunden. Eine Ausnahme ist die Referenz mit Substratheizung, die mehrere Minuten bis zur völligen Stabilisierung benötigt. Mit oder ohne Heizung zeigen die meisten Referenzen gewisse Änderungen während der ersten Sekunden oder Minuten nach dem Einschalten. Die Einschaltdrift ist normalerweise asymptotisch und stellt einen wichtigen Kennwert für tragbare Geräte dar, die die Referenz, zur Verlängerung der Batterielebensdauer, jeweils nur kurzfristig einschalten.

- Kurzzeitdrift: Ähnlich der Einschaltdrift und diese wird jedoch für einen kurzen Zeitraum (bis zu einigen Minuten) zu jeder beliebigen Zeit nach dem Einschalten angegeben. Sie ist in Datenblättern oft als Messkurve oder Oszillogramm dargestellt. Die Kurzzeitdrift unterscheidet sich nur durch ihre Maßeinheit vom Rauschen. Beide Werte sind gering, unvorhersehbar und zufällig.

- Langzeitdrift: Hierbei handelt es sich um eine langsame Änderung der Referenzspannung, die im Dauerbetrieb über Minuten, Tage oder Monate stattfindet. Die Langzeitdrift, im Allgemeinen in ppm/1000 h angegeben, stellt eine Form von Rauschen dar und ist daher ebenfalls zufällig bzw. unvorhersehbar. Da Messungen der Langzeitdrift zeitaufwendig und teuer sind, wird diese Kenngröße lediglich durch Stichprobenversuche ermittelt. Es ist zu beachten, dass diese Ermittlung keine Garantie für zukünftiges Verhalten abgeben kann, die statistische Datenanalyse belegt jedoch die Vertrauenswürdigkeit dieser Versuchsergebnisse.

- Alterung: Hierunter versteht man eine langsame Änderung der Referenzspannung durch Langzeitänderungen für den Kennwert im Referenzbaustein. Alterung und Langzeitdrift sind jedoch nicht identisch. Alterung bewirkt eine langsame Änderung der Referenzspannung in eine bestimmte Richtung, während Langzeitdrift zufällige Abweichungen erzeugt.

- Rauschen: Durch den Referenzbaustein wird ein elektrisches Rauschen am Ausgang erzeugt, das meistens der Referenzspannung überlagert ist. Es kann sich dabei um thermisches Breitbandrauschen handeln, um Spitzen des Breitbandrauschens mit niedriger Frequenz (Popcorn-Rauschen), oder um 1/f-Schmalbandrauschen. Das thermische Rauschen ist gering und lässt sich mittels einer einfachen RC-Schaltung herausfiltern, es sei denn, die Anwendung erlaubt diese Möglichkeit nicht. Bei Anwendungen, bei denen die Referenz nur kurzzeitig eingeschaltet wird, fallen die meisten Formen von Rauschen unter die Kategorie der Anfangsgenauigkeit.

- Temperaturdrift: Änderung der Ausgangsspannung über der Temperatur, gemessen in ppm/°C oder %/°C. Dieser Wert ist normalerweise die zweitwichtigste Kenngröße nach der Anfangsgenauigkeit und wird bei Anwendungen, bei denen die Anfangs-genauigkeit mittels einer einstellbaren Verstärkung kompensiert werden kann, die Wichtigste. Drei Verfahren zur Kennzeichnung sind in der Praxis üblich:

  1. Beim Gradientenverfahren handelt es sich um eine Kurve, die das ungünstigste (höchste) dU/dt-Verhältnis über dem nutzbaren Temperaturbereich darstellt. Dieses Verfahren, das zum größten Teil für ältere Militärprodukte verwendet wird, erlaubt Berechnungen für den schlimmsten Fall und geht (fälschlicherweise) davon aus, dass sich die Drift linear verhält. Es tritt in der Praxis aber folgendes Problem auf: Der Ort des Maximalwertes innerhalb der Steigung lässt sich nämlich nicht exakt definieren.

  2. Beim Rahmenverfahren wird ein Rahmen an der Unter- und Obergrenze der Aus-gangsspannung über den nutzbaren Temperaturbereich gelegt. Diese Methode entspricht dem Testverfahren und liefert bessere Abschätzungen des wirklichen Fehlers als das Gradientenverfahren. Der Rahmen garantiert Grenzwerte für den Temperaturfehler, sagt aber ebensowenig über die genaue Form und die Steigung des Ausgangssignals aus wie dies beim Gradientenverfahren der Fall ist.

  3. Beim Schmetterlingsverfahren hat man genau definierte Grenzwerte, die einen Referenzpunkt (bei 25 °C) durch eine Maximal- und eine Minimalkurve führen, und zwei weitere Messpunkte entlang der Kurve beinhalten. Nimmt man Mess-kurven auf und zeichnet diese in ein Diagramm ein, ergibt sich die Form eines Schmetterlings. Beachten Sie bei den einzelnen Diagrammen, dass dargestellte numerische Fehlerwerte nicht einfach zu vergleichen sind, jedoch kann man diese in einen Rahmen umwandeln, indem man eine Diagonale durch den Messpunkt zieht. Die Steigung erlaubt dem Anwender dann einen genauen Vergleich der einzelnen Verfahren zu erzielen.

- Selbsterwärmung: Eine Temperaturänderung und eine resultierende Abweichung der Ausgangsspannung wird durch das Fließen des Laststroms durch die Referenz ver-ursacht. Dieser Effekt ist trügerisch, da er mehrere Zeitkonstanten aufweist, die sich im Bereich von Mikrosekunden bis Sekunden bewegen. Selbsterwärmung findet man in den Datenblättern nur sehr selten, da sich diese nicht in schnellen Messungen der Leitungs- und Lastausregelung zeigen. Als Anwender kann man eine Referenz wählen, die für den höchsten Laststrom der Schaltung spezifiziert ist oder man kann eine Selbsterwärmung ausschließen, indem man einen externen Transistor oder Ver-stärker für den Laststrom nachschaltet. Die monolithische 1-ppm-Referenz MAX676 bietet dem Anwender eine weitere Möglichkeit, denn dieser Baustein beinhaltet eine aktive Schaltung, die auch intern eine konstante Leistungsverteilung aufrechterhält, wenn sich der Laststrom ändert.

- Lastausregelung: Durch eine Änderung des Laststroms wird ein Fehler verursacht. Ebenso wie die Ausregelung von Betriebsschwankungen erfasst dieser Gleichstromkennwert nicht den Effekt von Lastspitzen.
- Ausregelung von Schwankungen der Betriebsspannung: Es handelt sich um einen Fehler, der durch eine Änderung der Eingangsspannung verursacht wird. Dieser Gleichstromkennwert erfasst jedoch nicht die Wirkungen der Spannungswelligkeit und der Leistungsspitzen. Die modernen IC-Spannungsreferenzen für batteriebetriebene Geräte sind ihren Vorfahren sowohl bezüglich der Leistungsausregelung als auch bezüglich der damit nahe verwandten Kenngröße der Drop-out-Spannung (die mit der zulässigen Mindesteingangsspannung zusammenhängt) weit überlegen.
- Drop-out-Spannung: Die Mindestdifferenz zwischen Ein- und Ausgangsspannung, bei der ein ordnungsgemäßer Betriebszustand noch gewährleistet ist. Die Drop-out-Spannung wird manchmal im Datenblatt angegeben, aber meistens erscheint dieser Wert als der untere Signalspannungspegel in den Randbedingungen auf dem Datenblatt der Leistungsausregelung. Die Angabe der Drop-out-Spannung ist besonders wichtig, wenn eine Referenz mit einer Ausgangsspannung von 4,096 V (für 12-Bit-Wandler erforderlich) an einer Betriebsspannung von +5 V betrieben wird.
- Schwankungsverhalten: Hierunter versteht man das Verhalten des Ausgangs einer Spannungsreferenz in Abhängigkeit von einer schnellen Schwankung der Eingangsspannung oder des Ausgangsstroms. Spannungsreferenzen sind nämlich keine Stromversorgungen und diese eignen sich auch nicht zum Ausgleichen von Signalschwankungen. Einige Datenblätter zeigen Oszillogramme oder typische Kurven des Transienten- und Wechselstromverhaltens, aber nur selten werden diese Werte garantiert. Im Allgemeinen ist es erforderlich, zusätzliche Schaltungen zum Schutz der Referenz für Last- und Leistungsschwankungen vorzusehen.

Dieser Überblick für die unterschiedlichen Spannungsreferenzen und ihre Kenndaten bieten dem Entwickler und Anwender den größten Teil der Information, die man zur Auswahl einer Referenz für seine bestimmte Anwendung benötigt.

2.3.10 Untersuchung eines 8-Bit-AD-Wandlers

Um einen simulierten 8-Bit-AD-Wandler untersuchen zu können, benötigt man die Schaltung von Abb. 2.26.

Am V_{in}-Eingang liegt eine amplitudenmodulierte Spannung an und damit ergibt sich eine Ausgangsspannung, die an den acht Ausgängen D_0 bis D_7 mit einem Logikanalysator gemessen werden. Parallel mit der AM-Quelle befindet sich ein Rechteckgenerator für den SOC-Eingang und damit wird die Umsetzgeschwindigkeit bestimmt. Die beiden Eingänge V_{ref+} und V_{ref-} sind mit 2,55 V und Masse verbunden. Da der AD-Wandler kontinuierlich arbeiten soll, wird der Ausgang EOC (End of Conversion) mit dem Eingang OE (Output Enable) verbunden.

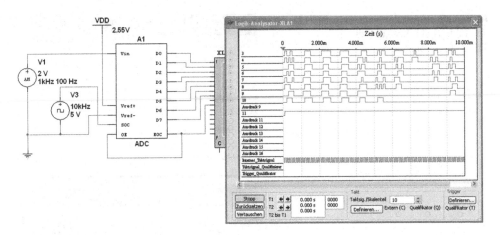

Abb. 2.26 Untersuchung eines 8-Bit-AD-Wandlers

Die Umsetzung wird mit einem Logikanalysator erfasst. Der Logikanalysator zeigt die Pegel von bis zu 16 digitalen Signalen in einer Schaltung an. Er wird zur schnellen Erfassung von logischen Zuständen und zur erweiterten Zeitsteueranalyse eingesetzt und bietet Unterstützung bei der Entwicklung großer Systeme und der Fehlersuche.

Die 16 Anschlüsse an der linken Seite des Symbols entsprechen den Anschlüssen und Zeilen im Instrumentenfenster. Die Befehlleiste ist entsprechend in Funktionen unterteilt. Links wird die Aufzeichnung des Logikanalysators gestoppt und wieder gestartet. Durch Anklicken wird der Logikanalysator auf die Anfangsbedingungen zurückgesetzt. Unter „Vertauschen" versteht man, ob das Messfenster hell- oder dunkel dargestellt wird.

Der Logikanalysator verfügt über zwei Cursors T_1 und T_2. Man kann die Cursors mit der Maus verschieben, wenn man diese direkt anklickt oder über die Pfeiltasten T_1 und T_2 freigibt. Rechts davon ist die Anzeige über die zeitliche Positionierung. Unten wird die Differenz von T_2 bis T_1 gebildet.

Über den Takt stellt man die Signaleinstellungen ein, wenn man „Definieren" anklickt. Es erscheint das obere Einstellfenster von Abb. 2.27.

Zuerst muss man zwischen der externen und internen Signalquelle unterscheiden. Beim praxisnahen Messen arbeitet man immer mit der internen Taktsignalquelle. Wird eine logische Schaltung mit digitalen Bausteinen bei einer Taktfrequenz von 1 MHz getestet, muss der Logikanalysator auf einen internen Takt von mindestens 2 MHz eingestellt werden. In der Regel verwendet man das 10-fache, also 10 MHz. Wenn man eine Schaltung testet und es erscheinen keine Kurven im Bildschirm des Logikanalysators, ist die interne Taktrate nicht richtig eingestellt.

Anschließend wird die Vor- und Nachtriggerung festgelegt. Nach der Aktivierung zeichnet der Logikanalysator die Eingangssignalwerte an den Anschlüssen auf. Wenn das Triggersignal erkannt wird, zeigt der Logikanalysator die Pre- und Post-Triggerdaten (Vor- und Nachtriggerung) an. Mit der Definition der Spannung bestimmt man den

Abb. 2.27 Einstellungen für
das Taktsignal (oben) und die
Triggerfunktionen

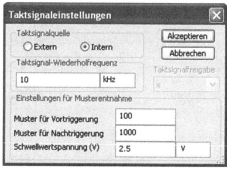

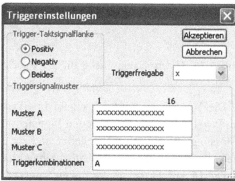

Triggerwert. Zum Schluss muss der Balken „Akzeptieren" angeklickt werden und das
Einstellfenster wird geschlossen.

Wird eine logische Schaltung bei einer Taktfrequenz von 1 kHz getestet, muss der
Logikanalysator auf einen internen Takt von mindestens 2 kHz eingestellt werden. In
der Regel verwendet man das 10-fache, also 10 kHz. Durch das Taktsignal im Skalenteil
kann man die Darstellung auf dem Bildschirm beeinflussen und je höher der Wert, umso
mehr Messsignale erscheinen.

Ganz rechts im Bildschirm wird die Triggerung definiert. Wenn man den Balken
„Definieren" anklickt, erscheint das Fenster für die Triggereinstellungen, wie die untere
Abb. 2.27 zeigt. Das Logikanalysator wird mit der positiven, negativen und mit beiden
Taktsignalen getriggert.

Die Triggersignalmuster sind in drei Abschnitte unterteilt:

- Klickt man das Feld A, B oder C und dann gibt man ein binäres Wort ein. Ein „X"
  bedeutet entweder 1- oder 0-Signal
- Klickt man das Feld „Trigger-Kombinationen" und wählt dann aus den acht
  Kombinationen die richtige Bedingung aus
- Sind die Einstellungen richtig, klickt man auf „Akzeptieren"

Die folgenden acht Trigger-Kombinationen, die man über das Einstellfenster wählen kann, stehen zur Verfügung:

A

A OR B

A OR B OR C

A THEN B

(A OR B) THEN C

A THEN (B OR C)

A THEN B THEN C

A THEN (B WITHOUT C)

Der Trigger-Kennzeichner ist ein Eingangssignal, das das Triggersignal filtert. Ein auf X eingestellter Kennzeichner ist deaktiviert, und das Triggersignal bestimmt, warum der Logikanalysator getriggert wird. Bei den Definitionen 1 oder 0 wird der Logikanalysator nur getriggert, wenn das Triggersignal mit dem gewählten Trigger-Kennzeichner übereinstimmt.

2.4   Digital-Analog-Wandler

Der Digital-Analog-Wandler setzt ein diskretes Signal s(n) in ein proportionales analoges Signal s(t) um. Da sich s(n) nur zu bestimmten Zeitpunkten nT ändert, ändert sich auch das analoge Ausgangssignal zu diesen Zeitpunkten. Die Amplitude am Ausgang eines DA-Wandlers hat einen rechteckförmigen Verlauf, d. h. man hat eine zeitkontinuierliche, aber wertdiskrete Funktion. Das Signal s(t) enthält wegen seines rechteckförmigen Verlaufs unerwünschte Anteile höherer Frequenzen, die aus den harmonischen Frequenzwerten der Wandlungsfrequenz $f_0 = 1/T$ resultieren. Um diese Verzerrungen zu eliminieren, muss immer nach einem DA-Wandler ein passiver Tiefpass 1.Ordnung folgen, der eine Grenzfrequenz von $f_0 = f_w/2$ hat. Diese RC-Kombination (Widerstand und Kondensator) bezeichnet man als Rekonstruktionsfilter.

2.4.1   Übertragungsfunktion eines DA-Wandlers

Wenn man sich die Übertragungsfunktion eines DA-Wandlers betrachtet, sind mehrere Codeformen möglich. In der Praxis arbeitet man entweder mit dem natürlichen Binärcode, mit dem binärcodierten Dezimalcode (BCD) und mit deren komplementären Versionen. Jeder Code hat in bestimmten Anwendungen seine speziellen Vor- und Nachteile.

Die Übertragungsfunktion eines idealen 3-Bit-DA-Wandlers ist in Abb. 2.28 gezeigt. Jeder einzelne Eingangscode erzeugt einen eigenen Ausgangswert, meistens einen direkten oder einen negierten Strom und erst bei den DA-Wandlern ab 1994 eine entsprechende Ausgangsspannung, denn in diesen Bausteinen ist der Operationsverstärker für den

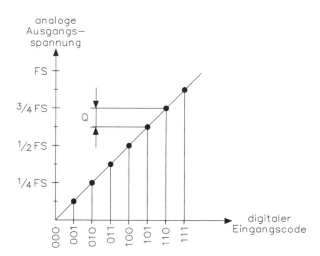

Abb. 2.28 Übertragungsfunktion eines idealen 3-Bit-DA-Wandlers mit dem Wert FS (Full Scale) und dem Faktor Q (Quantum)

Strom-Spannungswandler bereits vorhanden. Hat man einen Stromausgang, erfolgt die Umsetzung in eine Ausgangsspannung entweder im einfachsten Fall über einen Widerstand oder man steuert einen Operationsverstärker an, der als Strom-Spannungswandler arbeitet. Der gesamte Ausgangsbereich umfasst 2^n-Werte, einschließlich der Null. Diese Ausgangswerte zeigen eine 1:1-Übereinstimmung mit dem Eingang, was bei den AD-Wandlern nicht der Fall ist.

Es gibt viele verschiedene Möglichkeiten, einen DA-Wandler zu realisieren, doch in der Praxis kommen davon nur einige wenige schaltungstechnische Varianten zur Anwendung. Im Grunde genommen findet man nur die parallelen DA-Wandler im Einsatz, bei denen der digitale Eingang gleichzeitig am Wandler ansteht. Bei seriellen DA-Wandlern steht der Ausgangswert erst dann zur Verfügung, nachdem alle Digitalwerte sequenziell eingeschrieben wurden.

Der DA-Wandler hat ebenfalls 2^n-Ausgangszustände mit 2^n-1-Übergangspunkten zwischen den einzelnen Zuständen. Der Wert Q ist die Differenz zwischen dem Analogbetrag und den Übergangspunkten. Für den Wandler repräsentiert Q den kleinsten analogen Differenzbetrag, den der Wandler auflösen kann, d. h. Q ist die Auflösung des Wandlers, ausgedrückt für den kleinsten Analogbetrag. Abb. 2.28 zeigt die Übertragungsfunktion eines idealen 3-Bit-DA-Wandlers mit dem Wert FS (Full Scale) und dem Faktor Q (Quantum).

Gewöhnlich wird die Auflösung bei den Wandlern in Bits ausgedrückt, die die Anzahl der möglichen Zustände eines Wandlers kennzeichnen. Ein DA-Wandler mit einer 8-Bit-Auflösung erzeugt 256 mögliche analoge Ausgangsstufen, ein 12-Bit-Wandler dagegen 4096 Werte. Im Falle eines idealen Wandlers hat der Wert Q über den gesamten Bereich der Übertragungsfunktion exakt den gleichen Wert. Dieser Wert stellt sich als $Q = FSR/2^n$ dar, wobei FSR den Skalenendbereich des Wandlers darstellt, eben als die Differenz die zwischen dem minimalen und maximalen Analogbereich definiert ist.

Wenn man beispielsweise einen Wandler im unipolaren Bereich zwischen 0 und +10 V oder im bipolaren Bereich von −5 V bis +5 V betreibt, stellt der FSR-Wert in jedem Fall einen Wert von U = 10 V dar.

Mit dem Faktor Q bezeichnet man ferner den LSB-Wert, da dieser die kleinste Codeänderung darstellt, die ein DA-Wandler produzieren kann. Das letzte oder kleinste Bit im Code ändert sich dabei von 0 zu 1 oder 1 zu 0.

Man beachte anhand der Übertragungsfunktionen bei einem Wandler, dass der Ausgangswert niemals ganz den Skalenendbereich (FSR) erreicht. Dies resultiert daraus, dass es sich beim Skalenendbereich um einen Nominalwert handelt, der unabhängig von der Auflösung des Wandlers ist. So hat z. B. ein DA-Wandler einen Ausgangsbereich von 0 bis +10 V, und diese 10 V stellen dabei den nominalen Skalenendbereich dar. Hat der DA-Wandler beispielsweise eine 8-Bit-Auflösung, ergibt sich ein maximaler Ausgangswert von $255/256 \cdot 10\,V = 9,961\,V$. Setzt man dagegen einen 12-Bit-Wandler ein, erreicht man eine maximale Ausgangsspannung von $4095/4096 \cdot 10\,V = 9,9976\,V$. In beiden Fällen ist also der maximale Ausgangswert nur 1 Bit kleiner als der durch die nominale Ausgangsspannung definiert wird. Dies kommt daher, dass bereits der analoge Nullwert einen der 2^n-Wandlerzustände darstellt, oder andererseits, dass es sowohl für AD- als auch für DA-Wandler nur $2^n − 1$-Schritte über dem Nullwert gibt. Zur tatsächlichen Erreichung des Skalenbereichs sind also $2^n + 1$-Zustände nötig, was aber die Notwendigkeit eines zusätzlichen Codebits bedeutet.

Aus Gründen der Einfachheit werden Datenwandler also immer mit ihrem Nominalbereich statt mit ihrem echt erreichbaren Endwert für die der Anwendung entsprechende Auflösung angegeben. In der Übertragungsfunktion von Abb. 2.28 ist eine gerade Linie durch die Ausgangswerte des DA-Wandlers gezogen. Bei einem idealen Wandler führt diese Linie exakt durch den Nullpunkt und durch den Skalenendwert. Tab. 2.4 zeigt die wichtigsten Merkmale für Datenwandler.

Jeder, auch der ideale Wandler, weist einen unvermeidlichen Fehler auf, nämlich die Quantisierungsunsicherheit oder das Quantisierungsrauschen. Da ein Datenwandler einen analogen Differenzbetrag von <Q nicht erkennen kann, ist sein Ausgang an allen Punkten mit einem Fehler von $\geq |Q/2|$ behaftet.

Tab. 2.4 Charakteristische Merkmale für Datenwandler

Auflösung (n)	Zustände (2^n)	Binäre Gewichtung (2^{-2})	0 für 10 V FS	Signal/Rauschverhältnisse (dB)	Dynamikbereich (dB)	Max. Ausgang für 10 V FS
2	16	0,0625	625 mV	34,9	24,1	9,3750
6	64	0,0156	156 mV	46,9	36,1	9,8440
8	256	0,00391	39,1 mV	58,9	48,2	9,9609
10	1024	0,000977	9,76 mV	71,0	60,2	9,9902
12	4096	0,000244	2,44 mV	83,	72,2	9,9976
14	16343	0,0000610	610 µV	95,1	84,3	9,9994
16	65536	0,0000153	153 µV	107,1	96,3	9,9998

2.4.2 Aufbau und Funktion eines DA-Wandlers

Im Wesentlichen besteht ein DA-Wandler aus fünf Funktionseinheiten:

- Zwischenspeicher für die digitalen Eingangsinformationen, die der Mikroprozessor oder Mikrocontroller über seinen parallelen Datenbus ausgibt
- Stromschalter für die Ansteuerung des Bewertungsnetzwerks
- Bewertungsnetzwerk
- Referenzspannung für das Bewertungsnetzwerk
- interner oder externer Ausgangsverstärker

Abhängig von der Art, in der das digitale Signal an den Eingang des DA-Wandlers gelegt wird, unterscheidet man noch zwischen einem parallelen und einem seriellen DA-Wandler. Ein paralleler DA-Wandler besitzt so viele Eingänge, wie die zu verarbeitenden Digitalworte an Bitstellen aufweisen. Hat man beispielsweise einen 12-Bit-Wandler, kann dieser das 12-Bit-Format entweder direkt übernehmen, wenn ein 16-Bit-Datenbus im Rechner vorhanden ist oder bei einem 8-Bit-Datenbus übernimmt der Baustein zuerst das untere, in einer zweiten Schreiboperation das obere Byte. Dieser Ablauf der Datenübernahme kann auch umgekehrt ablaufen. Erst danach erfolgt die Freigabe des 12-Bit-Zwischenspeichers für den Ausgang.

Jedes Datenwort wird bei diesem DA-Wandler parallel eingegeben, d. h. alle Bits eines Datenwortes werden gleichzeitig an die Eingänge gelegt und gleichzeitig übernommen. Bei einem seriellen Wandlertyp ist dagegen nur ein Dateneingang vorhanden und die einzelnen Bits vom Rechner lassen sich nur mittels einer Taktleitung in den Zwischenspeicher (Schieberegister) einschieben. Ist die serielle Datenübertragung abgeschlossen, erfolgt jedoch eine parallele Verarbeitung durch den DA-Wandler.

Die Schaltung von Abb. 2.29 zeigt einen parallelen 8-Bit-DA-Wandler mit einem Eingangszwischenspeicher für die Aufnahme der digitalen Information. Über die acht Dateneingänge liegt die Information parallel an dem Eingangszwischenspeicher. Mit dem LE-Eingang erfolgt die Datenübernahme und diese Information wird solange zwischengespeichert, bis ein neuer Wert vom Mikroprozessor oder Mikrocontroller anliegt.

Die Ausgänge des Zwischenspeichers sind mit Stromschaltern verbunden und über diese erfolgt die Ansteuerung des Bewertungsnetzwerks. Dieses Netzwerk erzeugt in diesem Fall acht binär abgestufte Teilströme mit den Wertigkeiten

$$128:64:32:16:8:4:2:1$$

die je nach Wertigkeit der Bit-Koeffizienten D_0 bis D_7 durch die binären Stromschalter entweder ein- oder ausgeschaltet werden. Am Ausgang befindet sich ein interner oder externer Operationsverstärker, der die Ausgänge der Stromschalter zusammenfasst und ein analoges Ausgangssignal erzeugt.

Wichtig in dieser Schaltung ist die Referenzeinheit, die entweder eine Spannung oder einen Strom für das Bewertungsnetzwerk erzeugt. Diese Referenzeinheit muss im DA-Wandler nicht unbedingt vorhanden sein, damit der Anwender über eine externe Einheit besondere Schaltungsvarianten lösen kann.

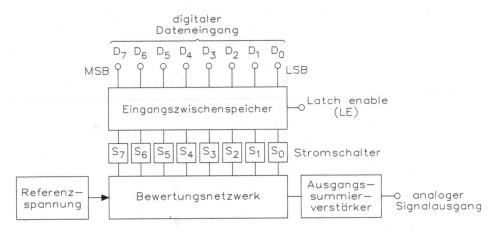

Abb. 2.29 Aufbau eines parallelen 8-Bit-DA-Wandlers mit einer parallelen Schnittstelle für einen Mikroprozessor oder Mikrocontroller

Im idealen DA-Wandler besteht eine lineare 1:1-Abhängigkeit zwischen der digitalen Eingangsinformation und zum analogen Ausgang.

2.4.3 Stromgewichtete DA-Wandler

Wenn man einen DA-Wandler ansteuert, muss man eine Differenzierung bei den Logikpegeln der Eingangssignale beachten. Normalerweise gilt die „positive true"-Ansteuerung, d. h. eine Spannung von +5 V stellt ein 1-Signal und eine von 0 V ein 0-Signal dar. Hat man eine „negative true"-Ansteuerung, gelten die umgekehrten logischen Signalzustände.

Der in Abb. 2.30 beschriebene Schaltungsentwurf beherrscht die praktische DA-Wandler-Technik. Eine Matrix von transistor-gesteuerten Stromquellen mit binär gewichteten Strömen ist der Mittelpunkt in dieser Schaltung. Die binäre Gewichtung erfolgt ebenfalls durch binär gewichtete Emitterwiderstände der Werte R, $2R$, $4R$, $8R\ldots2^n R$.

Die resultierenden Kollektorströme der einzelnen Stromquellen addieren sich am Summenpunkt und es ergibt sich durch den Operationsverstärker eine entsprechende Ausgangsspannung, die nur von den digitalen Eingängen bestimmt wird. Die Berechnung erfolgt nach

$$N = a_n \cdot 2^n + a_{n-1} \cdot 2^{n-1} + \ldots + a_1 \cdot 2^1 + a_0 \cdot 2^0.$$

Der Koeffizient kann nur die Signalwerte von 0 oder 1 annehmen.

Die Stromquellen werden von TTL-Standard-Eingängen, die über Koppeldioden zu den Emittern geführt sind, geschaltet. Die Stromquelle ist bei einem 1-Signal durchgeschaltet, bei einem 0-Signal ist der Schalter gesperrt und der Strom fließt über die Koppeldiode ab. Schnelle Schaltgeschwindigkeiten lassen sich dadurch erreichen, dass die Transistoren direkt die Ströme schalten und dass man diese Stromquellen nie in der Sättigung betreibt.

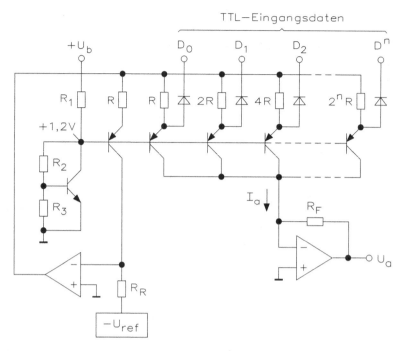

Abb. 2.30 DA-Wandler mit gewichteten Stromquellen

Um die TTL-Spezifikationen zu erfüllen, sind die Stromquellen mit einer Basis-spannung von 1,2 V vorgespannt. Für die Stromkonstanz ist ein Regelverstärker und eine Präzisionsspannungsreferenz in Verbindung mit einem bipolaren Transistor verantwortlich. Der summierte Strom aller Stromquellen führt zum Summenpunkt des Operations-verstärkers, der diesen Ausgangsstrom in eine Spannung umsetzt.

Einige DA-Wandler speisen direkt mit dem Ausgangsstrom einen Lastwider-stand. Dies ist für schnelle Anwendungen vorteilhaft, da die Einschwingzeit des nach-geschalteten Operationsverstärkers entfällt. Allerdings ist in diesem Falle nur ein maximaler Spannungshub von etwa $U_a = 1$ V möglich.

Die Schaltung von Abb. 2.31 zeigt, wie man die Stromschalter im DA-Wandler ein-setzt. Die PNP-Transistoren liefern einen positiven Ausgangsstrom in binärer Codierung. Liegt an dem Logikeingang ein 1-Signal oder +5 V, ist die Eingangsdiode negativ vor-gespannt und die Stromquelle schaltet durch. Auf diese Weise lassen sich die Ströme aller gewichteten, also eingeschalteten Stromquellen am gemeinsamen Kollektor-anschluss addieren und durch den Operationsverstärker erhält man ein entsprechendes Ausgangssignal. Hat der Logikeingang ein 0-Signal oder 0 V, ist die Katode der Ein-gangsdiode auf Masse gehalten. Damit kann kein Emitterstrom durch den Transistor fließen und der Stromschalter ist ohne Funktion.

Abb. 2.31 Stromschalter für
einen DA-Wandler

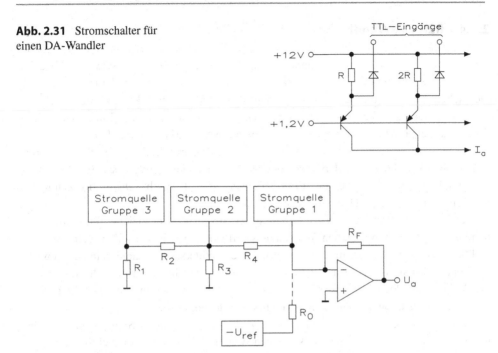

Abb. 2.32 Stromteilung am Ausgang gewichteter Stromquellengruppen, um einen hochauflösenden DA-Wandler einfach realisieren zu können

Das Prinzip der gewichteten Stromquellen hat den Vorteil des einfachen Aufbaus und
einer hohen Geschwindigkeit. Es können sowohl PNP- wie auch NPN-Transistoren zum
Einsatz kommen, obwohl mit NPN-Transistoren eine TTL-Schnittstelle schwieriger zu
realisieren ist. Diese Technik wird heutzutage in den meisten modularen, hybriden oder
monolithischen DA-Wandlern eingesetzt. Die Schwierigkeiten mit dieser Technik zeigen
sich erst bei hochauflösenden DA-Wandlern. Hierbei wird für die Emitterwiderstände
ein sehr großer Widerstandswert erforderlich, wodurch erhebliche Probleme mit der
Temperaturstabilität und der Schaltgeschwindigkeit entstehen können.

Um diese Schwierigkeiten auszuschalten, unterteilt man die Stromquellen in
identische Gruppen. Der Ausgang jeder Gruppe wird mittels eines Spannungsteilers
heruntergeteilt, wie Abb. 2.32 zeigt. Bezogen auf den Ausgang der Gruppe 1 teilt das
Widerstandsnetzwerk (R_1 bis R_4) den Ausgang der Gruppe 3 um den Faktor 256 und den
Ausgang der Gruppe 2 um den Faktor 16 herunter.

Jede Gruppe ist gleichwertig und besteht aus vier binär gewichteten Stromquellen mit
den Werten 1, 2, 4 und 8, wie Abb. 2.30 zeigt. Abb. 2.32 stellt auch die Methode dar,
mit der sich ein bipolarer Ausgang realisieren lässt. Dabei leitet man vom Referenzkreis
einen Offsetstrom ab, der dann vom Ausgangskreis über den Widerstand R_0 abgezogen
wird. Dieser Gegenstrom muss exakt der halbe „Full-Scale"-Strom sein.

2.4.4 R2R-DA-Wandler

Eine weitere sehr bekannte Technik ist das R2R-Leiternnetzwerk. Wie in Abb. 2.33
zu sehen ist, besteht dieses Netzwerk aus Längswiderständen mit dem Wert R und
die Nebenschlusswiderstände weisen einen Wert von 2R auf. Das offene Ende des
2R-Widerstands ist über einen einpoligen Umschalter entweder mit Masse oder dem
Stromsummenpunkt des nachgeschalteten Operationsverstärkers verbunden.

Das Prinzip des R2R-Netzwerkes beruht auf der binären Teilung des Stroms durch
das Netzwerk. Eine nähere Untersuchung des Widerstandsnetzwerkes zeigt, dass sich
vom Punkt A nach rechts gesehen ein Messwert von 2R ergibt. Dadurch erkennt die
Referenzspannung einen Netzwiderstand von R.

Am Referenzspannungseingang teilt sich der Strom in zwei gleiche Teile auf, da er
in jeder Richtung den gleichen Widerstandswert erkennt. Ebenso teilen sich die nach
rechts fließenden Ströme in den nachfolgenden Widerstands-Knotenpunkten jeweils
im selben Verhältnis auf. Das Ergebnis sind binär gewichtete Ströme, die durch alle
2R-Widerstände des Netzwerkes fließen. Die digital kontrollierten Schalter führen diese
Ströme dann entweder zu dem Summenpunkt oder gegen Masse.

In der Annahme, dass alle Eingänge, wie Abb. 2.33 zeigt, auf 1-Signal sind, wird der
gesamte Strom in den Summenpunkt fließen. Wie aus dem Schema ersichtlich ist, wird
der Summenstrom zu einem Operationsverstärker geführt, der den Strom in eine entsprechende Ausgangsspannung umsetzt.

$$I_a = \frac{U_{ref}}{R} \cdot (1/2 + 1/4 + 1/8 + \ldots + 1/2^n)$$

wobei es sich um eine binäre Technik handelt. Daraus ist die Summe aller Ströme

$$I_a = \frac{U_{ref}}{R} \cdot \left(1 - 2^{-n}\right)$$

und der Ausdruck 2^{-n} stellt den physikalischen Anteil des Stroms dar, der durch den
am äußersten rechten Ende gelegenen Abschlusswiderstand 2R fließt. Der Vorteil der
R2R-Widerstandsnetzwerktechnik besteht darin, dass man nur zwei unterschiedliche

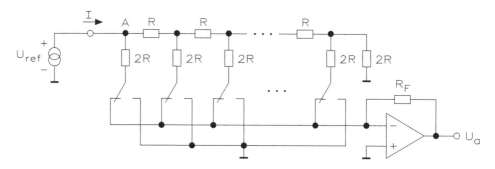

Abb. 2.33 DA-Wandler nach dem R2R-Netzwerkprinzip

Widerstandswerte trimmen muss und sich daraus ein gutes Temperaturverhalten ableiten lässt. Außerdem kann man für schnelle Anwendungen relativ niederohmige Widerstände einsetzen. Für hochauflösende DA-Wandler bieten sich lasergetrimmte Dünnfilm-Widerstandsnetzwerke an, die sehr genau arbeiten.

Bei DA-Wandlern unterscheidet man zwischen einem binären und einem BCD-Leiternetzwerk, wie Abb. 2.34 zeigt. Jeder der gewichteten Widerstände wird dabei von einem Stromschalter betrieben und erzeugt somit für den Verstärker einen gewichteten Strom. In der linken Abb. 2.34 verwendet man ein binäres 8-Bit-Leiternetzwerk. Durch die Notwendigkeit des Temperaturgleichlaufs werden dabei zwei Gruppen von jeweils vier Widerständen eingesetzt. Eine totale Widerstandsänderung kann dabei das Verhältnis 8:1 nicht überschreiten. Zwischen den Widerstandsgruppen liegt ein Stromteiler, bestehend aus zwei Widerständen mit einem Teilerverhältnis von 16:1. Es ergeben sich 255 mögliche Spannungsschritte am Ausgang des Wandlers.

Soll der DA-Wandler nach dem BCD-Verfahren arbeiten, müssen diese beiden Widerstände ein anderes Verhältnis aufweisen, wie die rechte Abb. 2.34 zeigt. In diesem Falle hat der Stromteiler zwischen den Widerstandsgruppen allerdings ein Teilerverhältnis von 10:1. Wegen dieser Differenz in der internen Gewichtung sind diese BCD-codierten DA-Wandler besonders gekennzeichnet. Es ergeben sich 100 mögliche Spannungsschritte, also von 0 bis 99.

2.4.5 Multiplizierende und „deglitchte" DA-Wandler

Haupteinsatzgebiet für R2R-Netzwerke sind multiplizierende DA-Wandler. Bei diesen Wandlern darf die Referenzspannung über den vollen $\pm$ V-Bereich variieren, wobei sich

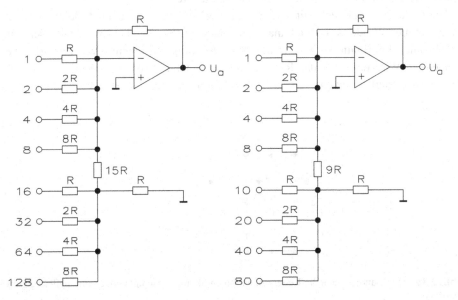

Abb. 2.34 Vergleich zwischen einem DA-Wandler mit einem binären (links) und einem BCD-Leiternetzwerk

der Ausgang aus dem Produkt der Referenzspannung und dem Digitalwort zusammensetzt. Die Multiplikation kann in einem, zwei oder vier Quadranten erfolgen.

Ist die Referenzspannung unipolar, spricht man von einem Einquadranten- und bei einer bipolaren Referenzspannung von einem Zweiquadranten-multiplizierenden DA-Wandler. Für eine Vierquadranten-Anwendung müssen noch zusätzlich die beiden Strompfade, wie in Abb. 2.35 zu sehen ist, mittels eines Operationsverstärkers voneinander subtrahiert werden. Die Schalttransistoren bei multiplizierenden DA-Wandlern sind üblicherweise in CMOS-Technologie ausgeführt.

Ein weiterer wichtiger DA-Wandler-Schaltungsentwurf verbindet die Vorteile der gewichteten Stromquellentechnik mit dem R2R-Widerstandsnetzwerk. Dieses Schema, in Abb. 2.35 gezeigt, verwendet gleich große Schalttransistorströme zum Betrieb der einzelnen R2R-Knotenpunkte. Der Vorteil der identischen Ströme ist, dass alle Emitterwiderstände gleich groß sind und daher hat man auch weitgehend identische Schaltgeschwindigkeiten. Anwendungsgebiete sind hierfür ultraschnelle DA-Wandler.

Eine spezielle DA-Wandler-Ausführung, die besonders in der Videotechnik eingesetzt wird, ist die „deglitchte" Version. Alle DA-Wandler erzeugen am Ausgang unerwünschte Spannungsspitzen, sogenannte Glitches, die sich besonders an den Hauptumsetzpunkten 3/4, 1/2, 1/4 FS sehr negativ auf das Ausgangssignal auswirken, wie Abb. 2.36 zeigt.

Die Ursache der Spannungsspitzen liegt in kleinen Zeitunterschieden zwischen dem Ein- und Ausschalten von Schalttransistoren. Als Beispiel soll eine 1-LSB-Erhöhung im 1/2-FS-Bereich dienen. Hier erfolgt eine Umschaltung vom Code 0111...1111 auf 1000...0000. Wird nun beim Umschaltvorgang das MSB des zweiten Codes schneller eingeschaltet als die Bits im ersten Code ausgeschaltet, so sind für kurze Zeit praktisch alle Bits eingeschaltet, und es ergibt sich eine Spannungsspitze von fast 1/2 FS. Diese Spitze ist dann auf dem Bildschirm als Störung zu erkennen.

Die Glitches lassen sich mit einem Sample&Hold-Schaltkreis eliminieren. Am Eingang des DA-Wandlers schaltet man ein Datenregister für die Zwischenspeicherung der digitalen Informationen vor, während der Ausgang mit einem S&H-Verstärker verbunden ist. Wird nun über das Register ein neues Digitalwort eingeschrieben, schaltet der S&H-Verstärker gleichzeitig auf „Hold", d. h. der Ausgangskreis ist unterbrochen

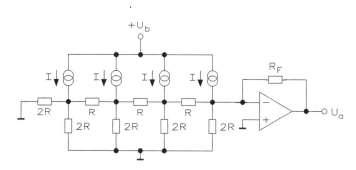

Abb. 2.35 DA-Wandler in R2R-Leiternetzwerktechnik mit geschalteten Stromquellen gleicher Wertigkeit

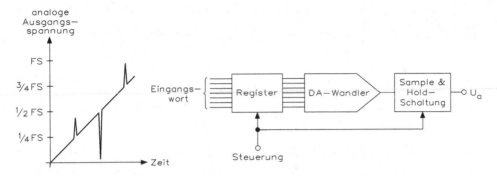

Abb. 2.36 Spannungsdiagramm für einen Ausgangs-Glitches und die Schaltung für einen „deglitchten" DA-Wandler

und wird auf dem letzten analogen Spannungswert festgehalten. Nachdem sich der DA-Wandler auf den neuen Wert eingeschwungen hat und die Glitches abgeklungen sind, kann der S&H-Verstärker wieder auf „Sample" schalten. Damit ist der Schaltkreis geschlossen und der neue Ausgangswert steht ohne Verfälschungen zur Verfügung.

2.4.6 Parallel- bzw. Flash-Wandler

Die wohl eleganteste, vom theoretischen Prinzip her das einfachste, aber auch technisch aufwendigste Verfahren stellt das Parallelverfahren dar. Der Grundgedanke ist einfach: Die zu messende Eingangsspannung wird in 2^n (n = Auflösung des AD-Wandlers) einzelne Spannungsschritte aufgeteilt. Mittels einer möglichst präzisen Widerstandskette, gespeist durch eine hochkonstante Referenzspannung, werden alle diese möglichen Spannungsschritte erzeugt. Eine Anzahl von 2^n-1-Komparatoren vergleichen nun diese erzeugten diskreten Spannungen mit der tatsächlichen Eingangsspannung U_e. Das Prinzip für einen 3-Bit-Parallel-AD-Wandler ist in Abb. 2.37 gezeigt.

Das Parallelumsetzungsverfahren arbeitet nach dem Prinzip des unmittelbaren Vergleichs der Eingangsspannung mit n-Referenzspannungswerten bei einem n-Bit-Wandler. Für eine n-Bit-Auflösung werden $2^n - 1$ Komparatoren benötigt, deren Schaltschwellen in Stufen eines LSB-Wertes voneinander differieren.

Eine Umsetzung besteht aus zwei Zyklen. Im ersten Zyklus wird ein dem Komparator seriell vorgeschalteter Kondensator geladen, wobei der Komparator inaktiv ist. Im zweiten Zyklus schaltet die Logik die Referenz ab und die Eingangsspannung liegt an dem Kondensator. Hierdurch findet ein Spannungs-„Shift" des bereits aufgeladenen Kondensators in den positiven oder negativen Bereich statt. Der Komparator wertet diesen „Shift" mit einem 0- oder 1-Signal aus. Da diese Vorgänge gleichzeitig bei allen $2^n - 1$ Komparatoren stattfinden, ergibt sich eine sehr kurze Umsetzzeit.

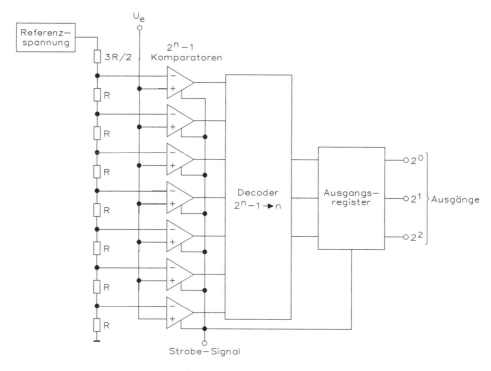

Abb. 2.37 Blockschaltbild eines 3-Bit-Parallel-AD-Wandlers

Eine digitale Decodierlogik wertet die Zustände der Komparatoren aus, wandelt also die logischen Signale in ein binäres Datenwort um. Die Paralleltechnik erreicht ihre extreme Geschwindigkeit dadurch, dass eben nur zwei Zyklen pro Wandlung erforderlich sind. Begrenzt ist ihre Anwendung jedoch durch die hohe Anzahl benötigter Komparatoren für höhere Auflösungen. Für einen 4-Bit-Wandler sind beispielsweise 15 Komparatoren notwendig und ein 8-Bit-Wandler beinhaltet bereits 255 Komparatoren.

Um dem Integrationsproblem auszuweichen, ist es in der Praxis üblich, auf ein 2-Stufen-Verfahren, wie Abb. 2.38 zeigt, überzugehen.

Das Ergebnis der Umsetzung der ersten vier Bits wandelt man mithilfe eines schnellen DA-Wandlers zurück und subtrahiert diesen Wert von der analogen Eingangsspannung. Ein zweiter 4-Bit-AD-Wandler setzt dann die daraus resultierende Differenzspannung um. Bei der Realisierung dieser Technik erreicht man bei einer 8-Bit-Auflösung bereits Wandlungsraten von über 10 GHz.

2.4.7   Untersuchung eines 8-Bit-Digital-Analog-Wandlers

In jedem DA-Wandler ist der Wert am Analogausgang – entweder eine bestimmte Spannung oder Strom – das Produkt einer Zahl (durch das anliegende Digitalwort ausgedrückt) und einer analogen Referenzspannung oder eines Referenzstroms. In der

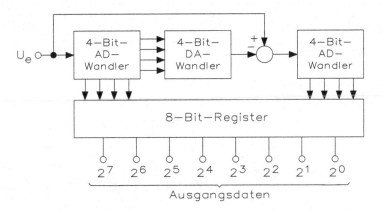

Abb. 2.38 Zweistufige Realisierung eines 8-Bit-Parallel-AD-Wandlers

Praxis bezeichnet man diese Typen als multiplizierende Wandler, da die Funktion nicht an feste Referenzen gebunden ist, sondern die variable Spannungen oder Ströme, Signale mit wesentlichem Informationsgehalt, an der Stelle einer Festreferenz aufnehmen und verarbeiten können. Die Funktion eines multiplizierenden DA-Wandlers entspricht genau der eines digital gesteuerten Abschwächers. Der Ausdruck „digitales Potentiometer" ist durchaus gerechtfertigt.

Für die Untersuchung eines 8-Bit-DA-Wandlers verwendet man die Schaltung von Abb. 2.39. Dieser Wandler erhält von dem Bitmustergenerator die Werte zwischen 0 und 255. Nach 255 setzt sich der Bitmustergenerator auf 0 zurück und beginnt mit einer neuen Zählsequenz. Die Ausgänge des Zählers sind direkt mit dem DA-Wandler verbunden und die gesamte Impulsfolge des Zählers wird durch den Logikanalysator angezeigt.

Mit dem Bitmustergenerator (Wortgenerator) kann man Binärwörter (Bitmuster) erzeugen und in die zu testende Schaltung speisen. In Abb. 2.40 sind die Einstellungen für die Steuerung und Anzeigeformate des Bitmustergenerators gezeigt. Für die Bitmusterein- stellungen kann man zwischen hexadezimal, dezimal, binär und ASCII-Format wählen.

Bei der Eingabe unterscheidet man zwischen

- Eingabe von hexadezimalen Bitmustern: Im Dialogfeld des Bitmustergenerators werden Zeilen mit 4-Zeichen-Hexadezimalzahlen angezeigt. Die Werte der 4-Zeichen- Hexadezimalzahlen liegen im Bereich von 0000 bis FFFF FFFF (0 bis $\approx 4{,}3 \cdot 10^9$ in Dezimalwerten). Jede Zeile repräsentiert ein binäres 32-Bit-Wort. Nach der Aktivierung des Generators wird eine Bit-Zeile parallel an den entsprechenden Aus- gang am unteren Generatorrand ausgegeben.
- Eingabe von dezimalen Bitmustern: Die Zählfolge ist das dezimale Zahlensystem von 0 bis 9.
- Eingabe von binären Bitmustern: Die Zählfolge ist das binäre Zahlensystem mit 0- und 1-Signalen
- Eingabe von ASCII-Bitmustern: Die Zählfolge sind ASCII-Zeichen (American Standard Code for Information Interchange)

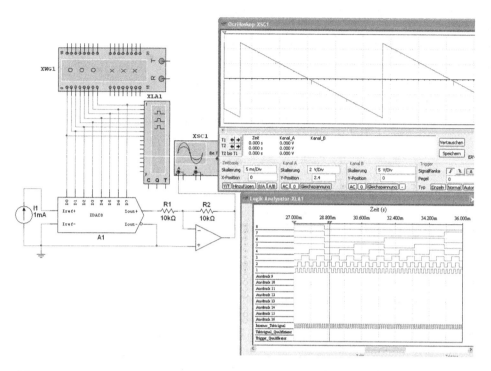

Abb. 2.39 Schaltung zur Untersuchung eines simulierten 8-Bit-DA-Wandlers mit zwei Stromausgängen. Der obere Ausgang des Wandlers erzeugt den direkten und der untere den negierten Stromausgang. Durch den nachgeschalteten Operationsverstärker erfolgt die Umsetzung in eine Ausgangsspannung

Klickt man in dem Steuerung-Anzeigen-Feld den Balken „Definieren" an, erscheint ein weiteres Fenster für die Einstellungen. Mit diesem Dialogfeld speichert man in den Bitmustergenerator eingegebene Bitmuster in einer Datei und lädt die vorher gespeicherten Bitmuster. Mit diesem Dialogfeld können Sie auch nützliche Muster erzeugen oder die Anzeige löschen.

Aus dem Fenster lassen sich vier vorgefertigte und ein Bitmuster abrufen bzw. erstellen:

- lösche Bitmuster-Puffer (ändert alle Bitmuster auf 0000)
- Öffnen (öffnet gespeicherte Bitmuster)
- Speichern (speichert das aktuelle Bitmuster)
- Aufwärtszähler
- Abwärtszähler
- Schieberegister/rechts
- Schieberegister/links

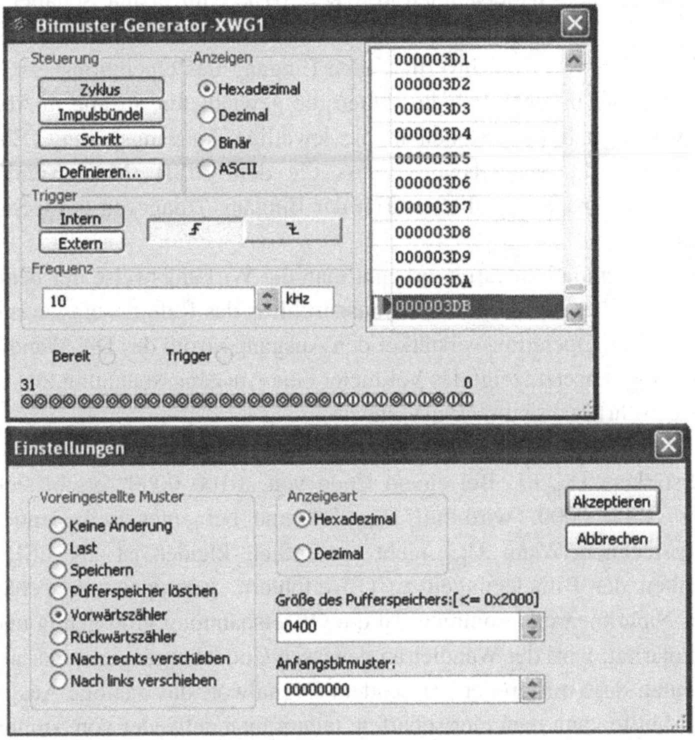

Abb. 2.40 Einstellungen für die Steuerung des Bitmustergenerators

Wichtig ist die Anzeigenart und man kann zwischen hexadezimal und dezimal wählen. Die Größe des Pufferspeichers ist auf 400 Speicherplätze eingestellt und der Speicher lässt sich erweitern. Nach Beendigung der Einstellungen klickt man auf „Akzeptieren" und die Einstellungen werden gespeichert.

Die Größe des Pufferspeichers ist auf die Speicherkapazität von 400 eingestellt und die maximale Größe ist 2000.

Der 8-Bit-DA-Wandler beinhaltet als Grundelement das Widerstandsnetzwerk und die digital angesteuerte Schaltung. Für den Betrieb ist noch ein externer Operationsverstärker erforderlich, der den Ausgangsstrom in eine Spannung umsetzt. Im Prinzip stellt dieser simulierte DA-Baustein einen Typ aus der bekannten Wandlerserie AD7500 von Analog Devices dar. In diesem Fall handelt es sich um den AD7520, der ein Widerstandsnetzwerk mit digital angesteuertem Schalter und den Rückkopplungswiderstand beinhaltet. Der Rückkopplungswiderstand hat den gleichen Temperaturbeiwert, den auch die Netzwerkwiderstände aufweisen und daher ergibt sich eine Temperaturkompensation. Der Aufbau des AD7520 erfolgt mit dem sogenannten „invertierenden R2R-Netzwerk". Binär gewichtete Ströme fließen ständig in die Netzwerkzweige, völlig unabhängig von den Schalterstellungen. Liegt am Referenzeingang eine Spannung von 10 V, fließt bei den Widerständen von R = 10 kΩ im ersten Schalter ein Strom von 0,5 mA, im zweiten von 0,25 mA, im dritten von 0,125 mA usw. Die Ausgänge I_{A1} und I_{A2} liegen entweder am invertierenden Eingang des Operationsverstärkers oder direkt auf Masse. Die internen Schalter leiten die gewichteten Ströme in Abhängigkeit der anstehenden Digitalinformationen in die jeweilige Ausgangsleitung. Ein 1-Signal am Eingang 7 bewirkt beispielsweise, dass die dem MSB (Most Significant Bit) zugeordneten 0,5 mA nach I_{out+} fließen. Hat der Eingang 7 dagegen ein 0-Signal, fließt der Strom nach I_{out-}.

Wenn man die Simulation startet, erkennt man die Wirkungsweise der beiden Stromausgänge. Dies gilt aber nur, wenn der Minusanschluss des Referenzeingangs mit Masse verbunden ist. Da der Operationsverstärker den Ausgangsstrom des DA-Wandlers in eine Ausgangsspannung umsetzt, zeigt das Voltmeter eine Ausgangsspannung zwischen -5 V und 0 V, die sich schrittweise um 40 mV ändert.

Für den Digitalcode „0000 0000" beträgt die Offsetspannung am Ausgang des Operationsverstärkers $U_{OS} \cdot 1$. Bei einem Code von „0100 0000" ergibt sich dagegen $U_{OS} \cdot 4/3$, bei „1000 0000" wird mit $U_{OS} \cdot 3/2$ und bei einer Reihe anderer Codes mit $U_{OS} \cdot 2$ gerechnet. Wenn U_{OS} nicht wesentlich kleiner ist als LSB, kann es beim Umschalten der Bitbelegungen zu Offsetfehlern, gekoppelt mit Fehlern in der differentiellen Nichtlinearität, kommen. Ist die Offsetspannung groß genug und von entsprechender Polarität, wird der Wandler an gewissen Codeübergängen sogar nicht monoton. Das bedeutet, dass mit größer werdendem Digitalwort das analoge Ausgangssignal kleiner wird. Abhilfe kann man hier schaffen, indem man entweder von Anfang an einen Verstärker mit niedriger Offsetspannung und sehr geringem Eingangsstrom wählt, oder die Offsetspannung am Verstärker über die vorgesehenen Anschlüsse eines Trimmers sorgfältig abgleicht.

Unvollkommenheiten in der Verstärkung sind bei der Herstellung der Widerstandsnetzwerke unvermeidbar. Der richtige Bereichsendwert kann durch Einfügen eines Festwiderstands und eines einstellbaren Widerstands wieder hergestellt werden. Die maximal erforderlichen Widerstandswerte berechnen sich aus

$$R_{1\,max} = \frac{2 \cdot |x| \cdot R_{DAC\,max}}{100}$$

$$R_{2\,max} = \frac{|x| \cdot R_{DAC\,max}}{100} = \frac{R_{1\,max}}{2}$$

Der Widerstand R_{DAC} ist der Eingangswiderstand an dem Referenzspannungseingang des DA-Wandlers, R_{DACmax} der maximal vorkommende Wert von R_{DAC} laut Datenblatt und $|x|$ der Verstärkungsfehler in Prozent. Der Bereichsendwert (oder die Verstärkung) verändert sich einmal wegen der Temperaturkoeffizienten im Wandler selbst und auch wegen der Temperaturkoeffizienten der externen Widerstände. Diese Betrachtungen gelten nicht für die simulierten DA-Wandler, sondern für die realen Bedingungen aus der Praxis.

Wird der Ausgang I_{out1} auf den Summenpunkt des als Strom-Spannungs-Wandler geschalteten Operationsverstärkers gelegt und I_{out2} nach Masse abgeleitet, bewirkt ein 1-Signal am Eingang, dass sich die Ausgangsspannung am Verstärker auf $U_a = -5\,V$ einstellt. Sind alle Bits eingeschaltet, lässt sich ausgangsseitig die 0 V erreichen.

Bei den neuen DA-Wandlern hat man keine Stromausgänge mehr, sondern diese erzeugen bereits eine Ausgangsspannung. Die Schaltung von Abb. 2.41 zeigt einen simulierten 8-Bit-DA-Wandler mit Spannungsausgang. Der Bitmustergenerator steuert den DA-Wandler und den Logikanalysator an. Pro Taktimpuls erhöht sich die Ausgangs-spannung, wie das Oszillogramm zeigt.

Linearitätsfehler und ihre Abhängigkeit von der Temperatur werden durch Widerstands-änderungen im Netzwerk und in den Schaltern hervorgerufen. Der Gleichlauf des Netz-werks ist heute eigentlich auch bei preiswerten DA-Wandlern kein Thema mehr, da fast alle Bausteine in CMOS-Technik gefertigt sind. Problematisch war früher der Gleichlauf von Netzwerken und Schalterwiderständen, wenn hier nicht durch besondere Maßnahmen Vorsorge getroffen worden wäre. Die Geometrie der internen acht Stromschalter hat man so geschaltet, dass die R_{ein}-Widerstände der wichtigsten ersten 6-Bit-Stellen zueinander binär gewichtet sind. Diese schaltungstechnische Maßnahme bewirkt, dass die Spannungsfälle an den ersten sechs Schaltern gleich sind. Bei den heutigen DA-Wandlern arbeitet man mit

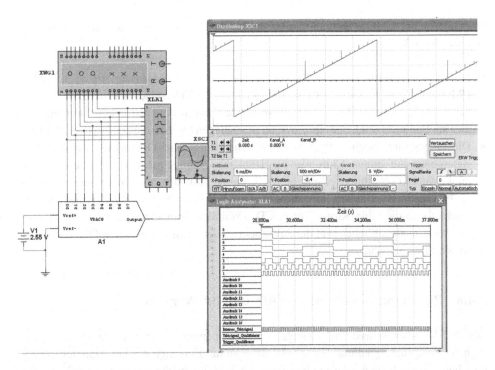

Abb. 2.41 Schaltung zur Untersuchung eines simulierten 8-Bit-DA-Wandlers mit einem direkten Spannungsausgang, denn der Operationsverstärker ist bereits intern vorhanden

Spannungsfällen in der Größenordnung von 10 mV. Da diese Spannungsfälle auf einen Spannungsfall in Serie zur anliegenden Referenz zurückgeführt werden können, erhält man im Endeffekt nur einen 0,1 % großen Verstärkungsfehler, der aber die Linearität der Schaltung nicht beeinflusst. Der Temperaturkoeffizient des Verstärkerfehlers bleibt wegen des Gleichlaufs der Schalter unter 5 ppm/°C.

Neben diesen gezeigten Eigenschaften von CMOS-DA-Wandlern gibt es noch eine Reihe weiterer Vorteile, die auf die CMOS-Technologie zurückzuführen sind:

- CMOS-Schalter weisen nicht die Basis-Emitter-Spannungsprobleme bipolarer Transistoren auf. Ein U_{BE}-Abgleich und eine Justierung des Gleichlaufs entfallen.
- CMOS-Schalter sind echte spannungsgesteuerte Schalter mit fast unbegrenzter Stromverstärkung. Ein Abgleich der Stromverstärkungsfaktoren ß ist nicht nötig.
- Im eingeschalteten Zustand arbeitet der Kanalwiderstand als rein ohmscher Widerstand und ist damit fast völlig unabhängig von der Größe und Polarität des geschalteten Stroms.
- Die CMOS-Treiberschaltungen zur Schalteransteuerung besitzen eine sehr geringe Leistungsaufnahme und weisen eine externe Logik gegenüber hohen Eingangswiderständen auf.
- Die hohe Packungsdichte von CMOS-Gattern führt zu kleineren Chip-Größen.

Die Grenzen der CMOS-Technologie bei der Herstellung von DA-Wandlern äußern sich in anderen Punkten:

- Wegen des invertierenden R2R-Netzwerkes dürfen die Ausgangsströme typischer CMOS-DA-Wandler nicht auf der Basis klassischer Widerstände arbeiten. Sie müssen vielmehr direkt nach Masse oder einem vergleichbaren Potential geleitet werden, wie dies am Summenpunkt eines invertierend geschalteten Operationsverstärkers der Fall ist.
- Die Herstellung hochwertiger linearer Schaltkreise wie Operationsverstärker und Referenzen auf einem Chip war bis 1994 nur bedingt möglich. Ab diesem Zeitpunkt wurden schaltungstechnische Maßnahmen gefunden, die einen optimalen Herstellungsprozess erlauben. Vor diesem Zeitpunkt war es aber nicht unbedingt ein Nachteil, da die Chip-Kosten für das DA-Wandler-Grundelement wegen der hohen Ausbeute niedrig blieben und der Anwender in der Wahl des externen Operationsverstärkers flexibel war.

2.4.8 Zusammenschaltung von AD- und DA-Wandler

Der AD-Wandler erfasst die analoge Eingangsspannung und wandelt diese in ein digitales Ausgangssignal um. Diese wird dann an die Eingänge des DA-Wandlers gelegt und dieser wandelt sie wieder in eine analoge Ausgangsspannung zurück. Abb. 2.42 zeigt die Schaltung.

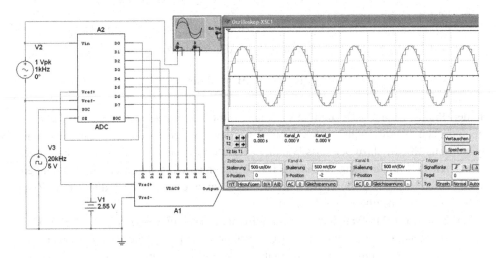

Abb. 2.42 Zusammenschaltung von AD- und DA-Wandler

Als Eingangsspannung dient eine sinusförmige Wechselspannung mit 1 V_S/1 kHz. Die Offsetspannung ist auf 1 V angehoben und liegt an dem Eingang V_{in}. Als Referenzspannung dient eine Gleichspannung von 2,55 V, die gleichzeitig auch am DA-Wandler angeschlossen ist. Der Taktgenerator ist am SOC-Eingang angeschlossen und hat 20 kHz. Zwischen dem Ausgang EOC und dem Eingang OE ist eine Verbindung herzustellen.

Die Ausgänge des AD-Wandlers liegen direkt an den Eingängen des DA-Wandlers. Dieser setzt die digitalen Eingangsinformationen in eine analoge Ausgangsspannung um.

Das Oszillogramm zeigt die sinusförmige Eingangsspannung und die digitalisierte Ausgangsspannung. Wenn der Umsetztakt des AD-Wandlers mit 10 kHz erfolgt, ergeben sich zehn Stufen, wenn eine Eingangsspannung von maximal 2,55 V angelegt wird. Erhöht man den Umsetztakt auf 100 kHz, ergibt sich fast eine sinusförmige Ausgangsspannung.

2.4.9 Dynamikumfang von AD- und DA-Wandlern

Wichtige Eigenschaften von Analog-Digital- und Digital-Analog-Wandlern sind die Taktrate f_{clock} und die Anzahl der Datenbits n. Pro Bit kann man die jeweils doppelte (oder halbe, je nach Betrachtungsweise) Spannung darstellen. Damit ergibt sich ein Dynamikumfang D von 6 dB pro Bit (6,03 dB entspricht, wie schon gezeigt, dem Faktor 2 einer Spannung). Hinzu kommt noch ein Systemgewinn von 1,76 dB bei der Messung von Sinusspannungen:

$$D = 20 \cdot \lg\left(2^n\right) + 1,76\,\text{dB}$$

Beispiel

Ein 16-Bit-DA-Wandler erreicht einen Dynamikumfang von

$$96{,}3 \text{ dB} + 1{,}76 \text{ dB} \approx 98 \text{ dB} \blacktriangleleft$$

In der Praxis zeigen AD- und DA-Wandler gewisse Nichtlinearitäten, so dass die theoretischen Werte nicht ganz erreicht werden. Außerdem tragen Taktjitter und dynamische Effekte dazu bei, dass Wandler speziell bei hohen Taktfrequenzen nur einen geringeren Dynamikumfang erreichen. Der Wandler ist dann durch einen sogenannten störsignalfreien Dynamikbereich (spurious free dynamic range) oder durch eine Zahl „effektiver Bits" spezifiziert (Abb. 2.43).

An dem 8-Bit-AD-Wandler liegt eine Eingangsspannung von $V_{in} = 1{,}2$ V/1 kHz an. Diese Spannung wird von dem AD-Wandler in eine digitale Ausgangsspannung umgesetzt. Die Referenzspannung beträgt 2,55 V und damit ergibt sich eine Genauigkeit von 10 mV. Der Taktgenerator liefert eine Frequenz von 1 MHz und steuert direkt den SOC-Eingang an. Hat der Wandler eine Umsetzung abgeschlossen, erzeugt er am EOC-Ausgang ein Signal und setzt die interne SAR-Logik über den OE-Eingang zurück.

Beispiel

Ein 8-Bit-AD-Wandler ist bei einer Taktfrequenz von 10 MHz mit 6,3 effektiven Bits spezifiziert. Er erreicht einen Dynamikumfang von 37,9 dB + 1,76 dB $\approx$ 40 dB. $\blacktriangleleft$

Ein AD-Wandler kann bei 10 MHz Taktfrequenz Signale bis zu 5 MHz erfassen (Nyquist-Grenze). Nutzt man die Bandbreite nur zu einem Bruchteil aus, kann man

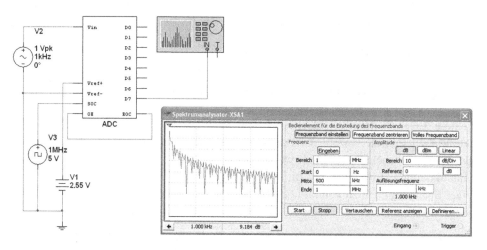

Abb. 2.43 Messung eines 8-Bit-AD-Wandlers

mit sogenannten Dezimationsfiltern im Gegenzug Dynamik gewinnen. So kann ein 8-Bit-Wandler statt $\approx$ 50 dB ($\triangleq$ 8 · 6 + 1,76 dB) Dynamikumfang durchaus über 60 dB oder mehr erreichen. Abb. 2.44 zeigt die Messung eines DA-Wandlers.

Der 8-Bit-DA-Wandler erhält vom Bitmustergenerator eine hexadezimale Bitfolge von 0 bis FF und setzt diese in eine analoge Spannung um. Da die Referenzspannung einen Wert von 2,55 V hat, ergibt sich eine Treppenspannung von 10 mV pro Bitänderung. Der Ausgang des DA-Wandlers wird mit einem Oszilloskop und einem Spektrumanalysator gemessen.

Aus dem Dynamikumfang lässt sich die Anzahl der effektiven Bits wie folgt berechnen:

$$2^n = 10^{\frac{D/(\mathrm{dB}-1,76)}{20}}$$

$$\text{Mit } n = \log_2\left(2^n\right) \text{ und}$$

$$\log_2(x) = \frac{\log_{10}(x)}{\log_{10}(2)} \; bzw. \; \log_{10}(10^x) = x$$

erhält man

$$n/Bit = \frac{\log_{10}\left(10^{\frac{D/(\mathrm{dB}-1,76)}{20}}\right)}{\log_{10}(2)} = \frac{\frac{D/\mathrm{dB}-1,76}{20}}{\log_{10}(2)} = \frac{D/\mathrm{dB} - 1,76}{20\log_{10}(2)}$$

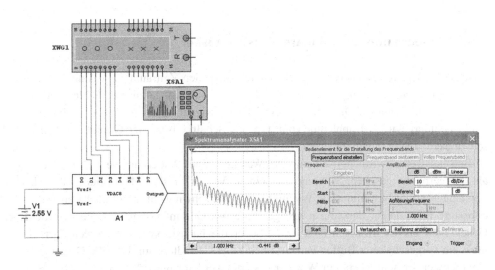

Abb. 2.44 Messung eines DA-Wandlers

Wie viele effektive Bits hat ein AD-Wandler, der einen Dynamikbereich von 70 dB hat?

$$70\,\text{dB} - 1{,}76\,\text{dB} \approx 68{,}24\,\text{dB und } 20 \cdot \log_{10}(2) = 6{,}02$$

$$68{,}24 : 6{,}02 \approx 11{,}33$$

Damit erhält man 11,33 effektive Bits. ◄

2.5   Messverstärker

Ein Oszilloskop oder ein analoges Datenerfassungssystem bezieht seine Messspannungen über verschiedene Sensoren. Die physikalischen Messgrößen, die von den Sensoren in elektrische Signale umgesetzt werden, müssen dann verstärkt und gefiltert werden. Verstärker und Filter sind die bestimmenden Bauteile am Beginn der Datenerfassungskette. Die Hauptanwendungsgebiete von Verstärkern sind Signalverstärkung, Impedanzwandlung, Strom-/Spannungsumsetzung und die Minimierung der Einflüsse des Gleichtaktrauschens.

Die Einschwingzeit (settling time) ist eine wichtige Spezifikation in der analogen Datenerfassung. Der Ausdruck „Einschwingzeit" stammt aus der Steuerungstechnik, wird aber ebenso für Verstärker, Multiplexer und DA-Wandler verwendet.

2.5.1   Lineare und nicht lineare Messverstärker

Unter dem Begriff der Einschwingzeit versteht man den Zeitraum vom Anlegen eines Sprungsignals am Eingang bis zum Einschwingen auf ein definiertes Fehlerband am Ausgang eines Bauteils. Die Art, wie ein Eingangssignal angelegt bzw. der Einschaltpunkt definiert wird, ist abhängig vom Typ des Schaltkreises. Der Grundbegriff „Einschwingzeit" bleibt davon unberührt.

Beispielsweise wird bei einem DA-Wandler eine Änderung des Digitalwortes als Triggerpunkt gesehen, während bei einem Verstärker das Messsignal selbst den Spannungssprung bestimmt. Die Wichtigkeit der Einschwingzeit in der analogen Datenerfassung führt daher, dass die jeweilige Stufe des Gesamtsystems auf die geforderte Genauigkeit eingeschwungen sein muss, bevor die nächste gestartet werden darf. So muss ein vorgeschalteter Buffer-Verstärker eines AD-Wandlers auf die volle Genauigkeit eingeschwungen sein, bevor der Wandler gestartet werden kann.

Das Einschwingverhalten ist in Abb. 2.45 erklärt. Nach dem Anlegen eines Spannungssprungs am Eingang verstreicht eine kurze Verzögerungszeit, bis das Ausgangssignal der Verstärker eigenen Anstiegszeit folgt. Die Anstiegszeit eines Verstärkers

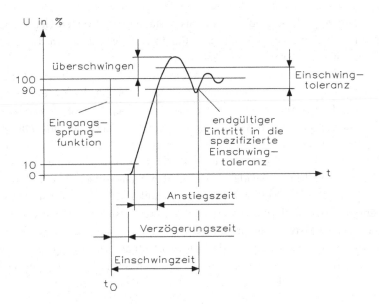

Abb. 2.45 Einschwingverhalten einer analogen Datenerfassung für Verstärker aller Art, Analog-multiplexer und DA-Wandler

wird von internen Stromquellen bestimmt, die wiederum intern Kapazitäten umladen müssen.

Erreicht der Verstärkerausgang seinen Endwert, zeigt er ein Über- und dann ein Unterschwingverhalten auf. Dieser Einschwingvorgang, dessen Hüllkurve einer abfallenden e-Funktion folgt, dauert theoretisch unendlich lange. Praktisch ist aber nur das Einschwingverhalten bis zu einem definierten Fehlerband von Bedeutung. Diese Einschwingzeit ist mit dem Verbleiben des Ausgangssignals in diesem Fehlerband spezifiziert. Typische Werte für ein Fehlerband sind $\pm 1\,\%$, $\pm 0{,}1\,\%$ oder $\pm 0{,}01\,\%$.

Unglücklicherweise ist die Einschwingzeit aus der Bandbreite, der Anstiegszeit oder der Überlasterholzeit (wenn sich eine induktive oder ohmsche-kapazitive Last am Ausgang befindet) nicht leicht abzuschätzen, obwohl sie von all diesen Parametern abhängig ist. Sie hängt darüber hinaus auch von der Form der offenen Schleifenverstärkung, der Ein- und Ausgangskapazitäten und der dielektrischen Absorption jedes internen Kondensators ab. Ein Verstärker muss immer für eine optimale Einschwingzeit ausgelegt sein. Diese Spezifikationen müssen dann durch praktische Tests vom Entwickler bestimmt werden.

2.5.2 Lineare Verstärkerschaltungen

Ein analoges Datenerfassungssystem oder der Eingang eines Oszilloskops bezieht seine Messspannungen über verschiedene Sensoren. Die physikalischen Messgrößen, die von den Sensoren in elektrische Signale umgesetzt werden, müssen dann verstärkt und gefiltert werden.

Wie Abb. 2.46 zeigt, lassen sich Operationsverstärker mit diversen Gegenkopplungs-beschaltungen betreiben. Verstärkung und Bandbreite der gezeigten Beispiele wird ausschließlich von den externen Widerständen bestimmt.

In der Schaltung a arbeitet der Operationsverstärker im invertierenden Betrieb, wobei sich ein relativ geringer Eingangswiderstand ergibt. Ideal als Messverstärker ist die Schaltung b, da der volle Eingangswiderstand des Operationsverstärkers ausgenützt wird und gleichzeitig eine Verstärkung möglich ist. Wenn man einen hochohmigen Eingang und einen niederohmigen Ausgang benötigt, setzt man den Buffer-Verstärker von Schaltung ein. Ein Buffer-Verstärker stellt einen Impedanzwandler dar, d. h. man hat einen sehr hohen Eingangswiderstand und den Standardwert von $R = 60\,\Omega$ oder $R = 75\,\Omega$ am Ausgang. Wichtig für die Wandlertechnik ist der Strom-Spannungswandler von Schaltung d. Hier wird jede Änderung des Eingangsstroms in eine entsprechende Änderung der Ausgangsspannung umgesetzt.

Grundsätzlich sind Operationsverstärker zur Bearbeitung massebezogener Messsignale wie Verstärkung, Impedanzwandler oder Strom-Spannungswandlung gut geeignet. Für die Messung von Differenzsignalen ist ein Instrumentenverstärker vorzuziehen.

2.5.3 Eingangsfilter

Dem Eingangsverstärker für die Signalaufbereitung folgt in der Praxis meist ein passives Tiefpassfilter. Dieses Filter dient zur Verringerung von Rauscheinflüssen und einer

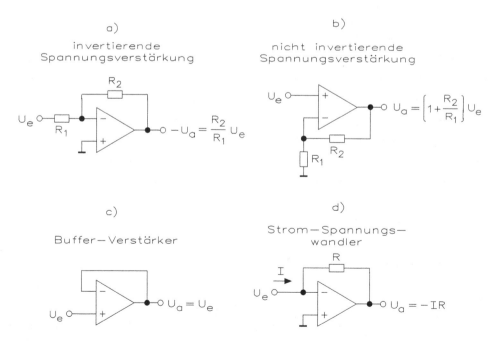

Abb. 2.46 Schaltungsvarianten von Operationsverstärkern für Oszilloskope und Datenerfassungssysteme

Bandbreitenbegrenzung des Analogsignals auf weniger als die halbe Abtastfrequenz. Filter, die rein der Bandbreitenbegrenzung dienen, bezeichnet man als „Antialiasing"-Filter.

Bei dem Einsatz eines Eingangsfilters muss die wichtige und fundamentale Frage eines Abtastsystems berücksichtigt werden: Wie oft muss ein Analogsignal abgetastet werden, damit bei der Rekonstruktion des Signals möglichst wenig Information verlorengeht? Es ist offensichtlich, dass sich aus einem langsam ändernden Signal alle nützlichen Parameter erkennen lassen, wenn die Abtastrate so hoch ist, dass zwischen den Abtastungen keine oder so gut wie keine Änderungen des Signals erfolgen. Ebenso offensichtlich ist es, dass bei einer raschen Signaländerung zwischen den Abtastungen wichtige Daten verlorengehen können. Die Antwort auf die gestellte Frage ist das bekannte Abtasttheorem, das wie folgt lautet: Wenn ein kontinuierliches Signal begrenzter Bandbreite keine höheren Frequenzanteile als f_c (corner frequency) enthält, so kann man das ursprüngliche Signal ohne Störverluste wieder herstellen, wenn die Abtastung mindestens mit einer Abtastrate von $2 \cdot f_c$ erfolgt.

Falls nun die Abtastfrequenz f_c nicht hoch genug gewählt wird, so wird ein Teil des zu f_s gehörenden Spektrums mit dem ursprünglichen Spektrum überlappt. Dieser unerwünschte Effekt ist als Frequenzüberlappung (frequency folding) bekannt. Beim Wiederherstellungsprozess des Originalsignals wird der überlappende Teil des Spektrums Störungen in dem neuen Signal verursachen, die auch durch Einsatz von Filtern nicht mehr zu eliminieren sind.

Die Frequenzüberlappung kann auf zwei Arten verhindert werden: Erstens durch den Einsatz einer ausreichend hohen Abtastrate und zweitens durch Filterung des Signals vor der Abtastung, wobei dessen Bandbreite auf $f_c/2$ begrenzt wird. In der Praxis kann immer davon ausgegangen werden, dass abhängig von den Hochfrequenzanteilen des Signals, dem Rauschen und der nicht idealen Filterung immer eine geringe Frequenzüberlappung auftreten wird. Diesen Effekt muss man auf einen für die spezielle Anwendung vernachlässigbar kleinen Betrag reduzieren, indem die Abtastrate hoch genug angesetzt wird. Die notwendige Abtastrate kann in der wirklichen Anwendung unter Umständen weit höher liegen als das durch das Abtasttheorem gekennzeichnete Minimum.

Die Erfassung von Signalen mit einem AD-Wandler hat zur Folge, dass aus einem ehemals kontinuierlichen Signalverlauf eine endliche Menge diskreter Abtastpunkte wird. Dem liegt die Annahme zugrunde, dass mit diesen „Stichproben" keine wesentlichen Informationen verlorengehen und die ursprüngliche Kurve ausreichend gut beschrieben ist. Grundsätzlich ist diese Annahme richtig, jedoch müssen einige Regeln beachtet werden.

Die sicherlich wichtigste Regel betrifft den Zusammenhang zwischen der Abtastrate und der höchsten im Signal enthaltenen Frequenz. Durch einen kleinen Versuch lässt sich das erklären. Ein Frequenzgenerator erzeugt eine Sinusschwingung. Diese Sinusschwingung wird unterschiedlich oft pro Periode abgetastet:

1. mit 11 Werten pro Periode (160 Werte)
2. mit 2,2 Werten pro Periode (32 Werte)
3. mit 1,1 Werten pro Periode (16 Werte)

Während uns für den Fall 1 pro Periode 11 Werte zur Verfügung stehen, stehen uns im Fall 3 jedoch nur noch 1,1 Punkte für den Sinus zur Verfügung. Wenn man die beiden Abtastungen in eine Sinusschwingung einzeichnet, erkennt man, dass die Verbindung der Abtastpunkte mit einer Linie ein Signal mit wesentlich langsamerem Schwingungsverlauf ergibt. Die Rekonstruktion des Signals aus den abgetasteten Punkten gelingt also nicht mehr.

Während also bei einer hohen Abtastrate noch leicht ein Sinus zu erkennen ist, ergeben sich bei geringen Abtastraten erhebliche Probleme. Die Folgerung ist: Frequenzen im Signal, die größer oder gleich der halben Abtastrate sind, erscheinen im Spektrum als niedrige Frequenzen (alias). Der Effekt wird als „Aliasing" bezeichnet. Wichtig ist zu wissen: Wenn dem Anwender die Bandbreite seines Signals oder die höchste darin vorkommende Frequenz nicht bekannt ist, was der Normalfall ist, gibt es keine Möglichkeit, nach der Abtastung festzustellen, welche der im Spektrum auftretenden Linien auf echte und welche auf Alias-Frequenzen zurückzuführen sind.

Eine Scheinfrequenz (alias frequency) ist das Resultat beim Versuch der Wiederherstellung des Originalsignals. Wenn man beispielsweise pro Periode eine Abtastung von 1,9 vornimmt, ergibt sich eine Abtastrate von geringfügig weniger als zweimal pro Kurvenzug. Man erhält eine Scheinfrequenz, die sich deutlich von der Originalfrequenz unterscheidet.

Ein künstlich erzeugtes Rauschen ist immer periodisch. Als Beispiel seien die Netzspannungsinterferenzen genannt, die sich durch ein Bandfilter erheblich reduzieren lassen. Das allgemeine Rauschen ist willkürlich in Amplitude und Frequenz über das gesamte Frequenzspektrum verteilt. Die Rauschquellen sind hier die Sensoren, die Widerstände usw. und sogar die Operationsverstärker. Dieses Rauschen kann dadurch reduziert werden, dass man die Bandbreite des Systems auf das notwendige Maß verringert.

Es gibt, wie die Praxis zeigt, keine perfekten und alle Probleme lösenden Filter. Das bedeutet, dass man bei der Auswahl eines Filters immer einen Kompromiss eingehen muss. Ideale Filter, die häufig für Analysen zugrunde gelegt werden, weisen einen geraden Linienverlauf bis zur Grenzfrequenz auf und fallen dann senkrecht, d. h. auf unendliche Dämpfung ab. Dies sind jedoch mathematische Filter und in der Praxis nicht realisierbar.

In der praktischen Messtechnik kennt der Entwickler gewöhnlich die Grenzfrequenz und es ist eine minimale Dämpfung vorgegeben. Die Werte für die Dämpfung und Phasenlage hängen von der Filtercharakteristik und der Polzahl ab. Bekannte Filter sind z. B. die Butterworth-, Tschebyscheff- und Bessel-Filter sowie elliptische Filter. Vor einer Entscheidung über den Filtertyp, muss das Überschwingverhalten und die Steilheit der Dämpfung genau beachtet werden.

Passive RC-Filter 1. Ordnung mit Widerstand und Kondensator lassen sich unproblematisch einsetzen. Passive RLC-Filter 2. Ordnung kommen dagegen nicht mehr vor. Ein Grund dafür ist das schwer in den Griff zu bekommende Sättigungs- und Temperaturverhalten von Induktivitäten. Diese Schwierigkeiten umgehen die heute verwendeten aktiven Filterschaltungen. Da aktive Filter mit Operationsverstärkern aufgebaut sind, lassen sich damit gleichzeitig auch die Probleme der Einfügungsdämpfung und der Ausgangsbelastbarkeit lösen.

2.5.4 Eingangsverstärker in der Praxis

Setzt man Operationsverstärker als Eingangsstufen ein, arbeitet man in der invertierenden oder nicht invertierenden Betriebsart.

Bei der Schaltung von Abb. 2.47 handelt es sich um die invertierende Betriebsart eines Operationsverstärkers. Für die Untersuchung der Schaltung stehen ein Oszilloskop und ein Bode-Plotter zur Verfügung. Mit dem Oszilloskop lassen sich die Verstärkereigenschaften dieser Eingangsstufe untersuchen, während man mit dem Bode-Plotter das Frequenzverhalten simulieren kann.

Die Spannungsverstärkung der Eingangsstufe wird durch die beiden Widerstände R_2 und R_3 bestimmt. Die Verstärkung errechnet sich aus

$$v = \frac{R_3}{R_2} = \frac{10\,\text{k}\Omega}{1\,\text{k}\Omega} = 10$$

Der Funktionsgenerator erzeugt eine Ausgangsspannung von 100 mV, die durch den Operationsverstärker auf 1 V verstärkt wird. Der Kanal A des Oszilloskops zeigt die Eingangsspannung, Kanal B die Ausgangsspannung. Durch einen Doppelklick auf ein Widerstandssymbol kann man die Widerstandswerte zwischen 1 Ω und 1 GΩ, je nach Bedarf einstellen.

Mit dem Bode-Plotter (Wobbelgenerator und Funktionsplotter) ist man in der Lage, die Frequenzabhängigkeit der Eingangsstufe zu untersuchen. Am Eingang der Stufe befindet sich ein passiver Tiefpass, der aus einem Widerstand von 1 kΩ und einem Kondensator von 1 μF besteht. Die Grenzfrequenz errechnet sich aus

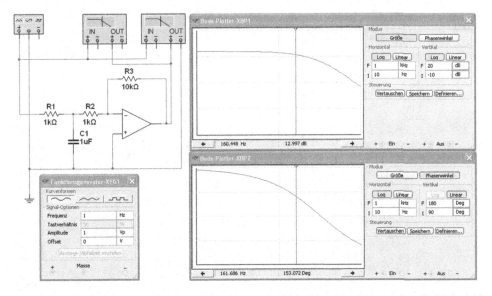

Abb. 2.47 Schaltung zur Untersuchung einer invertierenden Eingangsstufe mit Tiefpassfilter 1. Ordnung

$$f_g = \frac{1}{2 \cdot \pi \cdot R \cdot C} = \frac{1}{2 \cdot 3{,}14 \cdot 1\,\mathrm{k\Omega} \cdot 1\,\mu\mathrm{F}} = 160\,\mathrm{Hz}$$

Startet man den Bode-Plotter und ist der Vorgang abgeschlossen, so lässt sich mit der Fadenkreuzsteuerung die Frequenzabhängigkeit des Tiefpassfilters untersuchen. Ab einer Eingangsfrequenz von f = 110 Hz reduziert sich die Eingangsspannung für den Operationsverstärker geringfügig. Die Grenzfrequenz liegt bei 160 Hz, und danach reduziert sich die Ausgangsspannung entsprechend.

Mithilfe des Bode-Plotters kann das Frequenzverhalten von Schaltungen ermittelt werden, das in der gesamten Verstärker- und Filtertechnik eine hohe Bedeutung hat. Das Bode-Diagramm zeigt das Verhältnis (Betrag oder Phasenlage) zwischen dem Ein- und dem Ausgangssignal in Bezug zur Frequenz. Bei dieser Messung wird die Eingangsspannung des Funktionsgenerators erfasst und die Ausgangsspannung nach dem Tiefpass. Man kann ohne Probleme auch das Frequenzverhalten zwischen der Eingangsspannung am Tiefpass und der Ausgangsspannung nach dem Operationsverstärker messen. Hierzu muss nur die Verbindung per Maus verändert werden. Alle Bauteile, Frequenzen und Einstellungen lassen sich weitgehend verändern, so dass man eine optimale Untersuchung erhält.

Bei der Schaltung von Abb. 2.48 arbeitet der Operationsverstärker in seiner nicht invertierenden Betriebsart. Die Verstärkung errechnet sich aus

$$v = 1 + \frac{R_2}{R_3} = 1 + \frac{100\,\mathrm{k\Omega}}{10\,\mathrm{k\Omega}} = 1 + 10 = 11$$

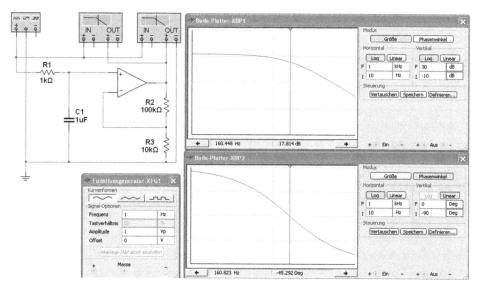

Abb. 2.48 Operationsverstärker in nicht invertierender Betriebsart

Das Eingangssignal von $U_e = 100$ mV wird auf $U_a = 1,1$ V verstärkt, wobei man in der Praxis von einer Verstärkung von V = 11 spricht. Durch einen Doppelklick auf die Bauteilsymbole lassen sich die Widerstandswerte nach unseren Vorstellungen ändern und damit kann man den Verstärkerbetrieb ausführlich untersuchen. Sind z. B. die beiden Widerstände gleich groß, ergibt sich eine Verstärkung von V = 2.

Das Tiefpassfilter am Eingang wurde geändert, so dass sich jetzt eine Grenzfrequenz von $f_g \approx 1$ kHz ergibt. Das Frequenzverhalten lässt sich wieder mit dem Bode-Plotter untersuchen. Die einzelnen Typen der Operationsverstärker lassen sich auswählen und das gesamte Frequenzverhalten der Eingangsstufe untersuchen.

Im Gegensatz zur Abb. 2.47 wird hier die Ausgangsspannung direkt auf den Bode-Plotter gegeben und damit auch das Verhalten des Operationsverstärkers in die Messung miteinbezogen. Mittels der Maus lässt sich aber auch dieser Eingang mit dem Tiefpassfilter verbinden.

Die Schaltung von Abb. 2.49 besteht aus zwei Teilen, der Brückenschaltung mit den vier Widerständen und dem Operationsverstärker, der als Subtrahierer arbeitet. Die Brückenschaltung besteht im Prinzip aus zwei parallel geschalteten Spannungsteilern, wobei der rechte Zweig den veränderbaren Widerstand enthält. Wenn die ohmschen Werte der beiden Spannungsteiler identisch sind, tritt zwischen den beiden Spannungsteilern keine Spannungsdifferenz auf und man spricht von einer abgeglichenen Brückenschaltung. Für eine abgeglichene Brücke gilt:

$$\frac{R_1}{R_2} = \frac{R_3}{R_4}$$

Ist die Brücke abgeglichen, ergibt sich eine Differenzspannung von $U_{AB} = 0$ V. In der Simulation zeigt das Messinstrument eine Spannung von $U_{AB} = 221$ μV an, ein vernachlässigbarer Wert.

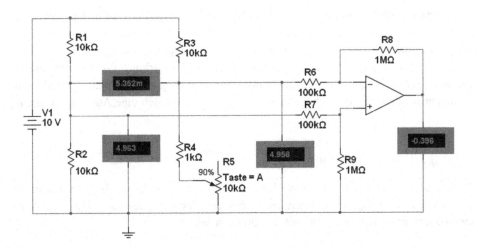

Abb. 2.49 Brückenschaltung mit vier Widerständen und einem Operationsverstärker, der als Subtrahierer arbeitet

Wenn man das Symbol für das Potentiometer mit einem Doppelklick ansteuert, erhält man das Fenster für die Einstellung. Die oberste Zeile in dem Fenster zeigt den Tastatur-Buchstaben an, mit dem sich der Wert des Widerstands ändern lässt. Der Wert für den Widerstand lässt sich in Zeile 2 zwischen 1 Ω und 1 GΩ einstellen. Mit Zeile 3 bestimmt man die Einstellung in %. Wenn in unserer Schaltung dieser Wert auf 100 % steht, hat das Potentiometer einen Wert von 100 Ω und damit hat der gesamte Widerstand R_4 einen Wert von 10,1 kΩ. Die Ausgangsspannung berechnet sich dann aus

$$U_4 = U_e \cdot \frac{R_4}{R_3 + R_4} = 10\,\text{V} \cdot \frac{10,1\,\text{k}\Omega}{10\,\text{k}\Omega + 10,1\,\text{k}\Omega} = 10\,\text{V} \cdot 0,50248 = 5,025\,\text{V}$$

Das Messinstrument zwischen den beiden Spannungsteilern zeigt einen Wert von 24,8 mV an. Die letzte Zeile in dem Fenster definiert die Schrittweite für die Veränderung des Potentiometers. Wenn man das Potentiometer auf 100 % (100 Ω) eingestellt hat und betätigt die R-Taste, verringert sich der Widerstandswert auf 95 % (95 Ω), d. h. die Änderung wird pro Tastendruck immer um 5 % verringert. Wenn man den Widerstandswert wieder vergrößern will, drückt man konstant die nach oben zeigende Pfeiltaste für die Umschaltung und betätigt die R-Taste. Der Widerstandswert wird um 5 % erhöht.

Die beiden Ausgangsspannungen der zwei Spannungsteiler sind mit dem Operationsverstärker verbunden, der als Differenzverstärker bzw. Subtrahierer geschaltet ist. Da die Subtraktion eine Differenzbildung darstellt, sind beide Bezeichnungen in der Praxis üblich, jedoch hat diese Schaltung mit dem ursprünglichen Differenzverstärker keine schaltungstechnische Ähnlichkeit. Als Ausgangsspannung ergibt sich eine phasenverkehrte, um die Spannungsverstärkung V verstärkte Differenz der beiden Eingangsspannungen. Es gilt

$$U_a = \frac{R_2}{R_1} \cdot (U_- - U_+)$$

vorausgesetzt, die Bedingungen von $R_1 = R_3$ und $R_2 = R_4$ sind erfüllt. Die Spannung U_+ ist der Wert an dem invertierenden und U_- an dem nicht invertierenden Eingang. Für beide Eingänge wird die Verstärkung durch die Gegenkopplung aus R_1 und R_2 festgelegt. Da beide Signale gleich verstärkt werden sollen, die Verstärkung für den Eingang U aber um 1 größer ist, muss vor den nicht invertierenden Eingang ein Spannungsteiler eingeschaltet werden. Für die Schaltung von Abb. 2.49 ergibt sich eine Ausgangsspannung von

$$U_a = \frac{R_2}{R_1} \cdot (U_- - U_+) = \frac{1\,\text{M}\Omega}{100\,\text{k}\Omega} \cdot (4,963\,\text{V} - 4,985\,\text{V}) = 10 \cdot (-22\,\text{mV}) = -220\,\text{mV}$$

Die Messung zeigt einen Wert von $U_a = -210$ mV an. Der Grund liegt in den unterschiedlichen Belastungsfällen durch den Operationsverstärker, denn die ohmschen Werte der Brückenschaltungen sind zu hoch gewählt worden.

2.6 Digitalisierung durch Abtasttechniken

Man unterscheidet zwei zur Digitalisierung dienende Abtasttechniken, die nicht verwechselt werden dürfen, nämlich die Echtzeitabtastung (alle Abtastwerte eines Signals werden in einem einzigen Vorgang erfasst) und die Äquivalenzzeitabtastung (dazu muss das Signal periodisch wiederkehrend sein, da das gespeicherte Abbild aus der Abtastung zahlreicher Kurvenformen oder -züge geformt wird).

2.6.1 Echtzeitabtastung

In digitalen Speicheroszilloskopen wird die Echtzeitabtastung angewandt, mit der sowohl periodische wie auch einmalige Signale erfassbar sind. Die Wirkungsweise wird in Abb. 2.50 gezeigt.

In Abtast-(Sampling-)Oszilloskopen wird dagegen die Äquivalenzzeitabtastung eingesetzt, wodurch ihre Anwendung auf periodisch wiederkehrende Signale eingeschränkt ist. Auch in einigen digitalen Speicheroszilloskopen wird die Äquivalenzzeitabtastung zur Digitalisierung eingesetzt, um den nutzbaren Frequenzbereich zu erweitern.

Bei der Äquivalenzzeitabtastung unterscheidet man wiederum zwei Verfahren. Im Einzelnen sind dies hier die regellose und die sequenzielle Abtastung, auch als Random- bzw. Sequential-Sampling oder -Abtastung bezeichnet. Wie bereits angedeutet, wird das Abbild des jeweiligen Signals aus der Abtastung zahlreicher Kurvenformen oder -züge geformt, d. h. in jedem Zyklus wird eine einzelne Information gewonnen. Im Normalfall verfügt man schließlich über genügend Informationen, um den gesamten Kurvenzug darstellen zu können. Beispiele für beide Verfahren sind in Abb. 2.51 und 2.52 wiedergegeben.

Keineswegs alle zu speichernden Signale sind allerdings periodisch wiederkehrend. Vielmehr sind etliche nur einmalig; andere sind zwar nicht ausgesprochen einmalig, treten aber so regellos wiederkehrend auf, dass sie als quasi einmalige Signale einzustufen sind. Den letzteren müssen auch Impulse zugerechnet werden, deren Abstände

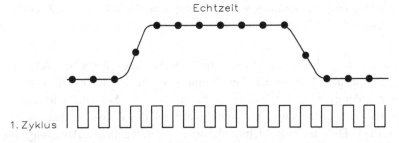

Abb. 2.50 Die Kurvenform wird in einem einzigen Durchgang (in Echtzeit) abgetastet und die Abtastrate muss hoch genug sein, um genügend Datenpunkte für die spätere Rekonstruktion zur Darstellung zur Verfügung stellt

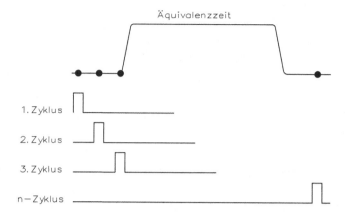

Abb. 2.51 Bei der sequenziellen Abtastung wird von einer (periodisch wiederkehrenden) Kurvenform bei jedem Erfassungszyklus nur ein Abtastwert aufgenommen. Der Vorgang wird so lange fortgesetzt, bis genügend Datenpunkte erfasst worden sind, um den Speicher zu füllen. Würde die Speichertiefe 1000 Datenpunkte betragen, wären folglich 1000 Durchgänge erforderlich

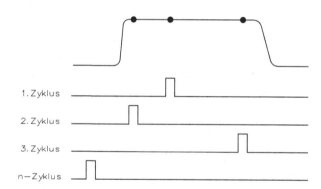

Abb. 2.52 Bei der regellosen Abtastung werden von einem Signal in ungeregelter Folge Abtastwerte aufgenommen und gespeichert. Die zeitliche Lage der einzelnen Abtastwerte wird aus dem Abstand zum Triggerpunkt hergeleitet. Diese Variante der Äquivalenzzeitabtastung hat zwei Vorteile. Aus der Rekonstruktion in Bezug auf den Triggerpunkt folgt die Möglichkeit der Pre-Trigger- und Post-Trigger-Darstellung, was bei der sequenziellen Abtastung nicht der Fall ist, und auch der Trigger-Jitter bleibt hier ohne Einfluss

größer als 1 s sind. Umfasst die Speichertiefe eines Oszilloskops beispielsweise 1024 Wörter, würde es über 1000 s oder über 15 min beanspruchen, um ein Bild eines solchen Impulses mit derart niedriger Folgefrequenz aufzubauen. Mit einem in den digitalen Speicheroszilloskopen angewandten Verfahren kann die Erfassungsdauer jedoch verringert werden. Dies ist eine Mehrpunktvariante der regellosen Abtastung, die auch als „Multiple-point Random-Sampling" bezeichnet wird; ein Beispiel ist in Abb. 2.53 dargestellt.

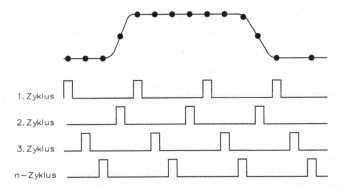

Abb. 2.53 Bei der Mehrpunktvariante der regellosen Abtastung werden mehrere Abtastwerte in einem Erfassungszyklus aufgenommen, wodurch sich die Erfassungsdauer beträchtlich verringert

Beispielsweise werden bei einem digitalen Speicheroszilloskop minimal zehn Punkte je Zyklus erfasst, wodurch die Erfassungsdauer nicht nur verbessert wird, sondern um wenigstens eine Größenordnung günstiger als bei Geräten ist, die nur einen einzigen Punkt je Zyklus erfassen.

Auch wenn mit periodisch wiederkehrenden Signalen gearbeitet wird, kann die Äquivalenzzeitabtastung zur Bandbreitenvergrößerung dienen. Eine Abtast-(Sampling-)-Elektronik kann Signale bis 40 GHz speichern.

Beim digitalen Speicheroszilloskop wird z. B. ein digitales Verfahren der Spitzenwerterkennung angewandt. In dieser Betriebsart wird mit der höchstmöglichen Abtastrate abgetastet; begrenzend wirkt sich hierbei die zulässige Abtastrate des AD-Wandlers aus. Dennoch sind im Fall des Speicheroszilloskops in dieser Betriebsart 10 MHz möglich, so dass ein 100-ns-Impuls bei irgendeiner Zeitkoeffizienteneinstellung noch erfasst wird. Darüber hinaus bietet das Gerät verschiedene Möglichkeiten der Verarbeitung aufgenommener Minimal- und Maximalwerte, worauf noch später eingegangen wird.

In diesem Zusammenhang ist auch die analoge Spitzenwerterkennung zu erwähnen, die im digitalen Speicheroszilloskop angewandt wird. Hiermit entfällt nämlich die Begrenzung der digitalen Abtastrate, so dass man nur noch durch die analoge Schwellwerterkennung oder Abtast- und Halteschaltung eingeengt ist. Infolgedessen kann man mit diesem Oszilloskop noch solche Signale bei irgendeiner Zeitkoeffizienteneinstellung aufnehmen, die lediglich 2 ns breit sind.

2.6.2   Eigenschaften von digitalen Speicheroszilloskopen

Eine unschöne Eigenschaft älterer digitalen Speicheroszilloskope ist der horizontale Jitter, der bei mehrfacher Erfassung eines Signals auftritt. Dieser Jitter beträgt $\pm 1/2$ Abtastintervall (zeitlicher Abstand zwischen den Abtastwerten) und wird durch die Art der Signalspeicherung in diesen Geräten verursacht. Beim digitalen Speicheroszilloskop wird das

Eingangssignal ständig abgetastet, aber im Gegensatz zum analogen Oszilloskop nicht auf ein Triggerereignis gewartet. Infolgedessen besteht zwischen dem Taktgenerator des Oszilloskops und dem Triggerereignis kein starrer Zeitbezug. Mithin kann bei schrittweise stattfindenden Triggerereignissen und Bildschirmdarstellungen des Signals der Zeitbezug zwischen Taktimpulsen und abgebildeten Kurvenformen um ±1/2 Abtastintervall schwanken, so dass die Bildschirmdarstellung hin und her zittert. Die Darstellungen in Abb. 2.54 vermitteln einen Eindruck hiervon (linkes und mittleres Teilbild). Damit wird zugleich deutlich, dass die Möglichkeiten der horizontalen Bilddehnung durch diesen Effekt sehr beschnitten sind.

Werden mehrfach abgefragte Signale gespeichert, kann der Zeitbezug zwischen Takt- und Triggerimpulsen um ein halbes Abtastintervall in positiver oder negativer Richtung schwanken, d. h. die Folge ist ein horizontaler Jitter. Dieser Effekt kann durch größere Speichertiefe zur Signalspeicherung minimiert werden (jedes horizontale Element wird dadurch schmäler), aber der Jitter begrenzt noch die Möglichkeit der horizontalen Bilddehnung. Einige digitale Speicheroszilloskope zeichnen sich durch eine Jitterkorrektur aus. Dies ist naturgemäß auch bei solchen Geräten der Fall, in denen die regellose Abtastung angewandt wird, bei der die zeitliche Lage der Abtastwerte zum Triggerpunkt bekannt ist, die bei normaler und gedehnter Darstellung nur geringen Jitter zeigen. Die wiedergegebenen Bildschirmfotos stellen die Mehrfachabfrage einer 5-MHz-Sinusschwingung dar. Die linke Darstellung wird Benutzern digitaler Oszilloskope vertraut sein, die mittlere zeigt die Wirkung der Sinusinterpolation und die rechte die Wirkung einer Schaltung zur Jitterkorrektur.

Horizontaler Jitter tritt nicht auf (rechtes Bildschirmfoto), wenn ein Kurvenzug nur einmal aufgenommen wurde. Durch geeignete Maßnahmen konnte der horizontale Jitter in den neueren digitalen Speicheroszilloskopen überhaupt ausgeschlossen werden, d. h. er tritt selbst bei horizontaler Bilddehnung und periodisch wiederkehrenden Signalen nicht auf.

Die Spezifikationen der Abtast- oder Digitalisierungsrate werden auf verschiedene Weise ausgedrückt. Am gebräuchlichsten ist die Angabe der Häufigkeit, d. h. in der Frequenz der Abtastungen je Sekunde, beispielsweise also in MHz. Zudem wird auch

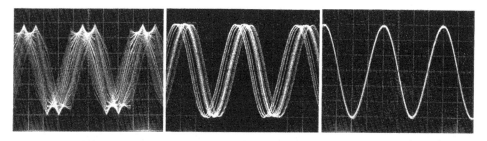

Abb. 2.54 Beispiele für Kurvenformen, die mit einem digitalen Oszilloskop unter der Steuerung eines freilaufenden Taktgenerators aufgenommen worden sind

die Informationsrate in Gestalt gespeicherter Bits je Sekunde (Einheitenzeichen: Bit/s) angegeben. Um daraus auf die Abtastrate zu schließen, muss man den Zahlenwert durch die Anzahl der Bits des AD-Wandlers teilen. Lautet die Informationsrate etwa 160 MBit/s und handelt es sich um einen 8-Bit-AD-Wandler, gelangt man über $160:8 = 20$ auf die Abtastrate 20 MHz. Denkbar ist auch die Angabe der Abtastintervalle oder der Zeit je Abtastpunkt, d. h. als Kehrwert der Frequenz (in Fortsetzung des Beispiels käme man auf 50 ns je Abtastpunkt).

Um die Abtast- oder Digitalisierungsrate für einen bestimmten Zeitkoeffizienten (in TIME/DIV = Zeit je Teil mit dem Zeitbasiseinsteller wählbar) zu bestimmen, geht man folgendermaßen vor:

$$Abtastrate = \frac{Anzahl\ der\ Datenwörter\ je Teil}{Zeit\ je\ Teil}$$

Die Anzahl der Datenwörter je Teil ergibt sich wiederum aus folgender Beziehung:

$$Anzahl\ der\ Datenwörter\ je\ Teil = \frac{Aufnahme\ der\ Kurvenform}{Darstellungslänge\ in\ Teilen}$$

Beispiel

Wird eine Kurvenform in 1024 Datenwörtern gespeichert und werden alle 1024 Abtastpunkte innerhalb von 10,24 Teilen dargestellt, während andere Oszilloskope 10 Teile dazu verwenden, bedeutet dies 100 Datenwörter je Teil. Die Division durch den Zeitkoeffizienten (in TIME/DIV am Zeitbasiseinsteller ablesbar) ergibt die Abtast- oder Digitalisierungsrate für 1 Sekunde je Teil erhält man 100 Hz, für 10 Mikrosekunden je Teil demnach 10 MHz. ◄

2.6.3   Darstellungstechniken

Nachdem eine Kurvenform einmal digitalisiert, gespeichert und gegebenenfalls verarbeitet worden ist, möchte man sie gewiss auch dargestellt sehen, sofern die Daten nicht an einen Rechner weitergeleitet wurden. Für die Bildschirmdarstellung bereits aufgenommener Kurvenformen sind verschiedene Verfahren in der Praxis üblich.

Grundsätzlich gibt es neben Punktdarstellungen auch noch lineare, Sinus- und modifizierte Sinus-Interpolationen. Doch zunächst stehen Betrachtungen darüber im Vordergrund, wie digitale Daten als Kurvenform dargestellt werden können.

Bei der Darstellung (≙ Wiedergabe) von Kurvenformen wird entgegengesetzt zur ursprünglichen Vorgehensweise der Aufnahme oder Erfassung verfahren. Bediente man sich anfänglich eines Analog-Digital-Umsetzers (AD-Wandlers) und bedingt die Rekonstruktion einen Digital-Analog-Wandler. Hierfür werden jedoch keineswegs vergleichbare Eigenschaften gefordert, denn die Umsetzungsrate ist nunmehr wesentlich geringer. Die Hauptaufgabe des DA-Wandlers besteht darin, die in quantisierter Form gespeicherten Daten der Kurvenform wieder in eine analoge Spannung umzusetzen. Die meisten DA-Wandler enthalten eine parallele Eingangsschaltung und diese kann binäre Eingangscodes in paralleler Form verarbeiten. Sollen beispielsweise die mit Hilfe einer 8-Bit-AD-Umsetzung gewonnenen Informationen oder entsprechende Daten in eine analoge Spannung umgesetzt werden, bedarf es dazu wenigstens eines 8-Bit-DA-Wandlers. Der Eingangscode wird mithilfe binär gewichteter Schalter in eine analoge Spannung umgesetzt, indem diese Schalter gleichzeitig (wegen der Parallelumsetzung) auf die binären Daten am Eingang reagieren. Man kann schwerlich über Darstellungstechniken sprechen, die auf der Rekonstruktion von Kurvenformen beruhen, ohne einen Effekt zu erwähnen, der zu gewisser Begrenzung führen kann und nachfolgend behandelt wird.

Der Begriff „Aliasing" ist unverändert in die deutsche Fachsprache eingeflossen und übersetzt bedeutet er so viel wie Informationsverkennung (man beachte das „v" im Wort). Im Einzelnen ist zwischen perzeptorischem und tatsächlichem Aliasing zu unterscheiden.

Das perzeptorische Aliasing sind Punktdarstellungen und ist im Wesentlichen eine Art optischer Täuschung. Das tatsächliche Aliasing tritt dann auf, wenn ein Signal weniger häufig abgetastet wird als nötig wäre, beispielsweise beim Betrieb eines digitalen Speicheroszilloskops über seine Betriebsgrenzen hinaus. Als Ergebnis könnte ein Signal wie ein solches mit bedeutend niedrigerer Frequenz dargestellt werden; Einzelheiten sind aus der Darstellung in Abb. 2.55 ersichtlich.

Die Darstellung in Abb. 2.55 verdeutlicht den typischen Fall der „Unterabtastung"; das Messsignal wird nur einmal je Periode abgetastet, wobei das Verhältnis zur Abtastfrequenz bzw. -rate nur 1:1 beträgt. Die Alias-Kurvenform täuscht eine wesentlich niedrigere Frequenz vor, nämlich ein Neunzehntel der tatsächlichen Messfrequenz.

Die im (tatsächlichen) Aliasing enthaltene Gefahr besteht darin, dass man sein Auftreten nicht einmal erkennt. In der Tat erscheint ein aufgenommenes Signal ohne jeden „bösen Schein" auf dem Bildschirm und führt zu völlig falschen Vorstellungen.

Ganz offensichtlich helfen mehr Abtastwerte je Periode, das Aliasing auszuschalten. Allerdings führt systematisches Probieren in der Wahl der Abtastrate auf fatale Weise

Abb. 2.55 Nach dem Abtasttheorem ist ein periodisches Signal mit mindestens der zweifachen Frequenz der höchsten Frequenzanteile abzutasten, wenn Aliasing vermieden werden soll

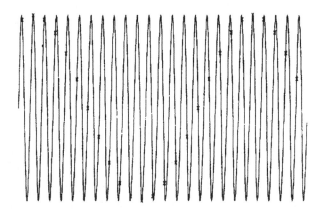

wahrscheinlich in den Irrtum. Um sicherzugehen, sollte man eine kurze Berechnung der minimalen Abtastrate anstellen.

Bei solchen Oszilloskopen, die über einen TIME/POINT-Einsteller verfügen, gestaltet sich die Wahl der Abtastrate sehr einfach. Schwieriger ist es dagegen bei jenen Oszilloskopen mit TIME/DIV-Einsteller und hierbei wird die zur Ausfüllung des Bildschirms erforderliche Abtastrate vom Gerät berechnet. Bei neueren Oszilloskopen und bei den meisten allgemeinen Anwendungen werden mehr als genug Punkte zur Wiedergabe der Kurvenform dargestellt. Das Abtastintervall ist von der Speichertiefe zur Kurvendarstellung, der Anzahl horizontaler Teile der Messfläche sowie vom Zeitkoeffizienten abhängig, wie die nachstehende Beziehung zeigt:

$$Abtastintervall = \frac{(Zeit\ je\ Teil) \cdot (Anzahl\ horizontaler\ Teile)}{Dargestellte\ Aufzeichnungslänge}$$

Ein Beispiel in der Praxis soll den Sachverhalt verdeutlichen, wofür folgende Ausgangsdaten herangezogen werden:

Zeitkoeffizient = 50 µs je Teil
Aufzeichnungslänge = 1024 Punkte je Kurvenform
Horizontale Teile = 10,24 Teile je Kurvenform

Damit erhält man zunächst für das

$$Abtastintervall = \frac{50\,\mu s \cdot 10{,}24}{1024} = 0{,}5\,\mu s\ je\ Punkt$$

und mit anschließender Kehrwertbildung somit für die

$$Abtastrate = \frac{1}{0{,}5\,\mu s} = 2\,MHz$$

Dies ist natürlich nur dann sinnvoll, wenn es auf die tatsächliche Messung übertragen werden kann. Vielfach kann die für einen bestimmten Anwendungsfall benötigte Bandbreite abgeschätzt werden, wenn sich beispielsweise aus der Bestimmung der maximalen Abtastrate die Begrenzung der Bandbreite ableiten lässt.

Bekanntlich muss die Digitalisierung stets doppelt so schnell erfolgen wie die höchste im Signal enthaltene Frequenz ist. Am einfachsten ist, sich zu vergewissern, dass der Zeitbasiseinsteller sich in einer solchen Position (Zeitkoeffizient TIME/DIV) befindet, die auf eine genügend hohe Digitalisierungsrate führt. Ist dies nicht realisierbar, kann ein Antialiasingfilter benutzt werden, das Frequenzen oberhalb der Nyquist-Frequenz eliminiert. Damit wird das Aliasing vermieden, aber zugleich jedes Anzeichen für das Vorhandensein höherer Frequenzanteile im Signal unterdrückt. Man beachte, dass ein Schalter zur Bandbreitenbegrenzung kein Antialiasingfilter darstellt. Der Abfall eines Schaltungsgliedes zur Bandbreitenbegrenzung beträgt üblicherweise 6 dB je Oktave. Wenn jedoch ein Antialiasingfilter nicht wenigstens einen Abfall von 12 dB je Oktave aufweist, können sich höherfrequente Signalanteile noch als Aliasing bemerkbar machen.

Punktdarstellungen bestehen, wie aus ihrer Bezeichnung hervorgeht, aus Punkten auf dem Bildschirm von Oszilloskopröhren. Sie sind sinnvoll, solange genügend Punkte zur Rekonstruktion einer Kurvenform zur Verfügung stehen. Im Allgemeinen werden zwischen 20 und 25 Punkte je Zyklus als ausreichend erachtet, wie später noch gezeigt wird.

Dies ist jedoch kein eigentliches Aliasing, denn nicht etwa das Oszilloskop, sondern das menschliche Auge ist hier für den Fehler bzw. Irrtum verantwortlich. Was in dieser Darstellung als viele ungetriggerte Sinusschwingungen erscheinen könnte, ist tatsächlich nur eine Kurvenform.

Im Zusammenhang mit Punktdarstellungen ist allerdings ein Umstand beachtenswert. Sobald nämlich die Signalfrequenz in Bezug auf die Digitalisierungsrate ansteigt, sind immer weniger Punkte je Zyklus verfügbar. Dies führt insbesondere bei periodischen Kurvenformen (Sinusschwingungen) zu Fehlern durch perzeptorisches Aliasing. Diese bereits zuvor behandelte Erscheinung ist (Abb. 2.56) eine Art optischer Täuschung. Diese entsteht ganz einfach deswegen, weil man gedanklich versucht, jeden Punkt der betrachteten Darstellung mit dessen nächstem Nachbarn zu einer stetigen Kurvenform zu verbinden. Dies muss aber keineswegs den tatsächlichen Verhältnissen entsprechen, weswegen nur allzu leicht Fehlinterpretationen von Punktdarstellungen auf dem Bildschirm entstehen. Das unterstreicht zugleich die Notwendigkeit, genügend Punkte (etwa 20 bis 25 für jede Periode einer Sinusschwingung) verfügbar zu stellen, wenn eine Darstellung vernünftig überschaubar sein sollte.

2.6.4   Impulsinterpolation oder Vektordarstellung

Perzeptorisches Aliasing ist durch die Einfügung von Vektoren in die Darstellung leicht korrigierbar, wie aus Abb. 2.57 hervorgeht. Dessen ungeachtet kann der Hüllkurvenfehler noch bestehen bleiben, denn die Vektoren sind nur gerade Verbindungslinien der

Abb. 2.56 Fehler durch perzeptorisches Aliasing beruhen auf einer Art optischer Täuschung beim Betrachten von Punktdarstellungen, indem diese als Kurvenformen niedrigerer Frequenz interpretiert werden

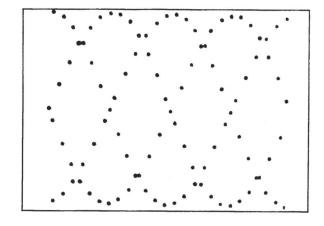

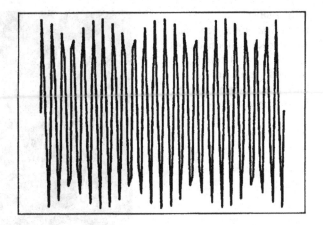

Datenpunkte. Das Signal könnte immerhin außerhalb jener Kurvenform liegen, die mit
den Vektoren nachgezeichnet wird.

Die sogenannte Vektordarstellung lässt Abweichungen der Spitzenwerte auch dann
noch hervortreten, wenn die betreffenden Datenpunkte nicht mit denselben zusammenfallen.

Einige digitale Speicheroszilloskope enthalten einen Vektorgenerator, der die Datenpunkte auf dem Bildschirm durch Linien verbindet. Wird diese Art der Interpolation
bei der Darstellung von Sinusschwingungen angewandt, ist das perzeptorische Aliasing
beseitigt. Es sind nur zehn Vektoren je Periode der Sinusschwingung erforderlich, um
eine überschaubare Darstellung zu rekonstruieren. Impulsinterpolatoren tragen auch
dazu bei, dass sogenannte Glitches (Spannungsspitzen) besser erkennbar werden, indem
sie alle Datenpunkte verbinden. Über dies verhindern sie durch ihre Funktion, dass
einzelne Punkte übersehen werden, die von der eigentlichen Kurvenform möglicherweise weit entfernt liegen.

Solange die Vektoren in der Bildschirmdarstellung nur kurz sind, ist ein genaues
Abbild sinusförmiger Eingangssignale ohne weiteres möglich. Dagegen ist die Übereinstimmung zwischen Original und Abbild fraglich, wenn die Vektoren lang sind. Ein
linearer Interpolator kann immer dann zu Abweichungen von der wahren Kurvenform
beitragen, wenn die vom Oszilloskop aufgenommenen Abtastwerte nicht genau mit den
Spitzenwerten des Signals zusammenfallen.

Bei einer anderen Darstellungstechnik wird ein Interpolator benutzt, der eigens für die
Rekonstruktion von Sinusschwingungen ausgelegt ist. Solange kein Aliasing auftrat, als
die Datenwörter vom Original aufgenommen wurden, steuert dieser Interpolator bei der
Bildschirmdarstellung auch keine Fehler bei. Der Sinusinterpolator veranschaulicht die
Vorteile dieser Darstellungstechnik bei der Rekonstruktion von Sinusschwingungen. Nur
2,5 Datenwörter je Periode werden für das in Abb. 2.58 wiedergegebene Signal benötigt.

Letztere trägt in digitalen Speicheroszilloskopen zur Ausdehnung der nutzbaren
Speicherbandbreite bei.

Abb. 2.58 Diese
Bildschirmfotos zeigen eine
10-MHz-Kurvenform, die mit
25 MHz abgetastet worden
ist, und zwar mit linearer
Interpolation (oben) bzw. mit
Sinusinterpolation (unten)

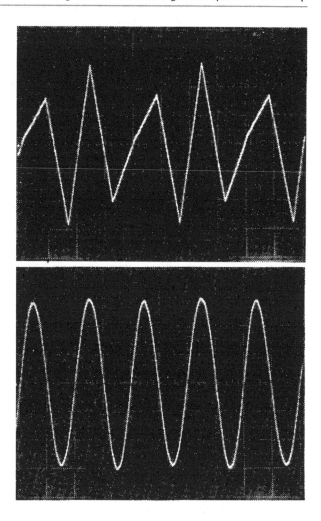

Derselbe Interpolator, der die Bildschirmdarstellung von Sinusschwingungen ein-deutig verbessert, trägt andererseits bei Impulsdarstellungen zu Vor- und Überschwingen bei, wie aus Abb. 2.59 ersichtlich ist.

Demgegenüber kann dadurch bei Sprungfunktionen Vor- und Überschwingen auf-treten, wenn weniger als drei Abtastwerte vom Sprung aufgenommen werden. Der Fehler wird mit mehr als drei Abtastpunkten und bei Signalen mit einem geringeren Anteil an Harmonischen minimiert. Das Bildschirmfoto zeigt ein Signal ohne Abtast-werte auf dem Sprung, und zwar mit Sinusinterpolation (obere Kurve) sowie mit Impuls-interpolation (untere Kurve).

Erstreckt sich der Sprung über mehr als einen Teil, werden die am dichtesten benach-barten Abtastwerte auf etwa 10 % der Amplitude ausgerichtet. Diese Kurvenform wird dann vom Sinusinterpolator verarbeitet, da die Anstiegsflanke effektiv „abgerollt" wurde,

Abb. 2.59 In Verbindung
mit Sinusschwingungen
dient die Sinusinterpolation
zur Vermeidung von
perzeptorischem Aliasing und
von Hüllkurvenfehlern

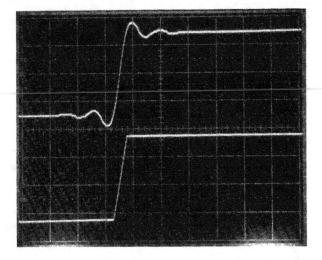

erscheint der Impuls in der Rekonstruktion ohne die sonst mit der Sinusinterpolation verbundenen Schwingungsformen.

Wie gezeigt wurde, ist die Sinusinterpolation wegen der bei Impulsdarstellungen verursachten Verzerrungen nachteilig. Abhilfe ist jedoch durch digitale Vorfilterung möglich. In Verbindung mit dem Sinusinterpolator verhilft das digitale Filter zu größerer Annäherung der Bildschirmdarstellungen an die tatsächlichen Kurvenforrnen. In Abb. 2.60 ist die Wirkung des im digitalen Speicheroszilloskop enthaltenen Vorfilters veranschaulicht. Ergänzend sind in Abb. 2.61 der tatsächliche Impuls (Original) sowie die Rekonstruktion ohne und mit Vorfilterung in einem Bildschirmfoto einander gegenübergestellt.

Es zeigt sich, dass die Sinusinterpolation allein zu Ober- und Unterschwingen beiträgt, während die zusätzliche Vorfilterung die Annäherung an die wahre Kurvenform bewirkt.

Im Normalbetrieb (sog. Normal-Betriebsart) eines Digital-Speicheroszilloskops wird das Eingangssignal mit einer Frequenz digitalisiert, die dem Zeitkoeffizienten (TIME/ DIV am Zeitbasiseinsteller) entspricht. Für jeden Abtastwert wird ein Datenwort im Speicher abgelegt. Im Hüllkurvenbetrieb (sog. Envelope-Betriebsart) des digitalen Speicheroszilloskops wird dagegen mit einer wesentlich höheren Frequenz abgetastet als dem gewählten Zeitkoeffizienten entsprechen würde. Ferner werden zwei Datenwörter für jeden Abtastwert gespeichert, und zwar für den Minimal- und Maximalwert. Die mit dieser Digitalisierungsart erzielbaren Ergebnisse sind in Abb. 2.62 gezeigt.

Während die Modulationsfrequenz bei beiden digitalen Aufnahmen deutlich herauskommt, wurde der Träger jedoch mit wesentlich weniger als zwei Abtastwerten je Periode aufgenommen, was insbesondere im mittleren Bildschirmfoto erkennbar ist. Die gegen das Aliasing benutzte Envelope-Betriebsart führt auf eine Darstellung ähnlich jener des nicht speichernden Oszilloskops. Wäre die Trägerfrequenz niedriger und auf

Abb. 2.60 Durch die Wirkung eines Vorfilters werden die drei zur Flanke gehörigen Abtastwerte betrachtet, danach die nächsten drei und dann auf die Sprungstelle geschlossen

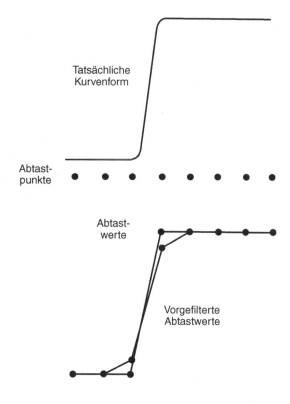

Abb. 2.61 Das Bildschirmfoto zeigt einen in Äquivalenzzeitabtastung erfassten Impuls (oben), der die tatsächliche Kurvenform wiedergibt, sowie denselben Impuls mit Sinusinterpolation ohne (Mitte) bzw. mit Vorfilterung (unten) in der Aufnahme mit einem digitalen Speicheroszilloskop

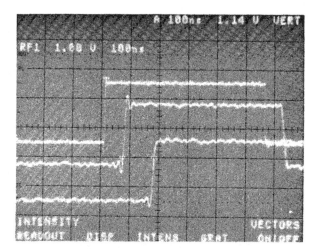

Abb. 2.62 Diese
Bildschirmfotos zeigen
ein amplitudenmoduliertes
Signal in drei verschiedenen
Darstellungen, und zwar mit
einem nicht speichernden
Oszilloskop sowie mit einem
digitalen Speicheroszilloskop
in Normal- bzw. in Envelope-
Betriebsart

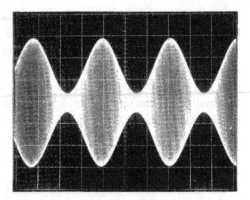

Nicht-speicherndes Oszilloskop

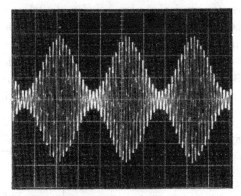

Normal-Betriebsart

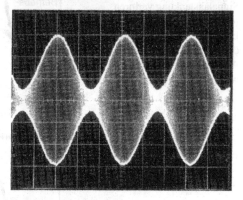

Envelope-Betriebsart

geeignete Weise digitalisiert worden, bestünde große Ähnlichkeit zwischen den beiden
Darstellungen des digitalen Speicheroszilloskops.

Bei der Hüllkurven- oder Spitzenwerterkennung (sog. Envelope-Betriebsart) handelt
es sich um ein Abtastverfahren zur Erkennung von Aliasing. In dieser Betriebsart wird
stets mit der höchstmöglichen Abtastrate des Oszilloskops abgetastet. Zwischen den
Minimal- und Maximalwerten werden außerdem Vektoren eingefügt. Das Ergebnis
ist eine Darstellung (Wiedergabe), die derjenigen eines herkömmlichen Oszilloskops
gleicht. Die Einzelheiten sind aus Abb. 2.63 ersichtlich.

Diese in Abb. 2.63 auch zur Erkennung von Aliasing nützliche Betriebsart zeichnet
sich ebenfalls in anderen Anwendungen aus, auf die später noch eingegangen wird.

Der Bilddurchlauf (sog. Roll-Betriebsart) erlaubt eine weitere Darstellungstechnik
und die Erscheinungsform ist mit der Funktion eines Streifenschreibers vergleichbar.
Beispielsweise werden bei den digitalen Speicheroszilloskopen im Allgemeinen die
langsameren Zeitkoeffizienten realisiert. Die Triggerfunktion ist bei dieser Betriebsart
unbrauchbar, aber die Signaldaten werden kontinuierlich erfasst und dargestellt. Im Verlauf der Darstellung werden die Kurvenformen von rechts nach links gleichsam über den
Bildschirm geschoben, wobei die letzten Abtastwerte am rechten Rand der Messfläche
erscheinen. Das Prinzip ist in Abb. 2.64 gezeigt.

Abb. 2.63 Wie aus den
Darstellungen hervorgeht,
geht eine zwischen zwei
Abtastpunkten in der Normal-
Betriebsart auftretende
Signalauslenkung verloren
(oben), wogegen sie in der
Envelope-Betriebsart wegen
der wesentlich höheren
Abtastrate oder -frequenz sehr
wohl erfasst wird (unten)

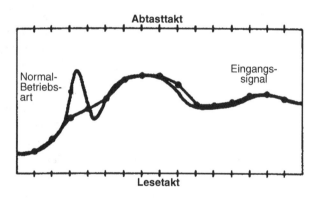

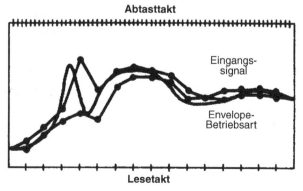

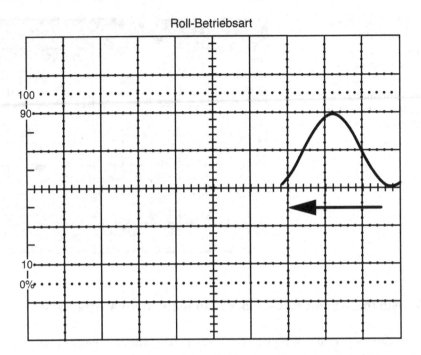

Abb. 2.64 Eine erweiterte Form dieses Bilddurchlaufs mithilfe der Roll-Betriebsart wird im digitalen Speicheroszilloskop unter der Bezeichnung „Scan Roll Scan" angewandt

Die Roll-Betriebsart ist nützlich, wenn beispielsweise nach einem zufälligen Ereignis gesucht wird, das parasitär in einem Netzteil auftritt. Die Kurvenformen werden von rechts nach links über den Bildschirm geschoben, bis ein Triggerereignis erscheint, nach dem das Eingangssignal entsprechend der Speichertiefe erfasst wird.

Eine weitere Eigenschaft von digitalen Speicheroszilloskopen, die als eine Art Darstellungstechnik erachtet werden kann, ist die Wahlmöglichkeit eines Triggerpunktes in zeitlicher Beziehung zur jeweiligen Kurvenform. Diese als Pre-Trigger bezeichnete Fähigkeit verschafft dem Benutzer die Möglichkeit, einen Zeitabschnitt definierter Länge vor dem eigentlichen Ereignis und damit die sogenannte Vorgeschichte desselben erfassen zu können. Hieraus ergeben sich denn auch einige Vorteile. Beispielsweise kann das digitale Speicheroszilloskop auf jeden vierten Datenpunkt (beginnend bei 0) einer 4-kByte-Aufzeichnung oder auf jeden Datenpunkt einer 1-kByte-Aufzeichnung getriggert werden. Einzelheiten sind aus der Darstellung in Abb. 2.65 ersichtlich.

Damit kann der Benutzer einen Zeitabschnitt vor dem eigentlichen Triggerereignis definieren, in dem die Vorgeschichte liegt, die mit dem eigentlichen Ereignis erfasst wird.

Abb. 2.65 Beim Digital-
Speicheroszilloskop
befindet sich ein
Triggerpunktindikator sowohl
auf der Kurvenform wie
auch auf dem Anzeigebalken
für die Speichertiefe (T im
Bildschirmfoto)

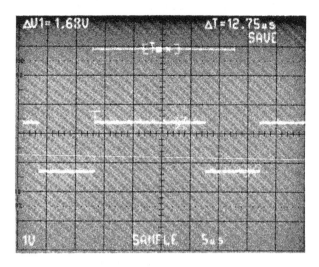

2.6.5 Nutzbare Speicherbandbreite und nutzbare Anstiegszeit

Nachdem einiges über die Verfahren zur Darstellung digitaler Informationen mitgeteilt worden ist, erscheint es angebracht, ebenfalls einiges über deren Nutzanwendung auszusagen.

Einer der maßgeblichen Gründe für die Signalspeicherung in Oszilloskopen ist die Erfassung und Darstellung einmaliger Vorgänge oder Ereignisse. Bei herkömmlichen Speicheroszilloskopen (Speicherröhre) wird normalerweise die Bandbreite des Messvorgangs (Ereignisbandbreite) angegeben, die mithilfe eines definierten Verfahrens geprüft werden kann.

Bei digitalen Speicheroszilloskopen sind die Verhältnisse nicht so einfach gelagert. Die individuelle Anwendung wie auch die Geräteeigenschaften unterscheiden sich natürlich von Fall zu Fall, weshalb im Folgenden verschiedene Verfahren erläutert werden. In diesem Zusammenhang ist von nutzbarer Speicherbandbreite bzw. von nutzbarer Anstiegszeit ausführlich die Rede.

Bandbreite ist eine spezifizierte Eigenschaft, die etwas über die Fähigkeiten eines Oszilloskops bezüglich der Darstellung von Sinusschwingungen aussagt. Indem einem nicht speichernden Oszilloskop eine Kamera hinzugestellt wird, entsteht bereits ein Speicheroszilloskop. Hierbei kommt aber schon eine andere spezifizierte Eigenschaft als Kriterium hinzu, nämlich die (fotografierbare) Schreibgeschwindigkeit. Bei den herkömmlichen Speicheroszilloskopen (Speicherröhre) ist die (speicherbare) Schreibgeschwindigkeit normalerweise ein Kriterium bei der Geräteauswahl. Weshalb rangiert hier aber Schreibgeschwindigkeit vor der Bandbreite? Das geschieht deshalb, weil der Betrag der Ladung (des Lichts), der auf die Treffplatte (den Film) gebracht werden kann, die Obergrenze der Speicherfähigkeit des Oszilloskops festlegt. Dies geschieht im Allgemeinen nicht durch den Frequenzgang der Verstärker eines solchen Geräts. Selbstverständlich sind beide Schreibgeschwindigkeiten, wie dies auch aus Abb. 2.66 ersichtlich ist, unmittelbar von der Signalfrequenz abhängig, die ein Oszilloskop zu speichern vermag.

Aufschluss vermittelt dieses Diagramm von Abb. 2.66, bei dem die Darstellungshöhe in Zentimeter auf der Ordinate abgetragen ist, während die Abszisse oben die Anstiegszeit von Impulsen und unten die Frequenz von Sinusschwingungen trägt. Damit kann die zur Darstellung und Speicherung benötigte Schreibgeschwindigkeit ermittelt werden.

Kommt die Sprache auf digitale Speicheroszilloskope, möchten sich die meisten Benutzer an einem einzigen Gütekriterium (etwa Bandbreite oder Schreibgeschwindigkeit) orientieren, mit dem die maximale speicherbare Signalfrequenz beschrieben werden kann. Die nutzbare Speicherbandbreite weist denn auch tatsächlich einen Weg, die maximal „nutzbare" Frequenz zu spezifizieren.

Es wurde bereits besprochen, wie sich die Digitalisierungsrate eines digitalen Speicheroszilloskops mit dem gewählten Zeitkoeffizienten ändert. Im selben Zusammenhang wurde auch der Einfluss der Datenrekonstruktion zur Bildschirmdarstellung

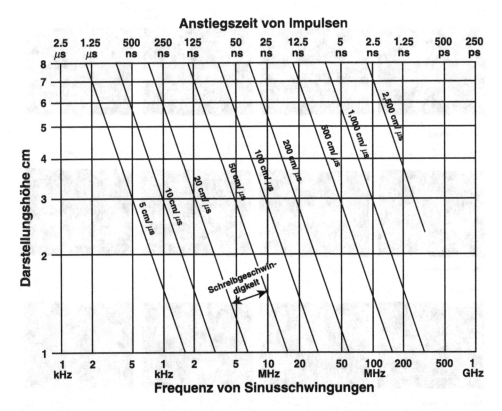

Abb. 2.66 Wie schnell bei einem herkömmlichen Speicheroszilloskop auf dem Bildschirm der Speicherröhre geschrieben werden muss, hängt von der Geschwindigkeit des Messsignals und von der gewünschten Darstellungshöhe ab

behandelt, die darüber entscheidet, wie einfach oder weniger leicht man Sinus-schwingungen mit einem digitalen Speicheroszilloskop identifizieren und messen kann. Beide Faktoren gehen in die nutzbare Speicherbandbreite ein, die von der Digitalisierungsrate wie auch von der Darstellungstechnik abhängt, was durch Abb. 2.67 gezeigt wird.

Für Punktdarstellungen sind wenigstens 20 oder vorzugsweise 25 Abtastwerte jeder Periode einer Sinusschwingung erforderlich, während man unter Zuhilfenahme eines Impulsinterpolators bereits mit etwa 10 Abtastwerten auskommt, die durch Vektoren mit-einander verbunden werden. Weniger Abtastwerte würden die Erkennung fehlerhafter Spitzenwerte erschweren. Dies wird erst durch einen Sinusinterpolator möglich, der mit nur 2,5 Abtastwerten je Periode auskommt, womit man schließlich an die durch das Abtasttheorem vorgezeichnete Grenze stößt.

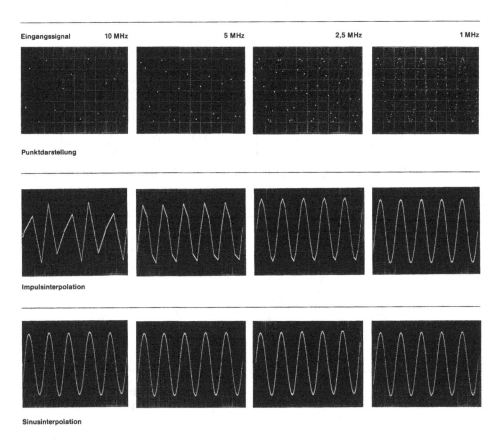

Abb. 2.67 Die Darstellungstechnik beeinflusst die nutzbare Speicherbandbreite von digitalen Speicheroszilloskopen

Punktdarstellungen werden durch perzeptorisches Aliasing und Hüllkurvenfehler beeinträchtigt. Um diesen Zustand zu mildern oder gar zu beseitigen, sind wenigstens 20 oder vorzugsweise 25 Abtastwerte jeder Periode einer Sinusschwingung darzustellen. Mithin ergibt sich für die Darstellung eines Sinussignals über die gesamte Messfläche eine nutzbare Speicherbandbreite, die folgendermaßen definiert ist:

$$Nutzbare\ Speicherbandbreite\ [MHz] = \frac{Maximale\ Digitalisierungsrate\ [MHz]}{25}$$

Man beachte, dass die zur Erkennbarkeit der Bildschirmdarstellung erforderliche Anzahl der Abtastwerte je Periode mit der Schreibamplitude variiert. Ist sie kleiner, liegen die Abtastpunkte auf dem Bildschirm näher beieinander, und das perzeptorische Aliasing ist vermindert.

In dieser Hinsicht ist die nutzbare Speicherbandbreite zur Punktdarstellung der spezifizierten Schreibgeschwindigkeit ähnlich. Das gilt aber keinesfalls für interpolierte Darstellungen.

Die Interpolation ist ein anderes, bereits zuvor behandeltes Thema, denn hierbei werden zusätzliche Datenwörter zwischen vorhandenen Abtastpunkten eingefügt. Im Fall linearer Interpolation verbinden Vektoren die Abtastpunkte und tragen somit zu verbesserter Erkennbarkeit von Sinusschwingungen bei, obwohl Hüllkurvenfehler noch bestehenbleiben. Für lineare Interpolation ist die nutzbare Speicherbandbreite folgendermaßen definiert:

$$Maximale\ Speicherbandbreite\ [MHz] = \frac{Maximale\ Digitalisierungsrate\ [MHz]}{10}$$

Sinusinterpolatoren tragen zu weiter verbesserter Erkennbarkeit bei der Messung von Sinusschwingungen bei. Für den im digitalen Speicheroszilloskop enthaltenen Sinusinterpolator ist die nutzbare Speicherbandbreite folgendermaßen definiert.

$$Nutzbare\ Speicherbandbreite\ [MHz] = \frac{Maximale\ Digitalisierungsrate\ [MHz]}{2,5}$$

Es ist jedoch zu beachten, dass der Divisor im vorstehenden Ausdruck von den individuellen Eigenschaften eines jeden Interpolatortyps abhängt, denn nicht jedes Sinusinterpolatorkonzept gleicht dem anderen.

Die nutzbare Speicherbandbreite ist nicht allein ein Kriterium zum Vergleich von digitalen Speicheroszilloskopen untereinander, d. h. es können damit auch die Eigenschaften analoger und digitaler Oszilloskope verglichen werden. So kann man beispielsweise die nutzbare Speicherbandbreite unmittelbar gegen die Bandbreite vergleichen oder aber die nutzbare Bandbreite aus der spezifizierten Schreibgeschwindigkeit mit Hilfe der nachstehenden Beziehung ableiten:

$$Nutzbare\ Speicherbandbreite\ [MHz] = \frac{Schreibgeschwindigkeit\ [Teil/\mu s]}{210}$$

Das entspricht einer vollständig und mit einer Amplitude von 3,2 Teilen ($\triangleq$ DIV) dargestellten Sinusschwingung. Um eventueller Verwirrung vorzubeugen, sei daran erinnert, dass die Geschwindigkeit ein Quotient aus Länge und Zeit ist. Als Länge erscheint hier „Teil", damit die Formel universell handhabbar ist. Die tatsächliche Länge von einem Teil kann der Gerätespezifikation entnommen werden. Im Übrigen ist die Formel wohl etwas willkürlich, was aber der Zweckbestimmung (Vergleich) keinen Abbruch tut.

Keineswegs bei allen Messungen sind Sinusschwingungen beteiligt. Der Parameter, der die Eigenschaften eines digitalen Speicheroszilloskops hinsichtlich der Impulsaufnahme widerspiegelt, ist die Anstiegszeit. Für analoge Oszilloskope kann die Anstiegszeit näherungsweise aus der Bandbreite berechnet werden, und zwar anhand folgender Beziehung:

$$Anstiegszeit \ [ns] \approx \frac{0,35}{Bandbreite \ [\text{MHz}]}$$

Wollte man etwa die Anstiegszeit eines Signals messen, die aber deutlich kürzer als jene eines analogen Oszilloskops ist, würde man in Wirklichkeit die System- oder Gesamtanstiegszeit von Oszilloskop plus eventueller Eingangsschaltung (Tastkopf) und Signal erhalten. Für diesen „Messwert" gilt näherungsweise die folgende Beziehung:

$$Gesamt(System\text{-})anstiegszeit \approx \sqrt{(Signalanstiegszeit)^2 + (Geräteanstiegszeit)^2}$$

Demgegenüber zeigt für digitale Oszilloskope eine einfache Zeichnung, dass bei der Messung und Darstellung eines sehr schnellen Signals und mit Anwendung eines Impulsinterpolators die dargestellte Anstiegszeit zwischen 0,8 und 1,6 Abtastintervallen liegen kann. Wie aus Abb. 2.68 hervorgeht, hängt die dargestellte Erscheinung eng mit der Lage der Abtastpunkte auf dem gemessenen Signalverlauf zusammen.

Es erweist sich, dass die in Verbindung mit Impulsinterpolation auftretenden maximalen positiven Anstiegszeitfehler eng dem Fehlerverlauf bei einem analogen Oszilloskop (Abb. 2.69) folgen, wenn das analoge System eine Anstiegszeit von 1,6 · Abtastintervallen aufweist. Demgegenüber sind die maximalen negativen Anstiegszeitfehler bedeutend kleiner.

Zur Verdeutlichung wird ein und dieselbe Sprungfunktion mit gleichen Abtastintervallen erfasst. Im einen Fall (oben) liegt der Sprung halbwegs zwischen zwei Abtastpunkten, so dass sich aus der Vektordarstellung eine Anstiegszeit von 0,8 Abtastintervall ergibt. Dagegen könnte im ungünstigsten Fall (unten in Abb. 2.68) der Sprung in halber Höhe mit einem Abtastpunkt und dem Ergebnis zusammenfallen, dass sich die maximal mögliche Anstiegszeit von 1,6 · Abtastintervallen einstellt.

Um die Ergebnisse von der jeweiligen Abtast- oder Digitalisierungsrate unabhängig zu machen, sind auf der Abszisse die Anzahl der Abtastpunkte je dargestellter Anstiegszeit der Eingangssprungfunktion und auf der Ordinate die dargestellten Fehlerprozente der Anstiegszeit abgetragen. Das Eingangssprungsignal war als ungünstigster Fall ein exponentiell verlaufender Sprung. Zum Vergleich ist die entsprechende Fehlerkurve eines analogen Oszilloskops ebenfalls dargestellt.

Weil die meisten begrenzenden Messfehler, die bei Verwendung von 1,6 · Abtastintervallen als nominelle Anstiegszeit auftreten, den Fehlern eines analogen Oszilloskops
ähnlich sind, kann die nutzbare Anstiegszeit folgendermaßen definiert werden:

Nutzbare Anstiegszeit ≈ minimales Abtastintervall · 1,6

Wünscht man beispielsweise die nutzbare Anstiegszeit eines digitalen Oszilloskops mit
maximaler Digitalisierungsrate von 10 MHz, brauchte man nur das minimale Abtastintervall (0,1 ms) mit 1,6 zu multiplizieren, um auf den Wert 0,16 ms oder 160 µs zu gelangen.

Man beachte, dass die nutzbare Anstiegszeit auf der Anwendung eines Impulsinterpolators
beruht. Bei Punktdarstellungen bestehen wegen der verminderten Auflösung zusätzliche
Fehlermöglichkeiten. Trotz gleicher Anzahl von Abtastungen eines Sprungsignals am Eingang verkörpert die Punktfolge nicht den eigentlichen Signalverlauf. Sinusinterpolatoren

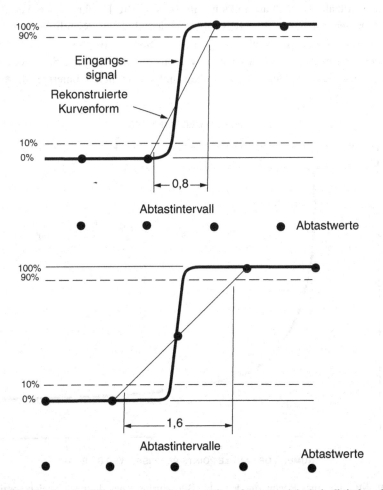

Abb. 2.68 Fehler in der Messung von Anstiegszeiten können sich bei digitalen Speicheroszilloskopen allein durch die unterschiedliche zeitliche Lage der Abtastpunkte verändern

weisen dagegen kürzere Anstiegszeiten als das Signal am Eingang aus und dies hängt mit dem vom Interpolator beigesteuerten Vor- und Überschwingen zusammen, wenn der Verlauf des Sprungsignals nur durch wenige Abtastwerte charakterisiert wird. Wichtig ist auch, dass man im Gegensatz zur Anstiegszeit bei analogen Geräten aus der nutzbaren und der gemessenen Anstiegszeit keine Rückschlüsse auf die Signalanstiegszeit ziehen kann. Die nutzbare Anstiegszeit basiert auf dem größtmöglichen Fehler, während der tatsächliche Fehler einer Messung zwischen den negativen und positiven Maximalwerten liegen kann, und zwar abhängig von der Lage der Abtastpunkte auf dem Signalverlauf. Der Fehlerbereich ist in Abb. 2.69 dargestellt.

Hinweis

Da die jeweilige Anwendung im Allgemeinen die Festlegung einer Kurvenform mit einer Anzahl von Abtastpunkten zulässt, sind die beschriebenen Verfahren zur Definition der nutzbaren Speicherbandbreite lediglich als Richtlinie zu betrachten. Stets sollte bei der Auswahl eines digitalen Speicheroszilloskops der Abtastrate besondere Aufmerksamkeit geschenkt werden, da die nutzbare Speicherbandbreite von den verschiedenen Herstellern durchaus unterschiedlich definiert wird. ◄

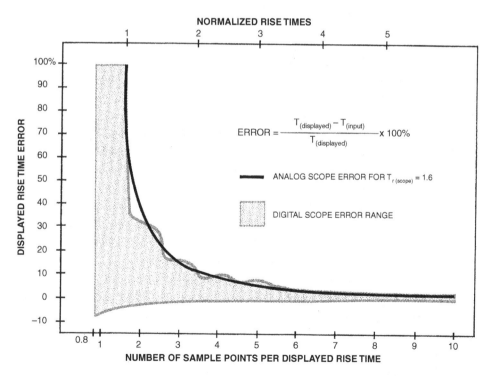

Abb. 2.69 Mithilfe eines Rechnermodells des Bildschirms eines digitalen Speicheroszilloskops wurden die hier wiedergegebenen Fehlerbereiche von Anstiegszeiten ermittelt

Die nutzbare Anstiegszeit und die nutzbare Speicherbandbreite haben einen bemerkenswerten Unterschied zwischen analogen und digitalen Oszilloskopen. Während sich Bandbreite und Anstiegszeit bei analogen Geräten in Abhängigkeit vom Zeitkoeffizienten nicht ändern, ist dies bei digitalen Speicheroszilloskopen sehr wohl der Fall, und zwar wegen der wechselnden Digitalisierungsrate. Jedoch vermitteln beide Parameter einen Eindruck von den schnellsten Signalen, die mit einem bestimmten digitalen Oszilloskop erfasst werden können; ebenso wie die spezifizierte Bandbreite und Anstiegszeit analoge Oszilloskope charakterisieren.

2.6.6   Signalverarbeitung

Die Signalverarbeitung ist eine weitere Anwendungsmöglichkeit, die sich bei digitalen Speicheroszilloskopen eröffnet. Sie umfasst die Übersetzung von Rohdaten in fertig aufbereitete Informationen.

Außer zum Antialiasing (Schutz vor Aliasing) sowie zur Hüllkurven- oder Spitzenwerterkennung können die gewonnenen Informationen auch zur Erkennung sogenannter Glitches (Spannungsspitzen) bei solchen Zeitkoeffizienten dienen, die wesentlich langsamer sind, als dies bei herkömmlicher Speicherung (Speicherröhre) möglich wäre. Weil man den Zeitbezug zwischen der Erfassung von Spitzenwerten und der durch die Wahl des Zeitkoeffizienten bestimmten Abtastrate kennt und weil man diese Minima und Maxima durch Informationsverarbeitung zeitbezogen auf dem Bildschirm darstellen kann, erweitert sich der Nutzen der Spitzenwerterkennung zu einer gleichermaßen wichtigen Anwendung, und zwar zur Erfassung von Glitches (Abb. 2.70).

Mit den gleichen Einstelldaten entstand das untere Bildschirmfoto an einem herkömmlichen Speicheroszilloskop (Speicherröhre) und die Impulse sind hier nicht erkennbar.

Mit entsprechender Software kann diese Funktion unter Benutzung eines Verfahrens ausgedehnt werden, das zuweilen als Spitzenwertakkumulation bezeichnet wird. Hiermit ergibt sich die Fähigkeit, Veränderungen in einer Kurvenform über einen Zeitabschnitt zu erkennen. Indem die Minima und Maxima eine Zeitlang festgehalten werden, kann man die Auswanderung einer Kurvenform mit der Darstellung von Drift und Jitter rekonstruieren; ein Beispiel ist in Abb. 2.71 wiedergegeben.

Im Wesentlichen besteht die Erfassung von Toleranzbandüberschreitungen (engl. save on delta) darin, dass eine vorherbestimmte Hüllkurve (Toleranzband) eingestellt und dann eine entsprechende Kurvenform darin platziert wird. Durch geeignete Signalverarbeitung können somit jegliche Signalabschnitte, die über die Hüllkurve hinausreichen Toleranzbandüberschreitungen, erfasst und natürlich auch gespeichert werden. Ein Beispiel ist in Abb. 2.72 wiedergegeben.

Bei der Hüllkurven- oder Spitzenwerterkennung ist die Folge der dargestellten Minima und Maxima in Betracht zu ziehen. Üblicherweise erscheinen abwechselnd Minimum/Maximum usw., wie dies auch in Abb. 2.73 in Gestalt der Kurvenform B

Abb. 2.70 Das obere der beiden Bildschirmfotos wurde an einem digitalen Speicheroszilloskop aufgenommen. Es zeigt in der oberen Kurve 100-ns-Impulse mit einem Zeitkoeffizienten von 50 ms, während aus der unteren Kurve ersichtlich ist, dass die Impulse ohne Spitzenwerterkennung unsichtbar bleiben

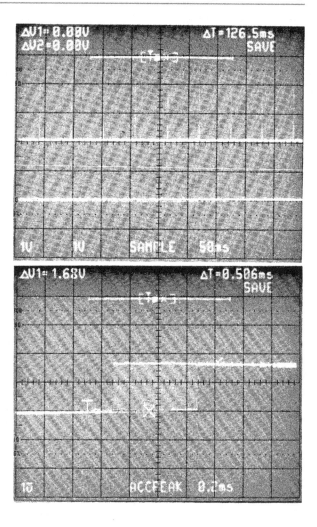

skizziert ist. Hieraus folgt die Fähigkeit, ebenso Glitch-Informationen darzustellen; es ist damit aber insbesondere bei horizontaler Bilddehnung eine gezackte Darstellung der Kurvenform gezeigt, die im Normalfall gar nicht wahrnehmbar ist.

Als Abhilfe wird ein Verfahren einbezogen, das als Glättung (engl. smoothing) bezeichnet wird und aus logischer und wertmäßiger Umordnung besteht. Die einzelnen Datenpunkte werden zu einer einwandfreien Kurve umgeordnet und für einzufügende Glättungsvektoren interpretiert. Im Wesentlichen bedeutet die Glättung, dass die Datenpunkte benachbarter Abtastintervalle wertmäßig vertauscht werden. Sofern diese Wertänderungen innerhalb bestimmter Grenzen bleiben, werden die Werte für die einzufügenden Vektoren als fortlaufende Kurve interpretiert. Würden die im Übrigen festgelegten Grenzen überschritten, bleiben die betreffenden Datenpunkte unverändert, und an diesen Stellen tragen die Vektoren dazu bei Unstetigkeit oder Sprünge im Verlauf der

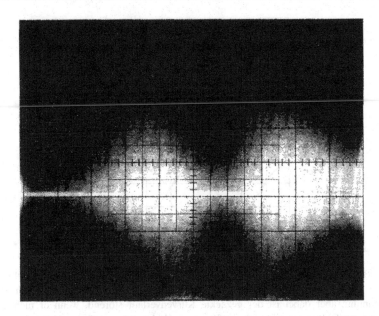

Abb. 2.71 Das aufgenommene Signal ist über eine bestimmte Zeit gedriftet. Die in den digitalen Speicheroszilloskopen angewandte Spitzenwertakkumulation ermöglicht, diese Drift zu erfassen und darzustellen

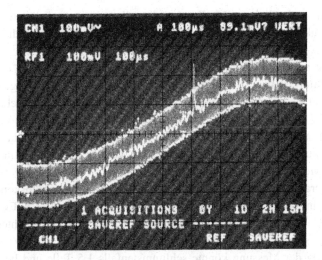

Abb. 2.72 Eine vorherbestimmte Hüllkurve wurde als Toleranzband auf dem Bildschirm dargestellt und im Speicher festgehalten. Die reguläre Kurvenform wird dann innerhalb des Toleranzbands mit der Bestimmung platziert, dass Signalauslenkungen, die über die Hüllkurve hinausreichen erfasst und gespeichert werden. Mit einem Schaltungsteil des digitalen Speicheroszilloskops wird die vom Messbeginn bis zur Toleranzbandüberschreitung verstrichene Zeit erfasst und alphanumerisch auf dem Bildschirm dargestellt (im Bildschirmfoto: 1 h, 2 h und 15 min)

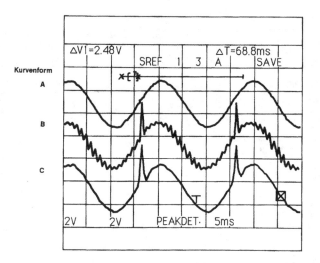

Abb. 2.73 Bei Anwendung der Hüllkurven oder Spitzenwerterkennung erscheinen abwechselnd Minima und Maxima, wie beispielsweise in Gestalt der Kurve B. Dies ist auch ein Mittel zur Glitch-Erkennung, aber dabei ist der gezackte Kurvenverlauf störend, wenn er nicht geglättet. wird. Mithilfe der Glättung ergibt sich die Kurve C, sie ist aussagekräftiger und verdeutlicht die Glitches. Bei der im Normalbetrieb (Sample) aufgenommenen Kurve A ist zwar die Aussagekraft vorhanden, aber die Glitches fehlen

Kurvenform zu verdeutlichen. Das Ergebnis ist allemal eine „geglättete" Darstellung, wobei die Fähigkeit zur Erkennung von Glitches bestehenbleibt, wie die in Abb. 2.73 dargestellte Kurvenform C im Vergleich zu anderen zeigt.

Die Signalverarbeitung kann ferner dazu dienen, dass genauere Daten erfasst werden. Ein Beispiel dafür ist die Signalmittelung. Dies ist eine nützliche Eigenschaft, denn zuweilen kommt es vor, dass bei Messsignalen unerwünschtes Rauschen überlagert ist. Mithilfe der Signalverarbeitung kann derartiges Rauschen beseitigt werden; dies geschieht durch Mittelung etlicher periodisch übereinstimmender Signalabschnitte. Wie aus den Darstellungen in Abb. 2.74 ersichtlich ist, können durch die Mittelung sowohl die Auflösung wie auch die Genauigkeit von Messungen merklich gesteigert werden.

Die Signalverarbeitungseigenschaften von digitalen Speicheroszilloskopen vermögen die Auflösung eines Signals in der Weise zu steigern, dass auch kleinste Einheiten unterscheidbar werden. Es sei beispielsweise angenommen, dass ein verrauschtes Signal ähnlich in Abb. 2.75 gemessen und dargestellt wird.

Die Auflösung der Messung könnte schlimmstenfalls 1,5 Teile und bestenfalls auch nur 0,5 Teil betragen, abhängig vom gemessenen Signalteil. Nach der Mittelung, erkennbar an der (schwarzen) Kurve innerhalb des rauschbehafteten Kurvenzugs (grau), käme die Auflösung auf immerhin 0,2 bis 0,1 Teil ($\triangleq$ DIV).

Mit gesteigerter Auflösung kann die Genauigkeit von Messungen ebenfalls zunehmen. Hierfür ist die digitale Mittelung maßgebend, weil das Messsignal einen sehr spezifischen Zeitbezug aufweist und der Triggerpunkt bleibt stets derselbe. Demgegenüber

Abb. 2.74 Nachdem
ein Signal digitalisiert
worden ist, können die es
verkörpernden Daten auf
mancherlei Weise manipuliert
werden. Bei einigen digitalen
Speicheroszilloskopen
wird diese Möglichkeit zur
Signalverarbeitung und damit
zu verbesserter Genauigkeit
genutzt, wie etwa durch
Mittelung oder um den
Rauschanteil eines Signals
drastisch zu vermindern

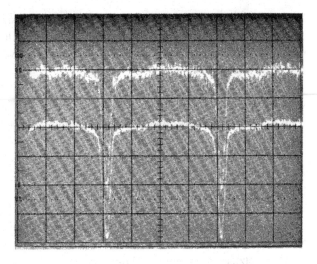

Abb. 2.75 Messung eines
verrauschten Signals

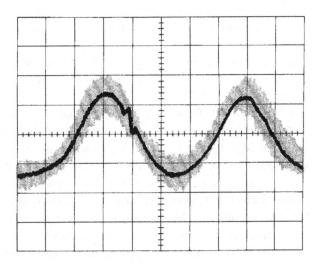

hat das Rauschen, von dem das Signal umgeben ist, weder einen Zeitbezug noch ist es
triggerabhängig. Da das Rauschen regellos ist, ist das arithmetische Mittel gleich Null.
Durch Mittelung von Kurvenformen wird das Signal/Rausch-Verhältnis der erhaltenen
Information verbessert. Für unkorreliertes Rauschen wird das Signal/Rausch-Verhältnis
um einen Faktor $\sqrt{n}$ verbessert, wobei n die Anzahl gemittelter Kurvenformen ist. Wenn
beispielsweise Messergebnisse wegen Rauschen um 10 % schwanken können, beträgt
das Signal/Rausch-Verhältnis 10:1. Durch Mittelung über vier Signale kommt man
bereits auf 20:1 ($10 \cdot \sqrt{4}$) oder nur noch 5 %.

Es gibt verschiedene Verfahren, die Mittelung zu bewirken. Ein Verfahren zeichnet
sich durch seine Einfachheit aus, nämlich das arithmetische Mittel. Es folgt aus der
Summe der Daten aller einbezogenen Kurvenformen, dividiert durch die Anzahl der

Kurvenformen, über die gemittelt wurde. Bei einem anderen Verfahren, das auch im digitalen Speicheroszilloskop angewandt wird, handelt es sich um eine sogenannte normierte Mittelung. Hierbei wird die letzterfasste Kurvenform gewichtet, und zwar mit 1, 2, 4, 8, 16 usw. bis 256.

Die Anzahl der Kurvenformen, über die gemittelt wird, ist ebenfalls am Oszilloskop wählbar und es ist jede Menge zwischen 1 und 2047 oder auch unendlich zur Auswahl gestellt. Der Algorithmus dieser Mittelung ist durch die nachstehende Beziehung gegeben:

$$M_S = M_{S-1} + \left[(I_S - M_{S-1})/2^n \right]$$

Darin ist

S   = Anzahl der über die gemittelten Kurvenformen
M_S = Mittelwert nach S Kurvenformen
M_{S-1} = letzter vorhergehender Mittelwert
I_S = aktuelle Kurvenformdaten
N   = positive ganze Zahl zwischen 0 und 8, vom verstrichenen Durchlauf abhängig

Die Darstellungen in Abb. 2.76 veranschaulichen den Einfluss unterschiedlicher Gewichtung auf den Algorithmus anhand einer von einem Zufallsgenerator erzeugten Zahlenreihe.

Damit ist die Aufzählung möglicher Signalverarbeitungseigenschaften von digitalen Speicheroszilloskopen bei weitem noch nicht erschöpft. So können etwa zwei verschiedene Signale digital addiert, subtrahiert, multipliziert oder in eine XY-Darstellung umgesetzt werden. Einige Oszillografen integrieren oder differenzieren eine Kurvenform, auf einfachen Knopfdruck hin. Mit anderen Worten: Signalverarbeitung ist eine Errungenschaft bei modernen digitalen Speicheroszilloskopen, die dem Anwender Lösungswege für seine Messaufgaben erschließt, die er vorteilhaft nutzen kann.

Beliebige mathematische Funktionen sind ebenfalls realisierbar. Auf Wunsch können Kurvenformen an externe Messgeräte oder über PC ausgegeben werden, wenn die entsprechenden Voraussetzungen vorhanden sind. Auch in anderer Hinsicht bietet die digitale Speicherung einen beachtlichen Vorteil. So kann man die Signalverarbeitung durch einen Rechner bewältigen, wenn etwa ein digitales Speicheroszilloskop hierfür nicht eingerichtet ist.

2.6.7 Spezifikationen

Die Genauigkeit von Zeitmessungen mit Oszilloskopen wird durch den Messsystem anhaftende Fehler beeinträchtigt und überdies von der Auflösung des Systems begrenzt. Bei analogen Oszilloskopen sind deren Bandbreite sowie Ungenauigkeiten von Zeitkoeffizienten und Zeitbasis nicht zu vernachlässigende Fehlerquellen, während die

Auflösung durch die Abmessungen des Leuchtflecks begrenzt wird. Bei digitalen Oszilloskopen ohne Interpolation sind die Fehlerquellen gleichartig, wogegen die Auflösung vom kleinstmöglichen Abtastintervall begrenzt wird.

Mit digitaler Bilddehnung (zusätzlich zu jener durch erhöhte Verstärkung, die bei analogen wie auch bei digitalen Oszilloskopen möglich ist) sowie mit dem Gebrauch von Interpolatoren (zur Ausfüllung der Informationslücken zwischen den Abtastpunkten) werden ursprünglich vorhandene Grenzen für Zeitmessungen gesprengt und somit die Möglichkeiten erweitert. Praktisch sind Fehler bei Zeitmessungen damit eine Frage der Anzahl von Abtastwerten, die von einem Messsignal genommen werden.

Fehler bei Zeitmessungen hängen aber auch vom Messsignaltyp und von der Konzeption des verwendeten Interpolators ab. Zeitabstände zwischen Impulsen und auch

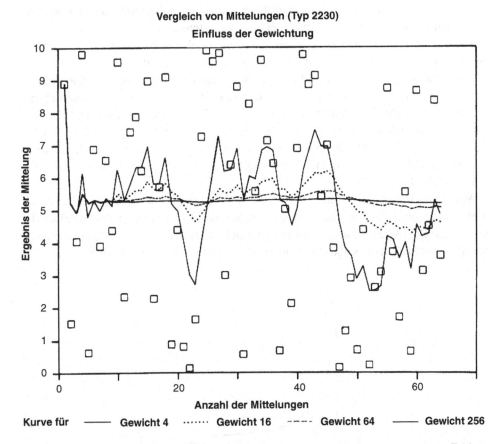

Abb. 2.76 Die kleinen Quadrate verkörpern eine von einem Zufallsgenerator erzeugte Zahlenreihe, die mit unterschiedlicher Gewichtung gemittelt wurde, was die einzelnen Kurven belegen. Im Einzelnen zeigen die ausgeprägte Kurve, die punktierte Kurve, die gestrichelte Kurve sowie die abgeflachte ausgezogene Kurve die Ergebnisse der Gewichtungen 4, 16, 64 bzw. 256. Zur Rauschverminderung wird man im Allgemeinen hoch gewichten, dagegen niedriger, um Signalveränderungen zu erkennen

Impulsbreiten sind Beispiele für Messungen, bei denen Impulsinterpolatoren mit besten Ergebnissen aufwarten. Fehler infolge der Interpolation können in solchen Fällen sehr gering sein; beispielsweise bleibt der Fehler bei drei Abtastwerten auf der Anstiegsflanke eines Messsignals unter ±5 % vom Abtastintervall. Bei einer mit 500 Datenpunkten auf dem Bildschirm dargestellten Kurvenform bedeutet dies ±0,01 % der Gesamtspanne.

Für Perioden- und Phasenmessungen an Sinusschwingungen eignet sich ein Sinusinterpolator am besten. Beispielsweise liegt der durch den Interpolator verursachte Zeitfehler im Fall von nur 2,7 Abtastwerten je Periode des sinusförmigen Messsignals unter ±0,5 % vom Abtastintervall. Bei einer mit 500 Datenpunkten auf dem Bildschirm dargestellten Kurvenform bedeutet dies sogar nur ±0,001 % der Gesamtspanne.

Die vorstehend skizzierten Fehler sind in Abb. 2.77 und 2.78 als Funktion der Anzahl von Abtastpunkten wiedergegeben. Die Fehlerkurven veranschaulichen, dass Fehler infolge Interpolation die Messungen wahrscheinlich nicht beeinträchtigen; normalerweise sind sie geringer als durch Rauschen hervorgerufene Fehler.

Einzeln aufgestellt, sind Fehlerspezifikationen für den arglosen Betrachter äußerst beeindruckend. Deshalb kann es nicht schaden, den Dingen auf den Grund zu gehen. So gibt es immerhin vier wesentliche Beiträge zu den Kurzzeitfehlern des Vertikalteils, und zwar vonseiten der Verstärkung, der ADW-Auflösung, der Linearität sowie des Rauschens.

Verstärkungsfehler werden oft vereinfachend als Fehler oder als „Genauigkeit" ausgegeben. Tatsächlich ist dies der Gleichstromfehler der Verstärkung, ähnlich dem bei herkömmlichen Oszilloskopen anzutreffenden, der sich dort unmittelbar auf den Ablenkkoeffizienten auswirkt. Als Angabe findet man häufig einen Prozentsatz der Messspanne bzw. des Messbereichsumfangs.

Wie bereits früher zum Ausdruck gebracht, ist unter Auflösung die Anzahl diskreter Pegelwerte zu verstehen, die verfügbar sind, ein Eingangssignal zu verkörpern. Wenn jedoch der tatsächliche Signalpegel zwischen den verfügbaren Pegelwerten liegt, ist ein Quantisierungsfehler von + LSB/2 damit verbunden. Einzelheiten sind aus Abb. 2.79 ersichtlich.

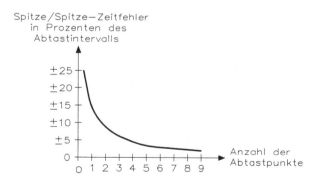

Abb. 2.77 Bei Impulsmessungen unter Mitwirkung eines Impulsinterpolators entstehen Fehler; sie sind hier so wiedergegeben, wie sie vom 50-%-Punkt einer Kurvenform zum gleichen Punkt einer anderen gemessen wurden. Um die Ergebnisse von der Digitalisierungsrate unabhängig zu machen, sind die Fehlerangaben prozentual auf das Abtastintervall bezogen

Abb. 2.78 Wiedergabe des maximalen Fehlers bei Frequenz und Phasenmessungen unter Mitwirkung eines Sinusinterpolators mit dem digitalen Speicheroszilloskop; die Fehlerkurve gilt für eine Periode einer Sinusschwingung

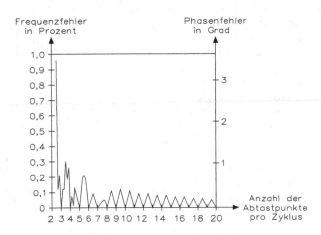

Abb. 2.79 Bei einem idealen Analog-Digital-Wandler beträgt der Quantisierungsfehler + LSB/2. Entspricht beispielsweise jedem Inkrement (oder LSB) der Wert 10 mV/Bit, kann ein 35-mV-Signal nicht genau wiedergegeben werden; es erscheint entweder als 40 mV oder als 30 mV, wobei der Fehler 5 mV oder + LSB/2 ausmacht

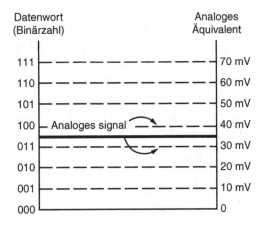

Unter dem Linearitätsfehler ist der inkrementelle prozentuale Unterschied zwischen den diskreten Pegelwerten von LSB-Schritten zu verstehen; dies ist in Abb. 2.80 verdeutlicht.

Das Rauschen wird üblicherweise in Effektivwerten angegeben. Demgegenüber ist der doppelte Spitzenwert im Allgemeinen vier- bis fünffach größer als der vergleichbare Effektivwert.

Zum besseren Verständnis sind zwei auf unterschiedliche Weise abgefasste Gerätespezifikationen in Tab. 2.5 einander gegenübergestellt. Man versuche einmal, sie nach einer anfänglichen Analyse zu vergleichen. Dabei fällt zunächst auf, dass im linken Teil für die Vertikal- und die Horizontalablenkung jeweils ein Fehler von ±3 % spezifiziert ist.

Hierzu erinnert man, dass dies wie bei herkömmlichen Oszilloskopen für den Gleichstromfehler gilt. Für dieses Gerät ist das alles, was sein Hersteller angibt. Es entspricht den von herkömmlichen Oszilloskopen bekannten Gebräuchen und wird demnach auch so aufgefasst.

Ganz anders verhält es sich mit den im rechten Teil wiedergegebenen Gerätedaten, denn sie sind weniger allgemein abgefasst und nicht so leicht fassbar. Was aber spezifiziert wurde, ist weitgehend signalbezogen und als Prozentsatz der jeweiligen Gesamtspanne

Abb. 2.80 In Wirklichkeit haben Analog-Digital- und Digital-Analog-Wandler nicht gleiche analoge Inkremente für jeden Pegel. Das analoge Aquivalent kann beispielsweise (10 mV + 2 mV)/Bit betragen, wobei die zusätzlichen 2 mV durch Linearitätsabweichungen des Umsetzers bedingt sind. Demnach könnte ein 30-mV-Signal nur als 31 mV verkörpert werden, d. h. mit einem Fehler von 3,3 %

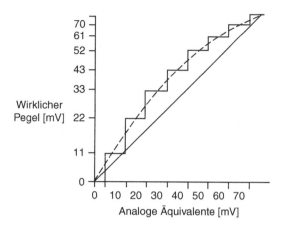

ausgewiesen. Allerdings muss der Benutzer von vornherein um die Signalart wissen, der er begegnen wird. Im Übrigen beziehen sich die Angaben nur auf den Analog-Digital-Teil und dies bedeutet, dass Abschwächer- und Bildschirmteil außer Betracht bleiben. Es ein Rechenbeispiel durchgeführt.

Hierfür werden dem rechten Teil von Tab. 2.5 einige Gerätedaten entnommen, um damit zu rechnen. Dies sieht dann so aus, dass auch die Auflösung, die Linearitäts-abweichung und das Rauschen in die Fehlerrechnung einbezogen werden; die Ausgangs-daten sind mithin folgende:

Fehlergrenze $= +0{,}25$ % der Gesamtspanne
Auflösung $= \pm 0{,}025$ % der Gesamtspanne
Linearitätsabweichung $= +0{,}1$%
Rauschen $= +0{,}02$ % der Gesamtspanne (Effektivwert)

Für ein Gleichspannungssignal von 2 V, das mit einem Ablenkkoeffizienten von 1 V/Teil ($\hat{=}$ DIV) darzustellen ist, wird der prozentuale Fehler gesucht. Da die Daten teilweise auf die Gesamtspanne bezogen sind, muss sie ermittelt werden. Wie bereits zum Ausdruck kam, ist die Messfläche auf dem Bildschirm von Oszilloskopen vertikal gewöhnlich in acht Teile gegliedert; mithin ist die

$$\text{Gesamtspanne} = 8 \text{ Teile} \cdot 1 \text{ V/Teil} = 8 \text{ V}$$

Nun steht der Berechnung der Spannungsabweichung (in absoluten Werten) nichts mehr entgegen. Unter der Annahme, dass alle Abweichungen ein positives Vorzeichen auf-weisen (siehe Ausgangsdaten), erhält man durch Summierung sämtlicher Einflüsse als

$$\text{Spannungsabweichung} = 0{,}0025 \cdot 8 \text{ V} + 0{,}00025 \cdot 8 \text{ V} + 0{,}0012 \text{ V}$$
$$+ 0{,}0002 \cdot 4 \cdot 8 \text{ V} = 0{,}0296 \text{ V}$$
$$= 29{,}6 \text{ mV}$$

Um auf den prozentualen Fehler für die Darstellung des Gleichspannungssignals von 2 V zu gelangen, wird die soeben ermittelte Spannungsabweichung von 0,0304 V mit 100 multipliziert und das Produkt durch die Spannung (hier: 2 V) dividiert; somit ist der

Tab. 2.5 Gegenüberstellung unterschiedlich abgefasster Spezifikationen von zwei fiktiven digitalen Oszilloskopen

Spezifikation I	Spezifikation II
Messfläche	**Spannungsmessung**
8 cm · 10 cm auf Rechteck-Oszilloskopröhre (Gesamtbeschleunigungsspannung 4 kV), mit Rasterbeleuchtung	Fehlergrenze.......... ±0,25 % der Gesamtspanne oder besser
Vertikalablenkung	Auflösung.......... 0,025 % der Gesamtspanne
zwei identische Messkanäle	Linearitätsfehler.......... innerhalb 0,1 % der Bestkurve oder besser
Bandbreite: 0 Hz bis 10 MHz (±3 dB) in Normalbetrieb	Drift.......... 0,05 % der Gesamtspanne je 1 K
Ablenkkoeffizient: 5 mV/Teil bis 20 V/Teil (1 Teil = 1 cm) in 12 Bereichen bzw. unkalibriert mit Feinsteller	Rauschen.......... 0,02 % der Gesamtspanne (Effektivwert) im Bereich 0,1 Hz bis 1 MHz
Fehlergrenze: ±3 % in den kalibrierten Einstellungen	Eingangsimpedanz.......... 50 pF ‖ 1 MΩ
Eingangsimpedanz: 1 MΩ ‖ 28 pF	Gleichtaktunterdrückung.......... 10000:1 zwischen 0 Hz und 10 kHz
Eingangskopplung: Gleich- oder Wechselspannungskopplung bzw. geerdeter Eingang (schaltbar)	1000:1 zwischen 1 kHz und 100 kHz im Bereich ±4 V oder ±10fache Gesamtspanne, je nachdem, was größer ist, jedoch nicht über ±100 V
Eingangsspannung: max. 400-V-Gleich- oder Wechselspannung (Spitzenwert)	Eingangsspannung.......... ±100fache Gesamtspanne, Gleichspannung, nicht über ±200 V (Scheitelwert)
Horizontalablenkung	Anstiegszeit.......... 500 ns, 67 %
Zeitkoeffizient: 1 µs/Teil bis 20 s/Teil (1 Teil = 1 cm) in 23 Bereichen	Sample/Hold .... 5 ns
Fehlergrenze: ±3 %	Gleichspannungsoffset.......... 100 % der Gesamtspanne
Bilddehnung: zwischen 1fach und 10fach stetig einstellbar, mit kalibrierten Anschlägen an beiden Enden des Einstellers	Messspannen.......... ±100 mV, ±1 V und ±10 V sowie das 2fache und 4fache davon
	Zeitmessung
	Ablenkgenauigkeit und Bereich.......... Fehlergrenze ±0,02 % mit zusätzlicher Auslöseunsicherheit von 25 ns. Bei der Betriebsart „Cursor Trigger" zur Beobachtung der Pre-Trigger-Information kommt eine Zeitunsicherheit von einer Einheit hinzu und eine Einheit ist die je Punkt gewählte Ablenkzeit. Der Bereich umfasst 500 ns je Punkt bis 200 s je Punkt in 1-2-5-10-Stufung.

$$\text{prozentuale Fehler} = (0{,}0296 \text{ V} \cdot 100)/2\text{V} = 1{,}48 \text{ \%} \approx 1{,}5 \text{ \%}$$

Dies zeigt sehr deutlich, dass man unversehens mit dem Sechsfachen der Fehlergrenzenangabe aus der Spezifikation konfrontiert wird! Allerdings ist der prozentuale Fehler für ein 5-V-Signal (bei im Übrigen unveränderten Annahmen) nur noch geringfügig größer als 0,6 %.

Eine weitere Angabe weckt ebenfalls die Aufmerksamkeit des Betrachters und dies ist die im rechten Teil von Tab. 2.5 spezifizierte Anstiegszeit. Dabei handelt es sich nicht einfach um das Sprungverhalten, sondern die Daten beziehen sich in der angegebenen Form tatsächlich auf die Erfassungsdauer bei der Abtastung. Die Zeitkonstante von 500 ns gilt nämlich für den dabei benutzten Speicherkondensator. So beansprucht es denn auch 500 ns, bis der Abtastwert auf 67 % des Eingangspegels angekommen ist, wogegen erst nach 2 ms (dem Vierfachen der Zeitkonstante) schließlich 98 % erreicht sind. Auf diese Weise ergibt sich bei schnelleren Abtastraten ein zusätzlicher Amplitudenfehler. Ein Grund mehr, sich vor dem Hintergrund der beabsichtigten Anwendung zu vergewissern, ob ein bestimmter Gerätetyp den Erfordernissen vollauf gerecht wird.

2.6.8 Effektive Bits

Effektive Bits ermöglichen aussagekräftige Angaben, inwieweit ein Digitalisierungssystem eine ihm angebotene Kurvenform erfassen und durch ein entsprechendes Datenwort (Binärzahl) genau darstellen bzw. verkörpern kann. Der Nachweis ist auch in messtechnischer Form möglich. Ein Maß ist der effektive Fehler; dies ist die Wurzel aus der Summe aller Fehlerquadrate einer Kurvenform.

Zur Messung wird eine hochgenaue Signalquelle (ein Sinusgenerator) benutzt. Das Signal wird digitalisiert und der Fehler unter der Annahme berechnet, dass keine unerwünschten nicht linearen Verzerrungen und Harmonischen enthalten sind, über Amplitude, Offset und Phasenbeziehungen aber keine Angaben vorliegen. Der effektive Fehler wird anhand der Beziehung

$$F_{\text{eff}} = \sqrt{\left[\sum \left(K_{a\,n} - K_{i\,n}\right)\right]^2}$$

berechnet und darin ist

F_{eff} = effektiver Fehler
K_a = abgetastete bzw. erfasste Kurvenformen
K_i = idealisierte Kurvenform (dem kleinsten effektiven Fehler angepasst)
n = Index, bezeichnet jeden Punkt der Aufnahme

Der effektive Fehler der abgetasteten bzw. erfassten Kurvenform wird mit dem vermuteten effektiven Fehler verglichen. Der letztere beruht auf der Überlegung, dass der Digitalisierer eine Auflösung von einer bestimmten Anzahl Bits aufweist, die begrenzend wirkt. Der vermutete effektive Fehler wird durch die Beziehung

$$F_{effv} = \sqrt{\left[\sum (K_{i\,ADVn} - K_i) \right]^2}$$

ausgedrückt; darin ist

F_{effv} = vermuteter effektiver Fehler
$K_{i\,ADU}$ = idealisierte Digitalisierer-Kurvenform
K_i = idealisierte Kurvenform (dem kleinsten effektiven Fehler angepasst)
n = Index,bezeichnet jeden Punkt der Aufnahme

Jedes Mal, wenn der vermutete effektive Fehler verdoppelt werden muss, um ihn dem tatsächlichen effektiven Fehler gleichzumachen, geht ein Bit verloren. Daher wird im Gegensatz zu „effektiven Bits" (= EB) hier von „verlorenen Bits" (= VB) gesprochen und für letztere gilt die Beziehung

$$VB = lb(F_{eff}/F_{effv})$$

und darin ist neben den bereits zuvor erklärten Termen die Angabe lb = Zweier-logarithmus (Basis 2). Die effektiven Bits EB sind gleich der Differenz „nomineller Bits" (≙ NB), d. h. der Anzahl Bits des Digitalisierers (AD-Wandlers), abzüglich verlorener Bits VB und in Formelschreibweise wird daraus folglich

$$EB = NB - VB$$

Es ist noch anzumerken, dass die Fehlerquellen bei dieser Berechnung völlig außer Acht gelassen wurden. Als solche kommen beispielsweise Amplitudenfehler in Betracht, wie sie von einem nicht linearen Verstärker beigesteuert werden. Auch kann es sich um Fehler der Abtastzeit handeln, und zwar in der Weise, dass ein Abtastwert nicht exakt zu dem Zeitpunkt erfasst worden ist, dem er zugeordnet wird.

Somit geht es um allerlei Faktoren, durch die ein Digitalisierer in seiner Fähigkeit beeinträchtigt wird, eine bestimmte Kurvenform in Gestalt eines Datenworts tatsächlich genau zu beschreiben. Der Digitalisierer (ADU) kann wohl über eine sehr hohe rechnerische Auflösung verfügen, doch wird dieselbe durch Genauigkeitseinbußen in Gestalt verlorener Bits herabgesetzt, d. h. die Anzahl effektiver Bits wird verringert. Auch dieser Umstand ist bei der Auswahl eines digitalen Speicheroszilloskops zu beachten.

Zahlreiche digitale Speicheroszilloskope ersetzen die herkömmliche Speicherung (Speicherröhre) bei „niederfrequenten" Anwendungen. Allgemein hat die digitale Speicherung die Eigenschaften der herkömmlichen in Bezug auf einmalige Vorgänge noch nicht übertroffen, wenn man von Abtastumsetzern absieht.

Die zuvor angegebenen Faustregeln zur Bestimmung der nutzbaren Bandbreite können theoretisch hergeleitet werden, wobei die Amplitude der Darstellung zu berücksichtigen ist. Ein Bandbreitenvergleich zwischen herkömmlichen (Speicherröhre) und digitalen Speicheroszilloskopen anhand von Sinusschwingungen ist in Abb. 2.81 wiedergegeben. Diese Grafik zeigt, wie die nutzbare Bandbreite von digitalen Oszilloskopen bei weitem durch jene herkömmlicher Schirmspeicheroszilloskope übertroffen wird.

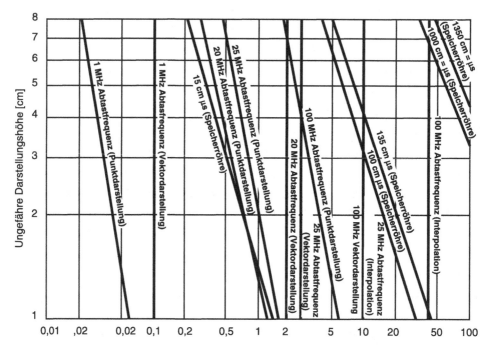

Abb. 2.81 Die Leistung bei einer Einzelereigniserfassung eines Schirmspeicheroszilloskops basiert auf der maximal speicherbaren Schreibgeschwindigkeit. Für die Digitalspeicherung beziehen sich die Kurven auf die maximal darstellbare Frequenz, die noch kein perzeptorisches Aliasing verursacht

2.6.9 Anwendungsbeispiele

Die in modernen Speicheroszilloskopen angewandte Digitaltechnik bietet eine Fülle von Vorteilen in Bezug auf die Anwendung dieser Geräte. Im Vergleich zur analogen Speichertechnik besticht hier nicht nur die bequemere Handhabung, sondern zugleich die Fülle der Möglichkeiten. Zur Speicherung einer Kurvenform sind keine interaktiven Bedienungshandgriffe erforderlich; es wird nicht in einer Speicherröhre gespeichert, denn alle Aufnahmedaten gelangen in einen digitalen Speicher. Überhaupt verfügen digitale Speicheroszilloskope über Eigenschaften, die man sonst nirgendwo findet. Dazu zählen die Betrachtungsmöglichkeit des Pre-Triggers oder Eventoskop-Betrieb, die digitale Datenausgabe und die Signalverarbeitung, um nur einige Beispiele zu erwähnen.

Bei der Benutzung von digitalen Speicheroszilloskopen hat man zunächst die beiden Möglichkeiten, Messsignale zu speichern und auf dem Bildschirm zur Betrachtung darzustellen oder/und sie für spätere Untersuchungen im Speicher des Geräts abzulegen (sogenannter Save-Betrieb). Bei alledem tritt bereits als Annehmlichkeit hervor, dass die von anderen Speicheroszilloskopen her bekannten Einstellelemente, wie Potentiometer,

Drehschalter usw., durch übersichtlich angeordnete Drucktasten zur Bedienung abgelöst worden sind.

Digitale Speicheroszilloskope umfassen im Allgemeinen zwei oder mehr Kanäle zur Datenerfassung sowie eine Zeitbasis, deren Handhabung jener gleicht, die schon von nicht speichernden Oszilloskopen her vertraut ist. Manche Geräte enthalten eine verzögerte Zeitbasis oder Einschübe, mit denen sie den wechselnden Messaufgaben angepasst werden können. Und überhaupt: Wer bereits den Umgang mit analogen Oszilloskopen erfahren hat, kann auch ein digitales Speicheroszilloskop bedienen.

Die Vielseitigkeit der Bildschirmdarstellung erleichtert die Handhabung von digitalen Speicheroszilloskopen noch weiter. Hatte man früher eine Kurvenform mit einer Speicherröhre aufgenommen, war außer der Löschung nichts mehr daran zu ändern, und Bildverschiebung oder Bilddehnung waren hierbei undenkbar. Ganz anders bei digitalen Speicheroszilloskopen: Die Anzahl der Vorgänge, die gespeichert und beliebig aufgerufen und wunschgemäß dargestellt werden können, ist allein durch die Speichertiefe des jeweiligen Geräts sowie durch die zu ihrer digitalen Verkörperung notwendigen Datenwörter bestimmt.

Dieses Bildschirmfoto in Abb. 2.82 wurde an einem digitalen Speicheroszilloskop aufgenommen und es zeigt die beiden Markierer (Kreuze etwa in Bildmitte und schräg rechts darunter), mit denen die betreffende Messung abgegrenzt wird. In der Datenzeile am oberen Bildrand erscheinen die Spannungsdifferenz (links) und die Zeitdifferenz (rechts). Die dazu erzeugten Ziffern und Zeichen stellen eine weitere Errungenschaft dar, die insbesondere bei modernen digitalen Speicheroszilloskopen voll zur Geltung kommt und eine wirkliche Annehmlichkeit bedeutet.

Eine weitere Besonderheit der Darstellung, die durch die digitale Speicherung ermöglicht wurde, ist aus der Wiedergabe in Abb. 2.82 ersichtlich. Die beiden Kreuze (etwa in Bildmitte und schräg rechts darunter) sind Positionsanzeiger oder -markierer, die als

Abb. 2.82 Zu den Verteilern von digitalen Speicheroszilloskopen gehören auch Messungen mit Positionsanzeigern oder -markierern (als Cursor bezeichnet)

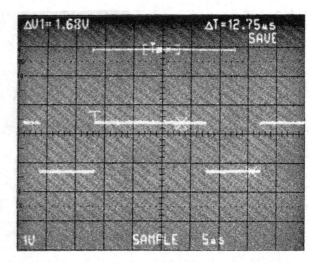

Cursor bezeichnet werden und durch den Benutzer verschiebbar sind. In der Datenzeile am oberen Bildrand erscheinen Angaben der Spannungsdifferenz (links) und der
Zeitdifferenz (rechts) für die Cursoreinstellung. Damit bleiben Fehlinterpretationen
seitens des Benutzers ausgeschlossen. Zusammen mit der Bilddehnungsfunktion trägt
die Cursorbenutzung zu verbesserter Reproduzierbarkeit von Messungen bei. Natürlich
erscheinen bedarfsweise auch noch andere alphanumerische Angaben auf dem Bildschirm.

Etliche digitale Speicheroszilloskope ermöglichen den Bilddurchlauf (sog. Roll-
Betriebsart) als weitere Darstellungstechnik. In dieser Betriebsart werden die dem Gerät
angebotenen Signale kontinuierlich erfasst und als Darstellung über den Bildschirm
geschoben, was der Funktion eines Streifenschreibers vergleichbar ist.

Will man beispielsweise Hystereseschleifen (B-H-Kurven) magnetischer Werkstoffe, Druck-, Volumen-Diagramme für Maschinen oder sonstige Zusammenhänge als
XY-Darstellung verfügbar darstellen, kann dies mit der entsprechenden Betriebsart von
digitalen Speicheroszilloskopen realisiert werden. Im Gegensatz zu vielen analogen
Oszilloskopen sind zwei Kanäle mit voller nutzbarer Bandbreite und günstigen Phasenbeziehungen verfügbar. Hierbei sind keine Verzögerungsleitungen störend und auch die
mindere Bandbreite des sonst mitbenutzten Horizontalverstärkers nicht hinderlich. Zur
Illustration dient die Wiedergabe einer XY-Darstellung in Abb. 2.83.

2.6.10 Ereignis und Vorgeschichte

Bei digitalen Speicheroszilloskopen erfolgt die Triggereinstellung wie bei jedem
anderen Oszilloskop hinsichtlich Flanke und Pegel. Jedoch ist der Zeitbezug zwischen
Trigger(einsatz)punkt und gespeicherter/dargestellter Information hier wesentlich

Abb. 2.83 Dieses
Bildschirmfoto zeigt zwei
150-MHz-Sinusschwingungen
mit einer Phasendifferenz von
40°. Das ist beispielsweise
mit einem digitalen
Speicheroszilloskop möglich,
weil periodische Signale
bis zu dieser Bandbreite
darin gespeichert werden
können, und diese können
selbstverständlich auch als
XY-Darstellung wiedergegeben
werden

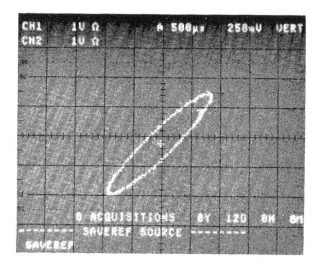

flexibler handhabbar. Bei digitalen Oszilloskopen muss die Bildschirmdarstellung nicht erst mit der Triggerung einsetzen und vielmehr kann eine gewisse Datenmenge vor und nach dem Triggereinsatz in wählbarer Verteilung aufgenommen werden. Es erscheint somit außer dem eigentlichen Ereignis auch noch dessen unmittelbar davor gelegene „Vorgeschichte" auf dem Bildschirm, wenn man sich der Pre-Trigger-Betriebsart bedient.

Die Darstellung besagter Vorgeschichte eines Ereignisses. Ist bei digitalen Speicheroszilloskopen möglich, weil dem Geräteeingang angebotene Signale ständig mit der gewählten Abtast- oder Digitalisierungsrate erfasst werden. Hierbei dient der Triggerpunkt nicht mehr in seiner ursprünglichen Bedeutung als Auslöser (engl. Trigger = Auslöser) der Aufnahme bzw. Bildschirmdarstellung, sondern lediglich als Bezugspunkt. Bei etlichen Messproblemen bedeutet die Kenntnis der Vorgeschichte oftmals, über den einzigen Schlüssel zur möglichen Lösung zu verfügen. Ein Beispiel könnte eine Netzteilstörung in einem Rechner sein. Die am Bedienpult aufleuchtende Warnlampe verkündet selbstverständlich den Eintritt des Störfalls, aber wie es dazu kam, verrät sie auf diese Weise nicht. Anders verhält es sich mit der Pre-Trigger-Betriebsart digitaler Oszilloskope, mit deren Hilfe man die Vorgeschichte untersuchen kann.

Wie man unschwer erkennt, ist die Pre-Trigger-Betriebsart, die zu einem Ereignis auch dessen Vorgeschichte „liefert" immer dann äußerst nützlich, wenn ergründet werden muss, wie es zu einem bestimmten Ereignis kommen konnte. Und dies ist der einzige Weg dazu.

Angenommen, jemand widmet sich gerade der dringenden Behebung einer Störung und wird dabei von einem weiteren Störfall unterrichtet. Natürlich kann er nicht an zwei Orten zugleich anwesend sein, aber er kann ein digitales Speicheroszilloskop am ersten Ort zurücklassen, das zu diesem Zweck für einmalige Ereignisse aufnahmebereit gemacht wird. Bei seiner Rückkehr zeigt ihm das Gerät die selbsttätig erfassten Daten, sofern sich inzwischen etwas „ereignet" hat. Die Information bleibt im digitalen Speicher des Geräts und auf dem Bildschirm bewahrt.

Diese Funktion wird Eventoskop-Betrieb bezeichnet (engl. event bzw. lat. Eventus = Ereignis), d. h. sie beruht auf der Triggerung des Geräts durch ein vermutetes und zu erfassendes Ereignis, nicht dagegen durch einen Zeitgeber oder Zähler. Pre-Trigger- und Post-Trigger-Darstellungen sind mit dieser Funktionsweise verbunden. Einmal aufnahmebereit und betriebsklar gemacht, braucht man das Eventoskop nicht weiter zu beachten, frühestens jedenfalls nach dem festgehaltenen Ereignis einschließlich Vorgeschichte.

Nahezu jedes digitale Speicheroszilloskop ermöglicht den Eventoskop-Betrieb, aber hinsichtlich ihrer Automatik bestehen schon Unterschiede. In diesem Zusammenhang wird an die als Antialiasing-Einrichtung beschriebene Hüllkurven- oder Spitzenwerterkennung erinnert. Damit erfasst ein digitales Speicheroszilloskop, die vielfältig vorkommenden periodischen Signale und bewahrt sämtliche Minima und Maxima der Kurvenformen. Um die Hüllkurven- oder Spitzenwerterkennung für den Eventoskop-Betrieb einzusetzen, braucht der Benutzer lediglich zu bestimmen, wie lange das Oszilloskop auf diese Weise fungieren soll, um danach feststellen zu können, wie hoch das Rauschen auf einer Datenleitung ist. Ebenso kann man einen Zeilendrucker überwachen, der gelegentlich Bits auslässt. In derartigen Fällen würde man ein digitales Speicheroszilloskop anschließen und es so lange wie nötig betreiben, und zwar unbeaufsichtigt. Zurückgekehrt, kann man dann wahrnehmen, ob und wie häufig die Signale den spezifizierten Bereich überschritten haben. Die Darstellung könnte der in Abb. 2.84 wiedergegebenen gleichen.

Die Hüllkurven- oder Spitzenwerterkennung kann auch zur Erfassung kurzer Überschwingspitzen (sog. Spikes) auf langsameren Signalen eingesetzt werden. Eine weitere Anwendung ist die Überwachung eines Signals auf Amplituden- oder Frequenzänderungen, und zwar selbsttätig. Wie bereits erwähnt, kann beim digitalen Speicheroszilloskop beispielsweise eine vorherbestimmte Hüllkurve als Toleranzband eingestellt werden, um Toleranzbandüberschreitungen einer Kurvenform zu erfassen.

Glitches (Spannungsspitzen) sind nicht einfach zu messen, denn diese sind in der Praxis dann und wann an- oder auch abwesend. Dadurch sind sie nur schwer zu (er)fassen, insbesondere wenn man sie in einem digitalen Gebilde betrachtet. Von Natur aus sind Glitches schnell und die zu untersuchende Kurvenform bedingt zumeist die Einstellung eines Zeitkoeffizienten, mit der Glitches selbst bei Anwesenheit nicht darstellbar wären. In solchen Fällen ist die Hüllkurven- oder Spitzenwerterkennung ebenso wie beim Eventoskop-Betrieb bzw. zur Erkennung von Aliasing nützlich, weil sie zweifache Digitalisierungsraten erlaubt. Eine davon, die mit dem Zeitkoeffizienten wählbar ist, bewirkt eine vollständige Bildschirmdarstellung, denn die schnellere Hüllkurven- oder Spitzenwerterkennung trägt zur Erfassung kurzzeitiger Signaländerungen bei, die

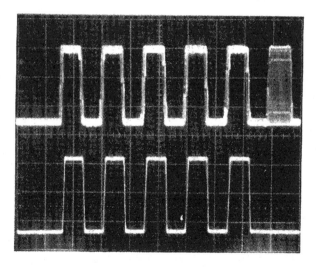

Abb. 2.84 Dieses Bildschirmfoto liefert ein Beispiel für die Envelope-Betriebsart eines digitalen Speicheroszilloskops. Die Verdickungen an den Impulsen (oben) sind auf Rauschanteile im Signal zurückzuführen, während der ausgefüllte Impuls entweder in einem der Hinläufe fehlte oder gar nicht dorthin gehört. Die Envelope-Betriebsart ist eine Form des Eventoskop-Betriebs, denn sie erfasst Minima und Maxima von Signalauslenkungen über einen spezifizierbaren Zeitraum

man anderenfalls verpassen würde, sofern sie länger als das minimale Abtastintervall in dieser Betriebsart dauern. Bei einem digitalen Speicheroszilloskop ist die Erfassung von Glitches durch die Digitalisierungsrate nicht begrenzt, weil die darin benutzte analoge Spitzenwerterkennung die Fähigkeit verleiht, Überschwingspitzen von 2 ns Dauer bei jedem Zeitkoeffizienten zu erfassen. Diese Eigenschaft, wird man bei einem herkömmlichen Speicheroszilloskop (Speicherröhre) vergeblich suchen.

Die Erfassung von Glitches ist nicht die einzige Anwendung, bei der zweifache Digitalisierungsraten vorteilhaft sind. Ein anderes Beispiel sind Hochspannungsüberschläge in Röntgenröhren. Im Vergleich zur jeweiligen Dauer der Röntgenstrahlung (zwischen Millisekunden und Sekunden) laufen die Überschläge bedeutend schneller ab; sie würden ohne die schnellere Hüllkurven- oder Spitzenwerterkennung nicht erfasst werden. Einzelheiten werden durch Abb. 2.85 verdeutlicht.

Das Bildschirmfoto zeigt einen Überschlag am Steuergitter einer Elektronenstrahlröhre. Die Hüllkurvendarstellung (unten) wurde auf einen Dunkelsteuerimpuls getriggert, wobei die Einstellungen 20 V/Teil bzw. 50 ms/Teil betrugen. Der Dunkelsteuerimpuls selbst und der 250 ms später erfolgte Überschlag wurden mit der Ereignisdarstellung erfasst. Dies diente als Bezug, während die Spitze (oben) mit 50 V/Teil bzw. 200 ns/Teil aufgenommen wurde.

Da die mit einem digitalen Speicheroszilloskop erfassten Daten bereits als Datenwörter (Binärzahlen) im geräteinternen Speicher enthalten sind, können sie auch leicht transferiert und aufgezeichnet bzw. registriert werden. Sind die Anwendungen ohnehin darauf gerichtet, erfasste Daten dauerhaft aufzuzeichnen, erweist es sich als nützlich, dass verschiedene digitale Oszilloskope über Einrichtungen zur Datenausgabe verfügen. Die Daten können beispielsweise an einen PC zur Weiterverarbeitung, an einen XY-Schreiber zur Ausgabe von Hartkopien oder einfach nur zur Ablage an einen USB-Stick transferiert werden. Die Datenerfassung kann auch das Kernstück eines automatisierten Dokumentationsprozesses bilden.

Abb. 2.85 Eine Anwendungsform der Envelope-Betriebsart ist die Erfassung von Glitches. Dabei kann eine Zeitkoeffizienteneinstellung gewählt werden, mit der das interessierende Signal darstellbar ist, während die Hüllkurvendarstellung auf einer wesentlich höheren Digitalisierungsrate beruht

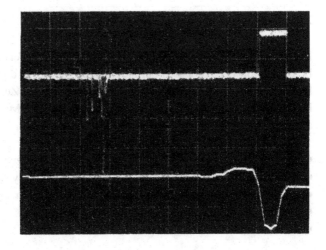

Bei alledem ist es für den Benutzer wesentlich, über die Kompatibilität der Daten-ausgabeeinrichtungen des einen oder anderen digitalen Oszilloskops mit anderen Einrichtungen informiert zu sein. In den Standards von GPIB (IEEE 488-General-Purpose-Interface-Bus) oder RS232C ist über Anschlussbelegungen und Spannungspegel hinaus noch ein wenig mehr spezifiziert. Insbesondere sollte man sich vergewissern, ob die Daten nach einem bestimmten Standard formatiert sind, denn das ist bei fast allen digitalen Speicheroszilloskopen der Fall. Dass dies anderenorts nicht selbstverständlich ist, wird durch unterschiedliche Datenformate bei Erzeugnissen ein und desselben Herstellers belegt.

Wie man in diesem Teilkapitel feststellt, zeichnet sich die digitale Speicherung bei modernen Oszilloskopen durch eine Reihe großer Vorteile aus. In erster Linie sind dies:

- Bequeme Handhabung, denn wer jemals mit einem herkömmlichen Speicher-oszilloskop nach dem Prinzip der veränderbaren Nachleuchtdauer oder des schnellen Transfers gearbeitet hat, wird augenblicklich den bei digitalen Speicheroszilloskopen erzielten Fortschritt wahrnehmen.
- Stabiler Leuchtfleck, denn hier gibt es kein Überstrahlen, sondern stets gleich-bleibende Intensität des Elektronenstrahls; eine markante Verbesserung der Dar-stellungsqualität.
- Cursor-Messungen tragen einiges zur Messqualität von digitalen Speicher-oszilloskopen bei; Reproduzierbarkeit, erhöhte Genauigkeit und Schnelligkeit bei der Lösung von Messaufgaben sind einige Beispiele dafür.
- Mittelung als ein Aspekt der Signalverarbeitung erlaubt es, selbst kleine Signale aus verrauschter Umgebung zu isolieren.
- Auflösung horizontal und vielfach auch vertikal mit deutlich verbesserten Leistungs-merkmalen ist für digitale Speicheroszilloskope kennzeichnend. Weiter könnten Pre-Trigger- und Post-Trigger-Darstellungen, Schnittstellentechnik zur Verbindung mit anderen Einrichtungen, Signalverarbeitung und vieles mehr aufgeführt werden.

2.7   Mathematische FFT-Funktion

Dieses Kapitel umfasst diverse Informationen zur Verwendung der mathematischen FFT-Funktion (FFT = Fast Fourier Transformation) in digitalen Speicheroszilloskopen. Der FFT-Mathematikmodus wird verwendet, um ein Zeitbereichssignal (Yt) in seine Frequenzanteile (Spektrum) umzurechnen. In diesem Modus werden folgende Signal-arten angezeigt:

- Analysieren der Oberwellen in Stromversorgungsnetzen
- Messen von Oberwellengehalt und Verzerrungen in Systemen
- Charakterisierung von Störsignalen in Gleichstromversorgungen
- Testen der Impulsantwort von Filtern und Systemen
- Analysieren von Vibrationen

Um den mathematischem FFT-Modus anzuwenden ist folgendermaßen zu verfahren:

- Das Quellensignal (Zeitbereich) ist einzustellen.
- Das FFT-Spektrum ist anzuzeigen.
- Der FFT-Fenstertyp ist auszuwählen.
- Die Abtastrate ist so einzustellen, dass die Grundfrequenz und die Oberwellen ohne Aliasing angezeigt werden.
- Die Zoomfunktion zur Vergrößerung des Spektrums ist zu verwenden.
- Das Spektrum ist mithilfe des Cursors zu messen.

2.7.1   Einstellung des Zeitbereichssignals

Vor Verwendung des FFT-Modus muss man das Zeitbereichssignal (Yt) einstellen. Hierzu ist folgendermaßen zu verfahren:

1. Der Knopf AUTO-SETUP ist zu drücken um ein Yt-Signal anzuzeigen.
2. Der Knopf VERTIKAL POSITION ist zu drücken, um das Yt-Signal senkrecht in der Bildmitte zu zentrieren (Nulllinie). Dadurch wird sichergestellt, dass die FFT einen echten Gleichstromwert anzeigt.
3. Der Knopf HORIZONTAL POSITION ist einzustellen, um den zu analysierenden Teil des Yt-Signals in den acht mittleren Bildschirm-Skalenteilen zu positionieren. Das FFT-Spektrum wird vom Oszilloskop mithilfe der mittleren 2048 Punkte des Zeitbereichssignals berechnet.
4. Man dreht den Knopf VOLTS/DIV, um sicherzugehen, dass das gesamte Signal auf dem Bildschirm sichtbar bleibt. Falls nicht das gesamte Signal zu sehen ist, zeigt das Oszilloskop unter Umständen fehlerhafte FFT-Ergebnisse an (durch Hinzufügung hochfrequenter Anteile).
5. Der Knopf SEC/DIV ist zu drehen, um die gewünschte Auflösung des FFT-Spektrums einzustellen.
6. Man stellt das Oszilloskop so ein, sofern es möglich ist, dass viele Signalzyklen angezeigt werden können. Wenn man den Knopf SEC/DIV dreht, um eine schnellere Einstellung (weniger Zyklen) auszuwählen, wird ein breiterer Frequenzbereich des FFT-Spektrums angezeigt und die Möglichkeit für Aliasing verringert. Allerdings zeigt das Oszilloskop dann auch eine niedrigere Frequenzauflösung an.

Zur Einstellung der FFT-Anzeige verfährt man wie folgt:

1. Die Taste MENU MATH ist zu betätigen.
2. Der Betrieb ist auf FFT einzustellen.
3. Man wählt den Quellenkanal für die mathematische FFT aus.

In vielen Fällen ist das Oszilloskop in der Lage, ein zweckmäßiges FFT-Spektrum anzuzeigen, auch wenn nicht auf das Yt-Signal getriggert wird. Dies gilt besonders für periodische Signale oder unkorrelierte Störsignale.

Hinweis

Stör- oder Burstsignale sollten getriggert und so nahe wie möglich an der Bildschirmmitte platziert werden. ◄

Die höchste Frequenz, die ein digitales Echtzeit-Oszilloskop überhaupt fehlerfrei messen kann, beträgt die Hälfte der Abtastrate. Diese Frequenz wird als Nyquist-Frequenz bezeichnet. Frequenzdaten oberhalb der Nyquist-Frequenz werden mit ungenügender Abtastrate erfasst, wodurch es zu dem auf Aliasing kommt.

Anhand der Mathematikfunktion werden die mittleren 2048 Punkte des Zeitbereichssignals in ein FFT-Spektrum umgerechnet. Das daraus resultierende FFT-Spektrum umfasst 1024 Punkte von Gleichspannung (0 Hz) bis hin zur Nyquist-Frequenz.

Normalerweise wird das FFT-Spektrum bei der Anzeige horizontal auf 250 Punkte komprimiert. Zur Vergrößerung des FFT-Spektrums kann man allerdings auch die Zoomfunktion nutzen, um die Frequenzanteile detaillierter zu betrachten, und zwar an jedem der 1024 Datenpunkte des FFT-Spektrums.

Hinweis

Die vertikale Reaktion des Oszilloskops läuft oberhalb seiner Bandbreite langsam ab (je nach Modell 60 MHz, 100 MHz oder 200 MHz, bzw. 20 MHz bei eingeschalteter Bandbreitenbegrenzung). Folglich kann das FFT-Spektrum gültige Frequenzdaten aufweisen, die höher sind als die Oszilloskopbandbreite. Dennoch sind die Betragsdaten nahe oder oberhalb der Bandbreite nicht präzise. ◄

2.7.2   Anzeige des FFT-Spektrums

Man drückt die Taste MENU MATH, um das Menü Math anzuzeigen. Dann ist der Quellenkanal, der Fensteralgorithmus und der FFT-Zoomfaktor aus den Optionen auszuwählen. Es kann jeweils nur ein einziges FFT-Spektrum angezeigt werden. Tab. 2.6 zeigt die Einstellungen für das Menü MATH.

Abb. 2.86 zeigt eine Anzeige für ein Beispiel des FFT-Spektrums.

Mithilfe der Fenster lassen sich Spektralverluste in einem FFT-Spektrum verringern. Bei FFT wird davon ausgegangen, dass sich das Yt-Signal endlos wiederholt. Mit einer ganzzahligen Anzahl von Zyklen (1, 2, 3 usw.) beginnt und endet das Yt-Signal mit der gleichen Amplitude und es gibt keine Sprünge in der Signalform.

Tab. 2.6 Einstellungen für das Menü MATH

Mathematische FFT-Option	Einstellungen	Anmerkung
Quelle	CH1 CH2	Zur Auswahl des als FFT-Quelle verwendeten Kanals
Fenster	Hanning Flattop Rectangular	Die Auswahl des FFT-Fenstertyps wird noch gezeigt
FFT-Zoom	X1 X2 X5 X10	Zur Änderung der horizontalen Vergrößerung der FFT-Anzeige

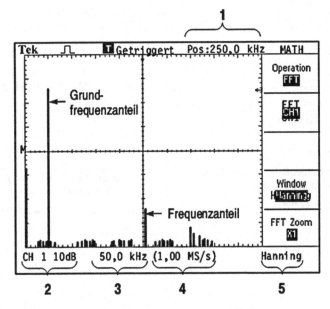

1. Frequenz auf der mittleren Rasterlinie

2. Vertikalskala in dB pro Skalenteil (0 dB = 1 V_{eff})

3. Horizontalskala in Frequenz pro Skalenteil

4. Abtastrate in Anzahl der Samples pro Sekunde

5. FFT-Fenstertyp

Abb. 2.86 Anzeige für ein Beispiel des FFT-Spektrums

Eine nicht ganzzahlige Anzahl Zyklen im Yt-Signal bewirkt unterschiedliche Amplituden des Anfangs- und Endpunktes des Signals. Die Übergänge zwischen Start- und Endpunkt verursachen Sprünge im Signal, die Hochfrequenz-Störspitzen einführen. Abb. 2.87 zeigt unterschiedliche Amplituden des Anfangs- und Endpunktes für ein Signal.

Verwendet man Bewertungsfenster, bei denen der Randbereich langsam abklingt, kann man Leakage-Effekte bei der diskreten Fourier-Transformation (DFT) reduzieren. Bewertungsfenster bewirken, dass ein periodisches Signal im Betrachtungszeitraum bei Null beginnt und endet.

Es stehen folgende Fenstertypen zur Verfügung:

Rechteckfenster	Bartlett-Fenster (Dreieckfenster)
Blackman-Fenster	Exaktes Blackman-Fenster
Hamming-Fenster	Hanning (von Hann) Fenster
Kaiser-Fenster	Parzen-Fenster
Konisches Rechteckfenster	Allgemeines Cosinus-Fenster

Wird als Fenstertyp das allgemeine Cosinus-Fenster gewählt, so wird das darunterliegende Listenelement aktiviert, aus welchem die folgenden Fenster-Varianten ausgewählt werden können:

Abb. 2.87 Unterschiedliche Amplituden des Anfangs- und Endpunktes für ein Signal

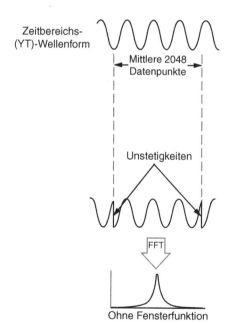

Rechteckfenster	Blackman-Fenster		
Exaktes Blackman-Fenster	Hamming-Fenster		
Hanning-Fenster	3-Term		
4-Term	3-Term W'''	3. Ableitung	
3-Term W'	1. Ableitung	3-Term	Minimale Nebenkeulen
4-Term W'''''	5. Ableitung	4-Term W'''	3. Ableitung
4-Term W'	1. Ableitung	4-Term	Minimale Nebenkeulen

Die Fensterkonstante wird bei Fenstertypen verwendet. Hierunter fallen das Kaiser-Fenster und das konische Rechteckfenster.

Das Kaiser-Fenster verwendet die Konstante Beta (β), auch Formparameter genannt, welche die Breite des Fensters im Frequenzbereich beeinflusst. Der Wert für Beta kann sich im Bereich von 5 bis 20 bewegen.

Das konische Rechteckfenster verwendet das Konusverhältnis, um die Breite des Fensters zu beeinflussen. Der Wert des Konusverhältnisses kann einen Wert zwischen 0 und 0,5 annehmen.

Durch Anwendung eines Fensters auf das Yt-Signal wird das Signal geändert, so dass die Start- und Stopp-Werte nahe beieinander liegen und FFT-Signalsprünge reduziert werden, wie Abb. 2.88 zeigt.

Die Funktion mathematische FFT umfasst drei FFT-Fensteroptionen. Bei jedem Fenstertyp muss zwischen Frequenzauflösung und Amplitudengenauigkeit abgewogen werden. Was Sie messen möchten und die Eigenschaften des Quellensignals helfen Ihnen bei der Auswahl des Fensters, wie Tab. 2.7 zeigt.

Abb. 2.88 Reduzierung von FFT-Signalsprüngen

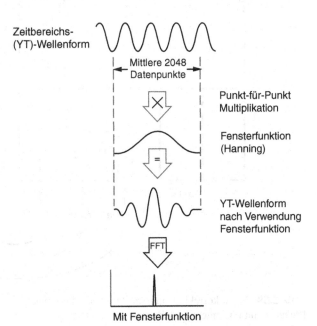

Tab. 2.7 Eigenschaften des Quellensignals

Fenster	Messung	Merkmal
Hanning	Periodische Signale	Höhere Frequenzen, geringere Größengenauigkeit als Flattop
Flattop	Periodische Signale	Höhere Größen, geringere Größengenauigkeit als Hanning
Rectangular	Impulse oder Transienten	Spezialfenster für Signale, die keine Sprünge aufweisen. Sie liefern im Grunde ein Ergebnis, das auch ohne Auswahl eines Fensters erzielt wird

Probleme treten dann auf, wenn das Oszilloskop ein Zeitbereichssignal mit Frequenzanteilen erfasst, die größer sind als die Nyquist-Frequenz. Frequenzanteile oberhalb der Nyquist-Frequenz werden mit ungenügender Abtastrate erfasst und erscheinen als niedrigere Frequenzanteile, die um die Nyquist-Frequenz herum „zurückgefaltet" werden. Diese nicht korrekten Komponenten werden „Aliase" genannt, wie Abb. 2.89 zeigt.

Um Aliasing auszuschalten, versuchen Sie es mit folgenden Maßnahmen:

- Man dreht den Knopf SEC/DIV, um eine schnellere Abtastrate einzustellen. Da man mit der Abtastrate auch die Nyquist-Frequenz erhöht, müssen die Alias-Frequenzkomponenten mit der korrekten Frequenz angezeigt werden. Wenn auf dem Bildschirm zu viele Frequenzanteile erscheinen, kann man die FFT-Zoomoption verwenden, um das FFT-Spektrum zu vergrößern.

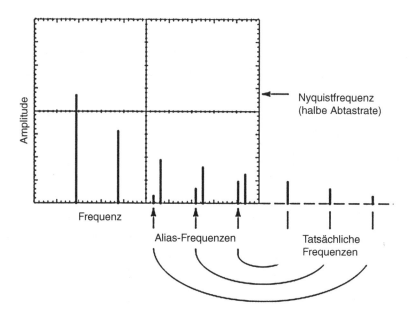

Abb. 2.89 Nicht korrekte Komponenten, denn die Frequenzanteile werden oberhalb der Nyquist-Frequenz mit ungenügender Abtastrate erfasst

- Falls die Anzeige von Frequenzanteilen über 20 MHz uninteressant ist, schaltet man die Bandbreitenbegrenzung ein.
- Man kann auch einen externen Filter an das Quellensignal anlegen, um seine Bandbreite auf Frequenzen unterhalb der Nyquist-Frequenz zu beschränken.
- Die Aliasfrequenz ist zu erkennen und man kann sie auch ignorieren.
- Die Zoomfunktion und Cursor ist für die Vergrößerung und Messung des FFT-Spektrums geeignet.

Man kann das FFT-Spektrum vergrößern und mit den Cursors verschiedene Messungen durchführen. Das Oszilloskop verfügt über eine FFT-Zoomoption zur horizontalen Vergrößerung. Zur vertikalen Vergrößerung verwendet man die vertikalen Bedienelemente.

Mit der FFT-Zoomoption kann man das FFT-Spektrum horizontal vergrößern, ohne dabei die Abtastrate zu verändern. Es gibt die Zoomfaktoren X1 (Vorgabe), X2, X5 und X10. Bei einem Zoomfaktor von X1 und dem im Raster zentrierten Signal liegt die linke Rasterlinie auf 0 Hz und die rechte Rasterlinie auf der Nyquist-Frequenz.

Wenn man den Zoomfaktor ändert, wird das FFT-Spektrum auf der mittleren Rasterlinie vergrößert, d. h. es ergibt die mittlere Rasterlinie des Bezugspunktes für die horizontale Vergrößerung.

Man dreht den Knopf HORIZONTAL POSITION im Uhrzeigersinn, um das FFT-Spektrum nach rechts zu verschieben. Drückt man die Taste AUF NULL SETZEN, wird die Spektrumsmitte auf die Rastermitte gesetzt.

Wenn das FFT-Spektrum angezeigt wird, werden die Drehknöpfe für den vertikalen Kanal zu Zoom- und die Positionssteuerungen sind für den jeweiligen Kanal vorhanden. Über den Drehknopf VOLTS/DIV lassen sich die Zoomfaktoren X0,5, X1 (Vorgabe), X2, X5 und X10 einstellen. Das FFT-Spektrum lässt sich mit dem M-Marker vertikal vergrößern (Referenzpunkt des berechneten Signals auf der linken Bildschirmseite).

Man dreht den Knopf VERTIKAL POSITION im Uhrzeigersinn, um das FFT-Spektrum nach oben zu verschieben.

An FFT-Spektren lassen sich zwei Messungen vornehmen: Betrag (in dB) und Frequenz (in Hz). Der Betrag wird auf 0 dB bezogen, wobei 0 dB gleich 1 V_{eff} ist. Mit den Cursors kann man die Messungen mit jedem Zoomfaktor durchführen.

Man drückt den CURSOR > Quelle und wählt anschießend die Funktion MATH. Man drückt die Optionstaste Typ, um entweder Betrag oder Frequenz auszuwählen. Den Cursor 1 und 2 verschiebt man durch Drehen der Vertikal Position-Knöpfe.

Mit den horizontalen Cursors messen Sie den Betrag, mit den vertikalen Cursors die Frequenz. Die Differenz (Delta) zwischen den beiden Cursors wird angezeigt, der Wert an Cursorposition 1 und der Wert an Cursorposition 2. Delta ist der Absolutwert von Cursor 1 minus Cursor 2, wie Abb. 2.90 zeigt.

Sie können auch eine Frequenzmessung durchführen. Hierzu drehen Sie den Knopf Horizontal Position, um einen Frequenzanteil auf der mittleren Rasterlinie zu platzieren, und lesen die Frequenz oben rechts von der Anzeige ab.

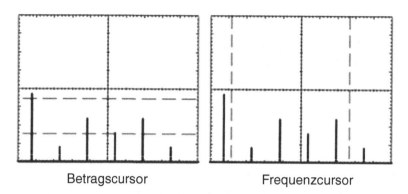

Betragscursor   Frequenzcursor

Abb. 2.90 Cursor für Betrag und Frequenz

2.7.3 FFT-Spektrum

Zur Durchführung der Fourier-Transformation stehen verschiedene Algorithmen zur Verfügung. Je nach Anwendungsfall, Genauigkeit und Geschwindigkeitsanforderungen besitzt jeder einzelne Algorithmus seine Vor- und Nachteile. Es ist jedoch grundsätzlich wichtig überhaupt zu wissen, nach welchem mathematischen bzw. programmtechnischen Verfahren eine Software die FFT durchführt.

Für die Darstellung einer endlichen Folge kann die sogenannte diskrete Fourier-Transformation (DFT) verwendet werden. Die DFT ist keine Funktion einer kontinuierlichen Variablen, sondern stellt eine Folge dar und arbeitet mit Abtastwerten der Fourier-Transformierten des Signals. Diese Abtastwerte werden an äquidistanten Frequenzwerten abgegriffen. Die DFT für eine Gruppe komplexer Eingangswerte x(n) mit k = 0 < n < (N − 1) ist mathematisch folgendermaßen definiert:

$$X(k) = \frac{1}{N} \sum_{n=0}^{N-1} x(n) e^{-j2 \cdot \pi \cdot k \cdot n / N} \, \text{N}, \, f\ddot{u}r \, k = 0, 1 \dots N - 1$$

Für die inverse DFT gilt die folgende Definition:

$$x(n) = \sum_{k=0}^{N-1} X(k) e^{-j2 \cdot \pi \cdot k \cdot n / N} \, \text{N}, \, f\ddot{u}r \, n = 0, 1 \dots N - 1$$

Für die N-Eingangsproben wird eine Reihe von N-Werten für X(k) berechnet, die das Signal im Frequenzbereich darstellen. Eine Auswertung nach dieser Gleichung ergibt, dass für die DFT-Operation insgesamt $(N − 1)^2$ komplexe Multiplikationen und $(N^2 − N)$ komplexe Additionen ausgeführt werden müssen. Mit zunehmender Anzahl von Eingangswerten (N) wird der Rechenaufwand sehr schnell überproportional groß. So müssen bei einer Datenblockgröße von 1024 Punkten bereits 1.046.529 komplexe Multiplikationen und 1.047.552 komplexe Additionen durchgeführt werden. Aus diesem Grund wurden entsprechende Verfahren (Algorithmen) entwickelt, welche die DFT in einer Art und Weise einsetzen, die eine schnellere Berechnung ermöglichen. Diese Verfahren bzw. Algorithmen werden unter der Bezeichnung „Fast-Fourier-Transformations-Algorithmen" (FFT) zusammengefasst.

Der Radix-2- oder Basis-2-Algorithmus wurde von J.W. Cooley und J.W. Tukey entwickelt. Dieser kommt mit einer Anzahl von

$$M = \frac{N}{2} \cdot \log_2 \cdot N$$

Multiplikationen aus. Es handelt sich hierbei um ein Schema, welches die diskrete Fourier-Transformation (DFT) nicht durch ein Näherungsverfahren ersetzt, sondern dieselben Ergebnisse mit weniger Rechenoperationen liefert. Dies wird durch geschickte Umordnung der einzelnen Glieder und durch Ausklammern von Faktoren erreicht. Durch die Festlegung von

$$W_N = e^{j(\pi \cdot T/N)}$$

sowie durch Aufspalten der Eingangssequenz x(n) in die geraden bzw. ungeraden nummerierten Punkte, lässt sich die Gleichung wie folgt umstellen:

$$X(k) = \sum_{n_e=0}^{N-1} x_e(n) \cdot W_N^{n \cdot k} + \sum_{n_o=0}^{N-1} x_o(n) \cdot w_N^{n \cdot k}$$

$$X(k) = \sum_{n_e=0}^{N/2-1} x_e(2 \cdot n) \cdot W_N^{2n \cdot k} + \sum_{n_o=0}^{2N-1} x_o(2 \cdot n + 1) \cdot w_N^{(2n+1) \cdot k}$$

Die Werte n_e bzw. x_e sind hierbei die geraden (even) und n_o bzw. x_o ungeraden Werte (odd). Der Wert $w_N{}^2$ kann demnach folgendermaßen ausgedrückt werden:

$$w_N^2 = \left(e^{-j(2 \cdot \pi \cdot T/N)}\right) = \left(e^{-j(2 \cdot \pi \cdot T/N/2)}\right) = w_{N/2}$$

Unter der Voraussetzung, dass $x_e(n) = x(2 \cdot n)$ und $x_o(n) = x(2 \cdot n + 1)$ ist, lassen sich die Gleichungen nun folgendermaßen umstellen:

$$X(k) = \sum_{n_e=0}^{N/2-1} x_e(n) \cdot w_{N/2}^{n \cdot k} + \sum_{n_o=0}^{N/2-1} x_o(n) \cdot W_{N/2}^{n \cdot k}$$

$$X(k) = X_e(k) + w_N^k \cdot X_o^k$$

Die ursprüngliche DFT-Operation über N-Punkte wurde auf zwei DFT-Operationen über jeweils N/2-Punkte reduziert und gemäß der Gleichung mithilfe der Drehfaktoren (twiddle factors) $W_N{}^k$ wieder rekombiniert. Wenn N eine ganzzahlige Potenz von zwei ist, kann jede der beiden DFT-Operationen über N/2-Punkte wiederum in zwei Teile aufgespaltet werden, welche sich ihrerseits wiederum in zwei Teile aufspalten lassen usw. Mit dieser Vorgehensweise gelangt man schließlich zu den DFT-Operationen über zwei Punkte, welche sich mit den Drehfaktoren rekombinieren lassen. Das Verfahren ist auch bekannt unter dem Namen „Zeit-Zerlegungs-Algorithmus" (decimation in-time algorithm). Die Länge der zu analysierenden Eingangsdaten N muss immer eine ganzzahlige Potenz von zwei sein, d. h. $N = 2^M$ (z. B. 2, 4, 8, 16, …).

Der Basis-4- bzw. Radix-4-Algorithmus benötigt ca. 25 % bis 30 % weniger Multiplikationen als der entsprechende Basis-2-Algorithmus. Dies wird durch die Zerlegung jeder Transformation in DFT-Operationen über vier Punkte erreicht. Die Länge der zu analysierenden Eingangsdaten N muss immer eine ganzzahlige Potenz von vier sein, d. h. $N = 4^M$ (z. B. 4, 16, 64, 256, …).

Der Basis-8- bzw. Radix-8-Algorithmus benötigt ca. weitere 10 % bis 15 % weniger Multiplikationen als der Basis-4-Algorithmus. Dies wird durch die Zerlegung jeder Transformation in DFT-Operationen über vier Punkte erreicht. Die Länge der zu analysierenden Eingangsdaten N muss immer eine ganzzahlige Potenz von acht sein, d. h. $N = 8^M$ (z. B. 8, 64, 512, 4096,…).

Der Split-Radix-Algorithmus wurde von Duhamel und Hollmann entwickelt und ist dem konventionellen Algorithmus nach Cooley und Tukey sehr ähnlich. Der Algorithmus verwendet eine Basis-2-Indextabelle für die geraden Terme und eine Basis-2-Indextabelle für die ungeraden Terme. Der Unterschied zwischen dem normalen Basis-2-Algorithmus und dem Split-Radix-Algorithmus besteht in der Anordnung der Twiddle-Faktoren. Der Split-Radix-Algorithmus benötigt wesentlich weniger komplexe Multiplikationen und Additionen, um die Ergebnisse zu berechnen. Daher ist dieser Algorithmus schneller (ca. 10 %) als der Basis-2-Algorithmus.

Der Mixed-Radix-Algorithmus wurde von R.C. Singelton entwickelt. Die Länge der zu analysierenden Eingangsdaten N muss ein Produkt aus Primzahlen wie 2, 3, 5 und 7 sein.

Der Primfaktor-Algorithmus verwendet die polynomiale Multiplikation (Faltungsoperation) als Formulierung der DFT. Dieses Verfahren wurde von S.Winograd entwickelt und wird daher auch als Winograd-Fourier-Transformationsalgorithmus (WFTA) bezeichnet. Das Verfahren ermöglicht die Zerlegung einer DFT in mehrere kurze DFTs, deren Länge teilerfremd sind. Diese kurzen DFTs werden daraufhin in periodische Faltungen umgesetzt. Für den Fall, dass die Anzahl der Eingangswerte eine Primzahl darstellt (und somit nicht faktorisiert werden kann), wird diese DFT in eine Faltung umgewandelt. Die WFTA benötigt für eine N-Punkte DFT nur eine zu N und nicht zu N log N proportionale Anzahl von Multiplikationen. Die Länge der zu analysierenden Eingangsdaten N muss ein Produkt aus relativen Primzahlen der folgenden Reihe sein: 2, 3, 5, 7, 11, 13, 17, 19 und 23.

Das digitale Speicheroszilloskop ist in der Lage, die Quelldaten mit unterschiedlichen Fensterfunktionen zu bewerten. Bei periodischen Signalen werden hierdurch die Auswirkungen von Diskontinuitäten an den Blockenden der FFT-Eingangsdaten vermindert.

Diese Auswirkungen werden auch als Leakage-Effekt bezeichnet und treten immer dann auf, wenn in einem Messintervall nicht genau eine ganze Zahl an Signalperioden liegt.

Jedes Bewertungsfenster hat für bestimmte Anwendungen und Signalformen spezifische Vor- und Nachteile. Es ist daher im Einzelfall zu entscheiden, welches die richtige Bewertungsfunktion ist. Ein ideales Fenster gibt es nicht, es können hier nur einige Hinweise zu den wichtigsten Charakteristika gegeben werden. Generell bewirkt eine Fensterbewertung einerseits eine Dämpfung der Nebenmaxima (side lobe) einer Spektrallinie, die durch Diskontinuitäten am Rand des Signalausschnittes verursacht werden (gewünschter Effekt), andererseits eine Verbreiterung des Hauptmaximums (main lobe) und damit eine reduzierte Auflösungsschärfe des Spektrums (nicht erwünschter Effekt). Die Funktion eines Fensters (sin Nx/sin x- Funktion) besitzt einen Haupt- und viele Nebenzipfel und liefert die Einhüllende der Spektrallinien. Die diskreten Spektrallinien liegen im Abstand:

$$\Delta f = \frac{1}{N \cdot T_a}$$

Das Spektrum wiederholt sich bei der Abtastfrequenz:

$$f_a = \frac{1}{T_a}$$

Bei der Auswahl des Fensters sollte auf drei wichtige Punkte bzw. Kriterien geachtet werden, welche nun beschrieben werden.

Die Fensterfunktionen, bei welchen die Nebenzipfel (Nebenmaxima/side lobe) niedrig bleiben, weisen einen besonders breiten Hauptzipfel auf. Dies ist ungünstig und führt zu einem Auseinanderlaufen der Spektrallinien. Zur Charakterisierung des Hauptzipfels wird die 3-dB-Grenzfrequenz verwendet. Dies ist die Frequenz, bei welcher die Amplitude des Hauptzipfels auf 3 dB abgefallen ist. Das Verhältnis wird durch die Frequenz f_3 definiert und ist ein Maß für die Breite des Hauptzipfels:

$$\frac{Amplitude \ bei \ f_0 = 0}{Amplitude \ bei \ f_3} = 3 \ dB$$

Die Spektrallinien einer abgetasteten Funktion fallen nicht zwingend mit den Nullstellen der DFT eines Fensters zusammen. Die Spektrallinien sind mit dem Abstand Δf angeordnet. Die Amplitude des Hauptzipfels ist bei $f = 0$ größer als die Amplitude der Frequenz $f = \Delta f/2$. Der maximale Abtastfehler b gibt an, um wieviel eine Amplitude höchstens falsch gemessen wird:

$$b = \frac{Amplitude \ der \ Fenster - FT \ bei \ f = 0,5 \ \Delta f}{Amplitude \ der \ Fenster - FT \ bei \ f = 0}$$

Die DFT einer Fensterfunktion liefert bei $\omega = 0$ die maximale Amplitude des Hauptzipfels, während die Amplituden der Nebenzipfel geringer sind. Dieses Verhältnis a wird für den Vergleich verschiedener Fensterfunktionen verwendet:

$$a = \frac{\textit{Amplitude des höchsten Nebenzipfels}}{\textit{Amplitude des Hauptzipfels}}$$

Es werden nun einige der verfügbaren Fensterfunktionen erläutert. In Abb. 2.91 sieht man die grafische Darstellung einiger dieser Fensterfunktionen.

Das Rechteckfenster bewirkt keinerlei Signalveränderung und besitzt den schmalsten Hauptzipfel von allen Fenstern. Der Leakage-Effekt ist bei diesem Fenster am größten, wenn in einem Messintervall nicht genau eine ganze Zahl an Signalperioden liegt. Die Formel des Rechteckfensters lautet:

$$w(n \cdot T_a) = 1 \, \textit{für} \, |n \cdot T_a| < \frac{N \cdot T_a}{2}$$

Das konische Rechteckfenster (tapered rectangular window), auch Tukey-Fenster genannt, ermöglicht durch die Anpassung des Konus-Verhältnisses ΔK zwischen 0 und 1 eine Abschwächung der Seitenzipfel, ohne die Breite des Hauptzipfels zu stark zu beeinflussen. Das konische Rechteckfenster besitzt im Vergleich zum Blackman-Fenster einen schmäleren Haupt- und größere Nebenzipfel. Die Formel des konischen Rechteckfensters lautet:

$$w(n \cdot T_a) = 0.5 \cdot \left(1 - \cos\left(\frac{2 \cdot \pi \cdot 5 \cdot n \cdot T_a}{N \cdot T_a}\right)\right) \textit{für} \, |n \cdot T_a| < \frac{N \cdot T_a}{2}$$

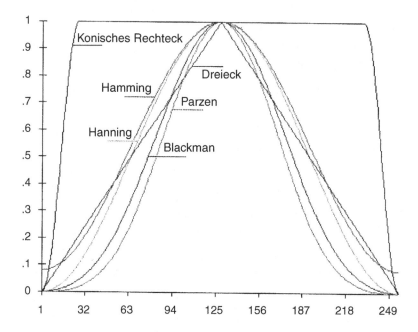

Abb. 2.91 Diagramm für die Fensterfunktionen

Das Dreieckfenster, auch Bartlett-Fenster genannt, ist ein sehr bekanntes Fenster, da es sich bei standardisierten Methoden spektraler Schätzungen ergibt. Die Breite des Hauptzipfels ist beim Bartlett-Fenster doppelt so groß wie beim Rechteckfenster. Die Formel des Dreieckfensters lautet:

$$w(n \cdot T_a) = 1 - \frac{2 \cdot |n \cdot T_a|}{N \cdot T_a} \; f\ddot{u}r \; |n \cdot T_a| < \frac{N \cdot T_a}{2}$$

Das Hanning-Fenster (von Hann) ist einfach eine Periode einer angehobenen Cosinus-Funktion. Die Breite des Hauptzipfels ist, wie beim Bartlett-Fenster, doppelt so groß wie beim Rechteckfenster. Für ein großes N wird jedoch das Verhältnis zwischen Haupt- und Nebenzipfel (peak-to-side lobe ratio) um 4 dB besser gegenüber dem Bartlett-Spektrum. Mit dem Hanning-Fenster kann eine optimale Amplitudenauflösung erreicht werden, da es, neben dem Kaiser-Fenster, am weichesten ist. Die Formel des Hanning-Fensters lautet:

$$w(n \cdot T_a) = 0{,}5 \cdot \left(1 + \cos \frac{2 \cdot \pi \cdot n \cdot T_a}{N \cdot T_a} \right) f\ddot{u}r \; |n \cdot T_a| < \frac{N \cdot T_a}{2}$$

Das Hamming-Fenster ist dem Hanning-Fenster ähnlich, jedoch mit dem Unterschied, dass es an den Enden nicht langsam auf Null abfällt. Die Hauptzipfel des Hamming- und Hanning-Fensters sind ungefähr gleich breit. Das Verhältnis zwischen Haupt- und Nebenzipfel ist beim Hamming-Fenster mit ca. 41 dB deutlich besser als beim Hanning-Fenster. Die Formel des Hamming-Fensters lautet:

$$w(n \cdot T_a) = 0{,}54 + 0{,}46 \cdot \cos \frac{2 \cdot \pi \cdot n \cdot T_a}{N \cdot T_a} \; f\ddot{u}r \; |n \cdot T_a| < \frac{N \cdot T_a}{2}$$

Das Blackman-Fenster ist den Hanning- und Hamming-Fenstern ähnlich, weist aber zusätzlich einen höherfrequenten Cosinus-Term auf. Wie das Hanning-Fenster fällt auch das Blackman-Fenster langsam auf Null ab. Die Addition des zweiten Cosinus-Terms bewirkt eine Verbreiterung des Hauptzipfels, verbessert aber gleichzeitig das Verhältnis zwischen Haupt- und Nebenzipfel auf ca. 57 dB. Die Formel des Blackman-Fensters lautet:

$$w(n \cdot T_a) = 0{,}42 + 0{,}5 \cdot \cos \frac{2 \cdot \pi \cdot n \cdot T_a}{N \cdot T_a} + 0{,}08 \cdot \cos \frac{4 \cdot \pi \cdot n \cdot T_a}{N \cdot T_a} \; f\ddot{u}r \; |n \cdot T_a| < \frac{N \cdot T_a}{2}$$

Das Parzen-Fenster ist dem Blackman-Fenster ähnlich. Es kann als modifiziertes bzw. korrigiertes Blackman-Fenster aufgefasst werden. Es zeichnet sich durch eine bessere Dämpfung der Nebenmaxima (Nebenzipfel) aus, liefert jedoch auch ein verbreitertes Hauptmaximum. Die Formel des Parzen-Fensters lautet:

$$w(n \cdot T_a) = 1 - 6 \cdot \left(\frac{2 \cdot \pi \cdot n \cdot T_a}{N \cdot T_a - 1} \right)^2 + 6 \cdot \left(\left| \frac{2 \cdot \pi \cdot n \cdot T_a}{N \cdot T_a - 1} \right| \right)^3 \; f\ddot{u}r \; |n \cdot T_a| < \frac{N \cdot T_a}{2}$$

Das Kaiser-Fenster wurde von J.F. Kaiser vorgestellt und verwendet im Zeitbereich diskrete Näherungen an sogenannte ellipsoide Wellenfunktionen (prolate spheroidal wave functions):

$$w(t) = \frac{I_0 \cdot \left(\beta\sqrt{1 - \left(\frac{t}{T}\right)^2}\right)}{I_0(\beta)} \, f\ddot{u}r \, t = 0 \ldots T$$

$$W(f) = \sin c(x), \, x = \sqrt{(\pi \cdot T \cdot f)^2 - \beta^2} \, f\ddot{u}r \, f = 0 \ldots \frac{1}{T}$$

wobei $I_0(\beta)$ die modifizierte Bessel-Funktion erster Art und nullter Ordnung ist. Diese lässt sich wie folgt bestimmen:

$$I_0(\beta) = 1 + \sum_{k=1}^{\infty} \left(\frac{(\beta/2)^k}{k!}\right)^2$$

Die Fensterkonstante β (Beta) liegt beim Kaiser-Fenster üblicherweise zwischen 4 und 20. Der Wert für Beta wird variiert, um zwischen der Energie des Hauptzipfels und der Amplitude des Seitenzipfels abzuwägen und beeinflusst die Breite des Fensters im Frequenzbereich, wie Tab. 2.8 zeigt.

Um das Spektrum zu veranlassen, seine erste Nullstelle bei einer Frequenz von N der Frequenzauflösung zu erhalten, kann die folgende Gleichung zur Ermittlung von β verwendet werden:

$$\beta = \pi \cdot \sqrt{N^2 - 1}$$

Das Kaiser-Fenster besitzt bei $\beta = 2\sqrt{(2\pi)}$ die gleiche Hauptzipfelbreite wie das Blackman-Fenster, aber mit besserem Verhältnis zwischen Haupt- und Seitenzipfel. Bei $\beta = \sqrt{(3\pi)}$ besitzt das Kaiser-Fenster die gleiche Hauptzipfelbreite wie das Hamming-Fenster. Einige Standardfenster können durch Anpassen von β durch das Kaiser-Fenster (Tab. 2.9) ersetzt werden.

Alle zuvor gezeigten Fenster sind symmetrisch, nicht negativ, weisen reale Funktionen auf und sind in der Mitte des Zeitdatensatzes zentriert. Dies ist die Bedingung für unsymmetrische Eingangsdaten. Eine Verwendung dieser Fenster für symmetrische Eingangsdaten, wie z. B. einem gleichförmigen Impuls, ist sehr ungünstig. Für symmetrische Signale offerieren die digitalen Oszilloskope eine Reihe von speziellen Fensterfunktionen,

Tab. 2.8 Energie des Hauptzipfels und der Amplitude des Seitenzipfels

Beta	Erste Nullstelle bei f	Seitenzipfel (db)	Asymptotisches Abklingen (db/Oktave)
$\beta = \pi\sqrt{3}$	2/T	−39,8	6
$\beta = \pi\sqrt{8}$	3/T	−65,5	6
$\beta = \pi\sqrt{15}$	4/T	−91,2	6

Tab. 2.9 Verhältnis zwischen Haupt- und Seitenzipfel

Fensterform	Äquivalentes Kaiser-Fenster β
Rechteck	0
Bartlett	1,33
Hanning	3,86
Hamming	4,86
Blackman	7,04

Tab. 2.10 Auswahl des Cosinus-Fensters

Allgemeines Cosinus-Fenster	Seitenzipfel (dB)	Asymptotisches Abklingen (dB/ Oktave)
Hanning (2-Term w' 1. Ableitung)	−31,5	18
Hamming (2-Term minimale Seitenzipfel)	−43,2	6
	−46,7	30
3-Term w''' 3. Ableitung	−58,1	18
Blackman	−61,0	42
4-Term w''''' 5. Ableitung	−62,1	6
3-Term	−64,2	18
3-Term w' 1. Ableitung	−68,2	6
Exaktes Blackman	−71,5	6
3-Term minimale Seitenzipfel	−74,4	6
4-Term	−82,6	30
4-Term w''' 3. Ableitung	−93,3	18
4-Term w' 1. Ableitung	−98,2	6
4-Term minimale Seitenzipfel		

den allgemeinen Cosinus-Fenstern. Die Formel eines allgemeinen Cosinus-Fensters lautet:

$$W(t) = a_0 - a_1 \cdot \cos\left(\frac{2 \cdot \pi \cdot t}{T}\right) + a_2 \cdot \cos\left(\frac{4 \cdot \pi \cdot t}{T}\right) - a_3 \cdot \cos\left(\frac{6 \cdot \pi \cdot t}{T}\right)$$

Tab. 2.10 soll die Auswahl des für die jeweilige Anwendung erforderlichen Cosinus-Fensters erleichtern.

Die zweite Spalte von Tab. 2.10 zeigt die, zur Amplitude des Hauptzipfels, relative Amplitude der Seitenzipfel. Das asymptotische Abklingen entspricht dem Dämpfungsverhältnis der Seitenzipfel, welche am weitesten vom ersten Seitenzipfel entfernt sind.

Tab. 2.11 enthält die Koeffizienten der verschiedenen allgemeinen Cosinus-Fenster. Man beachte, dass die Koeffizienten „a(i)" als positive Werte definiert sind.

Um die einzelnen Fenster anhand ihrer unterschiedlichen Leakage-Effekte zu vergleichen, wurden diese in Tab. 2.12 nach der Amplitude ihrer Seitenzipfel geordnet. Je kleiner die Seitenzipfel, desto geringer sind die Leakage-Effekte im Spektrum des Signals. Eine Verkleinerung der Seitenzipfel führt häufig eine größere Bandbreite, wie die letzte Spalte in Tab. 2.12 verdeutlicht. Eine Erhöhung der Anzahl von Termen erhöht auch die Breite der Hauptzipfel.

Tab. 2.11 Koeffizienten der verschiedenen allgemeinen Cosinus-Fenster

Allgemeines Cosinus-Fenster	Koeffizienten			
	a(0)	a(1)	a(2)	a(3)
Hanning (2-Term w' 1. Ableitung)	0,5	0,5	0	0
Hamming (2-Term, minimale Seitenzipfel)	0,53836	0,46164	0	0
3-Term w''' 3.Ableitung	0,375	0,5	0,125	0
Blackman	0,42	0,5	0,08	0
4-Term w''''' 5.Ableitung	10/32	15/32	6/32	1/32
3-Term	0,44959	0,49364	0,05677	0
3-Term w' 1.Ableitung	0,40897	0,5	0,09103	0
Exaktes Blackman	7938/18608	9240/18608	1430/18608	0
3-Term minimale Seitenzipfel	0,4243801	0,4973406	0,0782793	0
4-Term	0,40217	0,49703	0,09892	0,00188
4-Term w''' 3.Ableitung	0,338946	0,481973	0,161054	0,018027
4-Term w' 1.Ableitung	0,355768	0,487396	0,144232	0,012604
4-Term minimale Seitenzipfel	0,3635819	0,4891775	0,1365995	0,0106411

Tab. 2.12 Leakage-Effekte im Spektrum des Signals

Fenster	Form	Hauptzipfel	% der Nebenzipfel	Bandbreite
Rechteck	1; t = 0 zu T	T	4.8	0,86/T
Konisches Rechteck (0,1)	1; t = 0,1 T zu 0,9 T $0,5(1 - \cos 2 \pi 5/T)$; bei anderen Werten	0,9 T	4,5	0,95/T
Dreieck	2 t/T; t = 0 zu T/2 -2 t/T + 2; t = T/2 zu T	0,5 T	0,21	1,27/T
Hanning	$0,5(1 - \cos 2 \pi$ t/T); t = 0 zu T	0,5 T	0,069	1,39/T
Hamming	$0,8 + 0,46(1- \cos 2 \pi$ t/T); t = 0 zu T	0,54 T	0,0065	1,26/T
Blackman	$0,42 - 0,5 \cos 2 \pi$ t/T $+ 0,08 \cos 4 \pi$ t/T; t = 0 zu T	0,42 T	0,0013	1,33/T
Parzen	$t = 1 - 6(2$ t/T $- 1)^2 +$ $6\|2$ t/T $- 1\|^3$ t = T/2 zu 3 T/42(1 $- \|2$ t/T $- 1\|^3$) t = 0 zu T/4, t = 3 T/4 zu T	0,37 T	0,00047	1,81/T

Beachten Sie bitte auch die Unterschiede zwischen den einzelnen Fenstern bezüglich deren asymptotischem Abklingverhalten. Fenster mit größerem asymptotischen Abklingverhalten besitzen größere Seitenzipfel in der Nähe der Hauptzipfel.

2.7.4 Vergleich zwischen den Algorithmen

Mit der Software in digitalen Speicheroszilloskopen stehen sechs verschiedene Algorithmen zur Verfügung. Damit ist eine besonders hohe Flexibilität bezüglich der Analyse gewährleistet.

- RADIX-2: Der zu analysierende Bereich (Datenblocklänge) muss immer eine Länge N aufweisen, welcher ein vielfaches von 2 ($N = 2^m$, m = ganzzahlig) sein muss (2, 4, 8, 16, 32, 64 usw.). Das Wort „RADIX" bedeutet die Basis (auch Wurzel oder Grundzahl).
- RADIX-4: Der zu analysierende Bereich muss immer eine Länge N besitzen, welcher ein vielfaches von 4 ($N = 4^m$, m = ganzzahlig) sein muss (4, 16, 64, 256, 1024, 4096 usw.). Im Vergleich zum RADIX-2-Algorithmus sind bei diesem Verfahren ca. 30 % weniger an Multiplikationen erforderlich. Dies wird durch die Zerlegung jeder Transformation in DFT-Operationen über vier Punkte erreicht.
- RADIX-8: Der zu analysierende Bereich muss immer eine Länge N besitzen, welcher ein vielfaches von 8 ($N = 8^m$, m = ganzzahlig) sein muss (8, 64, 512, 4096, 32.768 usw.). Im Vergleich zum RADIX-4-Algorithmus benötigt man bei diesem Verfahren ca. 15 % weniger an Multiplikationen. Dies wird durch die Zerlegung jeder Transformation in DFT-Operationen über weitere acht Punkte erreicht.
- SPLIT-RADIX: Ein schneller Algorithmus zur Berechnung der diskreten Fourier-Transformation mit einer Datenblocklänge, die ein Vielfaches von 2 beträgt (4, 8, 16, 32 usw.). Dieses Verfahren entspricht im Prinzip dem Radix-2-Algorithmus, aber hier wird eine Basis-2-Indextabelle für die geraden Terme und eine Basis-2-Indextabelle für die ungeraden Terme verwendet. Der Unterschied zwischen dem normalen Basis-2-Algorithmus und dem SPLIT-RADIX besteht in der Anordnung der Twiddle-Faktoren. Dieser Algorithmus benötigt aber wesentlich weniger komplexe Multiplikationen und Additionen, um die Ergebnisse zu berechnen. Der Geschwindigkeitsvorteil liegt bei ca. 10 %.
- MIXED-RADIX: Ein schneller Algorithmus zur Berechnung der diskreten Fourier-Transformation mit einer Datenblocklänge, deren Zahl in Produkt gemischter Basen bestehend aus: 2, 3, 4 und 5 aufgeteilt werden kann.
- PRIMFAKTOR: Ein schneller Algorithmus zur Berechnung der diskreten Fourier-Transformation mit einer Datenblocklänge, welche einer relativen Primzahl entspricht. Hierbei werden relative Primzahlen aus der folgenden Reihe verwendet: 2, 3, 4, 5, 7, 8, 9, 11, 13, 16, 17, 19 und 25. Eine Tabelle mit diesen relativen Primzahlen in Bezug auf die entsprechenden Datenblocklängen sind als Dateien vorhanden. Lässt sich die vorgegebene Datenblocklänge nicht faktorisieren, wird für den verbleibenden

Faktor der DFT-Algorithmus verwendet. Dieses Verfahren verwendet die polynomiale Multiplikation (Faltungsoperation) als Formulierung der DFT und damit wird die Zerlegung einer DFT in mehrere kurze DFTs möglich, deren Längen teilerfremd sind. Die kurzen DFTs werden in periodische Faltungen umgesetzt. Für den Fall, dass die Anzahl der Eingangswerte eine Primzahl darstellt (sich also nicht faktorisieren lässt) wird diese DFT in eine Faltung umgewandelt. Dieser Algorithmus benötigt für eine N-Punkte-DFT nur eine zu N und nicht zu N log N proportionale Anzahl von Multiplikationen.

Je nach verwendetem Algorithmus muss ein zu analysierender Datenblock eine bestimmte Länge aufweisen. Ist das nicht der Fall, kann mit Hilfe von drei Optionen festgelegt werden, auf welche Weise die Länge angepasst werden soll. Um den Datensatz auf eine dem entsprechenden Algorithmus geforderte Datenblocklänge aufzurunden, wird die Differenz zur passenden, nächst höheren Datenblocklänge mit Nullen aufgefüllt. Um den Datensatz auf einer dem entsprechenden Algorithmus geforderten Datenblocklänge abzurunden, wird die Differenz zur passenden, nächst niedrigeren Datenblocklänge abgeschnitten. Die Option „nicht verändern" kann nur verwendet werden, wenn man den MIXED-RADIX-Algorithmus verwendet, da dieser als einziger Algorithmus eine variable Datenblocklänge zulässt.

Mit dieser Software ist man in der Lage, die Quelldaten mit unterschiedlichen Fensterfunktionen zu bewerten. Bei periodischen Signalen werden hierdurch die Auswirkungen von Diskontinuitäten an den Blockenden der FFT-Eingangsdaten vermindert. Diese Auswirkungen bezeichnet man als Leakage-Effekt und diese treten immer dann auf, wenn in einem Messintervall nicht genau eine ganze Zahl an Signalperioden liegt. Jedes Bewertungsfenster hat für bestimmte Anwendungen und Signalformen spezifische Vor- und Nachteile. Es ist daher immer im Einzelfall zu entscheiden, welches die richtige Bewertungsfunktion ist.

Mit der FFT-Analyse steht ein rein rechnerisches Verfahren zur Verfügung, bei dem eine Transformation der Messwerte, die als Zahlenfolge vorliegen, vom Zeit- in den Frequenzbereich erfolgt. Verwendet man die FFT als Hilfsmittel zur Kurzzeitspektralanalyse, werden aus dem kontinuierlichen Datenstrom der Abtastwerte diverse Fenster mit bestimmter Länge herausgeschnitten, die man dann der weiteren Verarbeitung zuführen kann. Die erste Operation ist daher in der Praxis die Bewertung des Zeitfensters nach einer entsprechenden „Fensterfunktion".

Die einfachste Methode für den FIR-Filterentwurf lässt sich über die Fenstermethode erreichen. Dieses Verfahren beginnt im Allgemeinen mit der gewünschten Übertragungsfunktion mit idealem Verlauf, die sich wie folgt darstellen lässt:

$$H_d\left(e^{j\omega}\right) = \sum_{n=-\infty}^{\infty} h_d[d]\, e^{-j\omega n}$$

In den idealisierten Systemen werden stückweise konstante oder abschnittweise definierte Funktionen mit Unstetigkeitsstellen an den Grenzen zwischen den einzelnen

Bändern definiert. Im Ergebnis besitzen diese immer Impulsantworten, die nicht kausal oder unendlich lang sind. Der direkte Ansatz, damit für solche Annahmen kausale FIR-Approximationen zu erhalten sind, ist, die ideale Impulsantwort abzuschneiden. Aus der gezeigten Gleichung lässt sich eine Darstellung der periodischen Übertragungsfunktion $H_d\left(e^{j\omega}\right)$ mit einer Fourier-Reihe erzeugen, wobei die Folge $h_d[n]$ die Rolle der Fourier-Koeffizienten übernimmt. Daher ist die Approximation z. B. bei einem idealen Filter durch Einschränkungen der idealen Impulsantwort mit dem Problem der Konvergenz von Fourier-Reihen identisch.

In Abb. 2.92 sind die typischen Funktionen von $H_d(e^{j\Theta})$ und $W(e^{j\omega-\Theta})$ gezeigt, wie es für die folgende Gleichung erforderlich ist:

$$H\left(e^{j\omega}\right) = \frac{1}{2 \cdot \pi} \int_{-\pi}^{\pi} H_d\left(e^{j\Theta}\right) \cdot W\left(e^{j(\omega-\Theta)}\right) \cdot d\Theta$$

Das bedeutet, dass $H_d(e^{j\omega\Theta})$ die periodische Faltung der gewünschten idealen Übertragungsfunktion mit der Fourier-Transformierten ist. Aus diesem Grunde wird $H(e^{j\omega})$ eine geglättete Version der gewünschten Übertragungsfunktion $H_d(e^{j\omega})$ sein. Beschränkt man sich auf einen schmalen Frequenzbereich, kann mit der folgenden Gleichung gearbeitet werden:

$$W\left(e^{j\omega}\right) = \sum_{n=0}^{M} e^{-j\omega\,m} = \frac{1 - e^{-j\omega\,(M+1)}}{e^{-j\omega}} = e^{-j\omega\,M/2}\frac{\sin\left[\omega(M+1)/2\right]}{\sin\left(\omega/2\right)}$$

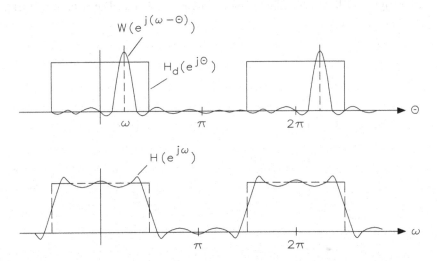

Abb. 2.92 Durch die Begrenzung einer idealen Impulsantwort entsteht im oberen Kurvenverlauf ein Faltungsprozess, während im unteren Kurvenverlauf durch die typische Fenstergewichtung die Impulsantwort mittels Approximation erzeugt wird

Für eine Betragsamplitude der Funktion $\sin[\omega(M + 1)/2]/\sin(\omega/2)$ ist in Abb. 2.93 eine Fourier-Transformierte mit $M = 7$ gezeigt. Hierzu ist zu beachten, dass $W(e^{j\omega})$ für das Rechteckfenster eine verallgemeinerte lineare Phase besitzt.

Mit größer werdendem M nimmt die Breite des Hauptmaximums (main lobe) ab. Dieses Hauptmaximum definiert man normalerweise als die Region zwischen der jeweils ersten Nullstelle auf beiden Seiten des Ursprungs. Für den Fall des Rechteckfensters beträgt die Breite des Hauptmaximums dann $\Delta\omega_m = 4 \cdot \pi(M + 1)$. Jedoch sind die Nebenmaxima (side lobe) für das Rechteckfenster signifikant groß und tatsächlich nehmen mit größer werdendem M die Spitzenamplitude des Hauptmaximas und der Nebenmaximas in einer solchen Weise zu, dass die Fläche unterhalb jedes Maximas eine Konstante dargestellt, während die Breite jedes Maximas mit M abnimmt. Aus diesem Grunde wird beim Verschieben der Fensterübertragungsfunktion $W(e^{j(\omega-\Theta)})$ über die Unstetigkeitsstellen der Übertragungsfunktion $H_d(e^{j\Theta})$ das Integral über $W(e^{j(\omega-\Theta)})$ bei jeder Überdeckung eines Nebenmaximums und der Unstetigkeitsstelle einen instabilen Zustand annehmen, d. h. die Schaltung kommt in ein Schwingungsverhalten. Da die Fläche unterhalb jedes Maximums mit zunehmendem M aber konstant bleibt, steigt das Schwingungsverhalten schneller an, verringert sich jedoch mit zunehmendem M nicht. Generell bewirkt eine Fensterbewertung einerseits eine Dämpfung der Nebenmaxima (side lobe) einer Spektrallinie, die durch Diskontinuitäten am Rand des Signalausschnittes verursacht werden (gewünschter Effekt), andererseits eine Verbreiterung des Hauptmaximums (main lobe) und damit eine reduzierte Auflösungsschärfe des Spektrums (nicht erwünschter Effekt).

Für die Beurteilung eines Fensters muss man mehrere Kriterien beachten. Die Funktion eines Fensters ($\sin N\ x/\sin x$) besitzt einen Haupt- und viele Nebenzipfel, wie Abb. 2.93 zeigt, und liefert die Einhüllende der Spektrallinien. Die diskreten Spektrallinien liegen im Abstand:

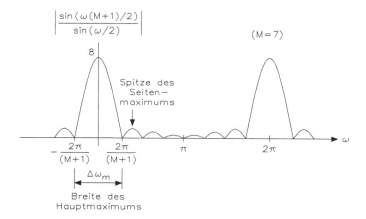

Abb. 2.93 Betragsamplitude einer Fourier-Transformierten eines Rechteckfensters mit $M = 7$

$$\Delta f = \frac{1}{N \cdot T_a}$$

Das Spektrum wiederholt sich bei der Abtastfrequenz:

$$f_a = \frac{1}{T_a}$$

Bei der Auswahl des Fensters sollte man auf drei wichtige Punkte bzw. Kriterien achten, welche im Folgenden beschrieben werden.

Breite des Hauptzipfels (Hauptmaxima, main lobe): Die Fensterfunktionen, bei dem die Nebenzipfel (Nebenmaxima, side lobe) niedrig bleiben, haben einen besonders breiten Hauptzipfel. Dies ist ungünstig und führt zu einem Auseinanderlaufen der Spektrallinien. Zur Charakterisierung des Hauptzipfels verwendet man die 3-dB-Grenzfrequenz. Dies ist die Frequenz, bei der die Amplitude des Hauptzipfels auf 3 dB abgesunken ist. Das Verhältnis wird durch die Frequenz f_3 definiert und ist ein Maß für die Breite des Hauptzipfels:

$$\frac{Amplitude \; bei \; f_0 = 0}{Amplitude \; bei \; f_3} = 3 \, \text{dB}$$

- Maximaler Abtastfehler: Die Spektrallinien einer abgetasteten Funktion fallen nicht zwingend mit den Nullstellen der DFT eines Fensters zusammen. Die Spektrallinien sind mit dem Abstand Δf angeordnet. Die Amplitude des Hauptzipfels ist bei $f = 0$ größer als die Amplitude der Frequenz $f = \Delta f/2$. Der maximale Abtastfehler b gibt an, um wieviel eine Amplitude höchstens falsch gemessen wird:

$$b = \frac{Amplitude \; der \; Fenster - FT \; bei \; f = 0{,}5 \; \Delta f}{Amplitude \; der \; Fenster - FT \; bei \; f = 0} = 3 \, \text{dB}$$

- Verhältnis aus der Amplitude des Hauptzipfels und des höchsten Nebenzipfels: Die DFT einer Fensterfunktion liefert bei $\omega = 0$ die maximale Amplitude des Hauptzipfels, während die Amplituden der Nebenzipfel geringer sind. Dieses Verhältnis a wird für den Vergleich verschiedener Fensterfunktionen verwendet:

$$a = \frac{Amplitude \; des \; höchsten \; Nebenzipfels}{Amplitude \; des \; Hauptzipfels}$$

Ein ideales Fenster gibt es nicht, es können daher nur einige Hinweise zu den wichtigsten Charakteristika gegeben werden.

2.7.5   Praktisches FFT-Rechenbeispiel

Recht übersichtlich sind die Verhältnisse, wenn die Frequenzen der drei zu addierenden Spannungen in einem ganzzahligen Verhältnis zueinander stehen, wenn also neben der Frequenz f auch die doppelte (2f) oder dreifache (3f) Frequenz vorhanden ist. Abb. 2.94 stellt einige Beispiele mit der dreifachen Frequenz dar. Es ist ersichtlich, dass die Kurvenform stark von der Phasenlage zwischen den zu addierenden Sinuskurven abhängig ist. Durch Hinzufügen weiterer Spannungen kann die Summenkurve in jede gewünschte Form gebracht werden. Ein Beispiel dafür liefert das Oszillogramm mit der Addition von Spannungen der Frequenzen f, 3f und 5f. Der Kurvenzug hat starke Ähnlichkeit mit einem Rechteck. Es lassen sich alle Wechselspannungsformen durch Addition der Spannungen mit Vielfachen der Grundfrequenz zusammensetzen. Die verschiedenen Spannungen haben dann stets ein bestimmtes Amplitudenverhältnis und eine bestimmte Phasenlage zueinander.

Die Vielfachen der Grundfrequenz bezeichnet man Harmonische oder Teilschwingungen. Die Grundwelle selbst wird als erste Harmonische bezeichnet, 2f als die zweite Harmonische usw. Zur zweiten Harmonischen sagt man auch erste Oberwelle, zur dritten Harmonischen zweite Oberwelle usw. Das Zerlegen von beliebigen Spannungsformen in ihre Harmonischen und die Bestimmung ihrer Amplituden nennt man Fourier-Analyse.

Mit der Fourier-Analyse lässt sich der DC-Anteil, die Grundwelle und die Harmonische eines Zeitbereichssignals untersuchen. Bei dieser Analyse wird auf die Ergebnisse einer Zeitbereichsanalyse die diskrete Fourier-Transformation angewandt. Hierzu wird eine Zeitbereichs-Spannungskurvenform in deren Frequenzbereichsanteile zerlegt. Multisim führt automatisch eine Zeitbereichsanalyse durch, um die

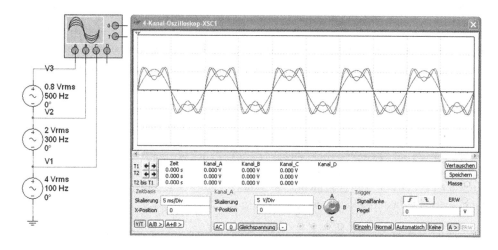

Abb. 2.94 Addition mit Frequenzverhältnis f, 3f, 5f und Amplitudenverhältnis 5:2:1

Fourier-Analyseergebnisse zu erzeugen. In der Schaltung müssen Sie einen Ausgangsknoten wählen. Die Ausgangsvariable ist der Knoten, aus dem bei der Analyse die
Spannungskurve extrahiert wird.

Abb. 2.95 zeigt die Fourier-Analyse von Abb. 2.94 in Tabellenform und als Betrags-
spektrum. Wenn die Fourier-Analyse dargestellt werden soll, ist auf den Balken
„Simuliere" zu klicken. Es öffnet sich ein Fenster und danach klickt man auf „Analyse".
Hier findet man alle Einstellungen für die Fourier-Analyse.

Die Grundfrequenz (Frequency resolution oder Fundamental frequency) beträgt 1
kHz und die Ordnungszahl der Oberwellen (number of harmonics) ist mit „9" festgelegt.
Über TSTOP wird die Zeit für das Ende der Messung eingestellt. Das Ergebnis kann entsprechend gewählt werden. Für die vertikale Skala wird eine lineare Darstellung eingestellt.

Wenn man danach sofort den Balken „Simulieren" (Simulate) mit der Maus anklickt,
erscheint eine Fehlermeldung, denn man hat noch nicht die Ausgänge (Output) für die
Messung festgelegt.

Die Fourier-Analyse erzeugt ein Diagramm mit Fourier-Spannungskomponenten-
beträgen und optional die Phasenkomponenten über die Frequenz. Das Betragsdiagramm

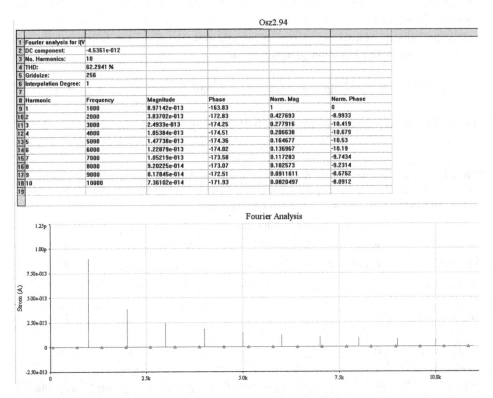

Abb. 2.95 Fourier-Analyse von Abb. 2.94 mit der Spannungsaddition der Frequenzverhältnisse f,
3f, 5f und Amplitudenverhältnisse 5:2:1

wird standardmäßig als Balkendiagramm dargestellt. Sie können jedoch die Darstellung als Liniendiagramm wählen.

Bei der Fourier-Analyse wird auch der Klirrfaktor berechnet. Wegen der starken Nichtlinearitäten der Übertragungskennlinie innerhalb einer elektrischen Schaltung treten Verzerrungen auf, wenn die Amplitude des Eingangssignals nicht sehr klein ist. Ein Maß für die Verzerrungen ist der Klirrfaktor. Der Klirrfaktor k ist das Verhältnis des Oberwelleneffektivwerts zum Gesamteffektivwert, einschließlich der Grundwellen. Der Klirrfaktor k wird in % angegeben und gibt das Effektivwert-Verhältnis der Oberschwingungen zur Grundschwingung am Ausgang an, wenn man den Eingang sinusförmig um den Arbeitspunkt aussteuert.

Interessant ist Tab. 2.13, die gleichzeitig ausgegeben wird. Die Trägerfrequenz mit 10 kHz erzeugt die Amplitude von 4,9398 V und eine minimale Phasenverschiebung. Die untere Seitenbandfrequenz bei 9 kHz hat noch eine Spannung von 2,47401 V bei einer Phasenverschiebung von 90°. Die obere Seitenbandfrequenz bei 1,1 kHz hat noch eine Spannung von 2,46136 V bei einer Phasenverschiebung von −90°.

Tab. 2.13 zeigt die Zusammensetzung einiger Kurvenformen und die Amplitude wird mit 1 angenommen. Die Werte sind daher mit der Scheitelspannung $\hat{U}$ oder dem Scheitelstrom $\hat{I}$ zu multiplizieren. Ein negatives Vorzeichen bedeutet eine um 180° verschobene Komponente.

Jede periodische Schwingung kann als Summe von sinusförmigen Teilschwingungen dargestellt werden. Die Funktionsgleichung lautet:

$$u = \frac{4\hat{u}}{\pi}\left(\sin \omega t + \frac{1}{3}\sin 3\omega t + \frac{1}{5}\sin 5\omega t + \frac{1}{7}\sin 7\omega t + \ldots\right) \qquad \omega = 2 \cdot \pi \cdot f$$

Für eine Rechteckspannung (Rechteckwechselspannung), die $\pm U_b$ hat, gilt

Tab. 2.13 Zusammensetzung von Kurvenformen und die Amplitude wird mit 1 angenommen. Die Werte sind daher mit Scheitelspannung $\hat{U}$ oder Scheitelstrom $\hat{I}$ zu multiplizieren. Ein negatives Vorzeichen bedeutet eine um 180° verschobene Komponente

	Amplituden der Harmonischen					
	0.	**1.**	**2.**	**3.**	**4.**	**5.**
Kurvenform	Gleichwert	f	2f	3f	4f	5f
Einweggleich-richter	$\frac{1}{\pi}$	$\frac{1}{2}$	$\frac{2}{3\pi}$	0	$\frac{2}{15\pi}$	0
Doppelweggleich-richter	$\frac{2}{\pi}$	0	$\frac{2}{3\pi}$	0	$\frac{2}{15\pi}$	0
Rechteck (symmetrisch)	0	$\frac{4}{\pi}$	0	$\frac{4}{3\pi}$	0	$\frac{4}{5\pi}$
Impulse $v = T/t_i$	$\frac{1}{v}$	$\frac{2}{\pi} \cdot \sin \frac{\pi}{v}$	$\frac{2}{2\pi} \cdot \sin \frac{2\pi}{v}$	$\frac{2}{3\pi} \cdot \sin \frac{3\pi}{v}$	$\frac{2}{4\pi} \cdot \sin \frac{4\pi}{v}$	$\frac{2}{5\pi} \cdot \sin \frac{5\pi}{v}$
Sägezahn	$\frac{1}{2}$	$+\frac{1}{\pi}$	$-\frac{1}{2\neq}$	$+\frac{1}{3\pi}$	$-\frac{1}{4\neq}$	$+\frac{1}{5\pi}$

$$u = \frac{4\hat{u}}{\pi}\left(\sin\omega t + \frac{1}{3}\sin 3\omega t + \frac{1}{5}\sin 5\omega t + \frac{1}{7}\sin 7\omega t + \ldots\right)$$

Für eine Rechteckspannung (Rechteckmischspannung), die $+ U_b$ und 0 V hat, gilt

$$u = \frac{\hat{u}}{2} + \frac{2\hat{u}}{\pi}\left(\sin\omega t - \frac{1}{3}\sin 3\omega t + \frac{1}{5}\sin 5\omega t - \frac{1}{7}\sin 7\omega t + \ldots\right)$$

Für eine symmetrische Dreieckspannung (Dreieckwechselspannung), die $\pm U_b$ hat, gilt

$$u = \frac{8\hat{u}}{\pi}\left(\sin\omega t - \frac{1}{3^2}\sin 3\omega t + \frac{1}{5^2}\sin 5\omega t - \frac{1}{7^2}\sin 7\omega t + \ldots\right)$$

Für eine symmetrische Dreieckspannung (Dreieckmischspannung), die $+ U_b$ und 0 V hat, gilt

$$u = \frac{\hat{u}}{\pi} - \frac{4\hat{u}}{\pi^2}\left(\sin\omega t + \frac{1}{3^2}\sin 3\omega t + \frac{1}{5^2}\sin 5\omega t + \frac{1}{7^2}\sin 7\omega t + \ldots\right)$$

Für eine unsymmetrische Dreieckspannung (Sägezahnwechselspannung), die $\pm U_b$ hat, gilt

$$u = \frac{2\hat{u}}{\pi}\left(\sin\omega t - \frac{1}{2}\sin 2\omega t + \frac{1}{3}\sin 3\omega t - \frac{1}{4}\sin 4\omega t + \ldots\right)$$

Für eine unsymmetrische Dreieckspannung (Sägezahnmischspannung), die $+ U_b$ und 0 V hat, gilt

$$u = \frac{\hat{u}}{2} - \frac{2\hat{u}}{\pi}\left(\sin\omega t + \frac{1}{2}\sin 2\omega t + \frac{1}{3}\sin 3\omega t + \frac{1}{4}\sin 4\omega t + \ldots\right)$$

Für eine Einweggleichrichtung gilt

$$u = \frac{\hat{u}}{\pi} + \frac{\hat{u}}{2}\sin t - \frac{2\hat{u}}{\pi}\left(\frac{1}{3}\cos 2\omega t + \frac{1}{15}\sin 4\omega t + \frac{1}{35}\sin 6\omega t + \ldots\right)$$

Für eine Zweiweg- und Brückengleichrichtung gilt

$$u = \frac{2\hat{u}}{\pi}\left(1 - \frac{2}{3}\cos 2\omega t + \frac{2}{15}\sin 4\omega t + \frac{2}{35}\sin 6\omega t + \ldots\right)$$

Aufgabe

Bei einer symmetrischen Dreieckspannung (Dreieckwechselspannung), die $\pm U_b$ hat, sind die Fourier-Koeffizienten U_0, $\hat{u}_{1n}$ und $\hat{u}_{2n}$ zu berechnen. Anschließend ist die Fourier-Reihe bis zur einschließlich 4.Oberschwingung zu bestimmen. Der Wert für die Eingangsspannung ist $U = 1$ V. ◄

Die Berechnung bis einschließlich zur 4.Oberschwingung bedeutet gemäß Fourier, dass die 5. Teilschwingung zu berücksichtigen ist. Für die allgemeine Fourier-Reihe gilt:

$$u(t) = \frac{8\hat{u}}{\pi}\left(\sin(\omega_1 t) - \frac{1}{3^2}\sin(3\omega_1 t) + \frac{1}{5^2}\sin(5\omega_1 t)\ldots\right)$$

Der Gleichspannungsanteil ist Null, d. h. $U_0 = 0$. Sämtliche Cosinusglieder sind ebenfalls Null, also sind die Fourier-Koeffizienten $\hat{u}_{1n} = 0$. Da lediglich die ungeradzahligen Vielfachen von f_1 auftreten, sind nur die Fourier-Koeffizienten $\hat{u}_{21}$, $\hat{u}_{23}$ und $\hat{u}_{25}$ zu berechnen. Es ergibt sich

$$\hat{u}_{21} = \frac{8 \cdot U}{\pi^2} = \frac{8 \cdot 1\,\text{V}}{\pi^2} \approx 0,81\,\text{V}$$

$$\hat{u}_{23} = \frac{8 \cdot U}{\pi^2 \cdot 3^2} = \frac{8 \cdot 1\,\text{V}}{\pi^2 \cdot 3^2} \approx 0,09\,\text{V}$$

$$\hat{u}_{25} = \frac{8 \cdot U}{\pi^2 \cdot 5^2} = \frac{8 \cdot 1\,\text{V}}{\pi^2 \cdot 5^2} \approx 0,032\,\text{V}$$

Damit erhält man folgende Fourier-Reihe

$$u(t) = 0,81\,\text{V} \cdot \sin(\omega_1 t) + 0,09\,\text{V} \cdot \sin(3\omega_1 t) + 0,032\,\text{V} \cdot \sin(5\omega_1 t) \blacktriangleleft$$

Aufgabe

Bei einer symmetrischen Rechteckspannung (Rechteckmischspannung), die $+U$ und $0\,\text{V}$ hat, sind die Fourier-Koeffizienten U_0, $\hat{u}_{1n}$ und $\hat{u}_{2n}$ zu berechnen. Anschließend ist die Fourier-Reihe bis zur einschließlich 4. Oberschwingung zu bestimmen. Der Wert für die Eingangsspannung ist $U = 1\,\text{V}$. $\blacktriangleleft$

Lösung

Die Berechnung bis einschließlich zur 4. Oberschwingung bedeutet gemäß Fourier, dass die 5. Teilschwingung zu berücksichtigen ist. Für die allgemeine Fourier-Reihe gilt:

$$u = \frac{\hat{u}}{2} + \frac{2\hat{u}}{\pi}\left(\sin\omega t - \frac{1}{3}\sin 3\omega t + \frac{1}{5}\sin 5\omega t - \ldots +\right)$$

Der Gleichspannungsanteil ist 0,5 V. Sämtliche Cosinusglieder sind ebenfalls Null, also sind die Fourier-Koeffizienten $\hat{u}_{1n} = 0$. Da lediglich die ungeradzahligen

Vielfachen von f_1 auftreten, sind nur die Fourier-Koeffizienten $\hat{u}_{21}$, $\hat{u}_{23}$ und $\hat{u}_{25}$ zu berechnen. Es ergibt sich

$$\hat{u}_{21} = \frac{2 \cdot U}{\pi^2} = \frac{2 \cdot 1\,\text{V}}{\pi^2} \approx 0{,}2\,\text{V}$$

$$\hat{u}_{23} = \frac{2 \cdot U}{\pi^2 \cdot 3^2} = \frac{2 \cdot 1\,\text{V}}{\pi^2 \cdot 3^2} \approx 0{,}022\,\text{V}$$

$$\hat{u}_{25} = \frac{2 \cdot U}{\pi^2 \cdot 5^2} = \frac{2 \cdot 1\,\text{V}}{\pi^2 \cdot 5^2} \approx 0{,}008\,\text{V}$$

Damit erhält man folgende Fourier-Reihe

$$u(t) = 0{,}5\,\text{V} + 0{,}2\,\text{V} \cdot \sin(\omega_1 t) + 0{,}022\,\text{V} \cdot \sin(3\omega_1 t) + 0{,}008\,\text{V} \cdot \sin(5\omega_1 t) \blacktriangleleft$$

Mixed-Signal-Oszilloskop „Agilent 54622D"

3

In der Industrie arbeitet man seit 2000 an Messsystemen, die sowohl analoge als auch digitale Funktionsblöcke enthalten. Eine solche „Mixed-Signal"-Umgebung stellt spezifische Anforderungen an die verwendeten Messgeräte. Insbesondere müssen Anwender die Möglichkeit aufbringen, analoge und digitale Signale zeitkorreliert zu untersuchen oder auch ein und dasselbe Signal gleichzeitig in analoger und digitaler Darstellung zu visualisieren. In der Vergangenheit verwendete man dafür zwei separate Messgeräte – ein Oszilloskop für die Analog-Analyse und einen Logikanalysator für die Digital-Analyse.

Früher waren die Grenzen zwischen „Analog-" und „Digitalsignalen" recht klar definiert. Mit zunehmender Komplexität und vor allem mit steigender Verarbeitungsgeschwindigkeit elektronischer Systeme verwischt diese Grenze jedoch immer mehr und es werden spezielle Messtechnik-Tools benötigt. Doch was ist bei der Mixed-Signal-Analyse besser ein Oszilloskop, ein Logikanalysator oder beides gleichzeitig?

Grundsätzlich gibt es drei Messvarianten für die Mixed-Signal-Analyse, die es ermöglichen, analoge und digitale Signale zeitkorreliert darzustellen:

- Oszilloskop-basierte Systeme: Ein Mixed-Signal-Oszilloskop (MSO) besitzt die gleichen Bedienungselemente und verwendet die gleiche Systemsoftware wie ein herkömmliches Digitaloszilloskop, verfügt jedoch zusätzlich über elementare Logikanalysatorfunktionen.
- Logikanalysator-basierte Systeme: Als Plattform dient in diesem Fall ein Logikanalysator, der zusätzlich mit einem Oszilloskop-Modul ausgestattet ist. Das Oszilloskop-Modul stellt die zur Erfassung und Analyse analoger Signale erforderlichen Funktionen bereit. Neuere Logikanalysatoren verfügen außerdem über eine „Eye-Scan"-Funktion zur Erfassung analoger Augendiagramme.

© Springer Fachmedien Wiesbaden GmbH, ein Teil von Springer Nature 2020
H. Bernstein, *Messen mit dem Oszilloskop*, https://doi.org/10.1007/978-3-658-31092-9_3

- Erweiterte Logikanalysator-basierte Systeme: Sie bestehen aus einem autonomen Oszilloskop und einem autonomen Logikanalysator, die über einen Zeitkorrelationsadapter miteinander synchronisiert werden. Dabei kann der Anwender sämtliche Funktionen und Leistungsmerkmale beider Messgeräte nutzen. Die Messdaten werden automatisch zwischen den beiden Geräten ausgetauscht, wobei ein etwaiger Zeitversatz kompensiert wird („De-Skewing").

Bei oberflächlicher Betrachtung bieten alle drei Lösungen den gleichen grundlegenden Vorteil: Sie erlauben die zeitkorrelierte Darstellung analoger und digitaler Daten auf dem gleichen Bildschirm. Vor der Kaufentscheidung sollte man sich jedoch unbedingt die Spezifikationen genauer anschauen, um zu verstehen, worin sich die verschiedenen Lösungen unterscheiden und welche davon für die unterschiedlichen Anwendungen optimal geeignet ist.

Ein Mixed-Signal-Oszilloskop (MSO) kombiniert zwei oder vier analoge Kanäle mit 16 digitalen Kanälen und ermöglicht dadurch die zeitkorrelierte Darstellung von bis zu 20 Signalen. Ein MSO verfügt über sämtliche Analog-Messfunktionen wie ein herkömmliches Digitaloszilloskop – Amplitude, Frequenz, Anstiegs-/Abfallzeit, Überschwingen usw. – und kann ein solches Oszilloskop vollständig ersetzen. Darüber hinaus bietet es elementare Timing-Analyse-Funktionen und einen tiefen Signalspeicher, d. h. das MSO verfügt über eine große Speicherkapazität.

Durch seine größere Kanalbreite, größere Speichertiefe und vielfältigeren Triggermöglichkeiten erleichtert ein MSO die Analyse komplexer Mixed-Signal-Systeme ganz erheblich. Die wichtigsten Vorzüge sind gleichzeitige Darstellung analoger und digitaler Signale mit sehr präziser Zeitkorrelation, Triggerung über sämtliche Kanäle hinweg, vertraute Frontplatte und einfache Bedienbarkeit wie bei einem gewöhnlichen Digitaloszilloskop. Für das Debugging einfacherer Systeme auf der Basis eines 8- oder 16-Bit-Mikrocontrollers/Signalprozessors sind die 16 digitalen MSO-Kanäle meist völlig ausreichend. Die erweiterten Funktionen eines Logikanalysators werden in solchen Anwendungen nicht benötigt. Das MSO kommt natürlich an die Leistungsspezifikationen eines High-End-Logikanalysators nicht heran. Es ist jedoch eine hervorragende Ergänzung zu dieser High-End-Funktionalität.

Das Oszilloskop-Modul für Logikanalysatoren geht das Problem der Mixed-Signal-Analyse aus der umgekehrten Richtung an wie das MSO. Diese Lösung besteht aus einem Erweiterungsmodul, das in den Logikanalysator eingesteckt wird und mindestens zwei Analogkanäle bereitstellt, die mit den Digitalkanälen des Logikanalysators (das können Hunderte sein) zeitkorreliert sind. Durch Kombinieren mehrere Oszilloskop-Module können bis zu acht Analogkanäle mit gemeinsamer Zeitbasis realisiert werden. Bei dieser Lösung hat der Benutzer Zugriff auf die vielfältigen Digital-Analyse-Werkzeuge eines Logikanalysators und zusätzlich auf die vom Oszilloskop-Modul bereitgestellten elementaren Analog-Analyse-Funktionen – und dies alles mit einem einzigen Messgerät.

Die vom Oszilloskop-Modul erfassten Analogsignale können separat oder zusammen mit den vom Logikanalysator erfassten Digitalsignalen dargestellt werden. In diesem Fall erfolgt die Analogdarstellung mit stark verringerter Amplitudenauflösung, dafür ist jedoch die Zeitkorrelation zwischen den analogen und digitalen Signalen unmittelbar erkennbar.

Die wichtigsten Vorteile Logikanalysator-basierter Lösungen sind eine hochgenaue Zeitkorrelation und eine große Anzahl von Digitalkanälen, kombinierte Analog/Digital-Darstellung oder separate Oszillogramm-Darstellung, Korrelation analoger Signalcharakteristiken mit Ereignissen in einer Zustandsliste oder im Quellcode, und eine einfache Cross-Triggerung, die bis zu acht Analogkanäle unterstützt. Ein Oszilloskop-Modul kann ein autonomes Digitaloszilloskop aber nicht vollständig ersetzen, weil es nicht über dessen erweiterte Analog-Analyse-Funktionen (beispielsweise Signalarithmetik-, FFT- und Histogramm-Funktionen) verfügt. Außerdem bietet ein Oszilloskop-Modul nicht die hohe Auflösung und trägheitslose Reaktion wie ein Standardoszilloskop.

Die erweiterte Logikanalysator-basierte Lösung verwendet eine Kombination aus einem autonomen Logikanalysator und einem autonomen Oszilloskop, d. h. beide sind dabei miteinander verbunden und tauschen untereinander Daten aus. Diese Kommunikation dient dazu, einen etwaigen Zeitversatz zwischen den Messdaten zu kompensieren (De-Skewing), die Zeitkorrelation zu gewährleisten und die von den beiden Geräten gelieferten Messergebnisse zu einem einzigen Messdiagramm zusammenzufassen. Zusätzlich ist ein Zeitkorrelationsadapter erforderlich, der die beiden Messgeräte durch eine gemeinsame Taktsignalflanke synchronisiert. Diese Lösung bietet außer der einfachen Korrelation von Logikanalysator- und Oszilloskop-Messdaten noch zwei weitere Vorteile. Erstens werden die vom Oszilloskop erfassten Signale auf dem Bildschirm des Logikanalysators dargestellt. Zweitens sind die globalen Logikanalysator-Marker mit den Oszilloskop-Zeitmarkern gekoppelt – wenn am Logikanalysator z. B. ein Marker verschoben wird, wandert auf dem Oszilloskop der Marker Ax an die entsprechende Stelle der Zeitachse, und umgekehrt.

Diese Lösung ist prädestiniert für anspruchsvolle Anwendungen, welche die leistungsfähigen Digital-Analyse-Werkzeuge eines Logikanalysators, die volle Analog-Funktionalität eines Oszilloskops und eine exakte Zeitkorrelation zwischen den beiden Geräten erfordern. Die Stärke besteht darin, dass zwei vollwertige Messgeräte zu einem zeitkorrelierten Mixed-Signal-Analyse-Werkzeug kombiniert werden, das wesentlich vielfältigere und leistungsfähigere Funktionen für Analog- und Digital-Analysen bereitstellt als die alternativen Lösungen. Allerdings ist auch diese Lösung nicht frei von Nachteilen. Erstens ist die Zeitkorrelation nicht ganz so exakt wie bei einem MSO oder einem Logikanalysator mit Oszilloskop-Modul, bei denen die Signalerfassungs-Hardware und die zugehörige Analyse-Hardware im gleichen Gerät untergebracht sind. Zweitens ist das Einrichten der Messungen umständlicher und zeitaufwendiger, außerdem benötigen die zwei Messgeräte natürlich wesentlich mehr Platz als ein einziges. Drittens ist es nicht möglich, über sämtliche Digital- und Analogkanäle gleichzeitig zu triggern. Viertens ist die Funktionalität auf zwei separate Geräte mit völlig unterschiedlichen Bildschirm-Layouts und Bedienkonzepten aufgeteilt, wobei das System primär über den Logikanalysator gesteuert wird. „Power-User", die Tag für Tag mit dem System arbeiten, könnten dies als lästig empfinden.

Abb. 3.1 zeigt ein Mixed-Signal-Oszilloskop mit hochauflösendem LCD-Bildschirm, einem Touch-Panel.

Die absolute Auflösung bei LCD-Bildschirmen wird von zwei verschiedenen Angaben bestimmt:

Die erste Variante gibt einfach nur die Gesamtanzahl der Bildpunkte an und dies ist z. B. in der Digitalfotografie mit der Einheit „Megapixel" üblich.

Die zweite Variante gibt die Anzahl der Bildpunkte pro Spalte (vertikal) und Zeile oder Linie (horizontal) an, wie bei PC-Grafikkarten und Monitoren üblich. Diese Variante hat den Vorteil, dass sie auch das Verhältnis zwischen der Anzahl der Bildpunkte pro Spalte und Zeile angibt, man also eine Vorstellung vom Seitenverhältnis bekommt.

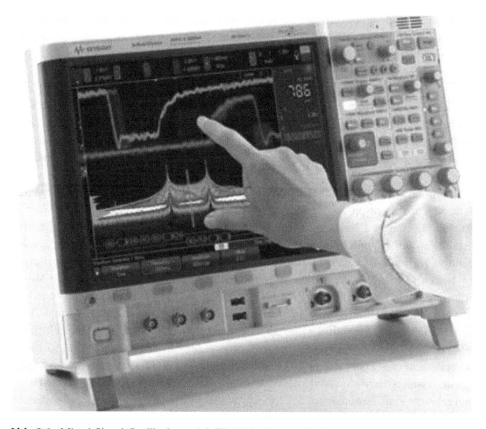

Abb. 3.1 Mixed-Signal-Oszilloskop mit LCD-Bildschirm und Softkeys

Die relative Auflösung gibt die Anzahl der Bildpunkte im Verhältnis zu einer physikalischen Längeneinheit an (z. B. angegeben) in dpi (dots per inch), ppi (pixel per inch), und lpi (lines per inch). Man bezeichnet diese auch als Punkt-, Pixel- bzw. Zeilendichte. Alternativ kann die Größe (Kantenlänge, Durchmesser oder Fläche) eines Bildpunktes angegeben werden (z. B. in Mikrometern).

Die physikalische Auflösung eines Flachbildschirms hängt von der Bildschirmdiagonale (Größe des Bildschirms) und der Pixelgröße ab. XGA ist die Abkürzung für „Extended Graphics Array" und bezeichnet einen Computergrafik-Standard (VESA 2.0), der bestimmte Kombinationen von Bildauflösung und Farbanzahl (Bittiefe) sowie Wiederholfrequenz definiert. Zum anderen steht XGA für die Auflösung mit Angabe der Bildpunkte (Seitenverhältnis 4:3, 16:9), unabhängig von anderen Parametern.

Ein TFT-Monitor kennt nur eine physikalische Auflösung, die er 1:1 wiedergeben kann, da ein Bildpunkt einem physikalisch unteilbaren Pixel entspricht, d. h. er stellt daher nur seine Standardauflösung flächenfüllend dar. Diese beträgt bei einem KO-Bildschirm beispielsweise 256 · 256-Bildpunkte. Wählt man nun eine kleinere Auflösung von 128 · 128, so muss der Monitor diese aus seinen einzig möglichen 256 · 256-Bildpunkten darstellen.

Das Display präsentiert den Ausschnitt entweder in einem kleineren Bildausschnitt (bei weiterhin scharfer Bildqualität) oder rechnet das entsprechende Bild auf die gesamte Bildschirmfläche hoch. Dabei wird ein größerer Bildpunkt einfach aus mehreren kleinen Punkten erzeugt und diesen Vorgang bezeichnet man als „Interpolieren", was bei vielen TFT-Monitoren leichte Bildunschärfen und einen sichtbaren Zoom-Effekt erzeugen kann. Durch die Interpolation können Informationen verloren gehen oder Bildartefakte entstehen. Dies hat im ungünstigsten Fall ein schwammiges Bild zur Folge.

Eine höhere Auflösung bedeutet mehr Pixel und dies verhilft dem Monitorbild zu einer höheren Detailgenauigkeit. Bei identischer Bildschirmauflösung erscheinen Symbole und Schriften umso größer, je höher die Bilddiagonale ist.

Der horizontale und der vertikale Betrachtungswinkel eines Displays, wird auch als Ablesewinkel bezeichnet und gehört zu den wichtigsten Qualitätsmerkmalen eines Flachbildschirms. Die Gradzahlen bei der Angabe des Blickwinkels drücken den Spielraum aus, indem man sich vor dem Bildschirm nach links und rechts oder oben und unten bewegen kann, bevor das Bild unscharf wird oder nicht mehr sichtbar ist.

Je nach Position des Betrachters ändern sich Helligkeit und Farben des angezeigten Bildinhaltes. Je seitlicher der Betrachter steht, desto schräger ist der Blickwinkel. Es sollten Mindestwerte von 160° horizontal und vertikal eingehalten werden. Dabei spielt auch die Farbdarstellung eine wichtige Rolle. Wenn die Farben eines farbenprächtigen Bildes beim Anschauen von allen Seiten stark verblassen, das Schwarz seine Sättigung verliert, dann deutet dies auf ein niedriges Qualitätsniveau des Bildschirms hin. Qualitativ einfache Geräte zeigen hier schon bei leicht seitlichem Aufblick bräunlich oder bunt schimmernde Dunkelflächen und verlieren an Farbsättigung.

Seit 2005 sind Oszilloskope mit Multitouchscreen-Bildschirmen ausgestattet und erlauben intuitive Bedienfunktionen durch Zoomen, Switchen oder das Drehen von

Objekten. Für die schnelle Realisierung preiswerter PCAP-Projekte (PCAP: projezierte kapazitive Technik) hat man einen Standard-Touchsensor hergestellt, der eine schnelle Bedienung auch für Oszilloskope erlaubt.

Für besonders hohe Ansprüche ermöglicht die Kombination der Touchsensoren mit hochwertigen Covergläsern eine extrem schlag- und kratzfeste Bedienfront. Gerade die höheren Glasstärken erlauben die Implementierung vandalismusgeschützer Bildschirme ohne Abstriche bei der Genauigkeit der Benutzeroberfläche.

Die Strukturen sind außerhalb des Sichtbereichs mit gedruckten oder gelaserten Leiterbahnen aus Silberleitfarbe kontaktiert und leitend zu den Anschlusskontakten geführt. Folienbasierende Sensoren werden hochtransparent und elektrisch isolierend laminiert. Dadurch wird über die gesamte aktive Fläche ein matrixförmiges Netz von einzeln adressierbaren Sensoren mit ruhenden Referenzkapazitäten gebildet. Bringt die Bedienperson ihren Finger nahe an das Multitouch-Panel, so erkennt das System dessen Position, weil sich die Kapazitäten der Einzelsensoren ändern. Mittels Interpolation der angrenzenden Sensorkapazitäten kann der Controller die exakten Positionen der Betätigungen berechnen und in entsprechende X/Y-Koordinaten umwandeln.

Die matrixförmige Anordnung der kapazitiven Einzelsensoren macht eine Kalibrierung überflüssig. Dadurch arbeiten industrietaugliche projiziert-kapazitive Multitouch-Systeme auch unter rauen Umgebungsbedingungen immer positionsgenau. Bezüglich der Berührungserkennung arbeitet die elektronische Auswertung mit zwei Hauptmethoden. Bei beiden Arten wird ein kapazitives Sensorfeld durch nicht leitende Medien, etwa Glas, hindurch projiziert. Dabei wird die Änderung der Eigenkapazität (Self-Capacitance) oder der Gegenkapazität (Mutual Capacitance) der Sensoren ermittelt. Durch die Annäherung des Fingers erhöht sich der Ladungsfluss der X- und Y-Sensoren zum Erdungsniveau und die Eigenkapazitätsmethode wertet diesen Effekt aus. Die Betätigungsposition ist dabei diejenige Stelle, an welcher die Sensoren einen erhöhten Ladungsfluss anzeigen. Die Methode der Gegenkapazität detektiert eine Änderung der Kapazität in der Sensormatrix infolge einer Parallelkopplung des Fingers zu den Schnittpunkten. Beide Auswertemethoden besitzen Vor- und Nachteile. Die Elektronik industrietauglicher PCI-Touch-Controller (Projected Capacitive Input) nutzt idealerweise eine Kombination beider Methoden.

Einer der wichtigsten Faktoren, an denen sich die KO-Tauglichkeit eines Bauteils erweist, ist die Stabilität gegenüber EMV-Störungen. Es empfiehlt sich, das Touch-Panel bei den Qualifizierungstests mit mindestens zwei Aktoren zu betätigen. Nur so lässt sich die absolute EMV-Beständigkeit umfassend ermitteln.

Entwickler pflegen bei der Auslegung EMV-stabiler Multitouch-Panels zwei Hauptstörquellen zu berücksichtigen. Die räumlich nächstgelegenen Störquellen hinter dem Touch-Panel sind integrierte Displays und getaktete Netzgeräte. Voraussetzung für das Erreichen der EMV-Konformität nach Klasse A ist es, diese Störsignale so zu eliminieren, dass das Multitouch-Panel positionsgenau und ohne Abweichung der Touch-Funktion arbeitet und dabei keine Fehlauslösungen verursacht.

Mittel zum Erzielen der gewünschten EMV-Festigkeit sind die Verwendung optimierter AD-Wandler, integrierter RC-Filter, erhöhter Drive-Spannungen und aufwendiger Algorithmen wie dem Frequency-Hopping-Verfahren. Mit einem perfekt an die Elektronik angepassten Sensordesign lässt sich darüber hinaus eine erhöhte Signal-Rausch-Differenz erzielen. Diese Optimierung der störfesten Sensorempfindlichkeit ermöglicht eine Fingerbetätigung durch mehrere Lagen Medizinhandschuhe und durch dickere Bauhandschuhe aus Leder hindurch. Wasser darf keinesfalls zu Fehlauslösungen des Multitouch-Panels führen. Besonders im Medizinbereich wird diese Anforderung noch verschärft, denn dort darf auch der Kontakt mit Salzwasserlösungen nicht zu Fehlfunktionen führen. Eine vollständige Wasserbeständigkeit lässt sich durch die Auswahl des optimalen Controllers und dessen Messmethodik erzielen.

3.1 Aufbau des Mixed-Signal-Oszilloskops „Agilent 54622D"

Das Oszilloskop in Multisim simuliert das Mixed-Signal-Oszilloskop „Agilent 54622D", wie Abb. 3.2 zeigt.

Das Messgerät „Agilent 54622D" ist ein analoges und digitales Oszilloskop. Für den Analogbetrieb stehen zwei Eingänge zur Verfügung und für den Digitalbetrieb 16 Eingangskanäle. Wenn nur das Symbol im Bildschirm vorhanden ist, sieht man die analogen und digitalen Eingänge.

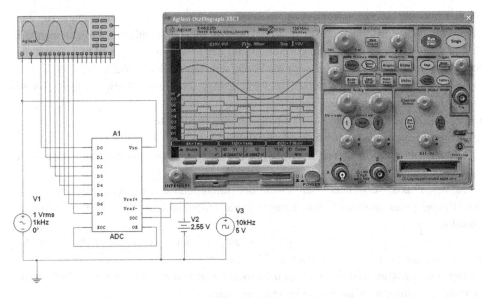

Abb. 3.2 Mixed-Signal-Oszilloskop „Agilent 54622D"

Die Anschlüsse der analogen und digitalen Signalquellen werden ausgeführt und dann das Messgerät eingeschaltet. Man erkennt bei der Messung, dass das analoge Signal aus einer sinusförmigen Wechselspannung mit 1 V/1 kHz stammt, wobei man die diversen Einstellungen vornehmen muss. Die digitalen Eingänge sind an der Steckerleiste anzuschließen (D15 bis D0). Mit den Schaltflächen D7 – D0 und D15 – D8 gibt man die Eingangskanäle frei. Man erkennt in Abb. 3.2, dass nur die Eingänge von D0 (unten) bis D7 (Mitte) freigegeben wurden.

Bitte vergessen Sie nicht, dass das Gerät über die Schaltfläche „POWER" ein- und auszuschalten ist. Die Messung wird über die Simulation gestartet.

Die Schaltung um das Mixed-Signal-Oszilloskop Agilent 54622D zeigt eine Wechselspannungsquelle mit U = 1 V_{eff} und wird direkt auf den Kanal 1 des analogen Verstärkers des Oszilloskops gegeben. Diese Spannung bildet auch die analoge Eingangsspannung für den 8-Bit-AD-Wandler. Die Referenzspannung beträgt 2,55 V und dies ergibt eine Ausgangsspannungsänderung von 10 mV. Der Ausgang OE (Output Enable) ist mit dem Eingang EOC (End of Conversion) direkt verbunden, d. h. mit dem Ausgangssignal wird der AD-Wandler gestartet. Die Taktfrequenz des AD-Wandlers beträgt 10 kHz. Die Ausgänge des Wandlers sind direkt mit den digitalen Messeingängen verbunden.

3.1.1   Laden der Standardeinstellungen des Oszilloskops „Agilent 54622D"

Man kann die Werkseinstellungen jederzeit wiederherstellen, wenn man zu den ursprünglichen Einstellungen des Oszilloskops zurückkehren möchte. Drückt man die Taste „Standardeinstellung" [Default Set-up] auf der Frontabdeckung und man erhält die Standardeinstellungen. Abb. 3.3 zeigt die Vorderseite des Agilent 54622D.

Wenn das Menü „Default" erscheint, drückt man die Taste „Menü An/Aus" [Menu On/Off], um das Menü zu aktivieren oder deaktivieren. Mit dem Softkey „Rückgängig" im Menü „Default" wird die Anwendung der Standardeinstellungen zurückgenommen um die vorherigen Einstellungen wiederherstellen.

Danach gibt man ein Signal (Spannung) aus dem Funktionsgenerator auf den Kanal A des Oszilloskops.

In der Praxis verwendet man einen der mitgelieferten passiven Messköpfe für den Eingang des Messkopfkalibrierungssignals (Abgleichausgang) an der Front des Oszilloskops.

Um eine Beschädigung des Oszilloskops zu vermeiden, stellt man sicher, dass die Eingangsspannung am BNC-Stecker die Maximalspannung (300 V_{rms}) nicht übersteigt.

Das Oszilloskop besitzt eine Auto-Skalierung sfunktion, die die Oszilloskopeinstellung automatisch an das Eingangssignal anpasst.

Die Auto-Skalierung erfordert eine Frequenz von 50 Hz oder höher und ein Tastverhältnis von mehr als 1 %.

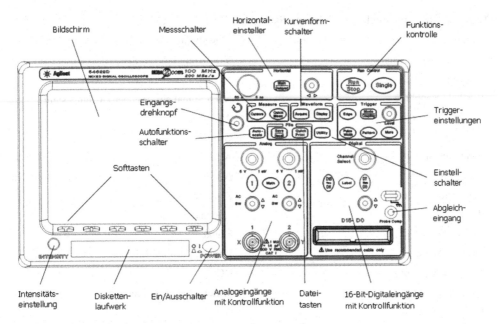

Abb. 3.3 Vorderseite des Agilent 54622D mit seinen Anschlüssen

Drückt man die Taste „Auto-Skalierung" [Auto-Scale] auf der Frontseite und das Menü „AUTO" erscheint. Danach drückt man die Taste Menü „Ein/Aus" [Menu On/ Off], um das Menü abzuschalten.

Das Oszilloskop schaltet alle Kanäle ein, an denen Signale anliegen und passt die horizontale und die vertikale Skalierung entsprechend an. Es wählt außerdem einen Zeitbasisbereich auf der Basis der Trigger-Quelle. Die Trigger-Quelle ist immer der Kanal mit der höchsten Nummer, an dem ein Signal anliegt. Mit dem Softkey „Rückgängig" im Menü „AUTO" kann man die Auto-Skalierung auf die vorherigen Einstellungen zurücksetzen.

Das Oszilloskop ist mit den in Tab. 3.1 dargestellten Standardeinstellungen konfiguriert.

Danach kalibriert man den Messkopf, um ihn an den Eingangskanal anzupassen. Der Messkopf ist immer zu kalibrieren, wenn man diesen das erste Mal an einen Eingangskanal anschließt.

Anschließend kalibriert man die mitgelieferten passiven Messköpfe und die Kalibrierung wird folgendermaßen durchgeführt:

- Die Dämpfung ist auf 10 X zu setzen. Wenn man einen Messkopf mit Hakenspitze verwendet, stellt man die richtige Verbindung sicher, indem Sie die Hakenspitze fest auf den Messkopf drücken.
- Man verbindet die Messkopfspitze mit dem Kalibrierungsanschluss und die Erdungsleitung mit dem Erdungsanschluss der Messkopfkalibrierung.

Tab. 3.1 Standardeinstellungen mit Auto-Skalierung

Menü	Einstellung
Horizontale Zeitbasis	Y-T (Amplitude zu Zeit)
Erfassungsmodus	Normal
Vertikale Kopplung	Nach Signal auf AC oder DC eingestellt
Vertikal „V/Div"	Angepasst
Volt/Div	Grob
Bandbreitenlimit	AUS
Signal invertiert	AUS
Horizontale Position	Zentriert
Horizontal „.S/Div"	Angepasst
Trigger-Typ	Flanke
Trigger-Quelle	Kanal mit Signal-Input automatisch messen
Trigger-Kopplung	DC
Trigger-Spannung	Mittelpunkteinstellung
Trigger-Ablenkung	Auto

Einstellung der Niederfrequenzkalibrierung

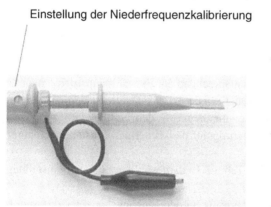

Korrekt kalibriert

Überkalibriert

Unterkalibriert

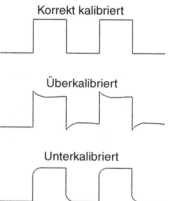

Abb. 3.4 Niederfrequenzkalibrierung des Messkopfes

- Es ist die Taste „Auto-Skalierung" [Auto-Scale] an der Frontseite zu drücken und Abb. 3.4 zeigt die Niederfrequenzkalibrierung des Messkopfes.
- Wenn das Signal von dem korrekt kalibrierten Signal in Abb. 3.4 abweicht, verwendet man ein nicht metallisches Werkzeug, z. B. einen Schraubendreher aus Kunststoff, um die Niederfrequenzkalibrierung am Messkopf anzupassen, sodass man eine möglichst flache Rechteckkurve erhält.

3.1.2   Anzeigen von Daten

Es soll nun eine Einführung erfolgen, wie man die Horizontal- und Vertikal-Bedien-elemente, die Kanaleinstellungen, die mathematischen Kurven, die Referenzsignale und die Anzeigeeinstellungen in der Praxis verwenden kann.

Zu den Horizontal-Bedienelementen gehören:

- Der Drehknopf für die horizontale Skalierung ändert die Zeit für das Oszilloskop und ist im Wesentlichen die Skalenteil-Einstellung des Oszilloskops. Dabei wird der Mittelpunkt des Bildschirms als Referenzpunkt verwendet.
- Der Drehknopf für die horizontale Position. Dieser stellt die relative Position des Triggerpunktes zum Bildschirmmittelpunkt ein.
- Die Taste „Menü/Zoom" [Menu/Zoom] öffnet das Menü „Horizontal", in dem man die gezoomte (verzögerte) Zeitbasis anzeigt, die den Zeitbasismodus ändern und die Abtastrate im Bildschirm anzeigt.

Die Anpassung für die horizontale Skalierung wird folgendermaßen durchgeführt:

- Man dreht den Knopf für die horizontale Skalierung und die Zeit/Skalenteilein-stellung (Zeit/Div) und die Abtastrate des Oszilloskops wird geändert.

Man kann die Zeit/Skalenteil-Einstellung in 1-2-5-Schritten ändern. Die Zeit/Skalenteil-Einstellung wird auch als Ablenkungsgeschwindigkeit bezeichnet.

Wenn die Zeit/Skalenteil-Einstellung auf 50 ms/Div oder niedriger eingestellt ist, wechselt das Oszilloskop in den „Slow-Scan"-Modus.

Wenn die horizontale Skalierung auf 20 ns oder höher eingestellt ist, verwendet das Oszilloskop die Sin(x)/x-Interpolation, um die horizontale Zeitbasis zu erweitern.

- Man drückt den Drehknopf für die horizontale Skalierung um zwischen der gezoomten Zeitbasis und der normalen Zeitbasis zu wechseln.

Die Zeit/Skalenteil-Einstellung wird in der Statusleiste links oben im Bildschirm angezeigt. Da alle Kanäle mit der gleichen Zeitbasis angezeigt werden, (außer im Triggermodus „Alternierend"), zeigt das Oszilloskop eine Zeit/Skalenteil-Einstellung für alle Kanäle an.

Wenn die horizontale Skalierung auf 50 ms/Div oder niedriger eingestellt ist, wechselt das Oszilloskop in den „Slow-Scan"-Modus. Im „Slow-Scan"-Modus wird der Erfassungsmodus „Peak" erfasst, sodass keine Daten verloren gehen (auch wenn im Menü „Acquire" ein anderer Modus angezeigt wird). Das Oszilloskop erfasst aus-reichend Daten für die Pre-Trigger-Anzeige und wartet dann auf den nächsten Trigger. Wenn der Trigger ausgelöst wurde, fährt das Oszilloskop mit der Datenerfassung für die Post-Trigger-Anzeige fort.

Wenn man den „Slow-Scan"-Modus verwendet, um Niederfrequenzsignale anzuzeigen, sollte man immer die Kanalkopplung auf „DC" einstellen.

Im „Slow-Scan"-Modus kann man dynamische Änderungen in Niederfrequenz-
signalen, wie die Anpassung eines Potentiometers, erkennen. Der „Slow-Scan"-Modus
wird z. B. häufig für Anwendungen, wie Signalgeberprüfung und Netzteilprüfung verwendet.

Die Anpassung der horizontalen Position wird folgendermaßen durchgeführt:

- Man dreht den Drehknopf für die horizontale Position, um die relative Position des
  Triggers zum Bildschirmmittelpunkt zu ändern.

Mit diesem Drehknopf passt man die horizontale Position aller Kanäle, mathematischen
Kurven und Referenzsignale an.

- Man drückt den Drehknopf für die horizontale Position, um den Triggerpunkt auf
  Null zu setzen (um den Triggerpunkt auf den Bildschirmmittelpunkt zu setzen).

Die gezoomte Zeitbasis (verzögerte Ablenkungszeitbasis) vergrößert einen Ausschnitt
der ursprünglichen Signalanzeige (jetzt im oberen Teil des Bildschirms angezeigt) und
zeigt die gezoomte Zeitbasis im unteren Teil des Bildschirms an.

- Um die Anzeige der gezoomten Zeitbasis ein- oder auszuschalten, drückt man ent-
  weder den Drehknopf für die horizontale Skalierung oder die Taste „Menü/Zoom"
  [Menu/Zoom], um das Menü „Horizontal" anzuzeigen und anschließend den Softkey
  „Zoom", um die Option „AN" oder „AUS" auszuwählen.
- Wenn die gezoomte Zeitbasis aktiviert ist:
  - Zeigt die obere Bildschirmhälfte das ursprüngliche Signal und den
    Vergrößerungsausschnitt an.
  - Änderung über den Drehknopf für die horizontale Skalierung und den
    Vergrößerungsausschnitt.
  - Der Drehknopf dient für die horizontale Position des Vergrößerungsausschnittes
    auf dem Signal vor und zurück.
  - Die Zeit für die Vergrößerung der gezoomten Zeitbasis wird in der unteren Bild-
    schirmhälfte angezeigt.

Die Änderung der horizontalen Zeitbasis (Y-T, X-Y, oder Roll) wird folgendermaßen
durchgeführt:

- Man drückt „Menü/Zoom" [Menu/Zoom].
- Man drückt die Zeitbasis im Menü „Horizontal".
- Man hält die Softkey „Zeitbasis" gedrückt oder man betätigt den Drehknopf für die
  Eingabe, um zwischen folgenden Optionen auszuwählen:

Y-T: Amplitude über die Zeit und dies ist die typische Einstellung für die horizontale Zeitbasis.

X-Y: Kanal 2 (x-Achse) zu Kanal 1 (y-Achse)

Roll: Im Roll-Modus bewegt sich die Signalanzeige, mit einer minimalen horizontalen Skalierung von 500 ms/Div, langsam von rechts nach links. Die horizontale Positionseinstellung und Trigger-Einstellungen sind nicht verfügbar. Der Roll-Modus wird bei ähnlichen Anwendungen verwendet, wie der „Slow-Scan"-Modus.

Das X-Y-Format vergleicht das Spannungsniveau zweier Signale Punkt für Punkt. Es eignet sich für den Vergleich der Phasenbeziehungen zweier Signale. Dieses Format kann nur für die Kanäle 1 und 2 angewendet werden. Wenn man das X-Y-Format wählt, wird Kanal 1 auf der horizontalen Achse und Kanal 2 auf der vertikalen Achse angezeigt.

Das Oszilloskop erfasst auch ohne Triggerung die Signale und sie werden als Punkte dargestellt. Die Abtastrate kann zwischen 4 kS/s und 100 MS/s variieren, die Standardabtastrate ist 1 MS/s.

Die folgenden Modi oder Funktionen sind im X-Y-Format nicht verfügbar:

- Automatische Spannungs- oder Zeitmessung
- Cursormessung
- Maskentests
- Funktionskurven
- Referenzsignale
- Anzeige der gezoomten Zeitbasis
- Signale als Vektoren anzeigen
- Drehknopf für horizontale Position
- Trigger-Einstellungen

Es soll die Abtastrate angezeigt werden:

- Man drückt das „Menü/Zoom" [Menu/Zoom].
- Mit dem Menü „Rate" im Menü „Horizontal" wird die Abtastrate für die aktuelle horizontale Skalierungseinstellung angezeigt.

Zu den Vertikal-Bedienelementen gehören:

- Die Tasten für die Kanäle ([1] und [2]), die Tasten Mathematik [Math] und Referenz [REF]. Mit diesen Tasten schaltet man die Signale ein oder aus, und es lassen sich die dazugehörigen Menüs anzeigen oder ausblenden.
- Der Drehknopf für die vertikale Skalierung ändert die Amplitude/Skalenteil-Einstellung eines Signals mit der Erdung oder dem Bildschirmmittelpunkt als Referenz (je nach Voreinstellung).
- Der Drehknopf „vertikale Position" ändert die vertikale Position des Signals auf dem Bildschirm.

Die Signale schaltet man ein oder aus für die Funktionen Kanal, Mathematik oder Referenz. Wenn man die Tasten für die Kanäle ([1] und [2]), die Tasten Mathematik [Math] und Referenz [REF] auf der Vorderseite drückt, kann man auf folgende Funktionen zugreifen. Wenn das Signal aus ist, kann man es einschalten und das Menü anzeigen. Wenn das Signal an ist und das Menü nicht angezeigt wird, lässt sich das Menü jederzeit anzeigen. Wenn das Signal eingeschaltet ist und das Menü angezeigt wird, kann man das Signal abschalten und das Menü ausblenden.

3.1.3   Vertikale Skalierung

Die vertikale Skalierung lässt sich folgendermaßen anpassen. Wenn an einem Eingangs-kanal ein Signal anliegt, führt man folgendes durch:

• Dreht man den Knopf für die vertikale Skalierung, kann man die Amplitude/Skalen-teil-Einstellung verändern.

Man kann die Amplitude/Skalenteil-Einstellung in 1-2-5-Schritten von 2 mV/Div bis 5 V/Div anpassen (bei einer Messkopfdämpfung von 1X). Es wird entweder die Erdung oder der Bildschirmmittelpunkt als Referenz verwendet und je nach Voreinstellung der Option „Referenz" erweitert. Die Option „Zentriert" ist für mathematische Kurven oder Referenzsignale nicht verfügbar.

• Man betätigt den Drehknopf für die vertikale Skalierung, um zwischen der Vernier-Feinabstimmung und der normalen Abstimmung zu wechseln. Bei der Vernier-Abstimmung ändert sich die Amplitude/Skalenteil-Einstellung in kleinen Schritten, die zwischen der normalen (Grobabstimmung) und Feineinstellung liegt.

Man kann auch über das Menüelement „Volt/Div" im Menü des Kanals zwischen der Vernier-Abstimmung und der normalen Abstimmung wechseln.
  Die Vernier-Abstimmung ist für mathematische Kurven oder Referenzsignale nicht verfügbar.
  Die Amplitude/Skalenteil-Einstellung wird in der Statusleiste links unten im Bild-schirm angezeigt.
  Die vertikale Position kann man einstellen, indem man die vertikale Position der Signale anpasst. Man kann sie auch vergleichen, indem man sie über- oder aufeinander legt.
  Wenn an einem Eingangskanal ein Signal anliegt, ist folgender Ablauf möglich:

• Man dreht den Drehknopf für die vertikale Position, um die vertikale Position des Signals auf dem Bildschirm zu ändern. Man beachte, dass sich das Symbol „Erdungs-referenz" auf der linken Seite der Anzeige mit dem Signal bewegt.
• Man dreht den Drehknopf für die vertikale Position, um die Erdungsreferenz auf Null zu stellen (sie ist auf den Bildschirmmittelpunkt zu setzen).

Man beachte, während man die vertikale Position anpasst, wird zeitweise eine Meldung unten links auf dem Bildschirm angezeigt, die die Position der Erdungsreferenz relativ zum Bildschirmmittelpunkt anzeigt.

Mit folgenden Schritten legt man die Kanalkopplung fest:

- Wenn das Menü des Kanals nicht angezeigt wird, drückt man die Taste des Kanals ([1] oder [2]).
- Danach drückt man die Kopplung im Menü des Kanals.
- Man hält die Kopplung gedrückt oder dreht den Drehknopf „Eingabe", um zwischen folgenden Optionen auszuwählen:

DC: Leitet sowohl die DC- als auch die AC-Anteile des Signals in das Oszilloskop. Man kann den DC-Anteil des Signals schnell messen, indem man den Abstand vom Erdungs-referenzsymbol feststellt.

AC: Blockiert den DC-Anteil des Input-Signals und leitet den AC-Anteil weiter. Dadurch kann man eine höhere Empfindlichkeit (Amplitude/Skalenteil-Einstellung) für die Anzeige des AC-Anteils des Signals verwenden.

GND: Das Signal ist nicht mit dem Oszilloskop-Eingang verbunden.

Man kann die Festlegung des Bandbreitenlimits folgendermaßen durchführen. Wenn die hochfrequenten Anteile eines Signals für die Analyse nicht wichtig sind, kann man die Bandbreitenlimit-Einstellung verwenden, um Frequenzen über 20 MHz nicht anzu-zeigen.

- Wenn das Menü des Kanals nicht angezeigt wird, drückt man die Taste des Kanals ([1] oder [2]).
- Man drückt im Menü den Kanal BB 2ODM, um die Bandbreitenlimit-Einstellung auf „AN" oder „AUS" zu setzen.

Als nächsten Schritt bestimmt man die Einstellung der Messkopfdämpfung. Für genaue Messungen muss man die Einstellung des Messkopfdämpfungsfaktors am Oszilloskop anpassen, um den Dämpfungsfaktor der verwendeten Messköpfe auszugleichen. Die Messkopfdämpfungsfaktor-Einstellung ändert die vertikale Skalierung des Oszilloskops so, dass die Messergebnisse den tatsächlichen Spannungsniveaus an der Messkopfspitze entsprechen.

- Wenn das Menü des Kanals nicht angezeigt wird, drückt man die Taste des Kanals ([1] oder [2]).
- Danach drückt man den Messkopf im Menü des Kanals.

- Hält man den Softkey „Messkopf" gedrückt oder dreht man den Drehknopf „Eingabe", dann wird zwischen folgenden Optionen ausgewählt:

0,001X	für 1:1000-Messköpfe
0,01X	für 1:100-Messköpfe
0,1X	für 1:10-Messköpfe
1X für	1:1-Messköpfe
10X	für 10:1-Messköpfe
100X	für 100:1-Messköpfe
1000X	für 1000:1-Messköpfe

3.1.4 Wahl des digitalen Filters

Man kann einen digitalen Filter auf gesampelte Signaldaten anwenden.

- Wenn das Menü des Kanals nicht angezeigt wird, drückt man die Taste des Kanals ([1] oder [2]).
- Danach drückt man „Digitalfilter" im Menü des Kanals.
- Man drückt im Filtermenü „Filtertyp" und man hält den Softkey gedrückt oder man dreht den Drehknopf „Eingabe", um zwischen folgenden Optionen auszuwählen:

        LPF (Tiefpassfilter).

        HPF (Hochpassfilter).

        BPF (Bandpassfilter).

        BRF (Bandsperrfilter)

- Je nach dem welchen Filtertyp ausgewählt wurde, drückt man Obergrenze und/oder Untergrenze und dann dreht man am Drehknopf „Eingabe", um das Limit einzustellen. Die Einstellung für die horizontale Skalierung legt den Maximalwert für die Ober- und Untergrenze fest.
- Digitalfilter sind nicht verfügbar wenn:
  - Die horizontale Skalierung bei 20 ns/Div oder darunter liegt.
  - Die horizontale Skalierung bei 50 ms/Div oder darüber liegt.

3.1.5   Änderung der Empfindlichkeit für die Volt/Div-Einstellung

Wenn man die Amplitude/Skalenteil- Einstellungen kleinschrittiger einstellen möchte, muss man die Empfindlichkeit der vertikalen Skalierungseinstellung ändern.

- Wenn das Menü des Kanals nicht angezeigt wird, drückt man die Taste des Kanals ([1] oder [2]).
- Danach drückt man im Menü des Kanals auf Volt/Div, um zwischen folgenden Optionen zu wechseln:

Grob: Der Drehknopf für die vertikale Skalierung ändert die Amplitude/Skalenteil-Einstellung in 1-2-5-Schritten von 2 mV/Div bis 10 V/Div (bei einer Messkopfdämpfung von 1x).

Fein: Auch als Vernier-Abstimmung bekannt. Der Drehknopf für die vertikale Skalierung ändert die Amplitude/Skalenteil-Einstellung in kleinen Schritten, die zwischen denen der normalen Grobabstimmung liegen.

Man kann auch zwischen der groben und der feinen Einstellung wechseln, indem man den Drehknopf für die vertikale Skalierung drückt. Zum Messen mit dem invertierenden und nicht invertierenden Signal ist folgender Ablauf einzuhalten. Man kann ein Signal in Bezug auf die Erdungsreferenz invertieren.

- Wenn das Menü des Kanals nicht angezeigt wird, drückt man anschließend die Taste des Kanals ([1] oder [2]).
- Man drückt im Menü des Kanals „Invertiert", um zwischen den Optionen „AN" und „AUS" zu wechseln.

Die Festlegung der Kanaleinheiten läuft folgendermaßen ab:

- Wenn das Menü des Kanals nicht angezeigt wird, drückt man die Taste des Kanals ([1] oder [2]).
- Anschließend drückt man die Einheit im Menü des Kanals.
- Jetzt hält man den Softkey „Einheit" gedrückt oder dreht den Drehknopf „Eingabe", um zwischen folgenden Optionen auszuwählen:

V	Volt, wird mit Spannungsmessköpfen verwendet
A	Ampere, wird mit Strommessköpfen verwendet
W	Watt
U	Unbekannt

Man kann die Kurven für die mathematischen Funktionen verwenden und dies läuft folgendermaßen ab. Die Einstellung der mathematischen Funktionen ermöglicht die Auswahl der Funktion:

- Addition
- Subtraktion
- Multiplikation
- FFT (Fast Fourier Transformation)

Das mathematische Ergebnis lässt sich mit den Gitter- und Cursoreinstellungen messen.

Die Amplitude der Kurve kann über das Menüelement „Selection" (Auswahl) im Menü „Math" und über den Drehknopf „Eingabe" angepasst werden. Die Anpassung kann in 1-2-5-Schritten in einem Bereich von 0,1 % bis 100 % erfolgen. Die Skaleneinstellung wird unten in der Anzeige angezeigt.

Man addiert, subtrahiert oder multipliziert die Signale folgendermaßen:

- Man drückt Mathematik [Math].
- Man drückt „Anwenden" im Menü „Math."
- Man hält den Softkey „Anwenden" gedrückt oder man dreht den Drehknopf „Eingabe", um „A + B", „A – B" oder „A x B" auszuwählen.
- Man drückt Quelle A und hält den Softkey gedrückt, um den gewünschten Eingangskanal auszuwählen.
- Man drückt Quelle B und hält den Softkey gedrückt, um den gewünschten Eingangskanal auszuwählen.
- Um das Ergebnis der Addition, Subtraktion oder Multiplikation (in Bezug zum Referenzpegel) zu invertieren, wählt man invertiert, um zwischen den Optionen „AN" und „AUS" zu wechseln.

3.1.6 Anzeigen des FFT-Frequenzbereichs

Die FFT-Funktion konvertiert ein Zeitbereichssignal in seine Frequenzanteile. FFT-Signale sind beim Finden von harmonischen Inhalten und Verzerrungen in System, bei der Charakterisierung von Rauschen in DC- Stromquellen und für die Analyse von Vibrationen nützlich.

Die FFT-Kurve wird folgendermaßen angezeigt:

- Man drückt Mathematik [Math].
- Man drückt „Anwenden" im Menü „Math."
- Man hält den Softkey „Anwenden" gedrückt oder dreht den Drehknopf „Eingabe", um „FTT" auszuwählen.

- Man drückt Quelle im Menü FFT und hält den Softkey gedrückt, um den Eingangs-kanal auszuwählen.

Die FFT eines Signals, das einen DC-Anteil oder Versatz enthält, kann zu falschen FFT-Signal-Magnitudenwerten führen. Um den DC-Anteil zu minimieren, wählt man für das Quellensignal die AC-Kopplung.

Um die Rausch- und Aliasing-Anteile zu reduzieren (in repetitiven oder Einzel-messungskurven) stellt man den Erfassungsmodus des Oszilloskops auf Mittelwert.

- Man drückt „Fenster" und hält den Softkey gedrückt oder man dreht den Drehknopf „Eingabe", um das gewünschte Fenster auszuwählen.

Es gibt vier FFT-Fenster. Jedes Fenster erlaubt Kompromisse zwischen der Frequenzauf-lösung und der Amplitudengenauigkeit. Man sollte das Fenster danach auswählen, was man messen möchte und welche Merkmale das Quellensignal aufweist. Die Richtlinien von Tab. 3.2 sind anzuwenden und das geeignete Fenster auszuwählen.

- Man drückt die „Anzeige", um zwischen den Optionen „Geteilt" und „Vollbild" zu wechseln.
- Man drückt die Taste und dreht den Drehknopf „Eingabe" ↺ ⌁, um die vertikale Position der FFT-Kurve anzupassen.

Tab. 3.2 FFT-Fenstereigenschaften

Fenster	Eigenschaften	Geeignet für Messungen
Rechteck	Beste Frequenzauflösung, schlechteste Magnitudenauflösung. Diese Einstellung ist vergleichbar mit dem Arbeiten ohne Fenster	Am besten geeignet für Transienten oder Spitzen, das Signalniveau ist vor und nach dem Ereignis fast identisch mit Sinuswellen gleicher Amplitude und festgelegten Frequenzen. Breitbandrauschen mit relativ langsam variierendem Spektrum
Hanning, Hamming	Bessere Frequenz- und schlechtere Magnitudengenauigkeit bei der Frequenzauflösung im Hamming-Fenster	Sinus-, periodisches und Schmal-bandrauschen. Am besten geeignet für Transienten oder Spitzen, bei denen sich die Signalniveaus vor und nach dem Ereignis deutlich unterscheiden
Blackman	Beste Magnitude, schlechteste Frequenzauflösung	Einzelfrequenzsignale und Finden von Harmonischen höherer Ordnung

- Man drückt die Taste und dreht den Drehknopf „Eingabe" , um die vertikale Skalierung der FFT-Kurve anzupassen.
- Man drückt die Skala, um zwischen den Einheiten V_{RMS} und dBV_{RMS} zu wählen.

Um FFT-Kurven mit einem großen Dynamikbereich anzuzeigen, verwendet man die dBV_{RMS}-Skala. Die dBV_{RMS}-Skala zeigt die Magnitudenanteile unter Verwendung einer logarithmischen Skala an.

- Man verwendet den Drehknopf für die horizontale Position, um die Frequenz pro Skalenteil anzupassen.

Die Frequenzskala wird auf dem Bildschirm angezeigt. Man verwendet diese Anzeige, um die Frequenzen der Spitzen der FFT- Kurve anzuzeigen.

Die FFT-Auflösung ist der Quotient aus der Abtastrate und der Zahl der FFT-Punkte (f_S/N). Bei einer festgelegten Anzahl von FFT-Punkten (1024) ist die Auflösung umso besser, je niedriger die Abtastrate ist.

Die Nyquistfrequenz ist die höchste Frequenz, die ein Oszilloskop, das in Echtzeit digitalisiert, ohne Aliasing erfassen kann. Diese Frequenz entspricht der halben Abtastrate. Bei Frequenzen über der Nyquistfrequenz werden nicht genug Abtastpunkte erfasst, was Aliasing verursacht. Die Nyquistfrequenz wird auch als Faltfrequenz bezeichnet, da die Frequenzanteile, die den Aliasing-Effekt verursachen, von der Frequenz zurück-klappen, wenn man den Frequenzbereich betrachtet.

3.1.7 Verwendung von Referenzsignalen

Man kann ein Referenzsignal in einem internen, nicht flüchtigen Speicherort sicher speichern und anschließend zusammen mit anderen erfassten Signalen im Oszilloskop anzeigen. Man kann Referenzsignale auch in ein externes USB-Laufwerk exportieren, das an den USB-Host-Port auf der Rückseite angeschlossen ist, und sie von dort importieren. Referenzsignale werden wie andere Signale angezeigt (d. h. ein-/aus-geschaltet). Die Referenzsignal-Funktion ist im X-Y-Modus nicht verfügbar.

Man kann auch ein Referenzsignal folgendermaßen speichern:

- Bevor man ein Signal als Referenz speichert, stellt man die Skalierung und die Position wie gewünscht ein. Diese Einstellungen sind die Standardeinstellungen des Referenzsignals.
- Dann drückt man „Referenz" [REF].
- Man drückt die Quelle im Menü „Referenz", hält den Softkey gedrückt oder man dreht den Drehknopf „Eingabe", um das Signal, das man speichern möchte, auszu-wählen.

- Man drückt „Speicherort" und wählt dann „Import".
- Man drückt „Speichern".

Der Export oder Import der Referenzsignale läuft folgendermaßen ab:
Man exportiert die Signale in einen externen Speicher oder importiert diese von dort (wenn ein USB-Laufwerk an den USB-Host-Port an der Rückseite angeschlossen ist):

- Man drückt die „Referenz" [REF].
- Man drückt die Quelle im Menü „Referenz" und hält den Softkey gedrückt oder man dreht den Drehknopf „Eingabe", um das Signal, das man exportieren will, auszuwählen:
- Man drückt den Speicherort und wählt „Extern" aus.
- Anschließend drückt man „Speichern" oder „Export".
- Man wählt im Disc-Managerdialog den Ordner, in den man exportieren möchte, oder die Datei, die man importieren möchte.

Das Menü „Speichern" oder „Export" läuft folgendermaßen ab. Um das Signal zu exportieren, gibt man eine neue Datei an und danach gibt man einen Dateinamen ein. Um das ausgewählte Signal (.wfm- Datei) zu laden, drückt man auf Import.
Das Referenzsignal setzt man auf seine Standardskala zurück und dann drückt man die „Referenz" [REF]. Zum Schluss drückt man Rücksetzen im Menü „Referenz".
Die Skalierung und die Position des Signals wird auf die gespeicherten Werte zurückgesetzt. Die Anzeigeeinstellungen werden geändert Mit den Anzeigeeinstellungen zeigt man Signale als Vektoren oder Punkte an.

- Man drückt die Anzeige [Display].
- Das Feld „Typ" im Menü „Display" anklicken, um zwischen folgenden Optionen zu wechseln:

Vektor en: Das Oszilloskop verbindet die Abtastpunkte durch digitale Interpolation. Durch die digitale Interpolation erhält man die Linearität durch Verwendung eines digitalen Sin(x)/x-Filters. Die digitale Interpolation ist für Echtzeiterfassung geeignet und am effektivsten bei einer horizontalen Skalierungseinstellung von 20 ns oder höher.
Das Löschen der Anzeige wird folgendermaßen durchgeführt:

- Man drückt die Anzeige [Display]. Anschießend drückt man Löschen im Menü „Display".

Das Löschen der Signalpersistenz ist folgendermaßen durchzuführen:

- Drücken der Anzeige [Display].
- Man drückt die Persistenz im Menü „Display", um zwischen folgenden Optionen zu wechseln.

Unendlich: Die Abtastpunkte werden solange dargestellt, bis die Anzeige gelöscht oder die Persistenz auf „AUS" gestellt wird.
Die Anpassung der Signalintensität wird folgendermaßen durchgeführt:

- Man drückt die Anzeige [Display].
- Man drückt „Intensität" und dreht den Drehknopf „Eingabe", um die Signalintensität anzupassen.

Die Änderung der abgestuften Signalintensität wird folgendermaßen durchgeführt: Während das Oszilloskop läuft, zeigt das Signal verschiedene Daten von mehreren Erfassungen an. Man kann das Oszilloskop so einstellen, dass die Erfassungsdaten langsam verschwinden (wie bei einem analogen Oszilloskop).

- Man drückt die Anzeige [Display].
- Man drückt die Abstufung im Menü „Display", um zwischen folgenden Optionen zu wechseln:

AN: Die neuesten Daten des Signals werden mit höchster Intensität angezeigt und das Signal verschwindet mit der Zeit.
AUS: Alle Signaldaten werden mit gleicher Intensität angezeigt.
Während das Signal mit abgestufter Intensität angezeigt wird, kann man die normale Signalintensität anpassen, um abgestufte Details hervorzuheben.

3.1.8   Änderungen am Anzeigengitter

Eine Änderung für das Anzeigengitter wird folgendermaßen ausgeführt:

- Man drückt die „Anzeige" [Display].
- Man drückt Gitter im Menü „Display" und hält den Softkey gedrückt oder man dreht am Drehknopf „Eingabe", um zwischen folgenden Optionen zu wählen:

Gitter und Koordinaten auf der Achse anzeigen

Zeigt Koordinaten auf der Achse an.

Die Anzeige des Gitters und der Koordinaten wird deaktiviert.

Die Änderung der Menüanzeigezeit läuft folgendermaßen ab:

Die Menüanzeigezeit gibt an, wie lange Menüs auf dem Bildschirm angezeigt werden, nachdem man eine Taste oder einen Softkey auf der Frontabdeckung gedrückt hat.

- Man drückt die Anzeige [Display].
- Man drückt die Menüanzeige und hält den Softkey gedrückt oder man dreht den Drehknopf „Eingabe", um eine Anzeigezeit von 1 s, 2 s, 5 s, 10 s, 20 s, oder unendlich einzustellen.

Die Gitterhelligkeit lässt sich ebenfalls anpassen:

- Man drückt die Anzeige [Display].
- Man drückt „Helligkeit" und dreht den Drehknopf „Eingabe", um die Helligkeit anzupassen.

Die Umkehrung der Bildschirmfarben kann folgendermaßen durchgeführt werden:

- Man drückt die Anzeige [Display].
- Man drückt die Anzeige, um zwischen „Normal" und „Invertiert" zu wechseln.

Umgekehrte Anzeigefarben können beim Drucken oder Speichern der angezeigten Darstellung hilfreich sein.

Die Änderung der Anzeige „Persistenz" kann folgendermaßen durchgeführt werden: Die Einstellung der Anzeigepersistenz legt fest, was auf dem Bildschirm angezeigt wird, wenn die Erfassung gestoppt wird.

Eine Änderung der Anzeigepersistenz kann folgendermaßen durchgeführt werden. Die Einstellung der Anzeigepersistenz legt fest, was auf dem Bildschirm angezeigt wird, wenn die Erfassung gestoppt wird. Die Einstellung der Anzeigepersistenz wird folgendermaßen geändert.

- Man drückt die Anzeige [Display].
- Man drückt im Menü „Display Anzeigepersistenz", um zwischen folgenden Optionen wechseln zu können.

[Bild]	Wenn die Erfassung gestoppt wurde, konnën auf dem Bildschirm mehrere Erfassungen angezeigt werden.
[Bild]	Wenn die Erfassung gestoppt wird, wird die letzte Erfassung angezeigt.

3.2   Anschluss der digitalen Kanäle

In diesem Kapitel wird beschrieben, wie die Digitalkanäle eines Mixed-Signal-Oszilloskops (MSO) verwendet werden.

3.2.1   Anschließen der digitalen Messsonden an das Messobjekt

Vor dem Anschließen der digitalen Messsonden schaltet man gegebenenfalls die Stromversorgung am Messobjekt aus. Durch das Ausschalten der Stromversorgung am Messobjekt werden nur Schäden vermieden, die durch einen versehentlichen Kurzschluss zweier Leitungen beim Anschließen von Messsonden entstehen könnten. Man kann aber das Oszilloskop eingeschaltet lassen, da an den Messsonden keine Spannung liegt.

Im zweiten Schritt verbindet man das Kabel der digitalen Messsonde mit dem Anschluss „DIGITAL Dn – D0" am vorderen Bedienfeld des Mixed-Signal-Oszilloskops. Das Kabel der digitalen Messsonde ist mit einer Markierung versehen, sodass man es nur in einer Weise anschließen kann. Man muss das Oszilloskop nicht ausschalten.

Im dritten Schritt schließt man die Erdungsleitung mit einem Messsondengreifer an jedem Kanalsatz (Pod) an. Die Erdungsleitung verbessert die Signaltreue zum Oszilloskop, um genaue Messungen sicherzustellen.

Dann schließt man einen Greifer an einer der beiden Messsondenleitungen an, wie Abb. 3.5 zeigt. Zur deutlicheren Darstellung werden weitere Messsondenleitungen in der Abbildung nicht berücksichtigt.

Im nächsten Schritt verbindet man den Greifer mit einem Knoten in der zu messenden Schaltung, wie Abb. 3.6 zeigt.

Anschließend wird für die Hochgeschwindigkeitssignale eine Erdungsleitung an die Messsondenleitung angeschlossen, man verbindet einen Greifer mit der Erdungsleitung, und verbindet den Greifer mit der Erdung des Messobjekts, wie Abb. 3.7 und 3.8 zeigen.

Man wiederholt diese Schritte, bis alle relevanten Punkte verbunden sind, wie Abb. 3.9 zeigt.

Abb. 3.5 Anschluss eines
Messgreifers an Masse

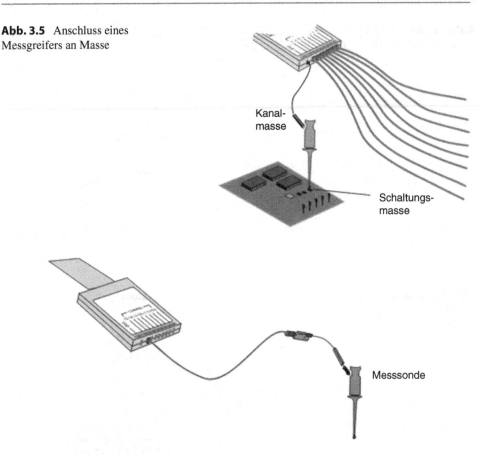

Abb. 3.6 Anschluss eines Messgreifers am Messpunkt

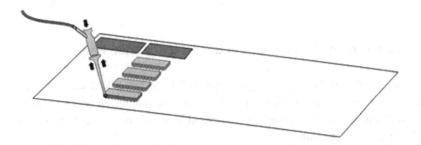

Abb. 3.7 Anschluss der Erdungsleitung an die Messsondenleitung

Abb. 3.8 Anschluss der
Signal- und Masseverbindung

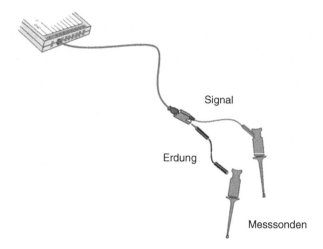

Abb. 3.9 Anschluss einer
digitalen Platine an das
Oszilloskop

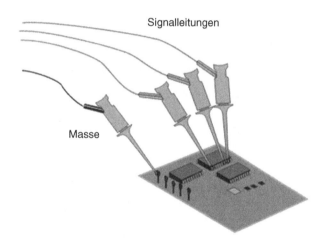

3.2.2 Erfassen von Wellenformen über die digitalen Kanäle

Wenn man [Run/Stop] „Start/Stopp" oder [Single] „Einzeln" drückt, um das Oszilloskop zu starten, untersucht das Oszilloskop die Eingangsspannung an jeder Eingangsmesssonde. Wenn die Triggerbedingungen erfüllt werden, wird das Oszilloskop getriggert und zeigt die Erfassungsdaten an.

Bei digitalen Kanälen vergleicht das Oszilloskop bei jeder Probennahme die Eingangsspannung mit dem Logikschwellwert. Liegt die Spannung über dem Schwellwert, speichert das Oszilloskop eine 1 im Probenspeicher, andernfalls wird eine 0 im Speicher abgelegt.

Man kann das Anzeigen der digitalen Kanäle über die automatische Skalierung vornehmen. Wenn Signale mit den digitalen Kanälen verbunden sind (man stellt sicher, dass die Erdungsleitungen angeschlossen werden), und die digitalen Kanäle werden schnell über die automatische Skalierung konfiguriert und angezeigt.

- Man drückt zum schnellen Konfigurieren des Geräts die Taste [AutoScale] „Auto-Skal."

Alle digitalen Kanäle mit aktivem Signal Abb. (3.10) werden angezeigt. Alle digitalen Kanäle ohne aktives Signal werden deaktiviert.

- Wenn man die Konfiguration der automatischen Skalierung aufheben möchte, drückt man zunächst den Softkey „Rückg. Autom. Skal". Anschließend kann man die anderen Tasten betätigen.

Dies ist hilfreich, wenn man die Taste [AutoScale] „Auto-Skal." unabsichtlich gedrückt hat oder die von der automatischen Skalierung gewählten Einstellungen nicht übernehmen möchte. Das Oszilloskop wird auf die vorherigen Einstellungen zurückgesetzt.

Zum Einstellen des Geräts auf die werkseitige Standardkonfiguration drücken Sie die Taste [Default Set-up] „Standard-Set-up".

Abb. 3.11 zeigt eine typische Anzeige mit Digitalkanälen.

Aktivitätsanzeige: Sobald ein Digitalkanal eingeschaltet wird, erscheint in der Statuszeile unten auf dem Bildschirm eine Aktivitätsanzeige. Ein Digitalkanal kann immer hoch (■), immer niedrig (▪) sein, oder aktiv zwischen Logikstatusarten (↕) wechseln. Abgeschaltete Digitalkanäle werden in der Aktivitätsanzeige abgedunkelt dargestellt.

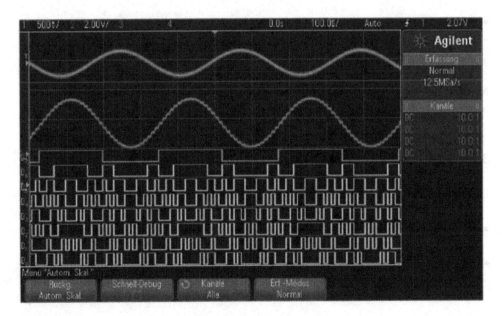

Abb. 3.10 Automatische Skalierung digitaler Kanäle

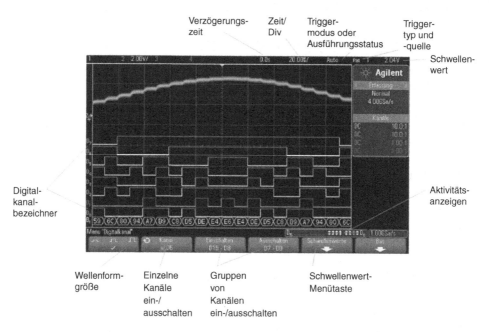

Abb. 3.11   Anzeige mit Digitalkanälen

Man kann die angezeigte Größe der Digitalkanäle ändern, wenn man folgendes durchführt:

- Man drückt die Taste [Digital].
- Man drückt den Softkey für die Größe ($\llcorner$ $\sqcap$ $\sqcap$), um die Anzeige der Digitalkanäle auszuwählen.

Mithilfe der Größenregelung kann man die digitalen Messkurven vertikal ausdehnen oder komprimieren, um die Anzeige zu optimieren.

3.2.3   Ein- und Ausschalten der Kanäle

Das Ein- und Ausschalten eines einzelnen Kanals läuft folgendermaßen ab:

- Während das Menü „Digitalkanal" angezeigt wird, dreht man den Eingabedrehknopf, um den gewünschten Kanal aus dem Popup-Menü auszuwählen.
- Man drückt den Eingabedrehknopf oder den Softkey, der sich direkt unter dem Popup-Menü befindet, um den ausgewählten Kanal ein- oder auszuschalten.

Für das Ein- und Ausschalten aller digitalen Kanäle sind folgende Bedingungen einzustellen:

- Man drückt die Taste [Digital], um die Anzeige digitaler Kanäle ein- und auszuschalten. Das Menü „Digitalkanal" wird über Softkeys angezeigt.

Wenn man die digitalen Kanäle ausschalten möchte und das Menü „Digitalkanal" noch nicht angezeigt wird, muss man die Taste [Digital] zweimal drücken, um die digitalen Kanäle auszuschalten. Beim ersten Mal wird das Menü „Digitalkanal" angezeigt und beim zweiten Mal werden die Kanäle ausgeschaltet.

Für das abwechselnde Ein- und Ausschalten von Kanalgruppen sind folgende Schritte erforderlich:

- Man drückt auf die Taste [Digital] „Digital" auf dem vorderen Bedienfeld, wenn das Menü „Digitalkanal" nicht bereits angezeigt wird.
- Man drückt auf den Softkey „Ausschalten" (oder „Einschalten") für die Gruppe D15 – D8 oder die Gruppe D7 – D0.

Jedes Mal, wenn man auf den Softkey drückt, wechselt der Modus des Softkeys zwischen Ein- und Ausschalten.

Den Logikschwellwert für Digitalkanäle kann man folgendermaßen ändern:

- Man drückt auf die Taste [Digital] Digital, um das Menü „Digitalkanal" anzuzeigen.
- Man drückt den Softkey „Schwellwerte".
- Man drückt auf den Softkey D15 – D8 oder D7 – D0, wählt Logikfamilie-Voreinstellung aus oder den Benutzer um den eigenen Schwellwert festzulegen.

Der vorgegebene Schwellwert von Tab. 3.3 gilt für alle Kanäle innerhalb der Gruppe D15 – D8 oder D7 – D0. Bei Bedarf kann man für die Kanalgruppe einen anderen Schwellwert wählen.

Spannungswerte oberhalb des Schwellwerts werden als HIGH (1), Werte unterhalb des Schwellwerts als LOW (0) interpretiert.

Wenn der Softkey „Schwellwerte" auf „Benutzer" eingestellt ist, drückt man den Softkey „Benutzer" für die Kanalgruppe und dreht dann den Eingabedrehknopf, um den

Tab. 3.3 Schwellwert für die Logikfamilie-Voreinstellung

Logikfamilie	Schwellwertspannung
TTL	+1,4 V
CMOS	+2,5 V
ECL	−1,3 V
Benutzer	Variabel von −8 V bis +8 V

Logikschwellwert einzustellen. Für jede Gruppe von Kanälen ist ein Softkey „Benutzer"
vorhanden.

Danach kann man über Neupositionieren des digitalen Kanals weitere Einstellungen
vornehmen:

- Man stellt sicher, dass Multiplex-Skalenknopf und Multiplex-Positionsknopf rechts
  neben der Taste für digitale Kanäle eingestellt sind. Wenn der Pfeil links neben der
  Taste [Digital] nicht leuchtet, drückt man die Taste.
- Man wählt über den Multiplex-Auswahlknopf den Kanal aus. Die ausgewählte
  Wellenform wird rot hervorgehoben.
- Man verschiebt die ausgewählte Kanalwellenform mithilfe des Multiplex-Positions-
  knopfes.

Wenn eine Kanalwellenform über eine andere Kanalwellenform neu positioniert wird,
ändert sich die Anzeige auf der linken Seite der Messkurve von der Bezeichnung „Dnn"
(„nn" steht für eine ein- oder zweistellige Kanalnummer) in „D*" und „*" weist darauf
hin, dass zwei Kanäle sich überlagern.

3.2.4   Anzeigen von Digitalkanälen als Bus

Digitalkanäle können gruppiert und als Bus angezeigt werden. Jeder Buswert wird im
unteren Bildschirmbereich als Hex- oder Binärwert angezeigt. Man kann bis zu zwei
digitale Busse erstellen. Dazu drückt man zum Konfigurieren und Anzeigen eines jeden
Busses die Taste [Digital] „Digital" auf dem vorderen Bedienfeld. Danach drückt man
den Softkey „Bus", wie Abb. 3.12 zeigt.

Anschließend wählt man einen Bus. Dazu dreht man den Eingabedrehknopf, drückt
dann den Knopf „Eingabe" oder den Softkey „Bus1/Bus2", um diesen einzuschalten.

Man verwendet den Softkey „Kanal" und den Knopf „Eingabe", um einzelne Kanäle
auszuwählen, die im Bus enthalten sein sollen. Man kann zum Auswählen der Kanäle
den Knopf „Eingabe" drehen und diesen drücken oder den Softkey drücken. Man kann
auch einen der Softkeys „Auswahl/Auswahl aufheben D15-D8" oder „Auswahl/Aus-
wahl aufheben D7-D0" drücken, um Gruppen von acht Kanälen in jedem Bus ein- oder
auszuschließen, wie Abb. 3.13 zeigt.

Abb. 3.12 Auswahl der Digitalkanäle

Abb. 3.13 Auswahl der Digitalkanäle von D15 – D8 oder D7 – D0

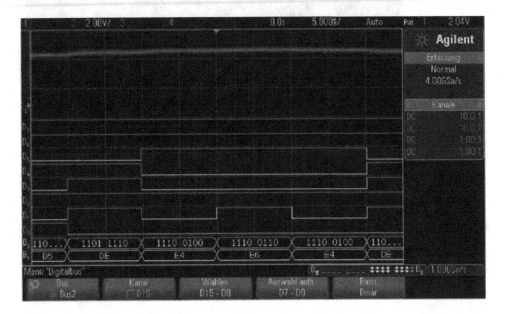

Abb. 3.14 Anzeigen von Bussen

Wenn die Busanzeige leer, vollständig weiß oder „..." enthält, muss man die horizontale Skalierung erweitern, damit die Daten angezeigt werden können, oder man zeigt die Werte mit dem Cursor an.

Mit dem Softkey „Basis" wählt man aus, ob die Buswerte als Hex- oder Binärwerte angezeigt werden.

Die Busse werden am unteren Rand des Bildschirms angezeigt, wie Abb. 3.14 zeigt.

Buswerte können als Hex- oder Binärwerte angezeigt werden.

Mittels des Cursors lassen sich die Digitalbuswerte an jedem beliebigen Punkt auslesen:

- Man schaltet die Cursors ein, indem Sie die Taste [Cursors] „Cursor" auf dem vorderen Bedienfeld drücken.
- Man drückt den Softkey „Modus" für Cursor und dadurch ändert man den Modus zu Hex oder Binär.
- Man drückt den Softkey „Quelle" und wählt „Bus1" oder „Bus2".

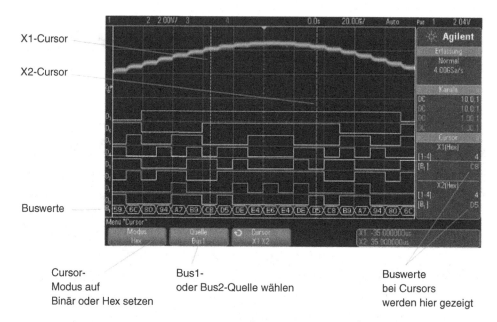

Abb. 3.15 Buswerte werden angezeigt, wenn der Trigger „Bitmuster" verwendet wird

- Man verwendet den Eingabedrehknopf und die Softkeys X1 und X2, um die Cursors an der Stelle zu positionieren, an der man die Buswerte auslesen möchte, wie Abb. 3.15 zeigt.

Die Buswerte werden auch angezeigt, wenn die Triggerfunktion „Bitmuster" verwendet wird. Man drückt die Taste [Pattern] „Bitmuster" auf dem vorderen Bedienfeld, um das Menü „Bitmuster Trigger" anzuzeigen. Die Buswerte werden dann rechts über den Softkeys angezeigt.

Das Dollarzeichen ($) wird im Buswert angezeigt, wenn der Buswert nicht als Hexwert angezeigt werden kann. Dies kommt vor, wenn mindestens ein „Beliebig" (x) mit LOW (0) und HIGH (1) Logikebenen in der Bistmusterspezifikation kombiniert werden, oder wenn eine der Wechselanzeigen (↑ steigende Flanken) oder (↓ fallende Flanke) in die Bitmusterspezifikation einbezogen wird. Ein Byte, das aus allen „beliebig" (X) besteht wird im Bus als „beliebig" (X) angezeigt, wie Abb. 3.16 zeigt.

3.2.5 Messsondenimpedanz und -erdung

Bei Verwendung des Mixed-Signal-Oszilloskops treten möglicherweise Probleme im Zusammenhang mit Messsonden auf. Diese Probleme lassen sich in zwei Kategorien einteilen: Messsondenladung und Messsondenerdung. Probleme bei der Messsondenladung betreffen im Allgemeinen das Messobjekt, während Probleme bei der

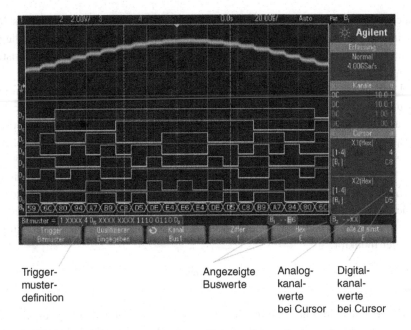

Trigger-
muster-
definition

Angezeigte
Buswerte

Analog-
kanal-
werte
bei Cursor

Digital-
kanal-
werte
bei Cursor

Abb. 3.16 Ausgabe der Messung mit Bitmuster-Triggerung

Messsondenerdung die Genauigkeit der zum Messgerät gesendeten Daten beeinträchtigen. Das erste Problem wird durch die Konstruktion der Messsonden minimiert, während das zweite Problem durch optimale Vorgehensweisen beim Einsatz der Messsonden behoben werden kann.

Logikmesssonden sind passive Messsonden, die eine hohe Eingangsimpedanz und hohe Bandbreiten bieten. In der Regel schwächen diese das Signal zum Oszilloskop in gewissem Maße ab, normalerweise um 20 dB.

Die Eingangsimpedanz passiver Messsonden wird im Allgemeinen in Form von paralleler Kapazität und Widerstand angegeben. Der Widerstand ist die Summe aus dem Widerstandswert an der Spitze und dem Eingangswiderstand des Testgeräts (Abb. 3.17). Die Kapazität ist die Serienkombination des spitzenkompensierenden Kondensators und des Kabels plus der Gerätekapazität parallel zur Streuspitzenkapazität zur Erdung. Dies führt zwar zu einer Spezifikation der Eingangsimpedanz, die ein genaues Modell

Abb. 3.17 Ersatzschaltbild
für Gleichstrom- und
Niedrigfrequenz-Messsonden

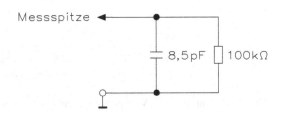

für Gleichstrom und niedrige Frequenzen darstellt, das Hochfrequenzmodell des Mess-sondeneingangs ist jedoch nützlicher. Bei diesem Hochfrequenzmodell werden die reine Spitzenkapazität zur Erdung sowie der Serienspitzenwiderstand und die charakteristische Kabelimpedanz (Z_0) berücksichtigt, wie Abb. 3.18 zeigt.

Die Logikmesssonden werden durch das oben gezeigte Hochfrequenz-Schaltungs-modell dargestellt. Sie bieten so viel Serienspitzenwiderstand wie möglich. Die Streu-spitzenkapazität zur Erdung wird durch die entsprechende mechanische Konstruktion der Sondenspitzenbaugruppe auf ein Minimum reduziert. Auf diese Weise wird bei hohen Frequenzen die maximale Eingangsimpedanz erzielt.

Eine Messsondenerdung entspricht dem Pfad mit niedriger Impedanz, auf dem ein Strom von der Messsonde zur Quelle zurückkehrt. Eine Verlängerung dieses Pfades führt bei hohen Frequenzen zu hohen Gleichtaktspannungen am Messsondeneingang. Die erzeugte Spannung verhält sich so, als wäre dieser Pfad ein der folgenden Gleichung ent-sprechender Induktor:

$$U = L \frac{di}{dt}$$

Durch Erhöhen der Erdungsinduktivität (L) oder der Stromstärke (di) bzw. durch Senken der Übergangszeit (dt) wird die Spannung (U) erhöht. Wenn diese Spannung den im Oszilloskop definierten Spannungsschwellwert überschreitet, tritt ein Fehler bei der Datenmessung auf.

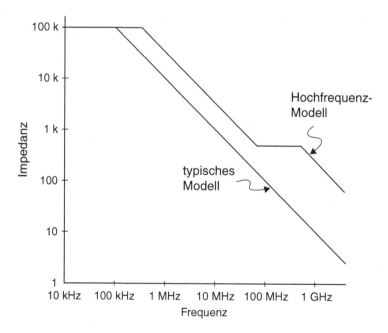

Abb. 3.18 Impedanz im Vergleich zur Frequenz für beide Messsonden-Schaltungsmodelle

Wird eine Messsondenerdung durch mehrere Messsonden gemeinsam verwendet, muss der Strom, der in die einzelnen Messsonden fließt, durch dieselbe gemeinsame Erdungsinduktivität derjenigen Messsonde zurückfließen, deren Erdungsrückleitung verwendet wird. Dies führt in der obigen Gleichung zu einer erhöhten Stromstärke (di) und, je nach Übergangszeit (dt), zu einer Erhöhung der Gleichtaktspannung bis zu einem Bereich, in dem Fehler bei der Datengenerierung auftreten. Abb. 3.19 zeigt das Gleichtakt-Eingangsspannungsmodell.

Neben der Gleichtaktspannung wird durch längere Erdungsrückleitungen auch die Impulstreue des Messsondensystems herabgesetzt. Die Anstiegszeit wird erhöht, und auch Überschwingungen werden durch die ungedämpfte LC-Schaltung am Mess-sondeneingang verstärkt. Da die Digitalkanäle neu aufgebaute Wellenformen anzeigen, werden Überschwingungen und Störungen nicht dargestellt. Erdungsprobleme können durch Untersuchung der Wellenformanzeige nicht ermittelt werden. Tatsächlich entdeckt man das Problem wahrscheinlich eher durch unregelmäßige Störimpulse oder inkonsistente Datenmessungen. Man verwendet sie zur Anzeige von Überschwingungen und Störungen beiden Analogkanälen.

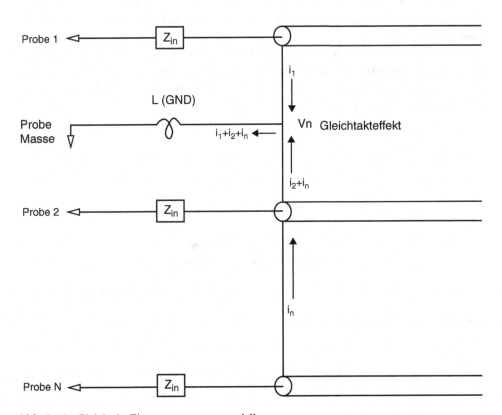

Abb. 3.19 Gleichtakt-Eingangsspannungsmodell

Aufgrund der Variablen „L", „di" und „dt" ist möglicherweise nicht klar, wieviel Spielraum in der Messanordnung verfügbar ist. Im Folgenden werden optimale Vorgehensweisen beim Einsatz von Messsonden aufgeführt:

- Die Erdungsleitung von jeder Digitalkanalgruppe (D15 – D8 und D7 – D0) sollte mit der Erdung des Messobjekts verbunden sein, wenn ein Kanal innerhalb der Gruppe zur Datenerfassung verwendet wird.
- Bei der Erfassung von Daten in einer lauten Umgebung sollte zusätzlich zur Erdung der Kanalgruppe die Erdung jeder dritten Kanalmesssonde verwendet werden.
- Bei Hochgeschwindigkeitsmessungen (Anstiegszeit <3 ns) sollte für jede Digitalkanalmessssonde eine eigene Erdung verwendet werden.

Beim Entwerfen eines Hochgeschwindigkeits-Digitalsystems sollte man eigene Messanschlüsse vorsehen, die direkt mit dem Messsondensystem des Geräts kommunizieren. Auf diese Weise wird die Messanordnung vereinfacht und eine wiederholbare Methode zur Erfassung von Testdaten sichergestellt. Über das Kabel der Logikmesssonde mit 16 Kanälen und den Abschlussadapter wird das Anschließen an 20-polige Leiterplattenverbinder nach Industriestandard vereinfacht. Bei dem Kabel handelt es sich um ein 2 m langes Kabel für eine Logikmesssonde, und der Abschlussadapter beinhaltet ein passendes RC-Netzwerk.

Wenn man eine Messsondenleitung vom Kabel entfernen muss, dann steckt man eine Büroklammer oder einen anderen kleinen Gegenstand in die Seite des Kabelbauteils und drückt diesen, um den Schnapper zu lösen, während man die Messsondenleitung herauszieht, wie Abb. 3.20 zeigt.

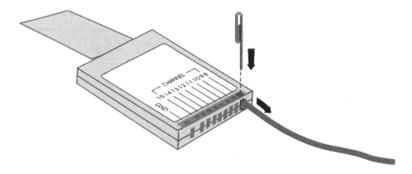

Abb. 3.20 Ersetzen von Messsondenleitungen

3.2.6 Einstellung der Wellenformintensität

Man kann die Intensität der angezeigten Wellenformen anpassen, um verschiedene Signaleigenschaften zu verdeutlichen, beispielsweise schnelle Zeit-/Div-Einstellungen und niedrige Triggerraten.

Durch eine Erhöhung der Intensität kann man die maximale Rauschmenge und sporadisch auftretende Ereignisse anzeigen.

Durch die Reduzierung der Intensität können in komplexen Signalen mehr Einzelheiten angezeigt werden, wie in den Abb. 3.21 und 3.22 zu sehen ist.

- Man drückt die Taste [Intensity] „Intensität", um diese Funktion zu aktivieren. Diese Taste befindet sich direkt unter dem Eingabedrehknopf.
- Man dreht den Eingabedrehknopf, um die Intensität der Wellenform anzupassen. Die Anpassung der Wellenformintensität wirkt sich nur auf Analogkanal-Wellenformen aus (nicht auf mathematische Wellenformen, Referenzwellenformen, digitale Wellenformen etc.).

Mit der Nachleuchtdauer wird auf dem Oszilloskop die Anzeige mit neuen Datenzugängen aktualisiert, ohne dabei die Ergebnisse vorheriger Datenzugänge sofort zu löschen. Alle vorherigen Datenzugänge werden mit reduzierter Intensität angezeigt. Neue Werte werden in ihrer normalen Farbe mit normaler Intensität angezeigt.

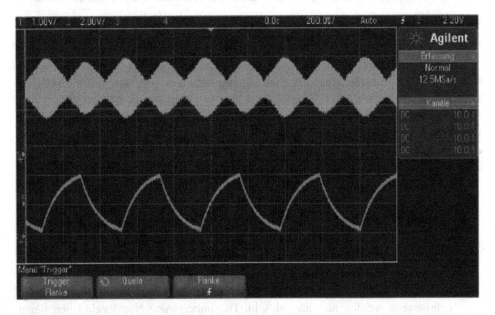

Abb. 3.21 Amplitudenmodulation bei 100-%-Intensität

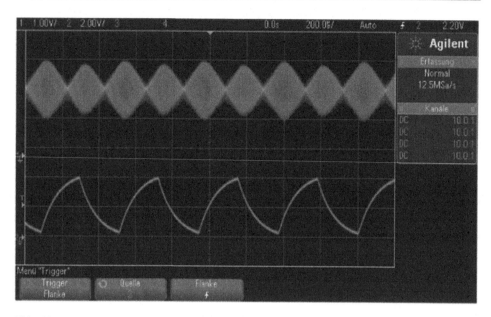

Abb. 3.22 Amplitudenmodulation bei 40-%-Intensität

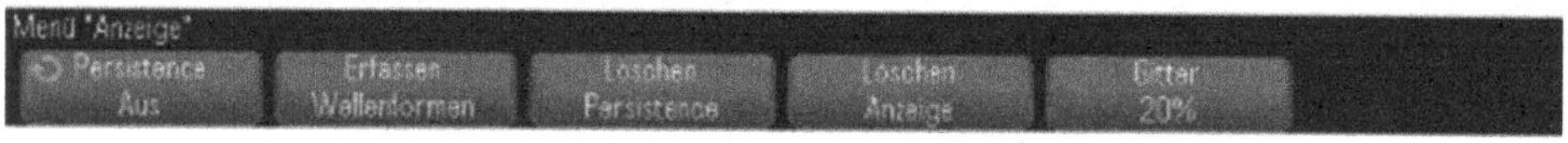

Abb. 3.23 Nachleuchtfunktion für die Wellenformen

Die Nachleuchtfunktion für Wellenformen wird nur für den aktuellen Anzeigebereich beibehalten. Der Nachleuchtbereich kann nicht verschoben, vergrößert oder verkleinert werden.

Die Verwendung der Nachleuchtdauer lässt sich folgendermaßen durchführen:

- Man drückt die Taste [Display] „Anzeigen" und dadurch erscheint Abb. 3.23.
- Man drückt die Taste „Persistence" und man dreht anschließend den Eingabedrehknopf, um aus folgenden Optionen auszuwählen:
  - Aus: deaktiviert die Nachleuchtdauer. Wenn die Nachleuchtdauer deaktiviert ist, kann man den Softkey „Erfassen Wellenformen" drücken, um eine unbegrenzte Single-Shot-Nachleuchtdauer durchzuführen. Ein einzelner Messwert wird mit reduzierter Intensität angezeigt. Dieser verbleibt in der Anzeige, bis die Nachleuchtfunktion oder die Anzeige gelöscht wird.
  - Nachleuchtdauer (unbegrenzte Nachleuchtdauer) und die Ergebnisse vorheriger Erfassungen werden niemals gelöscht. Die unbegrenzte Nachleuchtdauer eignet sich für Rausch- und Jitter- Messungen, zur Bestimmung von „Worst-Case"-

Wellenformabweichungen, zur Erkennung von Timing-Verstößen oder zur Erfassung sporadischer Ereignisse.
- Variable Nachleuchtdauer und die Ergebnisse vorheriger Erfassungen werden nach einer bestimmten Zeit gelöscht.

Mit der variablen Nachleuchtdauer werden erfasste Datenwerte ähnlich angezeigt wie bei einem analogen Oszilloskop.

Man drückt bei aktivierter variabler Nachleuchtdauer den Softkey „Zeit" und gibt mit Mithilfe des Eingabedrehknopfs den Zeitraum an, für den vorherige Datenwerte angezeigt werden sollen. Die Messkurven werden jetzt übereinander geschrieben.

- Um die Ergebnisse vorheriger Erfassungen aus dem Display zu löschen, drückt man den Softkey „Löschen Persistence". Das Oszilloskop beginnt anschließend erneut mit dem Kumulieren von Messkurven.
- Um das Oszilloskop in den normalen Anzeigemodus zurückzuversetzen, schaltet man die Nachleuchtdauer aus. Dann drückt man den Softkey „Löschen Persistence".

Durch das Ausschalten der Nachleuchtdauer werden die Daten auf dem Display nicht gelöscht. Das Display wird gelöscht, wenn man den Softkey „Löschen Anzeige" oder die Taste [AutoScale] „Auto-Skal." drückt (durch welche die Nachleuchtdauer ebenfalls deaktiviert wird).

Das Löschen der Anzeige läuft folgendermaßen ab:

- Man drückt [Display] „Anzeigen > Löschen Anzeige". Außerdem kann man die Taste [Quick Action] „Schnellbefehle" für das Löschen der Anzeige konfigurieren.

Das Auswählen des Gitterrastertyps kann folgendermaßen durchgeführt werden: Wenn der Triggertyp „Video" ausgewählt ist und die vertikale Skalierung von mindestens einem angezeigten Kanal 140 mV/Div ist, dann kann man mit dem Softkey „Gitter-raster" aus folgenden Gittertypen auswählen:

- Full: Normales Oszilloskopgitter.
- mV: Zeigt das vertikale Gitter an; links gekennzeichnet von −0,3 V bis 0,8 V.
- IRE (Institute of Radio Engineers): Zeigt das vertikale Gitter in IRE-Einheiten an; links gekennzeichnet von −40 bis 100 IRE. Die Pegel 0,35 V und 0,7 V aus dem mV-Gitter werden ebenfalls angezeigt und auf der rechten Seite gekennzeichnet. Wenn das Gitter „IRE" ausgewählt ist, werden Cursorwerte in IRE-Einheiten angezeigt. (Cursorwerte über die Remoteschnittstelle werden nicht in IRE-Einheiten dargestellt).

Die Gitterwerte mV und IRE sind präzise (und stimmen mit Y-Cursorwerten überein), wenn die vertikale Skalierung 140 mV/Div. und der vertikale Offset 245 mV beträgt.

Den Gitterrastertyp wählt man folgendermaßen aus:

- Man drückt [Display] „Anzeigen".
- Man drückt den Softkey „Gitter" und dreht anschließend am Eingabedrehknopf, um den Gitterrastertyp auszuwählen.

Das Einstellen der Intensität des Anzeigegitters (Raster) läuft folgendermaßen ab:

- Man drückt [Display] „Anzeigen".
- Man drückt den Softkey „Intensität" und dreht anschließend den Eingabedrehknopf zum Ändern der Intensität des angezeigten Gitters.

Die Intensitätsstufe wird am Softkey „Intensität" angezeigt und kann zwischen 0 und 100 % eingestellt werden.

Alle wesentlichen vertikalen Einteilungen im Gitter entsprechen der vertikalen Empfindlichkeit, die in der Statuszeile im oberen Bereich des Displays angezeigt wird.

Alle wesentlichen horizontalen Einteilungen im Gitter entsprechen der Zeit-/Div-Einstellung, die in der Statuszeile im oberen Bereich des Displays angezeigt wird.

Um die Anzeige zu fixieren, ohne die laufende Datenerfassung zu unterbrechen, muss man die Taste [Quick Action] „Schnellbefehle" konfigurieren.

- Nach der Konfiguration der Taste [Quick Action] „Schnellbefehle" kann man die Taste drücken, um die Anzeige zu fixieren.
- Man drückt zum Aufheben der Fixierung erneut die Taste [Quick Action] „Schnellbefehle".

Auf der fixierten Anzeige können manuelle Cursors verwendet werden.

Die Fixierung der Anzeige wird durch viele Aktivitäten aufgehoben. Hierzu gehören das Anpassen des Triggerpegels, das Anpassen vertikaler oder horizontaler Einstellungen oder das Speichern von Daten.

3.3   Triggerfunktionen

Das Trigger-Set-up legt fest, wann das Oszilloskop Daten erfasst und anzeigt. Beispielsweise kann man festlegen, dass das Oszilloskop auf der steigenden Flanke des Eingangssignals an Analogkanal 1 triggert.

Durch Drehen des Triggerpegel-Knopfes kann man den vertikalen Pegel anpassen, der für die Erkennung der Analogkanalflanke verwendet wird.

3.3.1 Anzahl der Triggertypen

Zusätzlich zum Flankentriggertyp kann man Trigger auch auf Anstiegs-/Abfallzeiten, Nte-Flanken-Bursts, Bitmuster, Impulsbreiten, niedrige Impulse (Runts), Set-up- und Halten-Verstöße, TV-Signale, USB-Signale und serielle Signale festlegen (wenn die Optionslizenzen installiert sind).

Als Quelle für die meisten Triggertypen kann ein beliebiger Eingangskanal oder der „Externe Triggereingang" am BNC-Eingang verwendet werden.

Änderungen am Trigger-Set-up werden sofort angewendet. Wenn man das Trigger-Set-up nach dem Stoppen einer Messung ändert, werden die neuen Triggerbedingungen wirksam, sobald man eine neue Messung durch [Run/Stop] „Start/Stopp" oder [Single] „Einzeln" startet. Wenn man das Trigger-Set-up während einer laufenden Messung ändert, sind die neuen Triggerbedingungen ab dem nächstfolgenden Signalerfassungszyklus wirksam.

Man kann mit der Taste [Force Trigger] „Trigger erzw." Daten erfassen und anzeigen, wenn keine Trigger vorhanden sind.

Mit der Taste [Mode/Coupling] „Modus/Kopplung" kann man Optionen festlegen, die für alle Triggertypen gelten. Man kann mit dem Oszilloskop-Set-up auch Trigger-Set-ups speichern.

Eine getriggerte Wellenform ist eine Wellenform, bei der das Oszilloskop beginnt, die Wellenform aufzuzeichnen (anzuzeigen), und zwar jedes Mal, wenn Informationen wenn eine bestimmte Triggerbedingung erfüllen. Die Wellenform wird beginnend von der linken Seite der Anzeige bis zur rechten Seite angezeigt. Dadurch wird eine stabile Anzeige von periodischen Signalen wie Sinuswellen und Rechteckwellen als auch von nicht periodischen Signalen wie seriellen Datenströmen gewährleistet.

Abb. 3.24 verdeutlicht das Erfassungsspeicher-Konzept. Das Triggerereignis unterteilt den Erfassungsspeicher gewissermaßen in einen Pre-Trigger- und einen Post-Trigger-Speicher. Die Position des Triggerereignisses innerhalb des Erfassungsspeichers wird durch den Zeitreferenzpunkt und die Verzögerungszeit-Einstellung (horizontale Position) bestimmt.

Man kann mit dem Triggerpegel-Drehknopf den gewünschten Triggerpegel für den gewählten Analogkanal einstellen.

Abb. 3.24 Erfassungsspeicher-Konzept

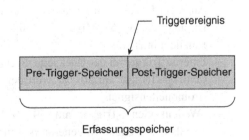

Man kann den Triggerpegel-Drehknopf drücken, um den Pegel auf 50 % des Wertes der Wellenform einzustellen. Bei AC-Kopplung wird der Triggerpegel bei Drücken des Triggerpegel-Knopfes auf 0 V festgelegt.

Die Position des Triggerpegels für den analogen Kanal wird durch das Triggerpegel-symbol $T_\blacktriangleright$ an der linken Seite der Anzeige angezeigt, wenn der analoge Kanal aktiviert ist. Der Wert des Analogkanal-Triggerpegels wird in der oberen rechten Ecke des Bildschirms angezeigt.

Der Triggerpegel für einen ausgewählten digitalen Kanal wird über das Schwellwert-menü im Menü „Digitalkanal" eingestellt. Drückt man die Taste [Digital] am vorderen Bedienfeld und dann den Softkey „Schwellwerte", um den Schwellwert (TTL, CMOS, ECL oder benutzerdefiniert) für die ausgewählte Digitalkanalgruppe einzustellen. Der Schwellwert wird in der oberen rechten Ecke des Bildschirms angezeigt.

Der Leitungs-Triggerpegel ist nicht einstellbar. Dieser Trigger wird entsprechend der Stromversorgung automatisch eingestellt.

Man kann den Triggerpegel aller Kanäle auch ändern, indem man [Analyze] „Analyse > Merkmale" drückt und den Triggerpegel auswählt.

Die Taste [Force Trigger] „Trigger erzw." löst einen Trigger (auf beliebiges Objekt) aus und zeigt die Erfassung an. Diese Taste ist im normalen Triggermodus von Nutzen, wo Erfassungen nur bei Erfüllung der Triggerbedingung durchgeführt werden. Wenn in diesem Modus keine Trigger auftreten (d. h. „Getrigg.?" angezeigt wird), kann man mittels [Force Trigger] „Trigger erzw." einen Trigger erzwingen und prüfen, wie die Eingangssignale aussehen.

Wenn die Triggerbedingung im Triggermodus „Auto" nicht erfüllt ist, werden die Trigger erzwungen und „Auto?" angezeigt.

Der Triggertyp „Flanke" erkennt einen Trigger durch Suchen nach einer bestimmten Flanke (Steigung) und dem Spannungsniveau einer Wellenform. In diesem Menü kann man die Triggerquelle und die Triggerflanke wählen. Der Triggertyp, die Triggerquelle und der Triggerpegel werden in der oberen rechten Ecke des Bildschirms angezeigt.

- Man drückt am vorderen Bedienfeld im Abschnitt „Trigger" auf die Taste [Trigger].
- Man drückt im Menü „Trigger" den Softkey „Trigger" und wählt mit dem Eingabe-drehknopf „Flanke" aus.
- Wählt man die Triggerquelle:
  - Analoger Kanal, 1 für Anzahl der Kanäle
  - Digitaler Kanal (bei Mixed „D-" Signal-Oszilloskop), D0 für Anzahl der digitalen Kanäle minus eins.
  - Externe Trigger an der Rückseite, Signal EXT TRIG IN.
  - Leitungs-Trigger am 50- %- Wert der steigenden oder fallenden Flanke des Netz-stromquellensignals.
  - „Wellenf.-Gen."-Trigger am 50- %-Wert der steigenden Flanke des Output-signals des Wellenformgenerators. (Nicht verfügbar, wenn die Wellenformen DC, Rauschen oder Kardio ausgewählt sind).

Auch abgeschaltete (nicht angezeigte) Kanäle sind als Triggerquelle für die Flankentriggerung verfügbar.

Die gewählte Triggerquelle wird in der oberen rechten Ecke des Displays neben dem Flankensymbol angezeigt.

$$\begin{array}{ll} \text{1 bis 4} & = \text{analoge Kanäle} \\ \text{D0 bis Dn} & = \text{digitale Kanäle} \\ \text{E} & = \text{Externer Triggereingang} \\ \text{L} & = \text{Leitungstrigger} \\ \text{W} & = \text{Wellenformgenerator} \end{array}$$

- Drückt man den Softkey „Flanke" und wählt die steigende oder fallende Flanke, wechseln die Flanken bzw. beide (je nach gewählter Quelle). Die gewählte Flanke wird in der oberen rechten Ecke des Bildschirms angezeigt, wie Abb. 3.25 zeigt.

Der Modus der wechselnden Flanken ist dann nützlich, wenn das Oszilloskop auf beide Flanken eines Taktgebers triggern soll (z. B. bei DDR-Signalen). Der Modus des Triggerns auf beide Flanken ist sinnvoll, wenn man auf eine beliebige Aktivität der gewählten Quelle triggern möchte.

Alle Modi lassen sich bis zur Oszilloskop-Bandbreite einsetzen (mit Ausnahme des Triggerns auf beide Flanken, das einer Begrenzung unterliegt). Beim Triggern auf beide Flanken kann man auf „Constant-Wave"-Signale mit bis zu 100 MHz

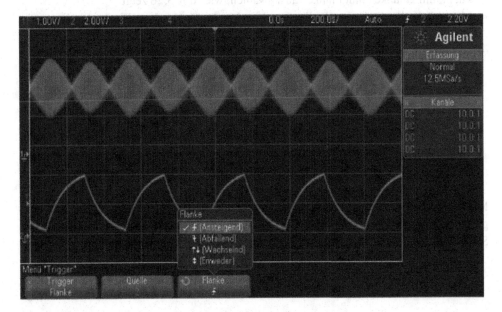

Abb. 3.25 Steigende oder fallende Flanke für die Triggerung

triggern. Auf isolierte Impulse jedoch lässt sich mit einer Minimalfrequenz von nur 1/ (2 * Oszilloskop-Bandbreite) triggern.

Am einfachsten kann man einen Flankentrigger an einer Wellenform automatisch mithilfe der automatischen Skalierung einrichten. Wenn man die Taste „Skalierung" zum [AutoScale] „Auto-Skal." drückt, versucht das Oszilloskop, mithilfe eines Einrichtens von einfachen Flankentriggertyps auf die Wellenform zu triggern.

Mit der integrierten MegaZoom-Technologie im Oszilloskop kann man die Wellenform auf einfache Weise automatisch skalieren und dann das Oszilloskop stoppen, um eine Wellenform zu erfassen. Anschließend kann man die Daten mithilfe der Horizontal- und Vertikaleinstellknöpfe verschieben und zoomen, um einen stabilen Triggerpunkt zu finden. Die automatische Skalierung liefert in vielen Fällen eine getriggerte Anzeige.

3.3.2 Trigger „Flanke dann Flanke"

Der Triggermodus „Flanke dann Flanke" löst aus, wenn die „Nte-Flanke" nach einer Triggerbereitschaftsflanke und einer Verzögerungszeit auftritt.

Die Flanken für die Bereitschaft „Setzen" und „Triggerung" können als ↑ (steigende) oder ↓ (fallende) Flanken auf Analog- oder Digitalkanälen angegeben werden.

- Man drückt die Taste [Trigger] „Trigger".
- Man drückt im Menü „Trigger" den Softkey „Trigger", dreht dann den Eingabedrehknopf, um „Flanke dann Flanke" auszuwählen, wie Abb. 3.26 zeigt
- Man drückt den Softkey „Quellen" und im Menü „Flanke dann Flanke-Quellen" wie Abb. 3.27 zeigt:
  - Man drückt den Softkey „Bereit A" und dann dreht man den Eingabedrehknopf, um den Kanal auszuwählen, an dem die Bereitschaftsflanke auftreten wird.
  - Man drückt den Softkey „Flanke A", um anzugeben, welche Flanke des Signals „Bereit A" das Oszilloskop in Bereitschaft versetzt.
  - Man drückt den Softkey „Trigger B" und dreht den Eingabedrehknopf, um den Kanal auszuwählen, an dem die Trigger-Flanke auftreten wird.
  - Man drückt den Softkey „Flanke B", um anzugeben, welche Flanke des Signals „Trigger B" das Oszilloskop auslösen wird.

Man stellt mit dem Triggerpegel-Drehknopf den gewünschten Triggerpegel für den gewählten Analogkanal ein. Man drückt die Taste [Digital] „Digital" und wählt die Schwellwerte, um den Schwellwertpegel für Digitalkanäle einzustellen. Der Wert des

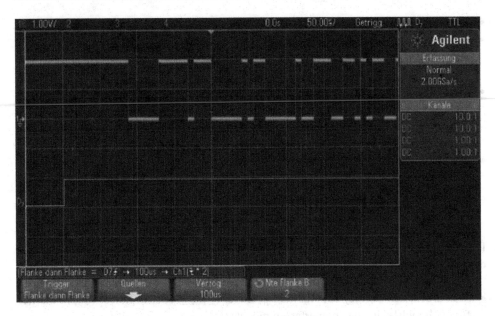

Abb. 3.26 Triggerung mit der Funktion „Flanke dann Flanke"

Abb. 3.27 Einstellungen für die Triggerung „Flanke dann Flanke"

Triggerpegels bzw. digitalen Schwellwertes wird in der oberen rechten Ecke des Bildschirms angezeigt.

- Man drückt die „↑Back" „Zurück/Nach oben"-Taste, um zum Menü „Trigger" zurückzukehren.
- Man drückt den Softkey „Verzög" und dreht dann den Eingabedrehknopf, um die Verzögerungszeit zwischen der Flanke „Bereit A" und der Flanke „Trigger B" einzugeben.
- Man drückt den Softkey „Nte-Flanke B" und dreht den Eingabedrehknopf, um die „Nte-Flanke" des Signals „Trigger B" auszuwählen bei der ausgelöst werden soll.

3.3.3 Impulsbreiten-Trigger

Beim Triggern auf die Impulsbreite (Störimpuls) triggert das Oszilloskop auf einen positiven oder negativen Puls mit einer bestimmten Breite. Wenn das Oszilloskop auf einen bestimmten Zeitüberschreitungswert triggern soll, wählt man im Triggermenü die Option „Bitmuster" aus.

- Man drückt Taste [Trigger] „Trigger".
- Man drückt im Menü „Trigger" den Softkey „Trigger" und dreht dann den Eingabe-drehknopf, um die Pulsbreite auszuwählen. Abb. 3.28 zeigt die Darstellung von Impulsen mithilfe des Impulsbreiten-Triggers.
- Man drückt den Softkey „Quelle". Man dreht anschließend den Eingabedrehknopf zum Auswählen einer Kanalquelle für den Trigger. Der gewählte Kanal wird in der oberen rechten Ecke des Displays neben dem Polaritätssymbol angezeigt. Man kann einen beliebigen analogen oder digitalen Kanal als Quelle wählen.
- Man stellt den Triggerpegel ein:
  - Man dreht für analoge Kanäle den Triggerpegelknopf.
  - Man drückt für digitale Kanäle die Taste [Digital] „Digital" und man wählt die Schwellwerte aus, um den Schwellwertpegel einzustellen.

Der Wert des Triggerpegels bzw. Digital-Schwellwertes wird in der oberen rechten Ecke des Bildschirms angezeigt.

- Man drückt den Softkey zur Auswahl positiver (_↑ ↓_) oder negativer (↓ ↑) Polarität für die Impulsbreite, die man erfassen möchte.

Die gewählte Impulspolarität wird in der rechten oberen Ecke des Bildschirms angezeigt. Ein Impuls wird als positiv bzw. negativ gewertet, wenn die Spannung größer bzw. kleiner als der gewählte Triggerpegel oder Schwellwert ist.

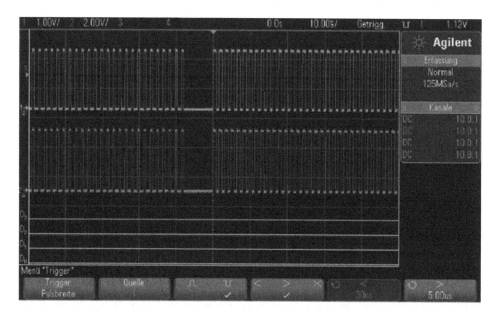

Abb. 3.28 Darstellung von Impulsen mithilfe des Impulsbreiten-Triggers

Bei Triggerung auf einen positiven Puls erfolgt die Triggerung auf den Übergang des Pulses von hoch zu niedrig, sofern die Qualifizierer-Bedingung erfüllt ist. Bei Triggerung auf einen negativen Puls erfolgt die Triggerung auf den Übergang des Pulses von niedrig zu hoch, sofern die Qualifizierer-Bedingung erfüllt ist.

• Man drückt den Qualifizierer-Softkey (< > > <) zur Auswahl des Zeitqualifizierers.

Der Qualifizierer-Softkey kann das Oszilloskop so einstellen, dass es auf eine Pulsbreite triggert, die folgende Bedingung erfüllt:

• Kürzer als ein vorgegebener Zeitwert (<).

Beispiel

positiver Puls, wenn Sie t < 10 ns einstellen:

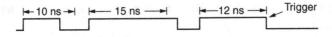

Länger als ein vorgegebener Zeitwert (>). ◄

Beispiel

positiver Puls, wenn Sie t > 10 ns einstellen:

Innerhalb eines vorgegebenen Zeitrahmens (><). ◄

Beispiel

positiver Puls, wenn Sie t > l0 ns und t < 15 ns einstellen:

◄

• Man wählt den Softkey zur Einstellung der Qualifizierer-Zeit (< oder >) und stellt mit dem Eingabedrehknopf die gewünschte Pulsbreiten-Qualifizierer-Zeit ein. Die Qualifizierer werden wie folgt eingestellt:
  – 2 ns bis 10 s für > oder < Qualifizierer (5 ns bis 10 s für 350-MHz-Bandbreiten-modelle).
  – 10 ns bis 10 s für >< Qualifizierer mit einer minimalen Abweichung von 5 ns zwischen der oberen und unteren Einstellung.

- Bei Auswahl des „Kleiner als" Qualifizierers (<) kann man mit dem Eingabedrehknopf einstellen, dass das Oszilloskop auf eine Pulsbreite triggert, die kleiner ist als der Zeitwert des Softkeys.
- Bei Auswahl des Zeitraumqualifizierers (><) stellt man mit dem Eingabedrehknopf den oberen Zeitraumwert ein.
- Bei Auswahl des „Größer als"-Qualifizierers (>) kann man mit dem Eingabedrehknopf einstellen, dass das Oszilloskop auf eine Pulsbreite triggert, die größer ist als der Zeitwert des Softkeys.
- Bei Auswahl des Zeitraumqualifizierers (><) kann man mit dem Eingabedrehknopf den unteren Zeitraumwert einstellen.

3.3.4 Bitmuster-Trigger

Bei der Bitmuster-Triggerung triggert das Oszilloskop auf ein vorgegebenes Bitmuster. Das Trigger-Bitmuster entspricht der logischen UND-Verknüpfung der Kanäle. Für jeden Kanal kann einer der Werte 0 (low), 1 (high) oder beliebig (X) spezifiziert werden. Außerdem kann für einen im Bitmuster enthaltenen Kanal auch eine steigende oder fallende Flanke angegeben werden. Man kann auch auf einen Hex-Buswert triggern.

- Man drückt die Taste [Trigger] „Trigger".
- Man drückt im Menü „Trigger" den Softkey „Trigger", dreht dann den Eingabedrehknopf, um Bitmuster auszuwählen.
- Man drückt auf den Softkey „Qualifizierer", dreht dann den Eingabedrehknopf, um aus den Qualifiziereroptionen für Bitmusterdauer auszuwählen:
  - Eingegeben – wenn das Muster eingegeben wird.
  - < (Kleiner als) – wenn das Muster kürzer als ein Zeitwert vorhanden ist.
  - > (Größer als) – wenn das Muster länger als ein Zeitwert vorhanden ist. Der Trigger löst aus, wenn das Muster beendet ist (nicht, wenn der Zeitwert des Softkeys > überschritten ist).
  - Timeout – wenn das Muster länger als ein Zeitwert vorhanden ist. Der Trigger löst aus, wenn der Zeitwert des Softkeys > überschritten ist (nicht, wenn das Muster beendet ist).
  - > < (Im Bereich) – wenn das Muster für einen Zeitraum innerhalb eines Wertebereichs vorhanden ist.
  - < > (Außerhalb des Bereichs) – wenn das Muster für einen Zeitraum außerhalb eines Wertebereichs vorhanden ist.

Bitmusterzeiträume werden mit einem Timer bewertet. Der Timer wird durch die letzte Signalflanke gestartet, die dazu führt, dass das spezifizierte Bitmuster dem Trigger-Bitmuster (logisches UND) entspricht. Außer wenn der Timeout-Qualifizierer ausgewählt ist, wird auf der ersten Flanke getriggert, die dem Muster nicht entspricht, vorausgesetzt die Qualifiziererkriterien sind erfüllt.

Die Zeitwerte für den gewählten Qualifizierer werden mithilfe der Zeit-Qualifizierer-Softkeys (< und >) und des Eingabedrehknopfes eingegeben.

- Man drückt für jeden Analog- oder Digitalkanal, der zur Bitmuster-Triggerung heran-gezogen werden soll, den Softkey-Kanal. Dies ist die Kanalquelle für die Bedingung „0", „1", „X" oder „Flanke". Während man den Softkey-Kanal drückt (oder am Ein-gabeknopf dreht), wird der gewählte Kanal in der Zeile Pattern = direkt über den Softkeys rechts oben auf dem Bildschirm neben „Pat" hervorgehoben angezeigt.

Man stellt mit dem Triggerpegel-Drehknopf den gewünschten Triggerpegel für den gewählten Analogkanal ein. Man drückt die Taste [Digital] „Digital" und wählt die Schwellwerte, um den Schwellwertpegel für Digitalkanäle einzustellen. Der Wert des Triggerpegels bzw. Digital-Schwellwertes wird in der oberen rechten Ecke des Bild-schirms angezeigt.

- Man drückt für jeden ausgewählten Kanal den Softkey „Bitmuster" und dreht den Ein-gabedrehknopf, um die Bedingung für den Kanal im Bitmuster einzustellen. Abb. 3.29 zeigt die Ausgabe mit Bitmuster.
    - „0" spezifiziert für den ausgewählten Kanal den Zustand 0 (low). Ein Kanal befindet sich im Zustand LOW, wenn die anliegende Spannung kleiner als der Triggerpegel bzw. Schwellwert ist.

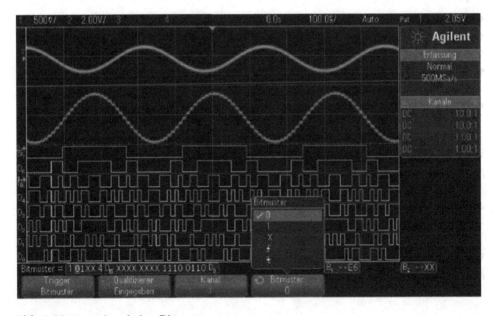

Abb. 3.29 Ausgabe mit dem Bitmuster

- „1" spezifiziert für den ausgewählten Kanal den Zustand 1 (high). Ein Kanal
  befindet sich im Zustand HIGH, wenn die anliegende Spannung größer als der
  Triggerpegel bzw. Schwellwert ist.
- „X" spezifiziert den Zustand „beliebig". Alle Kanäle, für die der Triggerzustand
  „beliebig" angegeben wurde, werden bei der Auswertung des Trigger-Bitmusters
  ignoriert. Falls für alle Bitmusterkanäle der Triggerzustand „beliebig" angegeben
  wurde, triggert das Oszilloskop nicht.

Mit den Softkeys für steigende Flanke (↑) oder fallende Flanke (↓) gibt man vor, dass
das Oszilloskop auf eine steigende bzw. fallende Flanke in dem betreffenden Kanal
triggert. Innerhalb des Trigger-Bitmusters kann nur eine einzige steigende oder fallende
Flanke spezifiziert werden. Wenn eine Flanke angegeben wurde, triggert das Oszilloskop
auf diese Flanke, sofern für die übrigen Kanäle das festgelegte Bitmuster anliegt.

Wenn keine Flanke spezifiziert wurde, triggert das Oszilloskop auf die letzte Flanke,
die dazu führt, dass das anliegende Bitmuster mit dem Trigger- Bitmuster übereinstimmt.

Man kann nur einen einzigen steigenden oder fallenden Flanken-Term innerhalb eines
Trigger-Bitmusters spezifizieren. Falls man einen Flanken-Term angibt und anschließend
für einen anderen Kanal nochmals einen Flanken-Term festlegt, wird der zuvor spezifizierte Flanken-Term zu einer „Beliebig"-Bedingung abgeändert.

Es ist auch ein Hex-Bus-Mustertrigger möglich. Man kann einen Buswert angeben,
auf den getriggert werden soll. Dazu definiert man hierzu zuerst den Bus und man kann
unabhängig davon, ob der Bus angezeigt wird oder nicht, auf einen Buswert triggern.

Der Buswert wird folgendermaßen getriggert:

- Man drückt auf dem vorderen Bedienfeld die Taste [Pattern] „Bitmuster".
- Danach drückt man auf den Softkey „Kanal" und wählt mit dem Eingabedrehknopf
  „Bus1" oder „Bus2" aus.
- Man drückt auf den Softkey „Ziffer" und man wählt mit dem Eingabedrehknopf eine
  Ziffer des ausgewählten Busses.
- Man drückt auf den Softkey „Hex" und wählt anschließend mit dem Eingabedreh-
  knopf einen Wert für die Ziffer aus.

Wenn eine Ziffer aus weniger als vier Bits besteht, ist der Wert der Ziffer auf den Wert
beschränkt, der aus den ausgewählten Bits erstellt werden kann.

- Man kann mit dem Softkey „Alle Ziffern einst", alle Ziffern auf einen bestimmten
  Wert setzen.

Wenn eine Hex-Bus-Ziffer ein oder mehrere beliebige (X) Bits enthält und ein oder
mehrere Bits auf dem Wert 0 oder 1 liegt, wird das Zeichen „$" für die Ziffer angezeigt.

3.3.5 ODER-Trigger

Der Triggermodus „ODER" löst aus, wenn eine oder mehrere der angegebenen Flanken an Analog- oder Digitalkanälen gefunden werden.

- Man drückt am vorderen Bedienfeld im Abschnitt „Trigger" auf die Taste [Trigger].
- Man drückt im Menü „Trigger" den Softkey „Trigger" und wählt dann mit dem Eingabedrehknopf „ODER" aus.
- Man drückt den Softkey „Flanke" und wählt dann die positive oder negative Flanke, eine der beiden Flanken oder beliebig aus. Die gewählte Flanke wird in der oberen rechten Ecke des Bildschirms angezeigt.
- Man drückt für jeden Analog- oder Digitalkanal, der zur ODER-Triggerung herangezogen werden soll, den Softkey „Kanal".

Während man den Softkey „Kanal" drückt (oder am Eingabeknopf dreht), wird der gewählte Kanal in der Zeile „OR" direkt über den Softkeys rechts oben auf dem Bildschirm neben ODER-Gatesymbol hervorgehoben angezeigt.

Man stellt mit dem Triggerpegel-Drehknopf den gewünschten Triggerpegel für den gewählten Analogkanal ein. Man drückt die Taste [Digital] „Digital" und wählt die Schwellwerte, um den Schwellwertpegel für Digitalkanäle einzustellen. Der Wert des Triggerpegels bzw. digitalen Schwellwertes wird in der oberen rechten Ecke des Bildschirms angezeigt.

- Man drückt für jeden ausgewählten Kanal den Softkey „Flanke" und wählt ↑ (steigend), ↓ (fallend), ↕ (eine der beiden) oder X (beliebig) aus. Die ausgewählte Flanke wird über den Softkey angezeigt (Abb. 3.30).

Falls für alle Kanäle im Trigger ODER der Triggerzustand „beliebig" angegeben wurde, triggert das Oszilloskop nicht.

- Um alle Analog- und Digitalkanäle auf die Flanke festzulegen, die mit dem Softkey „Flanke" gewählt wurden, drückt man den Softkey „Alle Flanken einstellen".

3.3.6 Anstiegs-/Abfallzeit-Trigger

Der Anstiegs-/Abfallzeit-Trigger sucht nach einem Übergang von steigender oder fallender Flanke von einem Pegel zu einem anderen in mehr oder weniger als einem bestimmten Zeitraum. Abb. 3.31 zeigt den Übergang von steigender oder fallender Flanke.

- Man drückt die Taste [Trigger] „Trigger".
- Man drückt im Menü „Trigger" den Softkey „Trigger", und dreht dann den Eingabedrehknopf, um Anstiegs-/Abfallzeit auszuwählen.

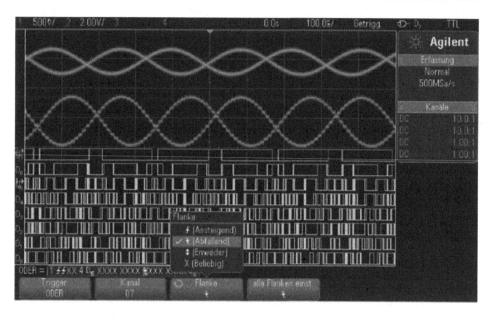

Abb. 3.30 Triggerbedingungen, wenn der Trigger „ODER" und der Triggerzustand „beliebig" angegeben wurde

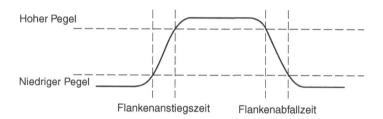

Abb. 3.31 Übergang von steigender oder fallender Flanke

- Man drückt den Softkey „Quelle" und dreht anschließend den Eingabedrehknopf zum Auswählen der Eingangskanalquelle.
- Man drückt den Softkey „Steigende oder fallende Flanke", um zwischen den Flankentypen umzuschalten.
- Man drückt den Softkey „Pegel ausw." zur Auswahl von „Hoch" und dreht dann den Triggerpegelknopf zur Einstellung des hohen Pegels.
- Man drückt den Softkey „Pegel ausw." zur Auswahl von „Niedrig" und dreht dann den Triggerpegelknopf zur Einstellung des niedrigen Pegels. Man kann den Triggerpegelknopf auch zum Umschalten zwischen Hoch und Niedrig drücken.

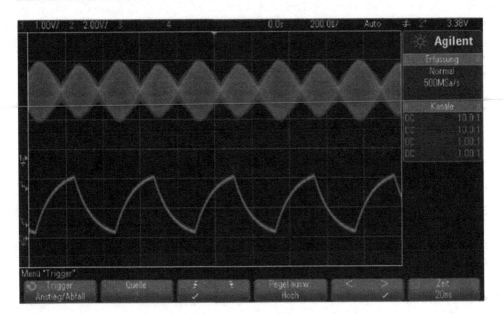

Abb. 3.32 Erfassung von zwei Signalen mit Anstiegs-/Abfallzeit-Trigger

Abb. 3.33 Impulsdiagramm
für den Nte-Flanke-Burst-
Trigger

- Man drückt den Softkey „Qualifizierer" zum Umschalten zwischen „größer als" oder „kleiner als".
- Man drückt den Softkey „Zeit" und dreht anschließend den Eingabedrehknopf zum Auswählen der Zeit.

Abb. 3.32 zeigt die Erfassung von zwei Signalen mit Anstiegs-/Abfallzeit-Trigger.

3.3.7 Nte-Flanke-Burst-Trigger

Mit dem „Nte-Flanke-Burst-Trigger" kann man auf der Flanke N eines Bursts, der nach einer festgesetzten inaktiven Zeit auftritt, triggern. Abb. 3.33 zeigt das Impulsdiagramm.
Die Einrichtung des „Nte-Flanke-Burst-Triggers" besteht aus der Auswahl der Quelle, der Steigung der Flanke, der inaktiven Zeit und der Nummer der Flanke:

- Man drückt die Taste [Trigger] „Trigger".
- Man drückt im Menü „Trigger" den Softkey „Trigger" und dreht den Eingabedreh-knopf, um Nte-Flanke-Burst auszuwählen.

- Man drückt den Softkey „Quelle" und dreht anschließend den Eingabedrehknopf zum Auswählen der Eingangskanalquelle.
- Man drückt den Softkey „Steigung", um die Steigung der Flanke anzugeben.
- Man drückt den Softkey „Inaktiv" und wählt anschließend mit dem Eingabedrehknopf die inaktive Zeit.
- Man drückt den Softkey „Flanke", und wählt anschließend mit dem Eingabedrehknopf, auf welche Flankennummer getriggert werden soll.

Abb. 3.34 zeigt ein Beispiel für den Nte-Flanke-Burst-Trigger.

3.3.8 Trigger für niedrige Impulse

Der Trigger für niedrige Impulse sucht nach Impulsen, die einen Schwellwert kreuzen, jedoch keinen weiteren. Abb. 3.35 zeigt das Impulsdiagramm.

- Ein positiver niedriger Impuls kreuzt einen unteren, jedoch keinen oberen Schwellwert.
- Ein negativer niedriger Impuls kreuzt einen oberen, jedoch keinen unteren Schwellwert.

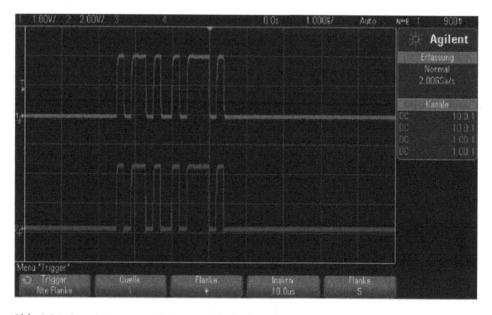

Abb. 3.34 Impulsdiagramm für den Nte-Flanke-Burst-Trigger

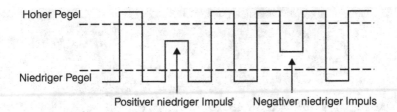

Abb. 3.35 Impulsdiagramm für einen Trigger mit niedrigen Impulsen

Die Triggerung auf niedrige Impulse wird folgendermaßen durchgeführt:

- Man drückt die Taste [Trigger] „Trigger".
- Man drückt im Menü „Trigger" den Softkey „Trigger" und dreht dann den Eingabe-
  drehknopf, um den „Niedrigen Impuls" auszuwählen.
- Man drückt den Softkey „Quelle" und dreht anschließend den Eingabedrehknopf zum
  Auswählen der Eingangskanalquelle.
- Man drückt den Softkey „Positiv", „Negativ" oder beide niedrigen Impulse zum
  Wechsel zwischen den Impulstypen.
- Man drückt den Softkey „Pegel ausw." zur Auswahl von „Hoch" und dreht dann den
  Triggerpegelknopf zur Einstellung des hohen Pegels.
- Man drückt den Softkey „Pegel ausw." zur Auswahl von „Niedrig" und dreht dann
  den Triggerpegelknopf zur Einstellung des niedrigen Pegels.

Man kann den Triggerpegelknopf auch zum Umschalten zwischen Hoch und Niedrig
drücken.

- Man drückt den Softkey „Qualifizierer" zum Umschalten zwischen „kleiner als",
  „größer als" oder „keine".

Hiermit kann man angeben, dass ein niedriger Impuls kleiner oder größer als eine
bestimmte Weite sein soll.

- Man drückt bei Auswahl des Qualifizierers „kleiner als" oder „größer als" den
  Softkey „Zeit" und wählt die Zeit mit dem Eingabedrehknopf.

Der Trigger für niedrige Impulse sucht nach Impulsen, die einen Schwellwert kreuzen,
jedoch keinen weiteren. Abb. 3.36 zeigt das Impulsdiagramm des Oszilloskops.

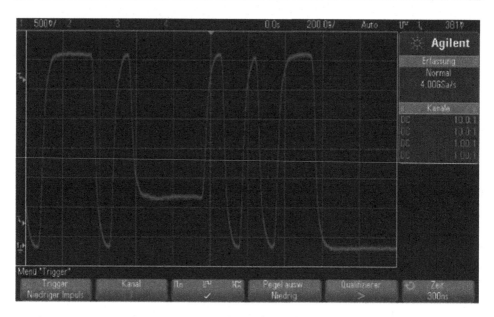

Abb. 3.36 Messung mit dem Trigger für niedrige Impulse

3.3.9   Set-up- und Halten-Trigger

Der Set-up- und Halten-Trigger sucht nach Set-up- und Halten-Übertretungen und Abb. 3.37 zeigt das Impulsdiagramm.

Ein Oszilloskopkanal prüft das Taktsignal und ein weiteres Datensignal.

Für die Set-up- und Halten-Übertretungen gelten folgende Einstellmaßnahmen:

- Man drückt die Taste [Trigger] „Trigger".
- Man drückt im Menü „Trigger" den Softkey „Trigger" und dreht dann den Eingabe-drehknopf, um Set-up und Halten auszuwählen.
- Man drückt den Softkey „Takt" und wählt mit dem Eingabedrehknopf den Eingangs-kanal mit dem Taktsignal.
- Man stellt den entsprechenden Triggerpegel für das Taktsignal mit dem Triggerpegel-knopf ein.

Abb. 3.37 Impulsdiagramm
für den Set-up- und Halten-
Trigger

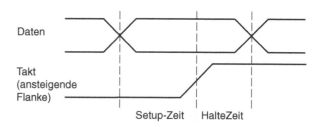

- Man drückt den Softkey „steigende" oder „fallende" Flanke, um die verwendete Takt-flanke anzugeben.
- Man drückt den Softkey „Daten" und wählt mit dem Eingabedrehknopf den Eingangskanal mit dem Datensignal.
- Man stellt den entsprechenden Triggerpegel für das Datensignal mit dem Trigger-pegelknopf ein.
- Man drückt den Softkey „< Set-up" und dreht anschließend den Eingabedrehknopf zum Auswählen der Set-up- Zeit.
- Man drückt den Softkey „< Halten" und dreht anschließend den Eingabedrehknopf zum Auswählen der Halten-Zeit.

Abb. 3.38 zeigt den Bildschirm für den Set-up- und Halten-Trigger.

3.3.10 Video-Trigger

Mithilfe der Video-Trigger funktion kann man die komplizierten Wellenformen der meisten herkömmlichen analogen Videosignale erfassen. Das Triggersystem erkennt die Vertikal- und Horizontalintervalle und erzeugt auf der Basis Ihrer Vorgaben geeignete Video-Trigger.

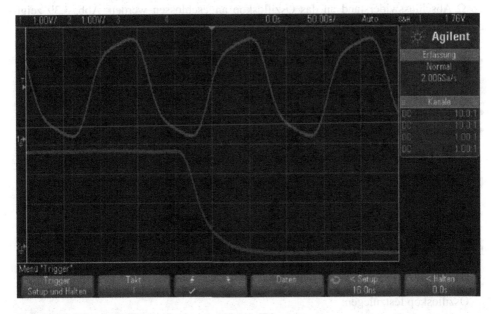

Abb. 3.38 Bildschirm für den Set-up- und Halten-Trigger

Die „Megazoom IV"-Technologie ermöglicht eine helle und stabile Darstellung eines beliebigen Ausschnitts der Videowellenform. Das Oszilloskop kann auf eine beliebig wählbare Zeile des Videosignals triggern. Dies erleichtert die Analyse von Videowellenformen.

Bei Verwendung eines passiven 10:1-Messtastkopfes muss der Tastkopf richtig kompensiert werden. Das Oszilloskop reagiert darauf empfindlich und triggert nicht, falls der Tastkopf nicht richtig kompensiert ist, speziell bei progressiven Formaten.

- Man drückt [Trigger].
- Man drückt im Menü „Trigger" den Softkey „Trigger" und dreht dann den Eingabedrehknopf, um Video auszuwählen.
- Man drückt den Softkey „Quelle" und wählt einen beliebigen analogen Kanal als Video-Triggerquelle.

Die gewählte Triggerquelle wird in der oberen rechten Ecke des Bildschirms angezeigt. In dieser Betriebsart wird der Triggerpegel automatisch an die Amplitude des Synchronisationsimpulses angepasst und kann nicht mit dem Pegeldrehknopf verändert werden. Die Triggerkopplung wird im Menü „Triggermodus und Kopplung" automatisch auf TV eingestellt.

Viele Videosignale stammen aus Quellen mit einer Ausgangsimpedanz von 75 Ω. Zur Gewährleistung einer korrekten Impedanzanpassung sollte ein 75-Ω-Abschlusswiderstand an das Oszilloskop angeschlossen werden. Abb. 3.39 zeigt die Arbeitsweise für die Triggerimpulse bei Videomessung.

- Man drückt den Softkey für die Synchronisationsimpuls-Polarität, um den Video-Trigger auf positive (AB) oder negative (AB) Synchronisationsimpuls-Polarität einzustellen.
- Man drückt den Softkey „Einstellungen" und es erscheint Abb. 3.40.
- Man drückt im Menü „Video-Trigger" den Softkey „Standard" zum Einstellen der Videonorm.

Das Oszilloskop triggert auf die folgenden TV- und Videonormen, wie Tab. 3.4 zeigt.

Mit der Video-Triggerungslizenz unterstützt das Oszilloskop zusätzlich folgende Standards wie Tab. 3.5 zeigt.

Mit der Auswahl „Allgemein" kann man auf benutzerdefinierte Zwei- und Dreischicht-Synchronisations- Videonormen triggern.

- Man drückt den Softkey „Auto Set-up", um die ausgewählte Quelle und Norm für das Oszilloskop festzulegen:
  - Vertikale Skalierung für Quellenkanal ist auf 140 mV/Div festgelegt.
  - Quellenkanal-Offset ist auf 245 mV festgelegt.
  - Quellenkanal ist eingeschaltet.
  - Triggertyp ist auf Video eingestellt.

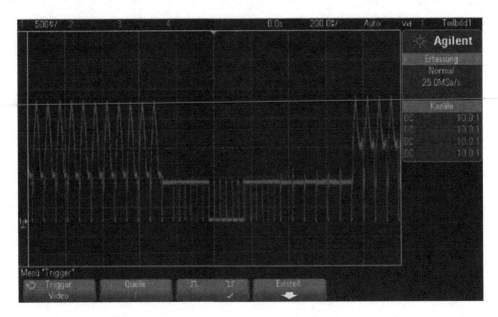

Abb. 3.39 Arbeitsweise für die Triggerimpulse bei Videomessung

Abb. 3.40 Einstellfenster für die Triggerimpulse bei Videomessung

Tab. 3.4 Triggerung der TV-
und Videonormen

Norm	Typ	Synchronisationsimpuls
NTSC	Zeilensprung	Zweischicht
PAL	Zeilensprung	Zweischicht
PAL-M	Zeilensprung	Zweischicht
SECAM	Zeilensprung	Zweischicht

– Video-Triggermodus ist auf Alle Zeilen eingestellt (wird jedoch unverändert gelassen, wenn „Norm" auf „Allgemein" eingestellt ist).
– Displaytyp „Gitterraster" ist auf IRE (wenn es sich um die Norm NTSC handelt) oder mV festgelegt.
– „Horizontal Zeit/Div." ist für die Normen NTSC/PAL/SECAM auf 10 μV/Div eingestellt oder auf 4 μs/Div für die Normen EDTV oder HDTV (unverändert für „Allgemein").
– Horizontale Verzögerungszeit ist so eingestellt, dass die Triggerung an der ersten horizontalen Division von links stattfindet (unverändert für „Allgemein").

Tab. 3.5 Video-Triggerungslizenz

Norm	Typ	Synchronisationsimpuls
Allgemein	Zeilensprung/Progressiv	Zweischicht/Dreischicht
EDTV 480p/60	Progressiv	Zweischicht
EDTV 567p/50	Progressiv	Zweischicht
HDTV 720p/50	Progressiv	Dreischicht
HDTV 720p/60	Progressiv	Dreischicht
HDTV 1080p/24	Progressiv	Dreischicht
HDTV 1080p/25	Progressiv	Dreischicht
HDTV 1080p/30	Progressiv	Dreischicht
HDTV 1080p/50	Progressiv	Dreischicht
HDTV 1080p/60	Progressiv	Dreischicht
HDTV 1080i/50	Zeilensprung	Dreischicht
HDTV 1080i/60	Zeilensprung	Dreischicht

Man kann auch [Analyze] „Analyse > Funktionen" drücken und Video auswählen, um schnell auf das automatische Set-up und die Displayoptionen für die Video-Triggerung zuzugreifen.

- Man wählt mit dem Softkey „Modus" den Anteil des Videosignals, auf den man triggern möchte.
- Es stehen folgende Video-Triggermodi zur Auswahl:
  - Teilbild1 und Teilbild2: Das Oszilloskop triggert auf die positive Flanke des ersten Sägezahnimpulses von Teilbild1 oder 2 (nur Norm „Zeilensprung").
  - „Alle Teilbilder": Das Oszilloskop triggert auf die positive Flanke des ersten Impulses im vertikalen Synchronisationsintervall.
  - „Alle Zeilen": Das Oszilloskop triggert auf alle horizontalen Synchronisations-impulse.
  - Zeile: Das Oszilloskop triggert auf die gewählte Zeilennummer (nur bei den Normen EDTV und HDTV).
  - Zeile Teilbild1 und Zeile Teilbild2: Das Oszilloskop triggert auf die gewählte Zeilennummer in Teilbild 1 oder in Teilbild2 (nur bei Zeilensprungnormen).
  - Zeile „Wechseln": Das Oszilloskop triggert abwechselnd auf die gewählte Zeilen-nummer in Teilbild1 oder in Teilbild2 (nur bei NTSC, PAL, PAL-M und SECAM).
- Wenn man einen der Zeilennummermodi wählt, drückt man den Softkey „Zeilenzahl" und wählt anschließend mit dem Eingabedrehknopf die Zeilennummer, auf die das Oszilloskop triggern soll.

Video-Norm	Teilbild 1	Teilbild 2	Teilbild 3
NTSC	1 bis 263	1 bis 262	1 bis 263
PAL	1 bis 313	314 bis 625	1 bis 312
PAL-M	1 bis 263	264 bis 525	1 bis 262
SECAM	1 bis 313	314 bis 625	1 bis 312

Tab. 3.6 Verfügbare Zeilennummern (oder Zählernummern) der verschiedenen Videonormen

Aus Tab. 3.6 sind die verfügbaren Zeilennummern (oder Zählernummern) für die verschiedenen Videonormen ersichtlich.

In Tab. 3.7 werden die Zeilennummern für jede EDTV/HDTV-Videonorm aufgelistet.

Beispiele zum Video-Triggern: Die nachfolgenden Beispiele sollen mit der Video-Triggerfunktion vertraut machen. Für die Übungen wurde die Videonorm „NTSC" gewählt.

- Triggerung auf in bestimmte Videozeile
- Triggerung auf alle Synchronisationsimpulse
- Triggerung auf ein bestimmtes Teilbild des Videosignals
- Triggerung auf alle Teilbilder des Videosignals
- Triggerung auf Teilbilder mit ungerader oder gerader Nummer

Die Einrichtung für die allgemeine Video-Triggerung wird folgendermaßen durchgeführt:

Wenn „Allgemein" (verfügbar mit Video-Triggerungslizenz) als Norm für den Video-Trigger ausgewählt wird, kann man auf benutzerdefinierte Zwei- und Dreischicht-Synchronisations-Videonormen triggern. Das Menü „Video-Trigger" ändert sich nach Abb. 3.41.

- Drückt man den Softkey „Zeit >" und stellt dann mit dem Eingabedrehknopf eine Zeit ein, die länger ist als die Synchronisations-Impulsbreite, wird das Oszilloskop mit der vertikalen Synchronisation synchronisiert.
- Man drückt den Softkey „Nte-Flanke" und dreht den Eingabedrehknopf, um die Nte-Flanke nach der vertikalen Synchronisation auszuwählen, bei der ausgelöst werden soll.

Tab. 3.7 Zeilennummern für jede EDTV/HDTV-Videonorm

EDTV 480p/60	1 bis 525
EDTV 567p/50	1 bis 625
THDTV 720p/50, 720p/60	1 bis 750
HDTV 1080p/24, 1080p/25, 1080p/30, 1080/50p/50, 1080/50p	1 bis 1125
HDTV 1080i/50, 1080i/60	1 bis 1125

Abb. 3.41   Auswahl des Video-Triggers

- Um die Steuerung der horizontalen Synchronisation zu aktivieren oder deaktivieren, drückt man den ersten „Horiz. Sync."-Softkey.
- Bei Interleave-Video ermöglicht die Aktivierung der „Horiz. Sync."-Steuerung und Einstellung der „Horiz. Sync."-Anpassung an die Synchronisationszeit des geprüften Videosignals der Funktion „Nte-Flanke", während des Abgleichs nur Zeilen zu zählen und nicht doppelt zu zählen. Außerdem kann Teilbild-Holdoff so angepasst werden, dass das Oszilloskop nur einmal pro Frame triggert.
- Ähnlich ermöglicht bei Progressive-Video mit Dreischicht-Synchronisation die Aktivierung der „Horiz. Sync."- Steuerung und Einstellung der „Horiz. Sync."-Anpassung an die Synchronisationszeit des geprüften Videosignals der Funktion „Nte-Flanke", während der vertikalen Synchronisation nur Zeilen zu zählen und nicht doppelt zu zählen.

Wenn die Steuerung der horizontalen Synchronisation aktiviert ist, drückt man den zweiten „Horiz. Sync."-Softkey und stellt dann mit dem Eingabedrehknopf den Zeitraum ein, für den der horizontale Synchronisationsimpuls mindestens vorhanden sein muss, um als gültig betrachtet zu werden.

Video-Triggerung erfordert eine Synchronisationsimpuls-Amplitude von mehr als einem halben Skalenteil und als Triggerquelle kann ein beliebiger analoger Kanal verwendet werden. In diesem Modus wird der Triggerpegel automatisch an die Synchronisationsimpuls-Spitzen angepasst und kann nicht mit dem Pegeldrehknopf verändert werden.

Die Video-Zeilen-Triggerfunktion kann beispielsweise zur Analyse von VITS (Vertical Interval Test Signals) verwendet werden, die typischerweise in der Zeile 18 „untergebracht" sind, oder zur Analyse von „Closed Captioning"-Signalen (typischerweise Zeile 21).

- Man drückt die Taste [Trigger] „Trigger".
- Man drückt im Menü „Trigger" den Softkey „Trigger" und dreht dann den Eingabedrehknopf, um Video auszuwählen.
- Man drückt den Softkey „Einstell." und wählt anschließend mit dem Softkey „Norm" die gewünschte TV-Norm (NTSC).
- Man drückt den Softkey „Modus" und wählt das Teilbild, auf welches das Oszilloskop triggern soll. Es besteht die Wahl zwischen „Zeile:Teilbild1", „Zeile:Teilbild2" oder „Zeile:Wechseln".
- Man drückt den Softkey „Zeilenzahl" und wählt anschließend die Zeilennummer.

Im Modus „Zeile:Wechseln" triggert das Oszilloskop abwechselnd in den Teilbildern
1 und 2 auf die gewählte Zeile. Auf diese Weise kann man schnell und einfach die
VITS-Signale der beiden Teilbilder miteinander vergleichen oder die korrekte Einfügung
der Halbzeile am Ende von Teilbild 1 überprüfen. Abb. 3.42 zeigt die Triggerung auf der
Zeile 136.

Um schnell die maximalen Videosignalpegel zu finden, kann man mit alle
TV-Zeilensynchronisationsimpulse triggern. Im Video-Triggermodus „Alle Zeilen"
triggert das Oszilloskop auf alle horizontalen Synchronisationsimpulse.

- Man drückt die Taste [Trigger] „Trigger".
- Man drückt im Menü „Trigger" den Softkey „Trigger" und dann dreht man den Ein-
  gabedrehknopf, um Video auszuwählen.
- Man drückt den Softkey „Einstell." und wählt anschließend mit dem Softkey „Norm"
  die gewünschte TV- Norm.
- Man drückt den Softkey „Modus" und wählt dann „Alle Zeilen", wie Abb. 3.43 zeigt.

Wenn man die Komponenten eines Videosignals analysieren möchte, triggert man auf
das Teilbild 1 oder 2 (für Zeilensprung-Normen verfügbar). Wenn dann ein bestimmtes

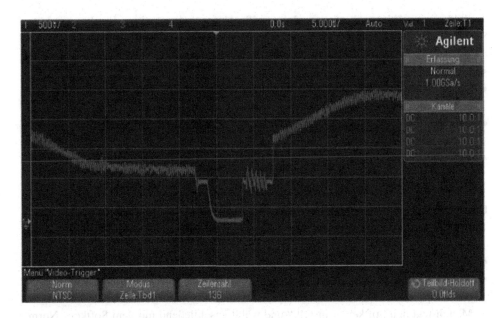

Abb. 3.42 Triggerung auf der Zeile 136

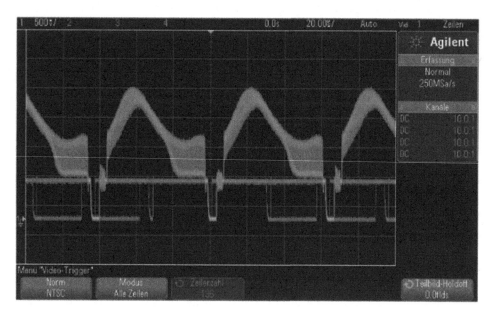

Abb. 3.43 Triggerung auf alle Zeilen

Teilbild ausgewählt wird, triggert das Oszilloskop auf die positive Flanke des ersten
Sägezahnimpulses im Vertikal-Synchronisationsintervall dieses Teilbildes (1 oder 2).

- Man drückt die Taste [Trigger] „Trigger".
- Man drückt im Menü „Trigger" den Softkey „Trigger" und dreht dann den Eingabedrehknopf, um Video auszuwählen.
- Man drückt den Softkey „Einstell." und wählt anschließend mit dem Softkey „Norm"
  die gewünschte TV- Norm.
- Man drückt den Softkey „Modus" und wählt dann „Teilbild1" oder „Teilbild2" aus,
  wie Abb. 3.44 zeigt.

Um schnell Teilbild-Übergänge anzuzeigen oder Amplitudenunterschiede zwischen den
Teilbildern festzustellen, verwendet man den Triggermodus „Alle Teilbilder".

- Man drückt die Taste [Trigger] „Trigger".
- Man drückt im Menü „Trigger" den Softkey „Trigger" und dreht dann den Eingabe-
  drehknopf, um „Video" auszuwählen.
- Man drückt den Softkey „Einstell." und wählt anschließend mit dem Softkey „Norm"
  die gewünschte TV- Norm.
- Man drückt den Softkey „Modus" und wählt „Alle Teilbilder", wie Abb. 3.45 zeigt.

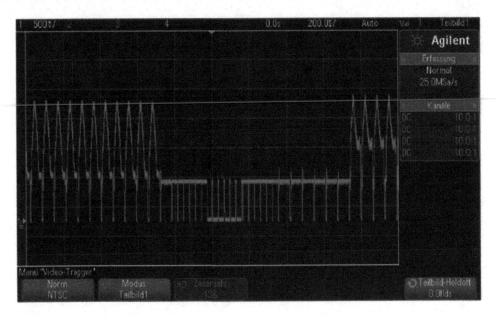

Abb. 3.44 Triggerung auf Teilbild 1

Wenn man die Hüllkurve eines Videosignals analysieren oder die „Worst-Case"-Verzerrungen messen möchte, konfiguriert man das Oszilloskop für Triggerung auf die ungeraden oder geraden Teilbilder. Wenn man „Teilbild 1" wählt, triggert das Oszilloskop auf die Farbteilbilder 1 oder 3. Wenn man „Teilbild 2" wählt, triggert das Oszilloskop auf die Farbteilbilder 2 oder 4.

- Man drückt [Trigger].
- Man drückt im Menü „Trigger" den Softkey „Trigger" und dreht dann den Eingabedrehknopf, um Video auszuwählen.
- Man drückt den Softkey „Einstell." und wählt anschließend mit dem Softkey „Norm" die gewünschte TV- Norm.
- Man drückt den Softkey „Modus" und wählt dann Teilbild1 oder Teilbild2 aus.

Das Triggersystem identifiziert das Teilbild anhand des Beginns des Vertikal-Synchronisationsimpulses. Diese Definition eines Teilbilds berücksichtigt jedoch nicht die Phase des Referenz-Hilfsträgers. Wenn „Teilbild1" gewählt wurde, findet das Triggersystem alle Teilbilder, bei denen der Vertikal-Synchronisationsimpuls in Zeile 4 beginnt. Bei einem NTSC-Signal triggert das Oszilloskop abwechselnd auf die Farbteilbilder 1 und 3 (Abb. 3.46). Mit dieser Konfiguration kann man die Hüllkurve des Referenz-Hilfsträgers messen.

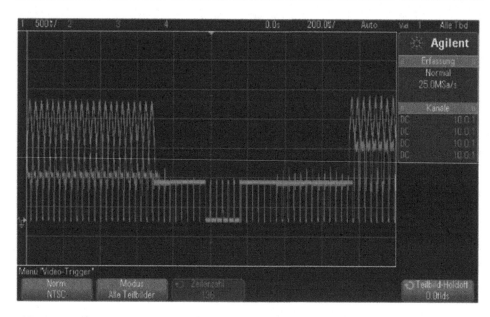

Abb. 3.45 Triggerung auf alle Teilbilder

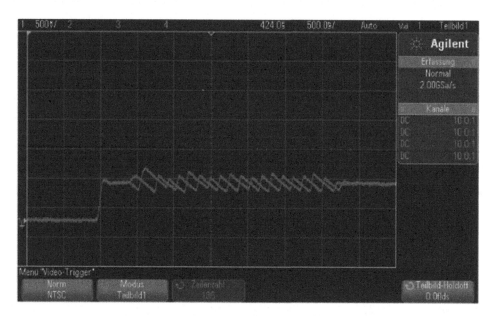

Abb. 3.46 Abwechselnde Triggerung auf die Farbteilbilder 1 und 3

Wenn eine genauere Analyse erforderlich ist, sollte nur auf ein einziges Farbteilbild getriggert werden. Hierzu verwendet man den Softkey „Teilbild-Holdoff" im
Menü „Video-Trigger". Man drückt den Softkey „Teilbild-Holdoff" und passt den
„Holdoff"-Wert stufenweise mit dem Eingabedrehknopf solange an, bis das Oszilloskop
nur auf eine Farb-Burstphase triggert.

Um die andere Phase schnell zu synchronisieren, kann man das Signal kurzzeitig
ein- und ausschalten. Diese Prozedur wird so lange wiederholt, bis die richtige Phase
angezeigt wird.

Beim Anpassen des „Holdoff"-Wertes mit dem Softkey „Teilbild-Holdoff" und dem
Eingabedrehknopf wird die entsprechende „Holdoff"- Zeit im Menü „Triggermodus
und Kopplung" angezeigt. Tab. 3.8 zeigt die Holdoff-Zeit-Teilbilder und Abb. 3.47 die
Synchronisation.

3.3.11 USB-Trigger

Bei der USB- Triggerung triggert das Oszilloskop auf ein SOP-Signal (SOP: Start of
Packet), ein EOP-Signal (EOP: End of Packet), ein „Reset Complete-Ereignis" (RC),
ein „Enter Suspend-Ereignis" (Suspend) oder ein „Exit Suspend-Ereignis" (Exit Sus) auf
den USB-Differenzial-Datenleitungen („D+ " und „D−"). Dieser Trigger unterstützt die

Tab. 3.8 Einstellmöglichkeiten der „Holdoff-Zeit"-Teilbilder

Norm	Zeit
NTSC	8,35 ms
PAL	10 ms
PAL-M	10 ms
SECAM	10 ms
Allgemein	8,35 ms
EDTV 480p/60	8,35 ms
EDTV 567p/50	10 ms
HDTV 720p/50	10 ms
HDTV 720p/60	8,35 ms
HDTV 1080p/24	20,835 ms
HDTV 1080p/25	20 ms
HDTV 1080p/30	20 ms
HDTV 1080p/50	16,67 ms
HDTV 1080p/60	8,36 ms
HDTV 1080i/50	10 ms
HDTV 1080i/60	8,35 ms

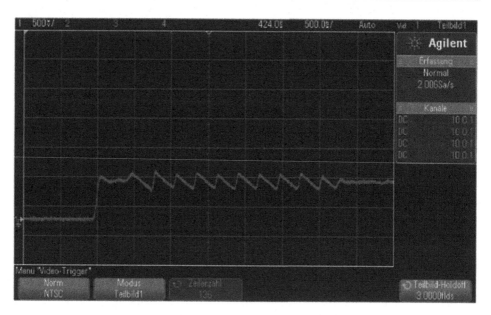

Abb. 3.47 Synchronisieren auf Farbteilbild 1 oder 3 (Modus „Teilbild 1") mit dem Teilbild-Holdoff

Abb. 3.48 Impulsdiagramm
für den USB-Trigger

USB- Datenraten „Low Speed" und „Full Speed". Abb. 3.48 zeigt das Impulsdiagramm für den USB-Trigger.

- Man drückt [Default Set-up] „Standard-Set-up".
- Man drückt auf dem vorderen Bedienfeld die Taste [Label] „Bez.", um die Bezeichnungen zu aktivieren.
- Man schaltet alle analogen oder digitalen Kanäle ein, die für die USB-Signale benötigt werden.
- Man drückt die Taste [Trigger] „Trigger".
- Man drückt im Menü „Trigger" den Softkey „Trigger" und dreht dann den Eingabedrehknopf, um USB auszuwählen.
- Man drückt den Softkey „Trigger", um anzugeben, wo die USB-Triggerung erfolgen soll:
  - „SOP" (Start des Pakets) – das Oszilloskop triggert auf das Synchronisationsbit am Anfang des Pakets.
  - „EOP" (Ende des Pakets) – das Oszilloskop triggert auf das Ende des SEO-Abschnitts des EOP.
  - „RC" (Zurücksetzen abgeschlossen) – das Oszilloskop triggert, wenn SEO >10 ms.

- „Aussetzen" (Aussetzen beginnen) – das Oszilloskop triggert, wenn der Bus >3 ms inaktiv ist.
- „Auss. beend." (Aussetzen beenden) – das Oszilloskop triggert, wenn ein inaktiver Zustand nach >10 ms beendet wird. Dies dient zur Darstellung des Aussetzen/ Wiederaufnehmen-Übergangs.

- Man drückt den Softkey „Speed", um die Geschwindigkeit der abzutastenden Transaktion zu wählen. Man hat die Wahl zwischen „Niedrige Geschw." (1,5 Mbit/s) und „Volle Geschw." (12 Mbit/s).
- Man drückt die Softkeys „D+" und „D−" zur Auswahl des Kanals, der mit den „D+"- und „D−" -Leitungen des USB-Signals verbunden ist. Die Bezeichnungen „D+" und „D−" werden für die Quellenkanäle automatisch zugewiesen.

Wenn man den Softkey „D+" oder „D−" drückt (oder den Eingabeknopf dreht), wird die Bezeichnung „D+" und „D−" für den Quellenkanal automatisch eingestellt und der gewählte Kanal in der oberen rechten Ecke der Anzeige neben „USB" angezeigt.

Wenn man die analogen Quellenkanäle des Oszilloskops mit den „D+"- und „D−"-Signalen verbunden hat, stellt man den Triggerpegel für jeden verbundenen analogen Kanal auf die Mitte der Wellenform ein, indem man den Softkey „D+" oder „D−" drückt und den Triggerpegelknopf dreht, wenn man die digitalen Quellenkanäle des Oszilloskops mit den „D+"- und „D−"-Signalen verbunden hat.

Man drückt die Taste [Digital] „Digital" und wählt die Schwellwerte aus, um den passenden Schwellwertpegel für Digitalkanäle einzustellen.

Der Wert des Triggerpegels bzw. Digital- Schwellwertes wird in der oberen rechten Ecke des Bildschirms angezeigt, wie Abb. 3.49 zeigt.

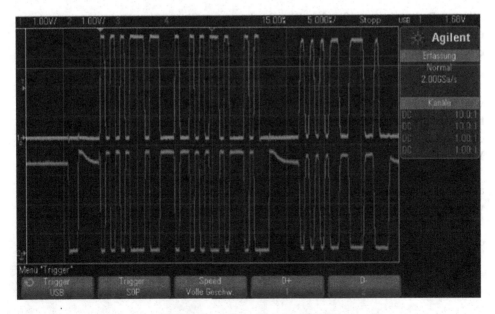

Abb. 3.49 Triggerpegel bzw. Digital-Schwellwert für eine USB-Schnittstelle

3.4   Erfassungssteuerung des Oszilloskops

Zwei Tasten des vorderen Bedienfeldes stehen für Starten und Stoppen des Erfassungs-systems des Oszilloskops zur Verfügung: [Run/Stop] „Start/Stopp" und [Single] „Einzeln".

- Wird die Taste [Run/Stop] „Start/Stopp" grün angezeigt, ist das Oszilloskop aktiv und erfasst Daten, wenn die Triggerbedingungen erfüllt werden. Um die Datenerfassung anzuhalten, drückt man[Run/Stop] „Start/Stopp".

Nach dem Anhalten wird die letzte erfasste Wellenform angezeigt.

- Ist die Taste [Run/Stop] „Start/Stopp" rot, wurde die Datenerfassung angehalten. In der Statuszeile im oberen Bereich des Displays wird neben dem Triggertyp auch „Stopp" angezeigt.

Um die Datenerfassung zu starten, drückt man [Run/Stop] „Start/Stopp".

- Zum Durchführen und Anzeigen einer einzelnen Erfassung (unabhängig davon, ob das Oszilloskop sich in Ausführung befindet oder angehalten wurde) drückt man [Single] „Einzeln".

3.4.1   Steuerung der Datenerfassung

Mit dem Bedienelement [Single] „Einzeln" kann man Single-Shot-Ereignisse betrachten, ohne dass der Bildschirm mit neuen Wellenformdaten überschrieben wird. Wenn man eine maximale Speichertiefe zum Verschieben und Zoomen wünscht, wählt man [Single] „Einzeln".

Beim Drücken von [Single] „Einzeln" wird die Anzeige gelöscht, der Triggermodus vorübergehend auf „Normal" gesetzt (um ein sofortiges automatisches Triggern zu ver-hindern), das Triggersystem vorbereitet, die Taste [Single] „Einzeln" leuchtet auf, das Oszilloskop wartet auf eine Triggerbedingung und zeigt dann eine entsprechende Wellenform an.

Durch die Triggerung wird das Oszilloskop gestoppt und die Einzelerfassung angezeigt (die Taste [Run/Stop] Start/Stopp leuchtet rot). Durch nochmaliges Drücken von [Single] „Einzeln" kann man eine weitere Wellenform erfassen.

Falls das Oszilloskop nicht triggert, kann man die Taste [Force Trigger] „Trigger erzw." drücken, um beliebig zu triggern und eine Einzelerfassung durchzuführen.

Um die Ergebnisse mehrerer Erfassungen anzuzeigen, nutzt man die Nachleuchtdauer.

Die maximale Datensatzlänge ist für eine einzelne Erfassung höher als bei Ausführung (oder bei Anhalten des Oszilloskops nach Ausführung):

- Single: Bei Einzelerfassungen wird immer der maximal verfügbare Speicher genutzt –
  mindestens doppelt so viel Speicher wie für Erfassungen in der Ausführung – und das
  Oszilloskop speichert mindestens doppelt so viele Abtastwerte. Bei niedrigeren Zeit-/
  Div.-Einstellungen hat die Erfassung eine höhere effektive Abtastrate, weil für eine
  einzige Erfassung mehr Speicher verfügbar ist.
- Ausführung: im Vergleich zur Einzelerfassung wird bei der Ausführung der Speicher
  halbiert. Das Erfassungssystem kann dann bereits während der Verarbeitung einer
  Erfassung den nächsten Datensatz speichern, wodurch sich die Anzahl der vom
  Oszilloskop pro Sekunde verarbeiteten Wellenformen bedeutend erhöht. Bei der Aus-
  führung bietet eine hohe Wellenform-Aktualisierungsrate die beste Darstellung des
  Eingangssignals.

Man drückt die Taste [Single] „Einzeln", um Daten mit der größtmöglichen Datensatzlänge zu erfassen.

Kenntnisse über Sampling-Theorie, Aliasing, Oszilloskopbandbreite und Abtastrate, Oszilloskopanstiegszeit, erforderliche Oszilloskopbandbreite und Beeinflussung
der Abtastrate durch die Speichertiefe erleichtern das Verständnis der Sampling- und
Erfassungsmodi des Oszilloskops.

Das Nyquist-Sampling-Theorem besagt, dass für ein Signal mit begrenzter Bandbreite
mit maximaler Frequenz f_{max} die Sampling-Frequenz f_S mit gleichen Abständen höher
sein muss als das Doppelte der Maximalfrequenz f_{max}, damit das Signal ohne Aliasing
eindeutig rekonstruiert werden kann.

$$f_{max} = f_S/2 \cdot \text{Nyquist-Frequenz}(f_N) = \text{Faltfrequenz}$$

Aliasing tritt auf, wenn Signale unzureichend abgetastet werden ($f_S < 2\ f_{max}$).
Aliasing ist die Signalverzerrung, die entsteht, wenn niedrige Frequenzen aus einer
unzureichenden Zahl von Abtastwerten falsch rekonstruiert werden, wie Abb. 3.50 zeigt.

3.4.2 Bandbreite und Abtastrate

Die Bandbreite eines Oszilloskops wird in der Regel als die niedrigste Frequenz
definiert, bei der Eingangssignal-Sinuswellen um 3 dB (−30 % Amplitudenfehler)
gedämpft werden.

Hinsichtlich der Oszilloskopbandbreite besagt die Sampling-Theorie, dass die
erforderliche Abtastrate $f_S = 2 \cdot f_{BW}$ beträgt. Die Theorie geht jedoch davon aus, dass
keine Frequenzkomponenten oberhalb von f_{max} (in diesem Fall f_{BW}) liegen und setzt ein
System mit einem idealen Frequenzgang voraus, wie Abb. 3.51 zeigt.

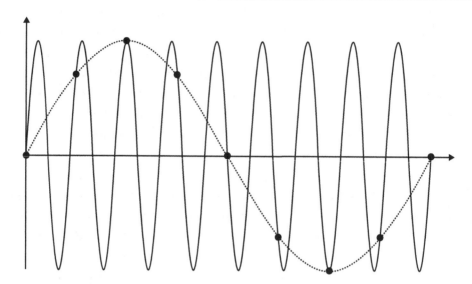

Abb. 3.50 Aliasung, wenn Signale unzureichend abgetastet werden

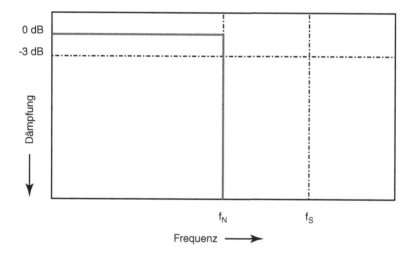

Abb. 3.51 Theoretischer Frequenzgang

Oberhalb der Grundfrequenz sind jedoch Frequenzkomponenten digitaler Signale vorhanden (Rechteckwellen bestehen in der Grundfrequenz aus Sinuswellen sowie einer unbestimmten ungeraden Zahl von Oberwellen) und für Bandbreiten von 500 MHz und tiefer weisen Oszilloskope einen Gaußschen Frequenzgang auf, wie Abb. 3.52 zeigt.

In der Praxis sollte die Abtastrate eines Oszilloskops mindestens das Vierfache seiner Bandbreite betragen: $f_S = 4 \cdot f_{BW}$. Dies reduziert das Aliasing, und bei Aliasing-Frequenzkomponenten ist die Dämpfung höher.

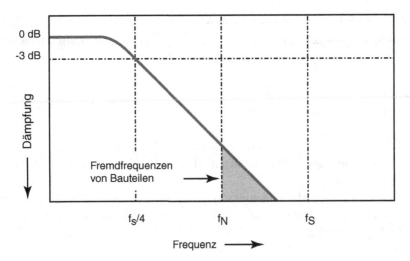

Abb. 3.52 Abtastrate und Oszilloskopbandbreite

Man beachte, dass leistungsfähige Oszilloskopmodelle mit einer Bandbreite von 1 GHz eher einen Frequenzgang (auch bekannt als ebener Frequenzgang), bieten als den Gaußschen Frequenzgang der leistungsfähigen Oszilloskopmodelle. Dies dient auch für ein besseres Verständnis der Eigenschaften von Frequenzgängen aller Arten beim Oszilloskop.

Die Anstiegszeitspezifikation eines Oszilloskops steht in engem Zusammenhang mit seiner Bandbreitenspezifikation. Oszilloskope mit einem Gaußschen Frequenzgang weisen eine ungefähre Anstiegszeit von $0,35/f_{BW}$ auf, basierend auf einem 10 %- bis 90 %-Kriterium.

Die Anstiegszeit eines Oszilloskops ist nicht die höchste Flankengeschwindigkeit, die das Oszilloskop präzise messen kann. Es ist die höchste Flankengeschwindigkeit, die das Oszilloskop unter Umständen produzieren kann.

Die erforderliche Oszilloskopbandbreite zum präzisen Messen eines Signals wird primär durch die Anstiegszeit des Signals bestimmt, nicht durch seine Frequenz. Man kann die erforderliche Oszilloskopbandbreite in diesen Schritten berechnen:

- Man bestimmt die höchsten Flankengeschwindigkeiten. Informationen zur Anstiegszeit kann man in der Praxis aus den Spezifikationen zu den Entwürfen der verwendeten Messgeräte entnehmen.
- Man berechnet die maximale „praktische" Frequenzkomponente.

Wie bereits bekannt, weisen alle hohen Flankengeschwindigkeiten ein unendliches Spektrum von Frequenzkomponenten auf. Das Frequenzspektrum hoher Flankengeschwindigkeiten weist jedoch eine Beugung (oder „Knie") auf, wo Frequenzkomponenten höher als f_{Knie} zur Bestimmung der Signalform unbedeutend sind.

Tab. 3.9 Genauigkeit und Oszilloskopbandbreite

Geforderte Messgenauigkeit (%)	Erforderliche Oszilloskopbandbreite
20	$f_{BW} = 1{,}0 \cdot f_{Knie}$
10	$f_{BW} = 1{,}3 \cdot f_{Knie}$
3	$f_{BW} = 1{,}9 \cdot f_{Knie}$

$f_{Knie} = 0{,}5/\text{Signalanstiegszeit}$ (basierend auf 10 % – 90 % Schwellwerten)
$f_{Knie} = 0{,}4/\text{Signalanstiegszeit}$ (basierend auf 20 % – 80 % Schwellwerten)

- Man verwendet einen Multiplikationsfaktor für die erforderliche Genauigkeit, um die erforderliche Oszilloskopbandbreite zu bestimmen. Tab. 3.9 zeigt die Genauigkeit und Oszilloskopbandbreite.

Die Anzahl der Punkte des Oszilloskopspeichers ist festgelegt und es gibt eine maximale Abtastrate, die mit dem AD-Wandler des Oszilloskops verknüpft ist und die tatsächliche Abtastrate wird jedoch durch die Erfassungszeit bestimmt (die gemäß der horizontalen Zeit/Div.-Skalierung des Oszilloskops eingestellt wird).

Abtastrate = Anzahl der Samples/Erfassungszeit

Bei Speicherung von 50 μs Daten in 50.000 Speicherpunkten beträgt die tatsächliche Abtastrate 1 GS/s. Entsprechend beträgt die tatsächliche Abtastrate bei Speicherung von 50 ms Daten in 50.000 Speicherpunkten 1 MS/s. Das Oszilloskop erreicht die tatsächliche Abtastrate durch Verwerfen (Dezimieren) überflüssiger Samples.

3.4.3 Auswählen des Erfassungsmodus

Beim Auswählen des Erfassungsmodus eines Oszilloskops ist daran zu denken, dass die Abtastwerte normalerweise bei langsamerer Zeit-/Div-Einstellung dezimiert werden. Bei langsamerer Zeit-/Div-Einstellung sinkt die effektive Abtastrate (und die effektive Abtastperiode vergrößert sich), da sich die Erfassungszeit erhöht und der Umsetzer des Oszilloskops schneller abtastet, als der Speicher gefüllt werden kann.

Ein Beispiel: Der Umsetzer arbeitet mit einer Abtastperiode von 1 ns (maximale Abtastrate von 1 GS/s) und einer Speicherkapazität von 1 Mbyte. Bei dieser Geschwindigkeit erfolgt die Füllung des Speichers in 1 ms. Liegt die Erfassungszeit bei 100 ms (10 ms/div), wird bei 100 Abtastwerten nur ein Wert zur Füllung des Speichers benötigt. Der Erfassungsmodus wird folgendermaßen gewählt:

- Man drückt die Taste [Acquire] „Erfassen" auf dem vorderen Bedienfeld.
- Man drückt im Menü „Erfassen" den Softkey „Erf-Modus" und dreht dann den Eingabedrehknopf, um den Erfassungsmodus auszuwählen.

Folgende Erfassungsmodi sind bei den Oszilloskopen verfügbar:

- Normal – bei langsameren Zeit-/Div-Einstellungen, normale Dezimierung findet statt, keine Mittelung. Diesen Modus für die meisten Wellenformen verwenden.
- Spitze erkennen – bei langsameren Zeit-/Div-Einstellungen werden die Messwerte für Maximum und Minimum in der effektiven Abtastperiode gespeichert. Diesen Modus zum Anzeigen von schmalen, unregelmäßig auftretenden Impulsen verwenden.
- Mittelwb. – bei allen Zeit-/Div- Einstellungen, die angegebene Trigger-Anzahl wird gemittelt. Diesen Modus verwenden, um für periodische Signale, ohne Leistungs-abfall bei Bandbreite und Anstiegszeit, das Rauschen zu reduzieren und die Auflösung zu verbessern.
- Hohe Auflösung – bei langsameren Zeit-/Div-Einstellungen werden alle Werte in der effektiven Abtastperiode gemittelt, und der Mittelwert wird gespeichert. Dieser Modus wird verwendet, um Rauschen zu reduzieren.

Im Modus „Normal" werden bei langsameren Zeit-/Div-Einstellungen zusätzliche Abtastwerte verworfen. Dieser Modus erzielt die beste Anzeige für die meisten Wellen-formen.

Im Modus „Spitze erkennen" werden bei langsamerer Zeitablenkung die minimalen und maximalen Messwerte beibehalten, damit sporadische und kurze Ereignisse erfasst werden können (dabei wird allerdings jedes Rauschen überhöht wiedergegeben). In diesem Modus werden alle Impulse angezeigt, die mindestens die Dauer der Abtast-periode aufweisen.

Bei professionellen Oszilloskopen der oberen Preisklasse, die eine maximale Abtast-rate von 4 GS/s verwenden, wird alle 250 ps (Abtastperiode) ein Abtastwert erfasst.

Ein Störimpuls ist eine schnelle, im Vergleich zur Wellenform kurze Wellenform-änderung. Im Modus „Spitze erkennen" können solche Störimpulse oder schmale Impulse einfacher angezeigt werden. Im Gegensatz zum Erfassungsmodus „Normal" werden bei „Spitze erkennen" schmale Störimpulse und steile Flanken heller dargestellt und sind dadurch leichter erkennbar.

Den Störimpuls kann man mit Mithilfe des Cursors oder der automatischen Mess-funktionen des Oszilloskops charakterisieren. Abb. 3.53 und 3.54 zeigen zwei Oszillo-gramme mit Störimpulsen.

Beispiel

Das Finden eines Störimpulses wird Mithilfe des Modus „Spitze erkennen" durch-geführt.

Man schließt ein Signal an das Oszilloskop an und wählt eine Einstellung, bei der sich eine stabile Signaldarstellung ergibt.

Man drückt zum Auffinden eines Störimpulses die Taste [Acquire] „Erlassen" und dann den Softkey „Erf-Modus", bis Spitze erkennen angezeigt wird.

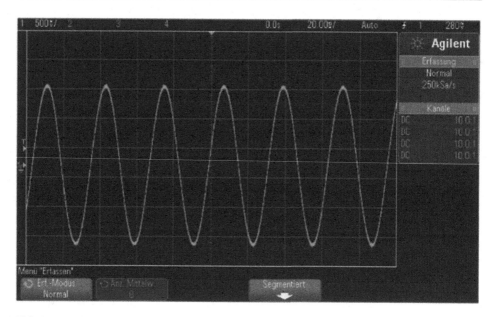

Abb. 3.53 Sinus mit Störimpuls im Modus „Normal"

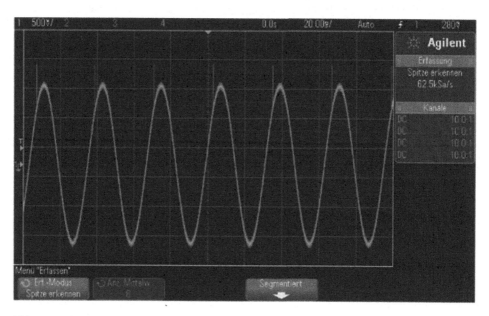

Abb. 3.54 Sinus mit Störimpuls, Modus „Spitze erkennen"

Man drückt die Taste [Display] „Anzeigen" und anschließend den Softkey „Persistence" (unbegrenzte Nachleuchtdauer).

Bei unbegrenzter Nachleuchtdauer wird die Anzeige mit neuen Datenzugängen aktualisiert, ohne dabei die Ergebnisse vorheriger Erfassungszyklen zu löschen. Neue Abtastwerte werden mit normaler Helligkeit angezeigt, während die früher erfassten Messdaten weniger hell dargestellt werden. Für außerhalb des Darstellungsbereichs liegende Abschnitte der Messkurve ist die unbegrenzte Nachleuchtdauer der Wellenform nicht wirksam.

Mit dem Softkey „Löschen Anzeige" kann man die alten Abtastwerte vom Bildschirm löschen. Anschließend werden wieder so lange Messwerte übereinander geschrieben, bis man „∞ Persistence" abschaltet.

Analysieren des Störimpulses mit Zoom-Modus:

Man drückt die Zoom-Taste (oder die Taste [Horiz] und anschließend den Softkey „Zoom").

Man wählt eine schnellere Zeitbasis, damit der Störimpuls mit höherer Auflösung dargestellt wird.

Man verwendet den horizontalen Positionsknopf (◀▶), um die Wellenform zu verschieben und den erweiterten Bereich des normalen Fensters um den Störimpuls herum festzulegen. ◀

3.4.4 Erfassungsmodus „Mittelwertbildung"

Im Modus „Mittelwertbildung" werden die Ergebnisse mehrerer Signalerfassungszyklen miteinander gemittelt. Dadurch wird das Rauschen reduziert und die vertikale Auflösung verbessert (bei allen Zeit-/Div-Einstellungen). Dazu ist ein stabiler Trigger notwendig.

Die Anzahl der Mittelwertbildungen kann zwischen 2 und 65536 in Zweierpotenz-Schritten festgelegt werden. Je mehr Messungen gemittelt werden, desto wirksamer ist die Rauschunterdrückung und desto höher der Zugewinn an vertikaler Auflösung, wie Tab. 3.10 zeigt.

Bei einer sich erhöhenden Anzahl an Mittelwertbildungen reagiert die angezeigte Wellenform zunehmend langsamer auf Änderungen. Man muss daher abwägen, wie schnell die Wellenform auf Änderungen reagiert und wie stark das zum Signal angezeigte Rauschen reduziert werden soll.

Das Verwenden des Modus „Mittelwertbildung" kann folgendermaßen durchgeführt werden.

- Man drückt die Taste [Acquire] „Erfassen" und drückt dann den Softkey „Erf-Modus" bis zur Auswahl des Modus „Mittelwertbildung".
- Man drückt den Softkey „Anz. Mittelw." und stellt mit dem Eingabedrehknopf die Anzahl der gemittelten Messungen so ein, dass bei der angezeigten Wellenform das Rauschen optimal reduziert wird. Die Anzahl der gemittelten Signalerfassungszyklen wird im Softkey „Anz. Mittelw." angezeigt. Abb. 3.55 und 3.56 zeigen zwei Messbeispiele.

Tab. 3.10 Mittelwertbildung und Auflösung

Anzahl der Mittelwertbildungen	Auflösung in Bit
2	8
4	9
16	10
64	11
≥ 256	12

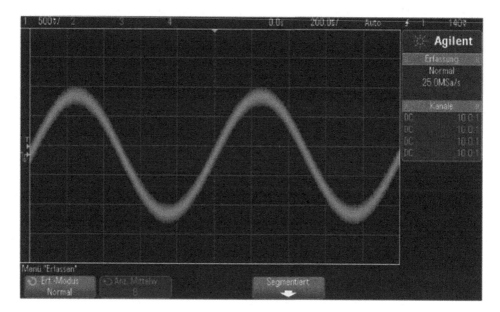

Abb. 3.55 Rauschen bei der angezeigten Wellenform

3.4.5 Erfassungsmodus mit hoher Auflösung

Im Modus „Hohe Auflösung" werden weitere Abtastungen bei langsamen Zeit-/Div-Einstellungen für geringes Rauschen gemittelt. Es entsteht eine glattere Messkurve und die vertikale Auflösung verbessert sich.

Mit dem Modus „Hohe Auflösung" wird der Durchschnitt aufeinanderfolgender Abtastwerte ermittelt. Pro vier Durchschnittswerten wird zudem eine zusätzliche vertikale Auflösung von einem Bit geboten. Die Anzahl zusätzlicher Bits an vertikaler Auflösung hängt von der Zeit-/Div-Einstellung (Zeitablenkung) ab.

Je langsamer die Zeit-/Div-Einstellung, desto größer die Anzahl der für einen Anzeigepunkt gemittelten Abtastwerte.

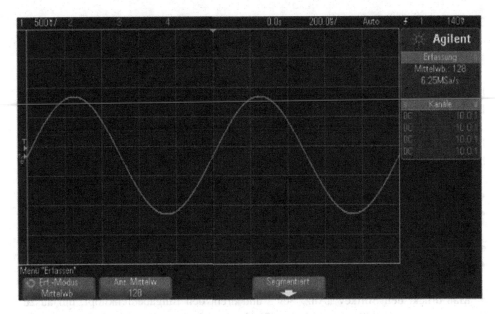

Abb. 3.56 128 Mittelwertbildungen zur Reduzierung von weißem Rauschen

Der Modus „Hohe Auflösung" kann mit sich wiederholenden oder einmaligen Signalen verwendet werden. Die Wellenformaktualisierungsrate wird dabei nicht langsamer, da die Berechnung im anwendungsspezifischen MegaZoom-Schaltkreis erfolgt. Da der Modus „Hohe Auflösung" jedoch ein wirkungsvoller Tiefpassfilter ist, wird dadurch die Echtzeitbandbreite des Oszilloskops eingeschränkt, wie Tab. 3.11 zeigt.

Tab. 3.11 Angezeigte Abtastrate pro Kanal mit 2 GS/s max oder 4 GS/s max und die erforderliche Auflösung

Angezeigte Abtastrate (segmentiert pro Kanal, 2 GS/s max)	Angezeigte Abtastrate (segmentiert interleaved, 4 GS/s max)	Auflösung in Bit
500 MS/s < sr ≤ 2 GS/s	1 GS/s < sr ≤ 4 GS/s	8
100 MS/s < sr ≤ 500 MS/s	200 MS/s < sr ≤ 1 GS/s	9
20 MS/s < sr ≤ 100 MS/s	40 MS/s < sr ≤ 200 MS/s	19
5 MS/s < sr ≤ 20 MS/s	10 MS/s < sr ≤ 40 MS/s	11
sr ≤ 5 MS/s	sr ≤ 10 MS/s	12

3.4.6   Erfassen in segmentiertem Speicher

Beim Erfassen mehrerer sporadischer Trigger-Ereignisse kann der Speicher des
Oszilloskops segmentiert werden. Die Signalaktivität wird ohne die Erfassung der
längeren Signalinaktivität gemessen. Jedes Segment enthält vollständig alle Analog- und
Digitalkanaldaten (bei MSO-Modellen) und Daten der seriellen Decodierung.

Wenn man den segmentierten Speicher benutzt, wird die Funktion „Segmente analysieren" verwendet, um eine unbegrenzte Nachleuchtdauer über alle erfassten Segmente
hinweg anzuzeigen.

- Man stellt eine Triggerbedingung ein.
- Man drückt die Taste [Acquire] „Erlassen" im Bereich „Wellenform" des vorderen
  Bedienfeldes.
- Man drückt den Softkey „Segmentiert".
- Man drückt im Menü „Segmentierter Speicher" auf den Softkey „Segmentiert", um
  die Erfassung mit segmentiertem Speicher zu aktivieren.
- Man drückt den Softkey „Anz. Seg." und dreht den Eingabedrehknopf, um auszu-
  wählen, in wieviele Segmente der Oszilloskopspeicher geteilt werden soll.

Der Speicher kann abhängig vom Oszilloskopmodell in 2 bis 1000 Segmente unterteilt
werden.

- Man drückt die Taste [Run] „Start" oder [Single] „Einzeln".

Das Oszilloskop startet und füllt ein Speichersegment für jedes Trigger-Ereignis. Wenn
das Oszilloskop mehrere Segmente erfasst, wird der Fortschritt oben rechts in der
Anzeige angezeigt. Das Oszilloskop triggert weiter, bis der Speicher voll ist, dann stoppt
das Oszilloskop.

Wenn das gemessene Signal länger als etwa 1 s inaktiv ist, sollte man möglicherweise
den Triggermodus „Normal" auswählen, um die automatische Triggerung zu vermeiden.
Abb. 3.57 zeigt die Arbeitsweise des segmentierten Speichers.

Die Segmentnavigation läuft folgendermaßen ab:

- Man drückt den Softkey „Aktuelles Seg." und dreht den Eingabedrehknopf, um das
  gewünschte Segment zusammen mit einem Zeitstempel vom ersten Trigger-Ereignis
  anzuzeigen.

Man kann auch mit der Taste [Navigate] „Navig." und den Steuerelementen in den
Segmenten navigieren.

Die Messungen, Statistiken und unbegrenzte Nachleuchtdauer lassen sich mit
segmentiertem Speicher ausführen. Zum Ausführen von Messungen und Anzeigen
von statistischen Daten drückt man auf [Meas] „Mess." und stellt die gewünschten

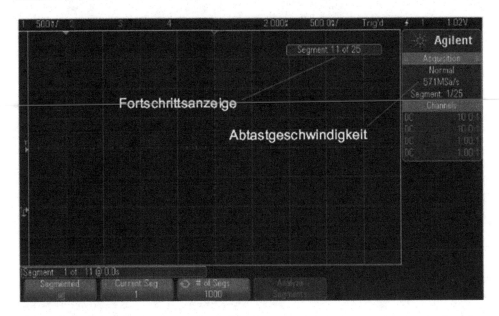

Abb. 3.57 Arbeitsweise des segmentierten Speichers

Messungen ein. Man drückt dann auf „Analyse Segmente" und für die ausgewählten Messungen werden statistische Daten angesammelt.

Der Softkey „Analyse Segmente" wird angezeigt, wenn die Erfassung gestoppt wird und die Funktion für segmentierten Speicher eingeschaltet und der serielle Auflister aktiviert ist.

Man kann auch das unbegrenzte Nachleuchten (im Menü „Anzeige") aktivieren und den Softkey „Analyse Segmente" drücken, um die Anzeige mit unbegrenzter Nachleuchtdauer zu aktivieren. Der segmentierte Speicher ermöglicht eine Zeit für erneute Triggerbereitschaft. Nach jeder Segmentfüllung, wird das Oszilloskop erneut in Bereitschaft gesetzt, was ca. 1 µs dauert.

Man beachte jedoch zum Beispiel: Wenn die horizontale Zeit-/Div.-Steuerung auf 5 µs/Div und die Zeitreferenz auf „Center" eingestellt sind, dauert es mindestens 50 µs, um alle zehn Segmente zu füllen und erneut triggerbereit zu sein, d. h., 25 µs zum Erfassen der Vortriggerdaten und 25 µs zum Erfassen der Nachtriggerdaten, wie Abb. 3.58 zeigt.

Man kann entweder das aktuell angezeigte Segment („Segment speichern – Aktuelles") oder alle Segmente („Segment speichern – Alle") in folgenden Datenformaten speichern: CSV, ASCII XY und BIN.

Man legt die Längenbestimmung fest, um ausreichend Punkte zu erfassen, damit die erfassten Daten genau dargestellt werden. Wenn das Oszilloskop mehrere Segmente speichert, wird der Fortschritt oben rechts in der Anzeige erscheinen.

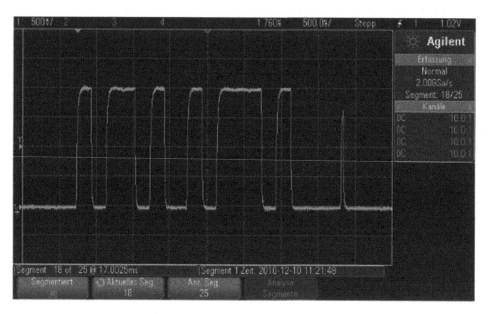

Abb. 3.58 Erfassen der Vortrigger- und der Nachtriggerdaten

3.5   Cursor-Messungen

Cursors sind horizontale und vertikale Marker, die X-Werte und Y-Werte anzeigen. Die angezeigten Werte beziehen sich auf die jeweils gewählte Wellenformquelle. Cursors können zu benutzerdefinierten Spannungs-, Zeit-, Phase- oder Verhältnismessungen der Oszilloskop-Signale verwendet werden. Cursorinformationen werden im Informationsbereich auf der rechten Seite angezeigt.

Cursors sind nicht immer auf den sichtbaren Teil beschränkt. Wenn man einen Cursor setzt und anschließend die Wellenform mithilfe der Pan- und Zoom-Funktionen verschiebt, kann es vorkommen, dass der Cursor aus dem Bildschirmbereich verschwindet. Sein Wert wird dabei jedoch nicht verändert. Er ist immer noch vorhanden, wenn man an seine ursprüngliche Position zurückkehrt.

X-Cursors sind gestrichelte vertikale Linien, die sich horizontal verschieben lassen und zum Messen von Zeit (s), Frequenz (1/s), Phase (°) und Verhältnis (%) verwendet werden. Der X1-Cursor ist die kurzgestrichelte vertikale Linie und der X2-Cursor die langgestrichelte vertikale Linie.

Wenn die FFT-Funktion als Datenquelle gewählt wurde, zeigen X-Cursors die Frequenz an. Im Horizontalmodus XY zeigen die X-Cursors die Werte von Kanal 1 an (Volt oder Ampere). Die X1- und X2-Cursor-Werte der ausgewählten Wellenformquelle werden im Softkey-Menübereich angezeigt.

Der Unterschied zwischen X1 und X2 (ΔX) und l/ΔX wird im Feld „Cursor" im rechten Informationsbereich angezeigt.

Y-Cursors sind gestrichelte horizontale Linien, die sich vertikal verschieben lassen, und mit denen Verhältnisse (%) oder Volt/Ampere abhängig von der Kanalfestlegung „Tastkopfeinheiten" gemessen werden können. Wenn eine mathematische Funktion als Datenquelle gewählt wurde, ist die Cursormaßeinheit von der jeweiligen mathematischen Funktion abhängig.

Der Y1-Cursor ist die kurzgestrichelte horizontale Linie und der Y2-Cursor ist die langgestrichelte horizontale Linie. Die Y-Cursors lassen sich vertikal verschieben und zeigen Werte relativ zum Wellenformnullpunkt an. Dies gilt nicht für FFT-Funktionen, in welchen die Werte relativ zu 0 dB angezeigt werden.

Im Horizontalmodus XY zeigen die Y-Cursors die Werte von Kanal 2 an (Volt oder Ampere).

Sofern aktiv, werden die X1- und X2-Cursor-Werte der ausgewählten Wellenform-quelle im Softkey-Menübereich angezeigt.

Der Unterschied zwischen Y1 und Y2 (ΔY) wird im Feld „Cursor" im rechten Informationsbereich angezeigt.

- Man schließt ein Signal an das Oszilloskop an und wählt dann eine Einstellung, bei der sich eine stabile Signaldarstellung ergibt.
- Man drückt die Taste [Cursors] „Cursor".

Das Feld „Cursor" im rechten Informationsbereich wird angezeigt und gibt an, dass die Cursors „aktiv" sind. Man drückt die Taste [Cursors] „Cursor" erneut, wenn man die Cursors ausschalten möchte.

- Man drückt im Menü „Cursor" den Softkey „Modus" und wählt den gewünschten Modus:
  - Manuell – ΔX-, l/ΔN- und ΔY-Werte werden angezeigt. ΔX ist der Unterschied zwischen den Cursors X1 und X2. ΔY ist der Unterschied zwischen den Cursors Y1 und Y2. Abb. 3.59 zeigt das Menü für die Einstellungen des Cursors.
  - Wellenform verfolgen: Wenn man einen Marker horizontal verschiebt, wird die vertikale Amplitude der Wellenform verfolgt und gemessen. Zeit- und Spannungs-positionen werden für die Marker angezeigt. Die vertikalen (Y) und horizontalen (X) Unterschiede zwischen den Markern werden als ΔX- und ΔY-Werte angezeigt.
  - Binär: Logikpegel angezeigter Wellenformen an den aktuellen X1-und X2-Cursorpositionen werden oberhalb der Softkeys „binär" angezeigt. Die Anzeige ist farbcodiert, um der Wellenformfarbe des zugehörigen Kanals zu ent-sprechen, wie Abb. 3.60 zeigt.
  - Hex-Logikpegel angezeigter Wellenformen an den aktuellen X1- und X2-Cursorpositionen werden oberhalb der Softkeys „hexadezimal" angezeigt. Abb. 3.61 zeigt das Menü für die Einstellungen des hexadezimalen Logikpegels.

Abb. 3.59 Menü für die Einstellungen des Cursors

Abb. 3.61 Menü für die Einstellungen des hexadezimalen Logikpegels

Abb. 3.60 Menü für die Einstellungen des binären Logikpegels

Die Modi „Manuell" und „Wellenform" können die Wellenformen verfolgen, die an den analogen Eingangskanälen (inkl. mathematischer Funktionen) angezeigt werden.

Die Modi „Binär" und „Hex" werden für digitale Signale (von MSO-Oszilloskopmodellen) verwendet.

In den Modi „Hex" und „Binär" kann ein Pegel als 1 (höher als Triggerpegel), 0 (niedriger als Triggerpegel), unbestimmter Status (↕) oder X (beliebig) angezeigt werden.

Im Modus „Binär" wird bei abgeschaltetem Kanal X angezeigt.

Im Modus „Hex" wird bei abgeschaltetem Kanal 0 angezeigt.

- Man drückt „Quelle" (oder „X1-Quelle", „X2-Quelle" im Modus „Wellenform" verfolgen) und wählt die Eingangsquelle für Cursorwerte.
- Man wählt den (die) anzupassenden Cursor:
  - Man drückt den Knopf [Cursors] „Cursor" und dreht ihn. Um die Auswahl abzuschließen, drückt man entweder den Knopf [Cursors] „Cursor" erneut oder wartet etwa fünf Sekunden, bis das Popup-Menü nicht mehr angezeigt wird. Oder: Man drückt den Softkey „Cursor" und dreht den Eingabedrehknopf.

Mit der Auswahl „X1 X2 verknüpft" und „Y1 Y2 verknüpft", benützt man beide Cursors gleichzeitig und passt sie an, während der Deltawert gleich bleibt. Dies kann z. B. nützlich sein zur Überprüfung von Impulsbreiteabweichungen in einem Impulszug.

Die aktuell ausgewählten Cursors werden heller angezeigt als die anderen.

- Man drückt zum Ändern der Cursoreinheiten auf den Softkey „Einheiten", wie Abb. 3.62 zeigt.

Abb. 3.62 Menü für die „Cursoreinheiten"

Man wählt durch Drücken auf den Softkey „X Einheiten" eine Einheit aus:

- Sekunden (s).
- Hz (1/s).
- Phase (°): Wird diese Einheit ausgewählt, dann verwendet man den Softkey „X Cursors verwenden", um die aktuelle X1-Position als 0 Grad und die aktuelle X2-Position als 360 Grad anzugeben.
- Verh. (%):Wird diese Einheit ausgewählt, dann verwendet man den Softkey „X Cursors verwenden", um die aktuelle X1-Position als 0 % und die aktuelle X2-Position als 100 % anzugeben.

Man wählt durch Drücken auf den Softkey „Y-Einheiten" eine Einheit aus:

- Basis – die gleichen Einheiten wie für die Quellenwellenform.
- Verh. (%) – ist diese Einheit ausgewählt, dann verwendet man den Softkey „Y Cursors verwenden", um die aktuelle Y1-Position als 0 % und die aktuelle Y2-Position als 100 % anzugeben.

Sobald für Phase- oder Verhältniseinheiten die Positionen 0 und 360 Grad oder 0 und 100 % eingestellt sind, werden durch Anpassen der Cursors Messungen in Relation zu den eingestellten Positionen angezeigt.

- Man passt die ausgewählten Cursors durch Drehen des Knopfes [Cursors] „Cursor" an.

Abb. 3.63 zeigt die Messung von anderen Impulsbreiten mit mittleren Schwellwertpunkten des verwendeten Cursors.

Für das Beispiel aus Abb. 3.64 kann man die Anzeige mit dem Zoom-Modus vergrößern und das Ereignis Mithilfe des Cursors analysieren.

Man setzt in Abb. 3.65 den Cursor X1 auf eine Seite eines Impulses und den Cursor X2 auf die andere.

Man drückt bei der Messung in Abb. 3.66 den Softkey „X1 X2 verknüpft" und schiebt dann die Cursors zusammen, um die Impulsbreitenabweichungen in einem Impulszug zu überprüfen.

Abb. 3.67 zeigt ein weiteres Beispiel für die Identifikation von Schwankungen der Impulsbreite Mithilfe gekoppelter Cursors.

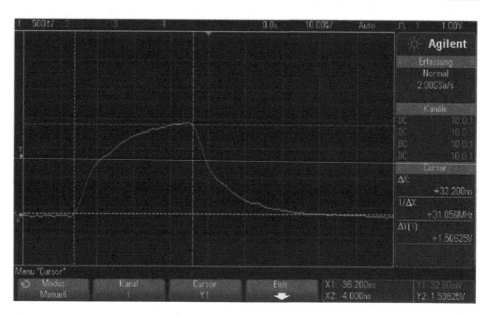

Abb. 3.63 Messung von anderen Impulsbreiten mit mittleren Schwellwertpunkten des verwendeten Cursors

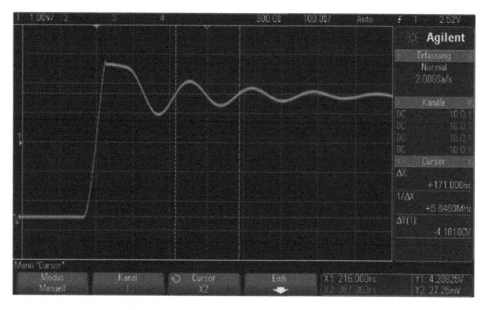

Abb. 3.64 Messen der Überschwingfrequenz mittels Cursor

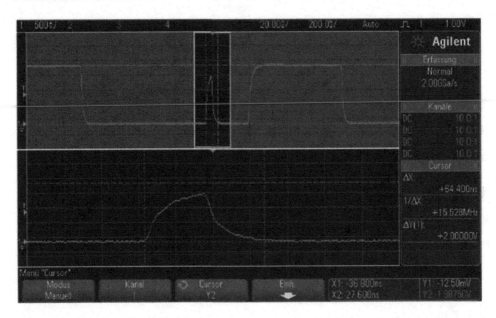

Abb. 3.65 Cursors im Zoom-Fenster

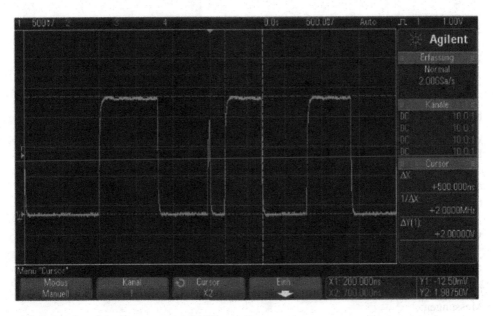

Abb. 3.66 Impulsbreitenmessung Mithilfe von Cursors

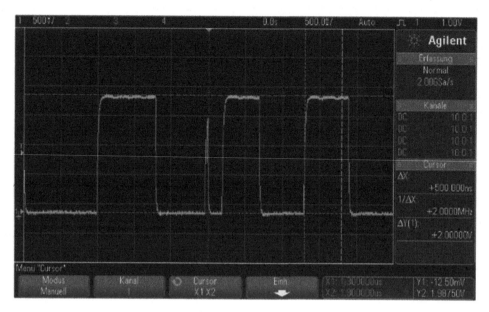

Abb. 3.67 Identifikation von Schwankungen der Impulsbreite Mithilfe gekoppelter Cursors

3.6   Automatische Messungen

Mit der Taste [Meas] „Mess." kann man automatische Messungen für Wellenformen ausführen. Einige Messungen können nur für Analogeingangskanäle ausgeführt werden.

Die Ergebnisse der letzten vier ausgewählten Messungen werden im Informationsbereich „Messungen" auf der rechten Seite des Bildschirms angezeigt.

Die Cursors werden eingeschaltet, um den Teil der Wellenform für die zuletzt ausgewählte Messung anzuzeigen (ganz unten rechts im Messungsbereich).

Nach einer Erfassung kann man nicht nur die Anzeigeparameter ändern, sondern
auch sämtliche Messungen und mathematischen Funktionen ausführen. Eine Neu-
berechnung der Messungen und mathematischen Funktionen findet statt, wenn die
„Pan"- und „Zoom"-Funktion ausgeführt oder Kanäle ein- bzw. ausgeschaltet werden.
Wenn ein Signal mit dem Horizontalskalierungs-Drehknopf horizontal oder mit dem
„Volts/Division"-Drehknopf vertikal vergrößert oder verkleinert wird, wirkt sich dies
auf die Display-Auflösung aus. Da Messungen und mathematische Funktionen für
angezeigte Daten ausgeführt werden, ändert sich auch die Auflösung von Funktionen und
Messungen.

3.6.1 Ausführen automatischer Messungen

- Man drückt zum Aufruf des Menüs „Messung" die Taste [Meas] „Mess." und Abb. 3.68 zeigt das Menü.
- Man drückt den Softkey „Quelle", um den Kanal, die aktive mathematische Funktion oder Referenzwellenform zur Messung auszuwählen.

Die automatischen Messfunktionen sind nur auf angezeigte bzw. aktive Kanäle, mathematische Funktionen und Referenzwellenformen anwendbar. Wenn ein Teil der Wellenform, der für eine Messung benötigt wird, nicht sichtbar ist oder wenn die Auflösung für die Messung nicht ausreicht, wird eine entsprechende Meldung angezeigt: „Keine Flanken", „Reduziert", „Schwaches Signal", „< Wert" oder „> Wert". Eine solche Meldung besagt, dass das Messergebnis unter Umständen nicht gültig ist.

- Man drückt auf den Softkey „Typ:", wählt dann mit dem Eingabedrehknopf eine Messfunktion aus und es ergibt sich Abb. 3.69.

Abb. 3.68 Menü für die Ausführung der automatischen Messungen

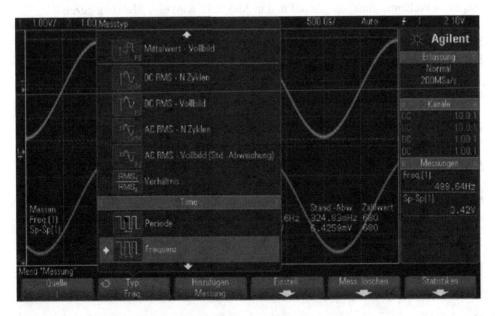

Abb. 3.69 Auswahl für die automatischen Messfunktionen

- Mit dem Softkey „Einstell." kann man zusätzliche Einstellungen für bestimmte Messungen vornehmen.
- Man drückt den Softkey „Hinzufügen Messung" oder drückt den Eingabedrehknopf, um die Messung anzuzeigen.

Die Cursors werden eingeschaltet und markieren den Abschnitt der gemessenen Wellenform für die zuletzt hinzugefügte Messung (ganz unten auf dem Bildschirm). Zum Anzeigen der Cursors einer vorher hinzugefügten Messung (außer der letzten) die entsprechende Messung erneut hinzufügen.

- Man drückt zum Ausschalten der Messungen die Taste [Meas] „Mess." erneut und die Messungen werden aus der Anzeige gelöscht.
- Zum Stoppen einer oder mehrerer Messungen drückt man den Softkey „Mess. Löschen" und wählt die zu löschende Messung, oder man drückt „Löschen alle", wie Abb. 3.70 zeigt.

Wenn man nach dem Löschen aller Messungen erneut [Meas] „Mess." drückt, sind die Standardmessungen „Frequenz" und „Spitze-Spitze" aktiv.

3.6.2   Funktion von „Snapshot"

Der Messungstyp „Snapshot" zeigt ein Popup-Fenster mit der Momentaufnahme aller einzelnen Wellenformmessungen auf und in Abb. 3.71 wird eine Messung gezeigt.

Außerdem kann man die Taste [Quick Action] „Schnellbefehle" zur Anzeige des Snapshot-Popup-Fensters konfigurieren. Abb. 3.72 zeigt die Referenzpunkte für Spannungsmessungen.

Mit dem Softkey „Messsondeneinh." können die Messeinheiten der Eingangskanäle auf Volt oder Ampere eingestellt werden.

- Spitze-Spitze: Der Spitze-Spitze-Wert ist die Differenz zwischen den Maximum- und Minimum-Werten. Die Y-Cursors zeigen die gemessenen Werte an.
- Maximum: Das Maximum ist der höchste Wert in der Wellenformanzeige. Der Y-Cursor zeigt den gemessenen Wert an.
- Minimum: Das Minimum ist der niedrigste Wert in der Wellenformanzeige. Der Y-Cursor zeigt den gemessenen Wert an.

Abb. 3.70 Menü für das Löschen der Anzeige

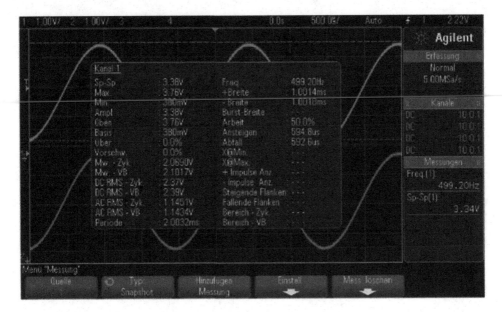

Abb. 3.71 Messung mit Snapshot

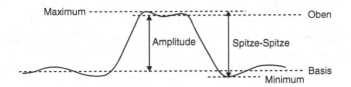

Abb. 3.72 Referenzpunkte für Spannungsmessungen

- Amplitude: Die Amplitude einer Wellenform ist der Unterschied zwischen den Werten für Dach und Basis. Die Y-Cursors zeigen die gemessenen Werte an.
- Dach: Das Dach eines Signals ist der Modus (häufigster Wert) des oberen Wellenformteils. Falls der Modus nicht eindeutig definiert ist, wird das Dach gleich dem Maximum gesetzt. Der Y-Cursor zeigt den gemessenen Wert an.

Abb. 3.73 verdeutlicht, wie man Mithilfe des Zoom-Modus einen Impuls für eine Dachmessung isolieren kann.

Man muss bei dieser Messung möglicherweise die Einstellung des Messungsfensters ändern, sodass die Messung im unteren Zoom-Fenster durchgeführt wird.

- Basis: Die Basis eines Signals ist der Modus (häufigster Wert) des unteren Wellenformteils. Falls der Modus nicht eindeutig definiert ist, wird die Basis gleich dem Minimum gesetzt. Der Y-Cursor zeigt den gemessenen Wert an.

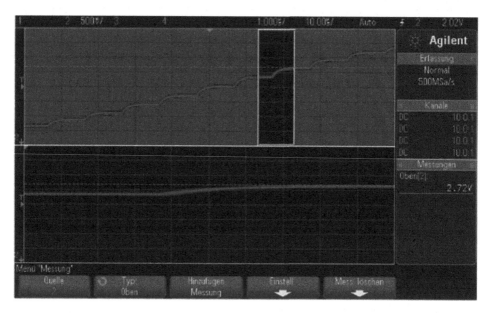

Abb. 3.73 Isolationsbereich für Dachmessung

- Überschwingen: Überschwingen ist eine Verzerrung der Signalform und Abb. 3.74 unmittelbar nach einer größeren Flanke. Das Überschwingen wird in Prozent der Amplitude gemessen. Die X-Cursors zeigen an, welche Flanke (nämlich die dem Trigger-Referenzpunkt nächstgelegene) gemessen wird.

$$\text{Steigender Verlauf einer Vorschwingung} = \frac{\text{Lokales Maximum} - D_{\text{Top}}}{\text{Amplitude}} \cdot 100$$

$$\text{Fallender Verlauf einer Vorschwingung} = \frac{\text{Basis} - D_{\text{lokales Minimum}}}{\text{Amplitude}} \cdot 100$$

Abb. 3.75 zeigt eine Messung des Überschwingens.

- Vorschwingen: Vorschwingen ist eine Verzerrung der Signalform unmittelbar vor einer größeren Flanke. Das Vorschwingen wird in Prozent der Amplitude gemessen.

Abb. 3.74 Messung einer
Überschwingung

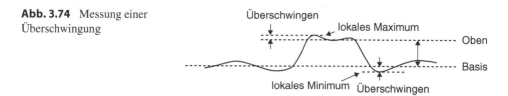

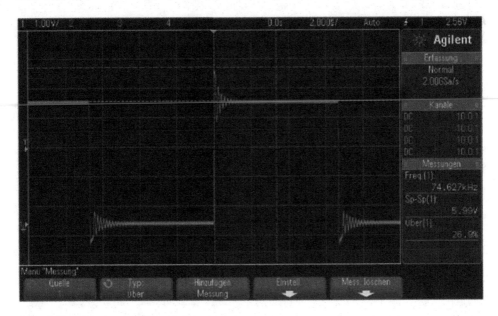

Abb. 3.75 Messung der Überschwingung

Die X-Cursors zeigen an, welche Flanke (nämlich die dem Trigger-Referenzpunkt nächstgelegene) gemessen wird.

$$\text{Steigender Verlauf einer Überschwingung} = \frac{\text{lokales Maximum} - D_{\text{Top}}}{\text{Amplitude}} \cdot 100$$

$$\text{Fallender Verlauf einer Vorschwingung} = \frac{\text{Basis} - D_{\text{lokales Minimum}}}{\text{Amplitude}} \cdot 100$$

Abb. 3.76 zeigt den Verlauf einer Vorschwingung.

- Mittelwert: Der Mittelwert ist der Quotient aus der Summe der Abtastwerte und der Anzahl der Abtastwerte.

$$\text{Mittelwert (Average)} = \frac{\sum x_i}{n}$$

Hierbei ist x_i = Wert am i-ten gemessenen Punkt, n Anzahl der Punkte im Messintervall.

Die Vollbild-Messintervallabweichung misst den Wert an allen angezeigten Datenpunkten.

Abb. 3.76 Verlauf einer
Vorschwingung

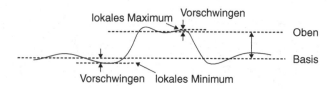

Die N- Zyklen-Messintervallabweichung misst den Wert über eine oder mehrere vollständige Perioden des angezeigten Signals. Wenn weniger als drei Flanken vorhanden
sind, zeigt die Messung keine Flanken an.
Die X- Cursors zeigen an, welcher Teil der Wellenform gemessen wird.

• DC RMS: DC RMS ist der quadratische Mittelwert der Wellenform über eine oder
  mehrere vollständige Perioden.

$$RMS_{DC} = \sqrt{\frac{\sum_{i=1}^{n} x_i^2}{n}}$$

Hierbei ist x_i = Wert am „i-ten" gemessenen Punkt, n = Anzahl der Punkte im Messintervall.
Die Vollbild-Messintervallabweichung misst den Wert an allen angezeigten Datenpunkten.
Die N-Zyklen-Messintervallabweichung misst den Wert über eine oder mehrere vollständige Perioden des angezeigten Signals. Wenn weniger als drei Flanken vorhanden
sind, zeigt die Messung keine Flanken an.
Die X-Cursors zeigen das Intervall der gemessenen Wellenform an.

• AC RMS: AC RMS (Roots Mean Square, Effektivwert) ist der quadratische Mittelwert der Wellenform, wobei die DC-Komponente entfernt ist. Dies ist beispielsweise
  hilfreich zur Messung des Netzteilrauschens.

Die N-Zyklen-Messintervallabweichung misst den Wert über eine oder mehrere vollständige Perioden des angezeigten Signals. Wenn weniger als drei Flanken vorhanden
sind, zeigt die Messung keine Flanken an.
Die X-Cursors zeigen das Intervall der gemessenen Wellenform an.
Die Vollbild-Messintervallabweichung (Standardabweichung) ist eine den gesamten
Bildschirm beanspruchende RMS-Messung, wobei die DC-Komponente entfernt ist. Sie
zeigt die Standardabweichung der angezeigten Spannungswerte.
Die Standardabweichung einer Messung ist die Differenz zwischen Durchschnittswert
und gemessenem Wert. Der Durchschnittswert einer Messung ist der statistische Mittel-
wert der Messung.
Abb. 3.77 zeigt sowohl den Durchschnitt als auch die Standardabweichung. Die
Standardabweichung wird durch den griechischen Buchstaben Sigma dargestellt: σ. Bei

Abb. 3.77 Durchschnitt der Standardabweichung

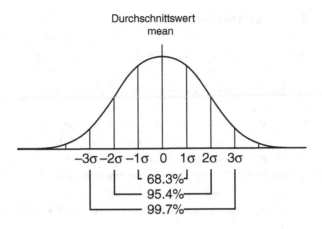

einer Gauß-Verteilung, zwei Sigma (±1σ s σ) vom Durchschnitt, sind 68,3 % der Messergebnisse resident. Bei sechs Sigma (±3σ) sind 99,7 % der Messergebnisse resident.

Der Mittelwert wird wie folgt berechnet:

$$\overline{x} = \sqrt{\frac{\sum_{i=1}^{N} x_i}{n}}$$

wobei: $\overline{x}$ = Mittelwert

N = Anzahl der durchgeführten Messungen

x_i = das i-te Messergebnis

Die Standardabweichung ist wie folgt definiert:

$$\sigma = \sqrt{\frac{\sum_{i=1}^{N} (x_i - \overline{x})^2}{n}}$$

σ = die Standardabweichung

N = Anzahl der durchgeführten Messungen

x_i = das i-te Messergebnis

$\overline{x}$ = Mittelwert

- Verhältnis: Die Messung des Verhältnisses zeigt das Verhältnis der AC RMS-Spannungen von zwei Quellen in dB an. Man drückt den Softkey „Einstellungen", um die Quellenkanäle für die Messung auszuwählen.

3.6.3 Zeitmessungen

Abb. 3.78 zeigt die Referenzpunkte für Zeitmessungen.

Die oberen, mittleren und unteren Schwellwerte für die Messung betragen 10 %, 50 % und 90 % zwischen den Werten für „Top" und „Base".

- Periode: Periode ist die Zeit, die eine vollständige Schwingung beansprucht. Gemessen wird die Zeitspanne zwischen den mittleren Schwellwertpunkten zweier aufeinanderfolgender Flanken gleicher Polarität. Die Kreuzung eines mittleren Schwellwertes muss auch die unteren und oberen Schwellwertpegel durchlaufen. Dadurch werden niedrige Impulse entfernt. Die X-Cursors zeigen an, welcher Abschnitt des Signals gemessen wird. Der Y-Cursor markiert den mittleren Schwellwert.
- Frequenz: Die Frequenz ist als 1/Periode (Kehrwert) definiert. Die Periode ist das Zeitintervall zwischen den Kreuzungen der mittleren Schwellwerte zweier aufeinander folgender Flanken ähnlicher Polarität. Die Kreuzung eines mittleren Schwellwertes muss auch die unteren und oberen Schwellwertpegel durchlaufen. Dadurch werden niedrige Impulse entfernt. Die X-Cursors zeigen an, welcher Abschnitt des Signals gemessen wird. Der Y-Cursor markiert den mittleren Schwellwert.

Abb. 3.79 verdeutlicht, wie man ein Ereignis Mithilfe des Zoom-Modus für eine Frequenzmessung isolieren kann. Man muss möglicherweise die Einstellung des Messungsfensters ändern, sodass die Messung im unteren Zoom-Fenster durchgeführt wird. Bei einer abgeschnittenen Wellenform kann die Messung u. U. nicht ausgeführt werden.

- Zähler: Moderne Oszilloskope haben einen integrierten Hardware-Frequenzzähler. Er zählt die Anzahl der Zyklen, die innerhalb einer Zeitspanne (die sogenannte Messzeit) auftreten, um die Signalfrequenz zu messen.

Die Messzeit für eine Zählermessung wird automatisch auf 100 ms oder den doppelten Wert des aktuellen Zeitfensters eingestellt, abhängig davon, welcher Zeitraum länger ist (bis zu einer Sekunde).

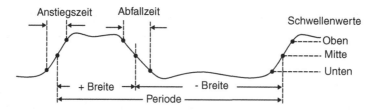

Abb. 3.78 Referenzpunkte für Zeitmessungen

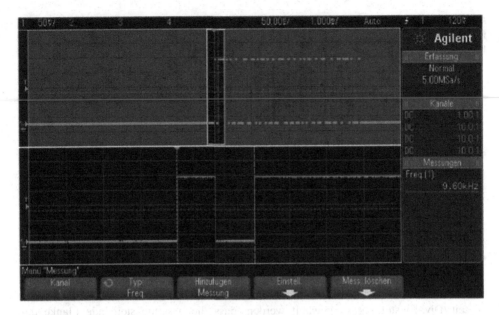

Abb. 3.79 Isolieren eines Ereignisses zur Frequenzmessung

Der Zähler kann Frequenzen der gesamten Bandbreite des Oszilloskops messen. Die niedrigste Frequenz, die unterstützt wird, ist 1/(2 · Zeittor-Zeit).

Der Hardware-Zähler verwendet den Ausgang des Triggerkomparators. Daher muss der Triggerpegel (bzw. Schwellwert für digitale Kanäle) für den zu erfassenden Kanal korrekt eingestellt werden. Der Y-Cursor markiert den Schwellwert, der für die Messung verwendet wird.

Analoge und digitale Kanäle können als Datenquelle ausgewählt werden.

Es kann immer nur eine Zählermessung angezeigt werden.

- + Breite: + Breite ist die Zeit vom mittleren Schwellwert einer steigenden Flanke bis zum mittleren Schwellwert der nächsten fallenden Flanke. Die X-Cursors zeigen den gemessenen Impuls an. Der Y-Cursor markiert den mittleren Schwellwert.
- – Breite: – Breite, die negative Impulsbreite, ist das Zeitintervall zwischen dem auf halber Schwellwerthöhe liegenden Punkt der negativen Flanke und dem auf halber Schwellwerthöhe liegenden Punkt der nachfolgenden positiven Flanke. Die X-Cursors zeigen den gemessenen Impuls an. Der Y-Cursor markiert den mittleren Schwellwert.
- Burst-Breite: Bei der Messung der Burst-Breite wird die Zeit von der ersten Flanke bis zur letzten Flanke auf dem Bildschirm gemessen, wie Abb. 3.80 zeigt.

Abb. 3.80 Impulsdiagramm
für die Messung der Burst-
Breite

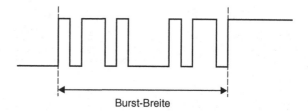

Burst-Breite

- Tastverhältnis: Das Tastverhältnis eines repetitiven Impulszuges ist das prozentuale Verhältnis der positiven Impulsbreite zur Periode. Die X-Cursor markieren die gemessene Periode und der Y-Cursor markiert den mittleren Schwellwert.

$$\text{Tastverhältnis} = \frac{\text{Breite}}{\text{Periode}} \cdot 100$$

- Anstiegszeit: Die Anstiegszeit ist das Zeitintervall zwischen dem Kreuzen des unteren und oberen Schwellwertes einer positiven Flanke. Die X-Cursors zeigen die gemessene Flanke an. Zur Optimierung der Messgenauigkeit muss die horizontale Zeit-/Div.-Einstellung so gewählt werden, dass die gesamte steigende Flanke der Wellenform auf dem Bildschirm angezeigt wird. Die Y-Cursors zeigen die unteren und oberen Schwellwerte an.
- Abfallzeit: Die Abfallzeit eines Signals ist das Zeitintervall zwischen den Kreuzen des oberen und des unteren Schwellwertes für eine negative Flanke. Der X-Cursor zeigt die gemessene Flanke an. Zur Optimierung der Messgenauigkeit muss die horizontale Zeit-/Div.-Einstellung so gewählt werden, dass die gesamte fallende Flanke der Wellenform auf dem Bildschirm angezeigt wird. Die Y-Cursors zeigen die unteren und oberen Schwellwerte an.
- Verzögerung: Die Verzögerung misst die Zeitdifferenz zwischen der ausgewählten Flanke an Kanal 1 und der ausgewählten Flanke an Kanal 2, wobei der Trigger-referenzpunkt dem mittleren Schwellwert des Signals entspricht. Eine negative Verzögerung zeigt, dass die ausgewählte Flanke von Kanal 1 nach der ausgewählten Flanke von Kanal 2 auftrat. Abb. 3.81 zeigt das Impulsdiagramm.
- Man drückt zum Aufruf des Menüs „Messung" die Taste [Meas] „Mess.".
- Man drückt den Softkey „Quelle" und man dreht anschließend den Eingabedrehknopf zum Auswählen der ersten analogen Kanalquelle.
- Man drückt den Softkey „Typ:" und dreht anschließend den Eingabedrehknopf zum Auswählen von „Verz."
- Man drückt den Softkey „Einstell.", um die zweite analoge Kanalquelle und die Steigung für die Verzögerungsmessung auszuwählen.

Bei der Standardeinstellung „Verz." wird von der steigenden Flanke von Kanal 1 bis zur steigenden Flanke von Kanal 2 gemessen.

Abb. 3.81 Impulsdiagramm zum Messen der Verzögerung

- Man drückt die „Zurück/Nach oben-Taste", um zum Menü „Messung" zurückzukehren.
- Man drückt den Softkey „Hinzufügen Messung", um die Messung auszuführen.

Abb. 3.82 zeigt eine Verzögerungsmessung zwischen der steigenden Flanke von Kanal 1 und der steigenden Flanke von Kanal 2.

- Phase: Die Phase entspricht der errechneten Phasenverschiebung in Grad von Datenquelle 1 zu Datenquelle 2. Eine negative Phasenverschiebung weist darauf hin, dass die steigende Flanke von Signalquelle 1 nach der steigenden Flanke von Signalquelle 2 auftrat.

$$\text{Phase} = \frac{\text{Verzögerung}}{\text{Quelle mit einer Periode}} \cdot 100$$

Abb. 3.83 zeigt ein Impulsdiagramm für eine Verzögerungsmessung.

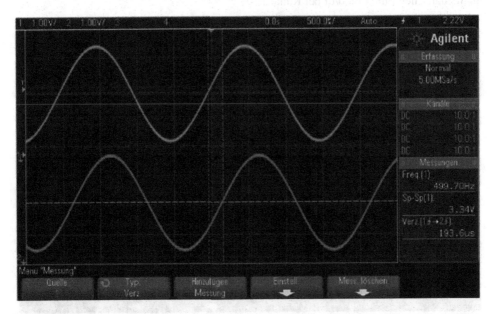

Abb. 3.82 Verzögerungsmessung zwischen der steigenden Flanke von Kanal 1 und der steigenden Flanke von Kanal 2

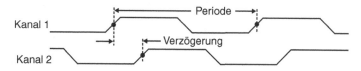

Abb. 3.83 Impulsdiagramm für eine Verzögerungsmessung

- Man drückt zum Aufruf des Menüs „Messung" die Taste [Meas] „Mess.".
- Man drückt den Softkey „Quelle" und dreht anschließend den Eingabedrehknopf zum Auswählen der ersten analogen Kanalquelle.
- Man drückt den Softkey „Typ:" und dreht anschließend den Eingabedrehknopf zum Auswählen von „Verz."
- Man drückt den Softkey „Einstellungen", um die zweite analoge Kanalquelle für die Phasenmessung auszuwählen.

Bei der Standardeinstellung wird von Kanal 1 zu Kanal 2 gemessen.

- Man drückt die „Zurück/Nach oben-Taste", um zum Menü „Messung" zurückzukehren.
- Man drückt den Softkey „Hinzufügen Messung", um die Messung auszuführen.

Das Beispiel von Abb. 3.84 zeigt eine Phasenmessung zwischen Kanal 1 und der mathematischen Funktion d/dt bei Kanal 1.

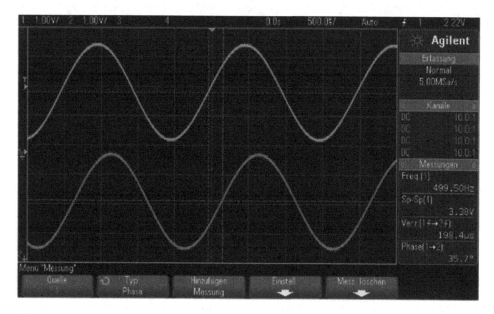

Abb. 3.84 Phasenmessung zwischen Kanal 1 und der mathematischen Funktion d/dt

- „X bei Min. Y" ist definiert als der X-Wert (normalerweise Zeit) beim ersten Vorkommen der Wellenform „Minimum", beginnend links im Display. Bei periodischen Signalen kann sich, die Position des lokalen Minimums im Verlauf des Signals ändern. Der X-Cursor zeigt an, wo der aktuelle Wert „X bei Min. Y" gemessen wird.
- „X bei Max. Y" ist definiert als der X-Wert (in der Regel Zeit) beim ersten angezeigten Vorkommen des Wellenformmaximums, von der linken Bildschirmseite gesehen. Bei periodischen Signalen kann sich die Position des lokalen Maximums im Verlauf der Wellenform ändern. Der X-Cursor zeigt an, wo der aktuelle Wert „X bei Max. Y" gemessen wird.

3.6.4 Messen einer FFT-Spitze

- Man wählt im Menü „Wellenform Math." die Funktion „FFT" aus.
- Im Menü „Messung" die Datenquelle „Math: t(t)" auswählen.
- Man wählt die Messungen „Maximum" und „X bei Max. Y."

„Maximum"-Einheiten werden in dB und die Einheiten für „X bei Max. Y" für FFT in Hertz angezeigt.

3.6.5 Zählermessungen

- Anzahl positiver Impulse: Die Messung „Anzahl positiver Impulse" ist ein Impulszähler für die gewählte Wellenformquelle, wie Abb. 3.85 zeigt.
  Diese Messung ist für analoge Kanäle verfügbar.
- Anzahl negativer Impulse: Die Messung „Anzahl negativer Impulse" ist ein Impulszähler für die gewählte Wellenformquelle, wie Abb. 3.86 zeigt.
  Diese Messung ist für analoge Kanäle verfügbar.
- Anzahl steigender Flanken: Die Messung „Anzahl steigender Flanken" ist eine Flankenzahl für die gewählte Wellenformquelle.
  Diese Messung ist für analoge Kanäle verfügbar.
- Anzahl fallender Flanken: Die Messung „Anzahl fallender Flanken" ist ein Flankenzähler für die gewählte Wellenformquelle.
  Diese Messung ist für analoge Kanäle verfügbar.
- Gemischte Messungen: Die Bereichsmessung betrifft den Bereich zwischen der Wellenform und der Nulllinie. Der Bereich unter der Nulllinie wird vom Bereich über der Nulllinie subtrahiert. Abb. 3.87 zeigt eine Bereichsmessung.

Die Vollbild-Messintervallabweichung misst den Wert an allen angezeigten Datenpunkten.

Abb. 3.85 Zählermessung
der Anzahl positiver Impulse

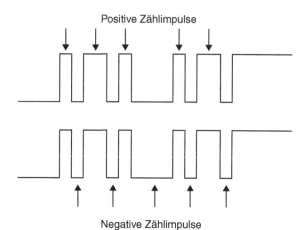

Abb. 3.86 Zählermessung
der Anzahl negativer Impulse

Die N-Zyklen-Messintervallabweichung misst den Wert über eine oder mehrere vollständige Perioden des angezeigten Signals. Wenn weniger als drei Flanken vorhanden sind, zeigt die Messung keine Flanken an.

Die X-Cursors zeigen an, welcher Teil der Wellenform gemessen wird.

3.6.6 Messungsschwellwerte

Das Festlegen von Schwellwerten für die Messung bestimmt an welchen vertikalen Pegeln eines analogen Kanals oder einer mathematischen Wellenform Messungen durchgeführt werden.

Das Ändern von Standardschwellwerten kann zu veränderten Messergebnissen führen

Die standardmäßigen unteren, mittleren und oberen Schwellwerte betragen 10 %, 50 % und 90 % der Werte zwischen Dach und Basis. Eine Änderung der Standardwerte für Schwellwertdefinitionen kann dazu führen, dass die Messergebnisse für Mittelwert, Verzögerung, Tastverhältnis, Abfallzeit, Frequenz, Überschwingen, Periode, Phase,

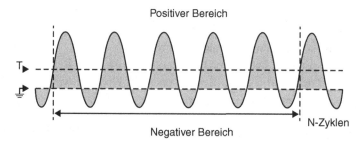

Abb. 3.87 Bereichsmessung einer Messintervallabweichung

Vorschwingen, Anstiegszeit, +Breite (Plusbreite) und −Breite (Minusbreite) geändert werden.

- Man drückt im Menü „Messung" den Softkey „Einstell." und dann den Softkey „Schwellwerte", um Schwellwerte für analoge Kanalmessungen festzulegen. Man kann das Menü „Messungsgrenzwert" auch öffnen, indem man [Analyze] „Analyse > Merkmale" drückt um Schwellwerte für Messungen auszuwählen.
- Mit dem Softkey „Quelle" kann die Datenquelle des analogen Kanals oder der mathematischen Wellenform ausgewählt werden, für die die Schwellwerte der Messung geändert werden sollen.

Jedem Analogkanal und jeder mathematischen Wellenform können individuelle Schwellwerte zugewiesen werden, wie Abb. 3.88 zeigt.

- Man drückt den Softkey „Typ", um den Schwellwert für die Messung auf % (Prozentsatz des Wertes für Spitze und Basis) oder auf Absolut (absoluter Wert) einzustellen.
  - Der Prozentsatz für Schwellwerte kann zwischen 5 % und 95 % eingestellt werden.
  - Die Einheiten für einen absoluten Schwellwert der Kanäle werden in den Tastkopf-Menüs eingestellt.
  - Wenn die „Quelle" auf „Math; f(t)" eingestellt ist, kann der Typ des Schwellwertes nur auf % gesetzt werden.
  Über absolute Schwellwerte:
  - Absolute Schwellwertangaben sind abhängig von der Kanalskalierung, von Messsondenabschwächung und Messsondeneinheiten. Man legt Letztere stets vor den absoluten Schwellwerten fest.
  - Minimale und maximale Schwellwerte sind auf Bildschirmwerte begrenzt.
  - Liegen absolute Schwellwerte über oder unter dem Minimum bzw. Maximum der Wellenformkurve, wird die Messung möglicherweise ungültig.
- Man drückt den Softkey „Niedrig" und legt mit dem Eingabedrehknopf den unteren Schwellwert für die Messung fest.

Bei Erhöhung des unteren Wertes auf einen Wert oberhalb des festgesetzten mittleren Wertes wird der mittlere Wert automatisch so weit angehoben, dass er wiederum über dem unteren Wert liegt. Der untere Standardschwellwert entspricht 10 % oder 800 mV. Wenn der Typ des Schwellwertes auf % eingestellt ist, kann der untere Schwellwert zwischen 5 % und 93 % festgelegt werden.

Abb. 3.88 Einstellung des Analogkanals und der mathematischen Wellenform

- Man drückt den Softkey „Mitte" und legt mit dem Eingabedrehknopf den mittleren Schwellwert für die Messung fest. Die Höhe des mittleren Wertes ist durch die unteren und oberen Schwellwerte festgelegt. Der mittlere Standardschwellwert liegt bei 50 % oder 1,20 V. Wenn der Typ des Schwellwertes auf % eingestellt ist, kann der mittlere Schwellwert zwischen 6 % und 94 % festgelegt werden.
- Man drückt den Softkey „Oben" und legt mit dem Eingabedrehknopf den oberen Schwellwert für die Messung fest. Bei Verkleinerung des oberen Wertes auf einen Wert unterhalb des festgesetzten mittleren Wertes wird der mittlere Wert automatisch so weit abgesenkt, dass er wiederum unter dem oberen Wert liegt. Der obere Standardschwellwert liegt bei 90 % oder 1,50 V. Wenn der Typ des Schwellwertes auf % eingestellt ist, kann der obere Schwellwert zwischen 7 % und 95 % festgelegt werden.

Bei Anzeige der gezoomten Zeitbasis kann man wählen, ob Messungen im Haupt- oder Zoom- Fensterteil der Anzeige vorgenommen werden.

- Man drückt die Taste [Meas] „Mess.".
- Man drückt im Menü „Messung" den Softkey „Einstell.".
- Man drückt im Menü „Messeinstellungen" den Softkey „Messfenster" und dreht dann den Eingabedrehknopf zur Auswahl unter:
  - „Auto-Ausw.": Es wird versucht, im unteren Zoom- Fenster zu messen. Ist das nicht möglich, wird das obere Fenster (Hauptfenster) verwendet.
  - Primär: Das Messungsfenster ist das obere Fenster „Hauptfenster. Zoom" – das Messungsfenster ist das untere Fenster, Zoom-Fenster.

3.6.7 Messungsstatistiken

Man drückt zum Aufruf des Menüs „Messung" die Taste [Meas] „Messen". Standardmäßig werden Statistiken angezeigt und Frequenz bzw. Spannung auf Kanal 1 gemessen.

Man wählt die gewünschten Messungen für die Kanäle aus.

Man drückt im Menü „Messung" den Softkey „Statistiken" zum Aufruf des Menüs „Statistiken". Abb. 3.89 zeigt das Einstellfenster und den Bildschirm.

Folgende Statistiken werden angezeigt: Name der Messung, aktuell gemessener Wert, Mittel, minimal gemessener Wert, maximal gemessener Wert, Standardabweichung und Häufigkeit der Messung (Anzahl). Statistiken basieren auf der Summe erfasster Wellenformen (Anzahl).

Die in den Statistiken angezeigte Standardabweichung wird Mithilfe derselben Formel berechnet, die zur Berechnung der Standardabweichungsmessung verwendet wird. Der Quellenkanal der Messung wird in Klammern hinter dem Messungsnamen angegeben. Zum Beispiel: „Freq. (1)" zeigt eine Frequenzmessung auf Kanal 1 an.

Man kann für die Statistiken „Anzeige ein" oder „Anzeige aus" wählen. Statistische Daten werden weiter gesammelt, wenn die Anzeige der Statistiken ausgeschaltet ist.

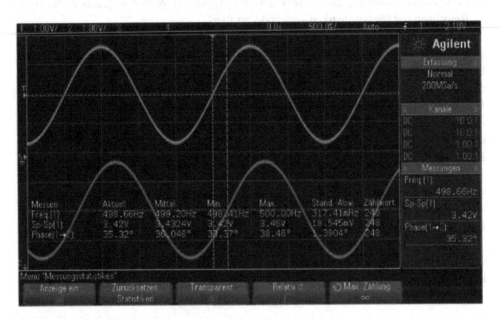

Abb. 3.89 Einstellfenster für die Statistiken und den Bildschirm

Wenn man das Menü „Messung" verlässt, werden die Statistiken nicht mehr angezeigt, aber statistische Daten werden weiter gesammelt. Man kann zum Menü „Messung" zurückkehren, um die Daten erneut anzuzeigen.

Zum Zurücksetzen der Statistikmessungen den Softkey „Zurücksetzen Statistiken" drücken. Hiermit werden alle Statistiken zurückgesetzt und die Aufzeichnung statistischer Daten beginnt von neuem.

Bei jedem Hinzufügen einer neuen Messung (Beispiel: Frequenz, Periode oder Amplitude) werden die Statistiken zurückgesetzt und die Sammlung statistischer Daten beginnt von neuem.

Bei Drücken der Taste [Single] „Einzeln" werden die Statistiken zurückgesetzt und eine einzelne Messung durchgeführt (Anzahl = 1). Aufeinanderfolgende [Single] „Einzeln"-Erfassungen bilden statistische Daten (und die Anzahl wird inkrementiert).

Man drückt den Softkey „Transparent", um den Modus „Transparent" zu deaktivieren und dann werden Statistiken mit grauem Hintergrund angezeigt. Man drückt den Softkey „Transparent" erneut, um den Modus „Transparent" zu aktivieren. Dann werden Messwerte, Statistiken und Cursorwerte ohne Hintergrund angezeigt. Die Einstellung „Transparent" beeinflusst die Messungsstatistiken, Referenzwellenforminformationen und die optionale Anzeige der Maskentest-Merkmalstatistiken.

- Relativ σ: Wenn dies aktiviert ist, dann wird die in den Messstatistiken angezeigte Standardabweichung eine relative Standardabweichung, d. h., Standardabweichung/ Mittel.
- Max. Zählung: Mit diesem Softkey wird die Anzahl an Werten angegeben, die beim Berechnen der Messstatistiken verwendet werden.

Der Softkey „Inkrement Statistiken" wird nur angezeigt, wenn die Erfassung gestoppt und das optionale Merkmal „segmentierter Speicher" ausgeschaltet wird. Erfassung stoppen durch Drücken der Taste [Single] „Einzeln" oder [Run/Stop] „Start/Stopp". Die Horizontalposition-Steuerung wird verwendet, um über die Wellenform zu schwenken. Aktive Messungen bleiben auf dem Bildschirm, damit verschiedene Aspekte der erfassten Wellenform gemessen werden können. „Inkrement Statistiken" drücken, um die aktuell gemessene Wellenform den gesammelten Statistikdaten hinzuzufügen.

Der Softkey „Analyse Segmente" wird nur angezeigt, wenn die Erfassung gestoppt wurde und das optionale Merkmal „segmentierter Speicher" aktiviert ist. Nach Abschluss der Erfassung (und Stopp des Oszilloskops) kann man den Softkey „Analyse Segmente" zum Sammeln von Messstatistiken für die erfassten Segmente drücken.

Man kann auch das unbegrenzte Nachleuchten (im Menü „Anzeige") aktivieren und den Softkey „Analyse Segmente" drücken, um die Anzeige mit unbegrenzter Nachleuchtdauer zu aktivieren.

3.7   Maskentest

Mit dem Maskentest wird überprüft, ob eine Wellenform einem bestimmten Satz an Parametern entspricht. Eine Maske definiert einen Bereich in der Oszilloskop-Anzeige, in der die Wellenform verbleibt, um die Parameter zu erfüllen. Die Maskenübereinstimmung wird punktuell in der Anzeige überprüft. Der Maskentest wird nur auf analogen Kanälen durchgeführt, allerdings nicht auf nicht angezeigten Kanälen.

3.7.1   Erstellung einer Maske (Automaske)

Eine ideale Wellenform wird allen gewählten Parametern gerecht und ist die Wellenform, mit der alle anderen verglichen werden.

- Man konfiguriert das Oszilloskop zur Anzeige der idealen Wellenform.
- Man drückt die Taste [Analyze] „Analyse".
- Man drückt „Merkmale" und dann wählt man „Maskentest".
- Man drückt „Merkmale" erneut, um das Maskentesten zu aktivieren, wie Abb. 3.90 zeigt.
- Man drückt „Automaskierung".

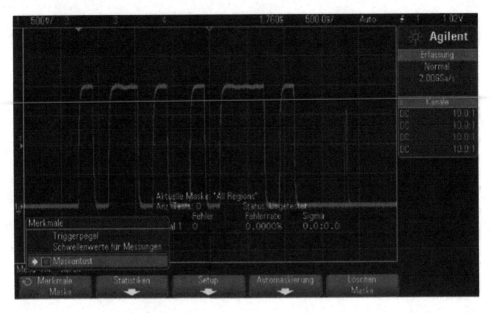

Abb. 3.90 Einstellungen des Maskentests

- Man drückt im Menü „Automaskierung" den Softkey „Quelle" und stellt sicher, dass der gewünschte analoge Kanal ausgewählt wird, wie Abb. 3.91 zeigt.
- Die horizontale (±Y) und vertikale Toleranz (±X) der Maske ist anzupassen. Diese sind in Rasterdivisionen oder absoluten Einheiten (Volt oder Sekunden) einstellbar, auswählbar Mithilfe des Softkeys „Einheiten".
- Man drückt den Softkey „Erstellen Maske". Die Maske wird erstellt und der Test beginnt, wie Abb. 3.92 zeigt. Bei jedem Drücken des Softkeys „Erstellen Maske" wird die alte Maske gelöscht und eine neue erstellt.
- Um die Maske zu löschen und den Maskentest auszuschalten, drückt man die Zurück/ Oben-Taste, um zum Menü „Maskentest" zurückzukehren, und dann drückt man den Softkey „Lösche Maske".

Falls die unbegrenzte Nachleuchtdauer bei Aktivierung des Maskentests eingeschaltet ist, bleibt sie eingeschaltet. Falls diese Funktion ausgeschaltet ist, wird sie mit der Aktivierung des Maskentests eingeschaltet und bei Ausschalten des Maskentests wieder ausgeschaltet.

Wenn man „Erstellen Maske" drückt und die Maske im Vollbild angezeigt wird, überprüft man die ± Y- und ± X- Einstellungen im Menü „Automaskierung". Ist diese auf Null festgelegt, ist die Maske um die Wellenform sehr eng.

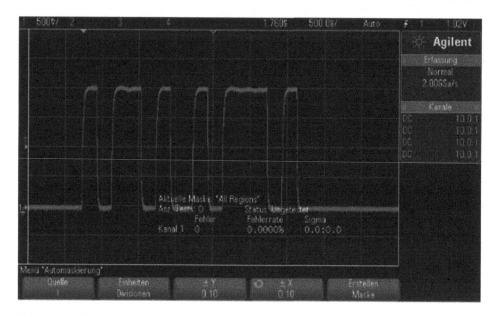

Abb. 3.91   Bildschirm nach dem Menü „Automaskierung"

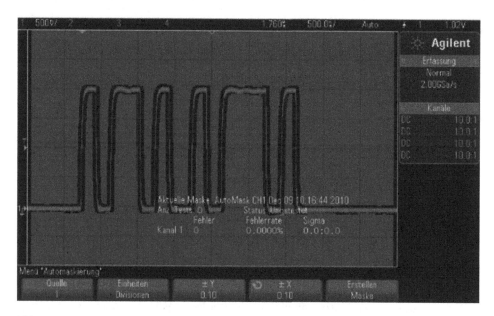

Abb. 3.92   Einstellung an der Maske

Wenn man „Erstellen Maske" drückt und keine Maske erstellt wurde, überprüft man die ± Y- und ± X- Einstellungen und sollte diese zu groß sein, so ist die Maske nicht sichtbar.

3.7.2 Maskentest-Setup-Optionen

Man drückt im Menü „Maskentest" den Softkey „Set-up" zum Aufruf des Menüs „Masken-Set-up". Tab. 3.12 zeigt die Funktionen.

3.7.3 Maskenstatistiken

* Man drückt im Menü „Maskentest" den Softkey Statistiken zum Aufruf des Menüs „Maskenstatistiken" und erhält Abb. 3.93 und Tab. 3.13 zeigt die Funktionen des Menüs „Maskenstatistiken".

3.7.4 Bearbeiten einer Maskendatei manuell

Man kann eine Maskendatei manuell bearbeiten, die man mit der Funktion zur Automaskierung erstellt hat. Befolgt man die nachfolgenden Schritte, so wird die Maske nach dem Erstellen nicht gelöscht.

* Man schließt ein USB-Massenspeichergerät an das Oszilloskop an.
* Man drückt die Taste [Save/Recall] „Speichern/Abrufen".
* Man drückt den Softkey „Speichern".
* Man drückt den Softkey „Format" und wählt „Maske".
* Man drückt den zweiten Softkey und wählt damit einen Zielordner auf dem USB-Massenspeichergerät an.
* Man drückt den Softkey „Durch Drücken speichern" und es wird eine ASCII- Textdatei erstellt, die die Maske beschreibt.
* Man entfernt das USB-Massenspeichergerät und schließt es an einen PC an.
* Man öffnet die erstellte „.msk"-Datei in einem Texteditor (z. B. Wordpad).
* Bearbeiten, speichern und schließt dann die Datei.

Die Maskendatei enthält folgende Abschnitte:

* Maskendateibezeichner
* Maskendateititel
* Maskenverletzungsbereiche
* Oszilloskop-Setup-Informationen

Tab. 3.12 Funktionen der Maskentest-Setup-Optionen

Ausf. bis	Mit Softkey „Ausführen bis" eine Bedingung zur Beendigung des Tests festlegen
	• Immer: Kontinuierlicher Oszilloskop-Betrieb. Bei einem Fehler wird jedoch die angegebene Aktion mit dem Softkey „Bei Fehler" angezeigt
	• „Minim. Anzahl von Tests": Option wählen und mit Softkey „Anz. Tests" die Anzahl der Trigger für das Oszilloskop wählen, die Wellenformen anzeigen und mit der Maske vergleichen. Das Oszilloskop wird nach Abschluss der angegebenen Anzahl der Tests gestoppt. Die angegebene Mindestanzahl der Tests wird ggf. überschritten. Bei einem Fehler wird jedoch die angegebene Aktion mit dem Softkey „Bei Fehler" angezeigt. Die tatsächliche Anzahl der Tests wird über den Softkey angezeigt
	• Minimalzeit: Option wählen und mit Softkey „Testzeit" eine Mindestzeit für den Betrieb des Oszilloskops wählen. Nach dem Ablauf der Zeit wird das Oszilloskop gestoppt. Die angegebene Zeit wird ggf. überschritten. Bei einem Fehler wird jedoch die angegebene Aktion mit dem Softkey „Bei Fehler" angezeigt. Die tatsächliche Testzeit wird über den Softkey angezeigt
	• Minimum Sigma: Option wählen und mit Softkey „Sigma" ein Mindest-Sigma wählen. Der Maskentest wird ausgeführt, bis genug Wellenformen für ein Mindest-Test-Sigma getestet wurden. Bei einem Fehler führt das Oszilloskop die mit Softkey „Bei Fehler" angegebene Aktion aus. Dies ist ein Test-Sigma (max. erreichbares Prozess-Sigma, keine Fehler werden vorausgesetzt, für eine bestimmte Anzahl getesteter Wellenformen) und kein Prozess-Sigma (abhängig nach Anzahl der Fehler pro Test). Der Sigma-Wert kann den gewählten Wert übersteigen, wenn ein kleiner Wert gewählt wurde. Das tatsächliche Sigma wird angezeigt
Bei Fehler	Die Einstellung „Bei Fehler" legt die Aktionen fest, die durchgeführt werden, wenn die Eingabewellenform der Maske nicht entspricht. Diese Einstellung setzt die Einstellung „„Ausf. bis" außer Kraft
	• Stopp: Das Oszilloskop stoppt beim ersten erkannten Fehler (bei der ersten Wellenform, die der Maske nicht entspricht). Diese Einstellung setzt die Einstellungen „Minim. Anzahl von Tests" und „Minimalzeit" außer Kraft
	• Speichern: Das Oszilloskop speichert das Bildschirmbild, sobald ein Fehler entdeckt wird. Im Menü „Speichern" [„Save/Recall"] „ > Speichern" wird ein Bildformat (*.bmp oder *png) ausgedruckt und dann eine Zielangabe (USB-Speichergerät) und den Dateinamen (mit automatischer Vergrößerung) wählen. Bei zu häufigen Fehlern und wenn das Oszilloskop zu viele Bilder speichert, wird die Taste [Stop] „Stopp" gedrückt, um Erfassungen anzuhalten
	• Drucken: Das Oszilloskop druckt das Bildschirmbild, sobald ein Fehler entdeckt wird. Option ist nur verfügbar, wenn ein Drucker angeschlossen ist
	• Messen: Messungen (und Messstatistiken, wenn dies unterstützt wird) werden nur bei Wellenformen mit einer Maskenverletzung erfasst. Messungen werden von erfolgreichen Wellenformen nicht beeinflusst. Modus ist nicht verfügbar, wenn der Erfassungsmodus auf „Mittelwb." festgelegt ist
	Man hat die Wahl zwischen Drucken oder Speichern, können aber nicht beides gleichzeitig auswählen. Alle anderen Aktionen können gleichzeitig gewählt werden. Beispiel: Stopp und Messen können gewählt werden, damit das Oszilloskop beim ersten Fehler misst und stoppt

(Fortsetzung)

Tab. 3.12 (Fortsetzung)

Quellensperre	Bei Aktivierung von „Quellensperre" mit dem Softkey „Quellensperre" wird die Maske neu gezeichnet, um der Quelle bei Verschiebung der Wellenform zu entsprechen. Beispiel: Bei Änderung der horizontalen Zeitbasis oder des vertikalen Zuwachses wird die Maske mit neuen Einstellungen neu gezeichnet. Bei Deaktivierung von „Quellensperre" wird die Maske beim Ändern horizontaler/vertikaler Einstellungen nicht neu gezeichnet
Quelle	Beim Ändern des Quellenkanals wird die Maske nicht gelöscht. Sie wird mit den Einstellungen für vertikalen Zuwachs und Offset des Kanals, dem die Maske zugewiesen ist, neu skaliert. Zum Erstellen einer neuen Maske für den gewählten Quellenkanal ist auf die Menühierarchie zurückzugehen, „Automaskierung" und dann „Erstellen Maske" drücken Der Softkey „Quelle" im Menü „Masken-Set-up" ist mit dem Softkey „Quelle" im Menü „Automaskierung" identisch
Alle testen	Bei Aktivierung werden alle angezeigten analogen Kanäle in den Maskentest einbezogen. Bei Deaktivierung wird nur der ausgewählte Quellenkanal in den Test einbezogen

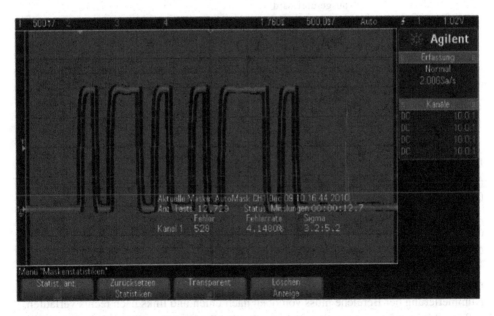

Abb. 3.93 Aufruf des Menüs „Maskenstatistiken"

Tab. 3.13 Funktionen des Menüs „Maskenstatistiken"

Statist. anz.	Wenn man „Statist. anz." aktiviert, werden folgende Informationen angezeigt: • Aktuelle Maske, Name der Maske, Kanalnummer, Datum und Zeit • Anzahl der Tests (Gesamtzahl der ausgeführten Maskentests). • Status (erfolgreich, misslungen, ungetestet) • Gesammelte Testzeit (in Stunden. Minuten, Sekunden, Zehntel-sekunden) Für jeden analogen Kanal: • Anzahl der Fehler (Erfassungen der Signale über die Maske hinaus) • Fehlerrate (Fehler in Prozent) • Sigma (Verhältnis): Prozess-Sigma zum max. erreichbaren Sigma, anhand der getesteten Wellenformen
Zurücksetzen Statistiken	Man beachte, dass Statistiken auch zurückgesetzt werden, wenn: • der Maskentest nach dem Deaktivieren wieder aktiviert wird • der Softkey „Löschen Maske" gedrückt wird • eine Automaske erstellt wird Außerdem wird der Zähler der gesammelten Zeit immer dann zurückgesetzt, wenn das Oszilloskop nach Stoppen der Erfassung ausgeführt wird
Transparent	Man aktiviert den Modus „Transparent", um Messwerte und Statistiken ohne Hintergrund auf den Bildschirm zu schreiben. Man deaktiviert den Modus „Transparent", um diesen mit grauem Hintergrund anzuzeigen. Die Einstellung „Transparent" beeinflusst Maskenteststatistiken, Messstatistiken und Anzeige von Referenz-wellenforminformationen
Löschen Anzeige	Erfassungsdaten werden aus der Oszilloskopanzeige gelöscht

Der Maskendateibezeichner ist z. B. „MASK_FILE_548XX."

Der Maskendatei ist eine Folge von ASCII-Zeichen. Beispiel: autoMask CH1 OCT 03 09:40:26 2016

Enthält der Titel einer Maskendatei das Schlüsselwort „autoMask", wird der Rand der Maske definitionsgemäß akzeptiert. Andernfalls wird der Rand der Maske als Fehler definiert. Abb. 3.94 zeigt Maskenverletzungsbereiche.

Bis zu acht Bereiche können für eine Maske definiert werden. Diese können mit 1–8 nummeriert werden und in beliebiger Reihenfolge in der „.msk-Datei" auftreten. Die Nummerierung der Bereiche muss von oben nach unten und links nach rechts verlaufen.

Eine Automaskierungsdatei enthält zwei spezielle Bereiche: die an den oberen Rand der Anzeige und die an den unteren Rand „geklebt" werden. Der obere Bereich ist durch Y-Werte von „MAX" für die ersten und letzten Punkte gekennzeichnet. Der untere Bereich ist durch Y-Werte von „MIN" für die ersten und letzten Punkte gekennzeichnet.

Der obere Bereich muss der niedrigste nummerierte Bereich in der Datei sein. Der untere Bereich muss der höchste nummerierte Bereich in der Datei sein.

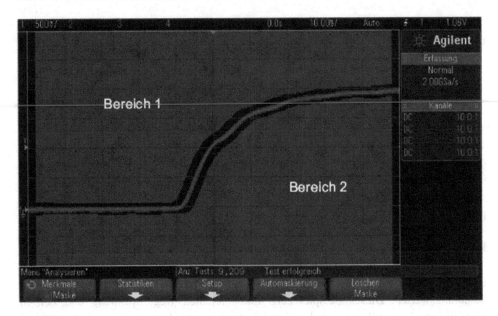

Abb. 3.94 Maskenverletzungsbereiche

Bereich Nummer 1 ist der obere Maskenbereich. Die Scheitelpunkte in Bereich 1 beschreiben Punkte längs einer Linie; diese Linie ist der untere Rand des oberen Teils der Maske. In gleicher Weise beschreiben die Scheitelpunkte in Bereich 2 die Linie, die den oberen Rand des unteren Teils der Maske bildet.

Die Scheitelpunkte in einer Maskendatei sind normalisiert. Vier Parameter definieren, wie Werte normalisiert werden.

- X1
- ΔX
- Y1
- Y2

Diese vier Parameter werden im Oszilloskop- Set-up-Teil der Maskendatei definiert.

Die Y-Werte (normalerweise Spannung) werden in der Datei mittels folgender Gleichung normalisiert:

$$Y_{Norm} = (Y - Y1)/\Delta Y$$

$$\text{wobei } \Delta Y = Y2 - Y1$$

Man wandelt die normalisierten Y-Werte in der Maskendatei in Spannung um:

$$Y = (Y_{Norm} \cdot \Delta Y) + Y1, \text{ wobei } \Delta Y = Y2 - Y1$$

Die X-Werte (normalerweise Zeit) werden in der Datei mittels folgender Gleichung normalisiert:

$$Y_{Norm} = (X - X1)/\Delta X$$

So wandelt man die normalisierten X-Werte in Zeit um:

$$X = (X_{Norm} \cdot \Delta X) + X1$$

Die Schlüsselwörter „Set-up" und „end_setup" (allein in einer Zeile stehend) definieren Anfang und Ende des Oszilloskop- Set-up- Bereichs der Maskendatei. Die Oszilloskop-Set-up-Informationen enthalten Befehle der Fernprogrammierungssprache, die das Oszilloskop beim Laden der Maskendatei ausführt. Jeder zulässige Fern-programmierungsbefehl kann in diesem Abschnitt eingegeben werden.

Die Maskenskalierung steuert, wie die normalisierten Vektoren interpretiert werden. Dies wiederum bestimmt, wie die Maske in der Anzeige dargestellt wird.

Die Maske nutzt alle acht Maskenregionen aus. Der schwierigste Teil der Erstellung einer Maskendatei ist die Normalisierung der X- und Y-Werte aus den Zeit und Spannungswerten. Dieses Beispiel zeigt einen leichten Weg, Spannung und Zeit in normalisierte X- und Y-Werte in der Maskendatei umzuwandeln.

Wie wird der Maskentest durchgeführt?

Diese Oszilloskope starten Maskentests durch Erstellen einer Datenbank mit dem Wellenformanzeigebereich von 200 · 640. Jede Position im Array ist ein erlaubter oder nicht erlaubter Bereich. Tritt ein Wellenformdatenpunkt in einem nicht erlaubten Bereich auf, wird ein Fehler protokolliert. Bei Auswahl von „Alle testen" wird jeder aktive ana-loge Kanal für jede Erfassung anhand der Maskendatenbank getestet. Über 2 Mrd. Fehler können pro Kanal protokolliert werden. Die Zahl der getesteten Erfassungen wird auch protokolliert und als „Anz. Tests" angezeigt.

Die Maskendatei ermöglicht eine höhere Auflösung als die 200 · 640-Datenbank. Eine gewisse Datenquantisierung hat den Zweck, die Maskendateidaten für die Bildschirm-anzeige zu reduzieren.

3.8   Integrierter Wellenformgenerator

Arbiträrgeneratoren arbeiten nach dem Prinzip der direkten digitalen Synthese. Die gewünschte Signalform wird in einem Speicher abgelegt, dessen Speicherstellen durch einen in der Frequenz veränderbaren Adressgenerator zyklisch abgerufen werden. Ein DA-Umsetzer mit anschließendem Tiefpassfilter und Ausgangsverstärker erzeugt aus den Zahlenwerten das Ausgangssignal.

Die Eigenschaften eines Arbiträrgenerators werden wesentlich durch seine Abtast-frequenz bestimmt. Nach dem Abtasttheorem kann die höchste im Ausgangssignal vorkommende Frequenzkomponente maximal die halbe Abtastfrequenz erreichen, praktisch durch die endliche Steilheit des Antialiasing-Filters jedoch etwas weniger. Die

Wortbreite (16-Bit-Format) des Signalspeichers und DA-Wandlers bestimmt das erreichbare Signal-Rausch-Verhältnis und damit die realisierbare Signalkomplexität.

Durch die digitale Synthese können auch sehr langsame Signale erzeugt werden. Die Signalverzerrungen sind im Wesentlichen durch die Qualität des DA-Wandlers bestimmt und damit im Allgemeinen wesentlich geringer als bei gewöhnlichen Funktionsgeneratoren, jedoch wird die spektrale Reinheit spezieller Sinus- und HF-Generatoren nicht erreicht.

Die zu generierenden Signalformen können, müssen aber nicht synthetisch erzeugt werden. Man kann auch messtechnisch erfasste reale Signale in den Arbiträrgenerator laden und jederzeit wieder abrufen, um mit „echten" Signalen zu arbeiten.

3.8.1 Generierte Wellenformen

So wählt man Typen und Einstellungen generierter Wellenformen aus:

- Um auf das Menü „Wellenformgenerator" zuzugreifen und den Wellenformgeneratorausgang „Gen Out- BNC" am vorderen Bedienfeld zu aktivieren bzw. deaktivieren, drückt man die Taste [Wave Gen] „Generator". Bei aktiviertem Wellenformgeneratorausgang ist die Taste [Wave Gen] „Generator" beleuchtet. Bei deaktiviertem Wellenformgeneratorausgang ist die Taste [Wave Gen] „Generator" nicht beleuchtet.

Der Wellenformgeneratorausgang ist direkt nach dem Einschalten des Geräts immer deaktiviert. Der Wellenformgeneratorausgang wird automatisch deaktiviert, wenn eine zu hohe Spannung am „Gen Out-BNC"- Anschluss anliegt.

- Man drückt im Menü „Wellenformgenerator" den Softkey „Wellenform" und dreht dann den Eingabedrehknopf zur Auswahl des Wellenformtyps. Es erscheint Abb. 3.95.
- Man stellt je nach ausgewähltem Wellenformtyp Mithilfe der übrigen Softkeys und des Eingabedrehknopfes die Eigenschaften der Wellenform ein und Tab. 3.14 zeigt die Details.

Durch Drücken eines Signalparameter-Softkeys kann man ein Menü zur Auswahl des Einstellungstyps aufrufen. Man kann z. B. wählen, Amplituden- und Offset-Werte bzw. Werte der oberen und unteren Ebene eingeben. Man kann auch Frequenz- oder Periodenwerte eingeben. Man hält den Softkey zur Auswahl des Einstellungstyps gedrückt und damit stellt man den Wert mit dem Eingabedrehknopf ein.

Man beachte, dass man bei Frequenz, Periode und Breite zwischen Grob- und Feineinstellung wählen kann. Auch durch Drücken des Eingabedrehknopfes kann man schnell zwischen Grob- und Feineinstellung umschalten.

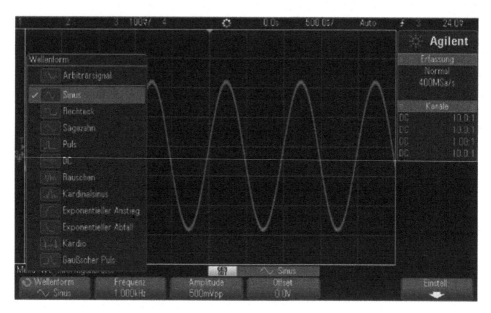

Abb. 3.95 Auswahl des Wellenformtyps

Der Softkey „Einstell." öffnet das Menü „Wellenformgeneratoreinstellungen", in dem man weitere Einstellungen für den Wellenformgenerator vornehmen kann, wie Abb. 3.96 zeigt.

3.8.2   Arbiträrsignale

- Wenn Arbiträrsignal als Wellenformtyp ausgewählt ist, drückt man den Softkey „Wellenf. bearb.", um das Menü „Wellenf. bearb." aufzurufen, wie Abb. 3.97 zeigt.

Wenn man das Menü „Wellenf. bearb." aufruft, sieht man die vorhandenen Arbiträr-signaldefinitionen. Spannung und Zeitraum, die im Diagramm angezeigt werden, sind die Grenzwertparameter – sie stammen von den Frequenz- und Amplitudeneinstellungen im Wellenformgenerator-Hauptmenü.

- Man verwendet die Softkeys im Menü „Wellenf. bearb.", um die Form des Arbiträr-signals in Tab. 3.15 zu definieren.

Man kann mit der Taste und dem Menü [Save/Recall] „Speichern/Abrufen". Die Arbiträrwellenformen lassen sich an einem von vier internen Speicherorten oder auf einem USB-Speichergerät speichern und die Wellenformen später erneut aufrufen.

Tab. 3.14 Eigenschaften der Wellenform und wenn die Ausgangslast 50 Ω beträgt, werden diese Werte halbiert

Wellenformtyp	Eigenschaften	Frequenz-bereich	Max. Amplitude (Hoch-Z)	Offset (Hoch-Z)
Arbiträr	Man stellt mit den Softkeys „Frequenz/Frequenz/fein,/ Periode/Periode fein, Amplitude/Obere Ebene" und „Offset/Untere Ebene" die Arbiträrsignalparameter ein. Man definiert mit dem Softkey „Wellenform bearbeiten" die Form des Arbiträrsignals	100 mHz bis 12 MHz	20 mV$_{SS}$ bis 5 V$_{SS}$	±2,50 V
Sinus	Man stellt mit den Softkeys „Frequenz/Frequenz/fein/ Periode/Periode fein", „Amplitude/Obere Ebene" und „Offset/Untere Ebene" die Sinussignalparameter ein	100 mHz bis 20 MHz	20 mV$_{SS}$ bis 5 V$_{SS}$	±2,50 V
Rechteck	Man stellt mit den Softkeys „Frequenz/Frequenz fein/ Periode/Periode fein", „Amplitude/Obere Ebene", „Offset/Untere Ebene" und Tastverhältnis die Rechtecksignalparameter ein. Das Tastverhältnis kann von 20 % bis 80 % eingestellt werden	100 mHz bis 10 MHz	20 mV$_{SS}$ bis 5 V$_{SS}$	±2,50 V
Sägezahn	Man stellt mit den Softkeys „Frequenz/Frequenz fein/ Periode/Periode fein", „Amplitude/Obere Ebene", „Offset/Untere Ebene" und Tastverhältnis die Sägezahn-signalparameter ein. Das Tast-verhältnis kann von 0 % bis 100 % eingestellt werden	100 mHz bis 200 kHz	20 mV$_{SS}$ bis 5 V$_{SS}$	±2,50 V
Impuls	Man stellt mit den Softkeys „Frequenz/Frequenz fein/ Periode/Periode fein", „Amplitude/Obere Ebene", „Offset/Untere Ebene" und „Breite/Breite fein" die Impulssignalparameter ein. Die Pulsbreite kann von 20 ns bis auf die Periode minus 20 ns eingestellt werden	100 mHz bis 10 MHz	20 mV$_{SS}$ bis 5 V$_{SS}$	±2,50 V

(Fortsetzung)

Tab. 3.14 (Fortsetzung)

Wellenformtyp	Eigenschaften	Frequenz-bereich	Max. Amplitude (Hoch-Z)	Offset (Hoch-Z)
DC	Man stellt mit dem Softkey „Offset" den DC-Pegel ein	entfällt	entfällt	$\pm 2{,}50$ V
Rauschen	Man stellt mit „Amplitude/Obere Ebene" und „Offset/Untere Ebene" die Rausch-signalparameter ein	entfällt	20 mV$_{SS}$ bis 5 V$_{SS}$	$\pm 2{,}50$ V
Kardinalsinus	Man stellt mit den Softkeys „Frequenz/Frequenz fein/Periode/Periode fein", „Amplitude" und „Offset" die Sinc-Signalparameter ein	100 mHz bis 1 MHz	20 mV$_{SS}$ bis 5 V$_{SS}$	$\pm 1{,}25$ V
Exponentieller Anstieg	Man stellt mit den Softkeys „Frequenz/Frequenz fein/Periode/Periode fein", „Amplitude/Obere Ebene" und „Offset/Untere Ebene" die Signalparameter für exponentiellen Anstieg ein	100 mHz bis 5 MHz	20 mV$_{SS}$ bis 5 V$_{SS}$	$\pm 2{,}50$ V
Exponentieller Abfall	Man stellt mit den Softkeys „Frequenz/Frequenz Anstieg fein/Periode/Periode fein", „Amplitude/Obere Ebene" und „Offset/Untere Ebene" die Signalparameter für exponentiellen Abstieg ein	100 mHz bis 5 MHz	20 mV$_{SS}$ bis 5 V$_{SS}$	$\pm 2{,}50$ V
Kardinalsinus	Man stellt mit den Softkeys „Frequenz/Frequenz fein/Periode/Periode fein", „Amplitude" und „Offset" die Kardinalsinus-Signalparameter ein	100 mHz bis 5 MHz	20 mV$_{SS}$ bis 5 V$_{SS}$	$\pm 1{,}25$ V
Gaußscher Puls	Man stellt mit den Softkeys „Frequenz/Frequenz fein/Periode/Periode fein", „Amplitude" und „Offset" die Gaußschen Pulssignalpara-meter ein	100 mHz bis 5 MHz	20 mV$_{SS}$ bis 4 V$_{SS}$	$\pm 1{,}25$ V

Abb. 3.96 Menü für die Wellenformgeneratoreinstellungen

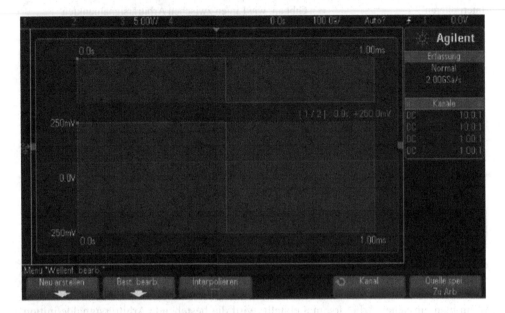

Abb. 3.97 Arbiträrsignal als Wellenformtyp

3.8.3 Erstellen neuer Arbiträrsignale

Das Menü „Neue Wellenf." wird durch Drücken auf „Neu" erstellt und im Menü „Wellenf. bearb." aufgerufen und Abb. 3.98 zeigt das Menü.

Die Erstellung neuer Arbiträrsignale läuft folgendermaßen ab:

- Man drückt im Menü „Neue Wellenf." auf „Anfangspkte." und wählt dann mit dem Eingabedrehknopf die Anfangspunkte in der neuen Wellenform aus. Die neue Wellenform ist eine Rechteckwelle mit der von ihm angegebenen Anzahl von Punkten. Die Punkte sind gleichmäßig über den Zeitraum verteilt.
- Man stellt mit dem Softkey „Frequenz/Frequenz fein/Periode/Periode fein" den Grenzwertparameter für den Zeitraum (Wiederholungsfrequenz) des Arbiträrsignals ein.
- Man verwendet die „Amplitude/Obere Ebene"- und „Offset/Untere Ebene"-Softkeys, um den Spannungsgrenzwertparameter des Arbiträrsignals festzulegen.
- Wenn man das neue Arbiträrsignal erstellen möchte, drückt man „Arbiträrsignal & bearb.".

Tab. 3.15 Form des Arbiträrsignals

Softkey	Beschreibung
Neu erstellen	Öffnet das Menü „Neue Wellenf."
Bestehendes bearbeiten	Öffnet das Menü „Wellenformpkt. bearb."
Interpolieren	Gibt an, wie Linien zwischen Arbiträrsignalpunkten gezeichnet werden. Bei Aktivierung werden im Wellenformeditor Linien zwischen Punkten gezeichnet. Spannungspegel ändern sich linear zwischen einem Punkt und dem nächsten. Bei Deaktivierung werden alle Liniensegmente im Wellenformeditor horizontal. Der Spannungspegel eines Punktes bleibt bis zum nächsten Punkt bestehen
Quelle	Wählt den Analogkanal oder die Referenzwellenform zur Erfassung und Speicherung im Arbiträrsignal
Quelle speichern zu Arbiträrsignal	Erfasst die ausgewählte Wellenformquelle und kopiert sie in das Arbiträrsignal

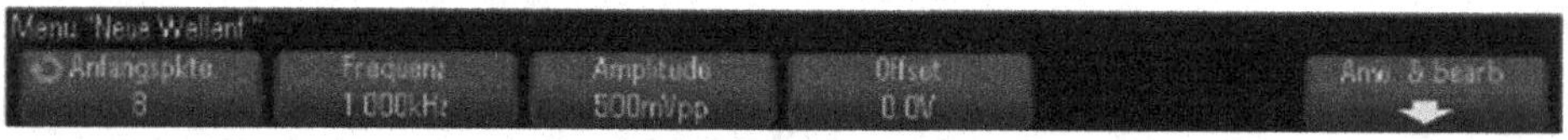

Abb. 3.98 Menü für das Erstellen neuer Arbiträrsignale

Wenn man ein neues Arbiträrsignal erstellt, wird die bestehende Arbiträrsignaldefinition überschrieben. Man kann mit der Taste und dem Menü [Save/Recall] „Speichern/ Abrufen" Arbiträrsignale an einem von vier internen Speicherorten oder auf einem USB-Speichergerät speichern und die Wellenformen später erneut aufrufen. Die neue Wellenform wird erstellt und das Menü „Wellenformpunkte bearbeiten" wird geöffnet.

Man beachte, dass man ein neues Arbiträrsignal auch erstellen kann, indem man eine andere Wellenform erfasst.

3.8.4 Bearbeiten vorhandener Arbiträrsignale

Das Menü „Wellenformpunkte bearbeiten" wird geöffnet, indem man im Menü „Wellenform bearbeiten" anklickt und „Arbiträrsignal bearb drückt" oder beim Erstellen eines neuen Arbiträrsignals „Arbiträrsignal bearb" drückt (Abb. 3.99).

Die Spannungswerte von Punkten gibt man folgendermaßen an:

• Man drückt die Punktnummer und wählt mithilfe des Eingabedrehknopfes den Punkt aus, dessen Spannungswert festgelegt werden soll.

• Man drückt Spannung und legt den Spannungswert des Punktes über den Eingabedrehknopf fest.

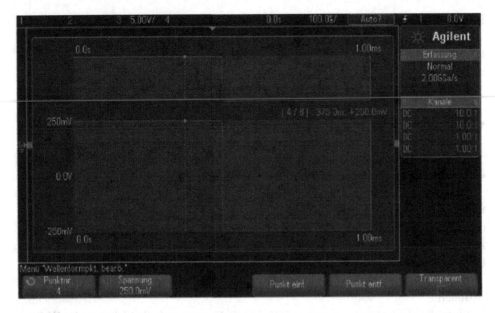

Abb. 3.99 Menü für „Wellenformpunkte bearbeiten"

Man fügt einen Punkt folgendermaßen ein:

- Man drückt die Punktnummer und wählt über den Eingabedrehknopf den Punkt aus, nachdem der neue Punkt eingefügt werden soll.
- Man drückt „Punkt einfügen".

Alle Punkte werden so angepasst, dass der Zeitabstand zwischen den Punkten einheitlich ist.

Die Entfernung eines Punktes läuft folgendermaßen ab.

- Man drückt „Punktnummer" und wählt über den Eingabedrehknopf den Punkt aus, der entfernt werden soll.
- Man drückt „Punkt entfernen".

Alle Punkte werden so angepasst, dass der Zeitabstand zwischen den Punkten einheitlich ist.

Über den Softkey „Transparent" werden transparente Hintergründe aktiviert oder deaktiviert. Bei Aktivierung können zugrunde liegende Wellenformen angezeigt werden. Bei Deaktivierung wird der Hintergrund grau schattiert angezeigt.

3.8.5   Erfassen anderer Wellenformen für das Arbiträrsignal

Das Menü „Wellenform bearbeiten" wird geöffnet, indem man im Wellenformgenerator-Hauptmenü „Wellenform bearbeiten" wählt, wie Abb. 3.100 zeigt.
So erfasst man eine andere Wellenform für das Arbiträrsignal:

- Man drückt „Quelle" und wählt über den Eingabedrehknopf den Analogkanal, die mathematische Wellenform oder den Referenzwellenformspeicherort aus, dessen bzw. deren Wellenform erfasst werden soll.
- Man drückt „Quelle spei. Zu Arb.".

Wenn man ein neues Arbiträrsignal erstellt, wird die bestehende Arbiträrsignaldefinition überschrieben. Man kann mit der Taste und dem Menü [Save/Recall] „Speichern/ Abrufen" Arbiträrsignale an einem von vier internen Speicherorten oder auf einem USB-Speichergerät speichern und die Wellenformen später erneut aufrufen.
Die Quellenwellenform wird in 8192 (Maximum) oder weniger Arbiträrsignalpunkte dezimiert.
Wenn die Quellensignalfrequenz und/oder die Spannung die Fähigkeiten des Wellen-formgenerators übersteigen, ist das Arbiträrsignal auf die Fähigkeiten des Wellenform-generators beschränkt. Beispiel: Aus einer 20-MHz-Wellenform, die als Arbiträrsignal erfasst wird, wird eine 12-MHz-Wellenform.
Man gibt den Synchronisationsimpuls des Wellenformgenerators folgendermaßen an.

- Falls das Menü „Wellenformgenerator" gerade nicht in den Softkeys des Oszilloskops angezeigt wird, drückt man die Taste [Wave Gen] „Generator".
- Man drückt im Menü „Wellenformgenerator" den Softkey „Einstell".
- Man drückt im Menü „Wellenformgeneratoreinstellungen" den Softkey „Einstell".
- Man drückt im Menü „Wellenformgeneratoreinstellungen" den Softkey „Trig.-Ausgang" und dreht dann den Eingabedrehknopf zur Auswahl von „Wellenformgenerator-Synchronisationsimpuls", wie Tab. 3.16 zeigt.

Man legt die erwartete Ausgangslast folgendermaßen fest:

- Falls das Menü „Wellenformgenerator" gerade nicht in den Softkeys des Oszilloskops angezeigt wird, drücken Sie die Taste [Wave Gen] „Generator".
- Man drückt im Menü „Wellenformgenerator" den Softkey „Einstell".

Abb. 3.100   Geöffnetes Menü „Wellenform bearbeiten"

Tab. 3.16 Funktionen des Wellenformgenerator-Synchronisationsimpulses

Wellenformtyp	Sync-Signal-Eigenschaften
Alle Wellenformen	Das Sync-Signal ist ein positiver TTL-Impuls, der auftritt, wenn die Wellenform über Null Volt (oder den DC-Offset-Wert) ansteigt
DC, Rauschen und Kardinalsinus	–

- Man drückt im Menü „Wellenformgeneratoreinstellungen" den Softkey „Out Load" und dreht dann den Eingabedrehknopf zur Auswahl unter:
  - 50 Ω
  - Hoch-Z

Die Ausgangsimpedanz des „Gen Out- BNC"-Anschlusses ist auf 50 Ω festgelegt. Die Auswahl der Ausgangslast lässt den Wellenformgenerator jedoch die richtige Amplitude und Offset-Pegel für die erwartete Ausgangslast anzeigen.

Falls die Lastimpedanz von diesem Sollwert abweicht, werden falsche Amplituden- und Offsetwerte angezeigt.

3.8.6 Logik-Voreinstellungen des Signalgenerators

Mithilfe der Logik-Voreinstellungswerte kann man einfach die Ausgangsspannung auf niedrige und hohe Werte anstellen, welche mit TTL, CMOS (5,0 V), CMOS (3,3 V), CMOS (2,5 V) oder ECL kompatibel sind.

- Falls das Menü „Signalgenerator" gerade nicht in den Softkeys des Oszilloskops angezeigt wird, drückt man die Taste [Wave Gen] „Generator".
- Man drückt im Menü „Signalgenerator" den Softkey „Einstell.".
- Man drückt im Menü „Wellenformgeneratoreinstellungen" den Softkey „Logik-Voreinstellungen".
- Man drückt im Voreinstellungsmenü der Logik-Polarität des Signalgenerators einen der Softkeys, um die erzeugten Niedrig- und Hochspannungen des Signals auf logik-kompatible Werte einzustellen, wie Tab. 3.17 zeigt.

Die Ausgabe des Wellenformgenerators mit Rauschen läuft folgendermaßen ab:

- Falls das Menü „Wellenformgenerator" gerade nicht in den Softkeys des Oszilloskops angezeigt wird, drückt man die Taste [Wave Gen] „Generator".
- Man drückt im Menü „Wellenformgenerator" den Softkey „Einstell.".
- Man drückt im Menü „Wellenformgeneratoreinstellungen" den Softkey „Rauschen hinz." und wählt mit dem Eingabedrehknopf den Anteil Weißrauschen, der der Ausgabe des Wellenformgenerators hinzugefügt werden soll.

Tab. 3.17 Voreinstellungsmenü der Logik-Polarität

Softkey (Logikwerte)	Niedriger Wert	Hoher Wert, erwartete Ausgangslast von 50 Ohm	Hoher Wert, erwartete Ausgangslast High Z (hochohmiger Abschluss)
TTL	0 V	+2,5 V (TTL-kompatibel)	+5 V
CMOS (5,0 V)	0 V	Nicht verfügbar	+5 V
CMOS (3,3 V)	0 V	+2,5 V (CMOS-kompatibel)	+3,3 V
CMOS (2,5 V)	0 V	+2,5 V	+2,5 V
ECL	−1,7 V	−0,8 V (ECL-kompatibel)	−0,9 V

Man beachte, dass das Hinzufügen von Rauschen Auswirkungen auf die Flankentriggerung an der Wellenformgeneratorquelle als auch auf das Ausgangssignal des Synchronisationsimpulses des Wellenformgenerators hat, welches an TRIG OUT gesendet werden kann. Dies liegt daran, dass sich der Triggerkomparator an der Quelle für das Rauschen befindet.

3.8.7 Ausgabe des Signalgenerators mit Modulation

Modulation bedeutet, dass ein Originalträgersignal entsprechend der Amplitude eines zweiten Modulationssignals geändert wird. Die Modulationsart (AM, FM oder FSK) gibt an, wie das Trägersignal geändert wird.

Man aktiviert eine Modulation für den Ausgang des Signalgenerators folgendermaßen:

- Falls das Menü „Signalgenerator" gerade nicht in den Softkeys des Oszilloskops angezeigt wird, drückt man die Taste [Wave Gen] „Signalgenerator".
- Man drückt im Menü „Signalgenerator" den Softkey „Einstell.".
- Man drückt im Menü „Signalgenerator" den Softkey „Modulation".
- Man wählt im Modulationsmenü des Signalgenerators folgende Optionen, wie Abb. 3.101 zeigt:
  - Man drückt den Softkey „Modulation", um den modulierten Ausgang des Signal-generators zu aktivieren oder zu deaktivieren. Man kann die Modulation für alle Arten von Signalgeneratorfunktionen nutzen, mit Ausnahme von Puls, DC und Rauschen.

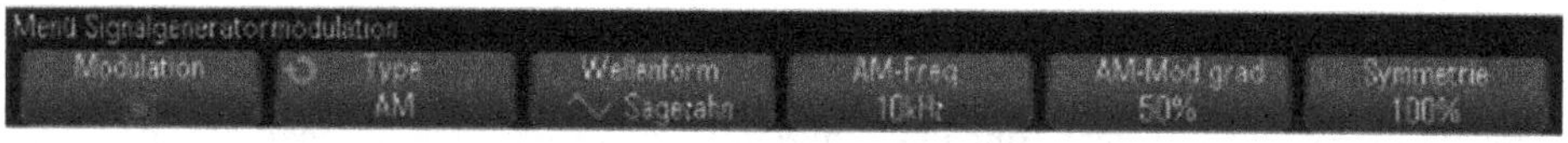

Abb. 3.101 Modulationsmenü des Signalgenerators

Man drückt den Softkey „Typ" und dreht anschließend den Eingabedrehknopf zum Auswählen der Modulationsart:

- Amplitudenmodulation (AM): Die Amplitude des Original-Trägersignals wird entsprechend der Amplitude des Modulationssignals geändert.
- Frequenzmodulation (FM): Die Frequenz des Original-Trägersignals wird entsprechend der Frequenz des Modulationssignals geändert.

FSK-Modulation (Frequenzumtastung): Die Ausgangsfrequenz „wechselt" mit der angegebenen FSK-Rate zwischen der Original-Trägerfrequenz und einer „Hop-Frequenz". Die FSK-Rate gibt ein digitales Rechteck- Modulationssignal an.

Amplitudenmodulation (AM): Man wählt im Modulationsmenü des Signalgenerators (unter [Wave Gen]) „Wellenformgen. > Einstellungen > Modulation" folgende Optionen aus:

- Man drückt den Softkey „Typ" und dreht anschließend den Eingabedrehknopf zum Auswählen der Amplitudenmodulation (AM).
- Man drückt den Softkey „Waveform" und dreht den Drehknopf „Eingabe", um die Form des Modulationssignals auszuwählen:
  - Sinus
  - Rechteck
  - Sägezahn
  - Kardinalsinus
  - Exponentieller Anstieg
  - Exponentieller Abfall

Wenn die Form „Sägezahn" ausgewählt wurde, wird der Softkey „Symmetrie" angezeigt, damit gibt man an, wie lange im Zyklus das Sägezahnsignal ansteigt.

- Man drückt den Softkey „AM Freq" und dreht den Drehknopf „Eingabe", um die Frequenz des Modulationssignals auszuwählen.
- Man drückt den Softkey „AM-Modulationsgrad" und dreht den Drehknopf „Eingabe", um den Umfang der Amplitudenmodulation auszuwählen.

Der AM-Modulationsgrad bezieht sich auf den Abschnitt des Amplitudenbereichs, der durch die Modulation genutzt wird. So hat beispielsweise eine Modulationsgradeinstellung von 80 % eine Abweichung der Ausgangsamplitude von 10 % bis 90 % (90 % − 10 % = 80 %) von der ursprünglichen Amplitude zur Folge, da das Modulationssignal von der Mindest- bis zur Höchstamplitude reicht.

Abb. 3.102 zeigt einen Bildschirm mit AM- Modulation eines 100-kHz-Sinus-Trägersignals.

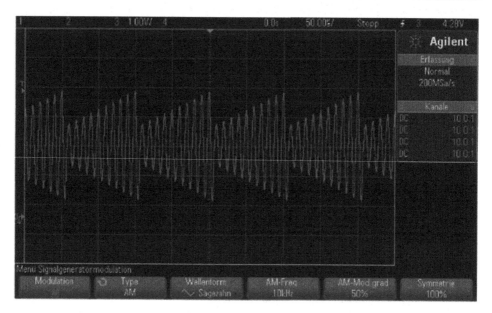

Abb. 3.102 AM- Modulation eines 100-kHz-Sinus-Trägersignals

Man wählt im Modulationsmenü des Signalgenerators (unter [Wave Gen] „Wellenformgen. > Einstellungen > Modulation") folgende Optionen:

- Man drückt den Softkey „Typ." und dreht anschließend den Eingabedrehknopf zum
  Auswählen der Frequenzmodulation (FM).
- Man drückt den Softkey „Waveform" und dreht den Drehknopf „Eingabe", um die
  Form des Modulationssignals auszuwählen:
  - Sinus
  - Rechteck
  - Sägezahn
  - Kardinalsinus
  - Exponentieller Anstieg
  - Exponentieller Abfall

Wenn die Form „Sägezahn" ausgewählt wurde, wird der Softkey „Symmetrie" angezeigt,
damit man angeben kann, wie lange im Zyklus das Sägezahnsignal ansteigt.

- Man drückt den Softkey „FM Freq" und dreht dann den Drehknopf „Eingabe", um
  die Frequenz des Modulationssignals auszuwählen.
- Man drückt den Softkey „FM Dev" und dreht den Drehknopf „Eingabe", um die
  Frequenzabweichung von der Signalfrequenz des Originalträgers auszugeben.

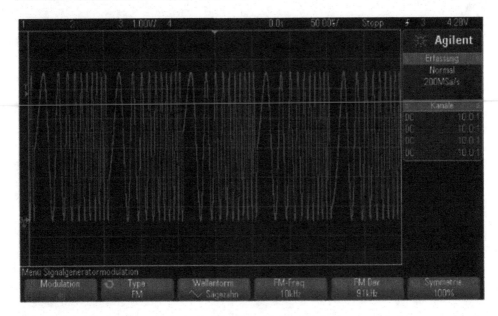

Abb. 3.103 FM-Modulation eines 100-kHz-Sinus-Trägersignals

Wenn das Modulationssignal auf Höchstamplitude steht, entspricht die Ausgangsfrequenz der Trägersignalfrequenz plus der Abweichung. Wenn das Modulationssignal
auf Mindestamplitude steht, entspricht die Ausgangsfrequenz der Trägersignalfrequenz
minus der Abweichung.

Die Frequenzabweichung kann nicht größer sein als die Original-Signalfrequenz.

Daher darf die Summe aus der Frequenz des Originalträgersignals und der Frequenzabweichung höchstens der Höchstfrequenz für die ausgewählte Signalgeneratorfunktion
plus 100 kHz entsprechen.

Der Bildschirm in Abb. 3.103 zeigt eine FM-Modulation eines 100-kHz-Sinus-
Trägersignals.

Man wählt im Modulationsmenü des Signalgenerators unter ([Wave Gen] „Signalgenerator > Einstellungen > Modulation") folgende Optionen aus:

- Man drückt den Softkey „Typ" und dreht anschließend den Eingabedrehknopf zum
  Auswählen der Frequenzumtastung (FSK-Modulation).
- Man drückt den Softkey „Hop Freq" und dreht dann den Drehknopf „Eingabe", um
  die „Hop-Frequenz" anzugeben.

Die Ausgangsfrequenz „wechselt" zwischen der Original-Trägerfrequenz und dieser
„Hop-Frequenz".

Tektronix-Oszilloskop TDS 2024

4

Das Tektronix-Oszilloskop TDS 2024 eignet sich für analoge und digitale Messungen. Das Oszilloskop hat vier Eingänge und wird in Abb. 4.1 mit unterschiedlichen Frequenzen betrieben.

Das reale Oszilloskop TDS 2024 hat vier Kanäle, eine Bandbreite von 200 MHz und die Abtastrate von 2,0 GS/s:

- Auswählbare Bandbreitenbegrenzung 20 MHz
- Aufzeichnungslänge von 2500 Punkten für jeden Kanal
- Auto-Setup

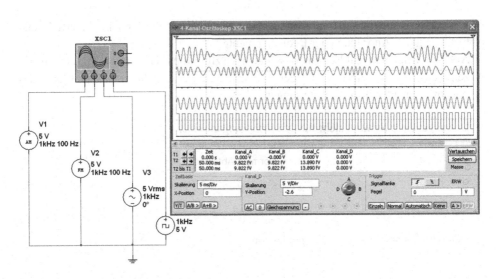

Abb. 4.1 Tektronix-Oszilloskop TDS 2024 mit unterschiedlichen Frequenzen

© Springer Fachmedien Wiesbaden GmbH, ein Teil von Springer Nature 2020
H. Bernstein, *Messen mit dem Oszilloskop*, https://doi.org/10.1007/978-3-658-31092-9_4

- Automatische Bereichseinstellung
- Assistent für Tastkopfüberprüfung
- Einstellen und Speichern von Signalen
- USB-Flash-Laufwerksanschluss für die Dateispeicherung
- Direktes Drucken auf jedem PictBridge-kompatiblen Drucker
- PC-Kommunikation über den USB-Geräteanschluss mit „OpenChoice"-PC-Kommunikationssoftware
- Stellt die Verbindung zum GPIB-Controller über den optionalen TEK-USB-488-Adapter her
- Cursor mit Messwertanzeige
- Triggerfrequenzanzeige
- Sechzehn automatische Messungen
- Mittelwert- und Spitzenwerterfassung
- Zweifachzeitbasis
- Math-Funktionen: Operationen +, −, ∧
- Mathematik: Schnelle Fourier-Transformation (FFT)
- Triggerfunktion
- Video-Triggerfunktion mit Triggerung nach Zeilenauswahl
- Externer Trigger
- Anzeige mit variablem Nachleuchten
- Benutzeroberfläche und Hilfethemen in zehn Sprachen

4.1   Bedienungsgrundlagen

Das vordere Bedienfeld ist in benutzerfreundliche Funktionsbereiche unterteilt und Abb. 4.2 zeigt die Anordnung der Bedienelemente.

Abb. 4.3 zeigt den Bildschirm des realen Oszilloskops TDS 2024. Zusätzlich zur Anzeige des Signals selbst enthält der Anzeigebereich eine Fülle von Details über das Signal sowie die Oszilloskopeinstellungen.

1. Das angezeigte Symbol steht für den Erfassungsmodus.

     ⎍   Normale Abtastung

     ⎍   Spitzenwert

     ⎍   Mittelwert

2. Der Triggerstatus weist auf Folgendes hin:

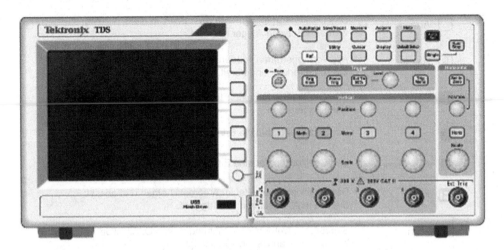

Abb. 4.2 Anordnung der Bedienelemente

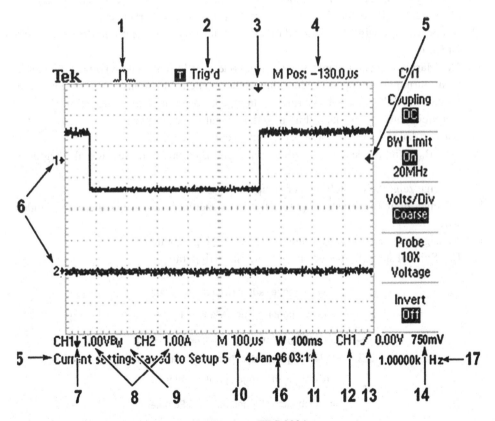

Abb. 4.3 KO-Bildschirm des realen Oszilloskops TDS 2024

☐ Armed.   Das Oszilloskop erfasst Vortriggerdaten. In diesem Zustand
                    werden sämtliche Trigger ignoriert.

⯅R Ready.   Alle Vortriggerdaten wurden erfasst, das Oszilloskop ist jetzt
                    zur Triggererkennung bereit.

⯅T Trig'd.   Das Oszilloskop hat einen Trigger erkannt und erfasst jetzt die
                    Nachtriggerdaten.

⬤ Stop.   Das Oszilloskop hat die Erfassung der Signaldaten beendet.

⬤ Acq. Complete   Das Oszilloskop hat eine Einzelfolgeerfassung abgeschlossen.

⯅R Auto.   Das Oszilloskop arbeitet im Automatikbetrieb und erfasst
                    Signale in Abwesenheit von Triggern.

☐ Scan.   Signaldaten werden im Abtastmodus vom Oszilloskop
                    kontinuierlich erfasst und angezeigt.

3. Der Marker zeigt die horizontale Triggerposition an. Man dreht den Drehknopf „Position" im Bereich „Horizontal", um die Position des Markers einzustellen.

4. In der Anzeige wird der Zeitpunkt an der Rastermitte angezeigt und die Triggerzeit ist Null.

5. Der Marker zeigt den Flankentriggerpegel oder den Impulsbreiten-Triggerpegel an.

6. Bildschirmmarkierungen zeigen die erdbezogenen Messpunkte der angezeigten Signale an. Falls keine Markierung vorliegt, wird der Kanal nicht angezeigt.

7. Ein Pfeilsymbol weist daraufhin, dass das Signal invertiert wird.

8. Die vertikalen Skalenfaktoren der Kanäle werden angezeigt.

9. Das B_W-Symbol deutet daraufhin, dass die Bandbreite dieses Kanals begrenzt wurde.

10. Anzeige zeigt die Einstellung der Hauptzeitbasis an.

11. Anzeige zeigt die Einstellung für die Fensterzeitbasis an, wenn diese verwendet wird.

12. Anzeige zeigt die zur Triggerung verwendete Triggerquelle an.

13. Das Symbol steht für die jeweils ausgewählte Triggerart:

⌐/   Flankentrigger auf der steigenden Flanke.

\   Flankentrigger auf der fallenden Flanke.

⌐⌐   Videotrigger auf der Zeilensynchronisation.

⌐▣   Videotrigger auf der Halbbildsynchronisation.

⌐⌐   Impulsbreiten- Trigger, positive Polarität.

⌐⌐   Impulsbreiten- Trigger, negative Polarität.

14. Die Anzeige zeigt den Flankentriggerpegel oder den Impulsbreiten-Triggerpegel an.
15. Im Anzeigebereich erscheinen Meldungen, die weiterhelfen sollen. Manche werden allerdings nur drei Sekunden lang angezeigt.

Wenn man ein gespeichertes Signal abruft, werden Informationen zum Referenzsignal angezeigt, z. B. RefA 1,00 V 500 ms.

16. In der Anzeige werden Datum und Uhrzeit angezeigt.
17. Die Anzeige zeigt die Triggerfrequenz an.

Am unteren Rand des Bildschirms des Oszilloskops befindet sich ein Meldungsbereich, in dem folgende hilfreiche Informationen ausgegeben werden:

- Anweisungen zum Aufrufen eines anderen Menüs, z. B. durch Drücken der Taste „Menu" (Trig.-Menü): Trigger Holdoff im horizontalen Menü
- Vorschläge, was man als Nächstes durchführen könnte, z. B. beim Drücken der Taste „Messung": Zum Ändern der Messung „Bildschirmtaste" drücken
- Informationen zu den vom Oszilloskop durchgeführten Aktionen, z. B. beim Drücken der Taste „Grundeinstellung": Die Grundeinstellung abrufen
- Informationen zum Signal, z. B. beim Drücken der Taste „AutoSet": Rechtecksignal oder Impuls erkannt auf CH1.

Dank der durchdachten Menüstruktur eröffnet die bedienerfreundliche Benutzeroberfläche der Oszilloskope mit einem leichten Zugriff auf die Spezialfunktionen.

Wenn eine Taste auf der Frontplatte des Oszilloskops gedrückt wird, wird das entsprechende Menü auf der rechten Bildschirmseite angezeigt. Das Menü enthält die verfügbaren Optionen, die man durch Drücken der unbeschrifteten Optionstasten unmittelbar rechts neben dem Bildschirm aufruft.

Es gibt verschiedene Möglichkeiten zur Anzeige der Menüoptionen auf dem Oszilloskop:

- Seitenauswahl (Untermenü): Bei einigen Menüs kann man über die obere Optionstaste zwei oder drei Untermenüs aufrufen. Bei jedem Drücken der obersten Taste ändern sich die Optionen. Wenn man beispielsweise die oberste Taste im Menü „Trigger" betätigt, schaltet das Oszilloskop periodisch zwischen den Trigger-Untermenüs „Flanke", „Video" und „Impulsbreite" um.
- Zyklische Liste: Der Parameter wird vom Oszilloskop jedes Mal auf einen anderen Wert eingestellt, wenn man die Optionstaste drückt. So kann man beispielsweise die Taste 1 (Menü für Kanal 1) und anschließend die obere Optionstaste drücken, um zwischen den Optionen für vertikale (Kanal-) Kopplung zu wechseln.

In einigen Listen kann zur Auswahl einer Option der Multifunktions-Drehknopf verwendet werden. In einer Zeile wird man darauf hingewiesen, wann der Multifunktions-Drehknopf verwendet werden kann, und es leuchtet eine LED neben dem Multifunktions-Drehknopf auf, wenn dieser aktiv ist.

- Aktion: Das Oszilloskop zeigt die Aktionsart an, die durch Drücken einer Aktionstaste aufgerufen wird. Wenn beispielsweise der Hilfeindex angezeigt und die Optionstaste „Seite abwärts" gedrückt wird, wird vom Oszilloskop sofort die nächste Seite mit Indexeinträgen angezeigt.
- Optionstasten: Für jede Option wird eine andere Taste auf dem Oszilloskop verwendet und die aktuell ausgewählte Option wird markiert. Beispiel: Wenn man die Menütaste „Erfassung" drückt, zeigt das Oszilloskop die verschiedenen Optionen des Erfassungsmodus an. Um eine Option auszuwählen, drückt man einfach die gewünschte Taste.

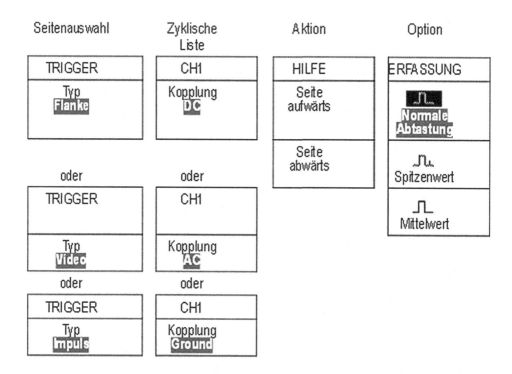

4.1.1 Bedienelemente

In Abb. 4.4 werden die vertikalen Bedienelemente gezeigt und man erkennt die Einstellmöglichkeiten der vier Kanäle.

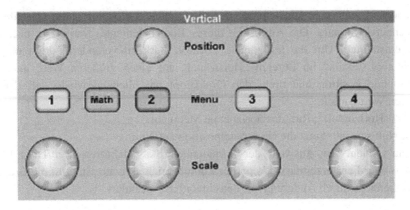

Abb. 4.4 Vertikale Bedienelemente

- Position (1, 2, 3 & 4): Positioniert ein Signal vertikal.
- Menü 1, 2, 3 & 4: Zeigt die Auswahl im Menü „Vertikal" an und schaltet die Anzeige des Kanalsignals ein oder aus.
- Skala (1, 2, 3 & 4): Dient zur Auswahl der kalibrierten Skalenfaktoren.
- Math.: Ruft das Menü für mathematische Signaloperationen auf und blendet die Anzeige des berechneten Signals ein oder aus.

In Abb. 4.5 werden die horizontalen Bedienelemente gezeigt und man erkennt die Einstellmöglichkeiten der vier Kanäle.

Abb. 4.5 Horizontale
Bedienelemente

- Position: Dient zur Einstellung der horizontalen Position aller Kanäle und berechneten Signale. Die Auflösung dieses Bedienelementes variiert je nach Zeitbasiseinstellung. Um die horizontale Position stark zu verändern, dreht man den Drehknopf „Skala" im Bereich „Horizontal" auf einen größeren Wert, ändert die horizontale Position und dreht den Drehknopf anschließend wieder auf den vorherigen Wert zurück.
- „Horiz (Horizontal)": Ruft das horizontale Menü auf.
- „Auf Null setzen": Setzt die Horizontalposition auf Null.
- „Skala": Dient zur Auswahl der horizontalen Skalenfaktoren (Zeit/Div.) für die Haupt- oder Fensterzeitbasis. Wenn der Zoombereich aktiviert ist, wird die Breite des Zoombereichs durch Änderung der Fensterzeitbasis geändert.

In Abb. 4.6 werden die Trigger-Bedienelemente des Oszilloskops gezeigt und man erkennt die Einstellmöglichkeiten der vier Kanäle.

- „Pegel": Bei Verwendung eines Flanken- oder Impulstriggers wird mit dem Drehknopf „Pegel" die Amplitude festgelegt, die vom Signal für die Erfassung einer Kurve durchlaufen werden muss.
- „Trig Menu" (Trig.-Menü): Ruft das Triggermenü auf.
- „Auf 50 % setzen": Der Triggerpegel wird auf den vertikalen Mittelpunkt zwischen den Spitzenwerten des Triggersignals gesetzt.
- „Trig Zwang": Schließt die Erfassung unabhängig davon ab, ob ein adäquates Triggersignal vorliegt oder nicht. Wenn die Erfassung bereits angehalten wurde, hat diese Taste keinerlei Auswirkungen.
- „Trig View" (Trig.-Anzeige): Wenn man die Taste „Trig View" (Trig.-Anzeige) gedrückt hält, wird statt des Kanalsignals das Triggersignal angezeigt. So kann man beispielsweise feststellen, wie sich die Triggereinstellungen bei Triggerkopplung auf das Triggersignal auswirken.

In Abb. 4.7 werden die Menü- und Steuerungstasten gezeigt und man erkennt die Einstellmöglichkeiten.

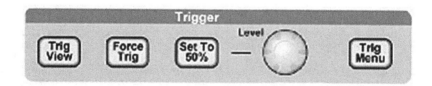

Abb. 4.6 Trigger-Bedienelemente

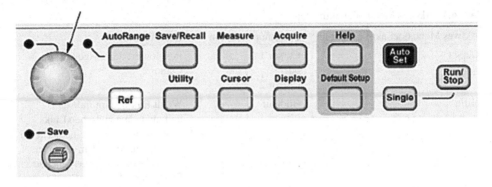

Abb. 4.7 Menü- und Steuerungstasten

Mehrfunktions-Drehknopf: Die Funktion wird durch das angezeigte Menü oder über die ausgewählte Menüoption bestimmt. Bei Aktivität leuchtet die benachbarte LED. Tab. 4.1 zeigt die Funktionen.

- Bereich: Zeigt das Menü „Bereich" an und aktiviert bzw. deaktiviert die Funktion zur automatischen Bereichseinstellung: Wenn die automatische Bereichseinstellung aktiv ist, leuchtet die benachbarte LED.
- Speichern/Abrufen: Ruft das Menü „Speichern/Abrufen" für Einstellungen und Signale auf.
- Messung: Ruft das Menü für „automatische Messungen" auf.
- Erfassung: Ruft das Menü „Erfassung" auf.
- Ref.: Ruft das Referenzmenü auf, um im nicht flüchtigen Speicher des Oszilloskops gespeicherte Referenzsignale schnell anzuzeigen und auszublenden.
- Dienstpgm.: Ruft das Menü „Dienstprogramm" auf.
- Cursor: Ruft das Menü „Cursor" auf. Die Cursors werden auch nach Verlassen des Menüs „Cursor" angezeigt (es sei denn, die Cursor-Option wurde auf Aus gestellt) und lassen sich aber nicht mehr einstellen.
- Display: Ruft das Menü „Display" auf.
- Hilfe: Ruft das Menü „Hilfe" auf.
- Grundeinstellung: Ruft die werkseitige Einstellung ab.
- AutoSet: Das Oszilloskop wird automatisch so eingestellt, dass eine verwertbare Anzeige der Eingangssignale stattfindet.
- Einzelfolge: Das Oszilloskop erfasst ein einzelnes Signal und hält dann an.
- Run/Stop: (Ausführen/Anhalten). Das Oszilloskop erfasst Signaldaten kontinuierlich oder hält die Erfassung an. Startet den Druckvorgang auf einem PictBridge-kompatiblen Drucker oder führt die Funktion „Speichern" auf dem USB-Flash-Laufwerk aus.
- Speichern: Eine LED zeigt an, ob die Taste „Drucken" so konfiguriert wurde, sodass die Daten auf dem USB-Flash-Laufwerk gespeichert werden können.

Tab. 4.1 Aktives Menü oder aktive Option

Aktives Menü oder aktive Option	Drehknopffunktion	Beschreibung
Cursor	Cursor 1 oder Cursor 2	Positioniert den ausgewählten Cursor
Hilfe	Bildlauf	Wählt Einträge im Index aus und man kann zwischen Links (Zwischenschritt) in einem Thema auswählen. Außerdem ruft man die nächste oder vorhergehende Seite eines Themas auf.
Horizontal	Holdoff	Legt die Zeitspanne fest, bevor ein anderes Triggerereignis akzeptiert werden kann.
Math	Position Vertikale Skala	Positioniert das berechnete Signal. Ändert die Skala des berechneten Signals.
Messung	Typ	Wählt den Typ für die automatische Messung jeder Quelle aus.
Speichern/Abrufen	Aktion	Legt die Transaktion als Speichern oder Abrufen für Set-up-Dateien, Signaldateien und Bildschirmdarstellungen fest.
	Datei auswählen	Dient zur Auswahl von Set-up-, Signal- oder Bilddateien zum Speichern oder von Set-up- und Signaldateien zum Abrufen.
Trigger	Quelle	Dient zur Auswahl der Quelle, wenn die Option „Triggerart" auf Flanke festgelegt ist.
	Video-Zeilennummer	Dient zur Einstellung einer bestimmten Zeilennummer auf dem Oszilloskop, wenn die Triggerart auf Video und die Synchronisation auf Zeilennummer gestellt wurde.
	Impulsbreite	Dient zur Einstellung der Impulsbreite, wenn die Triggerart auf Impuls gesetzt ist.
Dienstpgm → Datei Dienstprogramm	Datei auswählen	Wählt Dateien zum Umbenennen oder Löschen aus. Dateihilfsprogramme für das USB-Flash-Laufwerk.

(Fortsetzung)

Tab. 4.1 (Fortsetzung)

Aktives Menü oder aktive Option	Drehknopffunktion	Beschreibung
	Namenseingabe	Benennt die Datei oder den Ordner (Datei oder Verzeichnis umbenennen.)
Dienstpgm. → Optionen → GPIB Einstellung → Adresse	Werteingabe	Legt die GPIB-Adresse für den TEK-USB-488-Adapter fest.
Dienstpgm. → Optionen → Datum und Uhrzeit einstellen	Werteingabe	Legt den Wert für Datum und Uhrzeit fest: Datum und Uhrzeit lassen sich einstellen.
Vertikal → Tast-kopf → Spannung → Teilung	Werteingabe	Legt für ein Kanalmenü (z. B. das Menü CH 1) den Dämpfungs-faktor im Oszilloskop fest.
Vertikal → Tast-kopf → Strom → Teilung	Werteingabe	Legt für ein Kanalmenü (z. B. das Menü CH 1) die Skala im Oszilloskop fest.

4.1.2 Eingangsstecker

- „Ext Trig.": Eingangsstecker für eine externe Triggerquelle. Man verwendet das Menü „Trigger", um die Triggerquelle „Ext." oder „Ext/5" auszuwählen. Man drückt und hält die Taste „Trig View" (Trig.-Anzeige), um feststellen, wie sich die Trigger-einstellungen, z. B. bei Triggerkopplung, auf das Triggersignal auswirken. Abb. 4.8 zeigt die Eingangsstecker für die Signalanzeige.
- USB-Flash-Laufwerkanschluss: Das USB-Flash-Laufwerk setzt man zum Speichern und Abrufen von Daten ein. Das Oszilloskop zeigt ein Uhrensymbol an, wenn das Flash-Laufwerk aktiv ist. Nach dem Speichern oder Abrufen einer Datei wird das Uhrensymbol auf dem Oszilloskop entfernt und eine Hinweiszeile angezeigt, um mit-zuteilen, dass der Speicher- oder Abrufvorgang abgeschlossen ist.

Bei Flash-Laufwerken mit LED blinkt diese, wenn Daten gespeichert oder vom Lauf-werk abgerufen werden. Man wartet mit dem Entfernen des Laufwerks, bis die LED nicht mehr blinkt.

Abb. 4.8 1, 2, 3 & 4 – Eingangsstecker für die Signalanzeige

- „PROBE COMP (TASTKOPF-ABGL)": Ausgang und Gehäuseerdung für die Spannungstastkopf-Kompensation. Wird verwendet, um den Spannungstastkopf mit der Eingangsschaltung des Oszilloskops abzugleichen.

4.1.3   Funktionsweise des Oszilloskops TDS 2024

Zuerst soll man sich mit den unterschiedlichen Funktionen vertraut machen, die man bei der Bedienung des Oszilloskops sicherlich am häufigsten verwendet: Auto-Set-up, automatische Bereichseinstellung, Speichern und Abrufen eines Setups.

Mit jedem Drücken der Taste „AutoSet" ruft die Funktion „Auto-Setup" eine stabile Signalanzeige ab. Hierbei werden die vertikale und horizontale Skala sowie die Trigger automatisch eingestellt. Beim Auto-Setup werden je nach Signalart auch einige automatische Messungen im Rasterbereich angezeigt.

Die automatische Bereichseinstellung ist eine kontinuierliche Funktion, die aktiviert und deaktiviert werden kann. Mit der Funktion werden Einstellungswerte zum Verfolgen eines Signals eingestellt, wenn dieses große Änderungen aufweist oder wenn der Tastkopf physisch an einen anderen Punkt verschoben wird.

Das aktuelle Setup wird vom Oszilloskop gespeichert, wenn man nach der letzten Änderung vor dem Ausschalten des Geräts fünf Sekunden lang wartet. Wenn man das Oszilloskop das nächste Mal einschaltet, wird dieses Setup abgerufen. Im Menü „Speichern/Abrufen" kann man bis zu zehn verschiedene Setups abspeichern.

Man kann Setups auch auf ein USB-Flash-Laufwerk speichern. Das Oszilloskop enthält einen entnehmbaren Massenspeicher in Form eines USB-Flash-Laufwerks für das Speichern und Abrufen von Daten.

Das Oszilloskop kann das vor dem Ausschalten des Geräts zuletzt verwendete Setup, beliebige gespeicherte Setups oder die Grundeinstellung abrufen.

Bei der Lieferung ab Werk ist das Oszilloskop auf normalen Betrieb eingestellt und hierbei handelt es sich um die Grundeinstellung. Zum Abrufen dieser Einstellung drückt man die Taste „Grundeinstellung".

Über den Trigger wird festgelegt, wann das Oszilloskop mit der Datenerfassung und Signalanzeige beginnt. Bei richtiger Einstellung des Triggers wandelt das Oszilloskop instabile Anzeigen oder leere Bildschirme in sinnvolle Signale um. Abb. 4.9 zeigt getriggerte und ungetriggerte Signale.

Wenn man die Taste „Run/Stop" (Ausführen/Anhalten) oder die Taste „Einzelfolge" drückt, um die Erfassung zu starten, geschieht im Oszilloskop folgendes:

1. Es werden genügend Daten erfasst, um den Teil der Signalaufzeichnung links vom Triggerpunkt auszufüllen. Dies wird als Vortrigger bezeichnet.
2. Es werden fortlaufend Daten erfasst, während das Oszilloskop auf das Auftreten der Triggerbedingung wartet.
3. Die Triggerbedingung wird erkannt.

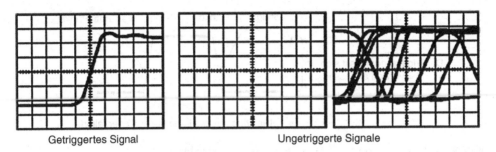

Getriggertes Signal   Ungetriggerte Signale

Abb. 4.9 Getriggerte und ungetriggerte Signale

4. Es werden weiterhin Daten erfasst, bis die Signalaufzeichnung abgeschlossen ist.
5. Das neu erfasste Signal wird angezeigt.

Zum Ermitteln der Triggerfrequenz wird vom Oszilloskop bei Flanken und Impulstriggern die Rate gezählt, in der Triggerereignisse auftreten. Das Oszilloskop zeigt die Frequenz unten rechts auf dem Bildschirm an.

- Quelle: Die Optionen der Triggerquelle werden benutzt, um das Signal auszuwählen, das das Oszilloskop als Trigger verwendet. Die Quelle kann die Wechselstromleitung (nur bei Flankentriggern verfügbar) oder ein beliebiges Signal sein, das über den Kanal-BNC-Stecker oder über den Ext-Trig-BNC-Stecker eingespeist wird.
- Arten: Das Oszilloskop verfügt über drei Triggerarten: Flanke, Video und Impulsbreite.
- Modi: Man kann den Triggermodus „Auto" oder „Normal" auswählen, um festzulegen, wie Daten vom Oszilloskop erfasst werden, wenn keine Triggerbedingung erkannt wird. Zur Durchführung einer Einzelfolgeerfassung drückt man die Taste „Einzelfolge".
- Kopplung: Mit der Option „Triggerkopplung" kann man bestimmen, welcher Signalteil zur Triggerschaltung geleitet werden soll. Auf diese Weise lässt sich das Signal stabiler anzeigen.

Zur Verwendung der Triggerkopplung drückt man die Taste „Trig Menu" (Trig.-Menü) und wählt einen Flanken- oder Impulstrigger sowie eine Kopplungsoption aus. Die Triggerkopplung betrifft nur das Signal, das in das Triggersystem geleitet wird und hat keinerlei Auswirkung auf die Bandbreite oder Kopplung des auf dem Bildschirm angezeigten Signals. Um das konditionierte Signal anzuzeigen, das zur Triggerschaltung geleitet wird, hält man die Taste „Trig View" (Trig.-Anzeige) gedrückt.

- Position: Mit dem Bedienelement für die horizontale Position wird die Zeit zwischen dem Trigger und der Bildschirmmitte festgelegt.
- Flanke und Pegel: Die Bedienelemente „Flanke" und „Pegel" helfen bei der Triggerdefinition. Mit der Option „Flanke" (nur bei Flankentriggern verfügbar) wird

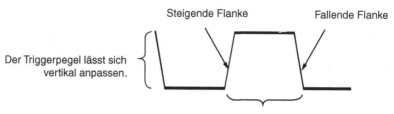

Abb. 4.10 Flankentrigger mit der steigenden oder fallenden Flanke

festgelegt, ob der Triggerpunkt auf der steigenden oder fallenden Flanke liegen soll, wie Abb. 4.10 zeigt. Über den Drehknopf „Pegel" im Bereich „Trigger" wird eingestellt, wo der Triggerpunkt auf der Flanke auftritt.

- Signalerfassung: Bei der Signalerfassung wird das Signal vom Oszilloskop digitalisiert und als Kurvenzug angezeigt. Im Erfassungsmodus ist festgelegt, auf welche Weise das Signal digitalisiert wird. Die Einstellung der Zeitbasis beeinflusst die Zeitdauer und Detailgenauigkeit der Erfassung.
- Erfassungsmodi: Es gibt drei Erfassungsmodi: Normale Abtastung, Spitzenwert und Mittelwert.
- Abtastwert:Bei diesem Erfassungsmodus wird das Signal vom Oszilloskop in regelmäßigen Zeitabständen abgetastet und als Kurvenzug dargestellt. In diesem Modus werden die Signale meistens sehr präzise wiedergegeben.

In diesem Modus werden jedoch keine schnellen Signalschwankungen erfasst, die zwischen den einzelnen Abtastungen auftreten können. Dies kann zu Aliasing führen, sodass schmale Impulse möglicherweise nicht vom Oszilloskop erfasst werden. In diesem Fall sollte man den Spitzenwerterfassungsmodus zur Erfassung der Daten verwenden.

- Spitzenwerterfassung: Bei diesem Erfassungsmodus zeichnet das Oszilloskop die höchsten und niedrigsten Werte des Eingangssignals in jedem Abtastintervall auf und stellt diese als Kurvenzug dar. Auf diese Weise kann das Oszilloskop schmale Impulse erfassen und anzeigen, die im Abtastmodus womöglich gar nicht entdeckt worden wären. Störrauschen tritt in diesem Modus stärker in Erscheinung.
- Mittelwert: In diesem Modus erfasst das Oszilloskop mehrere Signale, bildet daraus einen Mittelwert und zeigt das daraus resultierende Signal an. In diesem Modus lässt sich unkorreliertes Rauschen reduzieren.
- Zeitbasis: Das Oszilloskop digitalisiert Signale, indem es den Wert eines Eingangssignals an einzelnen Punkten erfasst. Anhand der Zeitbasis lässt sich festlegen, wie oft die Werte digitalisiert werden. Zur Einstellung der Zeitbasis auf eine für die Zwecke geeignete Horizontalskala verwendet man den Drehknopf „Skala" im Bereich „Horizontal".

4.1.4 Skalierung und Positionierung von Signalen

Man kann die Anzeige von Signalen ändern, indem man deren Skalierung und Position ändert. Wenn man die Skalierung ändert, wird das Signal größer oder kleiner angezeigt. Wenn man die Position ändert, wird das Signal nach oben, unten, rechts oder links verschoben.

Anhand der Kanalanzeige im linken Teil des Rasters wird jedes Signal auf der Anzeige identifiziert. Die Anzeige zeigt auf die Masse (den Referenzpegel) der Signalaufzeichnung.

Man kann den Anzeigebereich und die Messwertanzeigen ablesen.

- Vertikalskala und Position: Man kann die vertikale Position von Signalen ändern, indem man die Signale in der Anzeige nach oben oder unten verschiebt. Zum Datenvergleich können zwei Signale als Überlagerung oder übereinander dargestellt werden.

Man kann die Vertikalskala eines Signals verändern. Dabei wird die Signalanzeige bezüglich der Masse (des Bezugspegels) reduziert bzw. erweitert.

- Horizontalskala und Position, Vortriggerinformationen: Über das Bedienelement „Position" im Bereich „Horizontal" lässt sich einstellen, ob die Signaldaten vor oder nach dem Trigger bzw. an beliebenden Stellen angezeigt werden sollen. Wenn man die horizontale Position eines Signals einstellt, ändert man eigentlich die Zeit zwischen dem Trigger und der Bildschirmmitte. Dadurch erscheint das Signal auf der Anzeige nach rechts oder links verschoben.

Beispiel

Man möchte die Ursache für einen Glitch in der Messschaltung ermitteln. Hierzu kann man auf den Glitch triggern und den Vortrigger-Zeitraum vergrößern, um Daten vor dem Glitch zu erfassen. Anschließend analysiert man die Vortriggerdaten und kommt den Ursachen für den Glitch so womöglich auf die Spur. ◄

Durch Drehen des Knopfes „Skala" im Bereich „Horizontal" ändert man die Horizontalskala aller Signale. Beispiel: Man möchte nur einen einzigen Zyklus eines Signals anzeigen, um das Überschwingen auf der steigenden Flanke zu messen.

Das Oszilloskop zeigt die Horizontalskala als Zeit pro Skalenteil in der Skalenanzeige an. Da alle aktiven Signale dieselbe Zeitbasis verwenden, zeigt das Oszilloskop nur einen Wert für alle aktiven Kanäle an, es sei denn, man verwendet den Zoombereich.

- Zeitbereichs-Aliasing: Aliasing tritt dann auf, wenn das Oszilloskop das Signal nicht schnell genug abtastet, um eine genaue Signalaufzeichnung darzustellen. In diesem Fall zeigt das Oszilloskop ein Signal mit einer niedrigeren Frequenz an als das tatsächliche Eingangssignal oder zeigt trotz Triggerung ein instabiles Signal an (Abb. 4.11).

Tatsächliches hochfrequentes
Signal

Aufgrund von Aliasing
niederfrequent erscheinendes
Signal

Abtastpunkte

Abb. 4.11 Aliasing, wenn das Oszilloskop das Signal nicht schnell genug abtastet

Das Oszilloskop stellt Signale präzise dar, wird jedoch durch die Bandbreite des Tastkopfes, die Bandbreite des Oszilloskops sowie die Abtastrate eingeschränkt. Zur Vermeidung von Aliasing muss das Oszilloskop das Signal mehr als doppelt so schnell abtasten wie die höchste Frequenzkomponente des Signals.

Die höchste Frequenz, die die Oszilloskop-Abtastrate theoretisch darstellen kann, wird als Nyquist-Frequenz bezeichnet. Die Abtastrate wird als Nyquist-Rate bezeichnet und beträgt das Doppelte der Nyquist-Frequenz.

Die maximalen Abtastraten des Oszilloskops betragen mindestens das Zehnfache der Bandbreite. Dank dieser hohen Abtastraten wird die Möglichkeit für Aliasing deutlich verringert.

Es gibt verschiedene Verfahren, Aliasing zu erkennen:

- Man dreht den Drehknopf „Skala", um die Horizontskala zu ändern. Wenn die Signalform sich stark verändert, kann dies ein Hinweis auf Aliasing sein.
- Man wählt den Spitzenwert-Erfassungsmodus aus. Bei diesem Modus werden die höchsten und niedrigsten Werte abgetastet, sodass das Oszilloskop schnellere Signale erkennen kann. Wenn die Signalform sich stark verändert, kann dies ein Hinweis auf Aliasing sein.
- Wenn die Triggerfrequenz höher ist als die Daten auf der Anzeige, liegt womöglich Aliasing oder ein Signal vor, das den Triggerpegel mehrfach schneidet. Durch eine Analyse des Signals kann man feststellen, ob die Signalform eine einzelne Triggerdurchschreitung pro Zyklus auf den ausgewählten Triggerpegel zulässt.

Ist das Auftreten mehrfacher Trigger wahrscheinlich, dann wählt man einen Triggerpegel aus, der nur einen einzigen Trigger pro Zyklus erzeugt. Wenn die Triggerfrequenz nach wie vor höher ist als vom Display angezeigt, kann dies ein Hinweis auf Aliasing sein.

Ist die Triggerfrequenz dagegen langsamer, ist dieser Test nicht sinnvoll.

- Wenn das angezeigte Signal auch die Triggerquelle ist, verwendet man das Raster oder die Cursors, um die Frequenz des angezeigten Signals zu schätzen. Man vergleicht diese Frequenz mit der in der unteren rechten Bildschirmecke angezeigten Triggerfrequenz. Falls sie sich um einen großen Betrag voneinander unterscheiden, liegt wahrscheinlich Aliasing vor.

In Tab. 4.2 sind die Zeitbasiseinstellungen aufgeführt, die zur Vermeidung von Aliasing bei verschiedenen Frequenzen und der entsprechenden Abtastrate festgelegt werden sollten. Bei der schnellsten Horizontalskala-Einstellung tritt Aliasing aufgrund der Bandbreitenbegrenzungen der Eingangsverstärker des Oszilloskops wahrscheinlich nicht auf.

Tab. 4.2 Einstellungen zur Vermeidung von Aliasing im Abtastmodus

Zeitbasis	Samples pro Sekunde	Maximale Frequenz
2,5 ns	2 GS/s	200,0 MHz[b]
5,0 bis 250,0 ns	1 GS/s oder 2 GS/s[a]	200,0 MHz[b]
500,0 ns	500,0 MS/s	200,0 MHz[b]
1,0 µs	250,0 MS/s	125,0 MHz[b]
2,5 µs	100,0 MS/s	500 MHz[b]
5,0 µs	50,0 MS/s	25,0 MHz[b]
10,0 µs	25,0 MS/s	12,5 MHz[b]
25,0 µs	10,0 MS/s	5,0 MHz
50,0 µs	5,0 MS/s	2,5 MHz
100,0 µs	2,5 MS/s	1 25 MHz
250,0 µs	1,0 MS/s	500,0 kHz
500,0 µs	500,0 kS/s	250,0 kHz
1,0 ms	250,0 kS/s	125,0 kHz
2,5 ms	100,0 kS/s	50,0 kHz
5,0 ms	50,0 kS/s	25,0 kHz
10,0 ms	25,0 kS/s	12,5 kHz
25,0 ms	10,0 kS/s	5,0 kHz
50,0 ms	5,0 kS/s	2,5 kHz
100,0 ms	2,5 kS/s	1,25 kHz
250,0 ms	1,0 kS/s	500,0 Hz
500,0 ms	500,0 S/s	250,0 Hz
1,0 s	250,0 S/s	125,0 Hz
2,5 s	100,0 S/s	50,0 Hz
5,0 s	50,0 S/s	25,0 Hz
10,0 s	25,0S/s	12,5Hz
25,0 s	10,0 S/s	5,0 Hz
50,0 s	5,0 S/s	2,5 Hz

[a]Je nach Oszilloskopmodell
[b]Bei einem auf einfach eingestellten Tastkopf verringert sich die Bandbreite auf 6 MHz

4.1.5 Durchführen von Messungen

Das Oszilloskop stellt Signale als Spannung über der Zeit dar und hilft beim Messen des angezeigten Signals. Es gibt verschiedene Arten, eine Messung vorzunehmen. Hierzu können das Raster, die Cursors oder eine automatische Messung eingesetzt werden.

- Raster: Mit dieser Methode kann man eine schnelle visuelle Schätzung vornehmen. Man kann sich beispielsweise die Amplitude eines Signals ansehen und feststellen, dass die Amplitude knapp über 100 mV liegt.

Man kann einfache Messungen vornehmen, indem man die größten und kleinsten betroffenen Rasterteilungen abzählt und mit dem Skalenfaktor multipliziert.

Wenn beispielsweise fünf größere vertikale Rasterteilungen zwischen dem Mindest- und Höchstwert eines Signals liegen und der Skalenfaktor 100 mV pro Skalenteil beträgt, kann man die Spitze-Spitze-Spannung ganz einfach wie folgt berechnen:

$$5 \text{ Skalenteile} \times 100 \text{ mV/Skalenteil} = 500 \text{ mV}$$

- Cursor: Bei diesem Verfahren (Abb. 4.12) werden Messungen durch Verschieben der Cursors vorgenommen, die immer paarweise auftreten. Die numerischen Cursor-Werte lassen sich dabei auf der Messwertanzeige ablesen. Man unterscheidet zwei Cursor-Arten: Amplitude und Zeit.

Bei der Verwendung der Cursors ist darauf zu achten, die Quelle auf das am Bildschirm angezeigte Signal einzustellen, das gemessen werden soll.

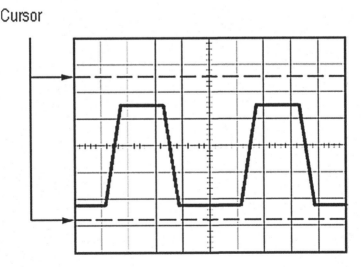

Cursor

Abb. 4.12 Messen mit dem Cursor

Zur Aktivierung der Cursors drückt man die Taste „Cursor".

- Amplituden-Cursors: Amplituden-Cursors erscheinen als horizontale Linien auf der Anzeige und dienen zur Messung der vertikalen Parameter, und Amplituden werden in Bezug auf den Referenzpegel gemessen. Für die Math-FFT-Funktion messen diese Cursors den Betrag.
- Zeit-Cursors: Zeit-Cursors erscheinen als vertikale Linien auf der Anzeige und dienen zur Messung der horizontalen und der vertikalen Parameter. Die Zeiten werden auf den Triggerpunkt bezogen. Für die Math-FFT-Funktion messen diese Cursors die Frequenz.

Zeit-Cursors enthalten auch eine Messwertanzeige der Signalamplitude an dem Punkt, an dem das Signal den Cursor durchläuft.

- Automatische: Im Menü „Messung" können bis zu fünf automatische Messungen vorgenommen werden. Wenn man die automatischen Messungen durchführt, nimmt das Oszilloskop sämtliche Berechnungen ab. Da hierbei die Signalaufzeichnungspunkte verwendet werden, sind diese Messungen genauer als die Raster- oder Cursor-Messungen.

Bei automatischen Messungen werden die Messergebnisse als Messwertanzeigen präsentiert. Die angezeigten Messwerte werden laufend aktualisiert, sobald das Oszilloskop neue Daten erfasst.

4.2   Messungen mit dem Oszilloskop TDS 2024

Es sollen nun eine Reihe von Anwendungsbeispielen gezeigt werden. Mit diesen Beispielen sollen die Oszilloskopfunktionen erläutert und Ideen vermittelt werden, um eigene Lösungen für Messaufgaben zu finden.

4.2.1   Durchführen einer einfachen Messung

Man soll in diesem Versuch ein Signal in einer Schaltung anzeigen, kennt aber die Signalamplitude oder -frequenz nicht. Man möchte das Signal schnell anzeigen und dessen Frequenz, Periode und Spitze-Spitze-Amplitude messen, wie Abb. 4.13 zeigt.

- Verwendung von Auto-Setup: Um ein Signal schnell anzuzeigen, geht man folgendermaßen vor:
  1. Man drückt die Taste 1 (Menü für Kanal 1).
  2. Man drückt „Tastkopf → Spannung → Teilung → 10X".

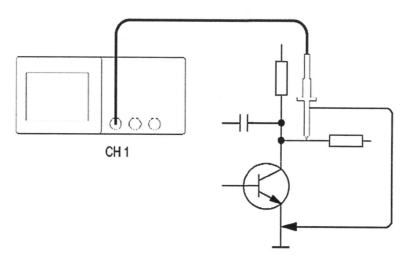

Abb. 4.13 Messung am Transistor

3. Wenn man P2220-Tastköpfe verwendet, stellt man den Schalter auf 10X.
4. Man schließt die Tastkopfspitze von Kanal 1 an das Signal und den Referenzleiter an den Referenzpunkt des Prüfkreises an.
5. Man drückt die Taste „AutoSet".

Das Oszilloskop stellt die vertikalen, horizontalen und Triggeroptionen automatisch ein. Falls die Signalanzeige optimiert werden soll, kann man diese Optionen auch manuell einstellen. Je nach erkanntem Signaltyp zeigt das Oszilloskop relevante automatische Messungen im Signalanzeigebereich des Bildschirms an.

4.2.2   Durchführen automatischer Messungen

Die meisten angezeigten Signale können mit dem Oszilloskop automatisch gemessen werden. Wenn in der Anzeige für die Messwerte ein Fragezeichen (?) angezeigt wird, liegt das Signal außerhalb des Messbereichs. Man dreht in diesem Fall den Drehknopf „Vertikale Skala" (Volts/Div.) des entsprechenden Kanals, um die Empfindlichkeit zu verringern, oder ändert die Einstellung der horizontalen Skala.

Zur Messung der Frequenz, Periode, Spitze-Spitze-Amplitude, Anstiegszeit und positiven Breite eines Signals verfährt man wie folgt:

1. Man drückt auf die Taste „Messung", um das Menü „Messung" anzuzeigen.
2. Man drückt die oberste Optionstaste, um das Menü „Messung 1" aufzurufen.
3. Man drückt „Typ → Freq.". Die Messung und aktualisierte Informationen erscheinen in der Messwertanzeige „Wert".
4. Man drückt die Optionstaste „Zurück".

5. Man drückt die zweitoberste Optionstaste, um das Menü „Messung 2" aufzurufen.
6. Man drückt „Typ → Periode". Die Messung und aktualisierte Informationen erscheinen in der Messwertanzeige „Wert".
7. Man drückt die Optionstaste „Zurück".
8. Man drückt die mittlere Optionstaste, um das Menü „Messung 3" aufzurufen.
9. Man drückt „Typ → U_{SS}". Die Messung und aktualisierte Informationen erscheinen in der Messwertanzeige „Wert".
10. Man drückt die Optionstaste „Zurück".
11. Man drückt die zweitunterste Optionstaste, um das Menü „Messung 4" aufzurufen.
12. Man drückt „Typ → Anstiegszeit". Die Messung und aktualisierte Informationen erscheinen in der Messwertanzeige „Wert".
13. Man drückt die Optionstaste „Zurück".
14. Man drückt die unterste Optionstaste, um das Menü „Messung 5" aufzurufen.
15. Man drückt „Typ → + Pulsbreite". Die Messung und aktualisierte Informationen erscheinen in der Messwertanzeige „Wert".
16. Man drückt die Optionstaste „Zurück".

Abb. 4.14 zeigt die Durchführung einer automatischen Messung von Abb. 4.13.

4.2.3 Messen zweier Signale

Wenn man ein Gerät testet und die Verstärkung des Audioverstärkers messen muss, benötigt man einen Audiosignalerzeuger, der am Verstärkereingang ein Signal eingeben kann. Man schließt am Verstärkereingang und -ausgang zwei Oszilloskopkanäle an, wie

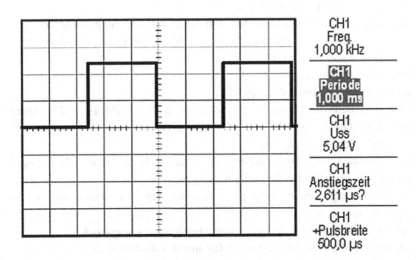

Abb. 4.14 Bildschirm für eine automatische Messung von Abb. 4.13

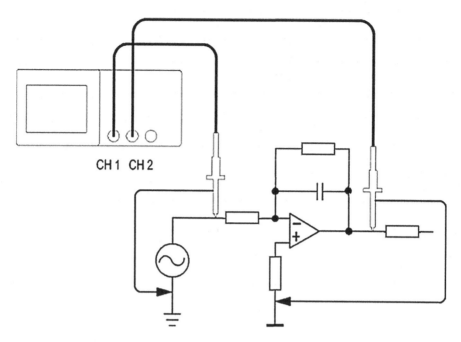

Abb. 4.15 Messen zweier Signale am Verstärkereingang und -ausgang

in Abb. 4.15 gezeigt ist. Man misst beide Signalpegel, und verwendet die Messungen, um die Verstärkung zu berechnen.

Zur Aktivierung und Anzeige der an Kanal 1 und an Kanal 2 anliegenden Signale und zur Auswahl von Messungen für die beiden Kanäle verfährt man folgendermaßen:

1. Man drückt die Taste „AutoSet".
2. Man drückt auf die Taste „Messung", um das Menü „Messung" anzuzeigen.
3. Man drückt die oberste Optionstaste, um das Menü „Messung 1" aufzurufen.
4. Man drückt „Quelle → CH1".
5. Man drückt „Typ → U_{SS}".
6. Man drückt die Optionstaste „Zurück".
7. Man drückt die zweitoberste Optionstaste, um das Menü „Messung 2" aufzurufen.
8. Man drückt „Quelle → CH2".
9. Man drückt „Typ U → U_{SS}".
10. Man drückt die Optionstaste „Zurück". Man liest die angezeigten Spitze-Spitze-Amplituden für beide Kanäle ab.
11. Zur Berechnung der Spannungsverstärkung des Verstärkers dienen folgende Gleichungen:
    Spannungsverstärkung = Ausgangsamplitude/Eingangsamplitude
    Spannungsverstärkung (dB) 20 × log (Spannungsverstärkung)
    Man erhält als Messergebnis den Bildschirm von Abb. 4.16.

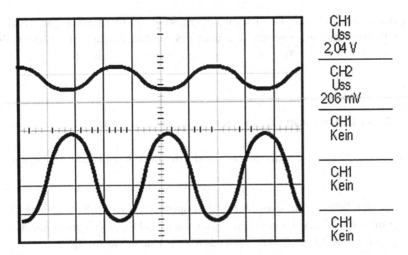

CH1
Uss
2,04 V

CH2
Uss
206 mV

CH1
Kein

CH1
Kein

CH1
Kein

Abb. 4.16 Messwertausgabe zweier Signale am Verstärkereingang und -ausgang

4.2.4 Untersuchung einer Reihe von Testpunkten mithilfe der automatischen Bereichseinstellung

Angenommen, man muss bei einer Maschine mit einer Fehlfunktion die Frequenz und Effektivspannung von mehreren Prüfpunkten ermitteln und diese Werte anschließend mit den Idealwerten vergleichen. Man kann allerdings die Bedienelemente an der Frontplatte nicht verwenden, da diese zur Messabnahme der schwer zugänglichen Prüfpunkte beide Hände benötigt.

1. Man drückt die Taste 1 (Menü für Kanal 1).
2. Man drückt „Tastkopf → Spannung → Teilung" und nimmt die Einstellung passend zur Dämpfung des an Kanal 1 angeschlossenen Tastkopfes vor.
3. Man drückt die Taste „Bereich", um den automatischen Messbereich zu aktivieren und wählt die Option „Vertikal" und „Horizontal" aus.
4. Man drückt auf die Taste „Messung", um das Menü „Messung" anzuzeigen.
5. Man drückt die oberste Optionstaste, um das Menü „Messung 1" aufzurufen.
6. Man drückt „Quelle → CH1".
7. Man drückt „Typ → Frequenz".
8. Man drückt die Optionstaste „Zurück".
9. Man drückt die zweitoberste Optionstaste, um das Menü „Messung 2" aufzurufen.
10. Man drückt „Quelle → CH1".
11. Man drückt „Typ → Effektiv".
12. Man drückt die Optionstaste „Zurück".
13. Man schließt die Tastkopfspitze und den Referenzleiter am ersten Testpunkt an. Man liest die Messwerte für Frequenz und Zyklus-Effektivwert am Bildschirm des Oszilloskops ab, und vergleicht diese mit den Idealwerten.
14. Man wiederholt den Schritt 13 für jeden Testpunkt, bis man die Komponente mit der Fehlfunktion findet.

Bei aktivierter automatischer Bereichseinstellung stellt das Oszilloskop jedes Mal, wenn man den Tastkopf an einem neuen Testpunkt anschließen möchte, die Horizontalskala, die Vertikalskala und den Triggerpegel neu ein, damit man eine brauchbare Anzeige erhält.

4.2.5   Durchführen von Cursor-Messungen

Mit den Cursors kann man schnelle Zeit- und Amplitudenmessungen am Signal durchführen.

*   Messung der Schwingungsfrequenz und Amplitude: Um die Schwingungsfrequenz auf der steigenden Flanke eines Signals zu messen, geht man folgendermaßen vor:
    1. Man drückt die Taste „Cursor", um das Menü „Cursor" anzuzeigen.
    2. Man drückt „Typ → Zeit".
    3. Man drückt „Quelle → CH1".
    4. Man drückt die Optionstaste „Cursor 1".
    5. Man drückt den Mehrfunktions-Drehknopf, um einen Cursor auf die erste Spitze der Schwingung zu setzen.
    6. Man drückt die Optionstaste „Cursor 2".
    7. Man drückt den Mehrfunktions-Drehknopf, um einen Cursor auf die zweite Spitze der Schwingung zu setzen.
       Die Zeitdifferenz Δ (delta), und Frequenz (die gemessene Schwingungsfrequenz) wird im Menü „Cursor" angezeigt. Abb. 4.17 zeigt eine Messung der Anstiegsgeschwindigkeit.
    8. Man drückt „Typ → Periode".

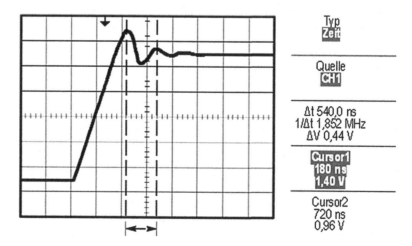

Abb. 4.17 Messen der Anstiegsgeschwindigkeit mit vertikalem Cursor

9. Man drückt die Optionstaste „Cursor 1".
10. Man drückt den Mehrfunktions-Drehkopf, um einen Cursor auf die erste Spitze der Schwingung zu setzen.
11. Man drückt die Optionstaste „Cursor 2".
12. Man drückt den Mehrfunktions-Drehknopf, um Cursor 2 auf die tiefste Stelle der Schwingung zu setzen.

Im Menü „Cursor" wird die Amplitude der Schwingung in Abb. 4.18 angezeigt.

- Messung der Impulsbreite: Wenn man ein Pulssignal analysieren und die Breite des Impulses ermitteln will, geht man wie folgt vor:
  1. Man drückt die Taste „Cursor", um das Menü „Cursor" anzuzeigen.
  2. Man drückt „Typ → Zeit".
  3. Man drückt „Quelle → CH1".
  4. Man drückt die Optionstaste „Cursor 1".
  5. Man drückt den Mehrfunktions-Drehknopf, um einen Cursor auf die steigende Flanke des Impulses zu setzen.
  6. Man drückt die Optionstaste „Cursor 2".
  7. Man dreht den Mehrfunktions-Drehknopf, um einen Cursor auf die fallende Flanke des Impulses zu setzen.

Im Menü Cursor werden die folgenden Messungen angezeigt:

- Die Zeit bei Cursor 1 in Bezug auf den Trigger.
- Die Zeit bei Cursor 2 in Bezug auf den Trigger.
- Die Zeitdifferenz (Δ, delta), d. h. die gemessene Impulsbreite.

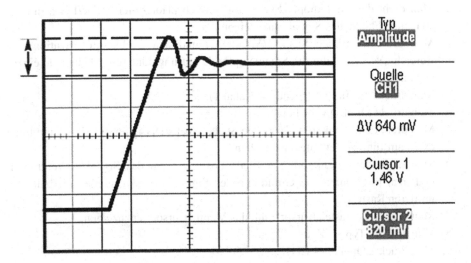

Abb. 4.18 Messen der Anstiegsgeschwindigkeit mit horizontalem Cursor

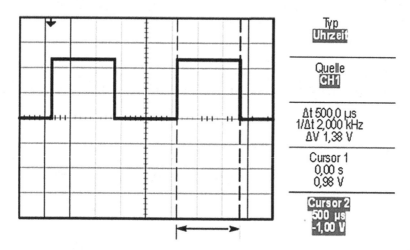

Abb. 4.19 Impulsdigramm zur Messung der Impulsbreite

Abb. 4.19 zeigt das Impulsdigramm zur Messung der Impulsbreite.

Die Messung der positiven Impulsbreite steht als automatische Messung im Menü „Messung" zur Verfügung. Die Messung der positiven Impulsbreite wird auch angezeigt, wenn man die Option für Einzelzyklus-Rechteckimpuls im Menü „Auto-Set-up" auswählt.

- Messung der Anstiegszeit: Nach der Messung der Impulsbreite möchte man jetzt die Anstiegszeit des Impulses überprüfen. Die Anstiegszeit wird üblicherweise im Pegelbereich zwischen 10 % und 90 % des Signals gemessen. Zur Messung der Anstiegszeit verfährt man wie folgt:
  1. Man dreht den Drehknopf „Skala" im Bereich „Horizontal" (Sec/Div.), um die steigende Flanke des Signals anzuzeigen.
  2. Man dreht „Vertikale Skala" (Volts/Div.) und den Drehknopf „Position" im Bereich „Vertikal", um die Signalamplitude auf ungefähr fünf Skalenteile einzustellen.
  3. Man drückt die Taste 1 (Menü für Kanal 1).
  4. Man drückt „Volt/Div → Fein".
  5. Man dreht den Drehknopf „Vertikale Skala" (Volts/Div.), um die Signalamplitude exakt auf fünf Skalenteile einzustellen.
  6. Man dreht den Drehknopf „Vertikale Position", um das Signal zu zentrieren, und man positioniert die Grundlinie des Signals 2,5 Skalenteile unterhalb des mittleren Rasters.
  7. Man drückt die Taste „Cursor", um das Menü „Cursor" anzuzeigen.
  8. Man drückt „Typ → Zeit".
  9. Man drückt „Quelle → CH1".
  10. Man drückt die Optionstaste „Cursor 1".

11. Man dreht den Mehrfunktions-Drehknopf, um einen Cursor auf den Punkt zu setzen, an dem das Signal die zweite Rasterlinie unterhalb der Bildschirmmitte durchläuft. Hierbei handelt es sich um den 10-%-Pegel des Signals.
12. Man drückt die Optionstaste „Cursor 2".
13. Man dreht den Mehrfunktions-Drehknopf, um einen Cursor auf den Punkt zu setzen, an dem das Signal die zweite Rasterlinie oberhalb der Bildschirmmitte durchläuft. Hierbei handelt es sich um den 90-%-Pegel des Signals.

Die Δt-Anzeige im Menü „Cursor" ist die Anstiegszeit des Signals, wie Abb. 4.20 zeigt.

Die Messung der Anstiegszeit steht als automatische Messung im Menü „Messung" zur Verfügung.

Die Messung der Anstiegszeit wird auch angezeigt, wenn man die Option für eine steigende Flanke im Menü „Auto-Set-up" auswählt.

- Analyse von Signaldetails: Auf dem Oszilloskop des Oszillogramms von Abb. 4.21 wird ein Störsignal angezeigt. Man möchte mehr darüber wissen, denn es wird vermutet, dass das Signal viel mehr Details enthält, als man im Moment in der Anzeige sehen kann.
- Analyse von Störsignalen: Das Signal scheint zu rauschen, und man vermutet, dass dieses Rauschen Probleme in dem Schaltkreis verursacht. Man geht zur Analyse des Rauschens folgendermaßen vor:
  1. Man drückt die Taste „Erfassung", um das Menü „Erfassung" anzuzeigen.
  2. Man drückt die Optionstaste „Spitzenwert".

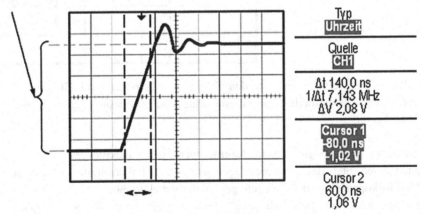

Abb. 4.20 Messung mit der Δt-Anzeige

Abb. 4.21 Oszillogramm mit
einem Störsignal

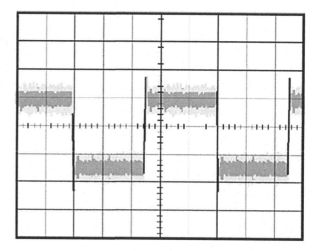

Abb. 4.22 Analyse von
Störsignalen

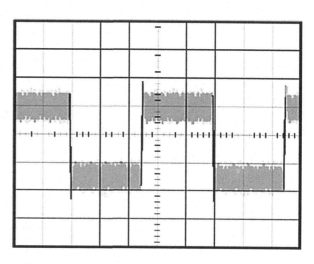

Bei der Spitzenwerterfassung werden Störspannungsspitzen und Glitches im Signal
hervorgehoben, insbesondere wenn eine langsame Zeitbasis eingestellt wurde, wie
Abb. 4.22 zeigt.

- Trennung eines Signals vom Störrauschen: Jetzt möchte man die Signalform
  analysieren und das Rauschen ignorieren. Um unkorreliertes Rauschen in der
  Oszilloskopanzeige zu reduzieren, geht man folgendermaßen vor:
  1. Man drückt die Taste „Erfassung", um das Menü „Erfassung" anzuzeigen.
  2. Man drückt die Optionstaste „Mittelwert".
  3. Man drückt die Optionstaste „Mittelwert", um die Effekte anzuzeigen, die eine
     Variation der Anzahl ausgeführter Mittelwertbildungen auf das Signal hat.

Abb. 4.23 Trennung des
Signals vom Störrauschen

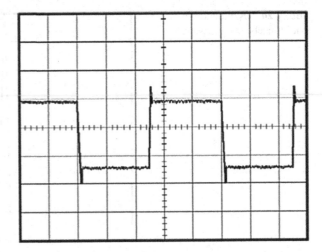

Durch die Mittelwertbildung wird das unkorrelierte Rauschen reduziert. So ist es leichter, Details in einem Signal anzuzeigen. In Abb. 4.23 wird an den steigenden und fallenden Flanken des Signals ein Überschwingen angezeigt, wenn das Rauschen entfernt wird.

4.2.6   Erfassung eines Einzelsignals

Die Zuverlässigkeit eines Relais in einem Anlagenteil ist nicht optimal und man muss das Problem untersuchen. Man vermutet, dass das Problem beim Öffnen des Relais entsteht. Das kleinste Intervall, in dem das Relais geöffnet und geschlossen werden kann, beträgt etwa einmal pro Minute. Deshalb muss man die Spannung am Relais als Einzelsignal erfassen.

Um eine Einzelsignalerfassung einzurichten, geht man folgendermaßen vor:

1. Man stellt den Drehknopf „Vertikale Skala" (Volts/Div.) und den Drehknopf „Skala" im Bereich „Horizontal" (Sec/Div.) auf die Bereiche ein, in denen man das Signal erwartet.
2. Man drückt die Taste „Erfassung", um das Menü „Erfassung" anzuzeigen.
3. Man drückt die Optionstaste „Spitzenwert".
4. Man drückt die Taste „Trig Menu" (Trig.-Menü), um das Triggermenü anzuzeigen.
5. Man drückt die Flanke: „→ Positiv".
6. Man dreht den Drehknopf „Pegel", um den Triggerpegel auf eine Spannung einzustellen, die genau zwischen der Öffnungs- und Schließspannung des Relais liegt.
7. Man drückt die Taste „Einzelfolge", um mit der Erfassung zu beginnen. Wenn sich das Relais öffnet, triggert das Oszilloskop und erfasst das Ereignis. Das Oszillogramm von Abb. 4.24 zeigt das Ergebnis der Messung.

Abb. 4.24 Oszillogramm
einer Einzelsignalerfassung

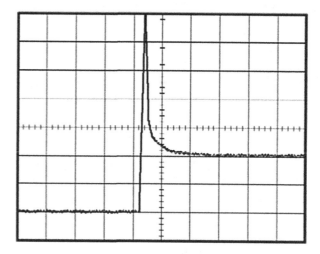

- Optimieren der Erfassung: In der ursprünglichen Erfassung wird abgebildet, wie
  sich der Relaiskontakt am Triggerpunkt öffnet. Danach folgt eine große Spitze, die
  das Kontaktprellen und die Induktion im Schaltkreis anzeigt. Die Induktion kann
  zu einem durchgeschlagenen Kontakt und einem fehlerhaften vorzeitigen Öffnen
  des Relais führen.

Man kann die vertikalen, horizontalen und Triggeroptionen verwenden, um die Einstellungen zu optimieren, bevor das nächste Einzelsignalereignis erfasst wird. Wenn die
nächste Erfassung mit den neuen Einstellungen aufgezeichnet wird, drückt man erneut
die Taste „Einzelfolge". Es ist zu erkennen, dass beim Öffnen der Kontakt mehrmals
geprellt wird, wie Abb. 4.25 zeigt.

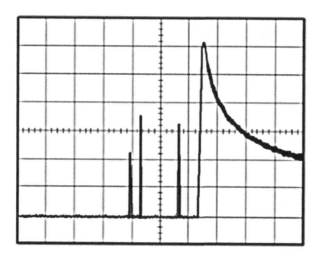

Abb. 4.25 Einzelsignalereignis mit vertikalen, horizontalen und Triggeroptionen

4.2.7   Messung der Laufzeitverzögerung

Es ist zu vermuten, dass das Speicher-Timing in einem Mikroprozessor nicht optimal ist. Man richtet das Oszilloskop so ein, dass sich die Laufzeitverzögerung zwischen dem Chip-Select-Signal und den ausgegebenen Daten des Speicherbausteins messen lässt. Abb. 4.26 zeigt den Messaufbau.

Zum Einrichten der Messung der Laufzeitverzögerung geht man wie folgt vor:

1. Man drückt die Taste „AutoSet", um eine stabile Anzeige zu erhalten.
2. Man stellt die horizontalen und vertikalen Bedienelemente ein, um die Anzeige zu optimieren.
3. Man drückt die Taste „Cursor", um das Menü „Cursor" anzuzeigen.
4. Man drückt „Typ → Zeit".
5. Man drückt „Quelle → CH1".
6. Man drückt die Optionstaste „Cursor 1".
7. Man dreht den Mehrfunktions-Drehknopf, um einen Cursor auf die aktive Flanke des Chip-Select-Signals zu setzen.
8. Man drückt die Optionstaste „Cursor 2".
9. Man dreht den Mehrfunktions-Drehknopf, um den zweiten Cursor auf den Datenausgangsübergang zu setzen.

Abb. 4.27 zeigt das Oszillogramm für die Messung der Laufzeitverzögerung.

Bei der Δt-Anzeige im Menü „Cursor" handelt es sich um die Laufzeitverzögerung zwischen den Signalen. Die Anzeige ist gültig, weil die beiden Signale die gleiche Einstellung der horizontalen Skala (Sec/Div.) aufweisen.

Abb. 4.26 Aufbau für die Messung einer Laufzeitverzögerung

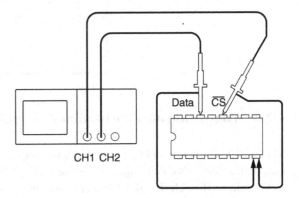

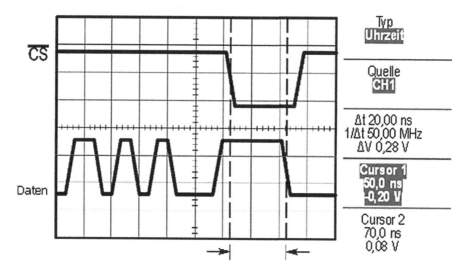

Abb. 4.27 Oszillogramm für die Messung der Laufzeitverzögerung

Abb. 4.28 Oszillogramm
für die Messung der
Triggerung auf eine bestimmte
Impulsbreite

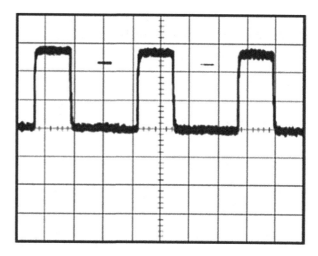

4.2.8 Triggerung auf eine bestimmte Impulsbreite

Man überprüft die Impulsbreiten eines Signals in einem Schaltkreis. Es ist wichtig, dass
die Impulse im Gesamten eine spezifische Breite aufweisen, und genau das muss man
sicherstellen. Hinsichtlich der Flankentriggerung sieht das Signal wie gewünscht aus,
und auch die Impulsbreitenmessung weicht nicht von der Spezifikation ab. Dennoch vermutet man ein Problem.

Abb. 4.28 zeigt das Oszillogramm für die Messung der Triggerung auf eine bestimmte
Impulsbreite.

Um auf eine Verzerrung der Impulsbreite zu prüfen, gehen Sie wie folgt vor:

1. Man drückt die Taste „AutoSet", um eine stabile Anzeige zu erhalten.
2. Man drückt im Menü „AutoSetup" die Optionstaste ↑ ↓ Einzelzyklus, um einen einzelnen Signalzyklus anzuzeigen und eine schnelle Messung der Impulsbreite vorzunehmen.
3. Man drückt die Taste „Trig Menu" (Trig.-Menü), um das Triggermenü anzuzeigen.
4. Man drückt „Typ → Impuls".
5. Man drückt „Quelle → CH1".
6. Man drückt den Triggerknopf „Pegel", um den Triggerpegel nahe dem unteren Ende des Signals einzustellen.
7. Man drückt „Wenn → =" (gleich).
8. Man drückt den Mehrfunktions-Drehknopf, um die Impulsbreite auf den Wert einzustellen, der bei der Impulsbreitenmessung in Schritt 2 ausgegeben wurde.
9. Man drückt Weiter „→ Modus → Normal".
   Eine stabile Anzeige kann erzielt werden, wenn das Oszilloskop auf normale Impulse triggert.
10. Man drückt die Optionstaste „Wenn", um ≠, < oder > auszuwählen. Falls tatsächlich verzerrte Impulse vorkommen, auf die die angegebene Wenn-Bedingung zutrifft, dann triggert das Oszilloskop darauf.

Abb. 4.29 zeigt das Oszillogramm für die Messung der Triggerung auf eine normale Impulsbreite.

Die Triggerfrequenzanzeige zeigt die Frequenz von Ereignissen, die das Oszilloskop u. U als Trigger auffasst. Sie kann niedriger sein als die Frequenz des Eingangssignals im Impulsbreiten-Triggermodus.

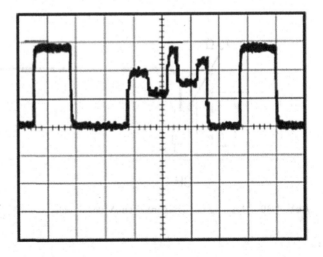

Abb. 4.29 Messung der Triggerung auf eine normale Impulsbreite

4.2.9   Triggern auf Videosignale

Man testet den Videoschaltkreis eines medizinischen Gerätes und möchte das Video-ausgangssignal anzeigen. Bei dem Videoausgangssignal handelt es sich um ein Standard-NTSC-Signal. Man verwendet den Videotrigger, um eine stabile Anzeige zu erhalten, wie Abb. 4.30 zeigt.

Die meisten Videosysteme sind mit 75 Ω verkabelt. Die Oszilloskopeingänge bieten keine ordnungsgemäßen Abschlusswiderstände für niederohmige Kabel. Zur Vermeidung ungenauer Amplituden aufgrund falscher Lasten und Reflexionen setzt man einen Durchführungsabschluss mit 75 Ω zwischen das 75-Ω-Koaxialkabel der Signalquelle und dem BNC-Eingangsstecker des Oszilloskops.

* Triggerung auf Videohalbbilder, automatisch: Um auf Videohalbbilder zu triggern, geht man wie folgt vor:
  1. Man drückt die Taste „AutoSet". Wenn das Auto-Setup abgeschlossen ist, zeigt das Oszilloskop das Videosignal mit Synchronisation auf „Alle Halbbilder" an.
     Wenn man die Funktion „Auto-Setup" verwendet, wird vom Oszilloskop die Option „Standard" eingestellt.
  2. Man drückt die Optionstaste „Unger. Halbbild" oder „Gerad. Halbbild" im Menü „Auto-Set-up", um nur ungerade oder gerade Halbbilder zu synchronisieren.

Abb. 4.31 zeigt die Messung eines Videosignals.

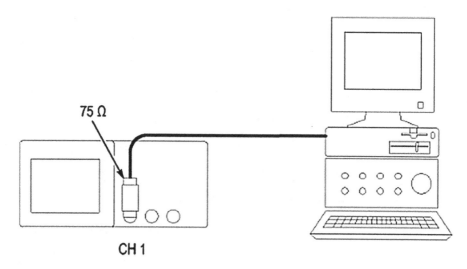

Abb. 4.30 Messung der Triggerung auf Videosignale

Abb. 4.31 Messung eines
Videosignals

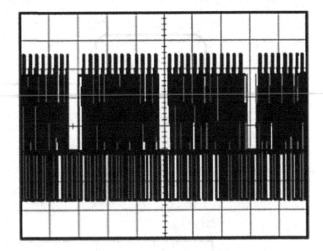

In Verbindung mit der Messung gibt es eine Alternative, die mehr Schritte erfordert, kann aber je nach Videosignal erforderlich sein. Hierzu verfährt man wie folgt:

1. Man drückt die Taste 1 (Menü für Kanal 1).
2. Man drückt „Kopplung → AC".
3. Man drückt die Taste „Trig Menu" (Trig.-Menü), um das Triggermenü anzuzeigen.
4. Man drückt die obere Optionstaste und wählt „Video" aus.
5. Man drückt „Quelle → CH1".
6. Man drückt die Optionstaste „Synchr.", und wählt „Alle Halbbilder", „Unger. Halbbild" oder „Gerad. Halbbild" aus.
7. Man drückt „Standard → NTSC".
8. Man dreht den Drehknopf „Skala" im Bereich „Horizontal" (Sec/Div.), um ein vollständiges Halbbild in der Anzeige zu sehen.
9. Man dreht den Drehknopf „Vertikale Skala" (Volts/Div.), um sicherzugehen, dass das gesamte Videosignal auf dem Bildschirm zu sehen ist.
   - Triggerung auf Videozeilen, automatisch: Man kann auch die Videozeilen im Halbbild anzeigen. Um auf die Videozeilen zu triggern, geht man folgendermaßen vor:
   1. Man drückt die Taste „AutoSet".
   2. Man drückt die oberste Optionstaste, um „Zeile" auszuwählen und alle Zeilen zu synchronisieren. (Das Menü „Auto-Setup" umfasst die Optionen „Alle Zeilen und Zeilennummer".)

Es ist eine Alternative möglich, die erfordert jedoch mehr Schritte, kann aber je nach Videosignal nützlich sein. Hierzu verfährt man folgendermaßen:

1. Man drückt die Taste „Trig Menu" (Trig.-Menü), um das Triggermenü anzuzeigen.
2. Man drückt die obere Optionstaste und man wählt „Video" aus.

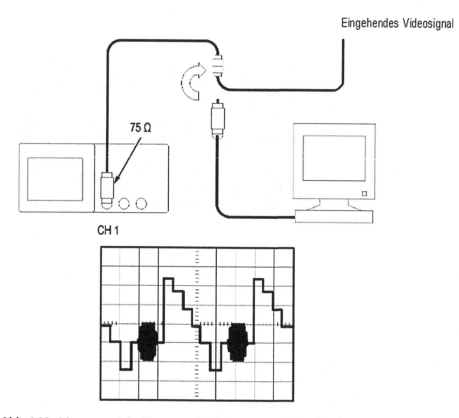

Abb. 4.32 Messung und Oszillogramm der Triggerung auf Videosignale

3. Man drückt die Optionstaste „Synchr.", wählt „Alle Zeilen" bzw. „Zeilennummer"
   aus und man dreht den Mehrfunktions-Drehknopf, um eine bestimmte Zeilennummer
   einzustellen.
4. Man drückt „Standard → NTSC".
5. Man dreht den Drehknopf „Skala" im Bereich „Horizontal" (Sec/Div.), um eine vollständige Videozeile in der Anzeige zu sehen.
6. Man dreht den Drehknopf „Vertikale Skala" (Volts/Div.), um sicherzugehen, dass das
   gesamte Videosignal auf dem Bildschirm zu sehen ist.

Man verwendet den Videotrigger, um eine stabile Anzeige zu erhalten, wie Abb. 4.32
zeigt.

- Verwendung der Fensterfunktion zur Anzeige von Signaldetails: Um ein bestimmtes
  Signalteil zu überprüfen, ohne die Hauptanzeige zu verändern, kann man die Fensterfunktion (Zoom) einsetzen.

Abb. 4.33 Verwendung des Cursors, um eine größere Anzeige zu erhalten

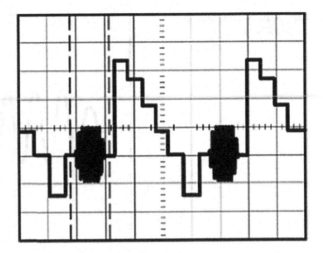

Wenn man den Farbburst im vorherigen Signal detaillierter sehen möchte, ohne dabei die Hauptanzeige zu verändern, verfährt man wie folgt:

1. Man drückt die Taste „Horiz" (Horizontal), um das horizontale Menü anzuzeigen, und wählt die Option „Hauptzeitbasis".
2. Man drückt die Optionstaste „Zoombereich".
3. Man dreht den Drehknopf „Skala" im Bereich „Horizontal" (Sec/Div.) und wählt 500 ns. Hierbei handelt es sich um die Sec/Div.-Einstellung der erweiterten Ansicht.
4. Man dreht den Drehknopf „Position" im Bereich „Horizontal", um das Fenster für den Bereich des Signals zu definieren, der vergrößert werden soll.

Man verwendet den Cursor, um eine größere Anzeige zu erhalten, wie Abb. 4.33 zeigt.

1. Man drückt die Optionstaste „Dehnen", um den vergrößerten Teil des Signals anzuzeigen.
2. Man dreht den Drehknopf „Skala" im Bereich „Horizontal" (Sec/Div.), um die Anzeige des vergrößerten Signals zu optimieren.

Um zwischen der Haupt- und Fensteransicht zu wechseln, drückt man im Menü „Horizontal" die Optionstaste „Hauptzeitbasis" oder „Dehnen", und man erhält das Oszillogramm von Abb. 4.34.

Abb. 4.34 Oszillogramm
nach „Dehnen"

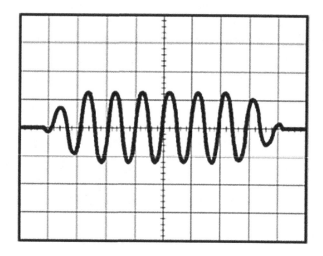

4.2.10 Analyse eines Differential-Kommunikationssignals

Man hat intermittierende Probleme mit einer seriellen Datenkommunikationsverbindung und führt das auf schlechte Signalqualität zurück. Das Oszilloskop ist einzurichten, um eine Messung „Schnappschuss" des seriellen Datenstroms anzuzeigen, damit man den Signalpegel und Übergangszeiten überprüfen kann.

Da es sich hierbei um ein Differentialsignal handelt, kann man die Mathematik-funktion des Oszilloskops nutzen, um das Signal optimiert darzustellen.

Man stellt zunächst in Abb. 4.35 sicher, dass beide Tastköpfe kompensiert sind. Unterschiede bei der Tastkopfkompensation führen dazu, dass Fehler im Differential-signal angezeigt werden.

Zur Aktivierung der an Kanal 1 und Kanal 2 anliegenden Differentialsignale verfährt man wie folgt:

1. Man drückt die Taste 1 (Menü für Kanal 1) und stellt die Option unter „Tast-kopf → Spannung → Teilung" auf „10X" ein.
2. Man drückt die Taste 2 (Menü für Kanal 2) und stellt die Option unter „Tast-kopf → Spannung → Teilung" auf „10X".
3. Wenn man die P2220-Tastköpfe verwendet, stellt man die Schalter auf „10X".
4. Man drückt die Taste „AutoSet."
5. Man drückt die Taste „Math.", um das Menü „Math." anzuzeigen.

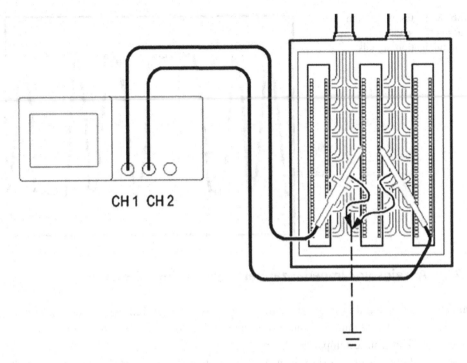

Abb. 4.35 Messung eines Differential-Kommunikationsignals auf einer Platine

6. Man drückt die Optionstaste „Operation", und wählt dann „-" aus.
7. Man drückt die Optionstaste „CH1-CH2", um ein neues Signal anzuzeigen, das die Differenz zwischen den angezeigten Signalen darstellt.
8. Zum Anpassen der vertikalen Skala und Position des berechneten Signals geht man folgendermaßen vor:
   a. Man entfernt die Signale auf Kanal 1 und 2 vom Bildschirm.
   b. Man dreht den Drehknopf „Vertikale Skala" und den Drehknopf „Position" im Bereich „Vertikal" der Kanäle 1 und 2, um vertikale Skala und Position des Math-Signals einzustellen.

Um eine stabilere Anzeige in Abb. 4.36 zu erhalten, drückt man die Taste „Einzelfolge", um die Signalerfassung zu steuern. Jedes Mal, wenn man die Taste „Einzelfolge" drückt, erfasst das Oszilloskop eine Momentaufnahme des digitalen Datenstroms. Zur Signalanalyse können die Cursors oder die automatischen Messungen verwendet werden, oder man speichert das Signal, um es zu einem späteren Zeitpunkt zu analysieren.

Abb. 4.36 Oszillogramm
eines Differential-
Kommunikationssignals

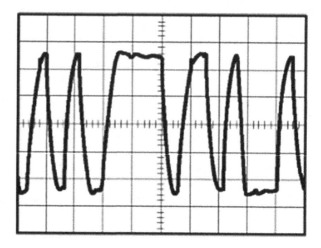

4.2.11 Anzeige von Impedanzänderungen in einem Netzwerk

Man hat eine Schaltung entworfen, die über einen großen Temperaturbereich hinweg funktionieren muss. Man muss die Änderungen der Impedanz des Schaltkreises bei veränderlicher Umgebungstemperatur beurteilen.

Man schließt das Oszilloskop in Abb. 4.37 an, um den Ein- und Ausgang des Schaltkreises zu überwachen und Änderungen zu erfassen, die durch geänderte Temperaturen verursacht werden.

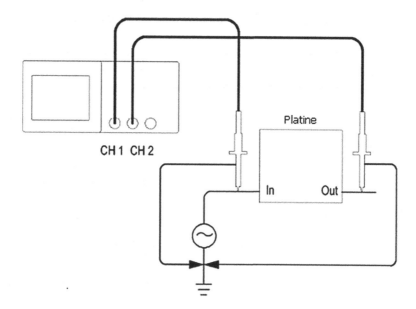

Abb. 4.37 Messung der Impedanzänderungen in einem Netzwerk

Um den Ein- und Ausgang des Schaltkreises auf der XY-Anzeige zu überwachen, verfährt man wie folgt:

1. Man drückt die Taste 1 (Menü für Kanal 1).
2. Man drückt „Tastkopf → Spannung → Teilung → 10X".
3. Man drückt die Taste 2 (Menü für Kanal 2).
4. Man drückt „Tastkopf → Spannung → Teilung → 10X".
5. Wenn man P2220-Tastköpfe verwendet, stellt man die Schalter auf 10X.
6. Man schließt den Tastkopf von Kanal 1 an den Netzwerkeingang und den Tastkopf von Kanal 2 an den Ausgang an.
7. Man drückt die Taste „AutoSet".
8. Man dreht den Drehknopf „Vertikale Skala" (Volts/Div), um auf jedem Kanal ungefähr die gleiche Signalamplitude anzuzeigen.
9. Man drückt die Taste „Display", um das Menü „Display" anzuzeigen.
10. Man drückt „Format → XY".

Auf dem Oszilloskop von Abb. 4.38 werden Lissajous-Figuren mit den Ein- und Ausgangscharakteristika des Schaltkreises angezeigt.

11. Man dreht die Drehknöpfe „Skala" und „Position" im Bereich „Vertikal", um die Anzeige zu optimieren.
12. Man dreht „Nachleuchten → unendl.".

Während Sie die Umgebungstemperatur verändern, werden Änderungen in den Schaltkreischarakteristika anhand des Nachleuchtens in der Anzeige erfasst.

Abb. 4.38 Lissajous-Figur mit den Ein- und Ausgangscharakteristika

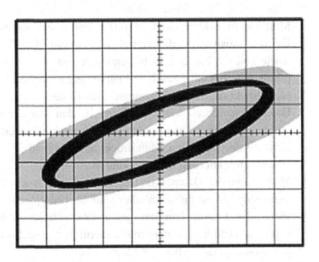

4.2.12 Datenprotokollierung

Man möchte das Oszilloskop zum zeitabhängigen Aufzeichnen von Daten von einer Quelle verwenden. Dazu kann man die Triggerbedingungen konfigurieren und das Oszilloskop so einstellen, dass alle getriggerten Signale zusammen mit Zeitinformationen über einen bestimmten Zeitraum auf einem USB-Speichergerät gespeichert werden.

1. Man konfiguriert das Oszilloskop so, dass die gewünschten Triggerbedingungen zum Ermitteln der Daten verwendet werden. Das USB-Speichergerät am USB-Anschluss ist an der Frontplatte anzuschließen.
2. Man drückt an der Frontplatte die Taste „Dienstpgm".
3. Man wählt im daraufhin angezeigten seitlichen Menü „Protokoll" aus, um das Datenprotokollierungsmenü anzuzeigen.
4. Man drückt im seitlichen Menü auf „Protokoll" und wählt „Ein". Dadurch wird die Datenprotokollierungsfunktion aktiviert. Wenn die Funktion aktiviert ist, aber noch nicht getriggert wird, wird auf dem Oszilloskop die Meldung „Datenprotokollierung – Warten auf Trigger" angezeigt. Bevor man die Datenprotokollierungsfunktion einschalten kann, muss man zunächst die Quelle, die Zeitdauer und das Verzeichnis auswählen.
5. Man drückt die Taste „Quelle", um die Signalquelle, von der die Daten aufgezeichnet werden soll, auszuwählen. Man kann entweder einen der Eingangskanäle oder das Math-Signal verwenden.
6. Man drückt die Taste „Dauer" so oft wie erforderlich oder verwendet den Multifunktions-Drehknopf, um die Dauer der Datenprotokollierung auszuwählen. Es gibt Auswahlmöglichkeiten von 30 min bis 8 h in Inkremente von 30 min sowie von 8 h bis 24 h in Inkrementen von 60 min. Zum Durchführen einer Datenprotokollierung ohne zeitliche Begrenzung kann man Unendlich auswählen.
7. Man drückt die Taste „Verzeichnis auswählen", um zu definieren, wo die ermittelten Daten gespeichert werden sollen. In den daraufhin angezeigten Menüauswahlmöglichkeiten kann man entweder einen vorhandenen Ordner auswählen oder einen neuen Ordner festlegen. Man drückt anschließend „Zurück", um zum Hauptmenü der Datenprotokollierung zurückzukehren.
8. Man startet die Datenerfassung, z. B. durch Drücken der Taste „Einzelfolge" oder „Run/Stop" (Ausführen/Anhalten) auf der Frontplatte.
9. Wenn das Oszilloskop die gewünschte Datenprotokollierung abgeschlossen hat, wird die Meldung „Datenprotokollierung abgeschlossen" angezeigt und die Datenprotokollierungsfunktion wird ausgeschaltet.

4.2.13 Grenzwertprüfung

Man möchte das Oszilloskop zum Überwachen eines aktiven Eingangssignals im Vergleich zu einer Toleranzmaske und zum Ausgeben von Pass- oder Fehlerergebnissen verwenden, wobei beurteilt wird, ob sich das Eingangssignal innerhalb der Grenzen der Toleranzmaske bewegt.

1. Man drückt an der Frontplatte die Taste „Dienstpgm.".
2. Man wählt im daraufhin angezeigten seitlichen Menü „Grenzwertprüfung" aus, um das Grenzwertprüfungsmenü anzuzeigen.
3. Man wählt im seitlichen Menü „Quelle" aus, um die „Quelle" des Signals festzulegen, das mit der Grenzwertprüfungs-Toleranzmaske verglichen werden soll.
4. Man wählt „Referenz" aus, um die Grenzwertprüfungs-Toleranzmaske festzulegen, mit der die in der Menüoption „Quelle" ausgewählten Prüfsignale verglichen werden sollen.
5. Man drückt im seitlichen Menü auf „Toleranzmsk. Einrichten", um den Grenzwert festzulegen, mit dem die eingespeisten Quellensignale verglichen werden sollen. Man kann die Toleranzmaske aus internen oder externen Signalen mit speziellen horizontalen und vertikalen Toleranzen erstellen. Man kann diese auch aus zuvor gespeicherten Toleranzmasken erstellen.
   - Man führt folgende Schritte auf dem daraufhin angezeigten seitlichen Menü aus:
   - Man drückt auf „Quelle", um die Position der Signalquelle einzustellen, die zum Erstellen der Grenzwertprüfungs-Toleranzmaske verwendet wird.
   - Man drückt auf „Grenzwert V" und dreht den Mehrfunktions-Drehknopf, um den vertikalen Grenzwert in vertikalen Rastereinteilungen festzulegen, mit denen man das Quellensignal beim Erstellen der Toleranzmaske vertikal verändern kann.
   - Man drückt auf „Grenzwert H" und dreht den Mehrfunktions-Drehknopf, um den horizontalen Grenzwert in horizontalen Rastereinteilungen festzulegen, mit denen man das Quellensignal beim Erstellen der Toleranzmaske horizontal verändern kann.
   - Man drückt auf „Toleranzmsk. Anwenden", um das Toleranzmaskensignal unter dem Referenzkanal zu speichern, den man im Menü „Ziel" ausgewählt hat.
   - Man drückt auf „Ziel.", um den Referenzspeicherort für die Grenzwertprüfungs-Toleranzmaske einzustellen.
   - Man drückt auf „Toleranzmsk. Anzeigen" und wählt „Ein" oder „Aus", um eine gespeicherte Toleranzmaske anzuzeigen oder auszublenden.
6. Man drückt die Taste „Aktion bei Verletzung" und wählt eine Aktion aus dem angezeigten Menü aus, um festzulegen, welche Aktion das Oszilloskop nach dem Erkennen einer Verletzung durchführen soll. Man hat die Wahl zwischen „Signal speichern" und „Bild speichern".

7. Man drückt die Taste „Anhalten nach" und schaltet die daraufhin angezeigte Taste mit demselben Namen um, um die Bedingungen zum Beenden der Grenzwertprüfung festzulegen. Man wählt „Signale", „Verletzungen" oder „Zeit" aus und legt diese über den Mehrfunktions-Drehknopf die gewünschte Anzahl an Signalen, Verletzungen oder die Zeit in Sekunden fest, nach deren Ablauf die Grenzwertprüfung beendet werden soll. Man kann die Prüfung auch manuell beenden.

8. Man drückt die Taste „Test", um die Grenzwertprüfung zu starten oder zu beenden. Nach Abschluss der Grenzwertprüfung zeigt das Oszilloskop die Prüfungsstatistiken auf dem Bildschirm an. Dazu zählen die Anzahl der geprüften Fälle, der Fälle, die bestanden haben und derjenigen, die durchgefallen sind.

4.3   Math-FFT-Funktionen

Dieses Kapitel umfasst ausführliche Informationen zur Verwendung der Math-FFT-Funktion (FFT = schnelle Fourier-Transformation). Der FFT-Mathematikmodus wird verwendet, um ein Zeitbereichssignal (YT) in seine Frequenzanteile (Spektrum) umzurechnen. Im Math-FFT-Modus können die folgenden Analysetypen ausgeführt werden:

• Analysieren der Oberwellen in Stromversorgungsnetzen
• Messen von Oberwellengehalt und Verzerrungen in Systemen
• Charakterisierung von Störsignalen in Gleichstromversorgungen
• Testen der Impulsantwort von Filtern und Systemen
• Analysieren von Vibrationen

Um den Math-FFT-Modus anzuwenden, verfährt man wie folgt:

• Man stellt das Quellensignal (Zeitbereich) ein
• Man lässt das FFT-Spektrum anzeigen
• Man wählt einen FFT-Fenstertyp aus
• Man stellt die Abtastrate so ein, dass die Grundfrequenz und die Oberwelle ohne Aliasing angezeigt werden
• Verwenden Sie die Zoomfunktion zur Vergrößerung des Spektrums
• Messen Sie das Spektrum mithilfe der Cursors

4.3.1 Einrichten des Zeitbereichssignals

Vor Verwendung des FFT-Modus muss man das Zeitbereichssignal (YT) einrichten. Hierzu verfahren Sie wie folgt:

1. Man drückt auf „AutoSet", um ein YT-Signal anzuzeigen.
2. Man dreht den Drehknopf „Position" im Bereich „Vertikal", um das YT-Signal senkrecht in der Bildmitte zu zentrieren (Nulllinie).
   Dadurch wird sichergestellt, dass die FFT einen echten Gleichstromwert anzeigt.
3. Man dreht den Drehknopf „Position" im Bereich „Horizontal", um den zu analysierenden Teil des YT-Signals in den acht mittleren Bildschirm-Skalenteilen zu positionieren.
   Das FFT-Spektrum wird vom Oszilloskop mithilfe der mittleren 2048 Punkte des Zeitbereichssignals errechnet.
4. Man dreht den Drehknopf „Vertikale Skala" (Volts/Div.), um sicherzugehen, dass das gesamte Signal auf dem Bildschirm angezeigt wird. Falls nicht das gesamte Signal zu sehen ist, zeigt das Oszilloskop unter Umständen fehlerhafte FFT-Ergebnisse an, d. h. durch Hinzufügen hochfrequenter Anteile.
5. Man dreht den Drehknopf „Skala" im Bereich „Horizontal" (Sec/Div.), um die gewünschte Auflösung des FFT-Spektrums einzustellen.
6. Man stellt das Oszilloskop so ein, dass möglichst viele Signalzyklen angezeigt werden.

Wenn man den Drehknopf „Skala" im Bereich „Horizontal" dreht, um eine schnellere Einstellung (weniger Zyklen) auszuwählen, wird ein größerer Frequenzbereich des FFT-Spektrums angezeigt und die Möglichkeit für FFT-Aliasing verringert. Allerdings zeigt das Oszilloskop dann auch eine niedrigere Frequenzauflösung an.

Zum Einrichten der FFT-Anzeige verfährt man folgendermaßen:

1. Man drückt die Taste „Math.", um das Menü „Math." anzuzeigen.
2. Man drückt „Operation → FFT".
3. Man wählt den Quellenkanal für „Math-FFT" aus.

In vielen Fällen ist das Oszilloskop in der Lage, ein zweckmäßiges FFT-Spektrum anzuzeigen, auch wenn nicht auf das YT-Signal getriggert wird. Dies gilt besonders für periodische Signale oder unkorrelierte Störsignale.

Man triggert und positioniert alle transienten bzw. Burstsignale möglichst nah an der Bildschirmmitte.

4.3.2   Nyquist-Frequenz

Die höchste Frequenz, die ein digitales Echtzeit-Oszilloskop überhaupt fehlerfrei messen kann, beträgt die Hälfte der Abtastrate. Diese Frequenz wird als Nyquist-Frequenz bezeichnet. Frequenzdaten oberhalb der Nyquist-Frequenz werden mit ungenügender Abtastrate erfasst, wodurch es zu FFT-Aliasing kommt.

Anhand der Mathematikfunktion werden die mittleren 2048 Punkte des Zeitbereichssignals in ein FFT-Spektrum umgerechnet. Das daraus resultierende FFT-Spektrum umfasst 1024 Punkte von Gleichspannung (0 Hz) bis hin zur Nyquist-Frequenz.

Normalerweise wird das FFT-Spektrum bei der Anzeige horizontal auf 250 Punkte komprimiert. Zur Vergrößerung des FFT-Spektrums kann man allerdings auch die Zoomfunktion nutzen, um die Frequenzanteile detaillierter zu betrachten, und zwar an jedem der 1024 Datenpunkte des FFT-Spektrums.

Die vertikale Reaktion des Oszilloskops läuft oberhalb seiner Bandbreite langsam ab (je nach Modell 40 MHz, 60 MHz, 100 MHz oder 200 MHz, bzw. 20 MHz bei eingeschalteter Bandbreitenbegrenzung). Folglich kann das FFT-Spektrum gültige Frequenzdaten aufweisen, die höher als die Bandbreite des Oszilloskops sind. Dennoch sind die Betragsdaten nahe oder oberhalb der Bandbreite nicht präzise.

4.3.3   Anzeige des FFT-Spektrums

Man drückt die Taste „Math.", um das Menü „Math." anzuzeigen. Danach wählt man den Quellenkanal, den entsprechenden Fensteralgorithmus und den FFT-Zoomfaktor aus den Optionen aus. Es kann jeweils nur ein einziges FFT-Spektrum angezeigt werden. Tab. 4.3 zeigt die Einstellungen der Math-FFT-Optionen.

Abb. 4.39 zeigt das Oszillogramm einer FFT-Messung.

1. Frequenz auf der mittleren Rasterlinie
2. Vertikalskala in dB pro Skalenteil (0 dB = 1 V_{eff})
3. Horizontalskala in Frequenz pro Skalenteil
4. Abtastrate in Anzahl der Abtastwerte pro Sekunde
5. FFT-Fenstertyp

Tab. 4.3 Einstellungen der Math-FFT-Optionen

Math-FFT-Option	Einstellungen	Anmerkung
Quelle	CH1, CH2, CH3, CH4	Zur Auswahl des als FFT-Quelle verwendeten Kanals
Fenster	Hanning, Flattop, Rectangular	Wählt den FFT-Fenstertyp aus; Auswahl eines FFT-Fensters.
FFT-Zoom	Xl, X2, X5, X10	Ändert die horizontale Vergrößerung der FFT-Anzeige, Vergrößern und Messen eines FFT-Spektrums.

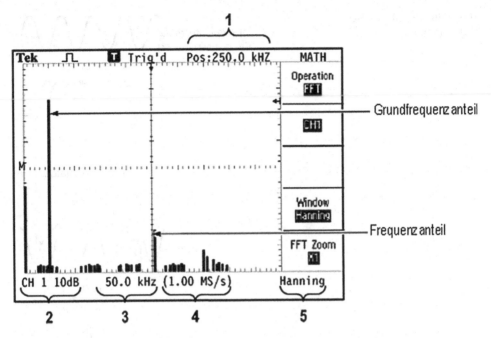

Abb. 4.39 Oszillogramm einer FFT-Messung

4.3.4 Auswahl eines FFT-Fensters

Mithilfe der Fenster lassen sich Spektralverluste in einem FFT-Spektrum verringern. Bei FFT wird davon ausgegangen, dass sich das YT-Signal endlos wiederholt. Es beginnt mit einer ganzzahligen Anzahl von Zyklen (1, 2, 3 usw.) und das YT-Signal endet mit der gleichen Amplitude. Es gibt keine Sprünge in der Signalform.

Eine nicht ganzzahlige Anzahl von Zyklen im YT-Signal bewirkt unterschiedliche Amplituden des Anfangs- und Endpunktes des Signals. Die Übergänge zwischen Start- und Endpunkt verursachen Sprünge im Signal, die Hochfrequenz-Störspitzen einführen.

Durch Anwendung eines Fensters, wie Abb. 4.40 zeigt, wird das YT-Signal geändert, sodass die Start- und Endwerte nahe beieinander liegen und FFT-Signalsprünge reduziert werden, wie Abb. 4.41 zeigt.

Die Funktion „Math-FFT" umfasst drei FFT-Fensteroptionen. Bei jedem Fenstertyp muss zwischen Frequenzauflösung und Amplitudengenauigkeit abgewogen werden. Die zu messenden Parameter von Tab. 4.4 und die Eigenschaften des Quellensignals helfen bei der Auswahl des Fensters.

Probleme treten auf, wenn das Oszilloskop ein Zeitbereichssignal erfasst, das höhere Frequenzanteile als die Nyquist-Frequenz aufweist. Frequenzanteile oberhalb der Nyquist-Frequenz werden mit ungenügender Abtastrate erfasst und werden als niedrigere Frequenzanteile dargestellt, die um die Nyquist-Frequenz herum „zurückgefaltet" werden. Diese nicht korrekten Anteile werden „Aliase" genannt (Abb. 4.42).

Abb. 4.40 Erstellung eines
FFT-Fensters

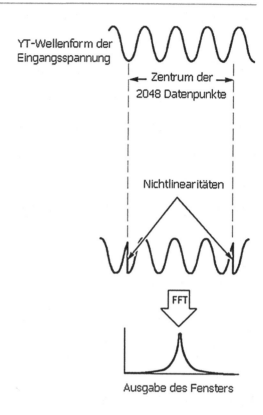

Um Aliasing auszuschalten, versucht man es mit folgenden Maßnahmen:

- Man dreht den Drehknopf „Skala" im Bereich „Horizontal" (Sec/Div.), um eine schnellere Abtastrate einzustellen. Da man mit der Abtastrate auch die Nyquist-Frequenz erhöht, werden die Alias-Frequenzkomponenten mit der korrekten Frequenz angezeigt. Wenn auf dem Bildschirm zu viele Frequenzanteile angezeigt werden, kann man die FFT-Zoomoption verwenden, um das FFT-Spektrum zu vergrößern.
- Falls die Anzeige von Frequenzanteilen über 20 MHz unwichtig ist, schaltet man die Bandbreitenbegrenzung ein.
- Man kann auch einen externen Filter an das Quellensignal anlegen, um seine Bandbreite auf Frequenzen unterhalb der Nyquist-Frequenz zu beschränken.
- Man erkennt und ignoriert die Aliasfrequenzen.
- Man verwendet die Zoomfunktion und die Cursors zur Vergrößerung und Messung des FFT-Spektrums.

Man kann das FFT-Spektrum vergrößern und mit den Cursors die einzelnen Messungen durchführen. Das Oszilloskop verfügt über eine FFT-Zoomoption zur horizontalen Vergrößerung. Zur vertikalen Vergrößerung verwendet man die vertikalen Bedienelemente.

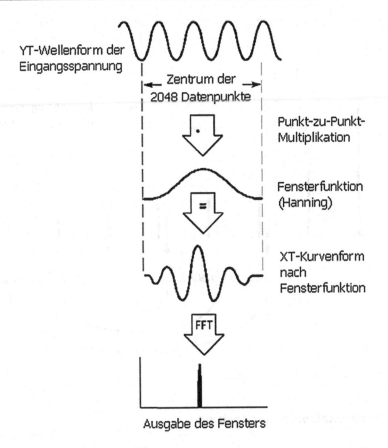

YT-Wellenform der
Eingangsspannung

Zentrum der
2048 Datenpunkte

Punkt-zu-Punkt-
Multiplikation

Fensterfunktion
(Hanning)

XT-Kurvenform
nach
Fensterfunktion

FFT

Ausgabe des Fensters

Abb. 4.41 Ablauf eines FFT-Fensters

Tab. 4.4 Eigenschaften des Quellensignals helfen bei der Auswahl des Fensters

Fenster	Messung	Technische Daten
Hanning	Periodische Signale	Höhere Frequenz, geringere Größengenauigkeit als Flattop
Flattop	Periodische Signale	Höhere Größen, geringere Frequenzgenauigkeit als Hanning
Rectangular	Impulse oder Transienten	Spezialfenster für Signale, die keine Sprünge aufweisen. Das Ergebnis fällt im Wesentlichen genau so aus, als ob kein Fenster verwendet wurde.

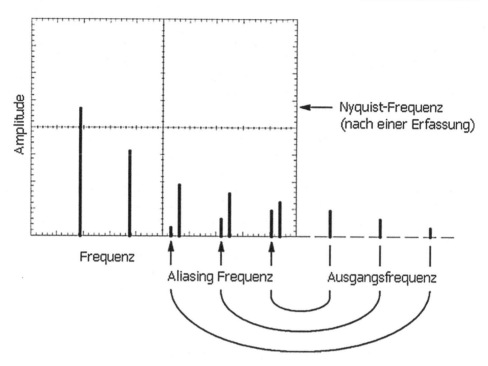

Abb. 4.42 Nyquist-Frequenz und Amplitude

4.3.5 Horizontalzoom und Position

Mit der FFT-Zoomoption kann man das FFT-Spektrum horizontal vergrößern, ohne
dabei die Abtastrate zu verändern. Es gibt die Zoomfaktoren X1 (Grundeinstellung), X2,
X5 und X10. Bei einem Zoomfaktor von X1 und dem im Raster zentrierten Signal liegt
die linke Rasterlinie auf 0 Hz und die rechte Rasterlinie auf der Nyquist-Frequenz.

Wenn man den Zoomfaktor ändert, wird das FFT-Spektrum auf der mittleren Rasterlinie vergrößert, d. h. die mittlere Rasterlinie ist der Bezugspunkt der horizontalen
Vergrößerung.

Man dreht den Drehknopf „Position" im Bereich „Horizontal" im Uhrzeigersinn, um
das FFT-Spektrum nach rechts zu verschieben. Man drückt die Taste „Auf Null setzen",
um die Spektrumsmitte auf die Rastermitte zu setzen.

Wenn das FFT-Spektrum angezeigt wird, werden die Kanal-Drehknöpfe im Bereich
„Vertikal" zu vertikalen Zoom- und Positionssteuerungen für den jeweiligen Kanal. Über
den Drehknopf „Vertikale Skala" lassen sich die Zoomfaktoren X0,5, X1 (Grundeinstellung), X2, X5 und X10 einstellen. Das FFT-Spektrum wird rund um den M-Marker
vertikal vergrößert (Referenzpunkt des berechneten Signals auf der linken Bildschirmkante).

Man dreht den Drehknopf „Position" im Bereich „Vertikal" im Uhrzeigersinn um das
Spektrum für den Quellenkanal nach oben zu verschieben.

An FFT-Spektren lassen sich zwei Messungen vornehmen: Betrag (in dB) und Frequenz (in Hz). Der Betrag wird auf 0 dB bezogen, wobei 0 dB gleich 1 V ist.

Mit den Cursors kann man Messungen mit jedem Zoomfaktor durchführen. Hierzu verfährt man wie folgt:

1. Man drückt die Taste „Cursor", um das Menü „Cursor" anzuzeigen.
2. Man drückt „Quelle → MATH.".
3. Man drückt die Optionstaste „Typ", um entweder Amplitude oder Zeit auszuwählen.
4. Man verschiebt Cursor 1 und 2 Mithilfe des Mehrfunktions-Drehknopfes.

Mit den horizontalen Cursors messen Sie den Betrag, mit den vertikalen Cursors die Frequenz. Die Differenz (Delta) zwischen den beiden Cursors wird angezeigt, dem Wert an Cursorposition 1 und dem Wert an Cursorposition 2. Delta ist der absolute Wert von Cursor 1 minus Cursor 2. Abb. 4.43 zeigt Oszillogramme eines Betrags- und eines Frequenz-Cursors.

Man kann auch eine Frequenzmessung durchführen, ohne die Cursors zu verwenden. Hierzu dreht man den Knopf „Horizontal Position", um einen Frequenzanteil auf der mittleren Rasterlinie zu platzieren, und liest die Frequenz oben rechts von der Anzeige ab.

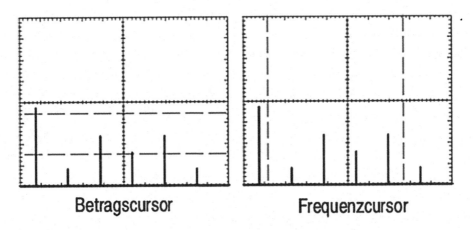

Betragscursor   **Frequenzcursor**

Abb. 4.43 Oszillogramme eines Betrags-Cursors und eines Frequenz-Cursors

Hard- und Software für Oszilloskope

5

Die Hardware wird geprägt von der LCD-Technik und von den Touchscreen-Bildschirmen. Die Software beinhaltet die unterschiedlichen Analysiermethoden, wie Simulation und Analyse, AC-Frequenzanalyse, Zeitbereichs-Transientenanalyse, Fourier-Analyse, Rausch- und Rauschzahlanalyse, Verzerrungsanalyse, Empfindlichkeitsanalyse, Monte-Carlo-Analyse und Worst-Case-Analyse (ungünstige Bedingungen). Dazu kommt noch die messtechnische Erfassung der Bitfehlerrate, BER-Messung auf digitaler Basis, BER-Messung auf analoger Basis (Augendiagramm) und die Bitfehlerdarstellung im Signalzustandsdiagramm.

Flachbildschirme mit LCD-Technologie (LCD = Liquid Crystal Display) ersetzen mittlerweile die Röhrenmonitore (CRT = Cathode Ray Tube). Neben den LCD-Panel werden kaum noch Bildschirme in Plasmatechnik (PDP = Plasma Display Panel) eingesetzt. Weitere Techniken sind noch in der Entwicklung wie

- SED (Surface-Conduction Electron-Emitter Display)
- OLED (Organic Light Emitting Diode)

5.1 Flüssigkristall-Anzeigen

In vielen Anwendungsbeispielen sind die Flüssigkristall-Anzeigen den LEDs überlegen. Während eine LED einen Strom von etwa 0,5 mA bis 20 mA für die Ansteuerung benötigt, reicht ein Strom von 1 pA und noch weniger für die LCD-Pixel aus. Daher sind LCD-Panels für den transportablen Betrieb besser geeignet.

Leider weisen LCD-Panel auch Nachteile auf. Sie sind passive Elemente, d. h., sie können nicht selbst leuchten, sondern müssen durch Fremdlicht bestrahlt werden. Sie sind auch gegen niedrige Temperaturen empfindlich. Unterschreitet man den Schmelzpunkt, bleibt

© Springer Fachmedien Wiesbaden GmbH, ein Teil von Springer Nature 2020
H. Bernstein, *Messen mit dem Oszilloskop*, https://doi.org/10.1007/978-3-658-31092-9_5

die Anzeige stehen. Wird die Umgebungstemperatur von LCD-Panels zu hoch, erfolgt nach kurzer Zeit die Zerstörung.

Im Gegensatz zu den LED-Anzeigen (1970) kennt man die Flüssigkristalle bereits seit 140 Jahren. Die Einsatzmöglichkeiten waren bis zu dem Einsatz der Mikroelektronik hauptsächlich in der Wärmemesstechnik bekannt. Erwärmt man flüssige Kristalle oder kühlt diese ab, kann man anhand der Färbung meistens sehr präzise die entsprechende Temperatur ablesen.

Flüssigkristalle weisen drei Aggregatszustände auf:

• festkristalliner
• flüssigkristalliner oder Mesophase
• flüssiger Zustand

Abb. 5.1 zeigt die einzelnen Phasen für Flüssigkeitskristalle.

In der Chemie sind mehrere Tausend chemische Verbindungen bekannt, die außer der festen (anisotrop) und der flüssigen (isotrop) Phase noch eine Übergangsmöglichkeit aufweisen, die Mesophase. Die Mesophase ist eine anisotrope-flüssige Phase, die auch als anisotrope Schmelze bezeichnet wird.

Als Flüssigkristalle verwendet man eine organische Verbindung, die aus lang gestreckten Molekülen besteht. Durch die Umgebungstemperatur nehmen sie einen bestimmten Aggregatzustand ein, die man in den LCD-Panels nutzen kann. Im festkristallinen Zustand sind die lang gestreckten Moleküle in einer Reihe nacheinander angeordnet und der Orientierungszustand ist ausgerichtet. Erwärmt man das Material,

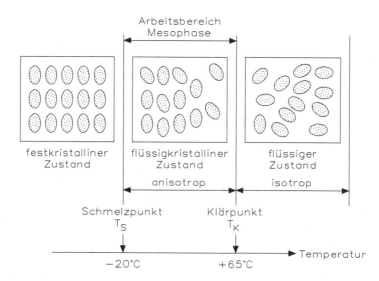

Abb. 5.1 Phasen für Flüssigkristalle

ändert sich auch der Orientierungszustand. Ein solches Verhalten ist nur erklärbar, wenn in der Flüssigkeit eine Teilordnung vorhanden ist, also Moleküle, die einen Orientierungszustand aufweisen.

Ab dem Schmelzpunkt T_S geht das Flüssigkristall in die Mesophase über. Man erhält den Arbeitsbereich der LCD-Panel. Der Übergang ist nicht genau definierbar und es entsteht immer eine Hysterese. Dieser Übergang ist weitgehend von der Kristallmischung abhängig.

Der Arbeitsbereich von üblichen Flüssigkristallsubstanzen hat einen Temperaturbereich zwischen −20 °C und +65 °C. In diesem Bereich ergibt sich eine viskosetrübe Flüssigkeit, die man für die Anzeige ausnützt. Oberhalb der Mesophase, also ab dem Klärpunkt T_K, beginnt die flüssige Phase.

Die flüssige Phase wird bei der Schmelze klar durchsichtig und ist isotrop. Ab diesem Punkt verliert die LCD ihre opto-elektronischen Eigenschaften. Dieser Punkt ist ebenfalls nicht genau definierbar und hängt von der Kristallmischung ab. Eine längere Lagerung von LCD-Panels in diesem Temperaturbereich führt zur Zerstörung.

Im festkristallinen Zustand sind die Moleküle, wie Abb. 5.1 zeigt, in einer gestreckten Molekülstruktur. Mit Erwärmung ergibt sich ein undefinierter Zustand, der aber starke elektrische Momente aufweisen kann, wenn ein Magnetfeld angelegt wird. Hier sind die Moleküle leicht polarisierbar. In der flüssigen Phase weisen sie zwar noch starke elektrische Dipolmomente auf, aber die räumliche Anordnung ist so verdreht, dass eine schwierige Polarisierung auftritt. Abb. 5.2 zeigt ein LCD-Panel.

Abb. 5.2 Vorderansicht eines LCD-Panels

5.1.1 Strukturtypen bei flüssigen Kristallen

Drei Strukturtypen kennt man bei den flüssigen Kristallen:

- nematische (fadenförmige)
- cholesterinische (spiralförmige)
- smektische (schichtartige)

Bei den nematischen Flüssigkristallen ist nur ein Ordnungsprinzip im Aufbau wirksam. Die Längsachsen der zigarrenförmigen Moleküle stehen im zeitlichen und räumlichen Mittel parallel zueinander. Dabei gleiten die Moleküle aneinander vorbei. Dieses Flüssigkristall ist sehr dünnflüssig.

Der Aufbau des cholesterinischen Flüssigkristalls ist ähnlich. In einer Ebene liegen die Moleküle parallel zueinander und es ergibt sich eine bestimmte Vorzugsrichtung, die große Vorteile mit sich bringt. Diese ist in ihrer Ebene gegenüber der benachbarten parallelen Ebene etwas verdreht. Senkrecht zu den einzelnen Ebenen dreht sich die Vorzugsrichtung so, dass eine Schraubenstruktur mit einer bestimmten Ganghöhe oder Periode durchlaufen wird. Abb. 5.3 zeigt den Aufbau dieser cholesterinisch verdrillten Struktur. Die Ganghöhe liegt bei etwa 200 nm bis 20 μm.

Der Aufbau des smektischen Typs ist dem normalen festen Kristall am ähnlichsten. Allerdings sind die Moleküle nicht bestimmten festen Raumgitterplätzen zugeordnet, sondern lediglich an Ebenen gebunden. Die Längsachsen der Moleküle verlaufen parallel zueinander und sind in Ebenen angeordnet, die sich aber nur als Ganzes gegeneinander verschieben lassen. Mit dem hohen Ordnungszustand hängt die große Viskosität und Oberflächenspannung smektischer Flüssigkristalle zusammen.

In der Elektronik findet man nur nematische Flüssigkristalle.

Bringt man an das LCD-Panel elektrische Kontakte an und legt an diese eine elektrische Spannung, ändert das Flüssigkristall sofort sein Prinzip. Man erhält die Drehzellen.

Flüssigkristalle weisen eine hohe, anisotrope Dielektrizitätskonstante auf, d. h., diese hat in beiden Richtungen parallel und senkrecht zur Molekülachse verschiedene Werte. Normalerweise wird diese Konstante in paralleler und senkrechter Richtung gemessen.

Abb. 5.4 zeigt die beiden Möglichkeiten für die Anisotropie. Bei der positiven Anisotropie stehen die Moleküle senkrecht in dem elektrischen Feld. Aufgrund dieser Tatsache

Abb. 5.3 Aufbau von Flüssigkristallstrukturen

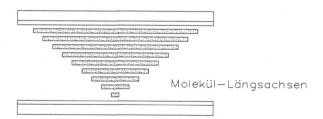

Molekül−Längsachsen

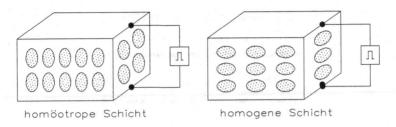

homöotrope Schicht   homogene Schicht

Abb. 5.4 Möglichkeiten der Anisotropie bei LCD-Anzeigen

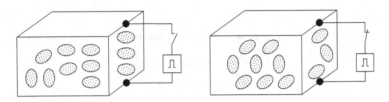

Abb. 5.5 Ansteuerung einer LCD-Zelle

spricht man vom „Senkrechtwert". Die Umkehrung ist die negative Anisotropie. Hier liegen die Moleküle waagerecht in der Anzeige. Jetzt hat man den „Parallelwert" der Zelle.

Unter „Anisotropie" versteht man die Eigenschaft von Körpern, dies sind die Kristalle, die sich in verschiedene Richtungen physikalisch verschieden verhalten und nicht gleich polar differenzieren.

Die Anisotropie wird in Abb. 5.5 deutlich. Ist die Speicherzelle nicht angesteuert, wird das linear polarisierte Licht gedreht, da die Moleküle entsprechend angeordnet sind. Legt man jedoch eine Spannung an, beginnen sich die Moleküle auszurichten und das linear polarisierte Licht kann ungehindert die Anzeige passieren. Das Licht wird nicht gedreht.

Ist der Wert der dielektrischen Anisotropie positiv, wird sich das flüssige Kristall in einem elektrischen Feld so einstellen, dass die Struktursymmetrieachse parallel zum Feld verläuft. Ist der Wert negativ, versucht sich die Symmetrieachse senkrecht zum Feld zu stellen, aber nur, wenn dielektrische Kräfte auftreten.

Bei der Herstellung von Flüssigkristall-Anzeigen befindet sich das nematische Flüssigkristall mit positiver Anisotropie in einer etwa 5 bis 15 μm dicken Schicht zwischen zwei Glasplatten. Abb. 5.6 zeigt den Aufbau einer Flüssigkristall-Anzeige.

Man hat als Träger zwei Glasplatten, die auf der Innenseite eine sehr dünne, elektrisch leitfähige Schicht aus dotiertem Zinnoxid (SnO_2) besitzen. Diese Schicht wird in einem Verfahren aufgedampft und bildet entsprechend der Ausätzung die gewünschten Symbole. Rechts und links befinden sich die beiden Verschlüsse der Anzeige, die gleichzeitig auch die Abstandshalter sind. In der Mitte hat man den Flüssigkristall. Die

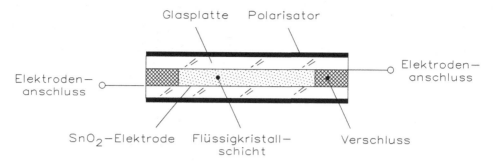

Abb. 5.6 Aufbau einer Flüssigkristall-Anzeige

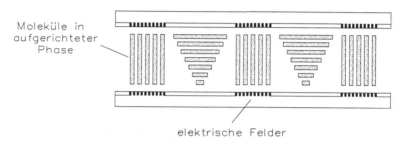

Abb. 5.7 LCD-Panel an einer Spannung

Elektrodenanschlüsse sind direkt mit den SnO_2-Elektroden verbunden und hier liegt dann die Steuerspannung. Wichtig sind noch für die Funktion die Polarisatoren.

Der Hersteller von LCD-Panels behandelt die Elektroden durch ein spezielles Schräg-bedampfen oder Reiben. Damit werden die Moleküle in eine Vorzugsrichtung gebracht. Die Orientierungsrichtung der oberen und unteren Elektrode steht senkrecht zueinander. Die Flüssigkristalle ordnen sich im Zwischenraum schraubenförmig an, wie man bereits im Abb. 5.3 gesehen hat. Der Fachmann bezeichnet die so entstandene Struktur als verdrillte nematische Phase. Gibt man auf diese Zelle ein polarisiertes Licht mit der Polarisationsrichtung parallel zur Vorzugsrichtung, erfolgt die Polarisationsrichtung der Lichtquelle der Vorzugsrichtung der Moleküle. Es findet eine Lichtdrehung um 90° statt.

Legt man an die Elektroden eine Spannung, kommt es durch das elektrische Feld zu einer elastoelektrischen Deformation der Flüssigkristalle. Die Moleküle beginnen sich parallel zu der Richtung des elektrischen Felds auszurichten und diesen Vorgang zeigt Abb. 5.7 deutlich.

Die gleichmäßige Verschraubung der Moleküle ist in zwei Übergänge von 90° über-gegangen. Linear polarisiertes Licht lässt sich nicht mehr drehen und man erhält nun eine transmissive, reflektive oder transflektive Anzeige.

In Abb. 5.7 wird auf die einzelnen Elektroden eine Spannung gegeben. Wo die Spannung anliegt, richten sich die Moleküle aus und die Anzeige wird durchsichtig. Dies ist nur möglich, da Moleküle Dipoleigenschaften aufweisen, die sich in einem

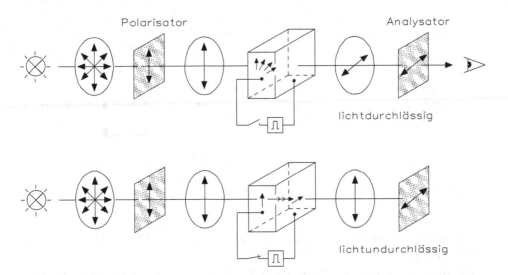

Abb. 5.8 Zusammenhang der einzelnen Funktionen bei einem LCD-Panel

elektrischen Feld aus der waagerechten homogenen Lage in eine senkrechte Lage bringen lassen. An diesen Stellen bleibt das polarisierte Licht unbeeinflusst und trifft auf den senkrecht stehenden zweiten Polarisator.

Abb. 5.8 verdeutlicht nochmals den Zusammenhang der einzelnen Funktionen. Eine Lichtquelle erzeugt Licht, das sich in allen Richtungen ausbreiten kann.

Mit einem Polarisator kann nur vertikales Licht auf die Flüssigkristallzelle passieren. Dort findet eine Phasendrehung um 90° statt, wenn die Zelle nicht angesteuert wird. Mittels des Analysators, eigentlich nur ein zweiter Polarisator, wird die Lichtquelle sichtbar. In der Flüssigkristallzelle wurde das Licht um 90° gedreht, damit es den Analysator passieren kann.

Legt man jedoch eine Spannung an die Flüssigkristallzelle, wird das Licht nicht um 90° gedreht, sondern passiert direkt die Zelle. Der nachfolgende Analysator lässt dieses vertikal polarisierte Licht nicht passieren und die Zelle ist lichtundurchlässig.

Mit einem Trick kann diese Technik von Polarisator und Analysator für interessante Darstellungsmöglichkeiten eingesetzt werden, wie Abb. 5.9 zeigt. Man hat wieder eine Lichtquelle, die nicht polarisiertes Licht erzeugt. Mittels des Polarisators erhält man ein vertikales Licht für die Anzeige. In der Drehzelle findet nun eine Lichtverschiebung statt, wenn keine Spannung an den Elektroden liegt.

Das Licht trifft nun auf zwei unterschiedliche Analysatoren. Der obere ist parallel, der untere gekreuzt. Es ergeben sich unterschiedliche Darstellungsmöglichkeiten. Oben hat man die Segmente im angesteuerten Zustand hell und im anderen Fall sind sie dunkel.

Bei der transmissiven Anzeige sind die Polarisatoren parallel zueinander angeordnet, so dass die Anzeige im Normalzustand, also nicht angesteuerten Zustand, schwarz erscheint. Die angesteuerten Segmente sind lichtdurchlässig.

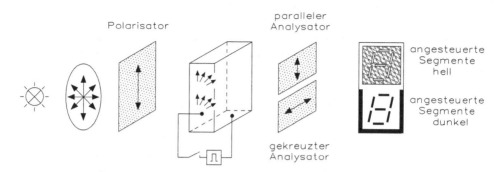

Abb. 5.9 Darstellungsmöglichkeiten bei LCD-Anzeigen

Legt man eine Spannung zwischen 1,5 V und 5 V an die Elektroden, werden diese lichtundurchlässig.

Die transmissive LCD-Panel hat einige Vorteile: Sie erzeugt einen hohen Kontrast zwischen Anzeigenfeld und Symbol. Es wird kein Strom zum Ansteuern benötigt und man spricht daher auch von Feldeffektanzeigen. Der Leistungsverbrauch ist etwa 5 μW/cm^2. Die Anzeigensymbole lassen sich auch farbig gestalten.

Der Nachteil ist die rückwärtige Beleuchtung, d. h., man benötigt eine kleine Lichtquelle, die uns die LCD-Anzeige beleuchtet. Bei Armbanduhren ist z. B. ein kleiner Lichtschalter, wenn die Uhrzeit in der Dunkelheit mit Licht abgelesen werden soll.

Bei der reflektiven Ausführung sind die Polarisatoren senkrecht zueinander angeordnet. Der hintere Polarisationsfilter, der Analysator, ist mit einem Reflektor ausgestattet. Die aktivierten Elemente erscheinen schwarz auf hellgrünem bzw. silberfarbigem Hintergrund. Die reflektive Ausführung ist weit verbreitet, da sie ohne zusätzliche Beleuchtung und mit minimaler Stromaufnahme arbeitet. Sie hat auch bei extrem hellem Umgebungslicht einen hervorragenden Kontrast.

In der Praxis erzeugt der Reflektor auf dem Analysator eine diffuse Eigenschaft, um unerwünschte Spiegelungen zu unterbinden. Wird der linear neutrale Polarisator durch einen linearen selektiven Polarisator ersetzt, lassen sich einfache farbige Flüssigkristallanzeigen dieses Typs herstellen.

Die transflektive Ausführung ist im Prinzip gleich der reflektiven Ausführung mit Ausnahme des Reflektors. Der Reflektor ist bei der transflektiven Ausführung etwas lichtdurchlässig und erlaubt so im Bedarfsfall eine Beleuchtung mit einer Leuchtfolie oder einer ähnlichen Lichtquelle. Die Seitenablesbarkeit vermindert sich jedoch um etwa 20 %. Es entsteht ein schwarzes Bild auf hellgrauem und nicht auf weißem Hintergrund.

Die reflektive LCD-Anzeige benötigt im Hintergrund eine zusätzliche Beleuchtung.

Bei dem Beispiel von Abb. 5.10 links hat man im Gehäuse eine kleine Glühlampe mit einem Reflektor. Statt der Glühlampe lässt sich auch eine LED einsetzen. Drückt man einen Minischalter, schaltet sich das Licht für ca. 3 s ein und die LCD-Anzeige wird von hinten beleuchtet.

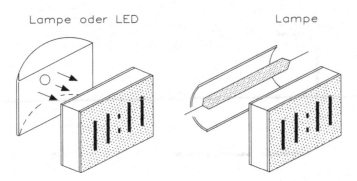

Lampe oder LED   Lampe

Abb. 5.10 Beleuchtung einer LCD-Anzeige durch eine kleine Glühlampe, links: punktförmig rechts: länglich

Für die Lampen oder LEDs ist eine zusätzliche Batterie erforderlich. Die Lebensdauer von dieser beträgt in der Regel nicht länger als zehn Stunden. Danach muss sie ausgewechselt werden.

Die Ausleuchtung eines LCD-Panels ist nicht optimal, da diese Lichtquellen ein punktförmiges Licht abgeben. Verbessert wird die Lichtquelle durch einen Reflektor. Trotzdem ist die Anzeige in der Mitte meistens heller als am Rand.

Um diesen Nachteil zu vermeiden, wird bei der Anzeige von Abb. 5.10 rechts eine längliche Lampe eingesetzt und sie leuchtet die Anzeige fast gleichmäßig aus. Leider sind diese Lampen sehr teuer und werden in der Praxis kaum eingesetzt. Die Lampe ist trotzdem noch in einem Reflektor untergebracht, damit auch die Ränder gut ausgeleuchtet sind.

5.1.2 Technologie der LCD-Flachbildschirme

In LCD-Flachbildschirmen werden spezielle Flüssigkristalle eingesetzt, die die Polarisationsrichtung von Licht beeinflussen können, um Zeichen, Symbole, Bilder und Grafiken darzustellen. Dabei wird Hintergrundlicht durch eine Folie polarisiert, passiert eine Flüssigkristallschicht, die es in Abhängigkeit von der gewünschten Helligkeit in der Polarisationsrichtung dreht, und tritt durch ein zweites Polarisationsfilter wieder aus. Zusammen mit der Treiberelektronik, Farbfiltern und Glasscheiben bilden diese Komponenten das sogenannte Panel. Abb. 5.11 zeigt exemplarisch den Aufbau bzw. die Struktur eines Panels und Abb. 5.12 das Prinzip der Polarisation.

Die zur Zeit dominierende Flachbildschirmtechnologie stellen die sogenannten „Thin-Film"-Transistors, abgekürzt TFT-Technologie, dar. Sie enthalten eine Matrix von Dünnschichttransistoren, die auch als Aktivmatrix bezeichnet wird, weil hinter jedem Pixel ein eigener Transistor vorhanden ist und angesteuert wird. Ein Dünnschichttransistor ist ein spezieller Feldeffekttransistor, mit dem großflächige elektronische Schaltungen hergestellt werden können. Es wird daher der Begriff „TFT"- Monitor oder

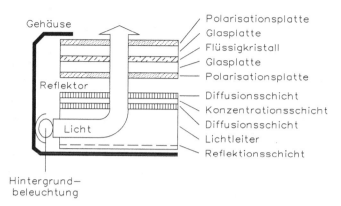

Abb. 5.11 Aufbau eines LCD-Panels

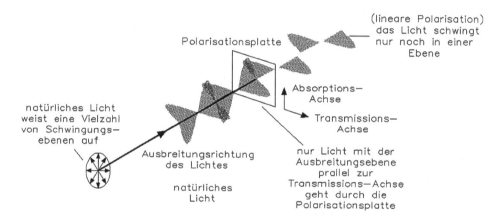

Abb. 5.12 Darstellung der Polarisation

TFT-Display verwendet. Die Begriffe LCD- und TFT-Monitor werden, obwohl streng genommen unterschiedlich, mittlerweile synonym verwendet.

Um Farbe anzuzeigen, wird jedes Pixel einer TFT-Matrix noch einmal in drei Subpixel unterteilt. Jedes dieser Subpixel besitzt einen Farbfilter, entweder Rot, Grün oder Blau. Der Aufwand, ein solches Farbdisplay anzusteuern, ist dann natürlich dreimal so groß, da dreimal so viele Subpixel notwendig sind. Die unterschiedlichen Leuchtintensitäten der einzelnen Farben (bis zu 256 Nuancen pro Subpixel ≙ 16,77 Mio. darstellbare Farben pro Pixel) werden durch verschiedene Spannungen und dadurch bedingte Abweichungen in der Verdrehung der Kristalle erreicht. Letztendlich wird also die Lichtleitfähigkeit jeder einzelnen Zelle jedes Subpixels gesteuert. Diese Technologie erfordert schon bei VGA-Auflösung (640 × 480) fast eine Million Transistoren. Abb. 5.13 zeigt die Farbdarstellung eines LCD-Pixels und ein Pixel enthält drei Subpixel.

Abb. 5.13 Farbdarstellung eines LCD-Pixels und ein Pixel besteht aus drei Subpixels (R, G und B)

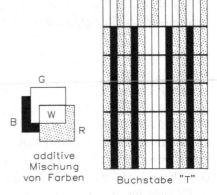

Die Begrenzung des seitlichen Einblickwinkels, abhängig vom Paneltyp, stellt ein wesentliches Problem der TFT-Technologie dar. Blickt man von der Seite auf den Bildschirm, lässt der Kontrast nach und die Farbtreue nimmt erheblich ab. Dieser Effekt tritt technologiebedingt besonders bei TN-Panels bereits ab je 80° bis 100° (horizontal und vertikal) auf.

Ursache sind die nicht immer parallel zueinander ausgerichteten Kristalle. Es entsteht Streulicht durch ein „fehlgeleitetes" Licht, das die Display-Zellen schräg durchdringt. Es kommt zu einer unterschiedlichen Abschwächung des schräg durch die Flüssigkristallschicht laufenden Lichtes. Dies ruft die bekannten Farbverfremdungen und Kontrastveränderungen bei seitlichem Einblickwinkel horizontal und vertikal hervor.

Ein Bildschirmschoner ist auch immer bei einem TFT-Display zu empfehlen, da bei längerem Betrieb mit einem stehenden Bild der sogenannte Memory-Effekt oder „Image ticking" auftreten kann. Dieser Effekt ähnelt dem Einbrenneffekt bei einem Röhrenbildschirm, d. h., auch bei ausgeschaltetem Bildschirm sind dann noch Teile des Bildes als Frame sichtbar. Dies resultiert daraus, da sich die Kristalle nicht mehr komplett zurückdrehen bzw. träge werden. Dieser Effekt ist irreparabel und hat den Austausch des Panels zur Folge. Dieses Phänomen ist herstellerunabhängig.

5.1.3 Prinzip der verschiedenen Panels

In den Panels wurden Leuchtstoffröhren als Lichtquelle für die Hintergrundbeleuchtung, mittlerweile auch Leuchtdioden (LED) vor allem bei LCD-Displays, eingesetzt. Sie sind meist hinter, bei einigen KO-Anzeigen aber auch seitlich oder über der Anzeige angebracht, und ihr Licht wird durch Reflexion gleichmäßig auf die gesamte Anzeigefläche verteilt. Vor der Hintergrundbeleuchtung befindet sich ein horizontaler Polarisationsfilter, der nur die horizontal ausgerichteten (polarisierten) Anteile des Lichtes hindurchlässt. Unter Polarisation versteht man hier die Ausrichtung der Schwingungsebene der elektrischen Feldkomponente einer elektromagnetischen Welle.

Aktuell werden drei wesentliche Paneltypen produziert, die sich durch die Art der Ausrichtung der Flüssigkristalle zwischen den Glasplatten unterscheiden:

- TN-Panel
- IPS-Panel
- PVA-Panel

Die Paneltechnologie prägt die Darstellungseigenschaften einer grafischen Anzeige und damit auch seine Anwendungsfähigkeit. TN-Panels sind die günstigsten, schnellsten und damit auch die verbreitetsten LCD-Panels. Für hochwertige Anforderungen, z. B. im Grafikbereich oder für große Bildschirme, werden IPS- oder PVA-Panels eingesetzt.

TN steht für „Twisted Nematic", wörtlich übersetzt: verdrillt nematisch. Nematisch bezeichnet einen Zustand oder eine Phase, in der alle stäbchenförmigen Moleküle eines Flüssigkristall-Bildschirms in einer Richtung angeordnet sind. Die Flüssigkristalle sind zwischen gekreuzten Polarisatoren angeordnet und richten sich bei angelegter Spannung am senkrecht zur Glasfläche anliegenden elektrischen Feld aus.

Vor dem ersten Polfilter befinden sich die eigentlichen Flüssigkristallzellen (Twisted Nematic = TN-Zelle) und davor ist wiederum ein Polarisationsfilter angebracht, diesmal in vertikaler Ausrichtung. Ohne die TN-Zelle könnte kein Licht durch die beiden Polarisationsfilter dringen, da sowohl die horizontalen wie auch vertikalen Elemente des Lichtes abgeblockt würden. In der TN-Zelle befinden sich jedoch die Flüssigkristall-Moleküle, die innerhalb der Zelle eine Drehung von 90° aufweisen, sofern die Zelle nicht unter Spannung steht. Die Kristalle weisen die Fähigkeit auf Licht zu leiten und in seiner Polarisation zu steuern. Es folgt die Verdrehung der Kristalle, und so dreht sich die Polarisationsrichtung des Hintergrundlichtes um genau 90°. Auf diese Weise kann es durch den zweiten, vertikalen Polfilter passieren.

Wird dagegen Spannung angelegt, richten sich die LCD-Moleküle vertikal aus. Das polarisierte Licht wird dabei nicht mitgedreht, die Polarisation somit blockiert. Das Bild bzw. der Bildpunkt bleibt schwarz. Wird die Spannung weggenommen, richten sich aber die LCD-Moleküle wieder horizontal aus, und das Licht wird durchgelassen, wie Abb. 5.14 zeigt.

Da LCD-Moleküle sich innerhalb einer Kopplungsschicht nie wirklich perfekt ausrichten und immer einen Fehlwinkel erzeugen, brechen sie das eintreffende Licht diffus und verringern somit den Kontrast und Blickwinkel.

Um dies zu kompensieren, werden Kompensationsfolien eingesetzt. Diese Folie kompensiert die diffuse Brechung des Lichtes und verbessert somit Kontrast sowie den Blickwinkel. TN-Panels weisen aber von allen Panels prinzipiell den niedrigen Stromverbrauch auf und es ergibt sich eine geringe Leistungsaufnahme.

TN-Panels werden aufgrund ihrer schnellen Reaktionszeiten häufig in Oszilloskopen verwendet.

IPS steht für „In-Plane Switching". Legt man eine Spannung an die Elektroden, richtet das elektrische Feld die Flüssigkristalle parallel (In-Plane) zur Paneloberfläche

Abb. 5.14 Wirkungsweise
des TN-Panels im Zustand
„aus" und das Licht kann die
Zelle passieren

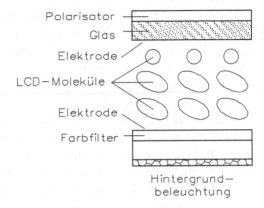

Abb. 5.15 Wirkungsweise
des IPS-Panels im Zustand
„aus" und das Licht kann die
Zelle passieren

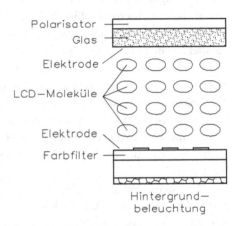

bzw. Polarisationsschicht aus, sodass die Kristalle kein Licht durchlassen. Damit bleiben die Bildpunkte schwarz, wie Abb. 5.15 zeigt.

Der Kontrast ist dadurch wesentlich weniger blickwinkelabhängig als bei TN-Panels. Allerdings wurde erst durch die verbesserte S-IPS und Dual-Domain-IPS-Technik auch die Blickwinkelabhängigkeit der Farbdarstellung verkleinert. Durch die schwachen Felder waren die Schaltzeiten anfangs sehr lang, aktuelle Varianten können aber durchaus mit schnellen TN-Panels mithalten.

Legt man keine Spannung an, werden die LCD-Moleküle um bis zu 90° gedreht, wodurch das Licht mehr oder weniger ungehindert den Polarisator passieren kann.

Da die Elektroden aber wie zwei Kämme aufgebaut sind, ist eine relativ starke Lichtquelle für die Hintergrundbeleuchtung erforderlich. Dies erklärt auch den vergleichsweise hohen Stromverbrauch besonders von älteren IPS-Panels.

Durch die genaue homogene Ausrichtung entsteht kein Streulicht, was einen großen seitlichen Blickwinkel ermöglicht. Der Nachteil der IPS-Panels besteht darin, dass an den Elektroden der Zellen, die das Spannungsfeld verursachen, das Feld wird gekrümmt. Die Kristalle liegen hier nicht ganz parallel zueinander und erzeugen etwas Streulicht.

Dieses wird durch eine schwarze Maske für die inhomogenen Bereiche eliminiert. Allerdings erfordert diese Maske und die Tatsache, dass die Elektroden direkt im Lichtweg liegen, eine starke Hintergrundbeleuchtung. Ein weiterer Nachteil der IPS-Panels bleibt aber bestehen, denn diese sind langsamer als TN-Panels, da der statische Aufbau des speziellen Spannungsfeldes länger dauert.

Abhilfe schaffen Super-IPS-Panels (S-IPS). Sie basieren auf der IPS-Technologie (In-Plane Switching) und erweitern den Betrachtungswinkel auf mehr als 60° in jede Richtung. Heutige S-IPS-Panels weisen mittlerweile sogar einen Einblickwinkel von 85° in jede Richtung auf, da die stabförmigen Kristalle des Panels in jedem Betriebszustand absolut parallel zueinander ausgerichtet sind. Sie liegen bei dieser Technologie zwischen zwei gleichermaßen horizontal ausgerichteten Polfiltern. Im spannungslosen Zustand sind die länglichen Kristalle im rechten Winkel zu den Polarisationsfiltern ausgerichtet. Durch die polarisierende Wirkung der Kristalle gelangt kein Hintergrundlicht auf die Frontscheibe. Je nach anliegender Spannung kippen die Kristalle immer mehr, bis sie parallel zu den Filtern liegen und dann das meiste Licht durchlassen.

Die Flüssigkristalle in VA-Panels (Vertical Alignment) schalten beim Anlegen des elektrischen Feldes von vertikal zur Glasoberfläche auf horizontal um. Dazugehörige Technologien umfassen MVA (Multi-Domain VA), PVA (Patterned VA) und ASV (Advanced Super View). Sowohl bei der MVA- als auch bei der PVA-Technologie werden die Flüssigkristalle eines jeden Bildpunktes in zwei bis vier Teilbereiche, eingeteilt und separat angesteuert. Das wiederum sorgt für einen vergleichsmäßig großen Blickwinkel.

MVA steht für „Multi-Domain Vertical Alignment" und wurde zunächst noch unter der Abkürzung VA (Vertical Alignment, vertikale Ausrichtung) entwickelt. Bei VA-Panels wird eine Zelle in zwei bis drei Domains (Ebenen, daher der Begriff „Multi-Domain") eingeteilt und so die Kippvorrichtung der Flüssigkeitsmoleküle gesteuert. Um das zu erreichen, werden an der oberen und unteren Oberfläche des Substrats jeweils Vorsprünge gebildet, welche die LCD-Moleküle in eine einheitliche Richtung kippen. Einer der Vorteile der Technologie ist ein hoher Blickwinkel von mindestens 160° horizontal und vertikal, wie Abb. 5.16 zeigt. Liegt keine Spannung an, richten sich die LCD-Moleküle vertikal aus, die KO-Anzeige bleibt schwarz und entsprechend hoch ist der Kontrast typischerweise mit einem Verhältnis von 400:1 bis 700:1. Legt man eine Spannung an, drehen sich die Moleküle alle horizontal in eine Richtung. Das Licht kann die Zelle passieren und die Anzeige wird weiß.

MVA-Displays sind geeignet für KO-Anzeigen und liefern auch von der Seite ein konstant helles und kontrastreiches Bild ohne Farbverfremdungen.

PVA steht für „Patterned Vertical Alignment". Bei dieser Technologie werden die Flüssigkristalle eines jeden Bildpunktes nicht in zwei bis drei, sondern in vier Bildbereiche eingeteilt und separat angesteuert. Diese Technologie bietet unter anderem den Vorteil eines leicht höheren Blickwinkels. Außerdem bieten PVA-Panels in der Regel höhere Kontrastraten von bis zu 1000:1.

Abb. 5.16 Prinzip des
MVA-Panels im Zustand „aus"
und das Licht kann die Zelle
ungehindert passieren

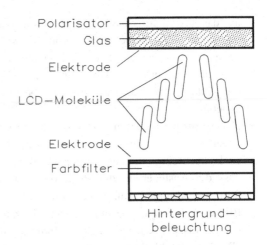

S-PVA (Super-PVA) stellt eine Weiterentwicklung der PVA-Technologie dar. Bei dieser Technologie sind die Flüssigkristalle im Ruhezustand (schwarzes Bild) vertikal ausgerichtet. Erst wenn Spannung anliegt, werden sie aus der vertikalen Position abgelenkt und lassen das Licht der Hintergrundbeleuchtung durch, sodass ein Bild entsteht.

Durch besondere Farbfilter mit niedriger Dispersion und ein sehr hohes Apertur-Verhältnis (Aufnahmevermögen) der Stirnfläche bei der Lichteinkopplung in einem Lichtwellenleiter ermöglichen S-VA-Panels Kontrastverhältnisse über 1000:1.

Panels mit MVA-, PVA- und IPS-Technologie weisen eine deutlich niedrigere Blickwinkelabhängigkeit als TN-Panels auf. Ihre Farb- und Kontrastwerte sind über das gesamte Bild verteilt sehr konstant. Die horizontalen und vertikalen Blickwinkel kommen in der Praxis mit rund 160° bis 170° dem Idealwert von 180° sehr nahe. Die höherwertige Technik bedeutet aber auch einen höheren Preis.

5.1.4 Optimierungen der LCD-Technologie

Folgende Ansätze zur weiteren Optimierung der Darstellungseigenschaften, insbesondere der Reaktionszeiten, werden eingesetzt.

- Viskosität: Man versucht der Bewegungsunschärfe entgegenzuwirken, indem man die Schaltzeiten der Displays weiter reduziert, vor allem über die Viskosität der eingesetzten Kristallflüssigkeit.
- Überspannung: Bei der „Overdrive"-Technik wird an die LCD-Zelle kurzzeitig eine Spannung angelegt, die höher ist als die für den eigentlichen Helligkeitswert erforderliche Spannung. Dadurch richten sich die Kristalle schneller aus. Das nächste Bild muss hierzu zwischengespeichert werden. Diese Information wird zusammen mit

an das jeweilige Display speziell angepassten Korrekturwerten verwendet, um die genaue Zeit berechnen zu können, während die Überspannung anliegen darf, ohne dass das jeweilige Pixel übersteuert wird. Durch die Zwischenspeicherung wird das Bild etwa zwei bis fünf Takte später angezeigt als vergleichsweise beim CRT-Bildschirm. Diese Latenz kann beim Betrachten schneller Änderungen unangenehm sein.

- „Black Stripe Insertion": Um der Bewegungsunschärfe aufgrund der Erhaltungsdarstellung entgegenzuwirken, können die Pixels bzw. das gesamte Display auch kurzzeitig dunkel geschaltet werden. Ein Nachteil dieser Methode ist, dass die Ansteuerung der Pixel deutlich schneller erfolgen muss, es zum Bildflimmern kommen kann und die effektive Bildhelligkeit sinkt. Daher sind hier Bildwiederholraten von mindestens 85 Hz erforderlich, sowie eine um das Tastverhältnis Auszeit/Leuchtzeit hellere Hintergrundbeleuchtung.

- „Blinking Backlight": Beider Verwendung von mehreren LEDs zur Hintergrundbeleuchtung von LCD-Displays lässt sich diese Methode einfacher als „Black Stripe Insertion" realisieren, da hierbei nicht die Pixel schneller angesteuert werden müssen, sondern für Pixelbereiche bzw. das gesamte Display die Hintergrundbeleuchtung für den Bruchteil einer Vollbilddauer ausgeschaltet werden kann.

- „Scanning Backlight": Hierbei wird die LCD-Anzeige nicht mit weißem Licht, sondern nacheinander von roten, grünen und blauen Primärlichtern (häufig per LED) beleuchtet. Da bei LCD-Anzeigen mit zeitsequenzieller Ansteuerung mit den Primärfarben keine helligkeitsreduzierenden Farbfilter erforderlich und hohe Leuchtdichten vorhanden sind, lässt sich der Helligkeitsverlust durch die Sequenzabfolge leichter kompensieren. Zudem kann ein einzelnes Pixel alle Grundfarben anzeigen, anstatt das Pixel durch das Zusammenspiel von benachbarten Subpixeln zu interpolieren, wodurch die erzielbare Auflösung steigt.

5.1.5   Bildauflösung

Eine Rastergrafik oder Pixelgrafik (Pixel = picture element) beschreibt ein Bild in Form von Daten und besteht aus einer rasterförmigen Anordnung von Pixeln (Bildpunkten), denen jeweils eine Farbe zugeordnet ist. Die Hauptmerkmale einer Rastergrafik sind daher die Breite und die Höhe der Pixel, auch Auflösung genannt, sowie die Farbtiefe.

Heutige KO-Bildschirme in LCD-Technologie werden ausschließlich über eine Rastergrafik, die im Framebuffer abgelegt bzw. gespeichert ist und den gesamten Bildschirminhalt enthält, angesteuert.

Zu den Nachteilen von Raster- gegenüber Vektorgrafiken gehört der meist relativ hohe Speicherbedarf. Da Rastergrafiken nur aus einer begrenzten Anzahl von Pixeln bestehen, werden geometrische Formen meist nur angenähert, wobei auch der Alias-Effekt auftreten kann, denn dieser kann mittels Antialiasing gedämpft werden. Bei bestimmten geometrischen Verzerrungen einer Rastergrafik gehen Informationen verloren und es können auch Farbtöne erzeugt werden, die vorher nicht vorhanden waren. Bei der Vergrößerung kommt es zu einer „pixeligen" oder unscharfen Darstellung.

Unter Bildauflösung versteht man bei KO-Monitoren die Anzahl der Bildpunkte (Pixel), aus denen eine Rastergrafik besteht. In der Regel wird diese durch Breite x Höhe angegeben. Grundsätzlich unterscheidet man zwischen absoluter und relativer Auflösung.

Bei der absoluten Auflösung gibt es zwei verschiedene Angaben:

Die erste Variante gibt einfach nur die Gesamtanzahl der Bildpunkte an und dies ist z. B. in der Digitalfotografie mit der Einheit „Megapixel" üblich.

Die zweite Variante gibt die Anzahl der Bildpunkte pro Spalte (vertikal) und Zeile oder Linie (horizontal) an, wie bei PC-Grafikkarten und Monitoren üblich.

Die zweite Variante hat den Vorteil, dass sie auch das Verhältnis zwischen der Anzahl der Bildpunkte pro Spalte und Zeile angibt, man also eine Vorstellung vom Seitenverhältnis bekommt.

Die relative Auflösung gibt die Anzahl der Bildpunkte im Verhältnis zu einer physikalischen Längeneinheit an (z. B.) angegeben in dpi (dots per inch), ppi (pixel per inch), und lpi (lines per inch). Diese Auflösung kann man auch als Punkt-, Pixel- bzw. Zeilendichte bezeichnen. Alternativ lässt sich die Größe (Kantenlänge, Durchmesser oder Fläche) eines Bildpunktes angeben (z. B. in μm).

Die physikalische Auflösung eines Flachbildschirms hängt von der Bildschirmdiagonale (Größe des Bildschirms) und der Pixelgröße ab. XGA ist die Abkürzung für „Extended Graphics Array". XGA bezeichnet einen Computergrafik-Standard (VESA 2.0), der bestimmte Kombinationen von Bildauflösung und Farbanzahl (Bittiefe) sowie Wiederholfrequenz definiert. Zum anderen steht XGA für die Auflösung mit Angabe der Bildpunkte (Seitenverhältnis 4:3, 16:9), unabhängig von anderen Parametern.

Ein TFT-Monitor kennt nur eine physikalische Auflösung, die er 1:1 wiedergeben kann, da ein Bildpunkt einem physikalisch unteilbaren Pixel entspricht, er stellt daher nur seine Standardauflösung flächenfüllend dar. Diese beträgt bei einem KO-Bildschirm beispielsweise 256×256-Bildpunkte. Wählt man nun eine kleinere Auflösung von 128×128, so muss der Monitor diese aus seinen einzig möglichen 256×256-Bildpunkten darstellen.

Der Bildschirm präsentiert den Ausschnitt entweder in einem kleineren Bildausschnitt (bei weiterhin scharfer Bildqualität) oder rechnet das entsprechende Bild auf die gesamte Bildschirmfläche hoch. Dabei wird ein größerer Bildpunkt einfach aus mehreren kleinen Punkten erzeugt und diesen Vorgang bezeichnet man als „Interpolieren", was bei vielen TFT-Monitoren leichte Bildunschärfen und einen sichtbaren Zoom-Effekt erzeugen kann. Durch die Interpolation können Informationen verloren gehen oder Bildartefakte entstehen. Dies hat im ungünstigsten Fall ein schwammiges Bild zur Folge.

Eine höhere Auflösung bedeutet mehr Pixel und dies verhilft dem Monitorbild zu einer höheren Detailgenauigkeit. Bei identischer Bildschirmauflösung erscheinen Symbole und Schriften umso größer, je höher die Bilddiagonale ist.

Der horizontale und der vertikale Betrachtungswinkel eines Bildschirms, wird auch als Ablesewinkel bezeichnet und gehört zu den wichtigsten Qualitätsmerkmalen eines

Flachbildschirms. Die Gradzahlen bei der Angabe des Blickwinkels drücken den Spielraum aus, in dem man sich vor dem Bildschirm nach links und rechts oder oben und
unten bewegen kann, bevor das Bild unscharf wird oder nicht mehr sichtbar ist.

Je nach Position des Betrachters ändern sich Heiligkeit und Farben des angezeigten
Bildinhaltes. Je seitlicher der Betrachter steht, desto schräger ist der Blickwinkel. Es
sollten Mindestwerte von 120° horizontal und vertikal eingehalten werden. Dabei spielt
auch die Farbdarstellung eine wichtige Rolle. Wenn die Farben eines farbenprächtigen
Bildes beim Anschauen von allen Seiten stark verblassen, das Schwarz seine Sättigung
verliert, dann deutet dies auf ein niedriges Qualitätsniveau des Bildschirms hin.
Qualitativ einfache Geräte zeigen hier schon bei leicht seitlichem Aufblick bräunlich
oder bunt schimmernde Dunkelflächen und verlieren an Farbsättigung.

5.1.6   Oszilloskop mit LCD-Bildschirm

Im Wesentlichen ist ein Oszilloskop mit LCD-Bildschirm ähnlich aufgebaut wie ein
„normales" Speicheroszilloskop. Abb. 5.17 zeigt die Schaltung.

Das Oszilloskop hat zwei Eingänge und einen separaten Triggereingang. Über die
beiden Vorverstärker und den Kanalumschalter erhält die S&H-Einheit das Eingangssignal und der nachfolgende AD-Wandler setzt die Eingangspannung in ein digitales
Format um. Das RAM speichert die Daten zwischen und erstellt ein 8-Bit-Datenformat
für den Zeilenmultiplexer. Dieser 8-aus-256-Multiplexer erzeugt aus dem Datenwort
ein Freigabesignal für die entsprechende LCD-Anzeige. Die Ausgänge steuern die 256
Treiberstufen an und dann die Zeilen der Anzeige. Bei einer farbigen Darstellung sind
drei Speichereinheiten parallel anzuordnen.

Die Triggerauswahl erzeugt aus den beiden analogen Eingangssignalen die Triggerbedingungen und über die Triggerlogik liegt das Signal an der Ablaufsteuerung. Diese
Steuerung schaltet den Kanalschalter um, liefert den Abtastimpuls für die S&H-Einheit
und erzeugt die Zählimpulse für den Adresszähler, einschließlich der Rückstellung. Für
die Darstellung erstellt die Ablaufsteuerung die Werte für den Zeitbasisgenerator. In
diesem Fall gibt dieser Generator ein analoges Signal in Form einer Sägezahnspannung
aus, das von dem AD-Wandler in ein 8-Bit-Datenwort umgesetzt wird. Mit diesem
Datenwort wird der 8-aus-256-Multiplexer angesteuert und aus dem Datenwort wird ein
Freigabesignal für die LCD-Anzeige erzeugt. Die Ausgänge steuern 256 Treiberstufen an
und dann die Spalten der Anzeige.

Die modernen Oszilloskope verfügen über zahlreiche Analysefunktionen für die
erfassten Datensätze, die auf dem Bildschirm angezeigt werden. Die Analysefunktionen
werden von der Echtzeit-Arithmetik-Einheit verarbeitet. Einfache mathematische
Funktionen können mit der „Quick-Mathematik", komplexere Funktionen sowie
die Verkettung von Funktionen mit dem Formeleditor durchgeführt werden. Das
„MATH"-Menü beinhaltet Rechenfunktionen für die aufgenommenen Signalformen.
Die mathematischen Funktionen verfolgen die Änderungen der beinhalteten Signale und

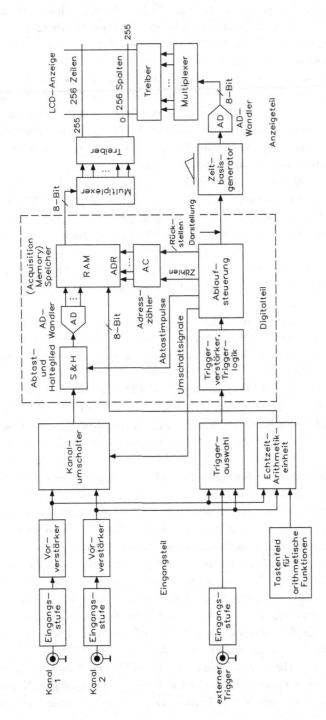

Abb. 5.17 Schaltung eines Oszilloskops mit LCD-Bildschirm

beziehen sich nur auf den sichtbaren Bereich. Zusätzlich lässt sich die Frequenzanalyse (FFT) mit einem Tastendruck aktivieren. Für einen schnellen Überblick über die Signaleigenschaften sorgt die QUICKVIEW-Funktion. Ein maskenbasierter PASS/FAIL-Test erlaubt die automatisierte Überwachung von Signalen.

Das „MATH"-Menü beinhaltet Rechenfunktionen für die aufgenommenen Signalformen. Die mathematischen Funktionen verfolgen die Änderungen der beinhalteten Signale und beziehen sich nur auf den sichtbaren Bereich des Bildschirms. Wird ein Signal am Bildschirmrand abgeschnitten, kann auch die zugehörige Mathematik-Kurve abgeschnitten sein. Ist eine Mathematik-Funktion aktiviert, so lässt sich mittels des „SCALE"-Drehgebers der LCD-Bildschirm skalieren.

Das Mathematik-Menü ist unterteilt in Quick-Mathematik und Formelsatz. Die Quick-Mathematik ist für einfache und schnelle Rechnungen gedacht. Mit dem Formelsatz hingegen sind kompliziertere Verknüpfungen möglich.

Nach dem Drücken der „MATH"-Taste im „VERTICAL"-Bedienfeld wird ein Kurzmenü aktiviert. Die unterste Softmenütaste „QM/MA" aktiviert die Quick-Mathematik oder den Formeleditor. QM steht dabei für Quick Mathematik und MA für die erweiterte Mathematik (Formeleditor). Das Drücken dieser Softmenütaste wechselt zwischen den beiden Mathematikfunktionen.

Im QM-Menü kann mit den Softmenütasten die Konfiguration der Quick-Mathematik-Funktion vorgenommen werden. Die entsprechenden Softmenütasten wählen den jeweiligen Kanal (Quelle) für die Quick-Mathematik-Berechnung. Es können nur Analogkanäle ausgewählt werden, die aktiviert sind. Mittels einer weiteren Softmenütaste wird die Berechnungsart Addition (ADD), Subtraktion (SUB), Multiplikation (MUL) oder Division (DIV) eingestellt. Wird die Taste „MENU" im „VERTICAL"-Bedienfeld gedrückt, gelangt man in eine ausführlichere Darstellung des QM-Menüs. Die Operanden bzw. der Operator werden mit dem Universaldrehknopf eingestellt.

Das Formeleditor-Menü (Softmenütaste MA) ermöglicht das Ein- und Ausschalten der mathematischen Gleichungen, die innerhalb des ausgewählten Formelsatzes definiert und sichtbar sind. Es werden nur Gleichungen aufgelistet, die sichtbar sind. Es können vier der fünf Funktionen aus dem aktuellen Formelsatz gleichzeitig dargestellt werden. Die fünfte Kurve kann als Operand für eine der vier Mathematikkurven benutzt werden und wird dabei berechnet, aber nicht dargestellt. Die Taste „MENU" im „VERTICAL"-Bedienfeld öffnet ein Menü zur Auswahl des Formelsatzes und zur Definition der zugehörigen Formeln. Zusätzlich kann ein „NAME" mit max. acht Zeichen vergeben oder ein bereits erstellter Formelsatz aus dem internen Speicher geladen werden. Der Wunschname kann mit dem Universaldrehgeber im „CURSOR/ MENU"-Bedienbereich vergeben und mit der Taste „ANNEHMEN" gespeichert werden. Der Name erscheint nun anstelle MA1...MA5. Die Namensvergabe kann für alle Gleichungen separat durchgeführt werden. Wenn alle Gleichungen, Konstanten und Namen eingegeben sind, kann dieser Formelsatz ebenfalls mit einem Namen versehen

werden, indem die Taste „NAME" im Formelsatzmenü gedrückt und der Name eingegeben wird.

Das Oszilloskop verfügt über fünf mathematische Formelsätze. In jedem dieser
Formelsätze stehen wiederum fünf Formeln zur Verfügung, die mit einem Formeleditor
bearbeitet werden, um auch verknüpfte mathematische Funktionen definieren zu können.
Diese sind mit MA1 bis MA5 bezeichnet. Der Formelsatz wird mit dem Universaldrehknopf im „CURSOR/MENU"-Bedienbereich eingestellt. Im Formelsatzeditor (Softmenütaste „BEARBEITEN") sind die bereits vorhandenen Gleichungen aufgelistet und
können bearbeitet werden. Die ausgewählte Gleichung ist mit einem blauen Balken im
Bildschirm markiert. Hierbei wird zwischen der Bearbeitung der Anzeige und der Parameter unterschieden. Die gewünschte Gleichung wird mit dem Universaldrehgeber im
„CURSOR/MENU"-Bedienbereich ausgewählt und mit der Softmenütaste „SICHT-
BAR" aktiviert. Eine aktivierte, sichtbare Gleichung ist innerhalb des Formeleditors
durch ein ausgefülltes Auge gekennzeichnet und im Kurzmenü aufgelistet.

Im Softmenü „EINHEIT" kann mit dem Universaldrehgeber im „CURSOR/MENU"-
Bedienbereich aus folgenden Einheiten gewählt werden:

V	[Volt]	Hz	[Hertz]
A	[Ampere]	F	[Farad]
Ω	[Ohm]	H	[Henry]
V/A	[Volt pro Ampere]	%	[Prozent]
W	[Watt]	°	[Grad]
VA	[Volt-Ampere]	pi	[π]
var	[Blindleistung]	PA	[Pascal]
dB	[dezibel]	m	[Meter]
m	[Milli, 10^{-3}]	g	[Beschleunigung]
μ	[Mikro, 10^{-6}]	°C	[Grad Celsius]
n	[Nano, 10^{-9}]	K	[Kelvin]
p	[Piko, 10^{-12}]	°F	[Grad Fahrenheit]
f	[femto, 10^{-15}]	N	[Newton]
a	[Atto, 10^{-18}]	J	[Joule]
z	[Zepto, 10^{-21}]	C	[Coulomb]
y	[Yokto, 10^{-24}]	Wb	[Weber]
k	[Kilo, 10^{3}]	T	[Tesla]
M	[Mega, 10^{6}]	(dez)	[dezimal]
G	[Giga, 10^{9}]	(bin)	[binär]
T	[Terra, 10^{12}]	(hex)	[hexadezimal]
P	[Peta, 10^{15}]	(oct)	[octal]
E	[Exa, 10^{18}]	DIV	[Division, Skalenteil]

Z	[Zetta, 10^{21}]	px	[pixel]
Y	[Yotta, 10^{24}]	Bit	[Bit]
dBm	[dezibel milliwatt]	Bd	[Baud]
dBV	[dezibel Volt]	Sa	[Sample]
s	[Sekunde]		

Die Einheit der Gleichung wird für die Kanalbezeichnung und Cursor-/Automessarten übernommen. Der Name der Gleichung ist im Formelsatzeditor und als Beschriftung im Kurvenfenster aufgeführt. Die Softmenütaste „LÖSCHEN" entfernt die Gleichung aus dem Formelsatz.

Eine Gleichung besteht aus einem Operator (Rechenfunktion) und bis zu zwei Operanden. Als Operatoren lassen sich mit dem Universaldrehknopf im „CURSOR/ MENU"-Bedienbereich auswählen:

- Addition
- Subtraktion
- Multiplikation
- Division
- Maximum
- Minimum
- Quadrat
- Wurzel
- Betrag
- positiver Anteil

- negativer Anteil
- Reziprok
- invertiert
- dekadischer Logarithmus
- natürlicher Logarithmus
- Ableitung
- Integral
- IIR-Tiefpassfilter
- IIR-Hochpassfilter

Als OPERANDEN (Quellen) sind für die jeweilige Gleichung die Eingangskanäle CH1 und CH2 sowie eine einstellbare Konstante zugelassen. Bei der Formel MA2 kommt als Quelle MA1 hinzu, bei Mehrkanal-Oszilloskopen MA3 kommt MA2 als Quelle hinzu, bei MA4 entsprechend MA3 und schließlich bei MA5 noch MA4. Es lassen sich von diesen fünf Gleichungen insgesamt fünf verschiedene Sätze erstellen, abspeichern und abrufen. Neue Gleichungen lassen sich hinzufügen, indem mittels Universaldrehknopf der Menüpunkt „neu…" im Formelsatzeditor ausgewählt wird. Durch Drücken der Softmenütaste „HINZUFÜGEN" kann die neue Gleichung bearbeitet werden.

Im Menü für die Eingabe der Konstanten kann durch Drücken der Taste „KONSTANTE EDIT" und anschließender Auswahl mit dem Universaldrehknopf im „CURSOR/MENU"-Bedienbereich aus folgenden Konstanten gewählt werden:

- π
- $2 \times \pi$

- $0,5 \times \pi$
- Nutzer 1…10 (max. 10 benutzerdefinierte Konstanten)

Wenn z. B. „NUTZER 1" als Konstante gewählt wird, kann nach Drücken der Softmenütaste „ZAHLENWERT" mit dem Universaldrehgeber im „CURSOR/MENU"-
Bedienbereich ein Zahlenwert eingestellt werden. Nach der gleichen Methode kann ein
„DEZIMALPUNKT" gesetzt und zusätzlich ein SI-Präfix eingegeben werden (Softmenütaste „VORSATZ"). Als „EINHEIT" stehen die gleichen SI-Präfixe zur Auswahl,
die im Softmenü „BEARBEITEN" zur Verfügung stehen. Mit „SPEICHERN" werden
diese Einstellungen unter dem Namen „NUTZER 1" abgespeichert und ins Menü
zur Bearbeitung der Gleichung zurückgekehrt. Bis zu 10 dieser benutzerdefinierten
Konstanten können abgespeichert werden. Beim Speichern eines Formelsatzes kann
zusätzlich ein Kommentar vergeben werden (Softmenütaste „KOMMENTAR"). Durch
Drücken der Taste „SPEICHERN" wird dieser Formelsatz mit dem gewählten Namen
und Kommentar an den gewählten Ort gespeichert.

Diese abgespeicherten Formelsätze lassen sich jederzeit wieder laden. Dazu wird das
Mathematik-Menü durch Druck auf die „MATH"-Taste aktiviert und anschließend die
MENÜ-Taste unter dem „VOLT/DIV"-Drehgeber betätigt. In diesem Menü erscheint
ein Menüpunkt „LADEN". Dadurch wird der Dateimanager gestartet, der den internen
Speicherplatz anzeigt. Dort wird die gewünschte Formelsatzdatei ausgewählt und durch
die Taste „LADEN" geladen.

Grundsätzlich funktioniert die FFT (Fast Fourier Transform) in einem Oszilloskop
anders als bei einem Spektrumanalysator und richtet sich neben der Zeitbasiseinstellung auch nach der verfügbaren Anzahl der verwendeten Erfassungspunkte bei der
Berechnung der FFT. Es können mit einem Oszilloskop bis zu 65.536 Punkte in die FFT
einbezogen werden und damit erreicht man eine sehr gute Auflösung.

Für eine Analyse von sehr langsamen Signalen (Hz-Bereich) ist die FFT ungeeignet
und hierfür wird der klassische Oszilloskopmodus verwendet.

Das „FFT"-Menü ermöglicht eine schnelle Fourier-Transformation, welche das
Frequenzspektrum des gemessenen Signals darstellt. Die veränderte Darstellungsweise
ermöglicht die Ermittlung der im Signal hauptsächlich vorkommenden Frequenzen und
deren Amplitude.

Die Frequenzanalyse ist mit der FFT-Taste im Bereich „ANALYZE" des Bedienfeldes
zuschaltbar. Nach dem Drücken der Taste leuchtet diese weiß und der Bildschirm wird
in zwei Gitter unterteilt. Im oberen Bereich wird die Spannungszeitkurve angezeigt,
im unteren Bereich das Ergebnis der Fourier-Analyse. Die FFT wird über maximal
65.536 Erfassungspunkte berechnet. Mehr Punkte bei einem gleichbleibenden „Span"
resultieren in einer kleineren Frequenzschrittweite der FFT. Die Punkteanzahl der Ausgangsdaten ist halb so groß, wie die der Eingangsdaten.

In der Anzeige oben links befinden sich die Informationen zu den Einstellungen im
Zeitbereich, zwischen dem oberen und unteren Fenster die Zoom- und Positionsangaben,
und unterhalb des großen FFT-Anzeigefensters die Einstellungen (Span und Center) im

Frequenzbereich. Das untere FFT-Anzeigefenster ist nach dem Einschalten der FFT weiß umrandet und dies bedeutet, dass der große Drehknopf im Zeitbasisbereich den Span einstellt. Der Span wird in der Einheit Hz angegeben und kennzeichnet die Breite des dargestellten Frequenzbereiches. Die Position des Spans kann über den Wert von Center mittels des horizontalen X-Position-Drehgebers eingestellt werden.

Mit der Softmenütaste „MODUS" kann zwischen den folgenden Anzeigearten gewählt werden:

- Normal: Die Berechnung und Darstellung der FFT durch diesen Modus erfolgt ohne zusätzliche Bewertung oder Nachbearbeitung der erfassten Daten. Die neuen Eingangsdaten werden erfasst, angezeigt und überschreiben dabei die vorher gespeicherten und angezeigten Werte.
- Hüllkurve: Im Modus „Hüllkurve" werden zusätzlich zum aktuellen Spektrum die maximalen Auslenkungen aller Spektren separat gespeichert und bei jedem neuen Spektrum aktualisiert. Diese Maximalwerte werden mit den Eingangsdaten angezeigt und bilden eine Hüllkurve die anzeigt, in welchen Grenzen das Spektrum liegt. Es bildet sich eine Fläche oder ein Schlauch mit allen jemals aufgetretenen FFT-Kurvenwerten. Bei jeder Änderung der Signalparameter wird ein Rücksetzen der Hüllkurve veranlasst.
- Mittelwert: Dieser Modus bildet den Mittelwert aus mehreren Spektren und ist zur Rauschunterdrückung geeignet. Mit der Softmenütaste „MITTELW" wird die Anzahl der Spektren für die Mittelwertbildung mit dem Universaldrehknopf im „CURSOR/ MENU"-Bedienbereich in 2er-Potenzen von 2 bis 512 eingestellt.
- Hanning: Die Hanning-Fensterfunktion ist glockenförmig. Sie ist im Gegensatz zu der Fensterfunktion Hamming am Rand des Messintervals gleich Null. Daher wird der Rauschpegel im Spektrum reduziert und die Breite der Spektrallinien vergrößert. Diese Funktion kann z. B. für eine amplitudengenaue Messung eines periodischen Signals genutzt werden.
- Hamming: Die Hamming-Fensterfunktion ist glockenförmig. Sie ist im Gegensatz zur Hanning- und Blackman-Fensterfunktion am Rand des Messintervals ungleich Null. Daher ist die Höhe des Rauschpegels im Spektrum größer als bei der Hanning- und Blackman-Fensterfunktion, aber kleiner als bei der Rechteck-Fensterfunktion. Die Spektrallinien sind hingegen im Vergleich zu den anderen glockenförmigen Funktionen schmaler. Diese Funktion kann z. B. für eine amplitudengenaue Messung eines periodischen Signals genutzt werden.
- Blackman: Die Blackman-Fensterfunktion ist glockenförmig und besitzt den steilsten Abfall in ihrer Kurvenform unter den verfügbaren Funktionen. Sie ist an den beiden Enden des Messintervals Null. Mittels der Blackman-Fensterfunktion sind die Amplituden sehr genau messbar. Die Frequenz hingegen ist aufgrund der breiten Spektrallinien schwieriger zu bestimmen. Diese Funktion kann z. B. für eine amplitudengenaue Messung eines periodischen Signals genutzt werden.

- Rechteck: Die Rechteck-Fensterfunktion multipliziert alle Punkte mit Eins. Daraus resultiert eine hohe Frequenzgenauigkeit mit dünnen Spektrallinien und erhöhtem Rauschen. Diese Funktion kann bei Impulsantwort-Tests verwendet werden, wenn die Anfangs- und Endwerte Null sind.

Mit dem Menüpunkt „Y-SKALIERUNG" kann die FFT in der Amplitude logarithmisch (dBm/dBV oder linear U_{eff}) skaliert dargestellt werden. Die Einheit „dBm" (Dezibel-Milliwatt) bezieht sich dabei auf 1 mW. Die Einheit „dBV" (Dezibel-Volt) bezieht sich auf 1 U_{eff}. Die angezeigten Werte beziehen sich auf einen Abschlusswiderstand mit 60 Ω. Dabei kann entweder der intern vorhandene Widerstand verwendet oder ein externer Abschlusswiderstand parallel zum hochohmigen Eingang angeschlossen werden.

Durch Drücken der gewünschten Kanaltaste kann ein anderer Kanal als Quelle für die FFT aktiviert werden. Die FFT-Funktion kann durch Drücken der Softmenütaste „FFT AUS" oder durch nochmaliges Drücken der FFT-Taste auf dem Bedienfeld wieder deaktiviert werden.

Die „QUICK-VIEW"-Funktion zeigt einen schnellen Überblick über die typischen Größen des Signals. Nach dem Drücken der „QUICK-VIEW"-Taste im Bereich „ANALYZE" des Bedienfeldes werden einige grundlegende, automatische Messungen aktiviert. Die Ergebnisse der Messungen werden am unteren Bildschirmrand und mittels Cursors an der Kurve angezeigt. Folgende fünf Messwerte werden direkt am Signal angezeigt:

- maximaler Spannungswert
- mittlerer Spannungswert
- minimaler Spannungswert

- Anstiegszeit
- Abfallzeit

Folgende zehn Messwerte werden angezeigt:

- RMS-Wert
- Spitze-Spitze-Spannung
- Amplitude
- positive Pulsbreite
- positives Tastverhältnis

- Periodendauer
- Frequenz
- Anzahl positiver Flanken
- negative Pulsbreite
- negatives Tastverhältnis

Nach Drücken der „AUTO-MEASURE"-Taste lassen sich die sechs Messparameter ändern. Diese Änderungen werden erst durch einen „RESET" bzw. das Laden der Standardeinstellungen wieder rückgängig gemacht. Im „QUICK-VIEW"-Modus kann immer nur ein Kanal aktiv sein. Alle Messungen erfolgen auf dem aktiven Kanal.

Mit Hilfe des Pass/Fail-Tests kann ein Signal darauf untersucht werden, ob es sich innerhalb definierter Grenzen befindet. Diese Grenzen werden durch eine sogenannte Maske gesetzt. Überschreitet das Signal die Maske, liegt ein Fehler vor. Diese Fehler werden zusammen mit den erfolgreichen Durchläufen und den gesamten Durchläufen am unteren Rand des Bildschirms angezeigt. Zusätzlich ist es möglich bestimmte Aktionen bei einem auftretenden Fehler auszuführen.

Durch Drücken der „QUICK-VIEW"-Taste im Bereich „ANALYZE" des Bedienfeldes und durch Betätigen der Softmenütaste „PASS/FAIL" kann der Modus aktiviert werden. Ein Menü für das Einstellen und Nutzen des Maskentests wird geöffnet. Bevor man den Test mit der obersten Softmenütaste „TEST AN/AUS" startet, muss eine Maske erstellt bzw. geladen und eine Aktion gewählt werden. Um eine neue Maske zu erstellen, wird die Softmenütaste „NEUE MASKE" betätigt. Masken werden auf dem Bildschirm als grau-weiße Kurven dargestellt. Wurde eine Maske kopiert oder geladen, kann man die Ausdehnungen der Signalform und damit die Grenzen für den Test mittels der Menüpunkte verändern.

In dem sich öffnenden Menü kann man mit der Taste „KANAL KOPIEREN" das aktuelle Signal in einen Maskenspeicher kopieren. Das Menü im Bildschirm ist weiß und liegt genau auf dem Ausgangssignal. Mit den Menütasten „POSITION Y" und „STRECKUNG Y" kann man diese Kurve vertikal verschieben oder vergrößern. Die beiden Menüpunkte „BREITE Y" und „BREITE X" ermöglichen die Einstellung der Toleranz für die Maske. Mit dem Universaldrehgeber oder der „KEYPAD"-Taste im „CURSOR/MENU"- Bedienbereich lassen sich dabei Werte mit einer Auflösung von 1/100 Skalenteil eingeben. Eine Maske hat zu jedem erfassten Datum einen Minimum- und Maximumwert. Für eine Quellenkurve, die nur einen Wert pro Datum aufweist, sind Minimum- und Maximumwert gleich. Die Breite bezeichnet den Abstand der Randpunkte vom Originalpunkt. Umso größer der gewählte Wert ist, desto größer können die Abweichungen der Kurve in der Amplitude sein. Die Toleranzmaske wird auf dem Bildschirm im Hintergrund weiß angezeigt. Die erzeugte und bearbeitete Maske kann sofort für den Test verwendet werden, ist aber nur flüchtig im Arbeitsspeicher des Gerätes abgelegt. Mit der Softmenütaste „SPEICHERN" kann die Maske dauerhaft intern gespeichert werden. Ein Druck auf die „MENU OFF"-Taste führt wieder zum Ausgangsmenü.

Die Softmenütaste „MASKE LADEN" öffnet einen Dateibrowser, mit dem zuvor die abgespeicherte Maske für den Test geladen werden kann. Eine geladene Maske kann innerhalb des Menüs „NEUE MASKE" verändert werden. Änderungen werden nur in die Datei übernommen, wenn die Maske nach dem Bearbeiten gespeichert wurde.

Vier Aktionen sind möglich:

1. Ton bei einer Verletzung
2. Stopp bei einer Verletzung (Anzahl einstellbar)
3. Impuls bei einer Verletzung (gibt am Y-Ausgang bei Verletzung der Maske einen Impuls aus, nur bei Geräten mit Bussignalquelle)
4. Bildschirmausdruck bei einer Verletzung

Eine Aktion wird ausgeführt, wenn ihre Bedingung (z. B. eine gewisse Anzahl von Maskenverletzungen) erfüllt ist. Jede Aktion hat eine eigene Bedingung, die getrennt von den anderen Aktionen definiert werden kann. Die jeweilige Bedingung kann innerhalb des Menüs der jeweiligen Aktion eingestellt werden. Die gewünschte Aktion wird durch Druck auf die entsprechende Softmenütaste ausgewählt, der entsprechende Softmenüpunkt wird blau hinterlegt. Mit der „MENU OFF"-Taste kehrt man in das Hauptmenü zurück und der Maskentest kann gestartet werden.

Im Anzeigefenster werden die Gesamtanzahl und die Gesamtzeitdauer der Tests in Klammern in weiß, die Anzahl der erfolgreichen Tests und deren prozentualer Anteil in Klammern in Grün, sowie die Anzahl der Fehler und deren prozentualer Anteil in Klammern in rot angezeigt. Wurde ein Test gestartet, so wird die bisher nicht anwählbare Softmenütaste „PAUSE" aktiv. Wird die „PAUSE"-Taste gedrückt, so wird der Test unterbrochen, die Erfassung von Signalen und die Gesamtzeitdauer laufen jedoch weiter. Wird die „PAUSE"-Taste erneut gedrückt, so wird der Test fortgesetzt und alle Ereigniszähler werden weiter hochgezählt. Wird ein Test mit der Softmenütaste „TEST" deaktiviert (Aus), werden die Ereignis- und Zeitzähler angehalten. Wird ein neuer Test gestartet und über die Softmenütaste „TEST" aktiviert (An), werden die Zähler alle zurückgesetzt und beginnen wieder bei Null.

5.1.7 Interaktives Grafikdisplay

Das Grafikdisplay hat eine einfache Struktur und daher ist die technische Realisierung sehr überschaubar. Die Schaltung besteht aus drei Komponenten: einem digitalen Speicher oder Rahmenpuffer, in dem die Intensitätswerte des Bildes in Matrixform abgespeichert sind. Ferner einem Monitor mit einem einfachen Interface und einem Display-Controller, der den Inhalt des Rahmenpuffers zum Monitor übertragen soll. Das Grafikdisplay muss dauernd die Bildinformationen an den Monitor weiterleiten, damit es auf dem Bildschirm konstant erhalten bleibt. Genau gesagt, wird das komplette Bild über 50 mal pro Sekunde in den KO-Monitor übertragen.

Im Inneren des Pufferspeichers ist das Bild als Anordnung binärer digitaler Zahlen abgelegt, die ein rechteckiges Gitter von Bildelementen, sogenannten Pixels, darstellen. Der einfachste Fall soll angenommen werden: Wenn man nur Schwarzweiß-Bilder speichern will, könnte man die schwarzen Bildpunkte oder Pixels im Rahmenspeicher durch eine 1 und weiße Pixels durch eine 0 darstellen. Eine 16 × 16-Matrix mit Schwarzweiß-Pixels kann also durch die Binärwerte dargestellt werden, die in den 32 Bytes zu je 8 Bit abgespeichert werden, wie es Abb. 5.18 zeigt, d. h. ein Byte ist eine 8-Bit-Binäreinheit digitaler Daten.

Die Aufgabe des Display-Controllers besteht einfach darin, dass er jedes Datenbyte im Rahmenspeicher der Reihe nach liest und die aus den Binärwerten 1 und 0 bestehenden Informationen in ein entsprechendes Videosignal umwandelt. Dieses Signal wird dann in den Monitor übertragen, um auf dessen Bildschirm ein Schwarzweiß-Bild

Rahmenpuffer

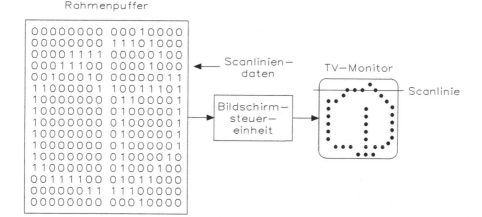

Abb. 5.18 Rahmenpuffer für einen KO-Monitor

Abb. 5.19 Rasterabbild
eines Rads mit stufenartigen
Quantisierungseffekten

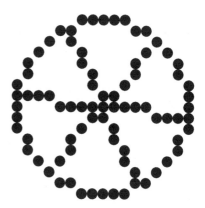

zu erzeugen, z. B. ein Rad, wie es in Abb. 5.19 gezeigt wird. Diesen Vorgang wiederholt
der Display-Controllers mindestens 50 Mal pro Sekunde, damit das Bild auf dem Bildschirm konstant bleibt.

Das Bild soll verändert werden. Man muss nur dann den Inhalt des Rahmenpuffers
modifizieren, um eine neue Pixel-Schablone zu entwerfen. Auf diese Weise lassen sich
auch Effekte erzeugen, z. B. das Rad dreht nach links oder rechts und wird vergrößert
oder verkleinert.

Man kann sich jetzt vorstellen, wie der Mikroprozessor oder der Mikrocontroller
für den Bildschirm des Oszilloskops programmiert sein muss. Jede der sechzehn möglichen Positionen könnte durch verschiedene Bitmuster dargestellt werden. Die drei
Positionen und ihre Bitdarstellung sind in Abb. 5.19 gezeigt. Der Mikroprozessor oder
Mikrocontroller liest die Position, um das entsprechende Bitmuster herauszusuchen, das
dann an die Stelle der 16 Byte großen Speicherspalte des rechtsseitigen Rahmenpuffers
gesetzt wird. Der gleiche Vorgang läuft ab, wenn man den linken Speicher benötigt, nur

wird in diesem Fall der linksseitige Rahmenpuffer eingesetzt. Die Position des Pixels wird dadurch errechnet, dass die bestimmten Bits im Rahmenpuffer auf 1-Signal gesetzt werden. Dieser Prozess wiederholt sich kontinuierlich, während zur selben Zeit der Display-Controller den Inhalt des Rahmenpuffers unentwegt die Daten zum Monitor überträgt, um das Bild konstant zu halten.

Das Rad in Abb. 5.19 zeigt, dass man zwei Probleme bei der Darstellung gekrümmter und gerader Linien auf der Bildschirmoberfläche hat. Das erste Problem liegt darin, zu entscheiden, welche Pixels schwarz und welche weiß dargestellt werden sollen, was nicht immer einfach ist. Das zweite Problem betrifft die Darstellung geneigter Linien und Kurven, die auf dem Bild abgesetzt erscheinen, was einen unliebsamen „Treppen-effekt" zur Folge hat.

Das erste Problem wird mit einer bestimmten Prozedur, einem Algorithmus gelöst, der aus der Gleichung für die zu zeichnende Linie oder Kurve errechnet, welche Pixel schwarz sein sollen. Zahlreiche solcher Algorithmen sind inzwischen entwickelt worden. Sehr viele dieser Algorithmen sind einfach und leicht zu implementieren, so dass sich Linien und Kurven schnell darstellen lassen.

Das zweite Problem ist der treppenähnliche Quantisierungseffekt in dem Monitor und dieses Problem ist wesentlich schwerer zu lösen. Die am häufigsten verwendete Lösung ist die Verwendung eines anderen Bildschirms, der sogenannte linienschreibende Monitor. Charakteristisch für diese Art von Monitor ist, dass es die Linien und Kurven zeichnet als durch einzelne Pixels darstellbar sind. Mit einem linienschreibenden Monitor ist es also möglich, Linien so zu zeichnen und dass das Auge glaubt, eine gleichmäßige Linie zu sehen.

Bis 1990 verwendete man als Grafikbildschirm hauptsächlich den linienschreibenden Monitor, aber die Kosten für den höheren Speicherbedarf waren im Rahmenpuffer ziem-lich teuer. Großer Speicherbedarf an RAM-Speicherbausteinen im Rahmenpuffer sind heute kostengünstig zu realisieren.

Welche Rolle spielt die Geschwindigkeit bei der Darstellung grafischer Bilder?
Hier gibt es zwei Antworten: Zunächst ist es wichtig, dass jeder Bildschirm regelmäßig „aufgefrischt" wird, d. h., es muss in gleichen Zeitabständen die entsprechenden Bild-impulse bzw. -signale erhalten, um das Bild auf dem Schirm korrekt darstellen zu können. Das Bild muss Punkt für Punkt (oder zeilenweise im Fall eines Vektordisplays) an den Monitor übertragen werden. Solange das ganze Vollbild nicht mindestens 25 Mal pro Sekunde übertragen werden kann, kommt es immer in den Flackerzustand. Je zeit-intensiver die Übertragung jedes Bildelements ist, umso weniger Bildelemente können dann übertragen werden, und das hat zur Folge, dass weniger Information dargestellt werden konnte. Früher konnten Monitore nur einige hundert Punkte darstellen, sollte das Bild flackerfrei erscheinen, heutzutage lassen sich über Vektormonitore Tausende von Zeilen flackerfrei anzeigen.

Ein zweiter Aspekt des Geschwindigkeitsproblems betrifft die Antwortzeit, mit der das Programm im KO-Bildschirm auf die Aktionen des Benutzers reagiert. Die

Antwortzeit hängt von der Geschwindigkeit ab, die der Mikroprozessor oder Mikro-
controller zur Erzeugung eines Halbbilds mit 50 Hz in Reaktion auf jede Aktion des
Benutzers benötigt, sowie von der Geschwindigkeit, mit der das Bild zum Monitor
(Vollbild mit 25 Hz) übertragen wird. In vielen Anwendungsbereichen ist eine schnelle
Reaktion des Mikroprozessors oder Mikrocontrollers von höchster Bedeutung. Im All-
gemeinen kann man sagen, dass der Umgang mit einem interaktiven Grafikprogramm im
Oszilloskop umso größer ist, je länger die Antwortzeit des Mikroprozessors oder Mikro-
controllers ist. Das erklärt auch, warum die Forschung in erster Linie darauf gerichtet ist,
Wege zur Beschleunigung der interaktiven Kommunikation zu finden.

Wie lassen sich Bilder vergrößern, verkleinern und drehen?
In vielen Anwendungen kann man sehen, dass sich verschiedene Teile des Grafikbilds
in Größe und Richtung verändern lassen. Wie solche Veränderungen oder Bildtrans-
formationen herbeigeführt werden, weiß man aus der allgemeinen Mathematik mit der
Koordinatengeometrie, Trigonometrie und Matrixmethoden. Diese speziellen Rechen-
verfahren zeigen, wie man die Koordinaten der Endpunkte eines Liniensegments
berechnet, soll der Maßstab verändert oder das Bild in Rotation versetzt werden. Die
richtige Berechnung einzusetzen, ist relativ einfach. Ebenso einfach ist es, das Liniensegment darzustellen, das aus der Transformation resultiert. Probleme ergeben sich
nur, wenn die Berechnung viel Zeit benötigt und lässt sich dadurch vermeiden, dass
man zur Bewältigung solcher intensiven Transformationen eine spezielle Hardware
(Grafik-Controller) verwendet.

Was passiert, wenn der Bildschirm kleiner ist als das darzustellende Bild?
Da die KO-Monitore relativ klein sind, kann es passieren, dass das insgesamt zu
zeigende Bild nicht vollständig Platz hat. Wenn man das Rad in Abb. 5.19 vergrößern
will, würde der Rahmenpuffer schnell zu klein werden. Man will aber das Rad möglichst
groß betrachten. Das Clipping (= Abschneiden) ist eine Methode, mit der man solche
Bildteile auswählen kann, die sich auf dem Bildschirm befinden, während man das
übrige Bild außer Acht lässt. Clipping ist eine besondere Form der Bildtransformation
und kann oft von dem gleichen Software- oder Hardwaresystem ausgeführt werden, mit
dem man auch andere Transformationen durchführt.

5.1.8 Grafiksoftware

Viele Arten der Computereingabe und -ausgabe werden heute unter Verwendung
höherer Programmiersprachen standardmäßig programmiert. Die Ausführung solcher
Operationen innerhalb einer Standardhochsprache z. B. C erleichtert das Programmieren.
Es liegt also der Wunsch nahe, auch grafische Anwendungsprogramme ebenso einfach
schreiben und im Austausch einsetzen zu können. Leider ist das nur sehr selten der Fall.

Man kann sich das Programmieren und die Austauschbarkeit der Programme dadurch erleichtern, dass man ein Paket grafischer Programmroutinen einsetzt. Mit einem solchen Paket erhält man auf der Ebene einer höheren Programmiersprache Zugang zur Ein- und Ausgabehardware des Grafiksystems. Ein gutes Grafikpaket vereinfacht den Programmieraufwand und ermöglicht das Schreiben austauschbarer Programme, die auf verschiedenen Mikroprozessoren oder Mikrocontrollern und mit verschiedenen Anzeigensystemen lauffähig sind. Auf diese Weise werden auch die Kosten für die Software grafischer Anwendungsprobleme minimiert. Die meisten Grafikprogramm- pakete weisen Allzweckcharakter auf, so dass sich viele unterschiedliche Anwendungs- programme aufsetzen lassen.

Die Entwicklung von grafischen Routinepaketen mit Allzweckcharakter ist ein zentraler Punkt in der Computergrafik. Ein solches Paket muss ein breites Spektrum an Funktionen anbieten können, d. h., dass beinahe jeder Zweig der Grafikanwendung berücksichtigt werden muss. Dies wiederum bedeutet, dass besonders die unterschied- lichen Charakteristika der verschiedenen Monitore erfasst werden müssen und an dieser Stelle wird es sehr schwierig. Da jeder neu eingeführte Monitor neue Probleme für die Entwicklung hochsprachlicher Grafiksoftware mit sich bringt, wird die Austausch- barkeit der Programme immer wieder aufs Neue herausgefordert. Einige der neueren Monitore, einschließlich einiger mit Rahmenpuffer ausgestatteter Anzeigen, sind noch nicht lange genug im Einsatz, um sagen zu können, dass sich die Entwicklung von Allzweckprogrammtechniken lohnen würde. Dies ist eins der Probleme, mit der man sich fortdauernd beschäftigen muss.

5.1.9 Benutzerschnittstelle

Jedes interaktive Grafikprogramm erfordert eine gewisse Einarbeitung und nur sehr wenige sind einfach zu erlernen. Der Benutzer muss in dieser Zeit die Funktionen ver- stehen lernen, die das Programm leistet und er muss ferner mit den verschiedenen Befehlen erlernen, mit denen diese Funktionen ausgelöst werden. Der Programmierer muss ein Auge für die grafische Darstellungsform bekommen, die vom Programm als Ergebnis der durchgeführten Berechnungen verwendet wird. Dies alles sind Aspekte der vom Programm einrichtbaren Benutzerschnittstelle. Es sind die Teile des Programms, die den Benutzer mit dem Computer in Kommunikation treten lassen, die ihm auch die Kontrolle darüber ermöglicht. Mit einer guten Benutzerschnittstelle kann man das Programm nicht nur leichter erlernen, sondern es lässt sich auch einfacher und wirk- samer bedienen.

Der Programmierer, der an der Entwicklung eines interaktiven Grafikprogramms arbeitet, hat nur wenige Richtlinien zur Hand, auf die er sich stützen kann. Soll er seine Entwicklung analysieren und voraussagen, was sein Programm für den allgemeinen Benutzer leisten wird, stehen ihm sogar wenige Möglichkeiten beim Programmieren offen.

Abb. 5.20 Kartesisches
Koordinatensystem

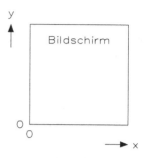

Die Techniken zur Punktdarstellung basieren auf der Grundlage des kartesischen Koordinatensystems. Die Punkte werden als x- und y-Koordinaten adressiert, wobei sich der x-Wert horizontal von links nach rechts, der y-Wert vertikal von unten nach oben vergrößert, wie Abb. 5.20 zeigt.

Die Punktgrafik am Bildschirm ist eine Folge der digitalen Signale, die vom Mikroprozessor oder Mikrocontroller ausgegeben werden. Dies bedeutet, dass es für die Positionierung der Punkte keine unendliche Genauigkeit gibt. Die Ursache dieser Begrenzung liegt in der Anzahl der digitalen Werte, die auf dem Bildschirm darstellbar sind. Werden zum Beispiel die x- und y-Werte jeweils als eine zehn Bit große Binärzahl an den Bildschirm geschickt, so ist die Zahl der eindeutigen x- und y-Koordinatenwerte jeweils auf 1024 $(= 2^{10})$ beschränkt. Der Bildschirm ist also für die Darstellung von 1024×1024-Pixelpositionen ausgelegt.

Was ist für die Genauigkeit der Darstellung auf einem Bildschirm ausschlaggebend? In den meisten Fällen ist die Auflösung des Bildschirms die Grundlage für die Wiedergabegenauigkeit. Unter Auflösung versteht man die Anzahl der Punkte, die innerhalb eines bestimmten Bildschirmbereichs deutlich sichtbar gegeneinander abgegrenzt dargestellt werden können. Eine für KO-Monitore typische Auflösung beträgt 100 Punkte pro Zoll, d. h., dass zwei Punkte, die voneinander 1/100 Zoll entfernt sind, deutlich unterschieden werden können. Man gewinnt nichts, wenn man die Genauigkeit der Koordinatenwerte über das mögliche Auflösungsvermögen des Bildschirms hinaus angeben will, da die Unterschiede dem Betrachter verborgen bleiben. Ist die Genauigkeit dagegen viel kleiner als das Auflösungsvermögen, bleiben viele Bildschirmstellen unaufgelöst. An diesen Stellen ist die Darstellung von Bildpunkten nicht möglich, was zu sichtbaren Lücken und Unterbrechungen bei der Abbildung, z. B. von geraden Linien, führt. Aus diesem Grund achtet man bei der Entwicklung eines Bildschirms sehr darauf, dass der Genauigkeitswert der Koordinatenpunkte ungefähr gleich dem Auflösungsvermögen des Bildschirms ist.

Wenn man die Präzision der Koordinaten und die Bildschirmgröße kennt, erhält man die Anzahl der adressierbaren Punkte. Ein Monitor mit einer Auflösung von 100 Punkten pro Zoll zu entwickeln, ist nicht gerade einfach, wenn der Bildschirm nicht größer als zwölf Quadratzoll sein soll. Aus diesem Grund lassen sich an den meisten Bildschirmen nicht mehr als 1200 Punkte in jeder Richtung adressieren. Sehr verbreitet sind 1024 adressierbare Punkte, da die 10-Bit-Integerkoordinaten voll ausgenutzt werden. Bei anderen Displays lassen sich sogar 4096×4096 Punkte adressieren, oder auch nur 256×256 Punkte.

Die meisten interaktiven KO-Monitore, verwenden ein kartesisches Koordinatensystem mit einer Präzision von zehn Bits für die x- und y-Koordinaten. Die Bildschirmfläche beträgt im Allgemeinen 10 Quadratzoll. Sehr verbreitet ist die Verwendung ganzer Zahlen als Koordinatenwerte, wobei der Ursprung im unteren linken Bildschirmeck liegt.

Ein grafisches System sollte es dem Programmierer erlauben, Bilder, die eine Möglichkeit von Transformationen beinhalten, zu definieren, z. B. sollte er Bilder vergrößern, um Details klarer erscheinen zu lassen oder, um mehr das Gesamtbild verkleinern zu können. Er sollte auch im Stande sein, Transformationen auf Symbole anzuwenden. Das Positionieren von Symbolen wurde bereits behandelt und das bezieht sich auf die Anwendung einer Translation. Es ist auch hilfreich, wenn man die Möglichkeit hat, den Maßstab eines Symbols zu ändern und diesen dann um einen Winkel zu drehen.

Auf zweierlei Arten der Formulierung von Transformationen sollte hingewiesen werden:

- Eine Transformation ist eine einfache mathematische Vorrichtung und kann als solche mit einfachen Namen oder Formelzeichen angedeutet sein.
- Zwei Transformationen können kombiniert oder verkettet sein, um mit gleichem Effekt wie bei einer hintereinander ablaufenden Anwendung beider Originale als eigenständige Transformation hervorzugehen. Es kann eine Transformation A zur Translation und eine Transformation B zur Skalierung geben. Über die Verkettungseigenschaft gelingt es, eine Transformation $C = AB$ aufzustellen, womit eine Translation, dann eine Maßstababbildung erreicht.

Verfahren von Bezeichnung und Verkettung treffen auf alle Transformationen zu: clipping (Abschneiden), windowing (Fensterbildung) sowie dreidimensionale und perspektivische Transformationen. Jede dieser Transformationen wird verwendet, um einen neuen Punkt (x′, y′) des Koordinatenpunktes (x, y) in der Beschreibung des Originalbildes zu liefern. Enthält das Originalbild eine Linie, so wird die Transformation auf die Linienendpunkte angesetzt und Verbindung zwischen beiden transformierten Endpunkten angezeigt.

- Translation: Die Form der Translationsformation ist

$$x' = x + T_x \qquad y' = y + T_y$$

Als Beispiel betrachtet man ein Dreieck, das mit seinen drei Eckpunkten (20,0), (60,0), (40,100) festgelegt wird, das um 100 Einheiten nach rechts und zehn Einheiten nach oben versetzt sein soll ($T_x = 100$, $T_y = 10$). Die neuen Eckpunkte sind (120,10), (160,10), (140,10) und die Auswirkung ist in Abb. 5.21 gezeigt.

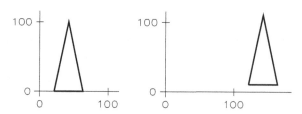

Abb. 5.21 Funktionsdarstellung der Translation

Abb. 5.22 Drehung um den
Ursprung

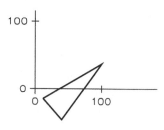

- Drehung: Um einen Punkt (x, y) im Uhrzeigersinn um einen Winkel θ um den Nullpunkt des Koordinatensystems zu drehen, definiert man

$$x' = x \cos \theta + y \sin \theta \qquad y' = -x \sin \theta + y \cos \theta$$

Das im Uhrzeigersinn um 45° um den Nullpunkt gedrehte Dreieck (20,0) (60,0),
(40,100) wird (14.14, −14.14), (42.43, −42.43), (98.99, 42.43) und ist in Abb. 5.22
gezeigt. Diese Gleichungen können nur genutzt werden, wenn eine Drehung um den
Nullpunkt des Koordinatensystems erfolgt.

- Skalierung: Die Skalierungstransformation

$$x' = xS_x \qquad y' = yS_y$$

lässt sich für eine Reihe von grafischen Zwecken nutzen. Soll ein Bild auf das Doppelte
seines Originals vergrößert werden, sind $S_x = S_{y'} = 2$ zu wählen. Man beachte, dass die
Vergrößerung relativ zum Nullpunkt des Koordinatensystems ist. Das Dreieck (20,0),
(60,0), (40,100) wird (40,0), (120,0), (80,200) und wird in Abb. 5.23 gezeigt.

Sollten S_x und S_y nicht gleich sein, wird sich eine Verzerrung des Bildes durch Verzerrung oder Verkleinerung dessen in paralleler Richtung zu den Koordinatenachsen
geben, z. B. kann Abb. 5.24 so verzerrt werden, wie in Abb. 5.24b oder Abb. 5.24c
gezeigt ist.

Spiegelbild eines Objektes kann mit Hilfe negativer Werte von S_x oder $S_{y'}$ erzielt
werden. Spiegelbilder von Abb. 5.25a lassen sich gemäß Abb. 5.25b, c, d erzielen.

Abb. 5.23 Maßstabsbildung
relativ zum Ursprung

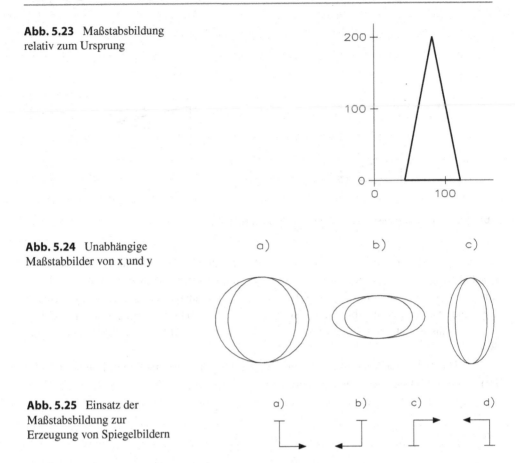

Abb. 5.24 Unabhängige
Maßstabbilder von x und y

Abb. 5.25 Einsatz der
Maßstabsbildung zur
Erzeugung von Spiegelbildern

- Verketten: Über die Verkettungsprozedur kann man Sequenzen von Transformationen zu einer Transformation kombinieren. Diese Sequenzen entstehen immer wieder in Bilddefinitionen. Es ist ziemlich selten, dass man eine einfache Transformation, wie die um den Nullpunkt oder die Skalierung relativ zum Nullpunkt vornehmen kann. Normalerweise sollte man komplexere Transformationen wie die Drehung um irgendwelche Punkte durchführen. Die Drehung um willkürliche Punkte können mit Hilfe einer Sequenz von drei einfachen Transformationen durchgeführt werden: einer Transformation gefolgt von einer Drehung, der wieder einer weiteren Transformation folgt.

Reihenfolgen von Transformationen kommen auch vor, wenn Unterroutinenaufrufe innerhalb des Grafikprogramms verschachtelt sind. Wenn jeder Aufruf eine mit sich verbundene relative Transformation hat, muss ein in einer Unterroutine spezifizierter grafischer Schritt einige Transformationen durchführen, bevor der Schritt angezeigt werden kann.

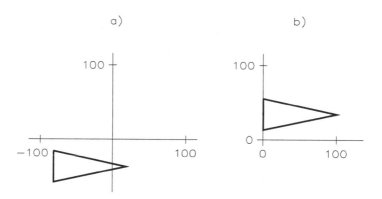

Abb. 5.26 Änderung der Reihenfolge beim Transformieren

Das Aufrufen von Transformationenfolgen muss durch die Verkettung nicht beiseite geschoben werden. Man betrachte die folgende Sequenz. Das Dreieck aus Abb. 5.21 ist um 90° zu drehen, dann mit $T_x = -80$, $T_y = 0$ einer Translation zu unterziehen. Das sich ergebende Dreieck ist in Abb. 5.26a dargestellt. Wenn die Durchführungsreihenfolge der beiden Transformationen umgedreht ist, ergibt sich das in Abb. 5.26a abgebildete neue Bild.

Das Hauptziel der Verkettung ist, eine Folge von Transformationen als eine Transformation wiederzugeben. Die Reihenfolge ist

$$x' = y \qquad\qquad y' = -x$$

gefolgt von

$$x'' = x' - 80 \qquad\qquad y'' = y'$$

Die Verkettung ist einfach

$$x'' = y - 80 \qquad\qquad y'' = x$$

Der Einsatz der verketteten Transformation bietet einige Vorteile. Man kann sie kompakter als eine Sequenz wiedergeben und wie man die Transformation normalerweise mit wenigen arithmetischen Operationen berechnet, als wenn man jede der Transformationen in der Sequenz abarbeiten würde. Jedoch sind die Vorschriften für verkettete Transformationsgleichungen sehr komplex. Bei der Anwendung von Matrizen zur Transformationsberechnung lassen sich diese wesentlich einfacher durchführen.

Zweidimensionale Transformationen können auf einheitliche Weise mittels einer 3×3-Matrix dargestellt werden. Die Transformation eines Punktes (x, y) hin zu einem neuen Punkt (x′, y′) mittels einer Folge von Translationen, Drehungen und Skalierungen wird dann wiedergegeben mit

$$\begin{bmatrix} x' & y' & 1 \end{bmatrix} = \begin{bmatrix} x' & y' & 1 \end{bmatrix} \begin{bmatrix} a & d \\ b & e \\ c & f \end{bmatrix}$$

wodurch bei der 3 × 3-Matrix die Transformation komplett spezifiziert ist. Die Matrix, ein abgeschlossener Begriff, repräsentiert die Transformation. Vergibt man an die Matrix einen Namen, erreicht man damit die Möglichkeit, eine ganze Transformation mit einem einzigen Namen zu kennzeichnen.

Die Hinzufügung des dritten Elements der Aussage des (x, y)-Vektors ermöglicht dafür eine Transformation durch die 3 × 3-Matrix. Vektor und Matrix müssen in der oben genannten Form auftreten, um alle einfachen Transformationen und Verkettungen von Einfachtransformationen mit einer Notation zu spezifizieren.

5.1.10 Rastergrafik

Es soll der Random-Scan-Vektor-Monitor mit einer Anzeigenart, dem Raster-Scan-Display, erklärt werden. Diese Art von Monitor ist bereits behandelt worden, als der Rahmenpuffer-Monitor beschrieben wurde. Rasterdisplays unterscheiden sich von wahl-frei ansteuernden Monitoren in vielen Grundlagen, und es ist daher nicht überraschend, dass sie ziemlich unterschiedliche Programmierungstechniken erfordern.

Der Raster-Scan-Monitor unterscheidet sich gegenüber dem Raster-Scan-Vektor-Bildschirm hauptsächlich darin, wie angezeigte Daten repräsentiert werden. Ein Bildschirm-File für einen Vektormonitor enthält nur Informationen über die zu zeichnenden Linien und Zeichen, d. h. die leeren Flächen des Schirms bleiben unberührt. Das Raster-Scan-Display steuert jedoch die Intensität jedes Punktes oder Pixels in einer rechteckigen Punkte-Matrix bzw. Raster, das den ganzen Schirm abdeckt. Genau gesagt, bedeutet Rastersteuerung (raster scan) außerdem, dass der Schirm von einem Bild laufend entsteht, d. h. als Abfolge gelenkter Zeilen (scan lines) gleichen Abstands, wobei jede Scanzeile aus Pixeln zusammengesetzt ist. Einige andere Displayarten werden ebenfalls unter dem Oberbegriff „Raster-Scan" geführt, obwohl kein solches steuerndes Absuchen stattfindet. Richtiger wäre es, von einem Rasterdisplay zu sprechen, um damit all diese grafischen Systeme zu erfassen. Der Ausdruck „Raster-Scan" ist aber inzwischen so weit verbreitet, dass er zu einem festen Begriff in der Technik geworden ist.

Raster-Scan-Bildschirme verdanken ihre Zunahme an Popularität aus zwei Gründen. Der erste liegt in der erhöhten Nachfrage nach mehr Bildrealität, insbesondere bei Anwendungen mit dreidimensionalen Objekten. Manche neuere Computergrafiken zeigen den hohen Grad erreichbarer Realität mit Hilfe fortgeschrittener Schattierungs- und Flächenabdeckungstechniken. Solche Bilder auf Vektorbildschirmen abzubilden ist offensichtlich schwierig. Sie werden stattdessen als ein Raster aus Intensitätsgrößen generiert, die auf der Schirmfläche eines Raster-Scan-Bildschirms punktweise gezeichnet werden.

Während die Anwendung für diese hochqualitativ dargestellten Monitore zugenommen hat, gehen die Preise für Raster-Scan-Bildschirmausrüstungen nach unten und dies ist der zweite Grund für die wachsende Akzeptanz von Raster-Scan-Grafiken.

Während Mitte der 70er-Jahre war ein Raster-Scan-Display sehr teuer. Fallende Preise für die Speicherbausteine waren für diesen Trend ausschlaggebend, und es wird Raster-Scan weiterhin in zunehmendem Maß interessant, im Gegensatz zu Vektor-Bildschirmen.

Da im Raster-Scan-Bildschirm immer größere Speicherkapazitäten vorhanden sind und die Preise der RAM-Bausteine fallen, erweitert sich auch der Einsatzbereich. Schon der Raster-Scan-Bildschirm kann für viele Zwecke verwendet werden, wofür der Random-Scan-Monitor entwickelt wurde, zudem sind die RAM-Bausteine mit besonderen Eigenheiten ausgestattet, in dem Raster-Scan-Bildschirme ermöglichen, neue grafische Anwendungen zu berücksichtigen.

5.1.11 Frame-Buffer-Bildschirm

Ein Raster-Scan-Bildschirm wird nicht durch ein Verfolgen einer Reihenfolge geometrischer Items, wie Vektoren und Zeichen, generiert, sondern durch ein Punkt-für-Punkt-Aufzeichnen der Intensitätsgröße jedes Pixels in einem zweidimensionalen Raster oder einer Matrix aus Pixeln. Komplexe Bilder werden dadurch zusammengestellt, dass man entsprechende Muster aus Pixelerhellungen anlegt. Für die Anzeige eines Bildes muss die Intensität oder Farbe jedes Pixels in der Rastermatrix bestimmt werden.

Ein als Raster wiedergegebenes Bild kann auf einem Monitor über eine Halb-Teilbild-gepufferte Bildanzeige dargestellt werden, wie Abb. 5.27 zeigt. Wie man sieht, besteht diese Hardware aus drei Komponenten:

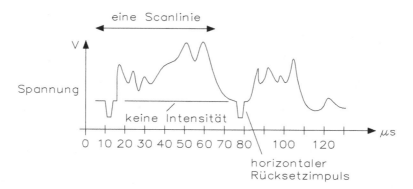

Abb. 5.27 Typische Wellenform des Videosignals zur Verdeutlichung des Abtastens zweier Datenzeilen

1. dem Rahmenpuffer, d. h. einem großen Speicher mit wahlfreiem Zugriff und hier wird die Intensität jedes Pixels als binäre Intensitätsgröße abgelegt.
2. einem Monitor, auf dem das Bild dargestellt wird,
3. einem Display-Controller, dessen Zweck darin besteht, wiederholt die Matrix mit den im Rahmenpuffer abgelegten Intensitätsgrößen zu speichern und von diesem ein Signal ausgehen zu lassen, das zum Monitor übertragen wird.

Der Monitor benötigt vom Display-Controller ein spezielles Signal, bekannt als Videosignal. Dies ist eine kontinuierlich variierende Spannung, die über eine Zeile des Bildes hinweg die Intensität spezifiziert und ein Teil des Signals ist in Abb. 5.27 gezeigt. In der Ablenkeinheit des Monitors fährt der Elektronenstrahl hintereinander jede Scan-Zeile ab, wobei er am Ende jeder Scan-Zeile schnell zurückspringt, um mit dem Beschreiben der nächsten fortzufahren. Das Videosignal moduliert die Spannungsstärke des Strahls und produziert auf diese Weise eine unterschiedliche Intensität. Während der horizontalen Rücklaufzeit (horizontal retrace) wird die Strahlintensität auf einen unsichtbaren Pegel abgesenkt. Ist der untere Schirmrand erreicht, beginnt das Beschreiben erneut von links oben. Natürlich gilt dies im erweiterten Sinn auch für die Treiber bei einem LCD-Monitor.

Ein Beispiel für eine analoge Signalform ist das Composite-Video-Signal. Es besteht aus mehreren Anteilen mit unterschiedlicher Frequenz und Amplitude. Es enthält Impulse, Sinussignale und weitere phasen-verschobene Sinussignale für die Farbinformation. In einem solchen Fall weisen sowohl analoge als auch digitale Speicheroszilloskope bestimmte Vorteile auf – mit beiden können jeweils verschiedene Signalabschnitte optimal dargestellt werden. Abb. 5.28 zeigt die Darstellung eines Videosignals mit Analogoszilloskop. Zu beachten sind die hohe Auflösung und die Helligkeitsvariationen.

Die unendliche Auflösung und die hohe Aktualisierungsgeschwindigkeit des Analogoszilloskops zeigen die Zeitverteilung der Signalform. Die Helligkeitsschwankungen in der Schreibspur entsprechen der Verweilzeit auf einem bestimmten Pegel. Mit einem Analogoszilloskop erhält man also eine gute Darstellung der Farbmodulation. Außerdem kann die Auswirkung einer Einstellung am System aufgrund der hohen Aktualisierungsgeschwindigkeit sofort sichtbar gemacht werden (Abb. 5.29).

Bei einem DSO werden viele Informationen nicht angezeigt, weil nur eine begrenzte Anzahl Punkte zur Rekonstruktion des Signals zur Verfügung steht und die Schreibspur mit gleichmäßiger Helligkeit angezeigt wird. Einige Digitaloszilloskope bieten zwei oder mehr Helligkeitsstufen, aber diese sind nur relativ und können aufgrund der begrenzten Bildschirmauflösung die Analoganzeige nicht ersetzen.

Wenn nur ein kleiner Teil einer Videozeile angezeigt werden soll, z. B. TV-Übertragungs-Testsignale, die in einer bestimmten Zeile enthalten sind, Videotext-Daten oder Farb-Burst in einer bestimmten Zeile, ist das DSO vorzuziehen. Bei

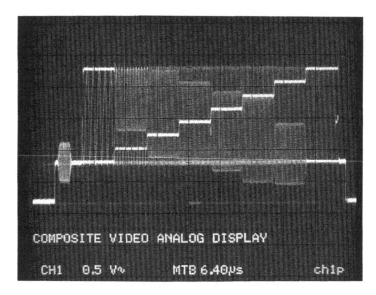

Abb. 5.28 Darstellung eines Videosignals mit einem Analogoszilloskop

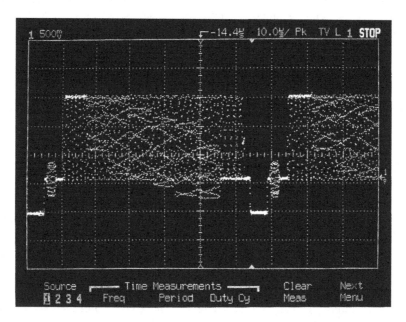

Abb. 5.29 Identisches Videosignal mit einem digitalen Speicheroszilloskop dargestellt

Abb. 5.30 Abtastsequenz mit
Zeilensprungverfahren

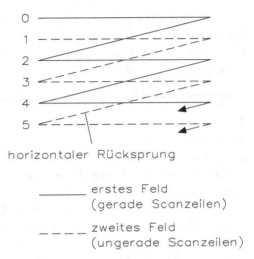

horizontaler Rücksprung

_____ erstes Feld
(gerade Scanzeilen)

_ _ _ _ zweites Feld
(ungerade Scanzeilen)

einem Analogoszilloskop kann es hier zu Helligkeitsproblemen kommen, weil der interessierende Signalabschnitt nicht lange genug vorliegt und daher nicht hell genug dargestellt werden kann. Das DSO zeigt die Schreibspur unabhängig von ihrer Wiederholrate mit gleichmäßiger Helligkeit an, so dass der Burst sehr gut zu sehen ist.

Die meisten Monitore arbeiten mit Zeilensprung (interlace), um die Flackerwirkung beim Lauf von oben nach unten zu mindern. Nachdem jede Zeile abgetastet worden ist, springt der Elektronenstrahl zur übernächsten Zeile und die so ausgelassenen Scan-Zeilen werden beim nächsten Zyklus abgefahren. Der Effekt des Zeilensprungs ist, das Bild als zwei separate Felder zu generieren, wobei das eine die mit geraden Zahlen nummerierten Scan-Zeilen enthält, das andere die mit ungeraden Zahlen, wie Abb. 5.30 zeigt. Dies ist ein „wahlfreierer" Ablauf als das Beschreiben ohne Zeilensprung. Der Display-Controller ist normalerweise so realisiert, dass Intensitätsgrößen gerade nummerierter Scan-Zeilen und dann die ungerade nummerierten übersprungen werden, wodurch es möglich wird, die Intensitätsgrößen als eine zusammenhängende Sequenz bzw. als Rahmen abzulegen.

Ein KO-Monitor ist beispielsweise in 480 Scan-Zeilen aufgeteilt. Er besitzt ein Seitenverhältnis (Höhe zu Breite) von 3:4 und damit ergeben sich, teilt man die Scan-Zeile in quadratische Pixel, über 640 Pixel pro Scan-Zeile. Der Rahmenpuffer enthält Intensitätsgrößen für jedes bildgestaltende Pixel, also 480 × 640 oder 307.200 Pixel. Die Anzahl der Bits pro Intensitätswert ist unter den Displays verschieden. Günstige Rahmenpuffer weisen oft nur ein Bit pro Pixel zu, womit zwei Intensitätsstufen (schwarz und weiß) vorgesehen werden, die für einfaches Vektorzeichnen ausreichend sind. Am anderen Ende der Palette findet man Rahmenpuffer mit acht oder manchmal auch 24 Bits pro Pixel und dies ist für teure Monitore gedacht, die zur Erstellung von gleichmäßig getönten Bildern hoher Qualität eingesetzt werden.

Die Kapazität des Rahmenpuffers hängt von der Anzahl der Bits ab, die jedes Pixel repräsentieren, sowie von der Anzahl der Pixel pro Scan-Zeile und von der Anzahl der Scan-Zeilen. Die Zahl der Scan-Zeilen wird allgemein so gewählt, dass die Verwendung einer der Standard-Videozeilenfrequenz erlaubt ist: 525, 625, 813, 875 und 1023 Zeilen sind die bekanntesten. Diese Werte geben nicht die Anzahl der sichtbaren Scan-Zeilen wieder und sie ergeben sich durch ein Teilen der Bildwiederholungszeit dividiert durch die Zeit, die für das Schreiben einer Scan-Zeile benötigt wird. Ein Teil des Wiederholungszyklus wird von der vertikalen Rücksprungsdauer (vertical retrace) belegt, wenn der Elektronenstrahl auf dem Schirm von unten nach oben zurückkehrt, um das nächste Halbbild zu beginnen. Während dieser Zeit können keine Scan-Zeilen angezeigt werden und benötigt bis zu 10 % des Wiederholungszyklus. Dies ist der Grund, warum auf einem 525-Zeilen-Monitor nur 480 sichtbare Scan-Zeilen dargestellt werden können.

Der Rahmenpuffer liefert nicht nur die Möglichkeit zur Generierung von Rasterbildern, sondern auch die Möglichkeit, diese in Form einer Matrix aus Intensitätwerten darzustellen. Um ein Bild auf einem Rahmenpuffer-Display auszugeben, benötigt man nur eine Funktion zum Setzen des Wertes eines Pixels:

SetPixel (raster,x,y,intensity)

Diese Funktion speichert den Wert „intensity" in das Byte im Rahmenpuffer, das dem durch die Koordinaten (x, y) identifizierten Pixel entspricht. Ein Raster wird als Argument so aufgeführt, dass die Funktion für mehrere verschiedene Rastermatrizen verwendet werden kann. Das spezielle Raster „Framebuffer" bezieht sich auf die Rasterausgabe, die zur Auffrischung des Displays eingesetzt wird.

Es ist außerdem zweckdienlich, Pixelwerte aus einer Rasterausgabe zurückzuspeichern. Die Funktion „GetPixel" (raster,x,y) gibt den Intensitätswert zurück, der dem Pixel bei (x, y) entspricht.

Eine sorgfältige Auswahl des Koordinatensystems, das zur Adressierung der Pixel in einem Raster verwendet wird, werden viele Scan-Konvertierungs- und Rastermanipuliervorgänge vereinfachen. Das gebräuchlichste Koordinatensystem ist ein zweidimensionales Schema mit nach rechts ansteigendem x, nach oben ansteigendem y und den Einheiten, die gleich der Pixelweite gewählt werden. Abb. 5.31 zeigt ein kleines Raster, das mit diesen Vereinbarungen übereinstimmt. Es ist fünf Pixel breit bzw. sechs Pixel hoch und das Pixel bei (3,1) ist dunkel. Ein Pixel wird über integrale Werte von x und y angesprochen und erzeugt den Intensitätswert für eine quadratische Region des Schirms, dessen untere linke Ecke bei (x, y) liegt. Damit steuert der Aufruf „SetPixel" (Framebuffer, ix, iy intensity) – wobei ix und iy ganze Zahlen sind – das emittierte Licht über der Region $ix \leq x < ix + 1$, $iy \leq y < iy + 1$.

Die Funktionen „SetPixel" und „GetPixel" verarbeiten die x- und y-Koordinaten und müssen zu der Addresse des Bytes in der Rasteranordnung konvertiert werden, die den Pixelwert hält. Diese Konvertierung wird so oft durchgeführt, dass sie so einfach wie möglich sein sollte. Wenn man mit „BaseAddress" die Adresse des ersten Bytes in der Rasteranordnung anzeigt, entsprechend dem Pixel in der linken unteren Ecke des Rasters und man erhält die Addresse p des Pixels bei (x, y) durch

Abb. 5.31 Raster in einem unterlegten Koordinatensystem und das Pixel bei (3,1) ist schwarz gezeichnet

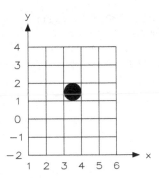

$$p = BaseAddress + (xmax - xmin)(y - ymin) + (x - xmin)$$

wobei xmin, xmax, ymin und ymax ganze Zahlen sind, die die Ränderkoordinaten des rechteckigen Rasters ergeben. Für das in Abb. 5.31 gezeigte Raster gilt xmin = 1, xmax = 6, ymin = −2 und ymax = 4. Diese Rechnung kann durch Einsatz weniger Substitutionen auf folgende Gleichung vereinfacht werden:

$$p = a + by + x$$

wobei b = xmax − xmin und a = BaseAddress − b ymin − xmin ist. Davon abweichend, wird bei einigen Rahmenpuffern das Raster mit dem oberen linken Pixel zuerst im Speicher abgelegt. Eine Gleichung in dieser Form kann verwendet werden, um die Adresse für diese Anzeigen zu berechnen.

Sehr oft kann die Komplexität der Adressberechnung durch Anwendung von Inkrementierungsmethoden noch weiter reduziert werden.

Routinen wie „GetPixel" und „SetPixel", mit denen sich das Raster manipulieren lässt, verwenden die in diesem Record abgelegten Werte, um Adressberechnungen vorzunehmen und zu verifizieren, dass Koordinaten innerhalb des zulässigen Bereichs liegen. Das Raster ist ähnlich dem einer zweidimensionalen Array-Darstellung, wie sie bei den meisten Programmiersprachen angeboten wird. Diese kann mit Hilfe der gleichen Techniken dargestellt und adressiert werden, die zur Handhabung von Arrays entwickelt worden sind.

Um auf einem Rahmenpuffer-Bildschirm diverse Vektoren darzustellen, muss jeder Vektor von einer konventionellen geometrischen Darstellung durch Anwendung eines Vorgangs, die als Scan-Konvertierung bezeichnet wird, in eine Rasterdarstellung umgeformt werden. Abb. 5.32 zeigt das Ergebnis der Scan-Konvertierung eines geraden Segments auf einem kleinen 16 × 16-Raster. Die meisten Pixel sind weiß, wodurch sich die Farbe des Hintergrunds einstellt; die im Liniensegment verlaufenden Pixel sind schwarz, wodurch sich die Farbe der Linie einstellt. Abb. 5.30 erinnert an die Methoden über die Generierung von Vektoren, die auf einem punkt-plottenden Display beschrieben wurden. Dies ist kein Zufall und das in Abb. 5.32 gezeigte Raster ist tatsächlich mit einem DDA-Algorithmus, erzeugt worden.

Abb. 5.32 Linienzug in
einem Raster, wobei ein
Inkremental-Punkt-Plotter-
Algorithmus verwendet wird

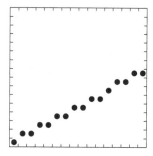

Beim DDA-Algorithmus (digital differential analyzer) muss eine geringe Modifikation vorgenommen werden, um ihn für die Scan-Konvertierung zu übernehmen. Nach Berechnung jeder Punktkoordinatenposition (x, y) plottet der Algorithmus den Punkt nicht durch Hinzufügen eines Punktes zum Displayfile, sondern durch Aufruf von „SetPixel" (Frame-Buffer, x, y, intensity), wobei „intensity" die Graustufe der Linie ist. Die vorhin beschriebene inkrementale punkt-plottende Technik kann in ähnlicher Weise für die Scan-Konvertierung übernommen werden. Diese Algorithmen lassen sich wiederholt zum Aufbau von Bildern, die viele Zeilen beinhaltet, verwenden.

Ein Grafikpaket kann einfach übernommen werden, um einen Rahmenpuffer-Monitor zu betreiben. Am einfachsten geht man vor, wenn man das Fernsehbild als logisches Äquivalent zu einem Terminal behandelt. Es lässt sich zu den Inhalten in einem Speicher hinzufügen, aber nicht selektiv löschen. Die einzigen Abänderungen beim Grafikpaket erfolgen beim Display-Code-Generator:

1. Die Routine zum Löschen des Schirminhalts wird so abgeändert, dass in jedem Byte im Rahmenpuffer-Display ein geeigneter Hintergrundwert abgespeichert wird.
2. Die Routine zum Hinzufügen einer Zeile am Schirm, die zuvor Kommandos für das Fernsehbild generierte, wird so geändert, dass eine DDA-Routine aufgerufen wird, die im Rahmenpuffer die entsprechenden Pixel setzt.

Diese zwei Änderungen sind schnell durchgeführt. Das Ergebnis ist ein Grafikpaket, mit dem sich auf einem Raster-Scan-Bildschirm sehr gut Vektorzüge darstellen lassen.

Besser ist es, wenn selektive Modifikationen für den Rahmenpuffer möglich sind. Um z. B. eine einzelne Linie zu löschen, kann der gleiche DDA-Algorithmus verwendet werden, während jeder Aufruf von „SetPixel" die Hintergrundintensität spezifiziert. Somit werden alle Pixel, die sich ändern, als die Linie ursprünglich über den DDA geschrieben wurde, jetzt auf den Hintergrundwert zurückgesetzt. Dieses selektive Löschen kann verwendet werden, um alle Linien in einem Display-File-Segment immer dann zu löschen, wenn das Segment aus- oder eingeblendet wird. Diese Strategie wirkt oft schneller als ein Löschen des Puffers und ein Scan-Konvertieren der Linien aller eingeblendeten Segmente. Obwohl Vektorlöschungen bei den verbleibenden Linien verschiedene Lücken hinterlassen können, lassen sich Lücken durch ein paar zusätzliche Scan-Konvertierungen auffüllen. Diese Strategie wirkt oft schneller als ein Löschen des Puffers und ein nachfolgendes Scan-Konvertieren frischt später den Bildschirm auf, um die vom Löschvorgang eingeleiteten Defekte zu beseitigen.

Auch wenn ein Grafiksystem selektives Löschen verwendet, nutzt es die Fähigkeiten eines Rasterdisplays längst nicht voll aus. Weitere Vorteile ergeben sich aus den Möglichkeiten, mehrdeutige Muster im Rahmenpuffer unterzubringen sowie getönte Gegenstände zu zeigen. Dies erfordert beim Scan-Konvertierungsvorgang zusätzliche Erweiterungen.

5.1.12 Darstellung verschiedener Zeichen

Da der Rahmenpuffer beliebige Intensitätsmuster anbieten kann, ist er für die Darstellung von Zeichen wie geschaffen. Es ist nicht mehr nötig jedes Zeichen aus Kurzvektoren zusammenzusetzen. Stattdessen kann der Rahmenpuffer Zeichen unterschiedlicher Größen, verschiedener Schriftarten und zahlreicher Farben enthalten. Um den Inhalt des Rahmenpuffers für die Anzeige eines speziellen Zeichens zu modifizieren, muss man das Pixelmuster kennen, das die geeignete Zeichenform anzeigen wird. Obwohl dieses Muster als eine lange Liste aus Aufrufen von „SetPixel" dargestellt wird, kann man es über ein Maskenraster kompakter beschreiben. Dieses Raster zeigt Abb. 5.33 und enthält binäre Größen. Ein Wert 1 bedeutet ein Pixel, das Teil der Zeichenform ist, wogegen ein Wert 0 ein Pixel identifiziert, das unverändert bleibt, wenn das Zeichen angezeigt wird.

Um ein Zeichen in den Rahmenpuffer einzufügen, muss man die Abweichung spezifizieren, die auf die Zeichenmaske anzuwenden ist. Für diesen Zweck besitzt jede Zeichenmaske einen Nullpunkt. Bei Abb. 5.33 liegt der Nullpunkt auf der linken Seite der Zeichenmaske, gleich hoch mit der Grundlinie, d. h. der Horizontallinie, die den unteren Rand der Umschaltzeichen berührt. Die Position jedes in den Rahmenpuffer eingefügten Zeichens wird in Form des Nullpunktes jeder Maske eines Zeichens definiert. Bringt man ein Zeichen nach (x, y), versetzt man somit jedes Maskenpixel um eine Größe (x, y). Das nächste Zeichen in einer Textkette wird bei (x + w, y) liegen, wobei die Breite des ersten Zeichens bei Abb. 5.33 w = 5 ist.

Die Maskenrasterdarstellung führt auf einen sehr einfachen Algorithmus zum Hinzufügen von Zeichen zum Rahmenpuffer. Die Prozedur „WriteMask" schreibt an die Stelle (x, y) im Rahmenpuffer ein Zeichen, das durch das Raster „MaskRaster" definiert wird. Diese Prozedur ist parametrisiert, um das Zeichen mit einer vorgegebenen Intensität zu schreiben. Zeichen können dann durch Verwenden der Hintergrundfarbe als Intensität gelöscht werden. Zeichen lassen sich auf einem reversen Feld (Abb. 5.34) anzeigen, indem zuerst ein rechteckiger Bereich schwarz gesetzt wird und dann eine Scan-Konvertierung von Textzeichen mit weißer Farbe erfolgt.

Abb. 5.33 Eine als
Raster wiedergegebene
Zeichenmaske. Zu beachten
ist, dass der Nullpunkt an der
Grundlinie des Zeichens liegt

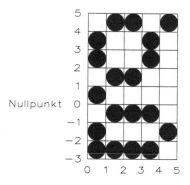

Abb. 5.34 Reverses Feld mit
angezeigtem Zeichen

Unterschiedliche Darstellungsformen von Zeichen lassen sich von einer einzelnen Maske kreieren, indem die Prozedur zum Schreiben des Zeichens in den Rahmenpuffer abgeändert wird. Durch Verwendung einer einzelnen Abbildung gezeigten Zeichenmaske kann ein Scan-Konvertierungsalgorithmus gedrehte Zeichen erzeugen, sowie Approximationen fett gedruckter Zeichen durch Doppelanzeige an benachbarten Positionen und Kursivzeichen durch Anwendung eines progressiv erweiterten Verschiebens bei aufeinanderfolgenden Maskenreihen.

Obwohl die Algorithmen zur Generierung von Rasterbildern mit Vektoren und Zeichen einfacher Natur sind, werden sie oft für das Zusammensetzen eines komplexen Bildes eingesetzt. In diesem Fall wird ihre Effizienz in Frage gestellt.

Für eine typische Größe des Rahmenpufferrasters wird diese Schleife viele Tausend Aufrufe von „SetPixel" benötigen. Jeder Aufruf überprüft Koordinaten und berechnet die Rahmenpufferadresse des zu modifizierenden Pixels. Diese Berechnungen sind sehr zeitintensiv, weil pro Programmschritt nur eine einfache Operation durchgeführt wird, die jedes Pixel im Rahmenpuffer in den Hintergrund setzt. Es ist daher angebracht, eine separate Funktion „Clear" vorzusehen, die das redundante Überprüfen vermeidet und Rahmenpufferwerte so schnell, wie es die Hardware zulässt, neu platziert.

Ähnliche Probleme treten bei anderen Scan-Konvertierungsalgorithmen auf. Die „SetPixel"-Aufrufe können z. B. aus der inneren DDA-Schleife herausgenommen und durch inkrementale Berechnungen ersetzt werden, um die Adresse des Bytes im Raster zu bestimmen, das modifiziert werden soll. Ähnliche Verbesserungen können bei „WriteMask" und „WriteColor" vorgenommen werden.

Alle Scan-Konvertierungen weisen eine Gemeinsamkeit auf, d. h. sie benötigen einen schnellen Zugriff zum Rahmenpufferspeicher. Wird dieser Zugriff durch uneffiziente Aufrufe, durch langsame Hardwareschnittstellen oder durch Latenzzeit aufgrund von Mängeln beim Direktzugriff auf den Rahmenpufferspeicher behindert, wird die Leistungsfähigkeit des Rahmenpuffers ernsthaft beeinträchtigt.

Eine weitere Stärke der Raster-Scan-Bildschirme ist, dass sie natürliche Bilder zeigen können, also Bilder, die nicht wie geometrische Gebilde, sondern wie Fotografien aussehen. Das originale Lichtbild wird unter Aufzeichnen seiner Intensitäten in einem Punktgitter abgetastet und dann reproduziert, indem diese Intensitäten auf ein Rasterdisplay überführt werden. Fernsehbilder werden auf diese Weise erstellt. Eine Kamera nimmt das Abtasten vor, während ein Monitor wie ein Rasterdisplay arbeitet.

Durch Abtasten natürlicher Bilder mit digitalen Vermessungen kann der Computer diese Bilder verarbeiten, ihre Qualität verbessern, sie mit anderen Bildern vergleichen, ihre digitale Darstellungsform für spätere Wiedergabezwecke speichern usw. Es sind neue Anwendungen entwickelt worden, um Techniken zur Bildverarbeitung, Muster- und Bilderkennung zu finden. Obwohl diese Anwendungen einst ziemlich zeitraubend sind, bringt die erhöhte Arbeitsgeschwindigkeit der Hardware einige Möglichkeiten zur Bildmanipulation, die an die interaktiven Systeme heranreichen.

5.1.13 Punktprüfung (sampling)

Der Theorie nach enthält die Bildpunktprüfung wichtige Erkenntnisse für die Rastergrafik. Ein auf einem Rasterdisplay angezeigtes Pixel ist kein mathematischer infinitesimaler Punkt, sondern gibt Licht über eine kleine Fläche ab, ungefähr von der Größe eines Quadrates des Rasternetzes. Der Intensitätswert dieses Pixels muss die Helligkeit aller Lichtquellen darstellen, die auf die entsprechende kleine Bildfläche abgegeben wird.

Wird solche Feldabfrage bei Vektoren und anderen geometrischen Objekten nicht ordentlich durchgeführt, können die Kanten von Objekten unregelmäßige stufenförmige Formen, ähnlich wie in Abb. 5.32, aufweisen. Kann ein Rahmenpuffer-Bildschirm mehr als zwei Intensitäten anzeigen, sollte der Scan-Konvertierungsalgorithmus für Vektoren so modifiziert werden, dass entlang der Kanten graue Pixel platziert werden, um die Feldabfrage in geeigneter Weise und reflektierende Schattierungen zu erzeugen.

Oft ist es nötig, ein Naturbild, das Pixel mit sehr vielen verschiedenen Intensitätswerten besitzt, auf einem Fernsehschirm anzuzeigen, dessen Ausgabewertebereich eingeschränkt ist. Die Lösung dieses Problems liegt in den sogenannten Graustufungstechniken. Es werden also Schwarzweißmuster verwendet, um den Eindruck von Zwischenstufen in der Intensität zu schaffen. Man stellt sich eine Mustertechnik vor, die eine 3×3-Anordnung binärer Pixel verwendet, um eine von zehn Intensitäten anzuzeigen. Um die Intensität i ($0 \leq i \leq 9$) zu bekommen, setzt man von 9 Pixel auf weiß und $9 - i$ auf schwarz, die für diesen Zweck akzeptabel erscheinen.

Eine andere Gattung von Halbtönungstechniken basiert auf der Idee des Schwellwertes (thresholding). Überschreitet die Pixelbildintensität einen Schwellwert, wird dieses Pixel Weiß, ansonsten Schwarz. In dieser einfachen Form kann die Schwellwerttechnik, die im Originalbild vorhandenen Einzelheiten nicht wiedergeben, weil bei der Anzeige entweder in einem weißen oder schwarzen Pixel Fehler vorhanden sind. Zwei Techniken können zur Reduzierung von Fehlern eingesetzt werden. Zur Erklärung sind einige zusätzliche Anmerkungen erforderlich. Nimmt man an, dass das bei (x, y) anzuzeigende Bild mit Intensität I(x, y) dargestellt wird, dessen Bereich zwischen einem Schwarzwert b und einem Weißwert w liegt, wobei $b \leq I(x, y) \leq w$ ist. Ferner nimmt man an, dass $g = (b + w)/2$ der Schwellwert in der Mitte des Bereichs ist.

- Modulation: Die erste Technik moduliert das Intensitätssignal mit einem Signal M(x, y), dessen Wertebereich sich zwischen $-g$ und $+g$ in einem Durchschnittswert bewegt. Das Pixel bei (x, y) wird weiß, falls $I(x, y) + M(x, y) > g$ ist, ansonsten schwarz. Geeignete Funktionen für M sind beispielsweise Sinusformen, g sin α x sin β y, oder Pseudo-Zufallszahlengeneratoren mit entsprechendem Bereich.
- Fehlerverteilung: Man hat ein Schema entwickelt, das den durch eine Schwellwertoperation eingeleiteten Fehler aufzeichnet und durch Verteilung auf benachbarte Pixel kompensiert. Der aufgeführte Algorithmus selektiert für die Anzeige bei (x, y) eine Intensität und verteilt den Fehler auf drei Nachbarstellen: 3/8 des Fehlers übertragen sich auf die rechte, 3/8 auf die untere Nachbarstelle und 1/4 auf die Diagonale. Das Programmfragment muss in einer Schleife vorhanden sein, um alle Pixel im Bild zu untersuchen.

Die dargestellte Fehlerverteilungsmethode ist so konzipiert, dass ein Abtasten von oben nach unten und von links nach rechts zur Erzeugung der Pixelwerte niemals eine Rücksicherung erfordert.

5.1.14 Rahmenpuffer

Für die Generierung eines Videosignals aus dem Digitalspeicher muss man die Speicherinhalte mit konstant hoher Frequenz lesen. Ein neuer Intensitätswert wird jedes Mal benötigt, wenn sich der Elektronenstrahl auf ein neues Pixel bewegt. Bei einem Standardmonitor ist das alle 90 ns der Fall, während bei einem hochauflösenden Display sich diese Zeit auf 25 ns oder weniger reduziert. Die Bildschirme mit ihren Halbleiterspeicher hatten bei der Ausgabe von Bitströmen mit solcher Geschwindigkeit beträchtliche Probleme, und die, die einwandfrei übertragen konnten, sind teuer. Integrierte Schaltungen mit einem Grafikprozessor eignen sich besser, um die benötigten hohen Speicherbandbreiten zu erzielen.

Das Schieberegister stellt eine besonders günstige Schaltung für den Einsatz beim Framepuffer dar, d. h. immer wenn dem Schieberegister ein Impuls zugeführt wird, wird sein Inhalt um eine Stelle versetzt, wobei ein Bit an einem Ende vom Register entfällt und am anderen Ende ein Bit hinzugefügt werden kann. So wie jedes Bit beim Schieberegister gespeichert wird, kann es als ein Intensitätswert benutzt und dann am anderen Registerende eingeschoben werden, um die Inhalte in Umlauf zu halten. Einige parallel angelegte Schieberegister können dort eingesetzt werden, wo mehr als ein Intensitätsbit pro Pixel benötigt wird.

Der Inhalt des Schieberegisters muss nicht mit hoher Geschwindigkeit zirkulieren. Man baut einen Framepuffer mit Schieberegistern auf, wobei jede die auf dem Fernsehschirm angeordnete Spalte die Pixel beinhaltet. Somit benötigt man, wenn der Bildschirm 256 Scan-Zeilen mit je 340 Pixel hat, 340 Schieberegister mit je 256 Bits. Pro horizontaler Abtastung wird jedes Schieberegister einmal verschoben und der Scan-Zeile ein Bit beigesteuert. Die Register werden in sorgfältig abgestufter Sequenz so verschoben, dass sie exakt in dem Moment, wo sie zur Steuerung des Videosignals benötigt wird, Datenbits abgeben.

Der Einsatz von Schieberegistern wirft ein latentes Problem auf. Um den Framepuffer bei interaktiven Anwendungen einsetzen zu können, muss man in der Lage sein, seine Inhalte schnell zu verändern. Leider kann jeder auf dem Schirm vorhandene Punkt nur verändert werden, wenn der Framepufferspeicher zu einer Position zirkuliert, an der auf ein entsprechendes Bit im Speicher zugegriffen werden kann, über die Verschiebung der Inhalte des Schieberegisters kann er einmal pro Zyklus eine Änderung vornehmen. Somit muss man im Durchschnitt 1/50 oder 1/60 pro Sekunde abwarten, um jeden Punkt auf dem Schirm zu verändern. Selbst bei dieser Rate können geringe Änderungen Bruchteile von Sekunden in Anspruch nehmen.

Seit 1990 werden die Rahmenpuffer mit integrierten Speicherbausteinen mit Direktzugriff verwendet. Die Intensität eines jeden Pixels wird über 1, 2, 4, 8 oder mehr Speicherbits wiedergegeben. Ein Bit reicht für Text bzw. einfache Grafik aus und führt zu einem relativ kostengünstigen Display. Zwei und vier Bits sind bei Anwendungen sinnvoll, die für die Abbildung von gegenständlichen Flächen Grautönung oder Farbe verwenden. Acht oder mehr Bits setzt man für qualitativ hochwertige und schraffierte Bilder ein.

Zur Verschlüsselung farbiger Bilder für eine Abspeicherung in den Framepuffer können mehrere unterschiedliche Methoden herangezogen werden. Bei der einfachsten Methode werden die Farbkomponenten von jedem Pixel definiert. Die Bits zur Darstellung des Pixels können in drei Gruppen von Bits aufgeteilt werden, wobei jede die Intensität einer der drei Grundfarbenkomponenten anzeigt. Bei einem 8-Bit-Format werden drei Bits normalerweise rot zugeordnet, drei zu grün und zwei zu blau. Die drei Komponenten werden dann an den Monitor übertragen, wie Abb. 5.35 zeigt.

Das einfache Farbkomponenten-Codierungsschema hat den Nachteil, den Farbenbereich zu begrenzen. Ein flexibleres Schema umfasst den Gebrauch einer „Color-Map". Die im Framepuffer abgelegten Werte werden als Adressen in einer Tabelle mit Farben,

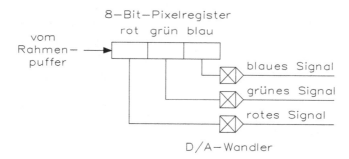

Abb. 5.35 Decodierung der in einem Rahmenpuffer gespeicherten Farbwerte

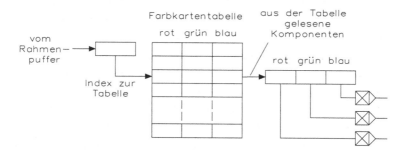

Abb. 5.36 Pixelwerte aus dem Rahmenpuffer werden zur Indizierung einer Farbkarte verwendet

die über ihre Rot-, Grün- und Blau-Komponenten definiert sind, behandelt. Somit kann ein 8-Bit-pro-Punkt-Framepuffer eine 256-Farben-Tabelle ansprechen. Jede dieser Farbkomponenten lässt sich für eine Hochauflösung definieren, was eine sehr genaue Kontrolle über die angezeigten Farben unterstützt. Abb. 5.36 zeigt die Organisation der Color-Map.

Um maximal nützlich zu sein, sollte die Color-Map einen Lese-Schreib-Speicher verwenden. Dann ist es möglich, eine andersartige Farbengruppe verschiedenen Anwendungsprogrammen zuzuordnen und eine Farbengruppe für Zeichenzwecke zu mischen. Eine „nur-lesbare" (read-only) Color-Map ist, obwohl im Aufbau einfacher, weit weniger flexibel.

Die Bereithaltung mehrfacher Bits pro Pixel ist nicht nur bei der Intensitäts- und Farbdarstellung hilfreich, sondern ermöglicht auch, dass der Framepuffer als Mehr-ebenenstruktur behandelt werden kann, wobei jede Ebene ein separates Bild enthält. Eine Aufteilung in Ebenen kann auf verschiedene Weise vorgenommen werden und beispielsweise kann ein Framepuffer mit acht Bits pro Pixel ein einzelnes Bild mit acht Bits für die Intensitätsgenauigkeit repräsentieren, zwei Bilder zu 4-Bit-Genauigkeit, vier Bilder zu 2-Bit-Genauigkeit oder acht abgeschlossene Schwarzweiß-Bilder. Auch andere Zuordnungen der Bits lassen sich vornehmen.

Durch Zerlegen des Rahmenpuffers in Ebenen kann man verschiedene Arten der Videomischung anwenden. Eine Ebene lässt sich nutzen, um ein statisches Bild zu erzeugen und eine andere, um ein Symbol oder ein Bildteil herzustellen, das vom Benutzer über den Schirm bewegt werden kann. Bei Animationssystemen können mehrere sich bewegende Objekte als separate Ebenen angezeigt werden. Eine 1-Bit-Ebene kann man als Maske einsetzen, um gewisse andere Ebenen für eine Anzeige auszuwählen.

Zur Unterstützung solcher Anwendungen sollte ein Mehrebenen-Framepuffer die folgenden Fähigkeiten aufweisen:

1. Jede Ebene sollte mit einem Registerpaar ausgestattet sein, um die Koordinatenposition der Ebene relativ zum Schirmkoordinatensystem anzuzeigen.
2. Es sollte möglich sein, Ebenen mit kleinerem Ausmaß als die volle Schirmgröße zu definieren, um Speicherausnutzung wirtschaftlicher zu gestalten.
3. Es sollte ein voller Umfang logischer Funktionen für die Verkettung der Inhalte der Ebenen zur Verfügung stehen. Damit sollte es möglich sein, zwei Ebenen einem Antivalenz (Exklusiv-NOR) zuzuführen, um deren Bilder zu kombinieren, oder ein UND zur Maskenbildung anzusetzen.

Mit acht oder mehr gegebenen Bits zur Intensitätsgenauigkeit kann der Grafik-Controller ein Farb- oder monochromatische Bilder ausgeben, deren Qualität und Komplexität nur durch die Leistungsfähigkeit des Monitors, auf dem sie angezeigt werden, beschränkt

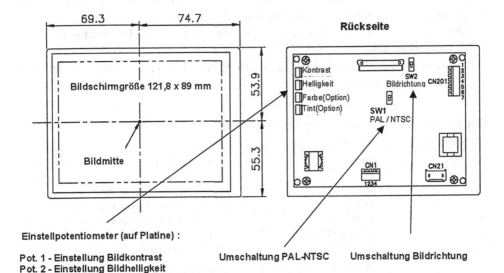

Abb. 5.37 Einstellelemente auf der Rückseite eines TFT-LCD-Farbmoduls

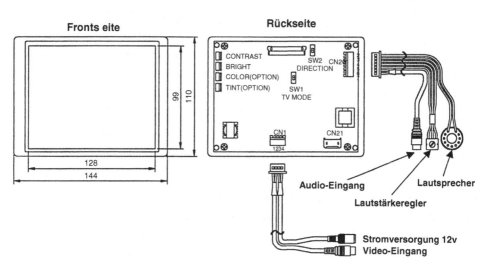

Abb. 5.38 Verbindungen auf der Rückseite eines TFT-LCD-Farbmoduls

werden. Für Anwendungen mit Schattierung, gegenständlichen farbigen Flächen, hoch-qualitativem Text oder jeglicher Art von Bildverarbeitung bietet der Framepuffer die einzige zufriedenstellende Anzeigeform.

Der Framepuffer hat jedoch seine Probleme. Er bietet nicht gerade die kompakteste Möglichkeit zur Repräsentation eines Bildes, da er sehr viel Speicherplatz benötigt, teuer und die Zeit, die zur Füllung dieses Speichers oder zum Änderung seiner Inhalte nötig ist, gestaltet sich die Interaktion zeitweilig träge.

Abb. 5.37 zeigt die verschiedenen Einstellelemente auf der Rückseite eines TFT-LCD-Farbmoduls.

Abb. 5.38 zeigt die Verbindungen auf der Rückseite eines TFT-LCD-Farbmoduls und Tab. 5.1 zeigt die Steckerbelegung.

Tab. 5.1 Steckerbelegung für ein TFT-LCD-Farbmodul

Pinnummer	Kabelfarbe	Bedeutung
1	Schwarz	Lautsprecher (−)
2	Braun	Lautsprecher (+)
3	Rot	Lautsprechereinsteller Pin 1
4	Orange	Lautsprechereinsteller Pin 1
5	Gelb	Lautsprechereinsteller Pin 1
6	Schwarz (Schirm)	Audio-Masse
7	Weiß	Audio-Eingang
1	Weiß	Video-Eingang
2	Schwarz (Schirm)	Video-Masse
3	Schwarz (Schirm)	Stromversorgung Masse
4	Weiß	Stromversorgung +12 V

5.2   Touchscreen-Monitore

In der Praxis findet man die „Touchscreen"-Monitore, die eine gleichzeitige Eingabe von Informationen ermöglichen und den Bediener über die Visualisierung durch das Programm führen. Durch die Anordnung von Auswahl- und Aktionsfeldern direkt auf dem Bildschirm bieten Touchscreen-Monitore eine gewisse Flexibilität bei der Gestaltung von Mensch-Maschine-Kommunikationsschnittstellen. Über das Berühren von Aktionssymbolen in grafischer Form bekommt der Anwender eine wesentlich engere Bindung an den Anwendungsprozess.

Anders als bei einer Tastatur, die stets gleichzeitig alle Tasten zur Bedienung anbietet, werden bei einer Touchscreen-Anwendung immer nur die zum entsprechenden Zeitpunkt möglichen Auswahlkriterien angezeigt. Man spricht in diesem Zusammenhang auch von der „entscheidungsbaumorientierten" Befehlseingabe, oder man arbeitet nach dem „Multiple-Choice-Prinzip", denn es stehen immer nur wenige Möglichkeiten zur Auswahl. Das vereinfacht die Bedienerführung erheblich und schließt Fehlfunktionen weitgehend aus. Zudem lassen sich z. B. die Eingabefelder in allen Farben oder mit Blinken kennzeichnen, beim Berühren des Schirms lässt sich das betreffende Feld invertieren und vieles andere mehr. Die Eingabe über das Touchscreen-System ist nicht nur schneller als über eine Tastatur, sondern der Bediener erhält auch umgehend eine Rückmeldung auf seine Eingaben. Da keine komplizierten Tastenfolgen erlernt werden müssen und eine nahezu perfekte Bedienerführung möglich ist, reduzieren sich die Einarbeitungszeiten für das Bedienungspersonal von komplexen Maschinen. Wenige klare Aussagen, kombiniert mit grafischen Effekten, sowie schnelle und einfache Bedienerführung sind die Domäne der Touchscreen-Panels.

Um die für die jeweiligen Anforderungen passende Anwendung zu wählen, ist es wichtig, einen Überblick über verschiedene Techniken zu bekommen und deren Vor- und Nachteile zu kennen. Es gibt in diesem Bereich fünf grundsätzlich verschiedene Technologien, die in Tab. 5.2 zusammengefasst sind.

Für das Touch-Verfahren gibt es heute im Wesentlichen zwei Systeme: den am Monitor angebrachten berührungsempfindlichen Teil und einen zugehörigen Controller, der über eine Standardschnittstelle mit dem System kommuniziert. Beim Abtasten der Druckinformationen werden fünf unterschiedliche Verfahren angeboten: die kapazitive Beschichtung auf Glas, das Widerstandsprinzip durch Aufbringen von zwei leitenden Schichten, das Schallwellenverfahren mit akustischen Oberflächenwellen mit Sensoren, die nach dem Piezoeffekt arbeiten, und das lichttechnische Verfahren mit Infrarotvorhang.

Tab. 5.2 Vergleich zwischen den einzelnen Touchscreen-Techniken

Technologie	Maximale Auflösung	Reaktion	Optische Durch-lässigkeit	Aktivierung
Kapazitiv	1024 × 1024	<25 ms	50 % bis 85 %	Finger (Kapazität)
Resistiv	Feste Matrix 4096 × 4096	<50 ms	55 % bis 70 %	Jede Art
Akustisch	Logisch bis Pixel-ebene	<60 ms	92 %	Jede Art
Piezoelektrisch	Bis 60 Touch-Punkte	<40 ms	92 %	Weicher Gegenstand
Infrarot	Physisch 2 mm	<40 ms	100 %	Jede Art

5.2.1 Technologie für Touchscreens

Als Touchscreen bezeichnet man eine berührungssensitive, transparente Fläche, die in der Regel über einem Bildschirm angebracht ist. Mit einem Touchscreen ist es möglich, durch Berührung aktiv in einen Programmablauf einzugreifen. Hierbei gibt es die Mausfunktion, Bildschirmtastatur oder Softkeys in einer eigenen Programmumgebung. Das Grundprinzip beruht darauf, dass auf dem Bildschirm stets nur die Auswahlmöglichkeiten und Informationen angezeigt werden, die gerade relevant sind. Der Nutzer/ Bediener kann diese direkt antippen und muss nicht den Blick vom Bildschirm lösen, um eine bestimmte Tastenkombination zu finden. Insbesondere unter extremen Bedingungen ist es einfacher, sich auf einem leicht zu reinigenden Touchscreen zu bewegen, als sich per Maus und Tastatur durch das Bedienungsmenü zu „hangeln". Verschiedene Tastatur-varianten erübrigen sich damit, denn mit einer einmal erstellten Software lässt sich an unterschiedliche Anwendungen anpassen.

Der Begriff „Multitouch" ist spätestens durch die stetig wachsende Verbreitung von Smartphones und Tablets bekannt. In Fachkreisen unterscheidet man aber zwischen Singletouch, Dualtouch und Multitouch. Der Singletouch ersetzt die Funktion eines Maus-Cursors und hat nur einen Berührungspunkt. Mit Dualtouch lässt sich bereits die wohl bekannteste Touch-Gesten-Applikation, das Drehen und Zoomen mittel zwei Fingerspitzen, ausführen. Echter Multitouch erkennt mehr als zwei Punkte simultan. Insbesondere bei großformatigen Displays, wenn mehrere Bediener gleichzeitig eine Anwendung steuern, macht der Einsatz dieser Technik Sinn.

Die Projective-Capacitive-Touchscreen-Technologie (PCT) ermöglicht eine intuitive Bedienung von Eingabe- und Steuerungsoberflächen. Die Gesten, in diesem Fall die Positionen mehrerer gleichzeitig auftretender Berührungen des Bedieners, werden vom System erkannt. Die hohe Touchpunktdichte ermöglicht eine präzise, sichere und schnelle Bedienung mit hohen Reaktionszeiten für Echtzeiteingaben. Selbst eine „fließende" Touchbedienung, in kleinsten Schritten, ist nahtlos bzw. ruckfrei möglich. Bei Touchpanels mit „Projective Capacitve Touchscreen" ist die gesamte Sensorik geschützt und verschleißfrei hinter einer Glasscheibe untergebracht. Der Touchsensor des Panels besteht aus einer leitfähigen Gitterstruktur von Leiterbahnen in Silberleittechnik oder ITO (Indium-Zinn-Oxid)-Halbleiterschichten, die gegeneinander isoliert einlaminiert sind und als Treiber- und Sensorleitungen fungieren. An die Treiberleitungen wird Wechselspannung angelegt, wodurch eine kapazitive Kopplung zwischen Treiber und Sensor entsteht. Die Berührung des Panel-Displays mit einem leitenden Gegenstand, z. B. mit dem Finger, verursacht eine Kapazitätsänderung, woraus der Touch-Controller die Koordinaten des Berührungspunktes errechnet. Bei der kapazitiven Technik kann der Touchscreen also bereits systembedingt mehrere Berührungspunkte gleichzeitig erkennen. Auf der glatten Glasscheibe sind Verschiebe- und Drehbewegungen widerstandsarm und sehr ergonomisch ausführbar, besonders bei einem Touchpanel mit großem Bildschirm.

Ein weiterer Pluspunkt ist die lange Lebensdauer, da die Sensorik keinem mechanischen Verschleiß unterliegt. Selbst Kratzer im Glas beeinträchtigen die Funktion nicht. Entsprechend dem Gerätedesign ist die Frontscheibe rückseitig bedruckbar und somit als kundenspezifische Variante möglich. Die verschleißfreie kapazitive Wirkweise des PCT kann kombiniert werden mit (außerhalb der aktiven Multitouch-Fläche liegenden) Slider, Wheels und/oder (beleuchteten) Funktionstasten, welche ebenfalls auf einer kapazitiven Technologie basieren. Auch Kombinationen mit konventionellen Bedienelementen (z. B. Notausschalter oder Tasten) sind möglich wie Anpassung der Sensitivität an verschiedene Handschuhmaterialien.

Ein resistiver Touchscreen besteht aus zwei gegenüberliegenden leitfähigen Schichten (Folie ↔ Folie oder ITO-Glas ↔ Folie), die durch kleine Abstandsdots voneinander getrennt sind. Der Touch verfügt über Leitungen (4, 5 oder auch 8), die bei einer Berührung mit dem Finger oder Stift über den Berührungspunkt eine Spannung leiten. Gemessen in horizontaler und vertikaler Richtung wird durch Interpolation die Position der Betätigung bestimmt.

Ein kapazitiver Touchscreen besteht aus einer rückseitig leitfähigen Schicht. Über die Ecken wird eine gleichmäßige Spannung angelegt und so ein homogenes elektrisches Feld erzeugt. Durch eine Berührung der Tastfläche mit dem Finger entsteht ein Ladungstransport. Über die hieraus resultierenden Ströme kann die Position des Fingers genau bestimmt werden.

Beim SAW-Touch sind an den Seitenflächen des Glassubstrates Signalgeber montiert, welche Ultraschallwellen aussenden (horizontal und vertikal). Dieses Signal wird von der Oberfläche reflektiert und auf der gegenüberliegenden Seite detektiert. Durch die Berührung mittels eines Fingers oder eines anderen weichen Gegenstandes wird ein Teil der Wellen absorbiert und der Controller kann durch Messung der Amplituden die Positionsbestimmung durchführen.

Der Infrarot-Touchscreen ist von einem Rahmen umgeben, in dem sich IR-Lichtquellen befinden, jeweils gegenüber liegen die Detektoren. So wird ein unsichtbarer Vorhang in vertikaler und horizontaler Richtung projiziert. Sobald das Raster durch ein Objekt unterbrochen wird, kann die Position ermittelt werden.

Abb. 5.39 zeigt ein Oszilloskop mit resistivem Touchscreen.

Abb. 5.39 Oszilloskop mit
resistivem Touchscreen

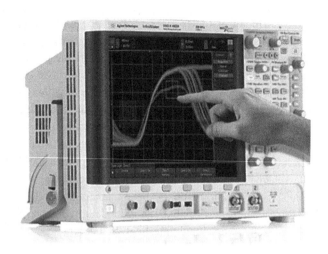

5.2.2 Touchresistives Prinzip in 4-Draht-Technologie

Resistive Touchpads benötigen den Druck, der von einem Finger oder einem anderen
Gegenstand auf die Oberfläche ausgeübt wird. Die berührungsempfindliche Oberfläche
des Touchpads besteht hierbei aus zwei leitfähigen Indium-Zinn-Oxid (ITO)-Schichten,
die durch kleine Abstandshalter getrennt sind. Die untere Schicht ist auf eine feste und
stabile Grundfläche aufgetragen, während die obere Schicht von außen mit dehnbarem
Polyester überzogen ist. Berührt man die Polyesterschicht, wird die obere ITO-Schicht
auf die untere gedrückt. Um die Position der Druckstelle zu ermitteln, wird abwechselnd
an der einen und Millisekunden später an der anderen leitfähigen Schicht eine Gleichspannung angelegt. Diese Spannungen verlaufen senkrecht zueinander und fallen
jeweils von einem Rand zum gegenüberliegenden Rand gleichmäßig ab. Da die beiden
Schichten an der Druckstelle kurzzeitig miteinander verbunden sind, fließt hier ein sehr
geringer Strom. Anhand der dadurch hervorgerufenen Spannungsänderungen kann die
Position der Druckstelle dann eindeutig ermittelt werden. Die Koordinaten leitet der
Controller an das Betriebssystem weiter. Bei diesem Prinzip sind immer zwei Schichten
für die Messung nötig: An einer liegt jeweils die Spannung an, die andere übermittelt die
Position in einer Richtung. Abb. 5.40 zeigt die Struktur der 4-Draht-Technologie.

Resistive Touchpads gelten als Vorreiter in der Touch-Technik, sind im Allgemeinen
aber nicht multitouch-fähig, d. h., dass man sie nicht mit mehreren Fingern bedienen
kann. Drückt man mit zwei oder mehr Fingern auf die Oberfläche, wird lediglich die
Kontaktfläche der beiden ITO-Schichten verbreitert und die Finger können nicht einzeln
erfasst werden. Der größte Nachteil dieser Technik ist aber, dass eine Koordinate immer

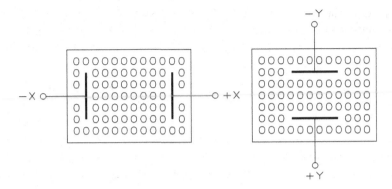

Abb. 5.40 Struktur der 4-Draht-Technologie

mittels der oberen, biegsamen Schicht erfasst wird. Das konstante Biegen und Dehnen führt zu mikroskopischen Rissen in der ITO-Beschichtung, womit sich die elektrischen Eigenschaften ändern.

Analog-resistive Touchscreens finden auch den Einsatz bei Oszilloskopen. Diese Anwendungen mit ihren spezifischen Anforderungen erfordern unterschiedliche Technologien und Konstruktionen im Aufbau der resistiven Touchscreens. Zu beachten sind auch die speziellen Einbauarten, die dem anspruchsvollen Umfeld der Anwendung gerecht werden. Abb. 5.41 zeigt die Anordnung der Widerstände für ein 4-Draht-Touchscreen.

Die gängigsten Ausführungen der analog-resistiven Touchscreens sind die 4- und 8-, sowie die 5-Draht-Technologie. Die Funktion der analog-resistiven Touchscreens basiert prinzipiell auf zwei sich gegenüberliegenden mit leitfähigem ITO-Material beschichteten Flächen. Dabei wird eine ITO-Folie auf ein ITO-Glas über einen Spacer laminiert. Das untere ITO-Glas wird mit „Mikro Dots" (Mikropunkte) bedruckt, um den Abstand zur oberen ITO-Folie sicherzustellen. Abb. 5.42 zeigt das Funktionsprinzip eines analog-resistiven Touchscreens.

Bei der 4- und 8-Draht-Ausführung erfolgt die Positionsbestimmung in x- und y-Richtung geteilt auf die beiden Flächen des Touchscreens. Bei Berührung des Touchscreens wird ein Kontakt der beiden Flächen hergestellt. Die Positionsparameter werden hier mit dem Touchscreen-Controller alternierend über die obere und untere ITO-Fläche ermittelt.

Der Touchscreen hat eine Breite von $x = 100$ mm. Zwischen linkem und rechtem Rand der unteren Schicht wird eine Spannung von 5 V angelegt. Die obere Schicht ist nicht an die äußere Spannung angeschlossen. Es wird auf eine Stelle der unteren Schicht gedrückt. Die Widerstände in der oberen Schicht bis zum Rand sind ungültig, da sie

Abb. 5.41 Anordnung der
Widerstände für ein 4-Draht-
Touchscreen

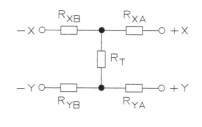

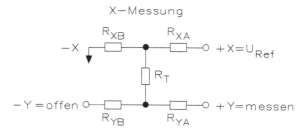

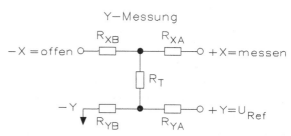

Abb. 5.42 Funktionsprinzip
eines analog-resistiven
Touchscreens

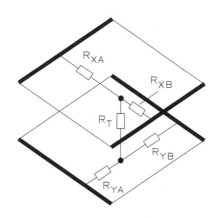

hochohmig sind. Am Rand der oberen Schicht werden die Spannungen gemessen mit $U_1 = 2\,V$ zum linken Rand und $U_2 = 3\,V$ zum rechten Rand, jeweils an der unteren Schicht. Die Abstände zwischen der Druckstelle und den Rändern betragen:

$$x_1 = U_1 \cdot \frac{x}{U} = 2\,V \cdot \frac{100\,\text{mm}}{5\,V} = 40\,\text{mm}$$

$$x_2 = U_2 \cdot \frac{x}{U} = 3\,V \cdot \frac{100\,\text{mm}}{5\,V} = 60\,\text{mm}$$

Man muss immer eine zweite Messung dieser Art durchführen, mit vertauschten Anschlüssen beider Schichten, so dass sich die Abstände zu den anderen Rändern berechnen lassen. Nach zwei Messungen kann der Druckpunkt bestimmt werden, d. h. die Gleichspannung wird abwechslungsweise über Kreuz angeschlossen.

Die 5-Draht-Technologie ermöglicht die Positionsermittlung der Betätigung allein auf der Glasseite. Die obere Folie, der sogenannte fünfte Draht, dient als Messleitung. Dadurch wirkt sich eine mögliche Änderung in den Eigenschaften der oberen ITO-Folie nicht auf die Funktionalität und Linearität der 5-Draht-Touchscreens aus.

Die 5-Draht-Konstruktion erfordert die Spannungseinleitung über ein spezielles Leiterbahndesign an den ITO-Glas-Eckpunkten. Beim 4- und 8-Draht-Touchscreen erfolgt dies über einen Bus, die ITO-Fläche ist hier geteilt und linear. Die Positions-ermittlung nur auf einer Fläche erfordert eine Bedruckung mit einem speziellen Design um den maximalen Linearitätsausgleich zu erzielen. Ein mathematisch ermitteltes Rasterfeld mit einer Mehrlagen-Bedruckung ermöglicht erstmalig eine garantierte Linearität des 5-Draht-Touchscreens $\geq 99\,\%$.

Entsprechend der Displaygröße, den geforderten Spezifikationen und dem Ein-satzgebiet werden industrietaugliche Touchscreens konzipiert. Die zur Herstellung der Touchscreens verwendbaren ITO-Materialien sind bereits im Vorfeld für breite Temperaturbereiche und für extreme Klimaanforderungen qualifiziert.

Für den sicheren Einsatz im industriellen Umfeld ist ein Design ohne „Vent", d. h. ohne Luftausgleich zwischen den Lagen erforderlich. Nur ein dichter Aufbau kann die spezifizierte Linearität der Touchscreens im Alterungsprozess auch bei hoher Luftfeuchtigkeit und Temperaturen über die gesamte Lebensdauer garantieren. Das Touchscreen-Design ohne Luftausgleich erfordert eine spezielle Bedruckung der „Mikro Dots" mit speziellen UV-härtenden Materialien. Diese idealen Dots sind nicht mehr sicht-bar, deren minimale Höhe reduziert den Raum auf geringste Luftmengen zwischen den Lagen. Dies erlaubt den Einsatz dieser Touchscreens selbst bei hohen Temperaturen von bis zu $+80\,°C$, ohne dass ein „Pillowing", d. h. ein vollflächiges Aufwölben der ITO-Folie durch eine wärmebedingte Luftausdehnung im Inneren des Aufbaus entstehen kann.

Die Verwendbarkeit von Touchscreens bei hohen Temperaturen und Luftfeuchtigkeit erfordert des Weiteren den Einsatz von hochwertigen ITO-Materialien. Es werden daher nur ITO-Gläser und ITO-Folien eingesetzt, die ein stabiles Flächenwiderstandsverhalten innerhalb der Spezifikation über die gesamte Lebensdauer nachweislich garantieren.

Der „Spacer", das Klebeband zwischen der oberen ITO-Folie und dem ITO-Glas, hält diese Layer zusammen. Dieses Klebeband muss verschiedene Anforderungen erfüllen, um die hohe Zuverlässigkeit der Touchscreens zu gewährleisten. Die Klebekraft muss entsprechend spezifiziert sein, einwirkende Temperatur und Luftfeuchtigkeit darf sich nicht auf die Haftkraft auswirken. Gleichzeitig muss dieser Spacer unterschiedliche Längenausdehnungen der ITO-Polyesterfolie zum ITO-Glas ermöglichen. Dieser optimale Spacer verhindert zudem eine Wellenbildung der ITO-Folie unter klimatischer Belastung und ermöglicht gleichzeitig die Ausdehnung der oberen Folie unter Wärme. Die unterschiedlichen Ausdehnungsparameter des Aufbaus basieren im Extremfall auf ein ΔT von 20 °C.

Hauptschwachpunkt vieler Touchscreen-Produkte ist häufig ein unstabiler Widerstandswert der internen Leitklebeverbindungen zu den Lagen und zur Anschlussfahne mit den bekannten Fehlerbildern. Bei industrietauglichen Touchscreens werden nur speziell konzipierte Kontaktmaterialien verwendet. Diese Materialien sind spezifiziert durch geringe Übergangswiderstände, eine flexible Konsistenz der mechanischen Verbindung, eine starke Haftkraft und mit einer hohen Temperaturstabilität. Feldausfälle aufgrund instabiler Übergangswiderstände im Aufbau können somit bei Herstellern mit qualitativ hochwertigen Produkten ausgeschlossen werden.

Extrem hohe Anforderungen bei rauesten Umgebungsbedingungen sind bei Messgeräten gefordert, die im Außenbereich und in rauer Umgebung benötigt werden. Diese Anwendungen erfordern eine besondere Touchscreen-Gestaltung und spezielle Materialauswahl. Die Konstruktion der Touchscreens wird an das anspruchsvolle Umfeld angepasst. Der Standard-3-Lagenaufbau der Touchscreens, d. h. ITO-Folie und Kleberahmen auf ITO-Glas, wird erweitert. Die Touchscreen-Funktion wird nun mit zwei übereinanderliegenden ITO-Folien abgebildet, dem 5-Lagen-Touchscreen. Die unterste Lage hat nur eine mechanische Trägerfunktion. Die funktionsbildende Folieneinheit wird vollflächig mit optisch transparenten Klebern auf den Träger laminiert. Diese Trägerlage kann aus stabilem Verbundglas oder chemisch gehärtetem Glas sowie aus bruchfestem Kunststoff sein. Die Funktion dieser Lage im Touchscreen-Aufbau benötigt keine elektrischen Eigenschaften.

5.2.3 5-Lagen-Touchscreen

Die zwei Anschlussfahnen dieser 5-Lagen-Touchscreens sind im sogenannten „Integral-Tail"-Design ausgeführt. Dabei werden die Anschlussfahnen nicht verklebt, sondern in einem Stück mit der ITO-Folie verbunden. Dieser kontaktlose Aufbau ermöglicht den Einsatz dieser Touchscreens für extrem starke Beanspruchungen. Optional wird die Stabilität und Widerstandsfähigkeit des Touchscreens mit einer zusätzlichen, vollflächig laminierten Designfolie oder einer durchsichtigen Bufferschicht unterstützt. Eine zusätzliche Sicherheit gegenüber starker Verschmutzung bieten Schutzfolien, die der Anwender selbst auswechseln kann.

Abb. 5.43 zeigt das Funktionsprinzip eines 5-Lagen-Touchscreens. Der analog-resistive Touchscreen in 5-Draht-Technik wird in industriellen Anwendungen eingesetzt, denn die Produkte sind dabei besonders ausgereift, langlebig, zuverlässig und genau.

Abb. 5.43 Funktionsprinzip
des 5-Lagen-Touchscreens

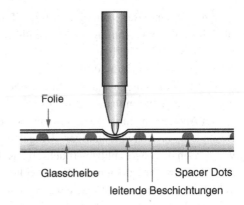

Abb. 5.44 Funktionsprinzip
segmentierter und analog-
resistiver Multitouch in
5-Draht-Technik

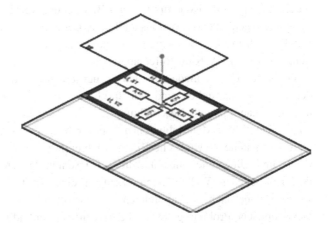

Konstruktionsbedingt ist mit dieser Touch-Technik nur ein Punkt erfassbar. Bei gleichzeitiger Betätigung von zwei Positionen berechnet der Controller lediglich den Mittelwert der Positionsspannungen. Neue Lösungen ermöglichen jetzt auch den gesamten Multitouch-Umfang mit analog-resistiven Touchscreens. Hierbei ist beispielsweise die gesamte Bildschirmfläche in mehrere Zonen eingeteilt, von denen jede einen analog-resistiven Singletouch mit eigener Verbindung zum Controller darstellt. Diese Segmentierung ermöglicht sowohl die Dateneingabe mit zwei oder auch mehr Fingern als auch die Gesten-Steuerung. Die einzige Einschränkung ist, dass für eine Multitouch-Funktion immer mindestens zwei Zonen bedient werden müssen (Abb. 5.44).

Analog-resistive Touchscreens sind kostengünstig. Da sie ausschließlich durch mechanischen Druck funktionieren und lösen bei Verschmutzungen keine Touch-Ereignisse aus. Die Oberflächen können mit allen Stiften und auch mit Handschuhen bedient werden. In hygienisch sensiblen Bereichen ergeben sich gewisse Einschränkungen, da die Folienoberfläche nur bedingt für den Einsatz scharfer Reinigungsmittel geeignet ist. Zudem beeinträchtigen die flächigen ITO-Beschichtungen einen schrägen Ablesewinkel und erhöhte Lichtdurchlässigkeit.

Ein segmentierter, analog-resistiver Touchscreen ist auch die geeignete Technik für Systeme mit durchgängig identisch aufgebauten Prozessbildern. Neben der gleichmäßigen Aufteilung des Bildschirms sind für kundenspezfisch entwickelte Bedienpanels auch individuelle Touch-Zonen in Anzahl und Design möglich. So kann z. B. ein Maschinenhersteller mit einer individuellen Touch-Einteilung sein ganz eigenes, wiedererkennbares und vor allem sicheres Bedienkonzept gestalten.

Bei Anwendungen in der Chemieindustrie ist im Umfeld mit Schadgasen zu rechnen. Besonders in schwefelhaltiger Umgebung kann es zum schädlichen Eindringen von Gasen in ungeschützte Touchscreens kommen. Anfällige Bereiche, wie die mit Silberleitfarbe bedruckten Busbars oxidieren und die Leiterbahnen werden durch die Schadgaseinwirkung im Querschnitt gegen Null minimiert. Eine mögliche Auswirkung auf die Funktionstüchtigkeit der Touchscreens durch eindringende Schadgase wird durch eine spezielle Konstruktion und Bedruckung verhindert. Diese Touchscreens sind komplett abgedichtet, korrosionsgefährdete Leiterbahnen und ITO-Übergänge werden im Randbereich mit einem speziellen Isolationslack bedruckt. Der Bereich der Anschlussfahnen wird mit UV-Klebstoffen abgedichtet.

Optische Unterschiede in den Touchscreen-Monitoren bestehen vor allem in der Lichtdurchlässigkeit und der farblichen Eintrübung als Folge des Hardcoating und der „antiglaren" Beschichtung der ITO-Folien. Durch die Verwendung von ungeeigneten ITO-Materialien entstehen durch Interferenzen an den Schichten des Aufbaus sogenannte Newtonsche-Ringe. Lichteinfall der Umgebung wird sowohl an der Ober- und Unterseite unbehandelter ITO-Schichtflächen reflektiert. Die unterschiedlich gebrochenen Wellenlängen erzeugen eine ringförmige Erscheinung und durch spezielle Oberflächenbehandlungen der ITO-Schichten im Herstellungsprozess wird dieses optische Problem gelöst. Touchscreens für den industriellen Einsatz sollten nur im Anti-Newton-Ring-Design konstruiert werden.

Der Trend zu mobilen Systemen für den Outdoor-Gebrauch ist stetig steigend. Eine häufig gefragte Eigenschaft ist ein Monitor mit einer optimalen Ablesbarkeit unter direkter Sonneneinstrahlung. Speziell für diese Anforderung wurden Touchscreens mit Polarisationsmaterialien entwickelt. Während Standard-Touchscreens eine Reflektionsrate von ca. 16 % bis 22 % besitzen, wird mit dem linearen Aufbau eine Reflektionsrate von <7 % bzw. <2,5 % mit dem zirkularen Aufbau realisiert. Diese Touchscreens mit integriertem Polarisationsfilm benötigen bereits im Aufbau eine Anpassung an den Polarisationswinkel des Displays.

Für Indoor-Anwendungen und kostengünstigere Lösungen werden ITO-Materialien mit erhöhter Lichtdurchlässigkeit >90 % eingesetzt.

Resistive Touchscreens kontaktieren die ITO-Schichten bei Betätigung mit dem Finger oder einem speziellen Stift. Der Touchscreen-Controller sendet die ermittelten Koordinaten der Position und bewegt dadurch den Cursor im Display an die betätigte Stelle. Werden zwei Punkte auf dem Touchscreen gleichzeitig aktiviert, springt der Cursor aufgrund der Berechnung des Controllers in die jeweilige Mitte der Betätigungen. Soll der Touchscreen eines Handgerätes wie z. B. beim Notebook oder Panel-PC zur

Dateneingabe mit dem Stift aktiviert werden, kann die aufliegende Hand des Anwenders bereits den Touchscreen an einer Stelle betätigen. Falls der Stift und die Hand gleichzeitig den Touch aktivieren, kommt es unweigerlich zu einer unerwünschten Eingabe.

Touchscreens im „Palm-Rejektion"-Design erlaubt ein flächiges Handauflegen bei gleichzeitiger Aktivierung mit dem Finger oder Stift. Ermöglicht wird dies durch ein spezielles Rastermaß der Mikro-Dot-Bedruckung auf dem ITO-Glas. Der Touchscreen lässt sich nur durch eine punktuelle Betätigung mit dem Stift oder dem Finger aktivieren.

Für Touchscreen bis zu 7 Zoll steht ein besonderes Dot-Design für Anwendungen zur Unterschrifterkennung zur Verfügung. Hier sind geringste Betätigungskräfte möglich im Bereich von 0,1 N bis 0,2 N. Die speziellen Mikro-Dots sind beim Zeichnen mit dem Stift auf dem Touchscreen nicht spürbar.

In der Vergangenheit wurden ausschließlich Touchscreen-Displays im 4:3-Format für Industrieanwendungen eingesetzt. Mit der zukunftsweisenden „High Definition"-Technologie mit einer Auflösung von 1920 × 2460 dpi setzt sich das neue Format in 16:9 und 16:10 auch im Industrie- und Medizinbereich weiter durch. Aktuell werden kleine bis mittlere Diagonalen in WVGA-Bildschirm bis 7 Zoll für industrielle Anwendungen eingesetzt. Größere Displays mit 13,3 Zoll, 15,4 Zoll und 19 Zoll sind erhältlich. Touchscreens von 4,3 Zoll bis 19 Zoll im „Wide Screen"-Format 16:9 bzw. 16:10 stehen standardmäßig zur Verfügung.

Bei hohen Anforderungen bezüglich größtmöglicher Lebensdauer und Linearität werden Touchscreens in der 5-Draht-Technologie eingesetzt. Diese Technologie findet vor allem Einsatz in Industriepanels, in medizinischen Geräten und bei Kassensystemen. Die 5-Draht-Technologie erreicht eine Lebensdauer von 36 Mio. Betätigungen an jedem Punkt. Die 4- und 8-Draht-Touchscreens garantieren 10 Mio. Betätigungen. Ein weiterer Auswahlgrund ist die Langzeitstabilität und Unempfindlichkeit bei Temperaturschwankungen. Große Diagonalen bis zu 21 Zoll sind daher überwiegend im 5-Draht Design realisiert. Außerdem bietet der 5-Draht-Touchscreen Vorteile beim rückseitigen Einbau. Eine „verbotene Zone" im Randbereich, die im eingebauten Zustand geschützt werden muss, ist hier nicht zu berücksichtigen.

5.2.4 8-Draht-Touchscreen

Wird eine optimale Genauigkeit und Langzeitstabilität bei einer evtl. nur einmalig notwendigen Kalibrierung des Touchscreens gefordert, wird ab 10,4-Zoll-Diagonalen der 8-Draht-Touchscreen verwendet. Hier werden vier zusätzliche Messleitungen für den Touchscreen-Controller nach außen geführt. Die tatsächliche Referenzspannung an den Busleitungen setzt der Controller in die Positionsberechnung um. Diese zusätzlichen vier Messleitungen reduzieren den Effekt von Alterungserscheinungen und kompensieren den Drift.

Bei 8-Draht-Touchscreens sind durch die zusätzlichen Drahtleitungen ein Nachlassen der Präzision ausgeschlossen, indem die äußere leitfähige Schicht nicht als Maß für die Position der Druckstelle herangezogen wird. Sie dient nur zum Weiterleiten der

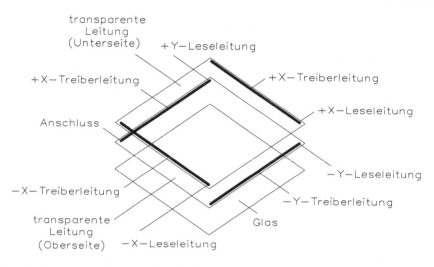

transparente
Leitung
(Unterseite)   +Y−Leseleitung

+X−Treiberleitung   +X−Treiberleitung

                                              +X−Leseleitung

Anschluss

                                              −Y−Leseleitung

−X−Treiberleitung   −Y−Treiberleitung

transparente   Glas
Leitung
(Oberseite)   −X−Leseleitung

Abb. 5.45 Realisierung eines 8-Draht-Touchscreens

Spannung von der unteren Schicht und ist mit einem zusätzlichen Draht angeschlossen. Bei der 8-Draht-Variation werden die zusätzlichen Leitungen dazu genutzt, die gemessenen Spannungen nicht an der Zuleitung, sondern über separate Messleitungen abzugreifen.

Die Funktion der 8-Draht-Touchscreens entspricht im Prinzip der Funktion der 4-Draht-Touchscreens, jedoch mit dem Unterschied, dass vier zusätzliche Leiterbahnen als reine Messleitungen zu den ITO-Flächen agieren. Wird eine Langzeitstabilität bei einer einmaligen Kalibration des Touchscreens gefordert, wird ab 10,4-Zoll-Bildschirmen der 8-Draht-Touchscreen eingesetzt (Abb. 5.45).

Im Vergleich zu einem 4-Draht-Touchscreen, verfügt ein 8-Draht-Touchscreen über Drähte mit dem Ende von jedem der betreffenden Busleitungen. Dadurch kann jeder Spannungswert von der Verdrahtung oder Treiberschaltung erfasst werden, und damit lässt sich die Funktionsweise während des Betriebs kalibrieren.

Ein 8-Draht-Touchscreen wird durch Messen der Spannung über die Koordinaten kalibriert. Ist die Y_+-Leitung auf 1-Pegel gelegt und die Y_--Leitung wird mit 0-Signal angesteuert. Die entsprechenden Spannungen werden bei Y_+- und Y_--Leitungen gemessen und mit U_{Ymax} und U_{Ymin} bezeichnet. Eine ähnliche Vorgangsweise ergibt U_{Xmax} und U_{Xmin}. Dies sind die maximal und minimal möglichen Spannungen über jede Koordinate.

Die Koordinaten einer Berührung auf einem 8-Draht-Touchscreen kann durch den ersten Treiber Y die Lesefunktion durchführen und dann lässt sich die Spannung hochfahren oder verringern. Reduziert sich die Spannung, hat das Lesen der Spannung auf der Leitung X+ einen Sinn. Unter Verwendung der erhaltenen maximalen und minimalen Ergebnisse lässt sich eine Bestimmung des Koordinatenpunktes auswerten.

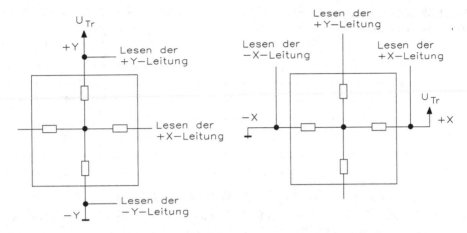

Abb. 5.46 Darstellung einer Treiber- und Leseleitung beim 8-Draht-Touchscreen

Beim Kalibrieren wird die y-Koordinate, wie die Gleichungen zeigen, berechnet. Die x-Koordinate lässt sich ebenfalls vergrößern oder verringern, und man erhält bei den Leseleitungen die beiden Spannungswerte. Dieses Verfahren ist in Abb. 5.46 gezeigt.

$$y = \frac{\left(\frac{U_{X+} - U_{Y\min}}{U_{Y\max} - U_{Y\min}}\right)}{U_{Tr}} \cdot x_{Bildschirmhöhe} \qquad\qquad x = \frac{\left(\frac{U_{Y+} - U_{X\min}}{U_{X\max} - U_{X\min}}\right)}{U_{Tr}} \cdot x_{Bildschirmbreite}$$

5.2.5 Kapazitives Touchpad oder Touchscreen

Die bloße Berührung der Oberfläche reicht aus, um einen Touchpad oder Touchscreen zu bedienen. Wenn sich ein Finger einer Elektrode nähert, wird das elektromagnetische Feld gestört, wodurch sich die elektrische Kapazität ändert, von dem Mikrocontroller in differenzialer Messung erfasst und verarbeitet wird. Kapazitive Touchscreens können nur mit dem bloßen Finger, leitfähigen Eingabestiften oder speziell angefertigten Hilfsmitteln, nicht aber mit einem herkömmlichen Eingabestift oder dicken Handschuhen bedient werden.

Bei Oberflächen kapazitiven Touchscreens stehen mehrere Techniken zur Verfügung: Bei der Sandwich-Filmschicht-Konstruktion wird eine leitende ITO-Schicht auf der Frontseite des Touchsensors aufgebracht. Bei der ITO-Schicht handelt es sich um eine transparente Metalloxid beschichtete Folie, die auf Glas laminiert ist. Eine auf der ITO-Schicht angelegte Wechselspannung erzeugt ein konstantes, gleichmäßiges elektrisches Feld. Bei Berührung entsteht ein geringer Ladungstransport, wodurch sich die Position des Berührungspunktes exakt messen lässt und an den Mikrocontroller zur Verarbeitung weitergegeben wird.

Abb. 5.47 Aufbau eines
Oberflächen-kapazitiven
Touchscreens

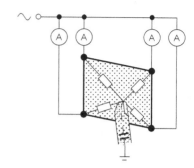

Ein Oberflächen-kapazitiver Touchscreen ist eine mit einem durchsichtigen Metall-oxid beschichtete Folie (meistens auf Glas auflaminiert). Eine an den Ecken der Beschichtung angelegte Wechselspannung erzeugt ein konstantes, gleichmäßiges elektrisches Feld. Bei Berührung entsteht ein geringer Ladungstransport, der im Ent-ladezyklus in Form von vier Strömen an den Ecken gemessen wird. Die resultierenden Ströme aus den Ecken stehen im direkten Verhältnis zur Berührungsposition. Abb. 5.47 zeigt den Aufbau eines Oberflächen-kapazitiven Touchscreens.

Die projiziert-kapazitive Technologie basiert nicht auf Druckerkennung, sondern erkennt Berührungen indem sie die elektrische Kapazität an jeder adressierbaren Elektrode misst. Diese Technologie kann in ihren verschiedenen Ausführungen ein, zwei oder mehrere Berührungspunkte unterstützen (Single-, Dual- und Multi- Touch-screens). Technologiebedingt benötigt man keine Kraft um ein Touchereignis auszu-lösen. Dadurch ist der Touch sehr schnell sowie einfach zu bedienen und ermöglicht die Multitouch-Funktionalität. Ein weiterer Vorteil der Bedienung ohne Druck ist, dass die Oberfläche keinen mechanischen Einwirkungen ausgesetzt ist und somit praktisch nicht verschleißt wird. Touchscreens mit kapazitiver Technologie sind jedoch nur eingeschränkt mit Handschuhen bedienbar. Die Bedienung mit dicken oder nicht leit-fähigen Handschuhen ist bei „Mutual-Capacitance"-Systemen nicht möglich. Eine uneingeschränkte Bedienbarkeit ist hingegen mit leitfähigen oder dünnen Latex-Hand-schuhen möglich, die z. B. in medizinischen oder lebensmittelverarbeitenden Bereichen verwendet werden.

Vergleicht man alle Touchtechnologien, so stellt man fest, dass die Oberflächen-kapazitive Technologie diejenige mit der schnellsten Reaktionszeit ist.

Bei den kapazitiven Touchpads oder Touchscreens unterscheidet man zwischen

- Oberflächen-kapazitiven Touchscreens
- Projiziert-kapazitiven Touchscreens

Da ein Finger elektrisch leitend ist, können Ladungen an ihm abfließen, sobald dieser die Oberfläche des Touchpads berührt. Dadurch ändert sich das elektrostatische Feld zwischen den Elektroden und führt zu einer messbaren Änderung in der Kapazität.

Abb. 5.48 Anordnung der
Kondensatoren bei einem
kapazitiven Touchscreen

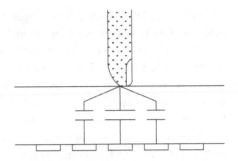

Wenn sich der Finger über die Oberfläche bewegt, ändert sich die Kapazität an den
verschiedenen Elektrodenschnittpunkten. Die Änderungen werden von einem Mikrocontroller erfasst und an das Betriebssystem weitergeleitet. Dieses übersetzt die Signale
in einen digitalen Tastendruck oder eine Bewegung auf dem Bildschirm. Kapazitive
Touchpads sind multitouch-fähig, da sie die Kapazität im gesamten Koordinatennetz
ständig messen und die Eingaben einzelner Finger getrennt registrieren können. Damit
unterscheiden sie sich von resistiven Touchpads. Abb. 5.48 zeigt die Anordnung der
Kondensatoren bei einem kapazitiven Touchscreen.

Eine andere Bauart (meistens „PCT" = „Projected Capacitive Touch" oder wird als
„PCAP" bezeichnet) nutzt zwei Ebenen mit einem leitfähigen Muster (meistens Streifen
oder Rauten). Die Ebenen sind voneinander isoliert angebracht. Eine Ebene dient als
Sensor und die andere übernimmt die Aufgabe des Treibers. Befindet sich ein Finger
am Kreuzungspunkt zweier Streifen, so ändert sich die Kapazität des Kondensators,
und es kommt ein größeres Signal am Empfängerstreifen an. Der wesentliche Vorteil
dieses Systems ist, dass der Sensor auf der Rückseite des Deckglases angebracht werden
kann, denn die Erkennung wird „hindurchprojiziert" und daher der Name. So erfolgt die
Bedienung auf der praktisch verschleißfreien Glasoberfläche. Ferner ist die Erkennung
von Gesten und mehreren Berührungen (also Multitouch) möglich.

Bei projiziert-kapazitiven Touchscreens wird bewusst eine Gegenkapazität zwischen
den sich im Umfeld der einzelnen Schnittpunkte befindlichen Elementen von Zeilen
und Spalten aufgebaut. Befindet sich ein Finger am Kreuzungspunkt zweier Streifen,
so ändert sich die Kapazität und es kommt ein stärkeres Signal am Empfängerstreifen
an. Der Sensor ist auf der Rückseite des Deckglases angebracht und die ITO-Schicht
projiziert das kapazitive Feld durch die Glasscheibe hindurch.

Eine äußerst schnelle Reaktionsgeschwindigkeit und sehr sensible Berührungserkennung zählen zu den Vorteilen, die Oberflächen-kapazitive Touchscreens
besonders auszeichnen. Eine ganz leichte Fingerberührung reicht zur Aktivierung eines
Touchimpulses.

Die Funktionsweise des Sensors eines projiziert-kapazitiven Touchscreens ermöglicht mehrere, simultan messbare Berührungspunkte. Dies wird durch zwei separate

rasterförmige ITO beschichtete Lagen aus PET oder Glas ermöglicht. Statt der üblichen ITO-Beschichtung gibt es auch die Möglichkeit einer rasterförmigen, zweilagigen Konstruktion von Leitungsdrähten. Beide Schichten verbinden sich zu einem elektronischen Feld, wobei eine Lage als X-Achse und die andere als Y-Achse fungiert. Auf Grund der direkten Verbindung der Oberfläche (meist Glas) mit dem Sensor wird die Berührung direkt auf das elektrische Feld projiziert. Dadurch wird Ladung dem Stromkreis entzogen und es resultiert eine Kapazitätsänderung zwischen den Elektroden.

Diese Änderung lässt sich somit genau anhand der X-und Y-Koordinaten messen wobei auch mehrere Berührungspunkte exakt definierbar sind. Als Erkennungsmethode bieten sich grundsätzlich zwei Möglichkeiten an:

- „Mutual-Capacitance"
- „Self-Capacitance"

In der Regel wird bei projiziert-kapazitiven (kurz PCAP) Touchscreens auf die Methode der „Mutual-Capacitance" (Gegenkapazität) zurückgegriffen, die mit einem einzigen Scandurchlauf mehrere Berührungen auf dem Bildschirm erfasst und somit multitouchfähig ist.

„Mutual-Capacitance"-Systeme weisen eine vielfach höhere Dichte an interpolierbaren Elektrodeninformationen auf, als „Self-Capacitance"-Systeme was eine präzisere Berührungserkennung ermöglicht.

„Self-Capacitance"-Systeme arbeiten dagegen mit der Eigenkapazität. Diese Methode erlaubt auch die Messung von Berührungspunkten mit Handschuhen, erschwert aber die Multitouch-Steuerung merklich.

Mit der „Self-Capacitance"-Methode der Multipads kann der Mikrocontroller zwar jede Elektrode einzeln bestimmen, jedoch ist die Umsetzung der Multitouch-Funktion gerade bei größeren Bildschirmdiagonalen problematisch.

In der Regel wird daher die „Mutual-Capacitance"-Methode für projiziert kapazitive Touchscreens bevorzugt.

Bei projiziert-kapazitiven Touchscreens können mit Hilfe von Multitouch-fähigen Sensoren theoretisch unendlich viele Berührungspunkte simultan erfasst werden. Die hohe Dichte an Berührungspunkten ermöglicht eine exakte, ruckelfreie und schnelle Bedienung mit kurzen Reaktionszeiten. Selbst Kratzer im Glas beeinträchtigen die Funktion nicht.

5.3   Analysemethoden

Für die Simulation der einzelnen Schaltungen stehen zahlreiche leistungsstarke Analyseverfahren zur Verfügung und sie stellen eine nützliche Erweiterung des Oszilloskops dar. Damit ist es möglich, den Schaltungsentwurf in jeder erdenklichen Art und Weise zu testen. Die einzelnen Analysearten ruft man über das Menü „Analyse" auf. Man beachte, dass die Analyse und Gesamtsimulation durch Ändern der Optionen im Dialogfeld „Analyse/Analyse-Optionen" beeinflusst wird.

- Gleichstrom-Arbeitspunktanalyse (DC-Arbeitspunkt): Diese Analyseform berechnet alle Knotenspannungen innerhalb der Schaltung und gibt die berechneten Werte der Arbeitspunkte tabellarisch aus. Bei diesem Verfahren werden alle Ströme und Spannungen des Schaltungsnetzwerks als Funktion der variablen Größen, die über ein Fenster bestimmt werden, in einem festgelegten Frequenzbereich berechnet. Dieser Frequenzbereich lässt sich entsprechend den Forderungen einstellen. Mittels der beiden Messcursors lassen sich die Messergebnisse für die Simulation exakt ablesen.
- Wechselstrom-Frequenzanalyse (AC-Frequenz): Der Signalgenerator erzeugt für dieses Analyseverfahren eine Spannung zur Eingangserregung der zu untersuchenden Schaltung. Bei dieser Analyse wird die Schaltung im eingeschwungenen Zustand berechnet und grafisch dargestellt. Zunächst berechnet dieses Verfahren die Strom-/ Spannungsverteilung innerhalb des Schaltnetzwerks für ein Eingangssignal, das in der Frequenz variiert wird. Durch das Diagramm kann man die Frequenzabhängigkeit zwischen Ausgangs- zur Eingangsspannung ermitteln. Wenn man dieses Analyseverfahren aufruft, erscheint ein Fenster für die Eingabe der Start- und der Endfrequenz. Danach bestimmt man den Intervalltyp, ob der Bereich dekadisch, linear oder oktavisch ausgegeben wird. Wichtig für die Berechnung ist die Anzahl der Stützpunkte. Normalerweise reichen 100 Stützpunkte für die Berechnung aus, aber es lassen sich bis zu 10.000 Stützpunkte berechnen, was natürlich erhebliche Rechenzeit erfordert. Die vertikale Skaleneinteilung lässt sich in den Maßstäben linear, logarithmisch oder in Dezibel angeben.
- Transientenanalyse: Bei dieser Analyseform wird das Verhalten der Schaltung als zeitliche Reaktion eines Schaltnetzwerks für ein Eingangssignal berechnet, das in der Frequenz variiert wird. Die zeitlichen Eigenschaften eines Netzwerks lassen sich über die Einschwinganalyse (Transientenanalyse, transient response) simulieren. Die Analyse startet zum Zeitpunkt $t = 0$ und berechnet die Spannungsverteilung als Funktion der Zeit bei den eingestellten Schaltungsknoten. Wenn man dieses Analyseverfahren aufruft, erscheint zuerst ein Fenster für die Einstellungen. Es sind drei Möglichkeiten für die Startbedingungen vorhanden, wobei man in der Praxis das Schaltfeld (Button) auf „Berechne DC-Arbeitspunkt" (bias point calculation) einstellt und die Ermittlung dieses Arbeitspunktes wird selbstständig durchgeführt. Danach bestimmt man die Startzeit ($t = 0$) und die Endzeit ($t = 1$ ms). Je kürzer man die Endzeit wählt, umso mehr Details erhält man nach der Startbedingung. Auch hier kann die Startzeit entsprechend verzögert gewählt werden, wenn man weitere Details benötigt.

Als wichtiges Anwendungsdetail ist auf diese Weise die Untersuchung einer Schaltung, die durch eine Sprungantwort entsteht, wenn die „erregende" Eingangsspannung sprungförmig von 0 V auf einen festen Wert (+1 V) ansteigt. Für den Fall der Erregung mit einer periodischen (z. B. sinusförmigen) Signalspannung und bei ausreichend großer

Simulationsdauer liefert dieses Verfahren die Zeitfunktion des Ausgangssignals im eingeschwungenen Zustand mit Berücksichtigung der nicht linearen Schaltungseigen-
schaften, wenn z. B. ein Operationsverstärker seinen Sättigungszustand erreicht.

- Fourier-Analyse: Diese Analyse ermöglicht die Untersuchung der DC-Anteile innerhalb einer Schaltung, der Grundwelle und der Harmonischen eines Zeitbereichssignals. Die Fourier-Analyse ermittelt, unter der Annahme, dass sich das System
  im eingeschwungenen Zustand befindet, die spektralen Anteile bis zur eingestellten
  Harmonischen, die in den berechneten Zeitfunktionen (Transientenanalyse) enthalten sind. Zu dem Zweck wird die letzte Periode dieser Funktion benutzt, um
  eine periodische Zeitfunktion zu definieren, die dann der Fourier-Analyse unter-
  zogen wird. Voraussetzung für diese Berechnung ist eine vorausgegangene
  Transientenanalyse mit ausreichender Simulationszeit, sodass der eingeschwungene
  Zustand praktisch erreicht wird. Wenn man dieses Verfahren anklickt, erscheint
  ein Fenster für die Einstellungen. Hier wählt man den Ausgangsknoten innerhalb
  der Schaltung aus. Danach bestimmt man die Grundfrequenz und die Anzahl der
  Oberwellen.
- Monte-Carlo-Analyse: Mit dieser statischen Analyse kann man untersuchen, wie sich
  ändernde Bauteileigenschaften auf das Schaltverhalten auswirken. Hierbei werden
  mehrere Analysedurchläufe ausgeführt und bei jedem Durchlauf die Bauteilparameter
  entsprechend der eingestellten Verteilungsart und Toleranz variiert. Wenn man dieses
  Verfahren aufruft, erscheint ein Fenster für die Eingabe der Bedingungen. Zuerst
  bestimmt man die Anzahl der Durchläufe und in der Grundeinstellung arbeitet man
  mit zwei Analysedurchgängen. Danach gibt man die globale Toleranz an. Auch der
  Anfangswert der Berechnung lässt sich einstellen. Bei der Verteilungsart arbeitet man
  mit „gleichförmig" oder nach „Gauß". Wichtig für die Darstellung des Diagramms
  sind die Sortierfunktionen am Ausgang der Schaltung mit
  - Maximalwert
  - Minimalwert
  - Zeit bei Maximalwert
  - Zeit bei Minimalwert
  - Zeitwert bei steigender (positive) Flanke
  - Zeitwert bei fallender (negative) Flanke

Nach der Festlegung des Messpunktes für den Ausgangsknoten wählt man noch
den Durchlauf für den DC-Arbeitspunkt, für die Transientenanalyse und für die
AC-Frequenzanalyse aus.

Bei der Simulation ist es immer sinnvoll, mehrere gleichartige Simulationsläufe
durchzuführen, bei denen jeweils nur der Wert eines Schaltungselements verändert
wird. Wenn man ein Schaltungselement zum „globalen Parameter" erklärt, kann es
mit einem Nennwert versehen und während der Simulation über einen festzulegenden
Bereich durchgestimmt werden. Es ist auch möglich, mehrere Elemente miteinander zu

verknüpfen und gemeinsam zu variieren. Als globale Parameter lassen sich unabhängige Spannungsquellen, passive Bauelemente und Modellparameter der aktiven Bauteile (Transistoren, Operationsverstärker usw.) wählen. Zu diesem Zweck werden die globale Toleranz und die Anzahl der Durchläufe in dem Simulationsfenster eingestellt.

5.3.1 Analysiermethoden

Es sind folgende Analysiermethoden für Multisim vorhanden:

- Rauschanalyse (Noise): Damit lassen sich Rauschleistungen am Ausgang einer Schaltung sowie Rauschanteile von Widerständen und Halbleiterbauelementen berechnen.
- Pol-Nullstellen-Analyse (Pole-Zero): Mit Hilfe dieser Analyse werden Pole und Null-stellen der AC-Kleinsignal-Übertragungsfunktion einer Schaltung bestimmt.
- Transferfunktionsanalyse: Dieses Verfahren berechnet die DC-Kleinsignal-Übertragungsfunktion zwischen einer Eingangsquelle und dem Schaltungsausgang.
- Verzerrungsanalyse (Distortion): Hier werden die Produkte der Intermodulationsver-zerrungen und der Klirrfaktor gemessen.
- Parameter-Variationsanalyse (sweep): Hier können beliebige Bauteilwerte in der Schaltung schrittweise verändert werden. Für jeden Änderungsschritt wird dann das Schaltverhalten analysiert und dargestellt. So lässt sich z. B. das Ausgangskennlinien-feld eines Transistors darstellen.
- Empfindlichkeitsanalyse (Sensitivity): Diese Analyse berechnet die Empfindlichkeit einer Schaltung in Bezug auf die Parameter der Bauteile innerhalb der Schaltung.
- Temperaturanalyse (statisch): Die Schaltung kann statisch bei einer festen (frei definierbaren) Umgebungstemperatur analysiert werden. Es können auch gezielt die Temperaturen einzelner Bauelemente verändert werden, um z. B. Selbsterhitzungs-effekte zu simulieren. Im unteren Informationsfenster steht immer der eingestellte Temperaturwert der Schaltung und in diesem Fall wird mit einer Umgebungs-temperatur von 27 °C gearbeitet.
- Temperaturanalyse (sweep): Mit dieser Analyse kann die Temperatur schrittweise ver-ändert werden. Für jeden Änderungsschritt wird dann das Schaltungsverhalten ana-lysiert und dargestellt.
- Worst-Case-Analyse: Diese Analyse zeigt das Schaltungsverhalten bei minimaler und maximaler Abweichung der Bauteilparameter in Bezug auf die vorgegebene Toleranz.

Die Ergebnisse aller Analysen werden in einem leistungsfähigen Diagrammfenster dargestellt. Das Diagrammfenster lässt sich individuell skalieren und die Anzahl der gleichzeitig darstellbaren Kurven ist beliebig. Für jede Achse stehen jeweils zwei unabhängige Messcursors zur Verfügung, mit welchen Sie Einzelpunkt- und Differenz-messungen durchführen können. Alle Diagramme lassen sich in Vektorqualität auf jedem Windows-Drucker (auch in Farbe) ausgeben.

5.3.2 Simulation und Analyse

Im Fenster „Analysediagramme" lassen sich die Diagramme betrachten, einstellen und
speichern. Über dieses Fenster wird folgendes eingestellt:

- Die Ergebnisse der Multisim-Analysen werden in Diagrammen und Tabellen aus-
gegeben
- Oszilloskopkennlinien und Bode-Diagramme
- Fehlerprotokolle, die alle während einer Simulation erzeugten Fehler- und Warn-
meldungen enthalten
- Simulationsstatistiken (wenn im Register „Einschwingvorgang" des Dialogfelds
„Analyse/Analyse-Optionen" die „Statistische Daten anzeigen" aktiviert ist).

Im Fenster werden sowohl Diagramme als auch Tabellen angezeigt. In einem Diagramm werden Daten durch eine oder mehrere Kennlinien in einem Koordinatensystem
mit vertikaler und horizontaler Achse dargestellt. In dieser Tabelle werden Textdaten
in Zeilen und Spalten angezeigt. Das Fenster „Analysediagramme" besitzt mehrere
Register.

Das Analysefenster findet man unter dem Menü „Analyse" und dieses Fenster
erscheint, wenn man „Diagrammfenster anzeigen" anklickt. Dieses Fenster verfügt über
eine eigene Werkzeugleiste mit mehreren Schaltflächen und es ergeben sich spezielle
Funktionen.

5.3.3 AC-Frequenzanalyse

Bei der AC-Frequenzanalyse (AC Analysis) wird zunächst der DC-Arbeitspunkt
berechnet, um lineare Kleinsignalmodelle für alle nicht linearen Bauteile zu erhalten.
Danach wird eine komplexe Matrix (mit Real- und Imaginärteil) erstellt. Um eine
Matrix zu bilden, werden den DC-Quellen immer Nullwerte zugewiesen. AC-Quellen,
Kondensatoren und Induktivitäten lassen sich durch die jeweiligen AC-Modelle
darstellen. Nicht lineare Bauteile werden durch lineare AC-Kleinsignalmodelle
nachgebildet, die aus der DC-Arbeitspunktberechnung abgeleitet werden. Für alle Ein-
gangsquellen werden sinusförmige Signale angenommen, und die Frequenz der Quellen
wird ignoriert. Wenn der Funktionsgenerator auf Rechteck- oder Dreiecksignalkurve eingestellt ist, wird dieser bei der Analyse intern auf Sinus umgeschaltet. Dann berechnet
die AC-Frequenzanalyse das Schaltungsverhalten als Funktion der Frequenz. Abb. 5.49
zeigt die Schaltung und das Einstellfenster für die AC-Frequenzanalyse.

Das Einstellfenster zeigt die Startfrequenz von 1 Hz und die Stoppfrequenz ist
10 GHz. Soll der Schwingkreis analysiert werden, ist die Stoppfrequenz auf 10 kHz einzustellen.

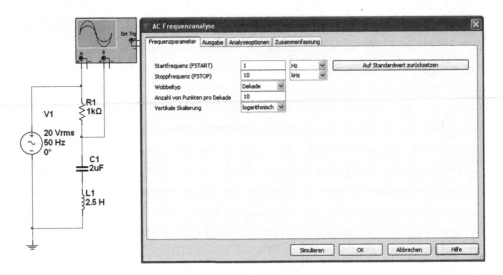

Abb. 5.49 Schaltung eines Schwingkreises und das Einstellfenster für die AC-Frequenzanalyse

Die AC-Frequenzanalyse führen Sie folgendermaßen aus:

1. Man überprüft seine Schaltung und bestimmt die Analyseknoten. Man kann den Betrag und die Phase einer Quelle zur AC-Frequenzanalyse angeben, indem man auf die Quelle doppelklickt und dann auf Register „Analyse einstellen" klickt.
2. Man wählt „Analyse/AC-Frequenz" und es erscheint das Einstellfenster.
3. Man nimmt im Dialogfeld die Eingaben oder Änderungen vor.
4. Man klickt auf das Feld „Simulieren" oben rechts.

Die Resonanzfrequenz des Reihenschwingkreises errechnet sich aus

$$f_0 = \frac{1}{2 \cdot \pi \cdot \sqrt{L \cdot C}} = \frac{1}{2 \cdot 3{,}14 \cdot \sqrt{2{,}5\,\text{H} \cdot 2\,\mu\text{F}}} = 71{,}2\,\text{Hz}$$

Für die AC-Frequenzanalyse wird beispielsweise ein Schwingkreis verwendet, wie Abb. 5.50 zeigt.

Die Startfrequenz ist in der Grundeinstellung auf 1 Hz und die Endfrequenz auf 10 GHz eingestellt. Da für die Schaltung des Reihenschwingkreises eine Resonanzfrequenz von $f_r \approx 71$ Hz zu erwarten ist, wird FSTART auf 1 Hz und FSTOP auf 10 kHz eingestellt. Mit dem Intervalltyp (Sweep type) „Dekade" wird ein dekadischer Wert gemessen und ausgegeben. Öffnet man dieses Fenster, kann man zwischen den verschiedenen Intervalltypen messen. Die Punktanzahl (Number of points per decade) für die berechneten Dekaden beträgt zehn Werte, die auch grafisch ausgegeben werden. Über die vertikale Skala (Vertical scala) gibt man den Maßstab an, wobei mehrere Möglichkeiten durch Öffnen des Fensters bestehen.

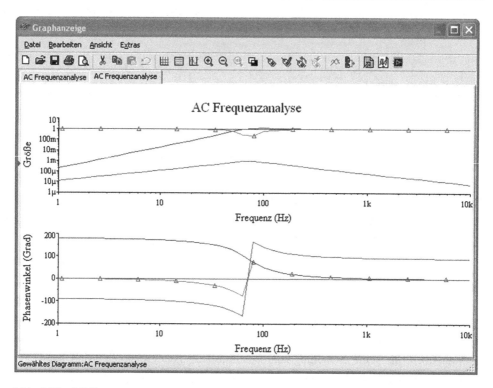

Abb. 5.50 AC-Frequenzanalyse eines Schwingkreises

Wenn man danach sofort den Balken „Simulieren" (Simulate) mit der Maus anklickt, erscheint eine Fehlermeldung, wenn der Ausgang (Output) noch nicht festgelegt wurde. Es erscheinen vier Möglichkeiten:

V(1)   Messpunkt der Einspeisung
V(2)   Messpunkt zwischen Widerstand und Kondensator
V(3)   Messpunkt zwischen Kondensator und Spule
I(V1)   Messpunkt für den Strom

Man selektiert V(1) mit der Maus, wird „Hinzufügen" hervorgehoben und V(1) erscheint als Knoten für die Analyse. Man kann noch zusätzliche Informationen eingeben. Wenn man jetzt den Balken „Simulieren" mit der Maus anklickt, ergibt sich Abb. 5.50.

Das Ergebnis der AC-Frequenzanalyse wird in zwei Diagrammen dargestellt: Verstärkung über Frequenz und Phase über Frequenz. Diese Diagramme werden nach Abschluss der Analyse angezeigt. Die AC-Frequenzanalyse wird bei 1 Hz gestartet und bei 10 kHz gestoppt. Als Intervalltyp wurde die Dekade gewählt, die Punktzahl beträgt 10 und die vertikale Skala ist auf logarithmisch eingestellt.

Abb. 5.50 zeigt die Diagramme für die Amplitude und die Phase, die durch die AC-Frequenzanalyse eines Schwingkreises ermittelt wurden. Die Startfrequenz wurde mit 1 Hz und die Endfrequenz mit 10 kHz gewählt. Für die Amplitude wurde ein logarithmischer/logarithmischer Maßstab und für die Phase ein linearer/logarithmischer Maßstab gewählt. Aus den beiden Diagrammen kann man die einzelnen Spannungen und die Phasenverschiebung bestimmen.

5.3.4 Zeitbereichs-Transientenanalyse

Bei der Zeitbereichs-Transientenanalyse berechnet der Simulator das Schaltungsverhalten als Funktion der Zeit. Jede Eingangsperiode wird in Intervalle aufgespalten und für jeden Periodenzeitpunkt führt das Programm eine DC-Analyse durch. Die Spannungskennlinie an einem Knoten ergibt sich durch die Spannungswerte, die den Zeitpunkten innerhalb einer vollständigen Periode zugeordnet sind.

Nach dem Einstellen der Messbedingungen erscheint nach dem Start der Simulation die Ausgabe der Messkurven vom Abb. 5.51. Die Zeitbereichs-Transientenanalyse erstellt insgesamt drei Kurven: die Eingangsspannung mit U = 20 V, die Spannung

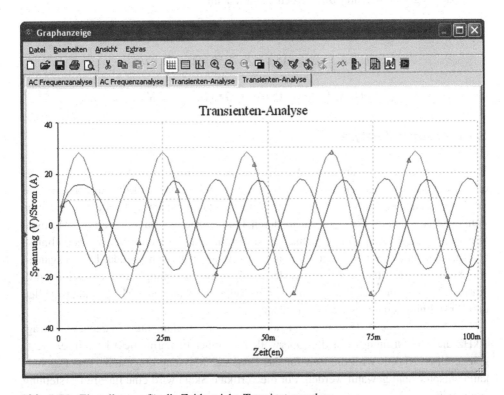

Abb. 5.51 Einstellungen für die Zeitbereichs-Transientenanalyse

zwischen Widerstand und Kondensator und die Spannung zwischen Kondensator und Spule. Man kann die Phasenverschiebung zwischen den einzelnen Messkurven erkennen.

Der kapazitive Blindwiderstand errechnet sich aus

$$X_C = \frac{1}{2 \cdot \pi \cdot f \cdot C} = \frac{1}{2 \cdot 3{,}14 \cdot 50\,\text{Hz} \cdot 2\,\mu\text{F}} = 1{,}59\,\text{k}\Omega$$

Der induktive Blindwiderstand errechnet sich aus

$$X_L = 2 \cdot \pi \cdot f \cdot L = 2 \cdot 3{,}14 \cdot 50\,\text{Hz} \cdot 2{,}5\,\text{H} = 785\,\Omega$$

Bei dem Reihenschwingkreis überwiegt die kapazitive Komponente. Der Scheinwiderstand Z ergibt sich daher aus

$$Z = \sqrt{R^2 + (X_C - X_L)^2} = \sqrt{(1\,\text{k}\Omega)^2 + (1{,}59\,\text{k}\Omega - 785\,\Omega)^2} = 1{,}28\,\text{k}\Omega$$

Damit lässt sich der Strom berechnen

$$I = \frac{U}{Z} = \frac{20\,\text{V}}{1{,}28\,\text{k}\Omega} = 15{,}6\,\text{mA}$$

Die Spannungen an den drei Bauelementen sind dann

$$U_R = I \cdot R = 15{,}6\,\text{mA} \cdot 1\,\text{k}\Omega = 15{,}6\,\text{V}$$

$$U_C = I \cdot X_C = 15{,}6\,\text{mA} \cdot 1{,}59\,\text{k}\Omega = 24{,}8\,\text{V}$$

$$U_L = I \cdot X_L = 15{,}6\,\text{mA} \cdot 785\,\Omega = 12{,}2\,\text{V}$$

5.3.5 Fourier-Analyse

Mit der Fourier-Analyse lässt sich der DC-Anteil, die Grundwelle und die Harmonische eines Zeitbereichssignals untersuchen. Bei dieser Analyse wird auf die Ergebnisse einer Zeitbereichsanalyse die diskrete Fourier-Transformation angewandt. Hierzu wird eine Zeitbereichs-Spannungskurvenform in deren Frequenzbereichsanteile zerlegt. Multisim führt automatisch eine Zeitbereichsanalyse durch, um die Fourier-Analyseergebnisse zu erzeugen. In der Schaltung muss man einen Ausgangsknoten wählen. Die Ausgangsvariable ist der Knoten, aus dem bei der Analyse die Spannungskurve extrahiert wird. Abb. 5.52 zeigt eine Schaltung von zwei in Reihe geschalteten AM-Spannungsquellen und Einstellmöglichkeiten der Fourier-Analyse.

Die Grundfrequenz (Frequency resolution oder Fundamental frequency) beträgt 1 kHz und die Ordnungszahl der Oberwellen (number of harmonics) ist mit „9" festgelegt. Über TSTOP wird die Zeit für das Ende der Messung eingestellt. Das Ergebnis kann entsprechend gewählt werden. Für die vertikale Skala wird eine lineare Darstellung eingestellt.

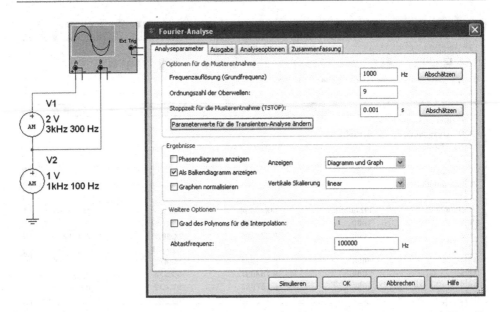

Abb. 5.52 Schaltung von zwei in Reihe geschalteten AM-Spannungsquellen und Einstell-möglichkeiten der Fourier-Analyse

Die Ergebnisse werden in einem Balkendiagramm angezeigt und die vertikale Skalierung wurde auf „Linear" eingestellt. Die Grundwelle wurde von 9 auf 15 geändert. Die Fourier-Analyse ist als Tabelle und als Diagramm ausgegeben, wie Abb. 5.53 zeigt.

Aus dem Diagramm wird deutlich die Trägerfrequenz von $f_T = 1$ kHz mit 1 V und $f_T = 3$ kHz mit 2 V angezeigt. Rechts und links vor der Trägerfrequenz erkennt man die Modulationsfrequenz von $f_M = 100$ Hz und $f_M = 300$ Hz, die einen Betrag der Spannung von 2,5 V hat. Wenn die beiden AM-Quellen zu unübersichtlich sind, arbeitet man nur mit $f_T = 1$ kHz und $f_M = 100$ Hz. In dem Diagramm erkennt man neben den Spannungs-werten auch die Phasenverschiebung von $f_u = 900$ Hz mit $\varphi_u = +90°$, $f_M = 10$ kHz mit $\varphi_M = 0°$ und $f_o = 1,1$ kHz mit $\varphi_o = -90°$.

Wenn man danach sofort den Balken „Simulieren" (Simulate) mit der Maus anklickt, erscheint eine Fehlermeldung. Man hat aber noch nicht den Ausgang (Output) festgelegt.

Die Fourier-Analyse erzeugt ein Diagramm mit Fourier-Spannungskomponenten-beträgen und optional die Phasenkomponenten über die Frequenz. Das Betragsdiagramm wird standardmäßig als Balkendiagramm dargestellt. Man kann jedoch die Darstellung als Liniendiagramm wählen.

Bei der Fourier-Analyse wird auch der Klirrfaktor berechnet. Wegen der starken Nichtlinearitäten der Übertragungskennlinie innerhalb einer elektrischen Schaltung treten Verzerrungen auf, wenn die Amplitude des Eingangssignals nicht sehr klein ist. Ein Maß für die Verzerrungen ist der Klirrfaktor. Der Klirrfaktor k ist das Verhältnis des Oberwelleneffektivwertes zum Gesamteffektivwert, einschließlich der Grundwellen.

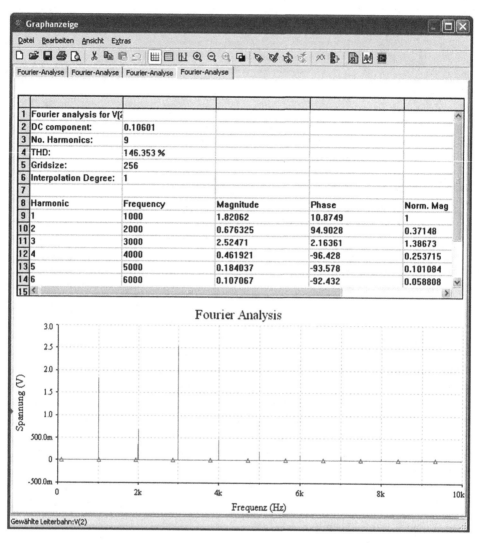

Abb. 5.53 Diagramm der Fourier-Analyse von zwei in Reihe geschalteten AM-Spannungsquellen

Der Klirrfaktor k wird in % angegeben und gibt das Effektivwert-Verhältnis der Oberschwingungen zur Grundschwingung am Ausgang an, wenn man den Eingang sinusförmig um den Arbeitspunkt aussteuert.

Interessant ist die Tabelle, die gleichzeitig ausgegeben wird. Die Trägerfrequenz mit 10 kHz erzeugt die Amplitude von 4,9398 V und eine minimale Phasenverschiebung. Die untere Seitenbandfrequenz bei 9000 Hz hat noch eine Spannung von 2,47401 V bei einer Phasenverschiebung von 90°. Die obere Seitenbandfrequenz bei 1100 Hz hat noch eine Spannung von 2,46136 V bei einer Phasenverschiebung von −90°.

Die Vielfachen der Grundfrequenz bezeichnet man als „Harmonische" oder „Teil-schwingung". Die Grundwelle selbst wird als erste Harmonische bezeichnet, 2f als zweite Harmonische usw. Die zweite Harmonische bezeichnet man auch als erste Oberwelle, die dritte Harmonische auch als zweite Oberwelle usw. Das Zerlegen von bestimmten Spannungsformen in ihre Harmonischen und die Bestimmung ihrer Amplitude ist die Fourier-Analyse. Die Werte sind daher mit der Scheitelspannung $\hat{U}$ oder dem Scheitelstrom $\hat{I}$ zu multiplizieren. Ein negatives Vorzeichen bedeutet eine um 180° verschobene Komponente.

Jede periodische Schwingung kann als Summe von sinusförmigen Teilschwingungen dargestellt werden. Die Funktionsgleichung lautet:

$$u = \frac{4\hat{u}}{\pi}\left(\sin \omega t + \frac{1}{3}\sin 3\omega t + \frac{1}{5}\sin 5\omega t + \frac{1}{7}\sin 7\omega t + \ldots\right) \qquad \omega = 2\cdot\pi\cdot f$$

Für eine Rechteckspannung (Rechteckwechselspannung), die $\pm U_b$ hat, gilt

$$u = \frac{4\hat{u}}{\pi}\left(\sin \omega t + \frac{1}{3}\sin 3\omega t + \frac{1}{5}\sin 5\omega t + \frac{1}{7}\sin 7\omega t + \ldots\right)$$

Für eine Rechteckspannung (Rechteckmischspannung), die $+U_b$ und 0 V hat, gilt

$$u = \frac{\hat{u}}{2} + \frac{2\hat{u}}{\pi}\left(\sin \omega t - \frac{1}{3}\sin 3\omega t + \frac{1}{5}\sin 5\omega t - \frac{1}{7}\sin 7\omega t + \ldots\right)$$

Für eine symmetrische Dreieckspannung (Dreieckwechselspannung), die $\pm U_b$ hat, gilt

$$u = \frac{8\hat{u}}{\pi}\left(\sin \omega t - \frac{1}{3^2}\sin 3\omega t + \frac{1}{5^2}\sin 5\omega t - \frac{1}{7^2}\sin 7\omega t + \ldots\right)$$

Für eine symmetrische Dreieckspannung (Dreieckmischspannung), die $+U_b$ und 0 V hat, gilt

$$u = \frac{\hat{u}}{\pi} - \frac{4\hat{u}}{\pi^2}\left(\sin \omega t + \frac{1}{3^2}\sin 3\omega t + \frac{1}{5^2}\sin 5\omega t + \frac{1}{7^2}\sin 7\omega t + \ldots\right)$$

Für eine unsymmetrische Dreieckspannung (Sägezahnwechselspannung), die $\pm U_b$ hat, gilt

$$u = \frac{2\hat{u}}{\pi}\left(\sin \omega t - \frac{1}{2}\sin 2\omega t + \frac{1}{3}\sin 3\omega t - \frac{1}{4}\sin 4\omega t + \ldots\right)$$

Für eine unsymmetrische Dreieckspannung (Sägezahnmischspannung), die $+U_b$ und 0 V hat, gilt

$$u = \frac{\hat{u}}{2} - \frac{2\hat{u}}{\pi}\left(\sin \omega t + \frac{1}{2}\sin 2\omega t + \frac{1}{3}\sin 3\omega t + \frac{1}{4}\sin 4\omega t + \ldots\right)$$

Für eine Einweggleichrichtung gilt

$$u = \frac{\hat{u}}{\pi} + \frac{\hat{u}}{2}\sin t - \frac{2\hat{u}}{\pi}\left(\frac{1}{3}\cos 2\omega t + \frac{1}{15}\sin 4\omega t + \frac{1}{35}\sin 6\omega t + \ldots\right)$$

Für eine Zweiweg- und Brückengleichrichtung gilt

$$u = \frac{2\hat{u}}{\pi}\left(1 - \frac{2}{3}\cos 2\omega t + \frac{2}{15}\sin 4\omega t + \frac{2}{35}\sin 6\omega t + \ldots\right)$$

Aufgabe

Bei einer symmetrischen Dreieckspannung (Dreieckwechselspannung), die $\pm U_b$ hat, sind die Fourier-Koeffizienten U_0, $\hat{u}_{1n}$ und $\hat{u}_{2n}$ zu berechnen. Anschließend ist die Fourier-Reihe bis zur einschließlich 4.Oberschwingung zu bestimmen. Der Wert für die Eingangsspannung ist $U = 1$ V. ◄

Lösung

Die Berechnung bis einschließlich zur 4.Oberschwingung bedeutet gemäß Fourier, dass die 5. Teilschwingung zu berücksichtigen ist. Für die allgemeine Fourier-Reihe gilt:

$$u(t) = \frac{8\hat{u}}{\pi}\left(\sin(\omega_1 t) - \frac{1}{3^2}\sin(3\omega_1 t) + \frac{1}{5^2}\sin(5\omega_1 t)\ldots\right)$$

Der Gleichspannungsanteil ist Null, d. h. $U_0 = 0$. Sämtliche Cosinusglieder sind ebenfalls Null, also sind die Fourier-Koeffizienten $\hat{u}_{1n} = 0$. Da lediglich die ungeradzahligen Vielfachen von f_1 auftreten, sind nur die Fourier-Koeffizienten $\hat{u}_{21}$, $\hat{u}_{23}$ und $\hat{u}_{25}$ zu berechnen. Es ergibt sich

$$\hat{u}_{21} = \frac{8 \cdot U}{3{,}14^2} = \frac{8 \cdot 1\,\text{V}}{3{,}14^2} \approx 0{,}81\,\text{V}$$

$$\hat{u}_{23} = \frac{8 \cdot U}{3{,}14^2 \cdot 3^2} = \frac{8 \cdot 1\,\text{V}}{3{,}14^2 \cdot 3^2} \approx 0{,}09\,\text{V}$$

$$\hat{u}_{25} = \frac{8 \cdot U}{3{,}14^2 \cdot 5^2} = \frac{8 \cdot 1\,\text{V}}{3{,}14^2 \cdot 5^2} \approx 0{,}032\,\text{V}$$

Damit erhält man folgende Fourier-Reihe

$$u(t) = 0{,}81\,\text{V} \cdot \sin(\omega_1 t) + 0{,}09\,\text{V} \cdot \sin(3\omega_1 t) + 0{,}032\,\text{V} \cdot \sin(5\omega_1 t)$$

◄

Bei einer symmetrischen Rechteckspannung (Rechteckmischspannung), die $+U_b$ und 0 V hat, sind die Fourier-Koeffizienten U_0, $\hat{u}_{1n}$ und $\hat{u}_{2n}$ zu berechnen. Anschließend ist die Fourier-Reihe bis zur einschließlich 4.Oberschwingung zu bestimmen. Der Wert für die Eingangsspannung ist $U = 1$ V. ◄

Die Berechnung bis einschließlich zur 4.Oberschwingung bedeutet gemäß Fourier, dass die 5. Teilschwingung zu berücksichtigen ist. Für die allgemeine Fourier-Reihe gilt:

$$u = \frac{\hat{u}}{2} + \frac{2\hat{u}}{\pi}\left(\sin\omega t - \frac{1}{3}\sin 3\omega t + \frac{1}{5}\sin 5\omega t - \cdots +\right)$$

Der Gleichspannungsanteil ist 0,5 V. Sämtliche Cosinusglieder sind ebenfalls Null, also sind die Fourier-Koeffizienten $\hat{u}_{1n} = 0$. Da lediglich die ungeradzahligen Vielfachen von f_1 auftreten, sind nur die Fourier-Koeffizienten $\hat{u}_{21}$, $\hat{u}_{23}$ und $\hat{u}_{25}$ zu berechnen. Es ergibt sich

$$\hat{u}_{21} = \frac{2 \cdot U}{\pi^2} = \frac{2 \cdot 1\,\text{V}}{\pi^2} \approx 0,2\,\text{V}$$

$$\hat{u}_{23} = \frac{2 \cdot U}{\pi^2 \cdot 3^2} = \frac{2 \cdot 1\,\text{V}}{\pi^2 \cdot 3^2} \approx 0,022\,\text{V}$$

$$\hat{u}_{25} = \frac{2 \cdot U}{\pi^2 \cdot 5^2} = \frac{2 \cdot 1\,\text{V}}{\pi^2 \cdot 5^2} \approx 0,008\,\text{V}$$

Damit erhält man folgende Fourier-Reihe

$$u(t) = 0,5\,\text{V} + 0,2\,\text{V} \cdot \sin(\omega_1 t) + 0,022\,\text{V} \cdot \sin(3\omega_1 t) + 0,008\,\text{V} \cdot \sin(5\omega_1 t)$$

◄

5.3.6 Rausch- und Rauschzahlanalyse

Zu den wichtigen Zeitfunktionen gehört der Rauschvorgang, der beispielsweise bei ohmschen Widerständen, bei elektrischen bzw. elektronischen Bauelementen auftritt und insbesondere in Verstärkerschaltungen mit hohem Verstärkungsfaktor zu beachten ist. Das Rauschen stellt einen „Zufallsprozess" oder „stochastischen Prozess" dar und kann dementsprechend im Zeitbereich nicht durch einen den Verlauf bestimmenden Ausdruck beschrieben werden. Im Frequenzbereich hingegen lassen sich die Eigenschaften von Rauschvorgängen anschaulich beschreiben.

Ein Rauschvorgang ist ein stochastischer Prozess, der ständig, aber nicht periodisch verläuft und nur mit Hilfe statistischer Kenngrößen beschrieben werden kann. Solche sind der lineare und der quadratische Mittelwert als Kennkonstanten, die Autokorrelationsfunktion und die Leistungsdichte P als Kennfunktionen im Zeit- und Frequenzbereich. Je nach dem Verlauf der Leistungsdichte unterscheidet man die folgenden Grundtypen von Schwankungsvorgängen:

- Weißes Rauschen mit konstanter (frequenzunabhängiger) Leistungsdichte als idealisierter Grenzfall.
- Breitbandiges Rauschen mit frequenzunabhängigem Verlauf der Leistungsdichte bis zu einer oberen Grenzfrequenz f_g.
- Farbiges Rauschen, durch lineare Filterung aus breitbandigem Rauschen entstanden (A (f)) ist der Frequenzgang des Filters.
- Schmalbandiges Rauschen, dessen spektrale Komponenten sich eng um eine Mittenfrequenz f_m gruppieren ($\Delta f \leq f_m$).
- Rosarauschen, wobei die Leistungsdichte umgekehrt proportional zur Frequenz ist.

Mit der Rauschanalyse in Multisim werden die Rauschleistungen am Ausgang einer elektronischen Schaltung und die Rauschanteile von Widerständen und Halbleitern berechnet und als Diagramm ausgegeben. Angenommen wird, dass zwischen den einzelnen Rauschquellen in einer Schaltung keine statistische Korrelation vorhanden ist. Der Simulator berechnet die Rauschwerte unabhängig voneinander, und die Gesamtrauschleistung wird aus dem quadratischen Mittelwert der Summe der einzelnen Rauschanteile gebildet.

Die Rauschanalyse erzeugt ein Ausgangs- und ein Eingangsrauschspektrum und optional ein Bauteilverteilungsspektrum. Die Ergebnisse werden als Diagramm des Spannungsquadrats U_y^2 über die Frequenz dargestellt. Abb. 5.54 zeigt die Schaltung und Einstellfenster für die Rauschanalyse des Operationsverstärkers 741 in invertierender Betriebsart.

Rauschspannungen entstehen durch kleinste, unregelmäßige Spannungen, die in Widerständen, Transistoren, Operationsverstärkern, Leitungen usw. entstehen. Da Rauschspannungen durch eine große Anzahl unregelmäßiger Wechselspannungen verschiedener dicht an dicht liegender Frequenzen entstehen, reicht das Rauschspektrum von 0 Hz bis zu mehreren GHz. Das Spektrum der Rauschspannung beschränkt sich demnach nicht nur auf den Hörbereich. Wird die in den verschiedenen Frequenzgebieten entstandene Rauschleistung bewertet und stellt man dabei fest, dass diese je 1-Hz-Bandbreite gleich groß ist, so spricht man vom „weißen Rauschen".

- Widerstandsrauschen: Die Rauschspannung eines Widerstandes entsteht durch einen unregelmäßigen, wärmeabhängigen Stromfluss der Elektronen innerhalb der Kristallstruktur des Aufbaues. Für Zimmertemperatur 20 °C ist

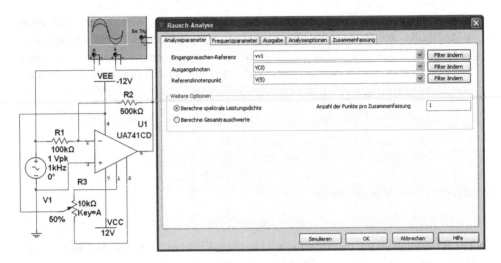

Abb. 5.54 Schaltung und Einstellfenster für die Rauschanalyse des Operationsverstärkers 741 in invertierender Betriebsart

$$U_r \approx 0{,}13 \cdot \sqrt{R \cdot \Delta f} \qquad \text{U}_r \text{ in } \mu\text{V, R in k}\Omega, \ \Delta f \text{ in kHz}$$

Für gewählte Temperaturen ist

$$U_r \approx \sqrt{4 \cdot k \cdot T \cdot R \cdot \Delta f} \qquad\qquad U_r \approx 0{,}13 \cdot \sqrt{R \cdot \Delta f \cdot \frac{T}{T_0}}$$

Darin ist $k = 13{,}81 \cdot 10^{-24}$ J/K (Boltzmannkonstante)

$$T = \text{absolute Temperatur K } (-273{,}16\,°\text{C})$$

$$R = \text{Widerstand } (\Omega)$$

$$\Delta f = \text{Bandbreite (Hz)}$$

Beispiel

$$R = 10 \text{ k}\Omega, \ \Delta f = 20 \text{ kHz } (T_0 = 300\,°\text{C}), \ U_r = ?$$

$$U_r \approx 0{,}13 \cdot \sqrt{R \cdot \Delta f} \approx 0{,}13 \cdot \sqrt{10\,\text{k}\Omega \cdot 20\,\text{kHz}} \approx 1{,}84\,\mu\text{V}$$

Der Rauschstrom, der durch eine Rauschquelle fließt ist gegenüber der Rauschspannung zu berechnen mit

$$I_r \approx 0{,}13 \cdot 10^{-4} \cdot \sqrt{R \cdot \Delta f} \qquad \text{I}_r \text{ in } \mu\text{A, R in k}\Omega, \ f \text{ in kHz}$$

In der Praxis wird auch die Rauschleistung auf den Wert einer normierten 1-Hz-Bandbreiten-Rauschleistung angegeben. Es wird dabei ferner davon ausgegangen, dass die zur Verfügung stehende Rauschspannung bei Anpassung an einen rauschfrei gedachten Widerstand sich halbiert. Die Rauschleistung P_r eines Widerstandes ist unabhängig von seiner elektrischen bzw. mechanischen Größe und beträgt

$$P_r \approx 4 \cdot k \cdot T \cdot \Delta f \qquad\qquad k = 13{,}81 \cdot 10^{-24}\ \mathrm{W/(K \cdot Hz)}$$

Für T = 300 K ergibt sich Δf in Hz und P_r in W

$$P_r = 1{,}6 \cdot 10^{-20} \cdot \Delta f$$

und damit für 1-Hz-Bandbreite

$$P_r = 1{,}6 \cdot 10^{-20}\ \mathrm{W}$$

Die Rauschanpassung und Bezugsrauschleistung kann berechnet werden für $U_r/2$ und dementsprechend ist $R_r = R_0$ für je 1-Hz-Bandbreite

$$P_{r\,\mathrm{max}} = kT_0 = 4 \cdot 10^{-21} \qquad\qquad \text{für } 290\,°\mathrm{C} \text{ in W/Hz}$$

R_0 = Arbeitswiderstand(rauschfrei)
R_r = Widerstand mit Rauschspannung

Liegen mehrere Rauschgeneratoren z. B. Widerstände in Reihe, so werden die einzelnen Rauschspannungen geometrisch addiert. Somit ist bei drei Rauschspannungen die Summe:

$$U_{Rg} = \sqrt{U_{R1}^2 + U_{R2}^2 + U_{R3}^2}$$

Das lässt sich für die Serienschaltung berücksichtigen als

$$U_r \approx 0{,}13\sqrt{(R_1 + R_2 + R_3) \cdot \Delta f}$$

Für die Parallelschaltung von zwei Widerständen gilt

$$U_r \approx 0{,}13\sqrt{\frac{R_1 \cdot R_2}{R_1 + R_2} \cdot \Delta f}$$

Diese Gleichungen setzen voraus, dass sich die einzelnen Widerstände auf gleichem Temperaturpotenzial befinden. Das Diagramm (Abb. 5.55) erscheint nach Abschluss der Analyse. ◄

Wird für die Messung einer Rauschspannung ein auf Sinusform eingestelltes Voltmeter benutzt, so ist bei der Rauschspannungsmessung der Crest-Faktor zu berücksichtigen. Mit u_r als abgelesener Wert ist die tatsächliche Rauschspannung

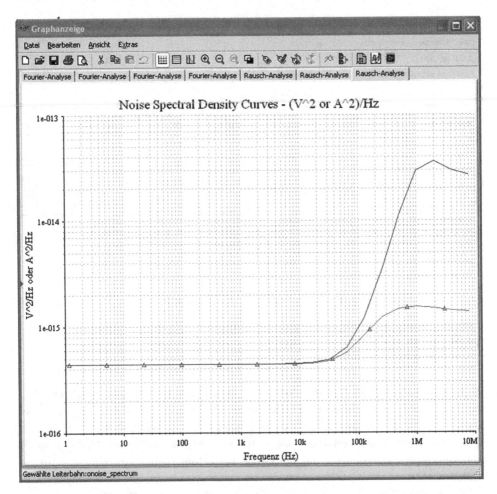

Abb. 5.55 Diagramm für die Rauschanalyse des Operationsverstärkers 741 in invertierender Betriebsart von 1 Hz bis 10 MHz

$$u_{rtat} \approx 1{,}125 \cdot u_r$$

Für die Ermittlung von Rauschgrößen einer Schaltung wird oft mit der Rauschzahl F gearbeitet. Dabei gibt die Rauschzahl F das Verhältnis der Rauschgrößen am Eingang zu denen am Ausgang der Schaltung an. Nach Abb. 5.55 erzeugt ein Vierpol eine eigene Rauschleistung P_E. Am Eingang des Verstärkers liegt eine Nutzleistung P_N sowie eine Störleistung (Rauschleistung) P_R. Mit $F_E = P_N/P_R$ ist für die Rauschzahl der Schaltung mit V_L als Leistungsverstärkung am Ausgang

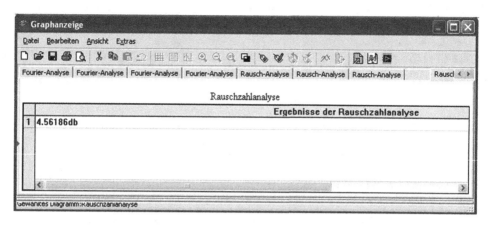

Abb. 5.56 Rauschzahlanalyse des Operationsverstärkers 741 in invertierender Betriebsart

$$F_A = 1 + \frac{P_E}{P_N \cdot V_P} \qquad \text{oder} \qquad F_A = 1 + \frac{P_N \cdot V_L}{P_R \cdot V_L + P_E}$$

F_E = Eingangsstörabstand
F_A = Ausgangsstörabstand

Steht im Datenblatt z. B. für einen Verstärker die Angabe F = 4, so bedeutet das, dass der Verstärker je 1-Hz-Bandbreite eine Nutzsignalleistung von $\approx 4 \cdot k \cdot T_0 \cdot 10^{-21}$ W benötigt, damit das Nutzsignal am Ausgang genauso stark wie das Rauschen ist. Da es in der Praxis Mindesterfahrungswerte für gute Musikübertragung $U_N/U_R > 30$ dB gibt, kann man ohne weiteres auf die Größe der erforderlichen Nutzeingangsleistung schließen.

Die Rauschzahlanalyse kann einfach durchgeführt werden. Die Frequenz ist auf 1 GHz bei einem Temperaturwert von 300 °C in der Grundeinstellung. Diese Werte lassen sich einstellen. Abb. 5.56 zeigt die Rauschzahlanalyse des Operationsverstärkers 741 in invertierender Betriebsart.

Für den professionellen Schaltungseinsatz stehen entsprechende rauscharme Operationsverstärker zur Verfügung. So z. B. der Typ 741 unter einer bestimmten Betriebsbedingung ($R_G = 1$ kΩ, $\Delta f = 1$ kHz) eine Eingangsrauschspannung von 1 pV. Der Operationsverstärker NE 5533 hat etwa unter den gleichen Betriebsbedingungen eine Rauschspannung von 0,125 pV. Die Rauschspannung u_r eines Operationsverstärkers wird im Allgemeinen als

$$u_r = \frac{u}{\sqrt{\Delta f}} \qquad \text{in} \quad \text{nV}/\sqrt{\text{Hz}}$$

ermittelt, wobei u der spezifische Wert der Rauschspannung des Operationsverstärkers ist. Bei einem Operationsverstärker handelt es sich hier um zusammengefasste Daten der Rauschspannung, die – auf den Eingang bezogen – den Verstärkungsbedingungen unterliegen wie die Offsetgrößen. Für die Ausgangsspannung im invertierenden Betrieb gilt für $u_r = 3\,\mu V$

$$U_a = u_r \cdot \frac{R_2}{R_1} = 3\,\mu V \cdot \frac{5,1\,k\Omega}{1\,k\Omega} = 15,3\,\mu V$$

Aus diesem Beispiel geht hervor, dass durch sorgfältige Wahl eines rauscharmen Operationsverstärkers im Zusammenhang mit einer auf geringes Rauschen optimierten Außenbeschaltung die Ausgangsspannung entsprechend zu beeinflussen ist.

Für den Δf-Bereich ist für das einfache Tiefpassverhalten eines Operationsverstärkers dieser zu vergrößern, wenn der Operationsverstärker bis in den Bereich der vollen Bandbreite ausgenutzt wird und eine Einschränkung der Bandbreite nicht durch die Beschaltung erfolgt. In der vorher angeführten Gleichung ist die Ermittlung von Δf bei der oberen Grenze f_g, dann zu setzen

$$f_{g'} = \frac{\pi}{2} \cdot f_0 = 1,57 \cdot f_0$$

Bei der Rauschspannungsmessung ist zu berücksichtigen, dass ein auf Sinuskurvenform eingestelltes Wechselspannungsmessgerät aufgrund des Crestfaktors – ähnlich der Messung eines Rechtecksignals – einen um ca. 1 dB zu geringen Wert anzeigt. Ist u_{as} der abgelesene Wert, dann ist die tatsächliche Rauschspannung

$$u_r = 1,125 \cdot u_{as}$$

Für den Operationsverstärker 741 kann mittels des Bode-Plotters das Verhalten von Rauschspannung und Rauschstrom als Funktion der Bandbreite sowie das Breitbandrauschen als Funktion des Generator- (Eingangs-) Widerstandes dargestellt werden.

5.3.7 Verzerrungsanalyse

Bei der Verzerrungsanalyse lassen sich der Klirrfaktor und die Produkte der Intermodulationsverzerrung messen. Bei einer Schaltung mit einer Frequenz werden die komplexen Werte der ersten und zweiten Harmonischen an jedem Schaltungspunkt bestimmt. Besitzt die Schaltung dagegen zwei Frequenzen, werden die komplexen Werte der Schaltungsvariablen für drei verschiedene Frequenzwerte berechnet, d. h. für die Summe der Frequenzen, für die Differenz der Frequenzen und für die Differenz zwischen der kleineren Frequenz und der zweiten Harmonischen der höheren Frequenz.

Die Schaltung für die Verzerrungsanalyse ist vorhanden, aber nicht sichtbar. Nicht lineare Verzerrungen lassen sich messen, indem mittels selektiver Spannungsmesser oder Spektrumanalysatoren die Verzerrungsprodukte erfasst und ausgewertet werden. Heute

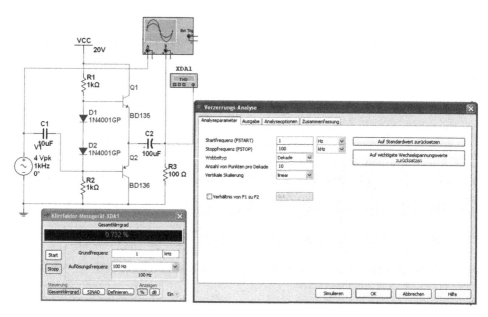

Abb. 5.57 Schaltung einer Verstärkerstufe in AB-Betrieb und Klirrfaktor-Messgerät

verwendet man die Software eines Simulators zur Erstellung der Verzerrungsanalyse. Im Prinzip setzt man für diese Messung zwei sinusförmige Wechselspannungen ein, die über eine elektronische Weiche geschaltet werden, d. h. einmal wird eine höhere und einmal eine niedrigere Wechselspannung gemessen.

Bei der Verzerrungsanalyse wird die Kleinsignalverzerrung analysiert. Die Nichtlinearitäten im Arbeitspunkt werden mit einer mehrdimensionalen Volterra-Analyse, die mehrdimensionale Taylorsche Reihen anwendet, bestimmt. Bei der Reihenentwicklung verwendet man dagegen Ausdrücke bis zur dritten Ordnung. Die Verzerrungsanalyse ist zur Untersuchung kleiner Verzerrungsbeträge nützlich, die bei der Einschwingvorgangs-analyse in der Regel nicht zerlegt werden können.

Bei der Verzerrungsanalyse in Abb. 5.57 wird die Schaltung einer Verstärker-stufe in AB-Betrieb durch Kleinsignalverzerrung analysiert. Der Gesamtklirrfaktor beträgt $k = 0{,}732\,\%$, den man auch durch das simulierte Klirrfaktor-Messgerät erhält. Die Nichtlinearitäten im Arbeitspunkt werden mit einer mehrdimensionalen Volterra-Analyse, die mehrdimensionale Taylorsche Reihen anwendet, bestimmt. Bei der Reihenentwicklung verwendet man dagegen Ausdrücke bis zur dritten Ordnung. Die Verzerrungsanalyse ist zur Untersuchung kleiner Verzerrungsbeträge nützlich, die bei der Einschwingvorgangsanalyse in der Regel nicht zerlegt werden können.

Bei der Verzerrungsanalyse handelt es sich um ein analoges Kleinsignalmodell und nicht konforme Bauteile werden automatisch ignoriert. Verwendet werden nur Verzerrungsmodelle für SPICE-Bauteile. Die Analyse wird folgendermaßen durchgeführt:

1. Man überprüft die Schaltung und bestimmt, ob ein oder zwei Quellen und ein oder mehrere Knoten analysiert werden sollen. Zur Verzerrungsanalyse kann man auch den Betrag und die Phase von Quellen ändern, indem man im Schaltungsfenster auf die Quellen doppelklickt und anschließend das Register „Analyse einstellen" wählt.
2. Man wählt „Analyse/Verzerrung".
3. Man nimmt im Dialogfeld die Eingaben oder Änderungen vor.
4. Man klickt auf „Simulieren".

Wenn das „Verhältnis f2/f1" deaktiviert ist, wird der Klirrfaktor der Frequenz berechnet, die entsprechend den Angaben im Dialogfeld durchlaufen wird. Wenn das „Verhältnis f2/f1" aktiviert ist, lässt sich eine Spektralanalyse durchführen. Jede unabhängige Quelle in der Schaltung besitzt potenziell zwei (überlagerte) Verzerrungseingänge für sinusförmige Signale der Frequenzen f1 und f2.

Wenn das „Verhältnis f2/f1" deaktiviert ist, wird die zweite und dritte Harmonische grafisch dargestellt. Diese Diagramme erscheinen im Register „Verzerrung" von „Analyse/Diagramme anzeigen". Wenn das „Verhältnis f2/f1" aktiviert ist, wird die gewählte Spannung oder der Zweigstrom bei den Intermodulationsfrequenzen f1 + f2, f1 − f2, 2 · f1 − f2 über die durchlaufende Frequenz f1 dargestellt. Diese Diagramme erscheinen im Register „LM-Verzerrung" von „Analyse/Diagramme anzeigen".

Für den Betrieb des Leistungsverstärkers sind in der Grundschaltung zwei Betriebsspannungen erforderlich und die Schaltung ist für die Verzerrungsanalyse geeignet. Beide Transistoren arbeiten in Kollektorschaltung, d. h. es tritt eine Spannungsverstärkung von $v_U < 1$ auf. Die beiden Emitter sind zusammengefasst und steuern den Lastwiderstand an. Die Kollektoren der beiden Transistoren sind mit der positiven (npn-Transistor) und mit der negativen (pnp-Transistor) Betriebsspannung verbunden.

Die Wirkungsweise eines B-Verstärkers, ohne die beiden Dioden, ist einfach. Liegt kein Eingangssignal an, sind beide Transistoren gesperrt und es fließt damit kein Strom über den Lastwiderstand. Gibt man auf den Eingang eine positive Spannung, erfolgt die Aufsteuerung des npn-Transistors und es fließt ein Kollektorstrom von der positiven Betriebsspannung über den Transistor und dem Lastwiderstand nach Masse ab. Der pnp-Transistor ist zu dieser Zeit gesperrt und es findet kein Stromfluss über diesen Transistor statt. Erhält der Eingang eine negative Spannung, sperrt der npn-Transistor, während aus dem pnp-Transistor ein Basisstrom fließt. Damit steuert der pnp-Transistor entsprechend auf und es fließt ein Kollektorstrom von Masse über den Lastwiderstand, den Transistor zur negativen Betriebsspannung ab.

In dem Oszillogramm erkennt man deutlich die Übernahmeverzerrungen der beiden Transistoren mit $+U_{BE} = 0{,}7\,V$ beim BD135 und $-U_{BE}$ beim BD136. Wenn man eine Eingangsspannung mit $U_1 < 5\,V$ wählt, ergibt sich keine Linearität in der

Ausgangsspannung. Erst bei Eingangsspannungen mit $U_1 > 5$ V sind die Übernahmeverzerrungen relativ gering gegenüber der Signalamplitude, trotzdem ist dieser Verstärkertyp nicht für hochwertige HiFi-Anlagen geeignet.

In der Praxis verwendet man keine zwei Netzgeräte, sondern einen Elektrolytkondensator, der als Ersatzstromquelle arbeitet. Abb. 5.57 zeigt den Schaltungsaufbau für eine seriengespeiste Gegentaktendstufe. Ist der obere Transistor leitend, kann ein Strom von der Betriebsspannung über den Transistor, Kondensator und Lastwiderstand nach Masse abfließen. Dabei lädt sich der Kondensator entsprechend auf. Ist der untere Transistor dagegen leitend, arbeitet der Kondensator als Ersatzstromquelle und kann über den Transistor seine gespeicherte Energie entladen. Bedingt durch den Ladestrom fließt nach dem ohmschen Gesetz auch ein Strom durch den Lastwiderstand. Die Kapazität des Kondensators muss also groß genug gewählt werden, dass auch bei niedrigen Frequenzen noch keine allzu große Änderung der Lade- und Entladespannung auftritt. Dies würde sonst zu merklichen linearen Verzerrungen, d. h. Amplitudenverlusten des Ausgangssignals bei tiefen Frequenzen führen. Die Berechnung erfolgt nach

$$C_2 = \frac{1}{2 \cdot \pi \cdot f_u \cdot R_3}$$

Hat man einen Lastwiderstand von $R_3 = 100\,\Omega$ und die untere Grenzfrequenz soll $f_u = 15$ Hz betragen, erhält man einen Wert von

$$C_2 = \frac{1}{2 \cdot 3,14 \cdot 15\,\text{Hz} \cdot 100\,\Omega} = 106\,\mu\text{F} \ (100\,\mu\text{F})$$

Bei NF-Verstärkern mit eisenloser Endstufe entfällt die sonst durch den Ausgangsübertrager gegebene Möglichkeit, die Wechselspannung am Verstärkerausgang auf einen gewünschten von der Betriebsspannung unabhängigen Wert zu transformieren bzw. den Wechselstrom entsprechend dem Widerstand (Impedanz) des Lautsprechers festzulegen.

Bei der Dimensionierung von eisenlosen Gegentaktendstufen geht man immer davon aus, dass der Spitzenstrom und die maximale Betriebsspannung vom Netzgerät und Transistor bekannt sind. Um die Übernahmeverzerrungen im Betrieb eliminieren zu können, muss die Basis der beiden Transistoren vorgespannt sein, damit ein Basisstrom fließen kann. Der Arbeitspunkt AP wandert von B nach AB und befindet sich im linearen Teil der Eingangskennlinie.

Der komplementäre Leistungsverstärker arbeitet mit zwei Betriebsspannungen. Zwischen diesen beiden Betriebsspannungen befindet sich auch der Spannungsteiler, der aus zwei Widerständen und zwei Dioden besteht. Hat die Eingangsspannung den Wert $U_1 = 0$ V, bewirkt der Spannungsteiler an der oberen Diode einen Wert von $U_D \approx 0,7$ V und an der unteren Diode von $U_D \approx -0,7$ V. Damit sind die beiden Transistoren vorgespannt, da ein entsprechender Basisstrom bereits im Ruhestand fließen kann. Die beiden Dioden bewirken, dass die Basis-Emitter-Spannung der Transistoren bereits auf $\pm 0,7$ V angehoben bzw. abgesenkt ist. Ändert sich durch die Eingangsspannung das Stromverhältnis im Spannungsteiler, ist die Spannung an der Basis des oberen Transistors immer um 0,7 V größer als die Eingangsspannung bzw. die Spannung an der Basis des unteren Transistors immer um $-0,7$ V geringer als die Eingangsspannung.

Da im nicht angesteuerten Zustand nur ein geringer Ruhestrom durch den Spannungsteiler fließt, reduziert sich der Wirkungsgrad von $\eta = 78,5\,\%$ beim B-Betrieb auf $\eta \approx 70\,\%$ beim AB-Betrieb, wenn eine Vollaussteuerung vorliegt.

Wegen der aussteuerungsabhängigen Leistungsaufnahme setzt man diesen Leistungsverstärker meistens in tragbaren Systemen ein, jedoch nicht mit zwei separaten Netzgeräten. In dieser Schaltung arbeitet der Verstärker mit einer Betriebsspannung und der Kondensator am Ausgang ersetzt die zweite Betriebsspannung.

Im Ruhezustand des Verstärkers befindet sich der Mittelpunkt des Spannungsteilers auf $0,5 \cdot U_b$, also auf $+10$ V. Die Spannung an der Basis des oberen Transistors beträgt $+9,7$ V, die am unteren Transistor dagegen $+9,3$ V. Damit hat die Ausgangsspannung einen Wert von $U_2 = 12$ V und der Ausgangskondensator kann sich auf $0,5 \cdot U_b$ aufladen. Steuert der obere Transistor auf, erhöht sich der Ladestrom und der Kondensator lädt sich entsprechend auf. Der Ladestrom stellt auch für den Lastwiderstand einen Stromfluss dar. Sperrt der obere Transistor, wird der untere Transistor leitend und es fließt ein Entladestrom über den unteren Transistor nach Masse ab. Auch in diesem Fall ist der Stromfluss bei der Entladung mit dem Strom durch den Arbeitswiderstand identisch, nur mit einem anderen Vorzeichen.

Abb. 5.58 zeigt die Verzerrungsanalyse der AB-Endstufe. Die Startfrequenz beträgt 10 Hz und die Stoppfrequenz 10 MHz. Wichtig bei der Einstellung sind die Anschlusspunkte.

5.3.8   Empfindlichkeitsanalyse

Diese Analysen berechnen die Empfindlichkeit einer Ausgangsknotenspannung oder eines Ausgangsknotenstroms in Bezug auf den (die) Parameter aller Bauteile (DC-Empfindlichkeit) oder des Bauteils (AC-Empfindlichkeit). Bei beiden Analysen wird die Störungsmethode angewendet, bei der jeder Parameter unabhängig gestört und die resultierende Änderung einer Ausgangsspannung wird durchgeführt oder es wird der Ausgangsstrom berechnet und das Ergebnis in eine Tabelle übertragen. Bei der DC-Empfindlichkeitsanalyse wird zunächst der DC-Arbeitspunkt der Schaltung bestimmt und anschließend die Empfindlichkeit berechnet. Bei der AC-Analyse wird die AC-Kleinsignal-Empfindlichkeit berechnet.

Die RC-Kombination mit Phasendrehung um $180°$ (dreistufiger Spannungsteiler) berechnet sich, wenn $R_1 = R_2 = R_3 = R$ und $C_1 = C_2 = C_3 = C$ sind

$$\underline{U}_a = -\underline{U}_e \frac{(\omega \cdot R \cdot C)^3}{\left[5 \cdot \omega \cdot R \cdot C - (\omega \cdot R \cdot C)^3\right] - j\left[1 - 6(\omega \cdot R \cdot C)^2\right]}$$

Bei einer Phasendrehung von $180°$ verschwindet der Imaginärteil

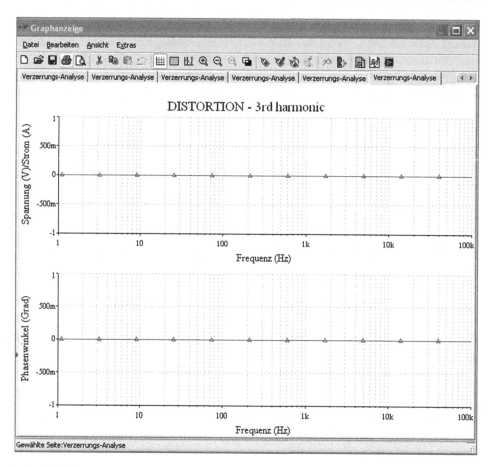

Abb. 5.58 Verzerrungsanalyse der AB-Endstufe

$$j\left[1 - 6(\omega \cdot R \cdot C)^2\right] \qquad \omega \cdot R \cdot C = \frac{1}{\sqrt{2}} \qquad \underline{U}_a = -\underline{U}_e \cdot \frac{1}{29}$$

Die Spannungsreduzierung bei einer Phasenverschiebung von $180°$ beträgt $1/29$. Abb. 5.59 zeigt die Schaltung einer dreistufigen RC-Schaltung mit Tiefpassverhalten an einem Oszilloskop. An der dreistufigen RC-Schaltung liegt eine Spannung mit 1 V/160 Hz. Wie die Skala am Oszilloskop zeigt, ergibt sich eine Eingangsspannung von 1 V_{SS} und eine Ausgangsspannung von 35 mV_{SS}. Gleichzeitig tritt eine Phasenverschiebung von $\varphi = 180°$ auf. Damit lassen sich alle Analogschaltungen und Kleinsignalverstärker untersuchen und alle Modelle werden linearisiert.

Für das Beispiel eines dreistufigen RC-Glieds ergibt sich Abb. 5.60. Neben der Ausgangsspannung wird auch die Phasenverschiebung zwischen 10 Hz und 10 kHz gezeigt.

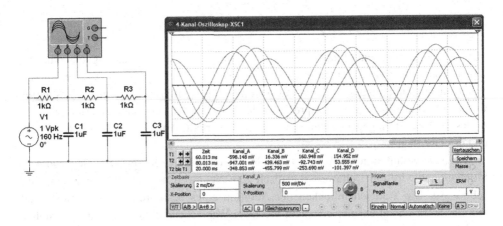

Abb. 5.59   Schaltung für einen dreistufigen Phasenschieber

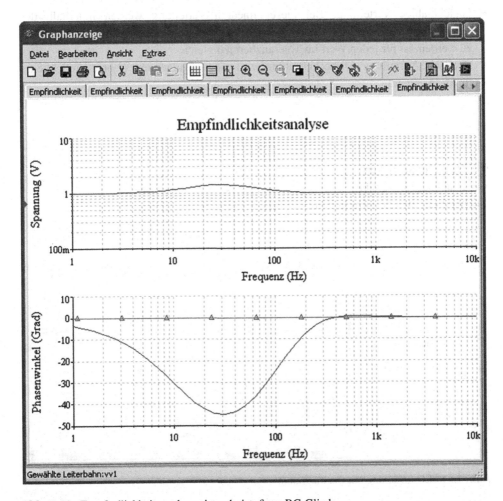

Abb. 5.60   Empfindlichkeitsanalyse eines dreistufigen RC-Glieds

5.3.9 Monte-Carlo-Analyse

Mit dieser statistischen Monte-Carlo-Analyse kann man eine Schaltung untersuchen, wie sich ändernde Bauteileigenschaften innerhalb einer Schaltung auf das Gesamtverhalten auswirken. Es werden Mehrfachsimulationen ausgeführt, und bei jeder Simulation werden die Bauteilparameter entsprechend der Verteilungsart und Parametertoleranz, die in das Dialogfeld eingegeben wurden, statistisch verteilt. Abb. 5.61 zeigt die Schaltung und das Oszillogramm.

Die erste Simulation wird immer mit Nennwerten durchgeführt. Bei den weiteren Simulationen wird ein Deltawert statistisch zum Nennwert addiert oder vom Nennwert subtrahiert. Die Wahrscheinlichkeit der Addition eines bestimmten Deltawertes hängt von der Wahrscheinlichkeitsverteilung ab. Zwei Wahrscheinlichkeitsverteilungen stehen zur Verfügung:

- Gleichmäßige Verteilung: Bei dieser linearen Verteilung werden innerhalb des Toleranzbereichs gleichförmige Deltawerte erzeugt. Die Wahrscheinlichkeit gewählt zu werden, ist für jeden Wert im Toleranzbereich gleich.
- Gaußsche Verteilung: Diese Verteilung wird mit der folgenden Wahrscheinlichkeitsfunktion erzeugt:

$$p(x) = \frac{1}{\sqrt{2 \cdot \pi}} e^{-\frac{1}{2}\left[\frac{u-x}{\sigma^2}\right]}$$

u = Nennparameterwert
x = unabhängige Variable
σ = Wert der Standardabweichung

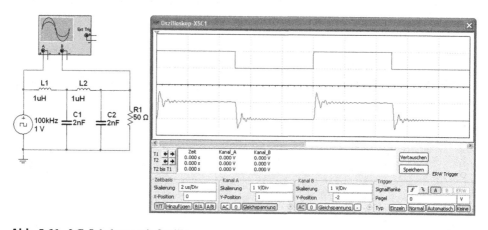

Abb. 5.61 LC-Schaltung mit Oszillogramm

Tab. 5.3 Prozentwert für die enthaltene Population nach der Gaußschen Verteilung

Standardabweichung SD	Prozentwert für enthaltene Population
1,0	68,0
1,96	95,0
2,0	95,5
2,58	99,0
3,0	99,7
3,29	99,9

Die Standardabweichung σ wird aus der Parametertoleranz wie folgt berechnet:

$$\sigma = \frac{Toleranz\ (in\ \%) \cdot Nennwert}{100}$$

Der Prozentwert für die im Toleranzband enthaltene Population lässt sich durch den Parameternennwert eines Bauteils plus oder minus σ mal die Standardabweichung SD im Toleranzband bestimmen. Die Standardabweichung SD hängt wie folgt mit dem Prozentwert für die enthaltene Population zusammen, wie Tab. 5.3 zeigt.

Abb. 5.62 zeigt das Fenster für die Einstellung der Toleranzen für die Kondensatoren. Wenn man beispielsweise die Toleranz auf 5 % einstellt, beträgt σ für einen 1-kΩ-Widerstand 50 Ω. Eine Standardabweichung ergibt ein Toleranzband von 0,95 kΩ bis 1,05 kΩ (1 kΩ ± 50 Ω), und 68,0 % der Population ist enthalten. Bei einer Standardabweichung von 1,96 beträgt das Toleranzband 0,902 kΩ bis 1,098 kΩ (1 kΩ ± 98 Ω), und 95,0 % der Population ist enthalten. Man beachte, dass der Toleranzwert global auf alle Bauteile angewendet wird. Abb. 5.63 zeigt eine Messkurve und die Beschreibung des zweistufigen RC-Glieds für die Monte-Carlo-Analyse.

5.3.10 Worst-Case-Analyse (ungünstige Bedingungen)

Mit dieser statistischen Analyse können Sie die ungünstigen Auswirkungen der Bauteilparameter-Abweichungen auf das Schaltverhalten untersuchen. Die Worst-Case-Analyse simuliert man unter den ungünstigsten Bedingungen. Die erste Simulation wird mit Nennwerten durchgeführt. Danach wird ein Empfindlichkeitsdurchlauf (AC oder DC) durchgeführt. Dabei berechnet der Simulator die Empfindlichkeit vom jeweiligen Parameter. Nachdem alle Empfindlichkeitswerte berechnet wurden, liefert ein abschließender Durchlauf die Wort-Case-Analyseergebnisse. Abb. 5.64 zeigt das Fenster für die Einstellung der Toleranzen für die Kondensatoren.

Die Daten aus der Worst-Case-Simulation werden durch Sortierfunktionen gebündelt. Eine Sortierfunktion wirkt wie ein hochselektiver Filter, der nur die Daten einer Messgröße erfasst. Sechs Sortierfunktionen stehen zur Verfügung.

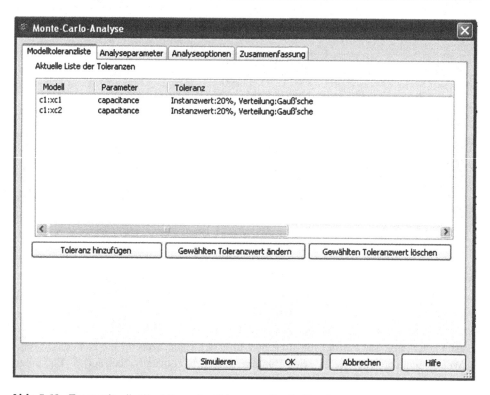

Abb. 5.62 Fenster für die Einstellung der Toleranzen für die Kondensatoren

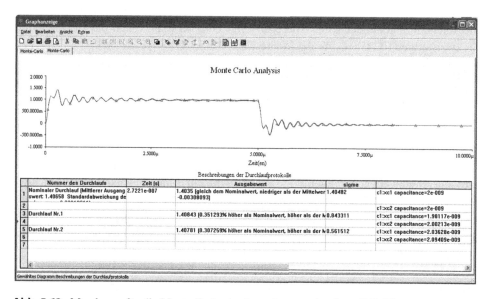

Abb. 5.63 Messkurve für die Monte-Carlo-Analyse eines zweistufigen RC-Glieds mit Toleranzwerten der Kondensatoren von +20 %

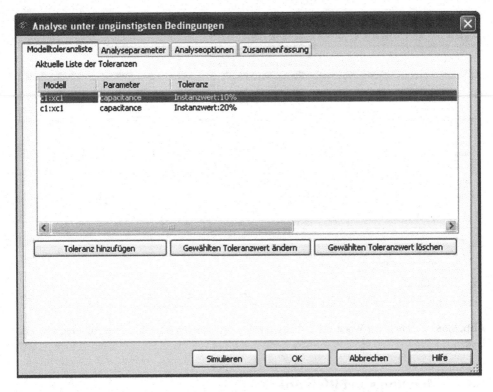

Abb. 5.64 Fenster für die Einstellung der Toleranzen für die Kondensatoren

Bei Analogschaltungen, Kleinsignalverstärkern und in der Regelungstechnik wird die Übertragungsfunktionsanalyse benötigt. Die Modelle werden linearisiert. Die Analyse führt man folgendermaßen durch:

1. Man überprüft die Schaltung und bestimmt Ausgangsknoten, Bezugsknoten und Eingangsquelle.
2. Man wählt „Analyse/Worst-Case".
3. Man nimmt im Dialogfeld die Eingaben oder Änderungen vor.
4. Man klickt auf „Simulieren".

Abb. 5.65 zeigt das Ergebnis der Worst-Case-Analyse und dies wird in einem Diagramm dargestellt, das nach Abschluss der Analyse erscheint. Es kann das DC- und AC-Schaltungsverhalten für den jeweiligen Durchlauf gezeigt werden.

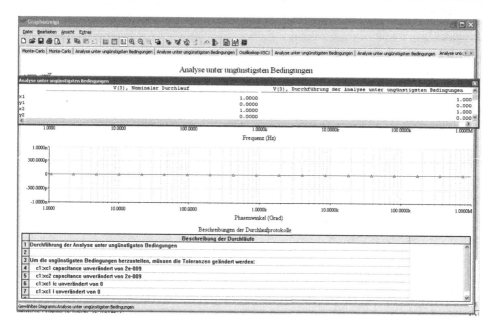

Abb. 5.65 Ergebnis der Worst-Case-Analyse eines zweistufigen RC-Glieds mit AC-Frequenzanalyse

5.4 Messung von Bitfehlern

Vom theoretischen Standpunkt aus gesehen mag es sehr seltsam erscheinen, dass im Zusammenhang mit einer digitalen Übertragung überhaupt Fehler auftreten können. Es sind nur zwei Zustände (0- bzw. 1-Signal) möglich und nicht, wie bei einer analogen Übertragung, die unendlich vielen Werte dazwischen! Wie kann es dann trotzdem zu Bitfehlern kommen?

Die praktischen Störquellen sind je nach System und Übertragungsmedium recht unterschiedlich. In der praktischen Anwendung treten nur gelegentliche Störimpulse auf dem Nutzsignal auf, die von Starkstromleitungen eingekoppelt werden, vor allem bei Schalt- und Kurzschlussvorgängen in den Netzen. Normalerweise muss man aber bei der Übertragung von Binärsignalen über eine Leitung immer mit den sogenannten „linearen Verzerrungen" rechnen. Die Folge davon sind endliche Anstiegs- und Abfallzeiten der als „ideal rechteckförmig" in die Leitung eingespeisten Impulse (Abb. 5.66).

Abb. 5.66 Auswirkung von linearen Verzerrungen auf einen Rechteckvorgang

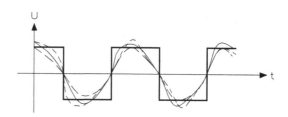

Abb. 5.67 Digitales Signal
mit Jitter und Jitterkenngrößen

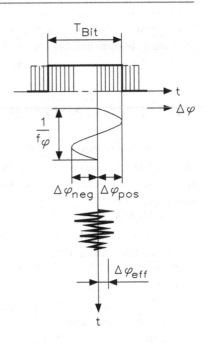

Bei den Grundsystemen auf der Basis symmetrischer Kabel ist das Nahnebensprechen als hauptsächlichste Störquelle anzusehen. Die koaxiale Leitung schneidet hier besser ab, da bei ihr dieser Effekt mit zunehmender Frequenz immer mehr abnimmt. Werden die zu übertragenden Bitraten sehr hoch, sind in erster Linie die Einflüsse des unvermeidlichen Rauschens bemerkbar (dies gilt auch für die Übertragung über Lichtwellenleiter).

Eine weitere wesentliche Störung stellt der Unterschied zwischen der Taktfrequenz der sendenden und der empfangenden Stelle in einem digitalen Übertragungssystem dar. Weicht z. B. die Freilauffrequenz im Taktkreis eines Regenerators von der Sollfrequenz ab, so wird die Taktfrequenz „wandern", wenn das zu regenerierende Pulssignal längere Nullfolgen enthält, und zwar solange, bis wieder Taktimpulse zur Synchronisation eintreffen. Dieses Hin- und Herzittern des Übertragungstaktes wird als Jitter bezeichnet und ist einfach eine Schwankung des digitalen Signals um die idealen, äquidistanten Kennzeitpunkte, die normalerweise die Flanken der Impulse darstellen (Abb. 5.67). Das ist eigentlich nichts grundsätzlich Neues, früher hatte man schon einen ähnlichen Effekt, nämlich die Telegrafie- oder Schrittverzerrung!

Die relativ einfache, qualitative Erfassung der Auswirkungen des Jitters ist über das sogenannte Augendiagramm möglich. Der Vollständigkeit halber sei erwähnt, dass man je nach Ursache verschiedene Arten von Jitter unterscheidet:

a) den nicht systematischen Jitter, der durch das erwähnte Nebensprechen, aber auch vom thermischen Rauschen, Impulsstörungen, usw. verursacht wird, also statistischer Natur ist.

b) den systematischen Jitter, der bei der Taktrückgewinnung als Reaktion auf die Verzerrung bestimmter Muster im Digitalsignal entsteht. Da er von der übertragenen Signalfolge abhängt, nennt man ihn auch Musterjitter!

5.4.1 Definition der Bitfehlerrate (BER)

Um die richtige Übertragung digitaler Signale zu kontrollieren, ist es am einfachsten, eine bekannte Bitfolge zu senden, und das Empfangssignal damit zu vergleichen. In der alten Fernschreibtechnik ist diese Bitsequenz der berühmte Satz, der alle Buchstaben des Alphabets enthält:

THE QUICK BROWN FOX JUMPS OVER THE LAZY DOG

Lässt man diesen Text eine gewisse Zeit lang über das System laufen, so sind Übertragungsfehler direkt aufspürbar!

Auch zum Testen der heutigen, komplexen digitalen Übertragungssysteme werden spezielle Bitmuster verwendet, die man auf der Empfangsseite automatisch einer Fehlerüberprüfung unterwirft. Bezieht man nun die Zahl der fehlerhaft empfangenen Bits auf die Gesamtzahl der übertragenen, so erhalten wir den wichtigen Begriff der Bitfehlerhäufigkeit F_{Bit} abgekürzt als BER (engl.: bit error rate). Für diese Bitfehlerquote gilt also folgende Definition:

$$Bitfehlerhäufigkeit\ F_{Bit} = \frac{Zahl\ der\ fehlerhaft\ empfangenen\ Bits}{Gesamtzahl\ der\ übertragenen\ Bits}$$

Wird also z. B. bei einem Vergleich von 1000 übertragenen Bits gerade ein Bit falsch empfangen, so bedeutet dies eine Bitfehlerhäufigkeit von $F_{Bit} = 1\ Bit/10^3\ Bit = 10^{-3}$. Für die Sprachverständlichkeit wirken sich solche Bitfehlerraten bis zu 10^{-5} kaum störend aus (Tab. 5.4), vorausgesetzt, dass die Fehler gleichmäßig verteilt sind. Es ist leicht einzusehen, dass mit abnehmendem Signal-Rauschverhältnis die Bitfehlerhäufigkeit immer größer wird!

Bei dichter Aufeinanderfolge von Knacken ergibt sich ein Störgeräusch, das mit dem durch die Quantisierung hervorgerufenen Quantisierungsgeräusch verglichen werden kann. Da diese Bitfehler statistischen Charakter besitzen, treten sie (wie das Rauschen) zu beliebigen Zeiten auf, d. h. sie sind also nicht voraussagbar. In der Praxis der PCM-Übertragung werden BER-Raten in einer Größenordnung von 10^{-6} bis 10^{-7} angestrebt. Diese Angaben gelten auch für Rundfunkübertragungen auf digitaler Basis (HiFi: weniger als 10^{-7}!). Wegen dieser kleinen BER-Werte besteht außerdem ein grundsätzliches, messtechnisches Problem. Wenn man überschlägt, dass statistisch gesehen, bei einem PCM-Grundsystem mit 2,048 Mbit/s eine Bitfehlerrate von 10^{-8} einen einzigen Bitfehler pro Minute bedeutet, so kann man sich vorstellen, dass oft über einen relativ großen Zeitraum gemessen werden muss, um eine halbwegs gesicherte Aussage zu erhalten.

Tab. 5.4 Subjektiv empfundene Störauswirkung bei unterschiedlichen BER-Raten

BER	Akustische Wahrnehmbarkeit
10^{-6}	Nicht wahrnehmbar
10^{-5}	Einzelne Knackgeräusche, bei niedrigem Sprachpegel gerade wahrnehmbar
10^{-4}	Höhere Knackrate, etwas störend bei niedrigem Sprachpegel
10^{-3}	Dichte Aufeinanderfolge von Knacken, störend bei jedem Sprachpegel
10^{-2}	Prasseln, stark störend, Verständlichkeit merkbar verringert
$5 \cdot 10^{-2}$	Fast nicht mehr verständlich

5.4.2 Messtechnische Erfassung der Bitfehlerrate

Die Ermittlung der Fehlerhäufigkeit kann bei PCM-Systemen außerhalb des eigentlichen Betriebs über eine Bitfehlermessung geschehen. Während der laufenden Datenübertragung ist jedoch eine Codefehlermessung sinnvoller, wenn, wie bei den Leitungskanälen üblich, pseudoternäre Digitalsignale über die Strecke geschickt werden.

Zur Feststellung von Codefehlern bei AMI- oder HDB-3-Signalen ist kein spezielles Prüfbitmuster erforderlich. Bei der AMI- Version (Alternate Mark Inversion) handelt es sich bekanntlich um ein pseudoternäres Signal, weil drei Signalzustände, nämlich „+1", „0" und „−1" auftreten können, die aber nicht durch eine ternäre Codierung entstehen, sondern durch das alternierende Umpolen der „1"-Elemente. Da die Einsen abwechselnd als +1 und −1 gesendet werden, macht sich ein Fehler auf einfache Weise bemerkbar. Als weiterer Vorteil dieses Verfahrens wäre zu bemerken, dass aus dem Wechsel von positiv und negativ die Zwischengeneratoren den Synchronisationstakt leicht wiedergewinnen können. Beim ebenfalls häufigen HDB-Code (High Density Bipolar 3) sind zwei aufeinanderfolgende Einsen gleicher Polarität zugelassen (sie unterbrechen eine zu lange Nullfolge), diese Verletzungsbits müssen aber ihrerseits eine AMI-Folge bilden.

Über eine logische Schaltung prüft das Messgerät, ob die Codierregeln bei der Übertragung eingehalten wurden. Man benötigt also kein spezielles Prüfmuster, sondern wertet lediglich die im Betrieb vorkommenden Digitalsignale aus. Werden Abweichungen von den Codiergesetzen erkannt, so müssen diese auf Bitfehlern beruhen. Allerdings wird damit nicht die „echte" Fehlerhäufigkeit gemessen, da besonders bei rasch aufeinanderfolgenden Fehlern (Büschelfehler) nicht alle Bitfehler zu Codeverletzungen führen. Bei den in der Praxis interessanten Fehlerhäufigkeiten ist jedoch die Übereinstimmung zwischen Bitfehlerhäufigkeit und Codeverletzungshäufigkeit vollkommen ausreichend.

Als Testdaten für eine Bitfehlermessung verwendet man sogenannte pseudozufällige Bitfolgen. Die Bezeichnung kommt von der Tatsache, dass die Verteilung der Nullen und Einsen nicht wirklich zufällig ist, sondern sich nach einer bestimmten Anzahl von Bits wiederholt. In der Praxis spricht man deshalb von PN-Folgen (Pseudo-Noise) oder PRBS-Signal (Pseudo Random Binary Sequence).

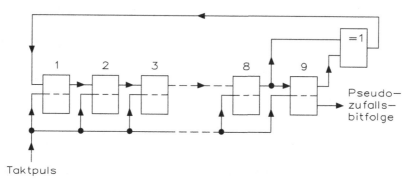

Abb. 5.68 Erzeugung einer Pseudozufallsbitfolge mit $2^9 - 1$ Bit durch ein rückgekoppeltes Schieberegister

Eine PN-Folge wird üblicherweise mit einem Pseudozufalls-Generator erzeugt, der aus einem rückgekoppelten Schieberegister aufgebaut ist. Derartige Bitfolgen enthalten alle Bitkombinationen, die bei einer vorgegebenen Schieberegisterlänge realisierbar sind. Die Periodendauer hängt dabei sowohl von der Länge des Schieberegisters als auch davon ab, welche Anzapfungen für die Rückkopplung verwendet werden. Nach $(2^n - 1)$-Takten wiederholt sich die Zufallsfolge. Häufig anzutreffen sind Sequenzlängen mit $2^9 - 1 = 511$ Bit (Abb. 5.68), $2^{15} - 1 = 32.767$ Bit, $2^{17} - 1 = 131.071$ Bit oder $2^{23} - 1 = 8.388.607$ Bit. Lange PN-Folgen benötigt man z. B. zum Testen von Übertragungssystemen mit ungewöhnlich großen Signallaufzeiten (Verbindungen über Satelliten), oder bei hohen Bitraten. Je länger die PN-Folge, desto kleiner wird die minimale BER, die gemessen werden kann, da der Kehrwert der Bitanzahl direkt proportional der Bitfehlerrate ist.

Spektral betrachtet ist ein PRBS-Signal nichts anderes als das digitale Äquivalent zum farbigen (rosa) Rauschen. Alle Frequenzkomponenten, angefangen von einer bestimmten unteren bis zu einer oberen Grenzfrequenz sind im Signal mehr oder weniger stark vertreten. Die höchste Frequenz erzeugt dabei eine Bitkombination, bei der sich die Null und Eins dauernd abwechseln. Die niedrigste Frequenz, die in einem digitalen Signal überhaupt auftreten kann, entspricht einer langen Reihe von „Nullen" oder „Einsen". Je länger die Bitsequenz ist, desto mehr Frequenzen können zwischen der niedrigsten und der höchsten Frequenz im Spektrum auftauchen!

5.4.3 BER-Messung auf digitaler Basis

Um die Bitfehlerrate BER eines über einen Nachrichtenkanal übertragenen Bitstroms zu ermitteln, wird das ankommende Signal zunächst regeneriert und im richtigen Takt aufbereitet. Der Vergleich mit dem im Empfänger vorhandenen Referenzmuster (dort befindet sich ebenfalls ein Mustergenerator) erfolgt dann entweder im Leitungscode oder erst nach der Decodierung.

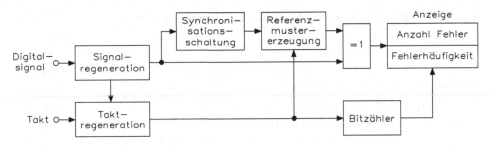

Abb. 5.69 Prinzip der digitalen BER-Messung

Eine automatische Synchronisation wird dadurch erreicht, indem man das ankommende Signal eine kurze Zeit an Stelle des rückgekoppelten Signals in das Schieberegister einschreibt und dann auf Eigenbetrieb umschaltet. Über eine Anzeige wird der Synchronisationszustand erkannt. Daraufhin vergleicht die Schaltung Bit für Bit das Empfangssignal mit dem Referenzsignal. Sollte wirklich einmal eine Null an Stelle einer Eins kommen (oder umgekehrt), so wird der Fehler über einen Zähler erfasst, auf die Anzahl der bereits eingelaufenen (bzw. vorgewählten) Bits nach der Definition der Gleichung bezogen und als Fehlerhäufigkeit angezeigt. Das Übersichtsschaltbild eines solchen Gerätes zeigt die Abb. 5.69.

Wie schon erwähnt, sind bei einer sehr kleinen Fehlerhäufigkeit relativ lange Messzeiten notwendig, vor allem, wenn noch dazu die Messunsicherheit gering bleiben soll. Bei einer typischen BER von etwa 10^{-7} und einer zulässigen Unsicherheit von 10 % ist die Überprüfung von mindestens $4 \cdot 10^9$ bit erforderlich, was bei einer Bitrate von 1 Mbit/s bereits eine Messzeit von mehr als einer Stunde bedeutet. Um solch lange Messzeiten zu vermeiden, nimmt man deshalb meistens eine absolute Fehlermessung vor.

Beispiel

Über welche Zeit t_M muss bei einem Text die angedeuteten Betriebszustände mindestens gemessen werden, damit die Bitfehlerrate BER eine einigermaßen sichere Aussage treffen kann?

$$t_M = \frac{\textit{Anzahl der geprüften Bits}}{\textit{Bitrate}} = \frac{4 \cdot 10^9 \,\text{Bit}}{1 \,\text{Mbit/s}} = 4 \cdot 10^9 \cdot 10^{-6} \,\text{s} = 4000 \,\text{s}$$

$$t_M = \frac{4000}{3600} \,\text{h} = 1,11 \,\text{h}$$

◀

Die Fehlerhäufigkeitsmessung unter Verwendung von festen Prüfmustern hat den Vorteil einer hohen Messgenauigkeit. Sie gestattet außerdem eine weitergehende Fehleranalyse nach Einfügungs- oder Auslassungsfehlern, sowie nach der Polarität der gestörten Impulse. Man verwendet dieses Verfahren auch zur Überprüfung von Regenerationsverstärkern auf Empfindlichkeit gegenüber Nebensprechstörungen.

5.4.4   Augendiagramm als Maß für die Signalqualität

Wird der Zeitverlauf eines Datensignals betrachtet, so ist auf den ersten Blick nicht erkennbar, ob dieses Signal mit Jitter oder Rauschen behaftet ist. Um dieses zu bestimmen, müssen die Amplitude und die zeitliche Lage eines jeden Bits bestimmt werden. Nachteilig ist außerdem, dass auf einem Oszilloskop immer nur ein kleiner Ausschnitt des Datensignals betrachtet werden kann und Aussagen über die Langzeit-Stabilität sind somit nicht möglich. Eine wesentlich aussagekräftigere Darstellung kommt zustande, wenn man ein Speicheroszilloskop verwendet.

Bei diesem werden Zeitbasis und Trigger so eingestellt, dass mehrere Bits des Datensignals auf den KO-Schirm passen (s. Abb. 5.70a). In den darauffolgenden Strahldurchläufen bleiben die vorherigen Spuren bestehen und die neuen werden darüber gezeichnet. Nach und nach entsteht, ein Muster wie Abb. 5.70d zeigt. Diese Darstellungsweise ermöglicht es auch, nicht repertierende Datensignale mit sehr hoher Bitrate über ein Sampling-Oszilloskop als Augendiagramm darzustellen.

Diese Funktion eines Augendiagramms ist in modernen Oszilloskopen bereits integriert. Normalerweise enthält die Software des Oszilloskops auch Algorithmen, mit denen sich z. B. der Jitter, die Breite und Höhe der Augenöffnung usw. bestimmen lassen.

Um Nachrichtensysteme oder Übertragungsstrecken zu testen, wird meist eine rechteckige oder sechseckige Maske in die Augenmitte gelegt. Teilweise werden auch noch eine obere und untere Schwelle definiert, die nicht überschritten werden dürfen, wie

Abb. 5.70 Entstehung eines Augendiagramms

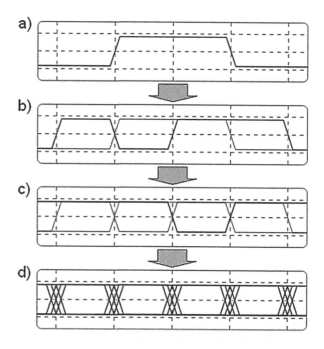

Abb. 5.71 Masken zur
Bestimmung der Augenöffnung

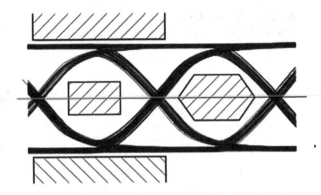

Abb. 5.71 zeigt. Der Test ist bestanden, wenn nach einer vorgegebenen Beobachtungs-
dauer keine Abtastwerte innerhalb dieser Bereiche liegen.

Die gängigste Methode, eine Übertragungsstrecke zu überprüfen, ist die Messung der
Bitfehlerrate (BER = bit error rate). Hierbei wird ein bekannter Datenstrom übertragen
und am Empfänger werden die dabei aufgetretenen Fehler gezählt. Die Bitfehlerrate
ergibt sich zu

$$BER = \frac{\Sigma \ fehlerhafte \ Bits}{\Sigma \ gesendete \ Bits}$$

Da zur Bestimmung der BER sowohl auf Sender- als auch auf Empfängerseite
elektronische Schaltungen zur Generierung bzw. Auswertung des Datenstroms notwendig sind, ist dieser Ansatz recht aufwendig.

In Weitverkehrsnetzen wird meist eine Bitfehlerrate von kleiner 10^{-12} gefordert,
d. h. bei einer Übertragungsrate von 10 Gbit/s tritt alle 100 s ein Bitfehler auf. Um ein
hinreichend genaues Ergebnis zu erhalten, muss mindestens 10 mal so lange gemessen
werden, d. h. ca. 17 min. Das Problem ist, dass für diese Zeit die reguläre Übertragung
von Nutzdaten unterbrochen werden muss und daher ist die Messung der Bitfehlerrate
nur bei Inbetriebnahme üblich. Um die Qualität der Übertragung im laufenden Betrieb
zu ermitteln, hat man andere Verfahren gesucht, die diese aus den Nutzdaten heraus
ermitteln können.

Abb. 5.72 zeigt die Messung der Pseudo-Fehlerrate. Ein bereits seit langem
bekanntes Verfahren zur Bewertung der Signalqualität ist die sogenannte
Pseudo-Fehlerratenmessung (PER = pseudo error rate). Hierbei wird das Signal durch
zwei getrennte Wege, einem Haupt- und einem Nebenweg, abgetastet. Dabei wird der
Hauptkanal mit optimalen Einstellungen für Abtastzeitpunkt und Entscheidungsschwelle
betrieben. Der Nebenweg hingegen wird mit einstellbarem Abtastzeitpunkt und variabler
Entscheidungsschwelle ausgelegt. Wird der Nebenweg in einen ungünstigeren Arbeitspunkt gebracht, so weichen dessen abgetastete Werte teilweise von denen des Haupt-
weges ab. Diese Abweichungen werden mit einem Exklusiv-ODER-Gatter detektiert und
anschließend gezählt. Auf diese Weise lässt sich eine Pseudo-Fehlerrate ermitteln.

Abb. 5.72 Messung der
Pseudo-Fehlerrate

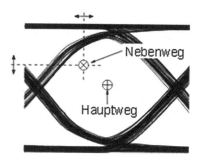

Die Pseudo-Fehlerrate soll beispielsweise für 10 Gbit/s untersucht werden. Die Detektierung kann z. B. im laufenden Betrieb die aktuelle Fehlerrate abschätzen, wobei sich sogar Fehlerraten von kleiner 10^{-20} extrapolieren lassen. Bei dieser Messung wird die Pseudo-Bitfehlerrate über der Entscheidungsschwelle aufgetragen. Die sich ergebende Kurve ähnelt einem V, daher wird dieses Verfahren oft auch als „V-Kurve"-Messung bezeichnet. Auch in kommerziellen Produkten wird dieses Verfahren teilweise eingesetzt.

Nachteilig bei diesem Verfahren ist jedoch, dass zur präzisen Messung eine massive Rechnerunterstützung notwendig ist, da verschiedene Messpunkte angefahren werden müssen. Dieses benötigt auch entsprechend Zeit, so dass eine Kompensation der PMD mit diesem Verfahren nicht realisiert werden kann. Außerdem setzt dieses Verfahren voraus, dass sich der Hauptweg immer im Optimum befindet.

Neben dem erwähnten Verfahren zur PER-Bestimmung, das mit einem Offset in der Entscheidungsschwelle arbeitet und daher wird das Verfahren auch als „lower-threshold method" bezeichnet. Es gibt aber noch ein weiteres Verfahren, das dem Gebiet der PER zuzurechnen ist. Dieses wird als „Additives Rausch-Verfahren" (additive noise method) bezeichnet. Dabei wird ein Teil des (optischen) Signals abgezweigt und einem Rauschsignal überlagert. Anschließend werden die empfangenen Bits des regulären Kanals mit denen des zusätzlich verrauschten Kanals verglichen, wobei sich Abweichungen zwischen diesen beiden Bits als Pseudofehler auswerten lassen.

Wird das Signal mit mehreren Komparatoren bei unterschiedlichen Schwellen abgetastet und die Häufigkeit eines jeden Abtastwertes gezählt, so ergibt sich das Histogramm von Abb. 5.73. Hierbei lässt sich das Signal auch asynchron, z. B. mit einem Sampling-Scope, abtasten, so dass auch optisch transparente Kanäle auf ihre Qualität hin überwacht werden können.

Neben der Bitfehlerrate lassen sich teilweise noch weitere Ursachen für Störungen, wie Übersprechen, Verstärkerrauschen und Dispersion, aus dem gemessenen Histogramm ableiten.

In dem Augenmuster-Analysator wird ein Rechteck in der Augenmitte im Prinzip definiert, wie Abb. 5.74 zeigt. Dabei ist die Höhe fest vorgegeben (genauer: über eine externe Spannung einstellbar), die Breite hingegen ist variabel. Durch eine geeignete

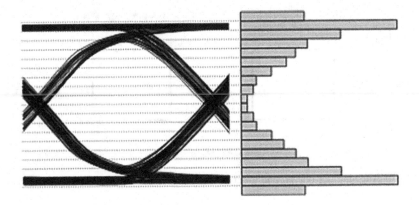

Abb. 5.73 Bewertung der Signalqualität mit einem Histogramm

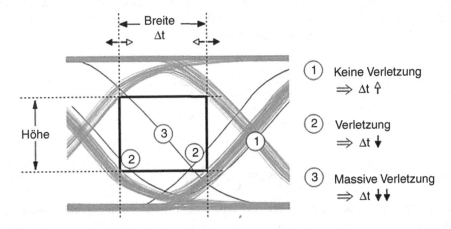

Abb. 5.74 Prinzip der Augenöffnungsbewertung

Schaltung wird die Breite des Rechtecks stetig an die Augenöffnung angepasst. Dabei wird die Regel angewendet: Immer, wenn ein Signalverlauf das Rechteck berührt, wird dies als Verletzung betrachtet. Zusätzlich wird noch zwischen normalen Verletzungen, bei denen das Signal nur eine Ecke streift (2), und massiven Verletzungen (3), bei denen das Signal das gesamte Rechteck durchquert, unterschieden. Wird das Rechteck verletzt, wird dessen Breite verringert, wobei eine massive Verletzung zu einer entsprechend stärkeren Verringerung führt. Andererseits wird die Breite vergrößert, wenn keine Verletzung vorliegt (1). Im eingeschwungenen Zustand ist die eingestellte Breite somit ein Maß für die aktuelle Augenöffnung bei gegebener Höhe des Rechtecks.

Es soll zunächst die Implementierung des Bewertungsrechtecks für den 10 Gbit/s-Entwurf vorgestellt werden. Zunächst werden die obere und untere Seite des Bewertungsrechtecks durch zwei Komparatoren (K_1 und K_2) festgelegt, deren

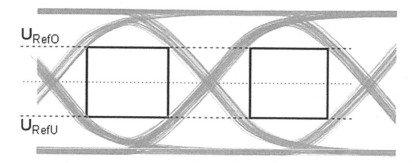

Abb. 5.75 Festlegung der oberen und unteren Seite des Rechtecks bei einem Augenmuster-Analysator

Referenzspannungen U_{RefO} und U_{RefU} symmetrisch zur Augenmitte gewählt sind, wie Abb. 5.75 zeigt. Ein weiterer Komparator arbeitet in der Augenmitte. Die Zustände der Komparatoren ergeben sich, hierbei wird ein differenzielles Signal zugrunde gelegt, d. h. die Mittellinie des Augendiagramms liegt bei 0 V:

$$K_1 = \begin{cases} 0 & U < U_{RefO} \\ 1 & U > U_{RefO} \end{cases}$$

$$K_2 = \begin{cases} 0 & U < U_{RefU} \\ 1 & U > U_{RefU} \end{cases}$$

$$K_3 = \begin{cases} 0 & U < 0 \\ 1 & U > 0 \end{cases}$$

Die Erzeugung der variablen rechten und linken Seite ist erwartungsgemäß etwas aufwendiger.

Ausgehend vom externen 10-GHz-Systemtakt wird zunächst ein 5-GHz-Quadraturtakt erzeugt und mit Hilfe einer Phasenregelschleife DLL (Delay Locked Loop) zum Datensignal synchronisiert. Abb. 5.76 zeigt die Lage der beiden Quadraturtakte Clk_0 und Clk_{90}. Von diesem Quadraturtakt werden dann zwei weitere Takte (Clk_R und Clk_L) in Abb. 5.77 abgeleitet, deren Phasen sich in Abhängigkeit von Δt symmetrisch zu Clk_0 verstellen lassen.

Diese Takte bilden die linke (Clk_L) und die rechte Seite (Clk_R) des Bewertungsrechtecks. Mit jeder fallenden Flanke des Taktsignals werden dabei die Komparatoren abgetastet. Um die Schaltung etwas einfacher zu gestalten, werden genau genommen nicht die linke und rechte Seite eines Rechtecks bewertet, sondern die rechte Seite eines Rechtecks und die linke Seite des darauffolgenden Rechtecks, wie Abb. 5.77 zeigt. Hierdurch ergibt sich der Vorteil, dass nur eine Datenflanke berücksichtigt werden muss. Des Weiteren wird durch den durch zwei geteilten Takt nur jedes zweite Auge abgetastet, wodurch sich die Geschwindigkeitsanforderungen an die Elektronik reduzieren lassen.

Quadratur–Takt von der DLL

$\overline{\text{Clk}_0}$ $\overline{\text{Clk}_{90}}$ Clk_0 Clk_{90}

Abb. 5.76 Lage der beiden Quadraturtakte Clk_0 und Clk_{90}

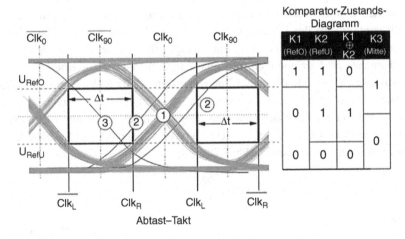

Abb. 5.77 Festlegung der linken und rechten Seite des Rechtecks

Da eine Auswertung der abgetasteten Werte nur dann sinnvoll ist, wenn auch eine Datenflanke vorhanden ist, wird ein dritter Komparator K_3 mit einer Referenzspannung in der
Augenmitte als Flankendetektor (FD) verwendet. Ein FD-Signal ergibt sich durch

$$FD = K_3\left(\overline{T_L}\right) \oplus K_3(T_L)$$

Hierbei bedeutet $K_3(T_L)$ das Ausgangssignal des Komparators 3, welches mit fallender
Flanke von Clk_L abgetastet wurde; entsprechend ist $K_3\left(\overline{T_L}\right)$ das bei steigender Flanke
von Clk_L abgetastete Signal. Mit diesem FD-Signal und den gespeicherten Signalen der

Komparatoren K_1 und K_2 kann durch logische Verknüpfungen entschieden werden, ob eine Verletzung vorliegt, und ob es sich um eine massive Verletzung handelt:

$$\Delta t \uparrow = \overline{[(T_R) \oplus K_2(T_R) + K_1(T_L) \oplus K_2(T_L)]} \cdot FD$$

$$\Delta t \downarrow = [K_1(T_R) \oplus K_2(T_R) + K_1(T_L) \oplus K_2(T_L)] \cdot FD$$

$$\Delta t \downarrow\downarrow = \left[K_1(T_R) \oplus \overline{K}_1(T_L) + K_1(T_L) \oplus \overline{K}_2(T_L)\right] \cdot FD$$

Anschließend wird das Rechteck entsprechend verkleinert oder vergrößert und die Bewertung beginnt von neuem.

5.4.5 BER-Messung auf analoger Basis (Augendiagramm)

Ein Hilfsmittel, das es erlaubt, mit wenig Aufwand sehr anschaulich die Qualität einer digitalen Übertragung zu beurteilen, stellt das sogenannte Augendiagramm dar. Über sein Aussehen können Dämpfungs- und Laufzeitverzerrungen erkannt und allgemein auf die Störanfälligkeit des Übertragungssystems geschlossen werden. Das Diagramm, welches eine gewisse Ähnlichkeit mit einem Auge aufweist, erhält man durch Anlegen des empfangenen und demodulierten Signals an dem Y-Eingang eines Oszilloskops, das gleichzeitig extern mit dem Taktsignal der Daten (Bitclock) getriggert wird. Als horizontale Zeitbasis werden eine oder mehrere Perioden der Bitdauer eingestellt. Durch das „Übereinanderschreiben" der vielen einzelnen Signalelemente eines Zufallsmusters (PRBS), die zeitlich nacheinander auftreten, entsteht aufgrund des Nachleuchtens des Bildschirms das Augendiagramm (Abb. 5.78).

Abb. 5.78 Typisches Aussehen eines Augendiagramms

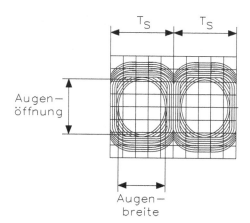

Abb. 5.79 Messaufbau zur
Aufnahme des Augenmusters

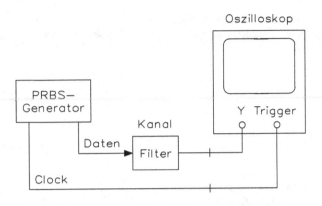

Abb. 5.80 Augendiagramm
für ein binäres PRBS-Signal

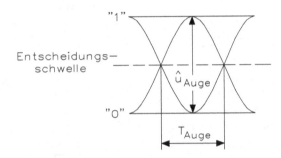

Im Messaufbau zur Aufnahme des Augenmusters (engl.: eye pattern) repräsentiert das Filter die Tiefpasscharakteristik des Übertragungskanals (Abb. 5.79).

Um das Aussehen des Augendiagramms auch etwas zahlenmäßig zu erfassen und pauschal die Tendenz (größer oder kleiner) bei auftretenden Bitfehlern angeben zu können, hat man einige Definitionen eingeführt, wie Abb. 5.80 zeigt.

Die wichtigste Größe und gleichzeitig ein Kriterium für den „worst-case" ist die vertikale Augenöffnung $\hat{u}_{Auge}$ in den Abb. 5.80 und 5.81, die immer im Zusammenhang mit der vorgegebenen Entscheidungsschwelle zu verstehen ist. Anhand dieser Schwelle wird entschieden, ob das gerade übertragene Bit ein 0- oder ein 1-Signal war. Aber auch die horizontale Augenöffnung lässt Rückschlüsse auf Einflüsse während der Übertragung zu. So stellt die Augenbreite ein direktes Maß für den Jitter dar. Im Idealfall eines jitterfreien Bitmusters würden sich alle Augenlinien bzw. die Schwelldurchgänge in einem Punkt schneiden!

Die Abb. 5.80 zeigt z. B. das Augendiagramm eines binären (nur 0- bzw. 1-Zustand möglich) PRBS-Signals, das im Basisband über einen Kanal mit cosinusförmiger Tiefpasscharakteristik übertragen wurde. Aus Abb. 5.81 ist die entsprechende Figur für einen pseudoternären Vorgang (AMI-Signal mit drei Zuständen: +1, 0 und −1) ersichtlich. Auch das Augenmuster eines GMSK-modulierten, binären Signals darf in dieser Übersicht nicht fehlen (Abb. 5.82), da derartige digitale Frequenzmodulationsverfahren mit „Gaußscher Vorfilterung" des Signals immer häufiger Anwendung finden.

Abb. 5.81 Augendiagramm
für ein quasiternäres AMI-
Signal

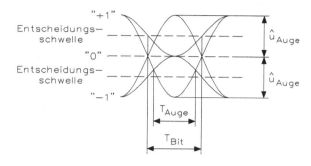

Abb. 5.82 Augendiagramm
für ein GMSK-Signal

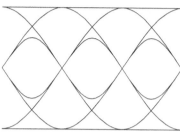

Abb. 5.83 Augendiagramm
für ein 4-PSK-Signal

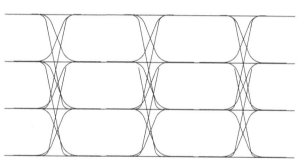

Höherwertige Systeme auf der Basis von z. B. vier Modulationszuständen wie die
4-PSK-Methode führen zu Diagrammen mit drei Augen (Abb. 5.82). Die Aussagekraft
dieser Augenmuster kann ergänzt werden durch die Aufnahme eines dazugehörigen
Phasenzustandsdiagramms (Abb. 5.83).

Je größer die Augenöffnungen in jede Richtung sind, desto sicherer wird die Übertragung und desto wahrscheinlicher ist es, dass die Diskriminatorschaltung den gerade
vorliegenden Signalwert richtig interpretieren kann. Schließt sich das Auge aufgrund
von Störungen auf dem Übertragungsweg (Nebensprechen, Rauschen), so muss damit

gerechnet werden, dass die Entscheidungsschwelle immer häufiger nach der falschen Seite hin überschritten wird. Prinzipiell ist es möglich, ein Augendiagramm für jedes Digitalsignal aufzuzeichnen, also auch für das Sende- und Empfangssignal in einem Übertragungssystem. Durch Vergleichen des Augenmusters vor und nach der Übertragung kann mit einiger Übung eine Aussage darüber getroffen werden, welchen Dämpfungs- und Laufzeitverzerrungen das Signal auf dem Übertragungsweg ausgesetzt ist.

Als Beispiel für eine praktische Anwendung sei erwähnt, dass das Augendiagramm ein sinnvolles Kriterium bei der Wahl der Abstände von Regenerierverstärkern längs einer Leitung darstellt. Da das Auge sozusagen alle Einflüsse erfasst, wird dann die Regeneratorfeldlänge so ausgelegt, dass auch bei den für das System schwierigsten Bitsequenzen des PRBS-Signals das Auge „noch offen bleibt".

5.4.6 Bitfehlerdarstellung im Signalzustandsdiagramm

Wie bekannt ist, werden in digitalen Übertragungssystemen anstelle der binären Frequenzmodulation (die nur zwei mögliche Zustände kennt) immer häufiger „frequenzsparsame" Modulationsverfahren verwendet. Es handelt sich hier um spezielle Varianten der Quadraturmodulation. Am bekanntesten sind dabei noch die vierstufige (für 2440 Bit/s) und die achtstufige (für 4800 Bit/s) Phasendifferenzmodulation. Bei einer Übertragungsgeschwindigkeit von 9600 Bit/s ist jedoch bereits eine kombinierte Amplituden- und Phasenmodulation mit 16 Modulationsstufen üblich.

Die unterschiedlichen Wertigkeiten der Modulation können durch das sogenannte Signal- oder Phasenzustandsdiagramm (Konstellationsdiagramm) dargestellt werden. Dazu führt man im empfangsseitigen Datenmodem die nach der Demodulation entstehenden Signale r(t) und q(t) dem X- bzw. Y-Eingang eines Oszilloskops zu. Durch Helldunkelsteuerung mit der Schrittfrequenz (über den Z-Eingang) entsteht dann auf dem Bildschirm als etwas ungewöhnliche Lissajous-Figur das Signalzustandsdiagramm.

Mit Hilfe dieser Diagramme (Abb. 5.84) lassen sich die einzelnen Modulationsverfahren besonders anschaulich interpretieren. Die Lage eines jeden Punktes in den verschiedenen Quadranten steht ja für eine spezielle Bitsequenz und stellt somit einen Modulationszustand dar. Mit Bitfehlern muss dann gerechnet werden, wenn ein Punkt außerhalb seines ihm zugeordneten Entscheidungsbereichs (gestrichelte Linien) zu liegen kommt.

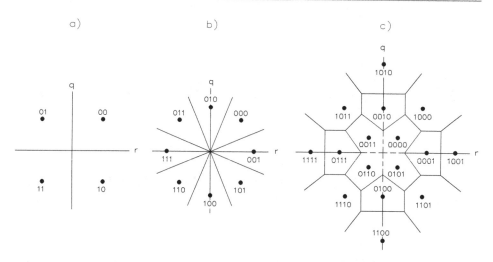

Abb. 5.84 Signalzustandsdiagramme und Codewörter bei einer (**a**) vierstufigen Phasendifferenzmodulation (**b**) achtstufigen Phasendifferenzmodulation (**c**) Quadratur-Amplitudenmodulation (16
Stufen)

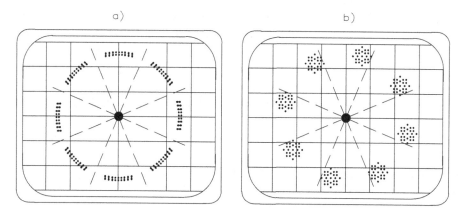

Abb. 5.85 Signalzustandsdiagramm bei einer achtstufigen Phasendifferenzmodulation (**a**) mit
Phasenjitter (**b**) bei ungenügendem Signal-Geräusch-Abstand

Es ist einzusehen, dass besonders bei der hier höchsten Übertragungsrate von
9600 Bit/s wegen des engen Entscheidungsbereichs die Störungen aufgrund von
Geräusch, Phasenjitter, Phasensprüngen, Pegelspannungen, usw. klein bleiben müssen,
damit die Bitfehlerrate nicht zu sehr ansteigt. Sind trotzdem Bitfehler zu beobachten, so
sind diese im Signalzustandsdiagramm sofort qualitativ zu sehen. Abb. 5.85a zeigt für

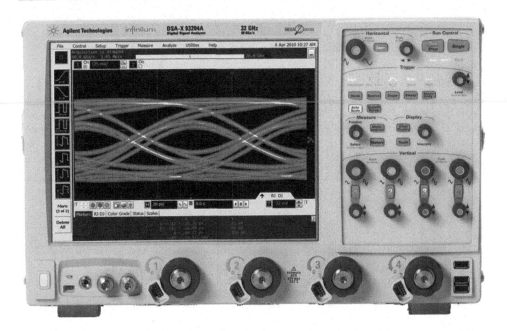

Abb. 5.86 Oszillogramm für das Augendiagramm

eine 8-stufige PDSK-Modulation z. B. die Auswirkung einer Störphasenmodulation oder einer Überlagerung des Nutzbitstroms mit einem Rauschsignal, was zum Phasenjitter führt. Im Diagramm hat dies zur Folge, dass die Signalpunkte nicht mehr an Ort und Stelle bleiben, sondern sich bogenförmig bewegen.

Wird andererseits der Signal-Geräusch-Abstand zu gering (z. B. infolge des Nebensprechens), so zeigt die Struktur ein ebenfalls eigentümliches Aussehen, aus der ein geübtes Auge leicht den Grund der störenden Beeinflussung entnehmen kann (Abb. 5.85b).

Abb. 5.86 zeigt ein Oszillogramm für das Augendiagramm.

PC und Laptop als Oszilloskop 6

Die digitale Signalverarbeitung ist eine hochentwickelte Rechnertechnik, die in den vielfältigsten Gebieten zum Einsatz kommt. Ständig steigende Ansprüche, z. B. in der Qualitätssicherung, und ein damit verbundener steigender Qualitätsstandard erfordert eine ebenso ständig steigende Rechnerleistung zur Erfassung, Verarbeitung und Darstellung der Messdaten.

Die digitale Verarbeitung analoger Größen wird durch die Fortschritte der PC-Technik interessanter, da sich erhebliche Vorteile gegenüber der früheren Messtechnik ergeben:

- Keine Bauteiletoleranzen, keine Temperaturdrift und keine Alterung, die das Messergebnis verfälschen, denn es gilt: „Wer misst, misst Mist". Insbesondere werden dadurch Systeme realisierbar, bei denen eine exakte Übereinstimmung mehrerer Signalpfade wichtig ist, z. B. wenn deren Ausgangssignale in einer Matrix verknüpft werden sollen.
- Hohe Unempfindlichkeit gegen Störungen: Solange eine Störung unterhalb der logischen Entscheidungsschwelle bleibt, ist sie ohne jede Wirkung.
- Exakte Simulation ist möglich: Ein digitales System lässt sich exakt auf einem PC simulieren. Bei der Simulation analoger Systeme ist dagegen immer eine Idealisierung notwendig, sodass man im Wesentlichen diverse Randeffekte vernachlässigen kann.
- Beliebig tiefe Signalfrequenzen: Bei entsprechender Wahl der Abtastfrequenzen können extrem niedrige Signalfrequenzen verarbeitet werden. Digitale Zusatzspeicher halten die Informationen beliebig lange ohne jeden Verlust, während einem Analogsystem durch Leckströme von Kondensatoren und Drift bei Operationsverstärkern relativ schnell Grenzen gesetzt sind. Auch ist beispielsweise ein digitaler Integrator frei von Stabilitätsproblemen, da es keine Offsetspannung gibt.

© Springer Fachmedien Wiesbaden GmbH, ein Teil von Springer Nature 2020
H. Bernstein, *Messen mit dem Oszilloskop,* https://doi.org/10.1007/978-3-658-31092-9_6

- Exakt lineare Phase: Filter mit exakt (nicht nur approximiert) linearer Phase sind mit vertretbarem Aufwand darstellbar.
- Programmierbar: Durch Veränderung von Koeffizienten lassen sich die Systemeigenschaften einstellen, und damit sind auch adaptive Systeme leicht realisierbar.
- Betrieb im Zeitmultiplex: Mit Ausnahme der Zustandsspeicher können die Funktionseinheiten eines Digitalsystems im Zeitmultiplex-Verfahren von mehreren Untersystemen gemeinsam verwendet werden. Dadurch kommt die hohe Rechengeschwindigkeit, die heutige PCs direkt oder mit Zusatzkarten für die Rechenbeschleunigung erreichen, auch Systemen mit niedriger Abtastrate zugute.
- Monolithisch integrierbar: Oberhalb einer bestimmten Komplexität bzw. Genauigkeit ist ein digitales System wirtschaftlicher als ein analoges Messsystem. Durch weitere Verkleinerung der Strukturen und Optimierung der Prozesse wird sich diese Schwelle noch erheblich nach unten verschieben.

Physikalische Größen liegen in aller Regel als Analogsignale vor, müssen also zunächst in eine Folge von Zahlen umgesetzt werden. Abb. 6.1 zeigt die Anordnung der Funktionsblöcke. In der Regel wird das Eingangssignal zunächst durch einen analogen Tiefpass (Antialiasing-Filter) gefiltert. Dessen Notwendigkeit wird noch ausführlich erklärt.

6.1 Aufbau eines digitalen Messsystems

Das bandbegrenzte Signal wird im AD-Wandler in eine bestimmte Zahlenfolge und Format umgewandelt, die im Digitalsystem verarbeitet (gefiltert, moduliert, gemessen usw.) wird. Der DA-Wandler setzt die Zahlen wieder in eine physikalische Größe um. Die Quantisierung (Unterteilung des Amplitudenbereichs eines kontinuierlich verlaufenden Signals in eine endliche Anzahl kleiner Teilbereiche) ist jedoch damit noch nicht aufgehoben, sodass das Signal in Form einer Treppenkurve vorliegt. Aufgrund dieser Stufung sind neben dem Signal selbst noch höherfrequente Anteile (alle oberhalb der halben Abtastfrequenz) vorhanden. Daher ist grundsätzlich noch ein Tiefpass nach-

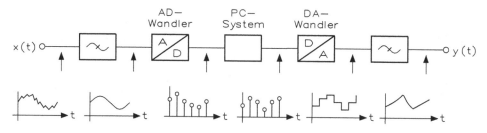

Abb. 6.1 Prinzipieller Aufbau eines digitalen Signalverarbeitungssystems mit den Funktionsblöcken und den dazugehörigen Signaldiagrammen

Abb. 6.2 Kurve a zeigt
das analoge Eingangssignal,
das durch den AD-Wandler
in die quantisierte Kurve b
umgesetzt wird. Es entsteht der
Fehler von Kurve c, den man
als Quantisierungsrauschen
bezeichnet

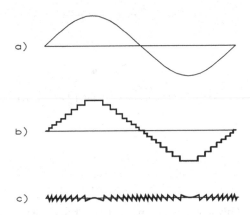

zuschalten (Rekonstruktionsfilter). In einigen Fällen erübrigt sich dieses Filter, wenn das
nachfolgende System selbst über Tiefpasseigenschaften verfügt, z. B. ein Lautsprecher in
einem Audiosystem oder ein elektromechanisches Stellglied in einem Regelkreis.

Bei der AD-Wandlung wird das Signal sowohl zeit- als auch amplitudenquantisiert.
Die Genauigkeit der Amplitudendarstellung wird durch die Wortbreite bestimmt.
Abb. 6.2 zeigt als Beispiel ein Sinussignal (Kurve a), das einen AD-Wandler durchläuft.
Infolge der Quantisierung ist das Digitalsignal (Kurve b) mit einem Fehler behaftet, wie
Kurve c zeigt. Betrachtet man diesen Fehler nun zu den äquidistanten Zeitpunkten, so
stellt sich heraus, dass die Werte innerhalb ihrer Bandbreite willkürlich verteilt sind,
d. h. sie sind also statistisch unabhängig voneinander. Daher wird der Fehler auch als
Quantisierungsrauschen bezeichnet. Wohlgemerkt, hier ist keine thermische Rausch-
quelle angegeben; d. h. auch ein idealer Wandler rauscht in diesem Sinne, sobald ein
Wechselsignal vorliegt.

Gleichzeitig wird das Signal zeitquantisiert, d. h. es wird zu diskreten Zeitpunkten
abgetastet, die durch die Abtastfrequenz bestimmt wird. Das Abtasttheorem besagt,
dass die Abtastfrequenz mindestens der doppelten Maximal-Signalfrequenz entsprechen
muss; umgekehrt ausgedrückt, dass das Signal auf die halbe Abtastfrequenz band-
begrenzt sein muss. Andernfalls tritt der sogenannte Alias-Effekt (alias [lat.] = anderswo)
auf, d. h. höherfrequente Signale werden auf Frequenzen im Basisband umgesetzt und
sind vom Nutzsignal nicht mehr zu unterscheiden. Abb. 6.3 zeigt diesen Effekt. Eine
hohe Signalfrequenz wird unter Verletzung des Abtasttheorems abgetastet; die entstandene Zahlenfolge ist dieselbe, die bei Abtastung eines entsprechend niederfrequenten
Signals entstanden wäre.

Gelegentlich wird dieser Effekt auch bewusst ausgenutzt. Zum besseren Verständnis sei an die Stroboskoplampe erinnert: Ein sich drehendes Objekt wird mit einer Bild-
lampe beleuchtet, deren Blitzfrequenz in der Nähe der Drehzahl liegt. Dadurch wird
die Position des Objekts abgetastet. Die Folge ist der bekannte Effekt, dass eine entsprechend niedrige Drehzahl vorgetäuscht wird.

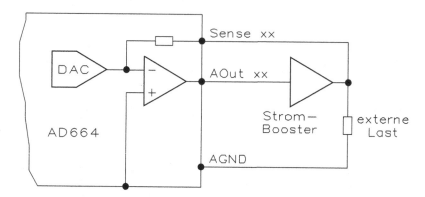

Abb. 6.3 Bei einem nicht bandbegrenzten Eingangssignal kann der Alias-Effekt bei höherfrequenten Signalen ein Nutzsignal im Basisband vortäuschen und einen erheblichen Messfehler verursachen

In der Praxis ist die Abtastfrequenz etwas höher zu wählen, als durch das Abtasttheorem gefordert. Andernfalls müsste das Anti-Aliasing-Filter ein idealer, unendlich steiler Tiefpass sein.

Im Anschluss an die AD-Wandlung folgt die eigentliche Signalverarbeitung durch das PC-System. Ein Großteil der hier anfallenden Aufgaben lassen sich als lineare Filterfunktionen beschreiben.

6.1.1   Simulierter AD-Wandler

Analog-Digital-Wandler oder ADW funktionieren nach sehr unterschiedlichen Umsetzungsverfahren. Überwiegend werden jedoch, ähnlich wie bei den DA-Wandlern, nur einige wenige Verfahren in der Praxis eingesetzt. Die Wahl des Verfahrens wird in erster Linie durch die Auflösung und die Umsetzgeschwindigkeit bestimmt.

Es sind viele Verfahren zur Digitalisierung einer analogen Eingangsspannung bekannt. Aus der Tatsache, dass für jedes Umsetzverfahren jeweils ein spezieller AD-Baustein entwickelt wurde, lässt sich daraus ableiten, dass sich jedes einzelne AD-Verfahren unter bestimmten Anwendungsbedingungen vorteilhaft einsetzen lässt. Neben den bei der Umsetzung entstehenden grundlegenden Fehlern beinhaltet jedes Umsetzverfahren auch systembedingte Fehler. Für den Anwender von AD-Wandlern ist deshalb eine Grundkenntnis der verschiedenen Umsetzverfahren vorteilhaft.

Für Wandler mit mittlerer bis sehr schneller Umsetzgeschwindigkeit ist das Verfahren der „sukzessiven Approximation", dem Wägeverfahren oder der stufenweisen Annäherung wichtig, denn über 80 % aller AD-Wandler arbeiten nach diesem Prinzip. Ebenso wie die Zähltechnik gehört diese Methode zur Gruppe der Rückkopplungssysteme. In diesen Fällen liegt ein DA-Wandler in der Rückkopplungsschleife eines

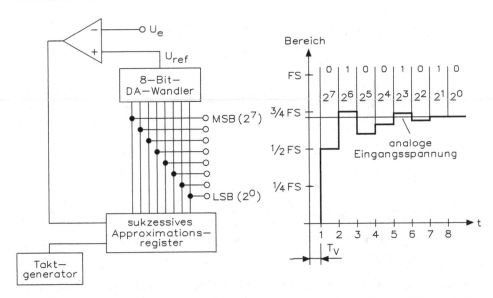

Abb. 6.4 AD-Wandler, der nach der „sukzessiven Approximation", dem Wägeverfahren oder der stufenweisen Annäherung arbeitet

digitalen Regelkreises, der seinen Zustand so lange ändert, bis seine Ausgangsspannung dem Wert der analogen Eingangsspannung entspricht. Im Falle der schrittweisen Annäherung wird der interne DA-Wandler von einer Optimierungslogik (SAR-Einheit oder sukzessives Approximationsregister) so gesteuert, dass die Umsetzung in nur n Schritten bei n Bit-Auflösung beendet ist.

In Abb. 6.4 ist das Verfahren nach der „sukzessiven Approximation", dem Wägeverfahren oder der stufenweisen Annäherung gezeigt. Mittelpunkt der Schaltung ist das sukzessive Approximationsregister mit einer Optimierungslogik für die Ansteuerung des DA-Wandlers. Das Verfahren wird als Wägeverfahren bezeichnet, da seine Funktion vergleichbar ist mit dem Wiegen einer unbekannten Last mittels einer Waage, deren Standardgewichte in binärer Reihenfolge, also ½, ¼, $^1/_8$, … $^1/_n$ kg, aufgelegt werden. Das größte Gewicht (½) legt man zuerst in die Schale. Falls die Waage nicht kippt, wird das nächstkleinere (¼) hinzugefügt.

Kippt aber die Waage, so entfernt man das zuletzt aufgelegte Gewicht wieder und legt das nächstkleinere $\left(^1/_n\right)$ auf. Diese Prozedur lässt sich fortsetzen, bis die Waage in Balance ist oder das kleinste Gewicht $\left(^1/_n\,\text{kg}\right)$ aufliegt. Im letzteren Fall stellen die auf der Ausgleichsschale liegenden Standardgewichte die bestmögliche Annäherung an das unbekannte Gewicht dar. Abb. 6.5 zeigt das Flussdiagramm der stufenweisen Annäherung.

In dem Flussdiagramm erkennt man die Arbeitsweise einer 3-Bit-SAR-Einheit. Die Messspannung wird zuerst mit dem MSB (Most Significant Bit), dem werthöchsten Bit, auf den Wert „100" gesetzt, und der DA-Wandler erzeugt eine entsprechende Ausgangsspannung, die mit der Messspannung im Komparator verglichen wird. Durch den

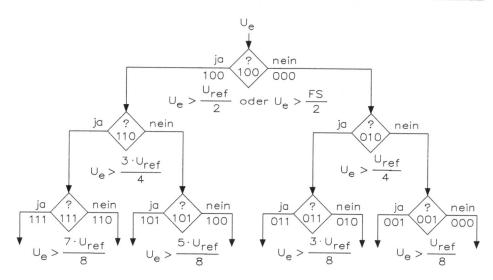

Abb. 6.5 Flussdiagramm für einen 3-Bit-Wandler, der nach der „sukzessiven Approximation" arbeitet

Komparator erhält man einen Vergleich, der sofort besagt, ob die Messspannung größer oder kleiner als die Vergleichsspannung ist. Im ersten Fall besetzt die SAR-Einheit die MSB-Stelle und ein neuer Vergleich mit dem Spannungsbetrag MSB + MSB − 1 wird durchgeführt. Ist die Messspannung kleiner als die Vergleichsspannung, wird das MSB nicht gesetzt und der nächste Vergleich mit der Ausgangsspannung MSB − 1 durchgeführt. Diesen Vorgang wiederholt der Wandler mit seinen nachfolgenden Stufen solange, bis für eine vorgegebene Auflösung die bestmögliche Annäherung der Ausgangsspannung des DA-Wandlers an die unbekannte Messspannung erzielt worden ist. Die Umsetzzeit des Stufenwandlers lässt sich daher sofort bestimmen, und der zeitliche Wert berechnet sich bei einer Auflösung von n-Bit aus

$$T_u = n \times \frac{1}{f_T}$$

Mit dem Faktor f_T wird die Ausgangsfrequenz des Taktgenerators bezeichnet.

Nach n-Vergleichen zeigt der Digitalausgang der SAR-Einheit jede Bitstelle im jeweiligen Zustand an und stellt damit das codierte Binärwort dar. Ein Taktgenerator bestimmt den zeitlichen Ablauf. Die Effektivität dieser Wandlertechnik erlaubt Umsetzungen in sehr kurzen Zeiten bei relativ hoher Auflösung. So ist es beispielsweise möglich, eine komplette 12-Bit-Wandlung in weniger als 800 ns durchzuführen.

Ein weiterer Vorteil liegt in der Möglichkeit eines „Short Cycle"-Betriebes, bei dem sich unter Verzicht auf Auflösung noch kürzere Umsetzzeiten ergeben. Die Fehlerquelle in diesem Verfahren ist ein inhärenter Quantisierungsfehler, der durch ein Überschwingen auftritt. Arbeitet man mit einem 12-Bit-AD-Wandler, so muss

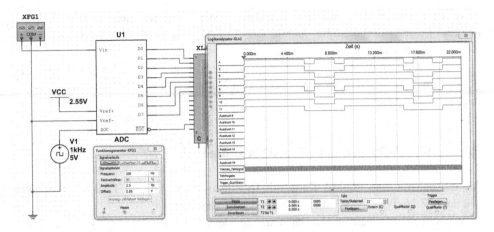

Abb. 6.6 Simulierter 8-Bit-AD-Wandler, der nach der „sukzessiven Approximation" arbeitet

der Taktgenerator drei verschiedene Frequenzen (z. B. 1 MHz, 2 MHz und 4 MHz) erzeugen. Die 1-MHz-Frequenz wird für die Umsetzung des MSB und für die beiden folgenden benötigt. Danach erhöht sich die Frequenz, da jetzt die Amplitudendifferenz der Ausgangsschritte erheblich geringer ist. Bei den letzten drei Bits der Umsetzung kann man die Taktfrequenz nochmals erhöhen, denn die Quantisierungseinheiten sind jetzt deutlich geringer, sodass kein Überschwingen mehr möglich ist.

Analog-Digital-Wandler oder ADW funktionieren nach sehr unterschiedlichen Umsetzungsverfahren. Überwiegend werden jedoch, ähnlich wie bei den DA-Wandlern, nur einige wenige Verfahren in der Praxis eingesetzt. Die Wahl des Verfahrens wird in erster Linie durch die Auflösung und die Umsetzgeschwindigkeit bestimmt.

Für Analog-Digital-Wandler von Abb. 6.6 hat man die „sukzessive Approximation" gewählt. Mit mittlerer bis sehr schneller Umsetzgeschwindigkeit ist dieses Verfahren der „sukzessiven Approximation", dem Wägeverfahren oder der stufenweisen Annäherung in der Praxis wichtig, denn über 80 % aller AD-Wandler arbeiten nach diesem Prinzip. Ebenso wie die Zähltechnik gehört diese Methode zur Gruppe der Rückkopplungs-systeme. In diesen Fällen liegt ein DA-Wandler in der Rückkopplungsschleife eines digitalen Regelkreises, der seinen Zustand so lange ändert, bis seine Ausgangsspannung dem Wert der analogen Eingangsspannung entspricht.

In Abb. 6.6 liegt eine sinusförmige Spannung von 2,5 V am Analog-Digital-Wandler. Die Offsetspannung hat einen Wert von 2,55 V und daher wird die Nulllinie nicht erreicht. Die Referenzspannung beträgt 2,55 V und teilt man den Spannungswert durch 255 Stufen, hat jede Stufe einen Wert von 10 mV. Der Umsetztakt wird von dem Recht-eckgenerator erzeugt und nach 125 ms ist eine Umwandlung vorgenommen worden. Der Ausgang EOC (End of Conversion) zeigt mit einer positiven Flanke das Ende der Umsetzung an. Der Logikanalysator zeigt die einzelnen Kanäle der digitalen Ausgänge.

In der Praxis ist die Abtastfrequenz etwas höher zu wählen, als durch das Abtast-theorem gefordert. Andernfalls müsste das Anti-Aliasing-Filter ein idealer, unendlich steiler Tiefpass sein.

Im Anschluss an die AD-Wandlung folgt die eigentliche Signalverarbeitung durch das PC-System. Ein Großteil der hier anfallenden Aufgaben lassen sich als lineare Filter-funktionen beschreiben.

6.1.2 PC-ISA-Karte mit 12-Bit-AD-Wandler

Als Beispiel für eine PC-ISA-Karte mit 16 Eingängen und einem 12-Bit-AD-Wandler soll der ME-26-Typ dienen. Abb. 6.7 zeigt das Blockschaltbild.

Wenn man mit dem 8-Bit-Datenbus des ISA-Formates arbeitet, kann man die ME-26-PC-ISA-Karte verwenden. Über den 25-poligen Sub-D-Stecker werden die 16 Eingangskanäle abgetastet, die außen anliegen. Es stehen die Eingangsspannungs-bereiche von 0...+10 V, 0...+20 V, ±5 V und ±10 V zur Verfügung. Über die Ablauf-steuerung erhält der Analogmultiplexer seine Adresse und schaltet den entsprechenden Eingangskanal auf den AD-Wandler vom Typ AD1674. Die maximale Wandlungsrate des AD-Wandlers beträgt 60 kHz. Die Wandlung kann über Software, über ein externes TTL-Trigger-Signal oder über einen eingebauten, programmierbaren Timer (Zeit-geber) erfolgen. Dadurch sind Abtastintervalle zwischen 16 µs und 35 min möglich. Eine im AD-Wandler integrierte S&H-Einheit sorgt dafür, dass diverse Messfehler auf ein Minimum reduziert werden. Am Ende einer Wandlung kann ein Interrupt ausgelöst

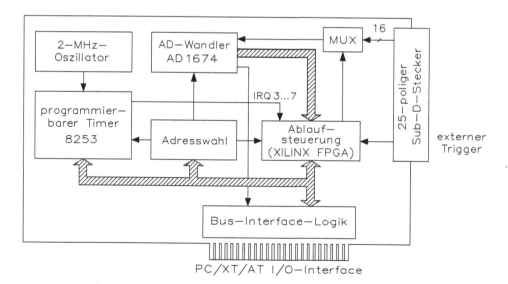

Abb. 6.7 Blockschaltung der ME-26-PC-ISA-Karte

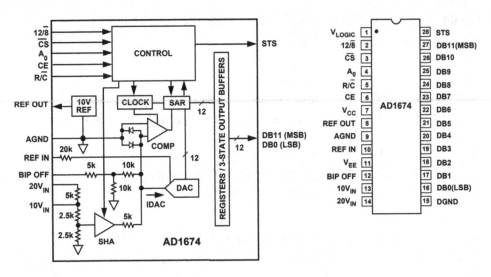

Abb. 6.8 Blockschaltung des 12-Bit-AD-Wandlers AD1674

werden. Die Interruptleitung lässt sich dabei mit Hilfe von Jumpern auf IRQ3...7 einstellen. Die Basisadresse der Karte ist mit Hilfe von Jumpern im Bereich von 0000H...1FE0H steckbar.

Abb. 6.8 zeigt die Blockschaltung des 12-Bit-AD-Wandlers AD1674. Der AD-Wandler befindet sich in einem 28-poligen DIL-Gehäuse mit den Anschlüssen AGND (analoge Masse) und DGND (digitale Masse), die normalerweise verbunden sind. Als positive und negative Betriebsspannung hat VCC = 12 V oder 15 V und VEE = −12 V oder −15 V. Um den Anschluss für externe TTL- und CMOS-Bausteine oder den PC-Bussen zu vereinfachen, hat man die Betriebsspannung $V_{LOGIC} = +5$ V.

Der 12-Bit-AD-Wandlers AD1674 mit den beiden Eingängen $10\,V_{IN}$ und $20\,V_{IN}$ arbeitet in den beiden Betriebsarten. Entweder arbeitet man mit der unipolaren Betriebsart von 0 V bis + 10 V oder mit 0 V bis +20 V, je nach Eingang. In der bipolaren Betriebsart ergeben sich die Spannungsbereiche von ±5 V und ±10 V.

Über den Eingang A_0 startet man mit einem 0-Signal die 12-Bit-Umsetzung. Ist der Eingang A_0 auf 1-Signal, wird in Verbindung mit dem Eingang 12/8 das Ausgabeformat des AD1674 bestimmt. Es gilt die Tab. 6.1.

Mit dem Eingang BIP OFF (bipolar offset) lässt sich die bipolare Betriebsart über einen externen Widerstand von 47 Ω zum Ausgang REF OUT einstellen.

Über CE (Chip Enable) wird der 12-Bit-AD-Wandler mit einem H-Pegel freigegeben und es lassen sich der Wandler oder eine Lese-Operation ausführen. Die eigentliche Baustein-Freigabe erfolgt über CS (Chip Select) mit einem L-Pegel.

Die Datenausgabe erfolgt über die DB-Anschlüsse (Datenbus), wobei drei Betriebsarten möglich sind.

Über REF OUT wird die interne Referenzspannung herausgeführt und diese beträgt 10,000 V.

Tab. 6.1 Ausgabeformat für den 12-Bit-AD-Wandler AD1674

CE	CS	R/C	12/8	A_0	Funktion
0	X	X	X	X	Keine
X	1	X	X	X	Keine
1	0	0	X	0	Initialisierung der 12-Bit-Umsetzung (DB4 – DB11)
1	0	0	X	1	Initialisierung der 8-Bit-Umsetzung (DB3 – DB0) und (DB7 – DB4 = 0)
1	0	1	1	X	Sperre 12-Bit-Parallelausgang
1	0	1	0	0	Sperre der oberen 8-Bit-Ausgänge
1	0	1	0	1	Sperre der unteren 4-Bit-Ausgänge

Tab. 6.2 Werkseitige Grundeinstellung für den I/O-Adressbereich von 700H

$A_{15} A_{14} A_{13} A_{12}$	$A_{11} A_{10} A_9 A_8$	$A_7 A_6 A_5 A_4$	$A_3 A_2 A_1 A_0$
0 0 0 0	0 1 1 1	0 0 0 0	0 0 0 0
□	□ o o o	□ □ □ □	
0	7	0	0

Der Anschluss R/C (Read/convert) dient für die interne Steuerung. Der volle Betrieb wird mit einem H-Pegel für die Leseoperation und einem L-Pegel für die Umsetzung benötigt.

Für die Statusabfrage dient eine Ausgang STS (Status). Mit einem H-Pegel wird signalisiert, dass der 12-Bit-AD-Wandler arbeitet. Ist der Ausgang auf L-Pegel, hat der Wandler seine Aufgabe abgeschlossen.

Über mehrere Jumper lässt sich die Basisadresse der Karte einstellen. Durch Abziehen der Jumper wird die Adresse im Binärcode eingestellt. Mit der Basisadresse beginnend, belegt die Wandlerkarte jeweils acht Byte des I/O-Adressraumes. Hierzu muss man bei der Einstellung die Adressen der anderen PC-Karten beachten, denn andernfalls kommt es zu Adresskonflikten innerhalb des PC.

Ein gesteckter Jumper entspricht einem 0-Signal, ein abgezogener Jumper erzeugt dagegen ein 1-Signal. Damit kann man nun die entsprechende Adressleitung auswählen. Die Basisadresse errechnet sich durch Aufsummierung der Wertigkeiten der abgezogenen Jumper. Das Beispiel von Tab. 6.2 erläutert die werkseitige Grundeinstellung der Karte, die im I/O-Adressbereich von 700H liegt.

Durch das hexadezimale Zahlensystem ergibt sich aus der Stellung der Jumper der I/O-Adressbereich von 700H. Der Jumper ist bei „□" gesteckt und bei „o" offen.

Für die Einstellung der Interruptleitung ist ein weiteres Jumperfeld auf der PC-Einsteckkarte vorhanden. Über die Jumper stellt man die gewünschte Interruptleitung ein. Dabei kann man die IRQ-Leitungen von 3…7 verwenden. Es ist jedoch zu

Tab. 6.3 Interruptquellen

IRQ3	IRQ4	IRQ5	IRQ6	IRQ7
0	0	□	0	0

Tab. 6.4 Ansteuerung eines separaten Jumperfelds für die Eingangsbereiche

Unipolar 0...+10 V	Bipolar −5...+5 V	Bipolar −10...+10 V	Verboten
□ o	□ □	o □	o o
o □	o o	□ o	□ □

beachten, dass der gewählte Interrupt nicht bereits von einer anderen Quelle belegt ist. Für das Beispiel von Tab. 6.3 soll die IRQ5-Leitung aktiviert werden.

Der Jumper verbindet den Interruptausgang der PC-Karte mit der Interruptleitung IRQ5 des PC-Systems.

Wichtig für den Anwender ist der Eingangsbereich für den Wandler. Über ein separates Jumperfeld lassen sich folgende Eingangsbereiche wählen, wie Tab. 6.4 zeigt.

Die Jumperstellung für die Eingangspolarität „unipolar" im Kombination mit dem Eingangsbereich „20 V" ist zu vermeiden. Der Eingangsbereich von 0...20 V ist nicht zulässig.

Durch ein separates Jumperfeld lässt sich der Timerbaustein 8253 einstellen. Hierbei handelt es sich um drei unabhängige, programmierbare Zählereinheiten, die von FFFFH nach 0H abwärtszählen. Ebenso kann man über ein weiteres Jumperfeld die Triggerbedingungen für einen internen oder externen Betrieb bestimmen.

An der Oberseite der PC-Steckkarte befinden sich drei Potentiometer. Mit Potentiometer P_1 stellt man den minimalen Wert ein, wenn bipolar gemessen wird. Über Potentiometer P_2 stellt man den maximalen Wert für die uni- und bipolare Betriebsart ein. Durch Potentiometer P_3 lässt sich der minimale Wert für den unipolaren Betrieb justieren. Die Karte wird für alle Betriebsarten vollständig abgeglichen geliefert. Ein Neuabgleich ist in der Regel nicht notwendig. Ist dies doch notwendig, so führt man den Abgleich mit der Abgleichsoftware ME26TEST.EXE durch. Im Menüpunkt „AD-Einzelwerte" liefert die Abgleichsoftware nicht linearisierte Binärwerte.

6.1.3 16 analoge Eingangskanäle im „single-ended"-Betrieb

Die ME-26-PC-ISA-Karte besitzt 16 analoge Eingangskanäle (single-ended), von denen jeweils einer über einen Multiplexer selektiert wird. Der Ausgang des Multiplexers ist über eine S&H-Einheit mit dem AD-Wandler verbunden. Der AD1674 setzt das entsprechende Eingangssignal in ein 12-Bit-Format um, wenn die Anforderung durch die Ablaufsteuerung erfolgt. Während der Wandlung trennt die S&H-Einheit den

Eingangswert ab und hält die Spannung stabil. Die Busschnittstelle zwischen dem AD-Wandler und dem PC-Bus wurde mit dem parallelen Peripheriebaustein 8255 realisiert. Der FPGA-Baustein übernimmt die Ablaufsteuerung für die Karte. Der programmierbare Zeitgeberbaustein 8253 erzeugt durch Teilung aus einem 2-MHz-Basistakt eine in weiten Bereichen variable Taktfrequenz für die synchrone Abtastung der Messwerte.

Der Anschluss der 16 Kanäle erfolgt nach Abb. 6.9, wobei jede Spannungsquelle mit dem Minuspol an Masse liegt. Der externe Anschlussstecker sollte grundsätzlich nur im spannungslosen Zustand auf den Sub-D-Stecker der Karte aufgesteckt bzw. von diesem abgezogen werden. Dies gilt für alle AD-Kanäle. Die nicht benutzten Eingangskanäle sind immer mit Masse zu verbinden, um ein Übersprechen zwischen den Eingangskanälen zu vermeiden.

Jeder Analogeingang ist über einen 22-kΩ-Widerstand mit Masse verbunden. Damit ergibt sich eine Eingangsimpedanz von ca. 22 kΩ. Um ein Nebensprechen zwischen den Eingangskanälen und Messungenauigkeiten zu vermeiden, sollte die Impedanz der Eingangssignalquellen so klein wie möglich sein (max. 200 Ω).

Alle Eingangsspannungen beziehen sich auf Masse. Dazu sind alle Minusleitungen der Messobjekte mit Masse (GND; Pin 1, 16 oder 17) zu verbinden. Die Plusleitungen der Messobjekte sind mit den gewünschten Kanaleingängen anzuschließen.

Je nach Spannung erzeugt der AD-Wandler einen digitalen Wert zwischen 000H... FFFH. Der Wandler hat 2^n-Zustände mit $2^n - 1$-Übergangspunkten zwischen den einzelnen Zuständen. Der Wert Q ist die Differenz zwischen dem Analogbetrag und den Übergangspunkten. Für den Wandler repräsentiert Q den kleinsten analogen Differenzbetrag, den der Wandler auflösen kann, d. h. Q ist die Auflösung des Wandlers, ausgedrückt für den kleinsten Analogbetrag.

Gewöhnlich wird die Auflösung bei Wandlern in Bits definiert, die die Anzahl der möglichen Zustände eines Wandlers kennzeichnen. Ein Wandler mit einer 12-Bit-Auflösung erzeugt 4096 mögliche Informationen. Im Falle eines idealen Wandlers

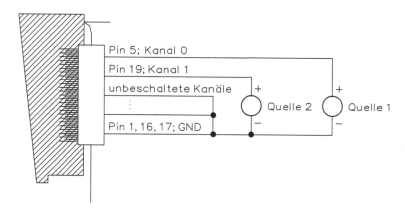

Abb. 6.9 Beschaltung der ME-26-Karte in „single-ended"-Betriebsart

hat der Wert Q über den gesamten Bereich der Übertragungsfunktion exakt den gleichen Wert. Dieser Wert stellt sich als $Q = FSR/2^n$ dar, wobei FSR die Messspanne angibt, also die Differenz zwischen dem minimalen und dem maximalen Messbereich (FS).

Wenn man beispielsweise einen Wandler im unipolaren Bereich zwischen 0 V und +10 V oder im bipolaren Bereich von −5 V bis +5 V betreibt, beträgt der FSR-Wert in jedem Fall mit U = 10 V. Der FS-Wert beträgt dagegen im unipolaren Bereich von 5 V und im bipolaren Bereich mit 10 V. Mit dem Faktor Q bezeichnet man ferner den LSB-Wert, da dieser die kleinste Codeänderung darstellt, die ein Wandler produzieren kann. Das letzte oder kleinste Bit im Code ändert sich dabei von 0 nach 1 oder von 1 nach 0.

Man beachte anhand der Übertragungsfunktionen bei einem Wandler, dass der Ausgangswert niemals ganz den maximalen Messbereich (FS) erreicht. Dies ist der Fall, da es sich beim maximalen Messbereich um einen Nominalwert handelt, der unabhängig von der Auflösung des Wandlers ist. So hat z. B. ein Wandler einen Eingangsbereich von 0 bis +10 V, wobei die 10 V den nominalen Skalenendbereich (= maximaler Messbereich) darstellen. Besitzt der Wandler beispielsweise eine 12-Bit-Auflösung, so ergibt sich ein maximaler Eingangswert von $4095/4096 \cdot 10\,V = 9,9976\,V$. Man erreicht also den maximalen Eingangswert um 1 Bit weniger als er durch die nominale Eingangsspannung angegeben ist. Dies kommt daher, dass bereits der analoge Nullwert einen der 2^n-Wandlerzustände darstellt. Es gibt also sowohl für AD- als auch für DA-Wandler nur $2^n - 1$-Schritte über dem Nullwert. Zur tatsächlichen Erreichung des Skalenendbereiches sind also $2^n + 1$-Zustände nötig, was aber die Notwendigkeit eines zusätzlichen Codebits bedeutet.

Aus Gründen der Einfachheit werden in Spezifikationen die Datenwandler also immer mit ihrem Nominalbereich statt mit ihrem tatsächlich erreichbaren Endwert angegeben. In der Übertragungsfunktion von Abb. 6.10 ist eine gerade Linie durch die Ausgangswerte des AD-Wandlers gezogen. Bei einem idealen Wandler führt diese Linie exakt durch den Nullpunkt und durch den Skalenendwert. Tab. 6.5 zeigt die wichtigsten Merkmale für Datenwandler.

Jeder, auch der ideale Wandler, weist einen unvermeidlichen Fehler auf, nämlich die Quantisierungsunsicherheit oder das Quantisierungsrauschen. Da ein Datenwandler einen analogen Differenzbetrag von <Q nicht erkennen kann, ist sein Ausgang an allen Punkten mit einem Fehler von ±Q/2 behaftet.

Auf der PC-Karte befindet sich ebenfalls der Baustein 8253. Bei diesem Baustein handelt es sich um einen programmierbaren Zähler-/Zeitgeber- Baustein, der drei voneinander unabhängig arbeitende 16-Bit-Zähler enthält. Die Zählereinheiten sind Abwärtszähler, deren Anfangswert dekrementiert wird. Der Zählerstand verringert sich also pro Taktimpuls immer um −1.

Einmal initialisiert ist der 8253 bereit, jede Aufgabe durchzuführen, die ihm per Software zugewiesen wird. Der laufende Zählvorgang jedes Zählers ist dabei völlig unabhängig von denen der anderen Zähler. Mit einer Zusatzlogik können die am häufigsten auftretenden Probleme im Zusammenhang mit der Überwachung und

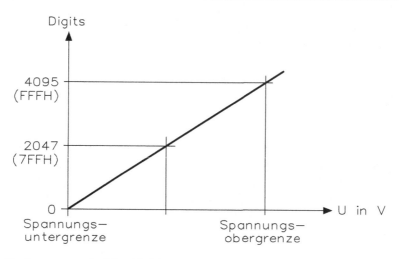

Abb. 6.10 Spannungsverlauf des AD-Wandlers

Tab. 6.5 Charakteristische Merkmale für Datenwandler

Auflösung (n)	Zustände (2^n)	Binäre Gewichtung (2^{-n})	LSB für 10 V FS	Signal/ Rausch-Ver- hältnis (dB)	Dynamik- bereich (dB)	Max. Aus- gang für 10 V FS
4	16	0,0625	625 mV	34,9	24,1	9,3750
6	64	0,0156	156 mV	46,9	36,1	9,8440
8	256	0,00391	39,1 mV	58,9	48,2	9,9609
10	1024	0,00977	9,76 mV	71,0	60,2	9,9902
12	4096	0,000244	2,44 mV	83,0	72,2	9,9976
14	16384	0,0000610	610 µV	95,1	84,3	9,9994
16	65536	0,0000153	153 µV	107,1	96,3	9,9998

Verarbeitung von externen, asynchronen Signalen in einem Mikrocomputersystem gelöst werden.

Die drei unabhängigen 16-Bit-Zähler von Abb. 6.11 sind über den internen Bus mit dem Datenbuspuffer zu erreichen. Es gilt Tab. 6.6.

Durch ein 0-Signal an dem Eingang CS (Chip Select) erfolgt die Freigabe des Bausteins. Liegt an diesem Eingang ein 1-Signal vor, ist der Baustein gesperrt, aber die internen Funktionen laufen ungehindert weiter. Jeder Zähler hat einen separaten Frequenzeingang CLK (Clock). Die maximale Frequenz liegt bei 2 MHz. Mit einem 0-Signal an dem Eingang GATE erfolgt die Sperrung für die Frequenz. Je nach Programmierung erhält man an dem Ausgang OUT eine Frequenz, eine zeitabhängige Funktion oder einen Pegel für einen Interrupt.

Die Abtastrate f_a berechnet sich aus:

Abb. 6.11 Blockschaltung und Beschaltung des programmierbaren Zeitgeberbausteins 8253

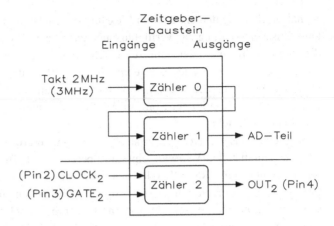

Tab. 6.6 Ansteuerung der internen Einheiten für den programmierbaren Zähler 8253. Die Bezeichnung X bedeutet ein 0- oder 1-Signal

CS	RD	WR	A_1	A_0	Funktion
0	1	0	0	0	Zähler 0 laden
0	1	0	0	1	Zähler 1 laden
0	1	0	1	0	Zähler 2 laden
0	1	0	1	1	Steuerwortregister laden
0	0	1	0	0	Lesen des Inhaltes von Zähler 0
0	0	1	0	1	Lesen des Inhaltes von Zähler 1
0	0	1	1	0	Lesen des Inhaltes von Zähler 2
0	0	1	1	1	Keine Funktion
0	1	1	X	X	Keine Funktion
1	X	X	X	X	Baustein gesperrt

$$f_a = \frac{1}{(Eintrag\ in\ Zähler\ 0) \cdot (Eintrag\ in\ Zähler\ 1)}$$

Wichtig ist, zu unterscheiden, ob der Zähler mit 2 MHz oder 3 MHz betrieben wird. Je nach Programmierung wird das Bit B5 im Kontrollregister CR gesetzt.

6.2 USB-Oszilloskope

Ein USB-Oszilloskop ist ein Messgerät, das aus einem Hardware-Oszilloskopmodul mit den Messeingängen und einer Oszilloskop-Software besteht, das auf einem PC oder Laptop ausgeführt wird. Oszilloskope waren ursprünglich eigenständige Geräte ohne

Signalverarbeitung und erweiterten Messfunktionen, bei denen die Erweiterungen nur als teure Zusatzausstattung zur Verfügung standen. Neuere Oszilloskope verwendeten durch die digitalen Technologien, um zusätzliche Funktionen zu bieten, aber diese blieben jedoch hoch spezialisierte und teure Geräte vorbehalten. PC-Oszilloskope sind der neueste Schritt in der Entwicklung von Oszilloskopen und vereinen die Messleistung der Oszilloskopmodule mit dem Komfort des PC oder Laptop, der bereits auf dem Schreib- oder Labortisch steht.

Der USB-Bus (Universal Serial Bus) ist ein verbreiteter Standard, der dem bisherigen Schnittstellen-Wirrwarr ein Ende bereiten soll. Bisher laufen Mäuse über die serielle Schnittstelle RS232C oder den PS/2-Anschluss. Drucker, Scanner und externe CD-Laufwerke werden mit dem Parallelport verbunden, und die Tastatur verwendet wieder einen eigenen Anschluss. Externe Lautsprecher schließt man an der Soundkarte an und beim Monitor führt das Kabel zur Grafikkarte. Damit ist bei USB Schluss, denn alle Geräte lassen sich zusammen an eine Schnittstelle anschließen. Das funktioniert natürlich nur bei Mainboards oder Geräten, die einen USB-Anschluss besitzen.

Der Anschluss der Geräte ist einfach und man muss das Gerät nur über ein USB-Kabel mit dem Rechner verbinden. Das Betriebssystem erkennt die neue Peripherie automatisch und fordert den Benutzer zur Installation eines Treibers auf. Dieser wird vom Hersteller auf CD mit dem Gerät zusammen ausgeliefert. In einigen Fällen muss man den Treiber auch vor dem ersten Betrieb des Gerätes installieren. Auf diese Weise kann man bis zu 127 USB-Geräte am PC oder Laptop anschließen. Am PC oder Laptop befinden sich normalerweise nur zwei USB-Anschlüsse. Wenn mehrere Geräte gleichzeitig laufen sollen, muss man zusätzlich einen oder mehrere USB-Hubs erwerben.

Die maximale Übertragungsrate liegt bei 12 Mbit/s. Das genügt für alle erwähnten Geräte (Maus, Scanner, CD-ROM usw.). Der Vorteil von USB liegt, neben der Verwendung eines einheitlichen Kabels, vor allem in der „hot-plug"-Fähigkeit. Damit ist gemeint, dass man das USB-Gerät während des Betriebs anschließen oder abklemmen kann. Das ist bei bisherigen Peripherie-Geräten in der Praxis nicht ohne weiteres möglich oder sogar gefährlich. Im Normalfall muss man alle Geräte an einen PC im ausgeschalteten Zustand anschließen. Sonst kann die USB-Schnittstelle Schaden nehmen.

Die Tab. 6.7 zeigt eine Übersicht des Universal Seriellen Busses (USB) Abb. 6.12 zeigt einen Laptop mit einem USB-Oszilloskop.

Ein USB-Oszilloskop bietet eine Zeitbasis von 10 ns bis 5000 s/Div und eine vertikale Ablenkung von 10 mV bis 4 V/Div. Die Eingangimpedanz beträgt 1 MΩ und die Eingangsspannung maximal 100 V. Die Anzahl der analogen Eingänge hängt von dem verwendeten USB-Oszilloskop ab und je nach Typ sind bis zu 16 Eingangskanäle vorhanden.

Das USB-Oszilloskop kann eine einfache Anzeige erzeugen, bietet jedoch auch zahlreiche erweiterte Funktionen. Abb. 6.13 zeigt das Fenster. Klickt man auf eine der unterstrichenen Beschriftungen, erfährt man, ob weitere Messfunktionen vorhanden sind.

Je nach den Funktionen des angeschlossenen Oszilloskops und den Einstellungen werden im Hauptfenster möglicherweise auch andere Schaltflächen angezeigt.

Tab. 6.7 Übersicht des Universal Seriellen Busses (USB)

Bezeichnung		Datenrate (brutto)	Datenrate (netto)	Stromstärke (max.) (A)	Leistung (max.) (W)	Jahr
USB1.0/1.1	Low Speed	1,5 Mbit/s	130 kbit/s	0,1	0,5	1998
	Full Speed	12 Mbit/s	1 Mbit/s	0,1	0,5	1998
USB2.0	High Speed	480 Mbit/s	40 Mbit/s	0,5	2,5	2000
USB3.0	Gen1	5 Gbit/s	450 Mbit/s	0,9	4,5	2008
USB3.1	Gen2	10 Gbit/s	800 Mbit/s	0,9	4,5	2013
USB3.2	Gen2 × 2	20 Gbit/s	2 Gbit/s	3	15	2017
USB4	Gen3 × 2	40 Gbit/s	4 Gbit/s	3	15	2019

Abb. 6.12 Laptop mit einem USB-Oszilloskop

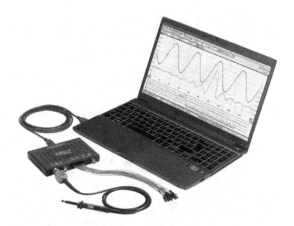

Das USB-Oszilloskop kann in drei Aufzeichnungsarten betrieben werden: Oszilloskop-, Spektral- und Persistenzmodus. Der Modus wird mit den Schaltflächen in der Symbolleiste „Aufzeichnung einrichten" ausgewählt. Abb. 6.14 zeigt die Schaltflächen für die Aufzeichnungsart.

Im Oszilloskopmodus zeigt das USB-Oszilloskop eine Hauptansicht an, optimiert die Einstellungen zur Verwendung als USB-Oszilloskop und ermöglicht es, die Aufzeichnungsdauer direkt einzustellen. Man kann dennoch eine oder mehrere sekundäre Spektralansichten anzeigen.

Im Spektralmodus zeigt das USB-Oszilloskop die Haupt-Spektralansicht an, optimiert die Einstellungen für die Spektralanalyse und ermöglicht es, den Frequenzbereich ähnlich wie für einen spezifischen Spektrumanalysator per Software einstellen. Mit einem USB-Oszilloskop kann man eine oder mehrere sekundäre Oszilloskopansichten anzeigen.

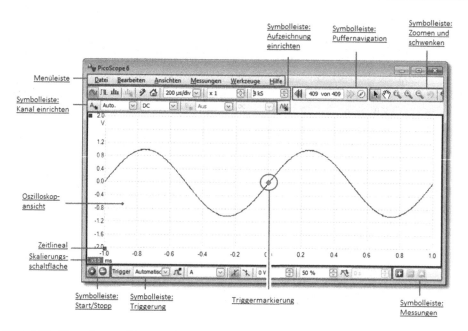

Abb. 6.13 Hauptfenster des angeschlossenen USB-Oszilloskops

Abb. 6.14 Schaltflächen für die Aufzeichnungsart

Im Persistenzmodus zeigt das USB-Oszilloskop eine einzelne, modifizierte Oszilloskopansicht an, in der alte Kurven in verblassenden Farben auf dem Bildschirm verbleiben, während neue Kurven in helleren Farben ausgegeben werden.

Wenn man die Wellenformen und Einstellungen speichern muss, speichert das USB-Oszilloskop nur Daten für den aktuell verwendeten Modus auf. Wenn man Einstellungen für beide Aufzeichnungsmodi speichern möchte, muss man in den anderen Modus wechseln und die Einstellungen erneut speichern.

Die Aufzeichnungsart teilt das USB-Oszilloskop mit, ob man primär Wellenformen (Oszilloskopmodus) oder Frequenzdarstellungen (Spektralmodus) betrachten möchte. Wenn man eine Aufzeichnungsart wählt, richtet das USB-Oszilloskop die Hardware entsprechend ein und zeigt eine Ansicht an, die der Aufzeichnungsart entspricht d. h. eine Oszilloskopansicht, wenn man den Oszilloskopmodus oder Persistenzmodus auswählt oder eine Spektralansicht, wenn man den Spektralmodus auswählt hat. Dies gilt nicht für den Persistenzmodus, der nur eine einzelne Ansicht unterstützt.

Sobald das USB-Oszilloskop die erste Ansicht angezeigt hat, kann man bei Bedarf unabhängig von der aktuellen Aufzeichnungsart weitere Oszilloskop- oder Spektralansichten hinzufügen. Man kann dann so viele zusätzliche Ansichten wie man möchte, hinzufügen, solange eine davon der Aufzeichnungsart entspricht, wie Abb. 6.15 zeigt.

Wenn man einen sekundären Ansichtstyp verwendet (eine Spektralansicht im Oszilloskopmodus oder eine Oszilloskopansicht im Spektralmodus), werden die Daten möglicherweise nicht übersichtlich, wie in einer primären Ansicht, sondern horizontal komprimiert angezeigt. Man kann die Darstellung in der Regel durch Verwendung der Zoom-Werkzeuge optimieren.

Das USB-Oszilloskopfenster zeigt einen Datenblock, der vom Oszilloskopmodul erfasst wurde. Wenn man das USB-Oszilloskopfenster erstmals öffnet, enthält es eine Oszilloskopansicht. Man kann jedoch weitere Ansichten hinzufügen, indem man auf Ansicht hinzufügen im Menü „Ansichten" klickt. Das Screenshot von Abb. 6.16 zeigt die Hauptfunktionen des USB-Oszilloskopfensters. Man klickt auf die unterstrichenen Beschriftungen und erhält weitere Informationen angezeigt.

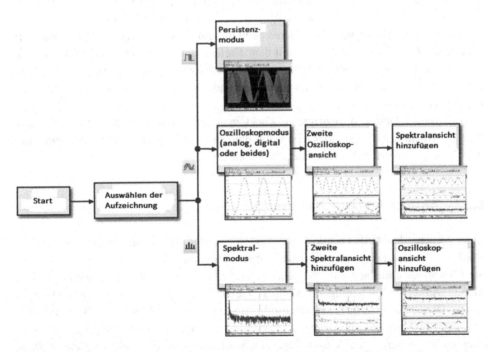

Abb. 6.15 Die Beispiele zeigen, wie man in einem USB-Oszilloskop die Aufzeichnungsart auswählt und zusätzliche Ansichten öffnen kann. Oben: Persistenzmodus (nur eine Ansicht). Mitte: Oszilloskopmodus. Unten: Spektralmodus

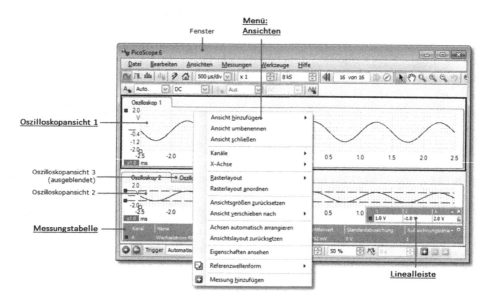

Abb. 6.16 Ansichten im USB-Oszilloskopfenster

Wenn das Fenster mehrere Ansichten enthält, ordnet das USB-Oszilloskop diese in einem Raster an. Dieser Vorgang erfolgt automatisch und man kann die Anordnungen jedoch anpassen. Die rechteckigen Bereiche in diesem Raster werden als Ansichtsfenster bezeichnet. Man kann eine Ansicht mit dem Kartenreiter in ein anderes Ansichtsfenster (Zeigen), jedoch nicht nach außerhalb des Fensters ziehen. Man kann auch mehrere Ansichten in einem Ansichtsfenster platzieren, indem man in das Ansichtsfenster zieht und übereinander ablegt.

Um weitere Optionen anzuzeigen, klickt man mit der rechten Maustaste, um das Menü „Ansicht" zu öffnen, oder man wählt die Ansicht in der Menüleiste und dann eine der Menüoptionen zum Anordnen der Ansichten aus.

6.2.1 Ansicht des USB-Oszilloskops

Eine Ansicht des USB-Oszilloskops zeigt die Daten, die vom Oszilloskop erfasst werden, als Diagramm der Signalamplitude über die Zeit. Das USB-Oszilloskop wird mit einer einzelnen Ansicht geöffnet und man kann weitere Ansichten über das Menü „Ansichten" hinzufügen. Ähnlich wie auf dem Bildschirm eines herkömmlichen Oszilloskops zeigt eine Oszilloskopansicht eine oder mehrere Wellenformen mit einer gemeinsamen horizontalen Zeitachse an, während der Signalpegel auf einer oder mehreren vertikalen Achsen angezeigt wird. Jede Ansicht kann so viele Wellenformen umfassen, wie das Oszilloskop Kanäle hat. Man klickt in Abb. 6.17 auf eine der Beschriftungen, um mehr über weitere Funktionen zu erfahren.

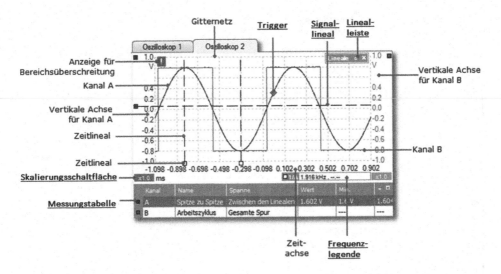

Abb. 6.17 Oszilloskopansichten sind unabhängig davon verfügbar, welcher Oszilloskopmodus oder Spektralmodus aktiv ist

Die MSO-Ansicht zeigt gemischte analoge und digitale Daten in der gleichen Zeitbasis an, wie Abb. 6.18 zeigt.

Über die Schaltfläche „Digitaleingänge" schaltet man die digitale Messung ein oder aus und öffnet das Dialogfeld „Digital Setup" (digitale Einrichtung).

Die Schaltfläche „Analoge Ansicht" zeigt die analogen Kanäle an und entspricht der Standard-Oszilloskopansicht.

Über die Schaltfläche „Digitale Ansicht" lassen sich die digitalen Kanäle und Gruppen anzeigen.

Über die Schaltfläche „Teiler" zieht man den Teiler nach oben oder nach unten, um die Partition zwischen analogen und digitalen Abschnitten zu bewegen.

Abb. 6.19 zeigt die digitale Ansicht unter Mixed-Signal-Oszilloskop (MSO).

Man kann durch Anklicken mit der rechten Maustaste das digitale Kontextmenü öffnen.

Wenn die digitale Ansicht bei Bedarf nicht angezeigt wird, prüft man, ob a) die Schaltfläche „Digitaleingänge" aktiviert ist und b) mindestens ein digitaler Kanal zur Anzeige im Dialogfeld „Digital Setup" (digitale Einrichtung) ausgewählt ist.

Digitale Kanäle: Werden in der Reihenfolge angezeigt, in der sie im Dialogfeld „Digital Setup" (digitale Einrichtungen) erscheinen und man kann diese umbenennen.

Digitale Gruppe: Gruppen werden im Dialogfeld „Digital Setup" (digitale Einrichtungen) erstellt und benannt. Man kann sie in der digitalen Ansicht mit den Schaltflächen □- und □+ erweitern und reduzieren.

Mit der rechten Maustaste klickt man die Schalfläche an und man erhält das digitale Kontextmenü für die digitale Ansicht.

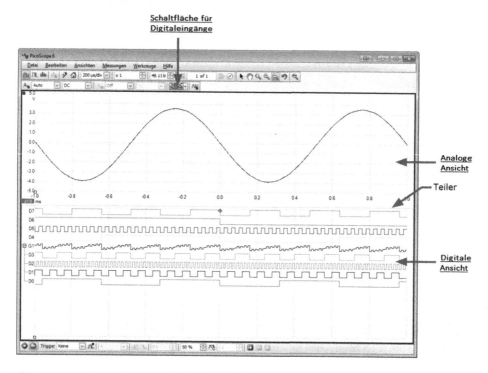

Abb. 6.18 Mixed-Signal-Oszilloskop für gemischte analoge und digitale Daten

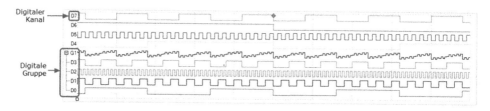

Abb. 6.19 Digitale Ansicht unter der Betriebsart Mixed-Signal-Oszilloskop (MSO)

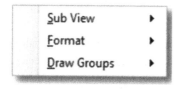

Hieraus kann die Unteransicht wählen:

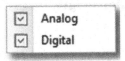

Analog: Ein- oder Ausblenden der analogen Oszilloskopansicht. Digital: Ein- oder Ausblenden der digitalen Oszilloskopansicht.

Format:

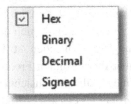

Auch verfügbar im Menü „Ansichten". Das numerische Format, in dem Gruppenwerte in der digitalen Oszilloskopansicht angezeigt werden.

Zeichnungsgruppen:

„By Values" (Nach Werten): Zeichnet Gruppen mit Übergängen nur dort, wo der Wert sich ändert.

„By Time" (Nach Zeit): Zeichnet Gruppen mit gleichmäßig über die Zeit verteilten Übergängen, einen pro Abtastzeitraum auf. Man muss die Ansicht in der Regel vergrößern, um die einzelnen Übergänge zu sehen.

„By Level" (Nach Ebene): Zeichnet Gruppen anhand von analogen Ebenen auf, die aus den digitalen Daten abgeleitet werden.

6.2.2 XY-Ansicht und Lissajous-Figur

Eine XY-Ansicht in der einfachsten Form zeigt ein Diagramm eines Kanals relativ zu einem anderen. Der XY-Modus eignet sich für die Darstellung von Phasenverhältnissen zwischen periodischen Signalen (mithilfe von Lissajous-Figuren) und zur Darstellung von I-U-Merkmalen (Strom/Spanung) von elektronischen Komponenten.

Im Beispiel von Abb. 6.20 wurden zwei unterschiedliche periodische Signale an die beiden Eingangskanäle gelegt. Die sanfte Krümmung der Kurve zeigt uns, dass die Eingänge in etwa oder exakt Sinuswellen entsprechend sind.

Die drei Schleifen in der Kurve zeigen, dass Kanal B etwa die dreifache Frequenz von Kanal A hat. Das Verhältnis ist nicht exakt drei, da sich die Kurve langsam dreht, obwohl diese in dieser statischen Abbildung nicht zu sehen ist. Da eine XY-Ansicht keine Zeitachse besitzt, sagt diese nichts über die absoluten Frequenzen der Signale aus. Um die Frequenz zu messen, muss man eine Oszilloskopansicht öffnen.

Für die Erstellung einer XY-Ansicht gibt es zwei Möglichkeiten:

1. Man verwendet den Befehl „Ansicht hinzufügen>XY" im Menü „Ansichten". Dadurch wird dem Fenster eine neue XY-Ansicht hinzugefügt, ohne dass Original-Oszilloskop oder Spektralansicht oder -ansichten verändert werden. Die Software wählt die beiden am besten geeigneten Kanäle, die auf der X- und Y-Achse platziert werden sollen, automatisch aus. Optional kann man die Zuordnung des Kanals für die X-Achse mit dem Befehl „X-Achse" ändern.

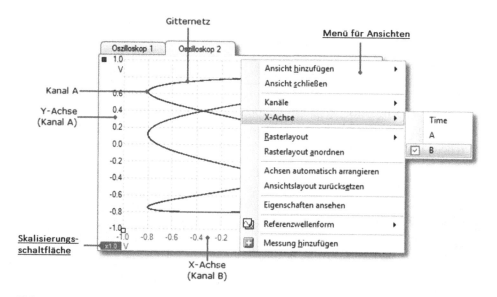

Abb. 6.20 Lissajous-Figur im XY-Modus

2. Man verwendet den Befehl im Menü „Ansichten" und diese konvertiert die aktuelle Oszilloskopansicht in eine XY-Ansicht. Die bestehenden Y-Achsen bleiben erhalten, und man kann einen beliebigen verfügbaren Kanal für die X-Achse wählen. Mit dieser Methode kann man der X-Achse sogar einen Rechenkanal oder eine Referenzwellenform zuordnen.

6.2.3 Triggern

Die Triggermarkierung zeigt die Ebene und das Timing des Triggerpunktes. Abb. 6.21 zeigt die beiden Möglichkeiten.

Die Höhe der Markierung auf der vertikalen Achse zeigt die Ebene, auf die der Trigger gesetzt ist, und seine Position auf der Zeitachse zeigt den Zeitpunkt, an dieser die Triggerung erfolgen soll.

Man kann die Triggermarkierung mit der Maus ziehen oder, um sie präziser zu verschieben, die Schaltflächen in der Symbolleiste „Triggerung" verwenden.

Wenn die Oszilloskopansicht gezoomt und geschwenkt wird, sodass der Triggerpunkt sich außerhalb des Bildschirms befindet, wird die Off-Screen-Triggermarkierung neben dem Gitternetz angezeigt, um die Triggerebene anzugeben.

Bei aktivierter Nachtriggerverzögerung wird die Triggermarkierung vorübergehend durch den Nachtriggerpfeil ersetzt, während man die Nachtriggerverzögerung anpasst.

Wenn erweiterte Triggertypen verwendet werden, ändert sich die Triggermarkierung zu einer Fenstermarkierung, die den oberen und unteren Triggerschwellenwert angibt.

Der Nachtriggerpfeil ist eine modifizierte Form der Triggermarkierung, die vorübergehend in einer Oszilloskopansicht angezeigt wird, während man eine Nachtriggerverzögerung einrichtet oder die Triggermarkierung verschiebt, nachdem man eine Nachtriggerverzögerung eingerichtet hat. Abb. 6.22 zeigt eine Oszilloskopansicht mit der Triggermarkierung.

Das linke Ende des Pfeils gibt den Triggerpunkt an und ist auf den Nullpunkt der Zeitachse ausgerichtet. Wenn sich der Nullpunkt auf der Zeitachse außerhalb der Oszilloskopansicht befindet, sieht das linke Ende des Nachtriggerpfeils so aus, wie Abb. 6.23 zeigt.

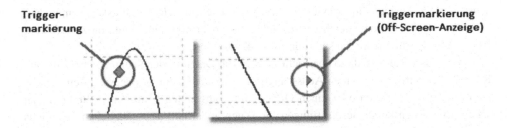

Abb. 6.21 Triggermarkierung für das Timing und für den Triggerpunkt (Off-Screen-Anzeige)

Abb. 6.22 Oszilloskopansicht
der Triggermarkierung

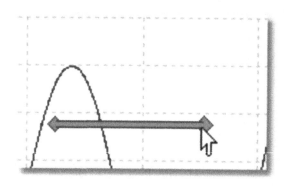

Abb. 6.23 Oszilloskopansicht
des Nachtriggerpfeils

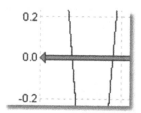

Das rechte Ende des Pfeils (der vorübergehend die Triggermarkierung ersetzt) gibt den Bezugspunkt des Triggers an.

Man verwendet die Schaltflächen in der Symbolleiste „Triggerung", um eine Nachtriggerverzögerung festzulegen.

6.2.4   Spektralansicht

Eine Spektralansicht ist eine Darstellung der Daten eines Oszilloskops. Ein Spektrum ist ein Diagramm des Signalpegels auf einer vertikalen Achse relativ zur Frequenz auf der horizontalen Achse. USB-Oszilloskop wird mit einer einzelnen Oszilloskopansicht geöffnet. Man kann jedoch über das Menü „Ansichten" eine Spektralansicht hinzufügen. Ähnlich wie der Bildschirm eines herkömmlichen Spektrumanalysators zeigt eine Spektralansicht eines oder mehrere Spektren mit einer gemeinsamen Frequenzachse an. Jede Ansicht kann so viele Spektren umfassen, wie das Oszilloskop Kanäle hat. Man klickt unten auf eine der Beschriftungen, um mehr über eine Funktion zu erfahren. Abb. 6.24 zeigt die Spektralansicht für ein USB-Oszilloskop.

Anders als in der Oszilloskopansicht werden die Daten in der Spektralansicht an den Rändern des auf der vertikalen Achse angezeigten Bereichs nicht abgeschnitten, sodass man die Achse skalieren oder einen Offset darauf anwenden kann, um mehr Daten zu sehen. Es werden keine Beschriftungen für Daten außerhalb des „nützlichen" Bereichs angezeigt, die Lineale funktionieren jedoch auch dort.

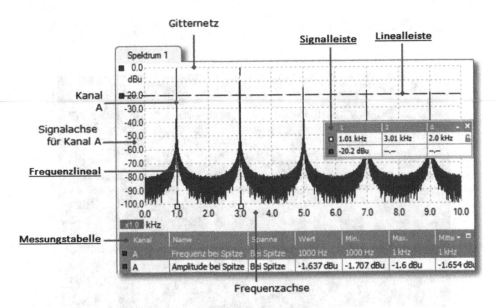

Abb. 6.24 Ansicht eines Spektrumanalysators mit dem USB-Oszilloskop

Die Spektralansichten sind unabhängig davon verfügbar, welcher Modus, der Oszilloskopmodus oder Spektralmodus, aktiv ist.

6.2.5 Persistenzmodus

Der Persistenzmodus überlagert mehrere Wellenformen in derselben Ansicht mit häufiger auftretenden Daten oder neuen Wellenformen in gleichen Ansicht, die in helleren Farben als die älteren angezeigt werden. Dies ist besonders nützlich zur Erkennung von Störungen, die nur selten auftreten in einer Serie von wiederholten normalen Ereignissen.

Man aktiviert den Persistenzmodus, indem man auf die Schaltfläche „Persistenzmodus"

in der Symbolleiste „Aufzeichnung einrichten" klickt. Mit den Persistenzoptionen auf den Standardwerten sieht der Bildschirm in etwa so aus, wie Abb. 6.25 zeigt.

Die Farben geben die Frequenz der Daten an, d. h. Rot wird für die Daten mit der höchsten Frequenz verwendet, gelb für Farben mit mittlerer Frequenz und blau für die Daten mit der geringsten Frequenz. Im Beispiel von Abb. 6.25 bleiben die Wellenformen die meiste Zeit im roten Bereich, Störungen führen jedoch dazu, dass sie gelegentlich in

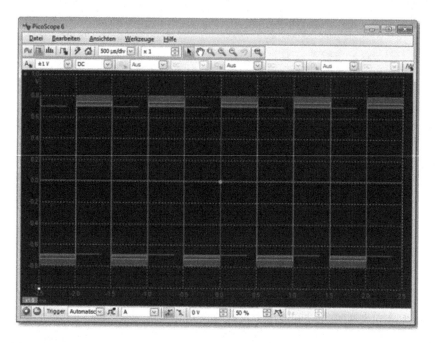

Abb. 6.25 Bildschirm im Persistenzmodus

den blauen und gelben Bereich wandern. Dies sind die Standardfarben, die man jedoch im Dialogfeld „Persistenzoptionen" jederzeit ändern kann.

Das Beispiel von Abb. 6.25 zeigt den Persistenzmodus in seiner grundlegendsten Form. Im Dialogfeld „Persistenzoptionen" findet man Verfahren, um die Anzeige für seine Anwendung anzupassen.

In einer Messungstabelle werden die Ergebnisse von automatischen Messungen angezeigt. Jede Ansicht kann eine eigene Tabelle besitzen, und man kann darin Messungen hinzufügen, löschen oder bearbeiten. Abb. 6.26 zeigt die Messungstabelle.

Tab. 6.8 zeigt die Funktionen der Messungstabelle.

Das Hinzufügen, Bearbeiten oder Löschen von Messungen findet man unter der Symbolleiste „Messungen".

- So ändert man die Breite einer Messungsspalte: Zuerst stellt man sicher, dass die Option „Automatische

Spaltenbreite" im Menü „Messungen" nicht aktiviert ist. Man klickt bei Bedarf auf die Option, um diese zu deaktivieren. Man zieht dann den senkrechten Trennbalken zwischen Spaltenüberschriften, um die gewünschte Spaltenbreite herzustellen.

Kanal	Name	Spanne	Wert	Min.	Max.	Mittelwert	Standardabweichung	Aufzeichnungszähler
A	Wechselstrom-RMS	Gesamte Spur	700 mV	700 mV	700 mV	700 mV	0 V	1
A	Frequenz	Gesamte Spur	1000 Hz	1000 Hz	1000 Hz	1000 Hz	0 Hz	1
A	Anstiegszeit (80/20%)	Gesamte Spur	51 ns	51 ns	51 ns	51 ns	0 s	1

Abb. 6.26 Aufbau der Messungstabelle

Tab. 6.8 Funktionen der Messungstabelle

Spalten der Messungstabelle	
Name	Der Name der Messung, die man im Dialogfeld „Messung" hinzufügen oder „Messung bearbeitet" ausgewählt hat. Ein „F" nach dem Namen gibt an, dass die Statistik für diese Messung gefiltert wird
Spanne	Der Bereich der Wellenform oder des Spektrums, den man messen möchte. Standardmäßig auf „Gesamte Kurve" gesetzt
Wert	Der Live-Wert der Messung von der letzten Erfassung
Min.	Der Mindestwert der Messung seit Beginn der Messung
Max.	Der Höchstwert der Messung seit Beginn der Messung
Mittelwert	Der arithmetische Mittelwert der Messungen von den letzten n Aufzeichnungen, wobei n auf der Seite „Allgemein" im Dialogfeld „Voreinstellungen" festgelegt wird
σ	Die Standardabweichung der Messungen von den letzten n Aufzeichnungen, wobei n auf der Seite „Allgemein" im Dialogfeld „Voreinstellungen" festgelegt wird
Aufzeichnungszähler	Die Anzahl von Auszeichnungen, die zur Erstellung der obigen Statistik verwendet wurde. Sie beginnt bei 0, wenn die Triggerung aktiviert wird und steigt auf die Anzahl von Aufzeichnungen an, die auf der Seite „Allgemein" im Dialogfeld „Voreinstellungen" definiert wurde

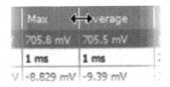

Man kann die Aktualisierungsrate der Statistik ändern. Die Statistik (Min., Max., Mittelwert, Standardabweichung) basiert auf der Anzahl „Aufzeichnungen", die in der Spalte „Aufzeichnungszähler" angezeigt wird. Man kann die maximale Anzahl „Aufzeichnungen" mit dem Steuerelement „Anzahl der aufgelaufenen Aufzeichnungen" auf der Seite „Allgemein" im Dialogfeld „Voreinstellungen" festlegen.

Die Auflösungsanhebung ist eine Technik zur Erhöhung der effektiven vertikalen Auflösung des Oszilloskops zulasten der Detaildarstellung mit hohen Frequenzen. Durch die Auswahl der Auflösungsanhebung wird die Abtastrate des Oszilloskops nicht verändert. Bei bestimmten Oszilloskop-Betriebsarten kann das USB-Oszilloskop jedoch die Anzahl verfügbarer Abtastungen reduzieren, um die gewünschte Anzeigeleistung aufrechtzuerhalten.

Damit diese Technik funktioniert, muss das Signal eine sehr geringe Menge an „Gaußsches Rauschen" enthalten. Bei vielen praktischen Anwendungen wird dies jedoch vom Oszilloskop selbst und das Eigenrauschen von normalen Signalen erzeugt.

Die Auflösungsanhebung verwendet ein FMA-Filter. Dieser wirkt als Tiefpassfilter mit guten Sprungantworteigenschaften und einem sehr langsamen Amplitudenfall vom Pass-Band zum Stopp-Band.

Bei Verwendung der Auflösungsanhebung gibt es einige Nebeneffekte. Dies ist normal und kann vermieden werden, indem die Anzahl der erfassten Abtastungen oder die Zeitbasis geändert werden. Ausprobieren ist in der Regel das beste Verfahren, um die optimale Auflösungsanhebung für seine Anwendung zu bestimmen. Die Nebeneffekte umfassen:

- Verbreiterte und abgeflachte Impulse (Spitzen)
- Vertikale Flanken (wie bei Rechteck-Wellenformen) ändern sich zu linearen Rampe
- Umkehr des Signals (sieht aus, als ob sich der Triggerpunkt an der falschen Flanke befindet)
- Eine flache Linie (wenn in der Wellenform nicht ausreichend Abtastungen verwendet werden)

Dazu muss man die Verfahren anwählen

- Klickt man auf die Schaltfläche „Kanaloptionen"

in der Kanalsymbolleiste.

- Verwendet man das Steuerelement „Auflösungsanhebung" im Menü „Erweiterte Optionen" um die effektive Anzahl von Bits auszuwählen, die größer oder gleich der vertikalen Auflösung des Oszilloskopmoduls sein kann.

Tab. 6.9 zeigt die Größe des gleitenden Mittelwertfilters für jede Einstellung der Auflösungsanhebung. Ein größerer Filter erfordert eine hohe Abtastrate, um ein Signal ohne signifikante Nebeneffekte anzuzeigen.

Tab. 6.9 Einstellung für das gleitende Mittelwertfilter	Auflösungsanhebung e (Bits)	Anzahl Werte n
	0,5	2
	1,0	4
	1,5	8
	2,0	16
	2,5	32
	3,0	64
	3,5	128
	4,0	256

Beispiel: Man verwendet ein USB-Oszilloskop mit eine Auflösung von 8 Bit. Für eine effektive Auflösung wählt man 9,5 Bit aus. Die Auflösungsanhebung ist daher:

$$e = 9,5 - 8,0 = 1,5 \, \text{Bit}$$

Die Tabelle zeigt, dass dies mit folgendem gleitenden Mittelwert erreicht wird:

$$n = 8 \, \text{Abtastungen}$$

Dieser Wert verschafft dem Benutzer einen Eindruck davon, welche Filterwirkung die Auflösungsanhebung auf das Signal hat. Die beste Methode, um die tatsächliche Wirkung des Tiefpassfilters zu sehen, ist eine Spektralansicht hinzuzufügen und sich die Form des Grundrauschens anzusehen (man versucht die Y-Achse nach oben zu ziehen, um das Rauschen deutlicher zu sehen).

Der Mauszeiger-Tooltipp ist ein Feld, das die Werte für die horizontale und vertikale Achse an der Position des Mauszeigers anzeigt. Er wird vorübergehend angezeigt, wenn man auf den Hintergrund einer Ansicht klickt. Man erhält Abb. 6.27.

6.2.6 Cursorfunktionen

Die Signallineale (auch als Cursor bezeichnet) hilft, absolute und relative Signalpegel in einer Oszilloskop-, XY- oder Spektralansicht zu messen.

In der Oszilloskopansicht von Abb. 6.28 sind die beiden farbigen Rechtecke links neben der vertikalen Achse die Linealgriffe für Kanal A. Zieht man einen davon aus der Ausgangsposition oben links nach unten, wird ein Signallineal in eine horizontale gestrichelte Linie erzeugt.

Wenn ein oder mehrere Signallineale verwendet werden, wird die Lineallegende angezeigt, d. h. dies ist eine Tabelle, in der alle Signallinealwerte angezeigt werden. Wenn man die Lineallegende mit der Schaltfläche „Schließen" beendet, werden alle Lineale gelöscht.

Signallineale lassen sich auch in Spektral- und XY-Ansichten verwenden.

Abb. 6.27 Mauszeiger-
Tooltipp in einer
Oszilloskopansicht

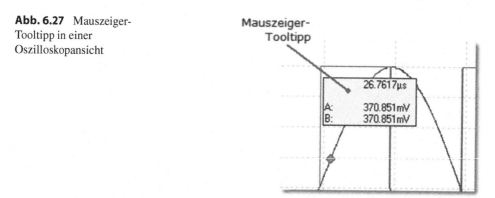

Abb. 6.28 Cursor für eine Oszilloskop-, XY- oder Spektralansicht

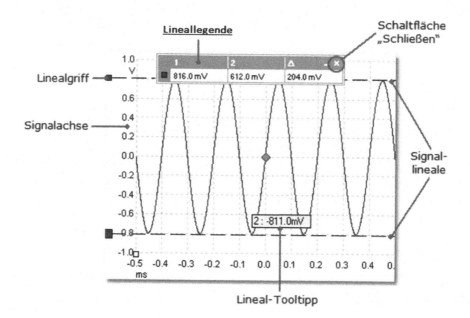

Wenn man den Mauszeiger über eines der Lineale hält, zeigt das USB-Oszilloskop einen Wert mit einer Linealnummer und dem Signalpegel des Lineals an. Ein Beispiel dafür sieht man in Abb. 6.28.

Die Cursors messen die Zeit in einer Oszilloskopansicht oder eine Frequenz in einer Spektrallegende, wie Abb. 6.29 zeigt.

In der Ansicht eines Oszilloskops von Abb. 6.29 sind die beiden weißen Rechtecke auf der Zeitachse der Zeitlinealgriffe. Wenn man diese aus der unteren linken Ecke nach rechts zieht, werden vertikale gestrichelte Linien angezeigt, die als Zeitlineale bezeichnet werden. Die Lineale funktionieren auf dieselbe Weise in einer Spektralansicht,

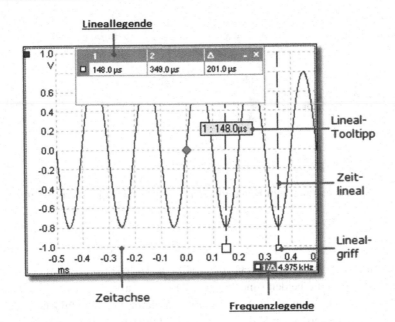

Abb. 6.29 Spektralansicht eines Signals

die Lineallegende zeigt ihre horizontalen Positionen jedoch in Frequenz- und nicht in Zeiteinheiten an.

Wenn man den Mauszeiger über eines der Lineale hält, wie man im Beispiel von Abb. 6.29 getan hat, zeigt das USB-Oszilloskop einen Tooltipp mit einer Linealnummer und dem Zeitwert des Lineals an.

Die Tabelle im oberen Bereich der Ansicht ist die Lineallegende. In diesem Beispiel zeigt die Tabelle, das Zeitlineal 1 sich bei 148,0 ms und Lineal 2 bei 349,0 ms befindet und die Differenz zwischen beiden 201,0 ms beträgt. Wenn man auf die Schaltfläche „Schließen" in der Lineallegende klickt, werden auch alle Lineale gelöscht.

Die Frequenzlegende am unteren rechten Rand einer Oszilloskopansicht zeigt 1/Δ, wobei Δ die Differenz zwischen den zwei Zeitlinealen ist. Die Genauigkeit dieser Berechnung hängt von der Genauigkeit ab, mit der man die Lineale platziert hat. Um bei periodischen Signalen eine höhere Genauigkeit zu erzielen, verwendet man die integrierte Funktion „Frequenzmessung" vom USB-Oszilloskop.

Die Lineallegende ist ein Feld, in dem die Positionen aller Lineale angezeigt werden, die man in der Ansicht platziert hat. Sie wird automatisch angezeigt, wenn man ein Lineal in der Ansicht platziert, wie Abb. 6.30 zeigt.

Man kann die Position eines Lineals anpassen, indem man einen Wert in den zwei ersten Spalten bearbeitet.

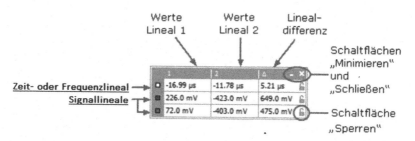

Abb. 6.30 Lineallegende für die Positionen der Lineale

Wenn zwei Lineale auf einem Kanal platziert wurden, wird die Sperrschaltfläche

neben diesem Lineal in der Lineallegende angezeigt. Wenn man auf diese Schaltfläche klickt, verfolgen sich die beiden Lineale gegenseitig. Wenn man eines der Lineale zieht, folgt das andere, sodass ein fester Abstand erhalten bleibt. Die Schaltfläche ändert sich, wenn die Lineale gesperrt sind. Um ein Paar „Verfolgungslineale" mit einem bekannten Abstand

zu konfigurieren, klickt man auf die Sperrschaltfläche und bearbeitet diese beiden Werte in der Lineallegende, sodass die Lineale sich im gewünschten Abstand zueinander befinden.

Die Frequenzlegende

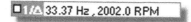

wird angezeigt, wenn man zwei Zeitlineale in einer Oszilloskopansicht platziert hat. Die Frequenzlegende zeigen $1/\Delta$ die Frequenz, wobei Δ der Zeitunterschied zwischen zwei Linealen ist. Man kann diesen Wert verwenden, um die Frequenz einer periodischen Wellenform einzuschätzen und man erhält jedoch genauere Ergebnisse, wenn man eine Frequenzmessung mit der Schaltfläche „Messungen hinzufügen" in der Symbolleiste „Messungen" hinzufügt.

Für Frequenzen bis zu 1,666 kHz kann die Frequenzlegende die Frequenzwerte auch in U/min anzeigen (Umdrehungen pro Minute). Die U/min-Anzeige kann unter „Voreinstellung>Dialogfeld Optionen" aktiviert oder deaktiviert werden.

Das Eigenschaftenblatt wird auf der rechten Seite des USB-Oszilloskopfensters angezeigt.

- Abtasteinstellungen:

Properties	✕
Sample interval	64 ns
Sample rate	15.63 MS/s
No. samples	781,250
H/W Resolution	12 bits

Gibt die Anzahl von erfassten Messungen wieder. Diese kann geringer als die Anzahl im Steuerelement „Maximum Samples" (maximale Abtastungen) sein. Eine Zahl in Klammern ist die Anzahl von interpolierten Abtastungen, wenn die Interpolierung aktiviert worden ist.

- Spektrumeinstellungen:

Window	Blackman
No. bins	16384
Bin width	476.8 Hz
Time gate	2.097 ms

Die Fensterfunktion, die auf die Daten angewendet wird, bevor das Spektrum berechnet wird. Die Fensterfunktion lässt sich im Dialogfeld „Spektrumoptionen" auswählen.

- Kanaleinstellungen:

Channel	A
Range	±10 mV
Coupling	DC
Res-Enhancement	13.0 Bits
Effective Res	11 Bits

Die Anzahl von Abtastungen, die ein USB-Oszilloskop verwendet, um ein Spektrum zu berechnen, entspricht der doppelten Anzahl von Bereichen. Dieser Wert wird als Zeitintervall ausgedrückt, das man als Zeitfenster bezeichnet. Er wird vom Anfang der Auszeichnung an gemessen.

- Signalgenerator-Einstellungen:

Signal type	Square
Frequency	1 kHz
Amplitude	1 V
Offset	0 V

Diese Einstellung des „Res-Enhancement" (Auflösungsanhebung) wird bestimmt von der Anzahl der Bits, einschließlich der Auflösungsanhebung, die im Dialogfeld „Kanaloptionen" ausgewählt wird.

- Zeitstempel:

Capture Date	3/5/13
Capture Time	12:16:37

Die „Effective Res" ist die effektive Auflösung und gilt nur für Oszilloskope mit flexibler Auflösung. Ein USB-Oszilloskop versucht, den vom Steuerelement „Hardware-Auflösung" in der Symbolleiste „Aufzeichnung einrichten" festgelegten Wert zu verwenden. Bei bestimmten Spannungsbereichen erreicht die Hardware jedoch nur eine geringere effektive Auflösung.

- Aufzeichnungsrate:

Capture Rate	14

Bei der Aufzeichnungsrate wird die Anzahl von Wellenformen, die pro Sekunde aufgezeichnet werden kann, ausgegeben. Die Aufzeichnungsrate wird nur im Persistenzmodus angezeigt.

Ein Tastkopf ist ein beliebiger Steckverbinder, Messwandler oder ein Messgerät, den bzw. das man an einen Eingangskanal des Oszilloskops anschließen kann. Ein USB-Oszilloskop umfasst eine integrierte Bibliothek von gängigen Tastkopftypen, z. B. die Spannungstastköpfe ×1 und ×10, die mit den meisten Oszilloskopen verwendet werden. Wenn der Tastkopf nicht in dieser Liste enthalten ist, kann man das Dialogfeld „Benutzerdefinierte Tastköpfe" verwenden, um einen neuen zu definieren. Benutzerdefinierte Tastköpfe können einen beliebigen Spannungsbereich innerhalb des Funktionsbereichs des Oszilloskops besitzen, beliebige Einheiten anzeigen sowie lineare oder nicht lineare Eigenschaften besitzen.

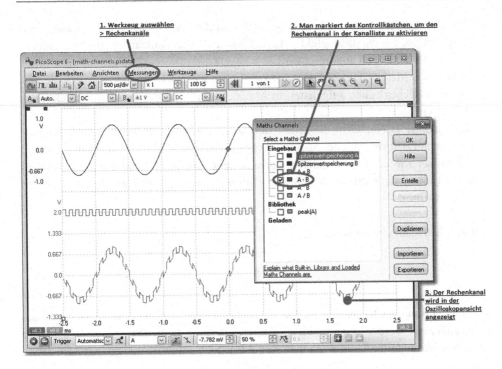

Abb. 6.31   Anleitung zur Verwendung der mathematischen Funktionen der Rechenkanäle

Benutzer definierte Tastkopfdefinitionen sind besonders nützlich, wenn man den Ausgang des Tastkopfes in anderen Einheiten als Volt anzeigen möchte oder lineare oder nicht lineare Korrekturen auf die Daten anwenden will.

6.2.7   Mathematische Funktionen der Rechenkanäle

Ein Rechenkanal ist eine mathematische Funktion eines oder mehrerer Eingangssignale. Die Anzeige kann einfach „A invertieren" lauten und die Invertieren-Taste an einem herkömmlichen Oszilloskop ersetzen oder eine von dem Anwender eine definierte komplexe Funktion sein. Er kann in einer Oszilloskop-, XY- oder Spektralansicht auf gleiche Weise wie ein Eingangssignal angezeigt wird und verfügt ebenfalls wie ein Eingangssignal über eigene Schaltflächen für die Messachse „Skalierung", den Offset und die Farbe. Ein USB-Oszilloskop verfügt über einen Satz integrierter Rechenkanäle für die wichtigsten Funktionen, darunter A+B (Summe der Kanäle A und B), A − B (Differenz zwischen Kanal A und B), A B (Multiplikation zwischen Kanal A und B) und A/B (Division zwischen Kanal A und B). Man kann mit dem Gleichungseditor auch eigene Funktionen definieren oder vordefinierte Rechenkanäle aus Dateien laden.

In Abb. 6.31 ist eine Anleitung zur Verwendung von Rechenkanälen in drei Schritten gezeigt.

1. Die „Werkzeuge > Option Maths Channels" (Rechenkanäle) öffnen: Man klickt auf diese Option, um das Dialogfeld „Maths Channels" (Rechenkanäle) zu öffnen, das in Abb. 6.31 rechts oben angezeigt wird.

2. Dialogfeld „Maths Channels" (Rechenkanäle): In diesem Dialogfeld werden alle verfügbaren Rechenkanäle aufgelistet. In Abb. 6.31 sind nur die integrierten Funktionen aufgelistet.

3. Rechenkanal 1: Nachdem dieser aktiviert wurde, wird ein Rechenkanal in der ausgewählten Oszilloskop- oder Spektralansicht angezeigt. Man kann die Skalierung und den Offset wie bei jedem anderen Kanal ändern. In Abb. 6.31 ist der neue Rechenkanal (unten) definiert als A − B, die Differenz zwischen Eingangskanal A (oben) und B (Mitte).

Gelegentlich kann ein Warnsymbol

am unteren Rand der Rechenkanalachse angezeigt werden. Das bedeutet, dass der Kanal nicht angezeigt werden kann, weil eine Eingangsquelle fehlt. Dies ist z. B. der Fall, wenn Sie die Funktion A + B aktivieren, Kanal B jedoch auf Off (Aus) gesetzt ist.

6.2.8   Wellenformen der Referenzspannung

Die Wellenformen der Referenzspannung ist eine gespeicherte Kopie eines Eingangssignals. Um eine zu erstellen, klickt man mit der rechten Maustaste auf die Ansicht, man wählt die Option „Referenzwellenformen" aus und danach den zu kopierenden Kanal. Er kann in einer Oszilloskop- oder Spektralansicht auf dieselbe Weise wie ein Eingangssignal angezeigt werden und verfügt ebenfalls wie ein Eingangssignal über eigene Schaltflächen für die Messachse, Skalierung und den Offset, sowie die Farbe.

Weitere Einstellungen für Referenzwellenformen kann man im Dialogfeld „Reference Waveforms" (Referenzwellenformen) wie in Abb. 6.32 vornehmen.

1. Klickt man auf diese Option „Schaltfläche Referenzwellenformen", um das Dialogfeld „Reference Waveforms" (Referenzwellenformen) zu öffnen, das im Abb. 6.32 rechts angezeigt wird.

2. In diesem Dialogfeld „Reference Waveforms" (Referenzwellenformen) werden alle verfügbaren Eingangskanäle und Referenzwellenformen aufgelistet. In Abb. 6.32 sind die Eingangskanäle A und B aktiviert, sodass diese im Bereich „Verfügbar" angezeigt werden. Der Bereich Bibliothek ist zunächst leer.

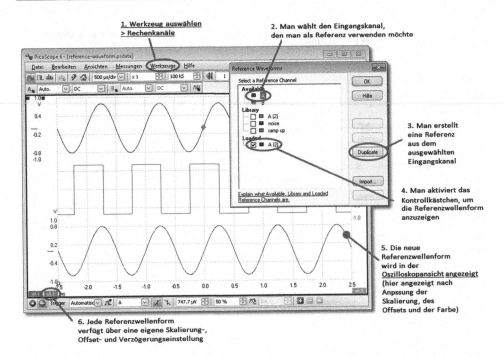

Abb. 6.32 Einstellungen der Wellenformen für die Referenzspannung

3. Wenn man einen Eingangskanal oder eine Wellenform der Referenzspannung unter der Schaltfläche „Duplizieren" auswählt und auf diese Schaltfläche klickt, wird das ausgewählte Element in den Bereich „Bibliothek" kopiert.
4. Der Bereich „Bibliothek" enthält alle Wellenformen der Referenzspannung. Jede verfügt über ein Kontrollkästchen, das festlegt, ob die Wellenform angezeigt wird oder nicht.
5. Nachdem diese Referenzwellenform aktiviert wurde, wird eine Referenzwellenform in der ausgewählten Oszilloskop- oder Spektralansicht angezeigt. Man kann die Skalierung und den Offset wie bei jedem anderen Kanal ändern. In Abb. 6.32 ist die neue Referenzwellenform (unten) eine Kopie von Kanal A.
6. Das Dialogfeld „Achsenskalierung" lässt sich öffnen, in dem man die Skalierung, den Offset und die Verzögerung für diese Wellenform einstellen kann.

Man kann ein USB-Oszillogramm verwenden, um Daten von einem seriellen Bus wie I^{2}C oder CAN-Bus zu decodieren. Im Gegensatz zu einem herkömmlichen Busauswertungsgerät ermöglicht es das USB-Oszillogramm, neben den Daten gleichzeitig die hochauflösende elektrische Wellenform anzuzeigen. Die Daten sind in die Oszilloskopansicht integriert, sodass man sich nicht mit einem neuen Bildschirmlayout vertraut machen müsse. Abb. 6.33 zeigt die serielle Entschlüsselung.

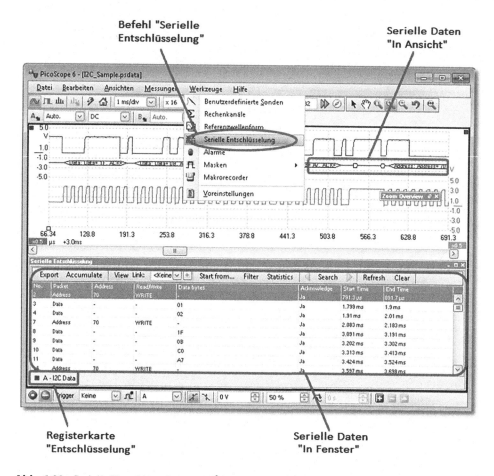

Abb. 6.33   Serielle Entschlüsselung von I²C oder CAN-Bus

Verwendung der seriellen Entschlüsselung:

1. Man wählt „Werkzeuge > Menüeintrag Serielle Entschlüsselung"
2. Danach füllt man die Felder im Dialogfeld „Serielle Entschlüsselung" aus.
3. Man wählt für die Datenanzeige „In Ansicht" im Fenster oder beides aus.
4. Man kann mehrere Kanäle in verschiedenen Formaten gleichzeitig entschlüsseln. Man verwendet die Registerkarte „Serielle Entschlüsselung" unter der Tabelle „In Fenster", um festzulegen, welcher Datenkanal in der Tabelle angezeigt wird.

Abb. 6.34 Oszilloskopansicht
für die Maskengrenzprüfung

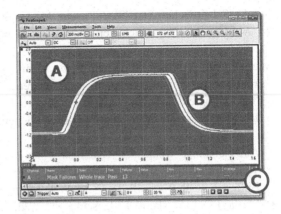

6.2.9 Maskengrenzprüfung

Die Maskengrenzprüfung ist eine Funktion, die dem Anwender mitteilt, wenn eine Wellenform oder ein Spektrum sich außerhalb eines bestimmten Bereichs bewegt. Diesen Bereich bezeichnet man als Maske, die in der Oszilloskopansicht oder Spektralansicht gezeichnet wird. Ein USB-Oszilloskop kann die Maske automatisch zeichnen, in dem eine aufgezeichnete Wellenform dargestellt wird, oder man kann diese manuell zeichnen. Die Maskengrenzprüfung ist nützlich zur Erkennung von vorübergehenden Fehlern bei der Fehlerbehebung und zur Ermittlung von jeglichen mangelhaften Einheiten bei Produktionsprüfungen.

Zunächst ruft man das USB-Oszilloskop-Hauptmenü auf und wählt dann „Masken > Masken aus" und diese wird hinzufügt. Daraufhin wird das Dialogfeld „Mask Library" (Maskenbibliothek) geöffnet. Wenn man eine Maske ausgewählt, geladen oder erstellt hat, sieht man eine Oszilloskopansicht, wie Abb. 6.34 zeigt.

(A) Zeigt den zulässigen Bereich (in weiß) und den unzulässigen Bereich (in blau) an. Wenn man mit der rechten Maustaste auf den Maskenbereich klickt und die Option „Maske" bearbeiten will, ruft man zum Dialogfeld „Maske bearbeiten" auf. Um die Maskenfarben zu ändern, wählt man „Werkzeuge > Voreinstellungen > Dialogfeld Farben" aus. Um Masken hinzuzufügen, zu entfernen und zu speichern, wählt man das Menü „Masken". Um Masken ein- und auszublenden, wählt man „Ansichten > Menü Masken" aus.

(B) Fehlgeschlagene Wellenformen: Wenn die Wellenform in den unzulässigen Bereich gerät, wird sie als Fehlschlag erfasst. Der Teil der Wellenform, der den Fehlschlag verursacht hat, wird hervorgehoben und verbleibt in der Anzeige, bis die Aufzeichnung fortgesetzt wird.

(C) Messungstabelle: Die Anzahl der Fehlschläge seit dem Start des aktuellen Oszilloskops wird in der Messungstabelle angezeigt. Man kann die Zählung zurücksetzen, indem man sie in der Aufzeichnung stoppt und dann wieder fortsetzt (mit der Schaltfläche „Start/Stopp"). Die Messungstabelle kann neben der Zählung der Maskenfehlschläge auch weitere Messungen anzeigen.

Alarme sind Aktionen, die man beim Auftreten bestimmter Ereignisse, im USB-Oszilloskop programmieren kann. Man verwendet den Befehl „Werkzeuge>Alarme", um das Dialogfeld „Alarms" (Alarme) zu öffnen und die Funktionen zu konfigurieren.
    Die Ereignisse, die einen Alarm auslösen können, sind:

- Aufzeichnung, wenn das Oszilloskop eine vollständige Wellenform oder einen Wellenformblock aufgezeichnet hat.
- Buffers Full (Puffer voll), wenn der Wellenformpuffer voll ist.
- Mask(s) Fail (Maske(n) fehlgeschlagen), wenn eine Wellenform eine „Maskengrenz-prüfung" nicht besteht.

Die Aktionen, die das USB-Oszilloskop ausführen kann, sind:

- Piepton
- Play Sound (Ton abspielen)
- Stop Capture (Aufzeichnung stoppen)
- Aufzeichnung neu starten
- Run Executable (ausführbare Datei ausführen)
- Aktuellen Puffer speichern
- Save All Buffers (alle Puffer speichern)

6.2.10 Puffernavigator

Der Wellenformpuffer des USB-Oszilloskops kann je nach verfügbarem Speicher des Oszilloskops bis zu 10.000 Wellenformen aufnehmen. Der Puffernavigator hilft, um schnell durch den Puffer zu navigieren, und die gewünschte Wellenform zu finden.
    Man klickt auf die Registerkarte Puffernavigator

in der Symbolleiste „Puffernavigation". Das Programm öffnet daraufhin das Puffernavigator-Fenster.Man klickt auf eine der sichtbaren Wellenformen, um sie im Navigator zur näheren Untersuchung im Vordergrund anzuzeigen, oder man verwendet die Steuerelemente von Abb. 6.35.

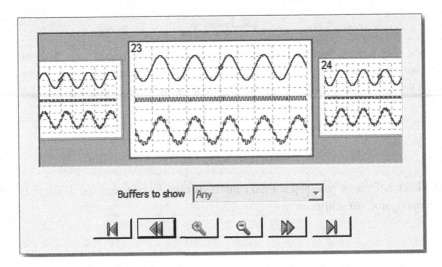

Abb. 6.35 Steuerelemente des Puffernavigators

Anzuzeigende Puffer: Wenn auf einem Kanal eine Maske angewendet wurde, kann man den Kanal in dieser Liste auswählen. Der Puffernavigator zeigt dann nur die Wellenformen an, die eine Maskenprüfung auf diesem Kanal nicht bestanden haben.

Start:

Start: Zu Wellenform Nr. 1 scrollen.

Rückwärts:

Rückwärts: Nur nächsten Wellenform nach links blättern.

Vergrößern:

Vergrößern: Groß: Den Maßstab der Wellenformen in der Ansicht Puffernavigator ändern. Es gibt drei Zoomstufen:
Mittelwert: Eine Wellenform mittlerer Größe über einer Zeile mit kleinen Wellenformen.

Verkleinern:

Verkleinern: Klein: Ein Raster mit kleinen Wellenformen. Man klickt auf die obere oder untere Bildzeile, um im Raster nach oben oder unten zu navigieren.

⏩ Vorwärts:

Vorwärts: Zur letzten Wellenform im Puffer blättern. Die Anzahl von Wellenformen hängt von der Einstellung unter „Werkzeuge > Voreinstellung > Allgemein > Maximale Anzahl Wellenformen" und dem Typ des angeschlossenen Oszilloskops ab.

⏭ Ende:

Ende

Man klickt auf einen beliebigen Punkt im USB-Oszilloskop, um das Fenster für den „Puffernavigator" zu schließen.

Literatur

Bernstein, Herbert (2002): Oszilloskop, Franzis, München

Bernstein, Herbert (2010): Werkbuch der Messtechnik: Messen mit analogen, digitalen und PC-Messgeräten in Theorie und Praxis, Franzis, München

Bernstein, Herbert (2015): Oszilloskope und Analysatoren: Grundlagen und Messaufbauten mit Multisim, Elektor, Aachen

Meyer, Gerhard (1997): Oszilloskope, Hüthig, Berlin

Beerens/Kerkhofs (2013): 125 Versuche mit dem Oszilloskop, VDE-Verlag, Berlin

Tektronix (USA): Technik der Digitaloszilloskope. http://de.tek.com/downloads

Fluke: ABC der Oszilloskope. http://www.fluke.com/fluke/dede/schulung/das-abc-der-tragbaren-oszilloskope

© Springer Fachmedien Wiesbaden GmbH, ein Teil von Springer Nature 2020

H. Bernstein, *Messen mit dem Oszilloskop,* https://doi.org/10.1007/978-3-658-31092-9

Stichwortverzeichnis

A

Ablenkkoeffizient, 7
Ablesewinkel, 437
Abstiegszeit, 51
Abtast-Jitter, 132
Abtastbetrieb, 100, 102
Abtastfrequenz, 119, 165, 233
Abtastintervall, 190, 200
Abtastperiode, 315
Abtastrate, 214
Abtasttakt, 99
Abtasttheorem, 165, 354
Abtastverfahren, 184
Abtastwert, 382
Abtastzeitpunkt, 117
AC, 255
AC Analysis, 492
AC RMS, 334
AC-Frequenzanalyse, 421
AC-Kopplung, 24
Acquire, 315
acquisition time, 104
AD-Wandler, 114
Addition, 60
additive noise, 526
Aktivitätsanzeige, 267
alias frequency, 119
Aliasing, 176, 193, 383
ALT-Betrieb, 26
Alterung, 136
AM, 365
AM-Quelle, 138, 497
AM-Spannungsquelle, 54
AMI, 521
Amplitude, 205

Amplitudenfehler, 204
Amplitudengenauigkeit, 217
Amplitudenmodulation, 365
Analog-Analyse, 241
Analogschalter, 101
Analyseknoten, 493
Anfangsgenauigkeit, 136
anisotrop, 422
Anisotropie, 425
Anstiegszeit, 20, 28, 51, 163, 186, 338, 394, 395
Antialiasing, 165
Aperture, 105, 435
Äquivalenzzeitabtastung, 171
Arbeitspunkt, 86
Arbiträrgenerator, 354
Arbiträrsignal, 356
Array-Darstellung, 463
Augendiagramm, 241, 421, 524
Außenraster, 9
Auto-Skalierung, 248
Automaskierung, 349
Average, 333

B

Bandbreite, 18, 22, 26, 163, 205, 311
Bandgap-Referenz, 135
Bartlett-Fenster, 225
Basis-2, 221
Basis-4, 222
BCD-Verfahren, 149
Benutzerschnittstelle, 451
BER, 520
BER-Messung, 421

© Springer Fachmedien Wiesbaden GmbH, ein Teil von Springer Nature 2020
H. Bernstein, *Messen mit dem Oszilloskop*, https://doi.org/10.1007/978-3-658-31092-9

Multiplikation, 258
Multitouch, 474
Multitouchscreen, 245
Mutual-Capacitance, 488

N
n-Bit-Wandler, 151
Nachleuchtbereich, 278
Nachleuchtdauer, 320
Nebenmaxima (side lobe), 223
Nebensprechen, 532
Nebenzipfel, 223
negative true, 145
nematisch, 424
NF-Oszilloskop, 19
NF-Verstärker, 510
Nichtlinearität, 127
Nominalbereich, 143
NORM, 12
Normalbetrieb, 181
normally closed, 111
normally open, 111
Nte-Flanke, 293
NTSC, 299
Nullpunktabweichung, 126
Nyquist, 160, 214, 384, 418
Nyquist-Sampling, 311
Nyquistfrequenz, 260

O
Oberschwingung, 27
Oberwelle, 496
Oberwellengehalt, 212
odd, 221
OE, 138
Öffnungszeit, 130
Offset, 50
offset error, 126
Offsetfehler, 156
Oktave, 177
OLED, 421
Oszilloskop, 2
Oszilloskopgitter, 279

P
Pan, 328
Parallaxenverschiebung, 44
Parameter-Variationsanalyse, 491
parts per million, 133
Parzen-Fenster, 225
Pass/Fail, 98
PCT, 474
Periode, 388
Periodendauer, 52
Persistence, 317
perzeptorisch, 176, 189
Phasenlage, 60
Phasenmessung, 66, 200
Phasenverschiebung, 339
Phasenwinkel, 76
Phasenzustandsdiagramm, 533
pinch-off, 106
Pixel, 447
Pixelgrafik, 436
PN, 521
Pod, 264
Pol-Nullstelle, 491
Polarisationsfilm, 482
Polarisator, 427
Position, 376
Positionsermittlung, 479
positive true, 145
Post-Trigger, 97, 172, 209, 251, 281
ppm, 133
PRBS, 521
Pre-Trigger, 38, 97, 172, 185, 206, 251, 281
Primfaktor, 222, 229
PROBE.ADJ, 42
Probenspeicher, 266
Pseudo-Fehlerrate, 525

Q
Quadraturtakt, 528
Qualifizierer, 287
Quantisierung, 117
Quantisierungsintervall, 123
Quantum, 142
Quellenkurve, 446

Printed in the United States
By Bookmasters